普通高等教育"十二五"规划教材

工程计价与造价管理

尚　梅　史玉芳　李文琴　主编

白芙蓉　高选强　李　琴　副主编　李永清　主审

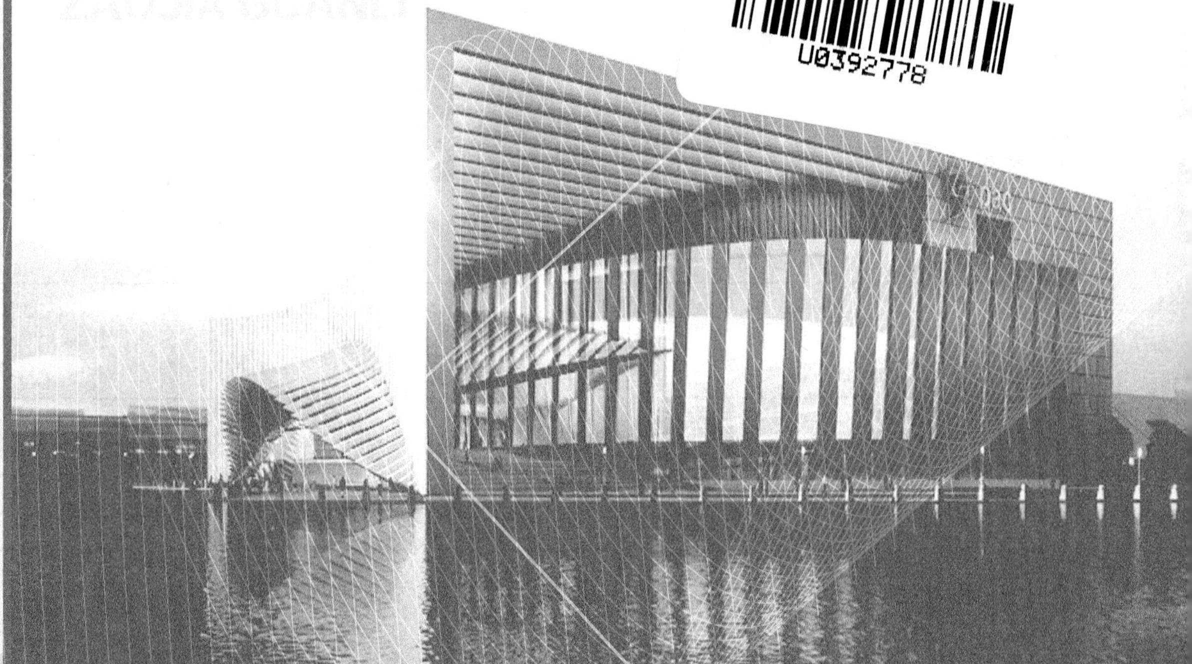

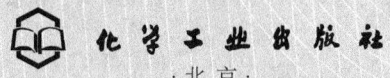

化学工业出版社
·北京·

本书以建设项目全过程为主线，从理论和实践角度详细阐述了建设工程不同阶段的估价理论和造价管理方法，体现了我国工程估价领域最新政策（如营改增）及研究成果。全书共10章，主要内容包括：工程估价与造价管理基础知识，建设工程造价的构成，建设工程计价依据，工程量清单计价，工程计量，投资决策阶段的造价管理，设计阶段的造价管理，招投标阶段的造价管理，施工阶段的造价管理，竣工验收、后评估阶段的造价管理。

本书适用于工程管理及土木工程等相关专业的本科或专科学生作为教材使用，对参加监理工程师、造价工程师、咨询工程师及建造师执业资格考试的考生也有重要的参考价值，还可供相关领域的实际工作者使用。

图书在版编目（CIP）数据

工程计价与造价管理/尚梅，史玉芳，李文琴主编.
北京：化学工业出版社，2015.2（2023.8 重印）
普通高等教育"十二五"规划教材
ISBN 978-7-122-22579-5

Ⅰ.①工…　Ⅱ.①尚…②史…③李…　Ⅲ.①建筑工程-计价-高等学校-教材②建筑造价管理-高等学校-教材
Ⅳ.①TU723.3

中国版本图书馆 CIP 数据核字（2014）第 298199 号

责任编辑：满悦芝　　　　　　　　　　文字编辑：颜克俭
责任校对：陶燕华　　　　　　　　　　装帧设计：张　辉

出版发行：化学工业出版社（北京市东城区青年湖南街 13 号　邮政编码 100011）
印　　装：北京机工印刷厂有限公司
787mm×1092mm　1/16　印张 27¼　字数 693 千字　2023 年 8 月北京第 1 版第 4 次印刷

购书咨询：010-64518888　　　　　　　售后服务：010-64518899
网　　址：http://www.cip.com.cn
凡购买本书，如有缺损质量问题，本社销售中心负责调换。

定　　价：56.00 元

前言 FOREWORD

世界经济一体化、产业国际化及市场全球化的发展趋势为我国建筑业带来了难得的发展机遇，同时也使得传统的工程计价和造价管理模式面临与世界接轨的挑战。目前，我国已加入 WTO，工程量清单计价规范的推行使我国工程造价管理必须实现与国际社会的全面接轨。为了增强国际竞争力，在重视硬件发展的同时，不能忽视工程管理这一软件方面的发展，必须在实践中研究和采用现代化的工程管理新理论、新方法和先进的手段，培养和造就一大批工程建设管理人才，只有这样才能逐步缩小我们与世界领先水平的差距。

随着社会经济的发展和建筑技术的进步，现代建设工程日益向着大规模、高技术的方向发展。建设投资动辄几百甚至上千亿元，如果投资决策失误或估价及造价管理水平低下，势必会造成工程不能按期完工，质量达不到要求，损失浪费严重，投资效益低等状况，给国家带来巨大损失。因此，保证工程建设决策科学，并对其全过程实施有效的管理，对于高效、优质、低耗地完成工程建设任务，提高投资效益具有极其重要的意义。

随着我国工程造价管理体制改革的不断深入，造价工程师、咨询工程师以及工程造价咨询业执业资格制度的完善和发展，工程计价及造价管理体制正在以较快的步伐与国际惯例接轨。为了培养符合时代要求的专业性及实用性工程计价及造价管理人员，满足建设行政主管部门、工程造价咨询机构、项目业主及承建单位对专业化工程造价管理人员的迫切需要，按照工程管理系列教材的要求，我们编写了《工程计价与造价管理》一书，从理论和实践相结合的角度详细阐述建设工程不同阶段的估价理论和管理方法。本书具有以下特点：

（1）为适应工程造价管理改革和不同地区读者学习的需要，及时介绍目前造价领域最新的相关文件，如《建设工程工程量清单计价规范》（GB 50500—2013）、《建筑工程建筑面积计算规范》（GB/T 50353—2013）、《建筑安装工程费用项目组成》（［2013］44 号）、《建筑工程施工发包与承包计价管理方法》（建设部第 107 号）、《建设工程价款结算暂行办法》［财建（2004）369 号］、《建设工程施工合同（示范文本）》（GF—2013-0201），《建筑工程量计算原则（国际通用）》、《2004 陕西省建筑、装饰工程消耗量定额》及 2009 补充定额、《2009 陕西省参考价目表》及 2014 年第 4 期材料价格信息及有关的最新规章和规范性文件、营改增相关文件，结合工程计价实际经验以及教学和科学研究的新成果，全面反映实际工程最新做法。

（2）注重工程计价与造价管理知识的完备性，力图将工程造价与工程合同、工程管理知识有机地结合在一起，注重实用性、可操作性以及便于自学的可读性。

（3）密切关注我国工程计价及造价管理发展的现状及改革趋势，充分考虑从传统的定额及取费标准模式到基于清单计价的市场定价模式的过渡，即保留了定额计价模式，在内容设置上向工程量清单计价倾斜。

（4）紧密联系国内工程造价管理的实际，及时反映工程造价管理体制改革的最新内容，力争按照最新的法律、法规、部门规章、组价及取费标准等编写教材。

（5）在内容上充分体现全过程及全方位管理的理念，广泛参考和吸取了国内外相关教材的优点，按照基础知识、计价基本依据与方法以及工程建设各阶段造价管理的线索来组织。

（6）在内容设置上，参考了我国造价工程师及咨询工程师考试大纲的部分要求，便于实现本科人才培养与执业资格认证的对接，同时，书中附有大量的实例，便于读者学习和加深理解。

本书由尚梅、史玉芳、李文琴主编，白芙蓉、高选强、李琴副主编，李永清主审。第1、2、7章由白芙蓉编写，第3、4、5章由史玉芳编写，第6章由史玉芳、尚梅编写，第8章由尚梅编写，第9、10章由李文琴编写，书中大案例由高选强、李永清、尚梅、李琴编写。同时，在本书的编写过程中，西安科技大学张红利老师、西安科技大学高新学院杜杰老师参与了书稿校对工作，研究生张璐、吴露、王秀芬参与了书中大案例验算及编排工作，研究生王晨璐、魏莹、杨洋、刘子娴在资料收集和整理方面给予了大力协助，在此一并表示感谢。

当前，我国工程造价体制正处于由传统体制向市场体制的过渡时期，许多问题有待研究探讨，加之编者学术水平和实践经验有限，书中缺点和不足难免，恳请读者批评指正。

编者
2015 年 1 月

目 录 CONTENTS

第一章　工程估价与造价管理基础知识

第一节　建设项目及建设程序 ·· 1

一、建设项目的概念 ·· 1

二、建设项目的分类 ·· 1

三、建设项目的组成 ·· 2

四、建设项目的建设程序 ·· 3

第二节　工程造价及造价管理 ·· 7

一、工程造价的含义及相关概念 ·· 7

二、工程计价的特征 ·· 8

三、工程造价管理的含义和特征 ·· 9

四、工程造价管理的基本内容和原则 ·· 10

五、工程造价管理的组织 ·· 11

六、我国工程造价管理的发展 ·· 11

第三节　工程造价专业人员管理制度 ·· 12

一、造价员管理制度 ·· 12

二、造价工程师管理制度 ·· 13

第四节　工程造价咨询企业管理制度 ·· 15

一、工程造价咨询企业的资质 ·· 15

二、工程造价咨询企业的执业规定 ·· 15

三、资质证书续期与变更 ·· 16

四、资质的撤销、撤回和注销 ·· 16

【复习思考题】 ·· 16

第二章　建设工程造价的构成

第一节　概述 ·· 17

一、我国建设项目总投资及工程造价的构成 ·· 17

二、世界银行工程造价构成 ·· 18

第二节　设备及工器具购置费用 ·· 20

一、设备购置费的构成及计算 ……………………………………………… 20

二、工具、器具及生产家具购置费构成及计算 ……………………………… 24

第三节　建筑安装工程费用 ………………………………………………… 24

一、建筑安装工程费用内容 ………………………………………………… 24

二、建筑安装工程费用构成分类 …………………………………………… 25

三、按费用构成要素划分建筑安装工程费用项目构成和计算 …………… 25

四、按造价形成划分建筑安装工程费用项目构成和计算 ………………… 30

第四节　工程建设其他费用 ………………………………………………… 33

一、建设用地费 ……………………………………………………………… 33

二、与项目建设有关的其他费用 …………………………………………… 36

三、与未来生产经营有关的其他费用 ……………………………………… 38

第五节　预备费及建设期贷款利息 ………………………………………… 39

一、预备费 …………………………………………………………………… 39

二、建设期贷款利息 ………………………………………………………… 40

【复习思考题】 ……………………………………………………………… 41

第三章　建设工程计价依据

第一节　建设工程计价概述 ………………………………………………… 42

一、工程计价基本原理 ……………………………………………………… 42

二、工程计价标准和依据 …………………………………………………… 44

三、工程计价基本程序 ……………………………………………………… 44

四、建设工程定额 …………………………………………………………… 45

第二节　建设安装工程人工、材料及机械台班消耗量定额 ……………… 48

一、施工过程及工时研究 …………………………………………………… 48

二、劳动定额 ………………………………………………………………… 55

三、材料消耗定额 …………………………………………………………… 58

四、机械台班消耗定额 ……………………………………………………… 59

第三节　建筑安装工程人工、材料及机械台班单价 ……………………… 62

一、人工单价的组成和确定方法 …………………………………………… 62

二、材料单价的组成和确定方法 …………………………………………… 64

三、施工机械台班单价的组成和确定方法 ………………………………… 66

第四节　工程计价定额 ……………………………………………………… 69

一、预算定额 ………………………………………………………………… 69

二、概算定额 ………………………………………………………………… 77

三、概算指标 ………………………………………………………………… 78

四、投资估算指标 …………………………………………………………… 78

【复习思考题】 ……………………………………………………………… 79

第四章　工程量清单计价

第一节　概述 ………………………………………………………………… 81

一、工程量清单计价与计量规范概述 ·· 81

二、工程量清单计价概述 ·· 81

第二节　工程量清单的编制 ·· 82

一、工程量清单 ·· 82

二、分部分项工程项目清单 ·· 83

三、措施项目清单 ·· 86

四、其他项目清单 ·· 88

五、规费、税金项目清单 ·· 90

六、工程量清单文件的标准格式 ·· 91

第三节　工程量清单计价方法 ·· 94

一、工程量清单计价的过程和基本程序 ·· 94

二、工程量清单计价的编制依据 ·· 94

三、工程量清单计价模式下的造价构成及计价程序 ·· 95

四、综合单价及其计算 ·· 97

五、工程量清单计价的标准格式 ·· 100

【复习思考题】 ·· 103

第五章　工程计量

第一节　概述 ·· 105

一、工程量的含义及计算的依据 ·· 105

二、工程量计算规范 ·· 106

三、工程量计算的顺序和步骤 ·· 108

四、工程量计算的一般原则 ·· 109

五、工程量计算方法——统筹法 ·· 110

第二节　建筑面积及其计量规则 ·· 114

一、建筑面积的概念及其作用 ·· 114

二、建筑工程建筑面积计算规范 ·· 115

第三节　工程量清单计量规则 ·· 127

一、土石方工程 ·· 127

二、地基处理与边坡支护工程 ·· 132

三、桩基工程 ·· 134

四、砌筑工程 ·· 136

五、混凝土及钢筋混凝土工程 ·· 143

六、金属结构工程 ·· 158

七、木结构工程 ·· 160

八、门窗工程 ·· 161

九、屋面及防水工程 ·· 164

十、保温、隔热、防腐工程 ·· 168

十一、楼地面装饰工程 ·· 170

十二、墙、柱面装饰与隔断、幕墙工程 ·· 173

十三、天棚工程 ·· 175

　　十四、油漆、涂料、裱糊工程 ……………………………………………………… 179

　　十五、其他装饰工程 ……………………………………………………………… 181

　　十六、拆除工程 …………………………………………………………………… 181

　　十七、措施项目 …………………………………………………………………… 182

　第四节　定额计量规则 ………………………………………………………………… 186

　　一、土石方工程 …………………………………………………………………… 186

　　二、桩基工程 ……………………………………………………………………… 187

　　三、砌筑工程 ……………………………………………………………………… 188

　　四、混凝土及钢筋混凝土工程 …………………………………………………… 189

　　五、构件运输及安装工程 ………………………………………………………… 192

　　六、屋面防水及保温隔热工程计量 ……………………………………………… 193

　　七、装饰工程 ……………………………………………………………………… 195

　　【复习思考题】 …………………………………………………………………… 198

第六章　投资决策阶段的造价管理

　第一节　概述 …………………………………………………………………………… 201

　　一、工程项目决策的含义 ………………………………………………………… 201

　　二、工程项目决策与工程造价的关系 …………………………………………… 201

　　三、项目决策阶段影响工程造价的主要因素 …………………………………… 202

　第二节　工程项目可行性研究 ………………………………………………………… 205

　　一、可行性研究的概念和作用 …………………………………………………… 205

　　二、可行性研究的阶段划分 ……………………………………………………… 206

　　三、可行性研究的内容 …………………………………………………………… 207

　　四、可行性研究报告的编制 ……………………………………………………… 208

　第三节　投资估算 ……………………………………………………………………… 209

　　一、投资估算概述 ………………………………………………………………… 210

　　二、建设投资估算 ………………………………………………………………… 212

　　三、流动资金估算 ………………………………………………………………… 220

　　【复习思考题】 …………………………………………………………………… 223

第七章　设计阶段的造价管理

　第一节　概述 …………………………………………………………………………… 225

　　一、工程设计程序 ………………………………………………………………… 225

　　二、工程设计的基本原则 ………………………………………………………… 226

　第二节　设计方案的评价 ……………………………………………………………… 226

　　一、设计方案评价的原则 ………………………………………………………… 226

　　二、设计方案评价的内容 ………………………………………………………… 226

　　三、设计方案技术经济评价 ……………………………………………………… 229

　第三节　设计方案的优化 ……………………………………………………………… 231

　　一、推行限额设计 ………………………………………………………………… 232

二、设计招标和设计方案竞选 ·································· 232

三、应用价值工程优化设计 ·································· 232

四、推广标准化设计 ··· 236

第四节　设计概算的编制与审查 ······························ 236

一、设计概算的概念和作用 ·································· 236

二、设计概算的编制内容 ···································· 236

三、设计概算的编制依据 ···································· 237

四、设计概算的编制方法 ···································· 238

五、设计概算的审查 ··· 243

第五节　施工图预算的编制与审查 ···························· 244

一、施工图预算的概念 ······································ 244

二、施工图预算的编制内容 ·································· 244

三、施工图预算的编制依据 ·································· 244

四、施工图预算的编制方法 ·································· 245

五、施工图预算的审查 ······································ 248

【复习思考题】 ·· 248

第八章　招投标阶段的造价管理

第一节　概述 ··· 250

一、工程招投标的概念 ······································ 250

二、工程招标方式 ··· 250

三、工程招投标流程 ··· 251

四、工程招投标价格 ··· 251

五、工程招投标对工程造价的影响 ···························· 252

第二节　招标文件及招标控制价的编制 ························ 253

一、招标文件的编制 ··· 253

二、招标控制价的编制 ······································ 256

第三节　投标文件及投标报价的编制 ·························· 261

一、投标文件的编制 ··· 261

二、投标文件的递交 ··· 264

三、投标过程中的其他问题 ·································· 265

四、投标报价的编制原则和依据 ······························ 266

五、投标报价的编制方法 ···································· 267

六、投标报价的策略 ··· 269

第四节　工程评标与定标 ···································· 272

一、评标 ·· 272

二、定标 ·· 275

第五节　施工合同的签订 ···································· 277

一、施工合同价格类型及选择 ································ 277

二、施工合同格式的选择 ···································· 280

三、施工合同的签订 ··· 280

【复习思考题】‥‥‥‥‥‥‥‥‥‥‥‥‥‥‥‥‥‥‥‥‥‥‥‥‥‥‥‥‥‥‥‥ 281

第九章　施工阶段的造价管理

第一节　工程合同价款调整‥‥‥‥‥‥‥‥‥‥‥‥‥‥‥‥‥‥‥‥‥‥‥‥ 285
一、一般规定‥‥‥‥‥‥‥‥‥‥‥‥‥‥‥‥‥‥‥‥‥‥‥‥‥‥‥‥ 285
二、法律法规政策变化‥‥‥‥‥‥‥‥‥‥‥‥‥‥‥‥‥‥‥‥‥‥‥ 286
三、工程变更和现场签证‥‥‥‥‥‥‥‥‥‥‥‥‥‥‥‥‥‥‥‥‥ 287
四、物价波动‥‥‥‥‥‥‥‥‥‥‥‥‥‥‥‥‥‥‥‥‥‥‥‥‥‥‥‥ 291
五、工程索赔‥‥‥‥‥‥‥‥‥‥‥‥‥‥‥‥‥‥‥‥‥‥‥‥‥‥‥‥ 295
六、合同价款调整的其他原因‥‥‥‥‥‥‥‥‥‥‥‥‥‥‥‥‥‥ 306
第二节　工程计量与合同价款结算‥‥‥‥‥‥‥‥‥‥‥‥‥‥‥‥‥ 309
一、工程计量‥‥‥‥‥‥‥‥‥‥‥‥‥‥‥‥‥‥‥‥‥‥‥‥‥‥‥‥ 309
二、工程价款结算概述‥‥‥‥‥‥‥‥‥‥‥‥‥‥‥‥‥‥‥‥‥‥ 311
三、工程价款结算的主要内容和程序‥‥‥‥‥‥‥‥‥‥‥‥‥ 312
四、最终结清‥‥‥‥‥‥‥‥‥‥‥‥‥‥‥‥‥‥‥‥‥‥‥‥‥‥‥‥ 322
五、合同价款纠纷的处理‥‥‥‥‥‥‥‥‥‥‥‥‥‥‥‥‥‥‥‥ 323
【复习思考题】‥‥‥‥‥‥‥‥‥‥‥‥‥‥‥‥‥‥‥‥‥‥‥‥‥‥‥‥ 327

第十章　竣工验收、后评估阶段的造价管理

第一节　竣工验收‥‥‥‥‥‥‥‥‥‥‥‥‥‥‥‥‥‥‥‥‥‥‥‥‥‥‥ 329
一、竣工验收介绍‥‥‥‥‥‥‥‥‥‥‥‥‥‥‥‥‥‥‥‥‥‥‥‥ 329
二、竣工验收的方式与程序‥‥‥‥‥‥‥‥‥‥‥‥‥‥‥‥‥‥ 333
三、竣工验收的组织和职责‥‥‥‥‥‥‥‥‥‥‥‥‥‥‥‥‥‥ 335
第二节　竣工决算的编制‥‥‥‥‥‥‥‥‥‥‥‥‥‥‥‥‥‥‥‥‥‥ 335
一、竣工决算及其编制‥‥‥‥‥‥‥‥‥‥‥‥‥‥‥‥‥‥‥‥ 335
二、新增资产价值确定‥‥‥‥‥‥‥‥‥‥‥‥‥‥‥‥‥‥‥‥ 343
第三节　质量保证金的处理‥‥‥‥‥‥‥‥‥‥‥‥‥‥‥‥‥‥‥‥ 346
一、保修‥‥‥‥‥‥‥‥‥‥‥‥‥‥‥‥‥‥‥‥‥‥‥‥‥‥‥‥‥‥ 346
二、质量保证金的使用‥‥‥‥‥‥‥‥‥‥‥‥‥‥‥‥‥‥‥‥ 347
第四节　建设项目后评估‥‥‥‥‥‥‥‥‥‥‥‥‥‥‥‥‥‥‥‥‥‥ 348
一、建设项目评估与建设项目后评估比较‥‥‥‥‥‥‥‥‥ 348
二、建设项目后评估的种类‥‥‥‥‥‥‥‥‥‥‥‥‥‥‥‥‥‥ 348
三、建设项目后评估的组织与实施‥‥‥‥‥‥‥‥‥‥‥‥‥ 349
四、项目后评估方法‥‥‥‥‥‥‥‥‥‥‥‥‥‥‥‥‥‥‥‥‥‥ 350
五、后评估指标计算‥‥‥‥‥‥‥‥‥‥‥‥‥‥‥‥‥‥‥‥‥‥ 351
【复习思考题】‥‥‥‥‥‥‥‥‥‥‥‥‥‥‥‥‥‥‥‥‥‥‥‥‥‥‥‥ 354

附录　建筑工程工程量清单及投标报价编制实例

参考文献

第一章　工程估价与造价管理基础知识

【教学目的与要求】

本章主要介绍了工程估价与造价管理的基础知识，为后续章节奠定理论基础。通过本章的学习，力求使读者掌握建设项目的组成、工程造价的含义以及工程造价管理的主要内容；熟悉建设项目的分类、建设项目建设程序、工程计价的特征；了解注册造价工程师执业资格制度和工程造价咨询企业管理制度。

第一节　建设项目及建设程序

一、建设项目的概念

工程建设项目，通常简称建设项目，是一项固定资产投资项目。它是将一定量的投资，在一定的约束条件下（时间、质量、资源），经过科学的决策和实施，最终形成固定资产特定目标的一次性建设任务。

建设项目一般是在一个总体规划和设计的范围内，实行统一施工、统一管理、统一核算的。例如，在工业建设中，一座工厂即为一个建设项目；在民用建设中，一所学校即为一个建设项目。

二、建设项目的分类

建设项目种类繁多，可按照不同的标准、从不同的角度对其进行分类。

1. 按项目的性质分

（1）新建项目。是指原来没有、现在开始建设的项目，或对原有的规模较小的项目，扩大建设规模，其新增固定资产价值超过原有固定资产价值3倍以上的建设项目。

（2）扩建项目。是指为了扩大原有主要产品的生产能力或增加经济效益，在原有固定资产基础上，增建一些车间、生产线或分厂的项目。

（3）改建项目。是指为了改进产品质量或改进产品方向，对原有固定资产进行整体性技术改造的项目。此外，为提高综合生产能力，增加一些附属辅助车间或非生产性工程，也属于改建项目。

（4）恢复项目。是指对因重大自然灾害或战争而遭受破坏的固定资产，按原来规模重新建设或在重建的同时进行扩建的项目。

（5）迁建项目。是指因调整生产力布局或环境保护的需要，将原有单位迁至异地重建的项目，不论其是否维持原来规模，均称为迁建项目。

2. 按项目的用途分

（1）生产性建设项目。是指直接用于物质生产或满足物质生产需要的建设项目，它包括工业、农业、林业、水利、气象、交通运输、邮电通信、商业和物资供应设施建设、地质资源勘探建设等。

（2）非生产性建设项目。是指用于人们物质和文化生活需要的建设项目，包括住宅建设、文教卫生建设、公用事业设施建设、科学实验研究以及其他非生产性建设项目。

3. 按照项目建设的过程分

（1）筹建项目。是指在计划年度内，只做准备、还未开工的项目。

（2）在建项目。是指正在施工中的项目。

（3）投产项目。是指全部竣工并已投产或交付使用的项目。

4. 按照项目的投资规模分

按建设项目总规模和投资的多少不同，可分为大型项目、中型项目、小型项目。其划分的标准各行业并不相同。一般情况下，生产单一产品的企业，按产品的设计能力来划分；生产多种产品的，按主要产品设计能力来划分；难以按生产能力划分的，按其全部投资额划分。

5. 按照项目的资金来源分

（1）国家投资的建设项目。是指国家预算直接安排的建设项目。

（2）银行信用筹资的建设项目。是指通过银行信用方式进行贷款建设的项目。

（3）自筹资金的建设项目。是指各地区、各部门、各企事业单位按照财政制度提留、管理和自行分配用于固定资产再生产的资金进行建设的项目。

（4）引进外资的建设项目。是指利用外资进行建设的项目。外资的来源有借用国外资金和吸引外国资本直接投资。

（5）资金市场筹资的建设项目。是指利用国家债券筹资和社会集资而建设的项目。

三、建设项目的组成

对建设项目进行科学的划分，有利于实行建设项目的分级管理。一般将建设项目划分为单项工程、单位工程、分部工程、分项工程四个层次。

1. 单项工程

单项工程是建设项目的组成部分，是指在一个建设项目中，具有独立的设计文件，建成后能够独立发挥生产能力或效益的工程。工业项目的单项工程，一般是指各个生产车间、办公楼、食堂、住宅等；非工业项目中，每栋住宅楼、剧院、商店、教学楼、图书馆、办公楼等各为一个单项工程。

2. 单位工程

单位工程是单项工程的组成部分，是指具有独立组织施工条件及单独作为计算成本对象，但建成后不能独立进行生产或发挥效益的工程。民用项目的单位工程较容易划分，以一栋住宅楼为例，其中一般土建工程、给排水、采暖、通风、照明工程等各为一个单位工程；工业项目由于工程内容复杂，且有时出现交叉，因此单位工程的划分比较困难，以一个车间为例，其中土建工程、工艺设备安装、工业管道安装、给排水、采暖、通风、电气安装、自控仪表安装等各为一个单位工程。

3. 分部工程

分部工程是单位工程的组成部分，是按单位工程的结构部位，使用的材料、工种或设备种类和型号等的不同而划分的工程。例如，一般土建工程可以划分为土石方工程、打桩工程、砖石工程、混凝土及钢筋混凝土工程、木结构工程、楼地面工程、屋面工程、装饰工程等分部工程。

4. 分项工程

分项工程是分部工程的组成部分，是按照不同的施工方法、材料及构件规格，将分部工程分解为一些简单的施工过程，它是建设工程中最基本的单位内容。如土方分部工程，可以分为人工平整场地、人工挖土方、人工挖地槽地坑等分项工程；安装工程的情况比较特殊，通常只能将分部分项工程合并成一个概念来表达工程实物量。

综上所述，一个建设项目是由若干个单项工程组成的，一个单项工程是由若干个单位工程组成的，一个单位工程又由若干个分部工程组成的，一个分部工程由若干个分项工程组成的，关系见图1-1所示。

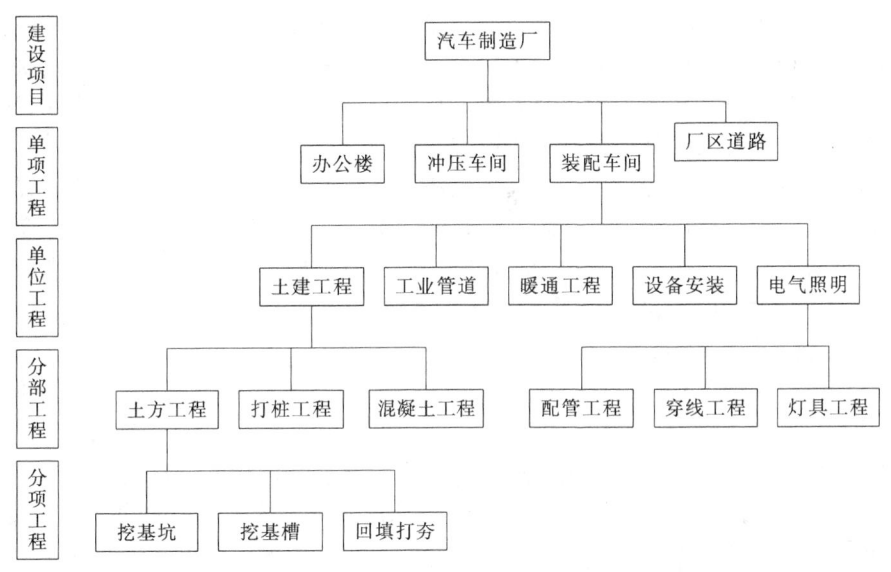

图 1-1 建设项目的组成和组合计价过程

四、建设项目的建设程序

建设项目建设程序，是指建设项目在整个建设过程中，各项工作必须遵循的先后顺序。建设程序是工程建设过程所固有的客观规律性的集中体现，是建设项目科学决策和顺利进行的重要保证。

根据我国现行工程建设程序相关法规的规定，我国工程建设程序共分为五个阶段，每个阶段又各包含若干环节。各阶段、各环节的工作应按规定顺序进行。当然，建设项目的性质不同，规模不一，同一阶段内各环节的工作会有一些交叉，有些环节还可省略，在具体执行时，可根据本行业、本项目的特点，在遵守工程建设程序的大前提下，灵活安排各项工作。

(一) 投资决策阶段

这一阶段主要是对建设项目投资的合理性进行考察并对建设项目进行选择。对投资者来讲，这是进行战略决策。这个阶段包含投资机会分析、编报项目建议书、进行可行性研究、审批立项几个环节。

1. 投资机会分析

投资机会分析是投资主体对投资机会所进行的初步考察和分析，认为机会合适、有良好的预后效益时，则可进行进一步的行动，它是工程建设活动的起点。

2. 编报项目建议书

项目建议书是对拟建项目的设想。项目建议书的主要作用在于建设单位根据国民经济和社会发展的长远规划，结合矿藏、水利等资源条件和现有生产力布局状况，在广泛调查、收集资料、勘察地址、基本清楚项目建设的技术、经济条件后，通过项目建议书的形式，向国家推荐项目。

项目建议书应对拟建工程的必要性、客观可行性和获利的可能性逐一进行论述。主要内容包括：建设的必要性和依据、拟建规模和建设初步思想、可行性的初步分析、投资估算和资金筹措、进展安排、经济和社会效益评估等。

3. 进行可行性研究

可行性研究是指项目建议书被批准后，对拟建项目在技术上是否可行、经济上是否合理等内容所进行的分析论证。可行性研究应对项目所涉及的社会、经济、技术问题进行深入的调查研究，对各种各样的建设方案和技术方案进行发掘并加以比较、优化，对项目建成后的经济效益、社会效益进行科学的预测及评价，提出该项目建设是否可行的结论性意见。

可行性研究的内容具体见第六章相关内容。

建设项目在可行性研究通过后，应选择经济效益最好的方案，编制可行性研究报告。

可行性研究报告经批准后，不得随意修改和变更。如果在建设规模、产品方案、主要协作关系等方面有变动以及突破投资控制限额时，应经原批准单位同意。经过批准的可行性研究报告，作为初步设计的依据。

4. 审批立项

审批立项是有关部门对可行性研究报告的审查批准程序，审查通过后予以立项，正式进入建设项目的建设准备阶段。

大中型建设项目的可行性研究报告由各主管部，各省、自治区、直辖市或全国性专业公司负责预审，报国务院审批。小型项目的可行性研究报告，按隶属关系由各主管部，各省、自治区、直辖市或全国性专业公司审批。

（二）建设准备阶段

工程建设准备是为勘察、设计、施工创造条件所做的建设现场、建设队伍等方面的准备工作。这一阶段包括规划、获取土地使用权、拆迁、项目报建、工程发包与承包等主要环节。

1. 规划

在规划区内建设的工程，必须符合城市规划或村庄、集镇规划的要求。其工程选址和布局，必须取得城市规划行政主管部门或村、镇规划主管部门的同意、批准。

在城市规划区内进行工程建设的，要依法先后领取城市规划行政主管部门核发的"选址意见书"、"建设用地规划许可证"、"建设工程规划许可证"，方能进行获取土地使用权、设计、施工等相关建设活动。

2. 获取土地使用权

我国的《土地管理法》规定：农村和城市郊区的土地（除法律规定属国家所有者外）属于农民集体所有，其余的土地都归国家所有。工程建设用地都必须通过国家对土地使用权的出让或划拨而取得。

具体到每一块建设用地的土地使用权获取方式，主要有以下几种。

（1）由国家出让或划拨。

（2）转让。土地使用权出让后，土地使用权的受让人将土地使用权转移给其他土地使用者，包括出售、交换和赠与等形式（划拨的土地若要转让，要办理补地价手续）。

（3）与当前的土地使用者或拥有者合作以获取可供开发的土地。

在集体所有的土地上进行工程建设的，必须先由国家征用农民土地，然后再将土地使用权出让或划拨给建设单位或个人。

通过国家出让取得土地使用权，应向国家支付出让金，并与土地管理部门签订书面出让合同，然后按合同规定的年限与要求进行工程建设。

通过国家划拨取得土地使用权，虽不向国家支付出让金，但在城市要承担拆迁费用，在农村和郊区要承担土地原使用者的补偿费和安置补助费，其标准由各省、自治区、直辖市规定。

3. 拆迁

在城市进行工程建设，一般都要对建设用地上的原有房屋和附属物进行拆迁。

国务院颁发的《城市房屋拆迁管理条例》规定，任何单位和个人需要拆迁房屋的，都必须持国家规定的批准文件、拆迁计划和拆迁方案，向县级以上人民政府房屋拆迁主管部门提出申请，经批准并取得房屋拆迁许可证后，方可拆迁。拆迁人和被拆迁人应签订书面协议，被拆迁人必须服从城市建设的需要，在规定的搬迁期限内完成搬迁，拆迁人对被拆迁人（被拆房屋及附属物的所有人、代管人及国家授权的管理人）依法给予补偿，并对被拆迁房屋的使用人进行安置。

对违章建筑、超过批准期限的临时建筑，不予补偿和安置。

4. 项目报建

建设项目被批准立项后，建设单位或其代理机构必须持建设项目立项批准文件、银行出具的资信证明、建设用地的批准文件等资料，向当地建设行政主管部门或其授权机构进行报建。

建设项目报建的内容主要包括：工程名称、建设地点、投资规模、资金投资额、工程规模、发包方式、计划开竣工日期和工程筹建情况等。凡未报建的建设项目，不得办理招标手续和发放施工许可证，设计、施工单位不得承接该项目的设计、施工任务。

5. 工程发包与承包

建设单位或其代理机构在上述准备工作完成后，须对拟建工程进行发包，以择优选定工程勘察设计单位和施工单位。工程发包与承包有招标和直接发包两种方式，为鼓励公平竞争，建立公正的竞争秩序，国家提倡招投标方式，并对许多工程强制进行招投标。

（三）建设实施阶段

1. 工程勘察设计

在工程选址、可行性研究、工程施工等各阶段，都必须进行必要的勘察。

设计是建设项目建设的重要环节，设计文件是制定建设计划、组织工程施工和控制建设投资的依据，它对实现投资者的意愿起关键作用。设计与勘察是密不可分的，设计必须在进行工程勘察及取得足够的地质、水文等基础资料之后才能进行。

2. 施工准备

施工准备包括施工单位在技术、物资方面的准备和建设单位取得开工许可两方面内容。

（1）施工单位在技术、物资方面的准备。工程施工涉及的因素很多，过程也十分复杂，所以施工单位在接到施工图后，必须做好细致的施工准备工作，以确保工程顺利建成。它包括熟悉、审查图纸，编制施工组织设计，向下属单位进行计划、技术、质量、安全、经济责任的交底，下达施工任务书，准备工程施工所需的设备、材料等活动。

（2）取得开工许可。建设单位具备下列条件，方可按国家有关规定向工程所在地县级以上人民政府建设行政主管部门申领施工许可证。

① 已经办好该工程用地批准手续。

② 在城市规划区的工程，已取得规划许可证。

③ 需要拆迁的，拆迁进度满足施工要求。

④ 施工企业已确定。

⑤ 有满足施工需要的施工图纸和技术资料。

⑥ 有保证工程质量和安全的具体措施。

⑦ 建设资金已落实并满足有关法律、法规规定的其他条件。

未取得施工许可证的建设单位不得擅自组织开工。已取得施工许可证的，应自批准之日起三个月内组织开工，因故不能按期开工的，可向发证机关申请延期，延期以两次为限，每次不超过三个月。既不按期开工，又不申请延期或超过延期时限的，已批准的施工许可证自行作废。

3. 工程施工

在施工准备就绪，经政府有关部门批准后，即可开始施工。施工是设计意图的实现，也是整个投资意图的实现阶段。工程施工是施工队伍具体配置各种施工要素，将工程设计物化为建筑产品的过程，也是投入劳动量最大，所费时间较长的工作。工程施工应按照工程设计要求、施工合同条款以及施工组织设计，在保证工程质量、工期、成本、安全和环保等目标下进行。

4. 生产准备

工业项目在竣工前还需进行生产准备，生产准备是从施工到生产的桥梁。建设单位在加强施工管理的同时，也要着手做好生产准备工作，保证工程一旦竣工，即可投入生产。

生产准备的主要内容有：

（1）招收和培训必要的生产人员；

（2）落实生产用原材料、协作产品；燃料、水、电、气和其他协作配合条件；

（3）组织工具、器具、备品、备件等的制造和购置；

（4）筹建生产管理机构，制定管理制度，收集生产技术经济资料、产品样品等。

（四）竣工验收阶段

1. 工程竣工验收

建设项目按设计文件规定的内容和标准全部建成，并按规定将工程内外全部清理完毕后应组织竣工验收。

国家计委颁发的《建设工程竣工验收办法》规定，凡新建、扩建、改建的基本建设项目（工程）和技术改造项目，按批准的设计文件所规定的内容建成，符合验收标准的必须及时组织验收，办理固定资产移交手续。

竣工验收的依据是已批准的可行性研究报告、初步设计或扩大初步设计、施工图和设备技术说明书，以及现行施工技术验收的规范和主管部门（公司）有关审批、修改、调整的文件等。

工程验收合格后，方可交付使用。此时承发包双方应尽快办理固定资产移交和工程结算手续。

2. 工程保修

根据《建筑法》及《建设工程质量管理条例》等相关法规的规定，工程竣工验收交付使用后，在保修期内，承包单位要对工程中出现的质量缺陷承担保修与赔偿责任。

质量保修期从工程竣工验收合格之日算起。分单项竣工验收的工程，按单项工程分别计算质量保修期。当事人可以协商约定不同工程部位的保修期限，但不得低于法定标准。具体的法定标准见第十章有关内容。

（五）项目后评估阶段

建设项目后评估是工程竣工投产、生产运营一段时间后，对项目的立项决策、设计施工、竣工投产、生产运营等全过程进行系统评价的一种技术经济活动。它是工程建设管理的一项重要内容，也是工程建设程序的最后一个环节。它可使投资主体达到总结经验、吸取教训、改进工作、不断提高项目决策水平和投资效益的目的。

第二节　工程造价及造价管理

一、工程造价的含义及相关概念

1. 投资的含义

（1）总投资与固定资产投资。建设项目总投资是投资主体为获取预期收益，投入所需全部资金的经济行为；固定资产投资是投资主体在该建设项目上的资金垫付行为。

建设项目按用途可分为生产性项目和非生产性项目。生产性建设项目总投资包括固定资产投资和包含铺底流动资金在内的流动资产投资两部分。而非生产性建设项目总投资只有固定资产投资，不含上述流动资产投资。

（2）静态投资与动态投资。静态投资是以某一基准年、月的建设要素的价格为依据所计算出的建设项目投资的瞬时值。但它含因工程量误差而引起的工程造价的增减。静态投资包括：建筑安装工程费，设备和工、器具购置费，工程建设其他费用，基本预备费。

动态投资是指为完成一个建设项目的建设，预计投资需要量的总和。它除了包括静态投资所含内容之外，还包括建设期贷款利息、投资方向调节税、价差预备费等。

动态投资包含静态投资，静态投资是动态投资最主要的组成部分，也是动态投资的计算基础。

2. 工程造价的含义

工程造价就是指工程的建设预计或实际支出的费用。由于所处的角度不同，工程造价有两种含义。

第一种含义：从投资者或者业主的角度分析，工程造价是指建设一项工程预期开支或实际开支的全部固定资产投资总额。这一含义是从投资者的角度来定义的，建设项目的工程造价就是项目总投资中的固定资产总投资。

第二种含义：从市场交易的角度分析，工程造价是指为建成一项工程，预计或实际在工程发承包交易活动中所形成的建筑安装工程费用或建设工程总费用。这种含义是以建设工程作为交易对象，在土地市场、设备市场、技术劳务市场以及承包市场等交易活动中所形成的价格。在这种含义中，工程既可以是整个建设项目，也可以是一个单项工程，甚至可以是整个工程建设中的某个阶段或者其中的某个组成部分，如土地开发价格、建筑安装工程价格、装饰工程价格等。

工程造价的两种含义其实是从不同角度把握同一事物的本质。从建设工程的投资者来说，工程造价就是项目投资，是"购买"项目要付出的价格，同时也是投资者作为市场供给主体"出售"项目时订价的基础；对于承包商、供应商、设计单位等机构来说，工程造价是他们作为市场供给主体出售商品和劳务价格的总和，或是特定范围的工程造价，如建筑安装工程造价，从投资的角度看，它是建设项目投资中的建筑安装工程投资，也是工程造价的组成部分；从市场交易的角度看，建筑安装工程造价是投资者和承包商由市场形成的、双方共同认可的价格。

二、工程计价的特征

工程计价就是估算工程造价，也称工程估价。了解计价特征，对工程造价管理是非常必要的。

1. 计价的单件性

建筑产品的个体差别性决定了每项工程都必须单独计算造价。

2. 计价的多次性

建设工程周期长、规模大、造价高，因此按建设程序要分阶段实施，相应地也要在不同阶段多次性计价，以保证工程估价与造价管理的科学性。多次性计价是个逐步深化、逐步细化和逐步接近实际造价的过程。其过程如图 1-2 所示。

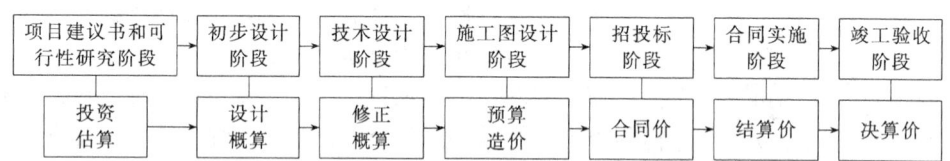

图 1-2　建设项目计价程序

（1）投资估算。指在项目建议书和可行性研究阶段对拟建项目所需投资，通过编制估算文件预先测算的工程造价。就一个建设项目来说，如果项目建议书和可行性研究分为不同阶段，例如分为规划阶段、项目建议书阶段、可行性研究阶段、评审阶段，相应的投资估算也分为 4 个阶段。投资估算是决策、筹资和控制造价的主要依据。

（2）设计概算。指在初步设计阶段，根据设计意图，通过编制工程概算文件预先测算和确定的工程造价。概算造价受估算造价的控制并较估算造价准确。概算造价的层次性十分明显，分建设项目概算总造价、单项工程概算综合造价、单位工程概算造价。

（3）修正概算。指在采用三阶段设计的技术设计阶段，根据技术设计的要求，通过编制修正概算文件预先测算和确定的工程造价。它对初步设计概算进行修正调整，比概算造价准确，但受概算造价控制。

（4）预算造价。指在施工图设计阶段，根据施工图纸通过编制预算文件，预先测算和确定的工程造价。它比概算造价或修正概算造价更为详尽和准确，但同样要受前一阶段所确定的工程造价的控制。并非每一个工程都需要确定预算造价。目前，有些建设项目需要确定招标控制价以限制最高投标报价。

（5）合同价。指在工程招投标阶段通过签订总承包合同、建筑安装工程承包合同、设备材料采购合同，以及技术咨询服务合同确定的价格。合同价属于市场价格，是由承发包双方根据市场行情共同议定和认可的成交价格，但它并不等同于最终结算的实际工程造价。计价方法不同，合同价的内涵也有所不同。现行合同价形式有 3 种：固定合同价、可调合同价和成本加酬金合同价。

（6）结算价。指在合同实施阶段，在工程结算时按合同调价范围和调价方法，对实际发生的工程量增减、设备和材料价差等进行调整后计算和确定的价格。结算价反映的是该工程的实际造价。工程结算文件一般由承包单位编制、发包单位审查，也可以委托有相应资质的工程造价咨询机构进行审查。

（7）决算价。是指工程竣工决算阶段，以实物数量和货币指标为计量单位，综合反映竣工项目从筹建开始到项目竣工交付使用为止的全部建设费用。工程决算文件一般由建设单位编制，上报相关主管部门编制。

以上说明，多次性计价是一个由粗到细、由浅入深、由概略到精确的计价过程，也是一个复杂而重要的管理系统。

3. 计价的组合性

由图 1-1 可以看出，一个建设项目由多个层次组合而成的。建设项目的这种组合性决定了工程造价的计价过程也是一个逐步组合的过程。这一特征在计算概算造价和预算造价时尤为明显，也反映到合同价和结算价。其计价过程是：分部分项工程单价→单位工程造价→单项工程造价→建设项目总造价。

4. 计价方法的多样性

多次性计价有不同的计价依据，并对造价的精确度有不同的要求，因此计价方法有多样性特征。确定估算造价的方法有设备系数法、生产能力指数估算法等；确定概算造价的方法有概算指标法、类似工程预算法等；确定预算造价有两种基本方法，即单价法和实物法。不同的方法利弊不同，适应条件也不同，所以计价时要加以选择。

5. 计价依据的复杂性

影响造价的因素很多，因而其计价依据复杂，种类繁多。主要包括以下 7 类。

(1) 计算设备和工程量依据。包括项目建议书、可行性研究报告、设计文件等。

(2) 计算人工、材料、机械等实物消耗量依据。包括投资估算指标、概算定额等。

(3) 计算工程单价的依据。包括人工单价、材料价格、材料运杂费、机械台班费等。

(4) 计算设备单价依据。包括设备原价、设备运杂费、进口设备关税等。

(5) 计算措施费、间接费和工程建设其他费用依据，主要是相关的费用定额和指标。

(6) 政府规定的税费。

(7) 物价指数和工程造价指数。

依据的复杂性不仅使计算过程复杂，而且要求计价人员熟悉各类依据，并加以正确利用。

三、工程造价管理的含义和特征

1. 工程造价管理的含义

工程造价管理是指综合运用管理学、经济学和工程技术等方面的知识和技能，对工程造价进行预测、计划、控制、核算等的过程。

工程造价有两种含义，对应着工程造价管理也有两种含义，同时也包含宏观和微观两个层次。

一是建设工程投资费用管理，是指为了实现投资的预期目标，在拟定的规划、设计方案的条件下，预测、计算、确定和监控工程造价及其变动的系统活动。这一含义既涵盖了微观层次的项目投资费用的管理，也涵盖了宏观层次的投资费用的管理。

二是工程价格管理，属于价格管理范畴。价格管理分两个层次。在微观层次上，是生产企业在掌握市场价格信息的基础上，为实现管理目标而进行的成本控制、计价、定价和竞价的系统活动。在宏观层次上，是政府根据社会经济发展的要求，利用法律手段、经济手段和行政手段对价格进行管理和调控，以及通过市场管理规范市场主体价格行为的系统活动。

2. 工程造价管理的特征

(1) 全寿命期造价管理。建设工程全寿命期造价是指建设工程初始建造成本和建成后的日常使用成本之和，它包括建设前期、建设期、使用期及拆除期各个阶段的成本。

（2）全过程造价管理。建设工程全过程是指建设工程前期决策、设计、招投标、施工、竣工验收等各个阶段，全过程工程造价管理覆盖建设工程前期决策及实施的各个阶段。

（3）全要素造价管理。除工程本身造价之外，工期、质量、安全及环境等因素均会对工程造价产生影响。为此，控制建设工程造价不仅仅是控制建设工程本身的成本，还应同时考虑工期成本、质量成本、安全与环境成本的控制，从而实现工程造价、工期、质量、安全、环境的集成管理。

（4）全方位造价管理。建设工程造价管理不应该仅仅是业主或承包单位的任务，而应该是政府建设行政主管部门、行业协会、业主方、设计方、承包方以及有关咨询机构的共同任务。尽管各方的地位、利益、角度等有所不同，但必须建立完善的协同工作机制，才能实现建设工程造价的有效控制。

四、工程造价管理的基本内容和原则

1. 工程造价管理的基本内容

工程造价管理的基本内容就是合理地确定工程造价和有效地控制工程造价。工程造价的合理确定，就是在建设程序的各个阶段，合理确定投资估算、概算造价、预算造价、承包合同价、结算价、竣工决算价。工程造价的有效控制，就是在优化设计方案、施工方案的基础上，在建设程序的各个阶段，采用一定的方法和措施把工程造价控制在合理的范围和核定的造价限额以内。这两项基本内容在工程建设的各个阶段以不同的形式来体现。

（1）建设项目策划阶段。按照有关规定编制和审核投资估算，经有关部门批准，即可作为拟建建设项目策划决策的控制造价；基于不同的投资方案进行经济评价，作为建设项目决策的重要依据。

（2）工程设计阶段。在限额设计、优化设计方案的基础上编制和审核工程概算、施工图预算。对于政府投资项目而言，经有关部门批准的工程概算，将作为拟建建设项目造价的最高限额。

（3）工程发承包阶段。进行招标策划，编制和审核工程量清单、招标控制价或标底，确定投标报价及策略，直至确定承包合同价。

（4）工程施工阶段。进行工程计量及工程款支付管理，实施工程费用动态监控，处理工程变更和索赔，编制和审核工程结算、竣工决算，处理工程保修费用等。

2. 工程造价管理的基本原则

工程造价管理应遵循以下三原则：

（1）以设计阶段为重点的建设项目全过程造价控制。工程造价控制贯穿于项目建设全过程，但是必须重点突出。工程造价控制的关键在于施工前的投资决策和设计阶段，而在投资决策做出后，控制工程造价的关键就在于设计。

（2）动态的主动控制。工程造价控制，不应该仅仅被动地反映投资决策、设计、施工等，更要能动地影响投资决策，影响设计、发包和施工，主动地控制工程造价。在项目建设期间，许多因素都会发生变化，所以要不断调整工程造价的控制目标，进行动态控制。

（3）技术与经济相结合。在我国工程建设领域，长期存在着技术与经济相分离的现象。技术人员把工程造价看成与己无关的财会人员的职责。而财务人员往往不了解项目建设中各种技术指标和造价的关系，只单纯地从财务制度角度审核费用开支，难以有效地控制工程造价。因此，在工程建设过程中迫切需要把技术与经济有机结合起来，通过技术比较、经济分析和效果评价，正确处理技术先进与经济合理两者之间的对立统一关系，力求在技术先进条件下的经济合理和在经济合理基础上的技术先进。

五、工程造价管理的组织

工程造价管理的组织，是指为了实现工程造价管理目标而进行的组织活动，以及与造价管理功能相关的有机群体。它是工程造价动态的组织活动过程和相对静态的造价管理部门的统一。具体来说，工程造价管理的组织主要是指国家、地方、部门和企业之间管理权限和职责范围的划分。

工程造价管理组织有三个系统。

1. 政府行政管理系统

政府在工程造价管理中既是宏观管理主体，也是政府投资项目的微观管理主体。从宏观管理的角度，政府对工程造价管理有一个严密的组织系统，设置了多层管理机构，规定了管理权限和职责范围。

国家建设行政主管部门的造价管理机构在工程造价管理工作方面承担的主要职责包括：组织制定工程造价管理有关法规、制度并组织贯彻实施；组织制定全国统一经济定额和部管行业经济定额的制订和修订，并监督其实施；管理全国工程造价咨询企业资质工作，制定工程造价专业技术人员执业资格标准等。

国务院其他部门如水利、电力、石油、铁路、核工业、煤炭、冶金等行业和军队的造价管理机构，主要工作是编制、修订和解释相应的工程建设标准定额，有的还担负本行业大型及重点项目概算的审批和调整工作。

2. 企事业机构管理系统

企、事业机构对工程造价的管理，属于微观管理的范畴。设计机构和工程造价咨询机构，按照业主或委托方的意图，在可行性研究和规划设计阶段合理确定和有效控制建设项目的工程造价，通过限额设计等手段实现设定的造价管理目标；在招投标工作中编制标底，参加评标、议标，在项目实施阶段，通过对设计变更、工期、索赔和结算等工作的管理进行造价控制。承包企业设有专门的职能机构参与企业的投标决策，并通过对市场的调查研究，利用过去积累的经验，研究报价策略，提出报价，在施工过程中，进行工程造价的动态管理，注意各种调价因素的发生和工程价款的结算，避免收益的流失，才能切实保证企业盈利目标的实现。

3. 行业协会管理系统

中国建设工程造价管理协会是经建设部和民政部批准的，代表我国进行工程造价管理的全国性行业协会，由从事工程造价管理与工程造价咨询服务的单位及具有造价工程师注册资格和资深的专家、学者自愿组成的具有社团法人资格的行业性组织。协会的主要业务范围包括：研究工程造价管理体制的改革和行业政策等问题；探讨提高政府和业主项目投资效益，促进现代化管理技术在工程造价咨询行业的运用；承担工程造价咨询行业和造价工程师执业资格及职业教育等具体工作；与国际组织及各国同行组织建立联系与交往，为会员企业开展国际交流与合作提供服务；建立工程造价信息服务系统，编辑、出版有关工程造价方面刊物和参考资料等。

六、我国工程造价管理的发展

新中国成立后，我国参照当时苏联的工程建设管理经验，逐步建立了一套与计划经济体制相适应的定额管理体系，并陆续颁布了多项规章制度和定额，在国民经济的复苏与发展中起到了十分重要的作用。改革开放以来，我国工程造价管理进入"黄金发展期"，工程计价依据和方法不断改革，工程造价管理体系不断完善，工程造价咨询行业得到快速发展。近年来，我国工程造价管理呈现出国际化、信息化和专业化发展趋势。

1. 工程造价管理的国际化

随着中国经济日益融入全球资本市场，在我国的外资和跨国建设项目不断增多，这些建设项目大都需要通过国际招标、咨询等方式运作。同时，我国政府和企业在海外投资和经营的建设项目也在不断增加。国内市场国际化，国内外市场的全面融合，使得我国工程造价管理的国际化成为一种趋势。境外工程造价咨询机构在长期的市场竞争中已形成自己独特的核心竞争力，在资本、技术、管理、人才、服务等方面均占有一定优势。面对日益严峻的市场竞争，我国工程造价咨询企业应以市场为导向，转换经营模式，增强应变能力，在竞争中求生存，在拼搏中求发展，在未来激烈的市场竞争中取得主动。

2. 工程造价管理的信息化

我国工程造价领域的信息化是从 20 世纪 80 年代末期伴随着定额管理，推广应用工程造价管理软件开始的。进入 20 世纪 90 年代中期，伴随着计算机和互联网技术的普及，全国性的工程造价管理信息化已成必然趋势。近年来，尽管全国各地及各专业工程造价管理机构逐步建立了工程造价信息平台，工程造价咨询企业也大多拥有专业的计算机系统和工程造价管理软件，但仍停留在工程量计算、汇总及工程造价的初步统计分析阶段。从整个工程造价行业看，还未建立统一规划、统一编码的工程造价信息资源共享平台；从工程造价咨询企业层面看，工程造价管理的数据库、知识库尚未建立和完善。目前，发达国家和地区的工程造价管理已大量运用计算机网络和信息技术，实现工程造价管理的网络化、虚拟化。特别是建筑信息建模（building information modeling，BIM）技术的推广应用，必将推动工程造价管理的信息化发展。

3. 工程造价管理的专业化

经过长期的市场细分和行业分化，未来工程造价咨询企业应向更加适合自身特长的专业方向发展。作为服务型的第三产业，工程造价咨询企业应避免走大而全的规模化，而应朝着集约化和专业化模式发展。企业专业化的优势在于：经验较为丰富、人员精干、服务更加专业、更有利于保证建设项目的咨询质量、防范专业风险能力较强。在企业专业化的同时，对于日益复杂、涉及专业较多的建设项目而言，势必引发和增强企业之间尤其是不同专业的企业之间的强强联手和相互配合。同时，不同企业之间的优势互补、相互合作，也将给目前的大多数实行公司制的工程造价咨询企业在经营模式方面带来转变，即企业将进一步朝着合伙制的经营模式自我完善和发展。鼓励及加速实现我国工程造价咨询企业合伙制经营，是提高企业竞争力的有效手段，也是我国未来工程造价咨询企业的主要组织模式。合伙制企业因对其组织方面具有强有力的风险约束性，能够促使其不断强化风险意识，提高咨询质量，保持较高的职业道德水平，自觉维护自身信誉。正因如此，在完善的工程保险制度下的合伙制也是目前发达国家和地区工程造价咨询企业所采用的典型经营模式。

第三节　工程造价专业人员管理制度

一、造价员管理制度

受住建部委托，中国建设工程造价管理协会 2011 年修订的《全国建设工程造价员管理办法》指出，建设工程造价员是指通过造价员资格考试，取得《全国建设工程造价员资格证书》，并经登记注册取得从业印章，从事工程造价活动的专业人员。

造价员资格证书在全国范围内有效，证书和印章是造价员从事工程造价活动的资格证明和工作经历证明。

造价员考试实行全国统一考试大纲，统一通用专业和考试科目。考试科目分为《建设工程造价管理基础知识》和《专业工程计量与计价》。

二、造价工程师管理制度

注册造价工程师，是指通过全国造价工程师执业资格统一考试或者资格认定、资格互认，取得中华人民共和国造价工程师执业资格，并按照规定，取得中华人民共和国造价工程师注册执业证书（简称注册证书）和执业印章，从事工程造价活动的专业人员。

为了规范造价工程师的执业行为，建设部颁布了《注册造价工程师管理办法》，中国建设工程造价管理协会制订了《造价工程师继续教育实施办法》和《造价工程师职业道德行为准则》，使造价工程师执业资格制度得到逐步完善。

（一）造价工程师考试

造价工程师应该是既懂工程技术又懂经济、管理和法律，并具有实践经验和良好职业道德的复合型人才。因此，造价工程师注册考试内容主要包括以下几点：

（1）建设工程造价管理，如投资经济理论、经济法与合同管理、项目管理及各阶段造价管理等知识。

（2）建设工程计价，主要应掌握建设工程造价构成、工程计价方法与依据、各阶段造价不同表现形式的合理确定。

（3）工程技术与工程计量，这一部分分两个专业考试，即建筑工程与安装工程，主要掌握专业基本技术知识与计量方法。

（4）工程造价案例分析，考查考生实际操作的能力。含计算或审查专业工程的工程量，编制或审查专业工程投资估算、概算、预算、标底价、决算、结算，投标报价评价分析，设计或施工方案技术经济分析，编制补充定额的技能等。

（二）造价工程师的执业范围

注册造价工程师执业范围包括以下内容：

（1）建设项目建议书、可行性研究投资估算的编制和审核，项目经济评价，工程概、预、结算及竣工结（决）算的编制和审核。

（2）工程量清单、标底（或者控制价）、投标报价的编制和审核，工程合同价款的签订及变更、调整、工程款支付与工程索赔费用的计算。

（3）建设项目管理过程中设计方案的优化、限额设计等工程造价分析与控制，工程保险理赔的核查。

（4）工程经济纠纷的鉴定。

（三）造价工程师的权利和义务

1. 权利

注册造价工程师享有下列权利：

（1）使用注册造价工程师名称；

（2）依法独立执行工程造价业务；

（3）在本人执业活动中形成的工程造价成果文件上签字并加盖执业印章；

（4）发起设立工程造价咨询企业；

（5）保管和使用本人的注册证书和执业印章；

（6）参加继续教育。

2. 义务

注册造价工程师应当履行下列义务：

（1）遵守法律、法规、有关管理规定，恪守职业道德；

（2）保证执业活动成果的质量；

（3）接受继续教育，提高执业水平；

（4）执行工程造价计价标准和计价方法；

（5）与当事人有利害关系的，应当主动回避；

（6）保守在执业中知悉的国家秘密和他人的商业、技术秘密。

（四）造价工程师的注册

注册造价工程师实行注册执业管理制度。取得执业资格的人员，经过注册方能以注册造价工程师的名义执业。注册造价工程师应当在本人承担的工程造价成果文件上签字并盖章。

1. 注册时间

取得资格证书的人员，可自资格证书签发之日起 1 年内申请初始注册。逾期未申请者，须符合继续教育的要求后方可申请初始注册。初始注册的有效期为 4 年。

注册造价工程师注册有效期满需继续执业的，应当在注册有效期满 30 日前，申请延续注册。延续注册的有效期为 4 年。

在注册有效期内，注册造价工程师变更执业单位的，应当与原聘用单位解除劳动合同，并按照注册程序规定的程序办理变更注册手续。变更注册后延续原注册有效期。

2. 注册条件

造价工程师的注册条件如下。

（1）取得执业资格。

（2）受聘于一个工程造价咨询企业或者工程建设领域的建设、勘察设计、施工、招标代理、工程监理、工程造价管理等单位。

（3）不予注册的情形。

有下列情形之一的，不予注册。

① 不具有完全民事行为能力的。

② 申请在两个或者两个以上单位注册的。

③ 未达到造价工程师继续教育合格标准的。

④ 前一个注册期内工作业绩达不到规定标准或未办理暂停执业手续而脱离工程造价业务岗位的。

⑤ 受刑事处罚，刑事处罚尚未执行完毕的。

⑥ 因工程造价业务活动受刑事处罚，自刑事处罚执行完毕之日起至申请注册之日止不满 5 年的。

⑦ 因前项规定以外原因受刑事处罚，自处罚决定之日起至申请注册之日止不满 3 年的。

⑧ 被吊销注册证书，自被处罚决定之日起至申请注册之日止不满 3 年的。

⑨ 以欺骗、贿赂等不正当手段获准注册被撤销，自被撤销注册之日起至申请注册之日止不满 3 年的。

3. 注册程序

取得执业资格的人员申请注册的，应当向聘用单位工商注册所在地的省级注册初审机关或者国务院有关部门注册初审机关提出注册申请。

对申请初始注册的，注册初审机关应当自受理申请之日起 20 日内审查完毕，并将申请材料和初审意见报国务院建设主管部门注册机关。注册机关应当自受理之日起 20 日内作出决定；对申请变更注册、延续注册的，注册初审机关应当自受理申请之日起 5 日内审查完毕，并将申请材料和初审意见报注册机关。注册机关应当自受理之日起 10 日内作出决定。

第四节　工程造价咨询企业管理制度

工程造价咨询是指面向社会接受委托，承担建设项目的可行性研究投资估算，项目经济评价，工程概算、预算、工程结算、竣工决算、工程招标控制价，投标报价的编制和审核，对工程造价进行监控以及提供有关工程造价信息资料等业务工作。

工程造价咨询企业，是指接受委托，对建设项目投资、工程造价的确定与控制提供专业咨询服务的企业。工程造价咨询企业应当依法取得工程造价咨询企业资质，并在其资质等级许可的范围内从事工程造价咨询活动。

一、工程造价咨询企业的资质

我国工程造价咨询企业资质等级分为甲级和乙级。《工程造价咨询企业管理办法》(2006) 对各级的资质标准作出了详细规定，甲级的资质标准如下。

（1）已取得乙级工程造价咨询企业资质证书满 3 年。

（2）企业出资人中，注册造价工程师人数不低于出资人总人数的 60%，且其出资额不低于企业注册资本总额的 60%。

（3）技术负责人已取得造价工程师注册证书，并具有工程或工程经济类高级专业技术职称，且从事工程造价专业工作 15 年以上。

（4）专职从事工程造价专业工作的人员（以下简称专职专业人员）不少于 20 人，其中，具有工程或者工程经济类中级以上专业技术职称的人员不少于 16 人，取得造价工程师注册证书的人员不少于 10 人，其他人员具有从事工程造价专业工作的经历。

（5）企业与专职专业人员签订劳动合同，且专职专业人员符合国家规定的职业年龄（出资人除外）。

（6）专职专业人员人事档案关系由国家认可的人事代理机构代为管理。

（7）企业注册资本不少于人民币 100 万元。

（8）企业近 3 年工程造价咨询营业收入累计不低于人民币 500 万元。

（9）具有固定的办公场所，人均办公建筑面积不少于 10 平方米。

（10）技术档案管理制度、质量控制制度、财务管理制度齐全。

（11）企业为本单位专职专业人员办理的社会基本养老保险手续齐全。

二、工程造价咨询企业的执业规定

工程造价咨询企业依法从事工程造价咨询活动，不受行政区域限制。甲级工程造价咨询企业可以从事各类建设项目的工程造价咨询业务。乙级工程造价咨询企业可以从事工程造价 5000 万元人民币以下的各类建设项目的工程造价咨询业务。

工程造价咨询业务范围包括以下内容。

（1）建设项目建议书及可行性研究投资估算、项目经济评价报告的编制和审核。

（2）建设项目概预算的编制与审核，并配合设计方案比选、优化设计、限额设计等工作进行工程造价分析与控制。

（3）建设项目合同价款的确定（包括招标工程工程量清单和招标控制价或标底、投标报价的编制和审核），合同价款的签订与调整（包括工程变更、工程洽商和索赔费用的计算）及工程款支付，工程结算及竣工结（决）算报告的编制与审核等。

（4）工程造价经济纠纷的鉴定和仲裁的咨询。

（5）提供工程造价信息服务等。

工程造价咨询企业在承接各类建设项目的工程造价咨询业务时，应当与委托人订立书面工程造价咨询合同，并按照有关规定的要求出具工程造价成果文件。工程造价成果文件应当由工程造价咨询企业加盖有企业名称、资质等级及证书编号的执业印章，并由执行咨询业务的注册造价工程师签字、加盖执业印章。

工程造价咨询企业跨省、自治区、直辖市承接工程造价咨询业务的，应当自承接业务之日起 30 日内到建设工程所在地省、自治区、直辖市人民政府建设主管部门备案。

三、资质证书续期与变更

工程造价咨询企业资质有效期为 3 年。资质有效期届满，需要继续从事工程造价咨询活动的，应当在资质有效期届满 30 日前向资质许可机关提出资质延续申请。资质许可机关应当根据申请作出是否准予延续的决定。准予延续的，资质有效期延续 3 年。

工程造价咨询企业的名称、住所、组织形式、法定代表人、技术负责人、注册资本等事项发生变更的，应当自变更确立之日起 30 日内，到资质许可机关办理资质证书变更手续。

四、资质的撤销、撤回和注销

有下列情形之一的，资质许可机关或者其上级机关，根据利害关系人的请求或者依据职权，可以撤销工程造价咨询企业资质。

（1）资质许可机关工作人员滥用职权、玩忽职守作出准予工程造价咨询企业资质许可的。

（2）超越法定职权作出准予工程造价咨询企业资质许可的。

（3）违反法定程序作出准予工程造价咨询企业资质许可的。

（4）对不具备行政许可条件的申请人作出准予工程造价咨询企业资质许可的。

（5）工程造价咨询企业以欺骗、贿赂等不正当手段取得工程造价咨询企业资质的。

工程造价咨询企业取得工程造价咨询企业资质后，不再符合相应资质条件的，资质许可机关可以责令其限期改正；逾期不改的，可以撤回其资质。

有下列情形之一的，资质许可机关应当依法注销工程造价咨询企业资质。

（1）工程造价咨询企业资质有效期满，未申请延续的。

（2）工程造价咨询企业资质被撤销、撤回的。

（3）工程造价咨询企业依法终止的。

（4）法律、法规规定的应当注销工程造价咨询企业资质的其他情形。

【复习思考题】

1. 举例说明建设项目由哪些层次构成。

2. 简述工程建设的基本程序。

3. 工程计价具有多次性特征，说明不同阶段计价的表现形式。

4. 注册造价工程师的执业范围包括哪些？

5. 甲级工程造价咨询企业的资质标准是什么？

第二章　建设工程造价的构成

【教学目的与要求】

本章主要介绍了工程造价的构成及计算方法。通过本章的学习，使读者掌握工程造价的构成、设备及工器具购置费的构成与计算、建安工程费的构成与计算；熟悉工程建设其他费用的构成以及预备费、建设期利息的计算；了解世界银行工程造价的构成。

第一节　概　　述

一、我国建设项目总投资及工程造价的构成

建设项目总投资是为完成建设项目建设并达到使用要求或生产条件，在建设期内预计或实际投入的全部费用总和；生产性建设项目总投资包括建设投资、建设期利息和流动资金三部分；非生产性建设项目总投资包括建设投资和建设期利息两部分。其中建设投资和建设期利息之和对应于固定资产投资，固定资产投资与建设项目的工程造价在量上是相等的。工程造价基本构成包括用于购买建设项目所含各种设备的费用，用于建筑施工和安装施工所需支出的费用，用于委托工程勘察设计应支付的费用，用于购置土地所需的费用，也包括用于建设单位自身进行项目筹建和项目管理所花费的费用等。总之，工程造价是按照确定的建设内容、建设规模、建设标准、功能要求和使用要求等将建设项目全部建成，在建设期预计或实际支出的建设费用。

工程造价中的主要构成部分是建设投资，建设投资是为完成建设项目建设，在建设期内投入且形成现金流出的全部费用。根据国家发改委和建设部发布的《建设项目经济评价方法与参数（第三版）》（发改投资〔2006〕1325 号）的规定，建设投资包括工程费用、工程建设其他费用和预备费三部分。工程费用是指建设期内直接用于工程建造、设备购置及其安装的建设投资，可以分为建筑安装工程费和设备及土器具购置费；工程建设其他费用是指建设期发生的与土地使用权取得、整个建设项目建设以及未来生产经营有关的建设投资但不包括在工程费用中的费用。预备费是在建设期内为各种不可预见因素的变化而预留的可能增加的费用，包括基本预备费和价差预备费。建设项目总投资和工程造价的具体构成如图 2-1 所示（自 2000 年 1 月起发生的投资额，暂停征收固定资产投资方向调节税）。

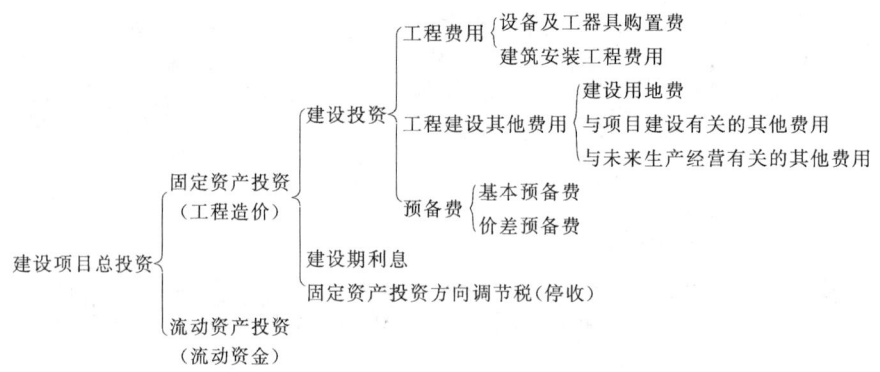

图 2-1　我国建设项目总投资及工程造价的构成

二、世界银行工程造价构成

国外各个国家的建设工程造价构成有所不同，世界银行、国际咨询工程师联合会的规定最具有代表性和通用性。世界银行对项目的总建设成本（相当于我国的工程造价）作了统一规定，包括直接建设成本、间接建设成本、应急费等。详细内容如下。

（一）项目直接建设成本

项目直接建设成本包括以下内容。

（1）土地征购费。

（2）场外设施费用。如道路、码头、桥梁、机场、输电线路等设施费用。

（3）场地费用。指用于场地准备、厂区道路、铁路、围栏、场内设施等的建设费用。

（4）工艺设备费。指主要设备、辅助设备及零配件的购置费用，包括海运包装费用、交货港离岸价，但不包括税金。

（5）设备安装费。指设备供应商的监理费用，本国劳务及工资费用，辅助材料、施工设备，消耗品和工具等费用，以及安装承包商的管理费和利润等。

（6）管道系统费用。指与系统的材料及劳务相关的全部费用。

（7）电气设备费。其内容与第（4）项相似。

（8）电气安装费。指设备供应商的监理费用，本国劳务与工资费用，辅助材料、管道和工具费用，以及营造承包商的管理费和利润。

（9）仪器仪表费。指所有自动仪表、控制板、配线和辅助材料的费用以及供应商的监理费用、外国或本国劳务及工资费用、承包商的管理费和利润。

（10）机械的绝缘和油漆费。指与机械及管道的绝缘和油漆相关的全部费用。

（11）工艺建筑费。指原材料、劳务费以及与基础、建筑结构、屋顶、内外装修、公共设施有关的全部费用。

（12）服务性建筑费用。其内容与第（11）项相似。

（13）工厂普通公共设施费。包括材料和劳务费以及与供水、燃料供应、通风、蒸汽发生及分配、下水道、污物处理等公共设施有关的费用。

（14）车辆费。指工艺操作必需的机动设备零件费用，包括海运包装费用以及交货港的离岸价，但不包括税金。

（15）其他当地费用。指那些不能归类于以上任何一个项目，不能计入项目间接成本，但在建设期间又必不可少的当地费用。如临时设备、临时公共设施及场地的维持费，营地设施及其管理，建筑保险和债券，杂项开支等费用。

（二）项目间接建设成本

项目间接建设成本包括以下内容。

1. 项目管理费

项目管理费包括：

（1）总部人员的薪金和福利费以及用于初步和详细工程设计、采购、时间和成本控制，行政和其他一般管理的费用；

（2）施工管理现场人员的薪金、福利费和用于施工现场监督、质量保证、现场采购、时间及成本控制、行政及其他施工管理机构的费用；

（3）零星杂项费用，如返工、旅行、生活津贴、业务支出等；

（4）各种酬金。

2. 开工试车费

此费用指工厂投料试车必需的劳务和材料费用（项目直接成本包括项目完工后的试车和空运转费用）。

3. 业主的行政性费用

此费用指业主的项目管理人员费用及支出（其中某些费用必须排除在外，并在"估算基础"中详细说明）。

4. 生产前费用

此费用指前期研究、勘测、建矿、采矿等费用（其中一些费用必须排除在外，并在"估算基础"中详细说明）。

5. 运费和保险费

此费用指海运、国内运输、许可证及佣金、海洋保险、综合保险等费用。

6. 地方税

地方税指地方关税、地方税及对特殊项目征收的税金。

（三）应急费

应急费用包括以下内容。

1. 未明确项目的准备金

此项准备金用于在估算时不可能明确的潜在项目，包括那些在作成本估算时因为缺乏完整、准确和详细的资料而不能完全预见和不能注明的项目，并且这些项目是必须完成的，或它们的费用是必定要发生的。在每一个组成部分中均单独以一定的百分比确定，并作为估算的一个项目单独列出。此项准备金不是为了支付工作范围以外可能增加的项目，不是用以应付天灾、非正常经济情况及罢工等情况，也不是用来补偿估算的任何误差，而是用来支付那些几乎可以肯定要发生的费用。

2. 不可预见准备金

此项准备金（在未明确项目准备金之外）用于在估算达到了一定的完整性并符合技术标准的基础上，由于物质、社会和经济的变化，导致估算增加的情况。此种情况可能发生，也可能不发生。因此，不可预见准备金只是一种储备，可能不动用。

（四）建设成本上升费用

通常，估算中使用的构成工资率、材料和设备价格基础的截止日期就是"估算日期"，在工程进行过程中，应该对该日期或已知成本基础进行调整，以补偿直至工程结束时的未知价格增长。

第二节　设备及工器具购置费用

设备及工器具购置费用是由设备购置费和工具、器具及生产家具购置费组成的，它是固定资产投资中的积极部分。在生产性工程建设中，设备及工器具购置费用占工程造价比重的增大，意味着生产技术的进步和资本有机构成的提高。

一、设备购置费的构成及计算

设备购置费是指为建设项目购置或自制的达到固定资产标准的各种国产或进口设备、工具、器具的购置费用。它由设备原价和设备运杂费构成：

$$设备购置费＝设备原价＋设备运杂费$$

式中，设备原价指国产设备或进口设备的原价；设备运杂费指除设备原价之外的有关设备采购、运输、途中包装及仓库保管等方面支出费用的总和。

（一）国产设备原价的构成及计算

国产设备原价一般指的是设备制造厂的交货价，即出厂价，或订货合同价。它一般根据生产厂或供应商的询价、报价、合同价确定，或采用一定的方法计算确定。国产设备原价分为国产标准设备原价和国产非标准设备原价。

1. 国产标准设备原价

国产标准设备是指按照主管部门颁布的标准图纸和技术要求，由我国设备生产厂批量生产的，符合国家质量检验标准的设备。国产标准设备原价有两种，即带有备件的原价和不带有备件的原价。在计算时，一般采用带有备件的原价。

2. 国产非标准设备原价

国产非标准设备是指国家尚无定型标准，各设备生产厂不可能在工艺过程中采用批量生产，只能按一次订货，并根据具体的设计图纸制造的设备。非标准设备原价有多种不同的计算方法，如成本计算估价法、系列设备插入估价法、分部组合估价法、定额估价法等。但无论采用哪种方法都应该使非标准设备计价接近实际出厂价，并且计算方法要简便。

按成本计算估价法，非标准设备的原价由以下各项组成。

（1）材料费。其计算公式为：

$$材料费＝材料净重×（1＋加工损耗系数）×每吨材料综合价$$

（2）加工费。包括生产工人工资和工资附加费、燃料动力费、设备折旧费等，计算公式为：

$$加工费＝设备总重量（吨）×设备每吨加工费$$

（3）辅助材料费。包括焊条、焊丝、氧气、油漆等，计算公式为：

$$辅助材料费＝设备总重量×辅助材料费指标$$

（4）专用工具费。按（1）～（3）项之和乘以一定百分比计算。

（5）废品损失费。按（1）～（4）项之和乘以一定百分比计算。

（6）外购配套件费。按设备设计图纸所列的外购配套件的名称、型号、数量等，根据相应的价格加运杂费计算。

（7）包装费。按以上（1）～（6）项之和乘以一定百分比计算。

（8）利润。可按（1）～（5）项加第（7）项之和乘以一定利润率计算。

（9）税金。主要指增值税，计算公式为：

$$增值税＝当期销项税额－进项税额$$
$$当期销项税额＝销售额×适用增值税率$$
$$销售额＝(1)～(8)项之和$$

虽然允许纳税人抵扣购进固定资产的进项税额，但由于增值税是项目投资过程中必须支付的费用之一，所以在估算设备原价时，依然包括销项税额。

(10) 非标准设备设计费。按国家规定的设计费收费标准计算。

综上所述，单台非标准设备原价可用下面的公式表达。

$$单台非标准设备原价＝\{[(材料费＋加工费＋辅助材料费)×(1＋专用工具费率)×(1＋废品损失费率)＋外购配套件费]×(1＋包装费率)－外购配套件费\}×(1＋利润率)＋销项税额＋非标准设备设计费＋外购配套件费$$

【例 2-1】　某工厂采购一台国产非标准设备，制造厂生产该台设备所用材料费 20 万元，加工费 2 万元，辅助材料费 4000 元，专用工具费率 1.5%，废品损失费率 10%，外购配套件费 5 万元，包装费率 1%，利润率为 7%，增值税率为 17%，材料采购过程中发生的进项增值税额 2.5 万元。非标准设备设计费 2 万元，求该国产非标准设备的原价。

解　专用工具费＝(20＋2＋0.4)×1.5%＝0.34(万元)

废品损失费＝(20＋2＋0.4＋0.34)×10%＝2.27(万元)

包装费＝(22.4＋0.34＋2.27＋5)×1%＝0.30(万元)

利润＝(22.4＋0.34＋2.27＋0.30)×7%＝1.77(万元)

销项税金＝(22.4＋0.34＋2.27＋5＋0.30＋1.77)×17%＝5.45(万元)

该国产非标准设备的原价＝22.4＋0.34＋2.27＋0.30＋1.77＋5.45＋2＋5＝39.53(万元)

(二) 进口设备原价的构成及计算

进口设备的原价是指进口设备的抵岸价，即抵达买方边境港口或边境车站，且交完各种手续费、税费后形成的价格。抵岸价通常由进口设备到岸价和进口从属费构成。

$$进口设备原价(抵岸价)＝进口设备到岸价＋进口从属费$$

1. 进口设备的交货价格

在国际贸易中，交易双方所使用的交货类别不同，则交易价格的构成内容也有所差异。较为广泛使用的交易价格有 FOB、CFR 和 CIF。

(1) FOB (free on board)。亦称为离岸价格，在装运港船上交货。FOB 是指当货物在指定的装运港越过船舷，卖方即完成交货义务且风险转移，以在指定的装运港货物越过船舷时为分界点。费用划分与风险转移的分界点相一致。

此交货方式下，卖方的基本义务有：办理出口清关手续，自负风险及一切费用，领取出口许可证及其他官方文件；在约定的日期或期限内，在合同规定的装运港，按港口惯常的方式，把货物装上买方指定的船只，并及时通知买方；承担货物在装运港越过船舷之前的一切费用和风险；向买方提供商业发票和证明货物已交至船上的装运单据或具有同等效力的电子单证。

买方的基本义务有：负责租船订舱，按时派船到合同约定的装运港接运货物，支付运费，并将船期，船名及装船地点及时通知卖方；负担货物在装运港越过船舷后的各种费用以及货物灭失或损坏的一切风险；负责获取进口许可证或其他官方文件，以及办理货物入境手续；受领卖方提供的各种单证，按合同规定支付货款。

(2) CFR (cost and freight)。亦称运费在内价，意为成本加上运费。CFR 是指在装运港货物越过船舷卖方即完成交货，卖方必须支付将货物运至指定的目的港所需的运费和费用，但交货后货物灭失或损坏的风险，以及由于各种事件造成的任何额外费用，即由卖方转移到买方。与FOB价格相比，CFR的费用划分与风险转移的分界点是不一致的。

在CFR交货方式下，卖方的基本义务有：提供合同规定的货物，负责订立运输合同，并租船订舱，在合同规定的装运港和规定的期限内，将货物装上船并及时通知买方，支付运至目的港的运费；负责办理出口清关手续，提供出口许可证或其他官方批准的文件；承担货物在装运港越过船舷之前的一切费用和风险；按合同规定提供正式有效的运输单据、发票或具有同等效力的电子单证。

买方的基本义务有：承担货物在装运港越过船舷以后的一切风险及运输途中因遭遇风险所引起的额外费用；在合同规定的目的港受领货物；办理进口清关手续，交纳进口税；受领卖方提供的各种约定的单证，并按合同规定支付货款。

（3）CIF（cost insurance and freight）。亦称到岸价格，即到达买方边境港口或边境车站的价格，为成本加保险费及运费。在CIF方式中，卖方除负有CFR所有的义务外，还应办理货物在运输途中最低险别的海运保险，并应支付保险费，如买方需要更高的保险险，则需要与卖方明确地达成协议，或者自行作出额外的保险安排。除保险这项义务之外，买方的义务与CFR相同。

2. 进口设备到岸价的构成及计算

进口设备到岸价的计算如下：

$$进口设备到岸价（CIF）=货价（FOB）+国际运费+运输保险费$$
$$=运费在内价（CFR）+运输保险费$$

（1）货价。一般指装运港船上交货价（FOB）。设备货价分为原币货价和人民币货价，原币货价一律折算为用美元表示，人民币货价按原币货价乘以外汇市场美元兑换人民币中间价确定。进口设备货价按有关生产厂商询价、报价、订货合同价计算。

（2）国际运费。即从装运港（站）到达我国抵达港（站）的运费。进口设备国际运费计算公式为：

$$国际运费（海、陆、空）=原币货价（FOB）×运费率$$
$$或：国际运费（海、陆、空）=运量×单位运价$$

其中，运费率或单位运价参照有关部门或进出口公司的规定执行。

（3）运输保险费。对外贸易货物运输保险是由保险人（保险公司）与被保险人（出口人或进口人）订立保险合同，在被保险人交付议定的保险费后，保险人根据保险合同的规定对货物在运输过程中发生的承保责任范围内的损失给予经济上的补偿。计算公式为：

$$运输保险费=\frac{原币货价（FOB）+国外运费}{1-保险费率}×保险费率$$

其中，保险费率按保险公司规定的进口货物保险费率计算。

3. 进口从属费的构成与计算

进口从属费用包括银行财务费、外贸手续费、关税、消费税、进口环节增值税，进口车辆的还需缴纳车辆购置税，具体如下。

（1）银行财务费。一般是指中国银行手续费，可按下式简化计算：

$$银行财务费=人民币离岸价格（FOB）×银行财务费率$$

（2）外贸手续费。指按对外经济贸易部规定的按外贸手续费率计取的费用，外贸手续费率取1.5%。计算公式为：

$$外贸手续费=人民币到岸价格（CIF）×外贸手续费率$$

（3）关税。由海关对进出国境或关境的货物和物品征收的一种税。计算公式为：

$$关税＝人民币到岸价格(CIF)×进口关税税率$$

其中，到岸价格（CIF）包括离岸价格（FOB）、国际运费，运输保险费等费用，它作为关税完税价格。进口关税税率分为优惠和普通两种。优惠税率适用于与我国签订有关税惠条款的贸易条约或协定的国家的进口设备。进口关税税率按我国海关总署发布的进口关税税率计算。

（4）消费税。对部分进口设备（如轿车、游艇、化妆品等）征收，一般计算公式为：

$$应纳消费税额＝\frac{人民币到岸价(CIF)＋关税}{1－消费税税率}×消费税税率$$

其中，消费税税率根据规定的税率计算。

（5）进口环节增值税。是对从事进口贸易的单位和个人，在进口商品报关进口后征收的税种。我国增值税条例规定，进口应税产品均按组成计税价格和增值税税率直接计算应纳税额。即：

$$进口环节增值税额＝组成计税价格×增值税税率$$
$$组成计税价格＝关税完税价格＋关税＋消费税$$

增值税税率根据规定的税率计算。

（6）车辆购置税。进口车辆需缴进口车辆购置税。计算公式为：

$$进口车辆购置税＝(关税完税价格＋关税＋消费税)×进口车辆购置附加费率$$

进口从属费用为以上各项之和。

（三）设备运杂费的构成及计算

1. 设备运杂费的构成

设备运杂费通常由下列各项构成。

（1）运费和装卸费。国产设备由设备制造厂交货地点起至工地仓库（或施工组织设计指定的需要安装设备的堆放地点）止所发生的运输费和装卸费；进口设备则由我国到岸港口或边境车站起至工地仓库（或施工组织设计指定的需安装设备的堆放地点）止所发生的运输费和装卸费。

（2）包装费。在设备原价中没有包含的，为运输而进行的包装所支出的各种费用。

（3）设备供销部门的手续费。按有关部门规定的统一费用计算。

（4）采购与仓库保管费。指采购、验收、保管和收发设备所发生的各种费用，包括设备采购人员、保管人员和管理人员的工资、工资附加费、办公费、差旅交通费，设备供应部门办公和仓库所占固定资产使用费、工具用具使用费、劳动保护费、检验试验费等。这些费用可按主管部门规定的采购与保管费费率计算。

2. 设备运杂费的计算

设备运杂费按设备原价乘以设备运杂费率计算，其公式为：

$$设备运杂费＝设备原价×设备运杂费率$$

其中，设备运杂费率按各部门及省、市等的规定计取。

【例2-2】 某工业建设项目，需要引进国外先进设备及技术，其中硬件费200万美元，软件费40万美元，其中计算关税的软件费25万美元，假设美元兑人民币汇率为1美元＝8.0元人民币，国际运费费率为6％，国内运杂费率是2.5％，运输保险费是0.35％，银行财务费率为设备与材料离岸价的0.5％，外贸手续费费率是1.5％，关税税率为22％，增值税税率为17％。试计算该批设备的购置费。

解　该批设备为生产用，故无消费税。

货价＝$200 \times 8.0 + 40 \times 8.0 = 1600 + 320 = 1920$（万元人民币）

国际运费＝$1600 \times 6\% = 96$（万元人民币）

运输保险费＝$(1600 + 96) \times 0.35\% / (1 - 0.35\%) = 5.96$（万元人民币）

到岸价格 CIF＝$1920 + 96 + 5.96 = 2021.96$（万元人民币）

银行财务费＝$1920 \times 0.5\% = 9.60$（万元人民币）

外贸手续费＝$2021.96 \times 1.5\% = 30.33$（万元人民币）

硬件关税＝$(1600 + 96 + 5.96) \times 22\% = 1701.96 \times 22\% = 374.43$（万元人民币）

软件关税＝$25 \times 8.0 \times 22\% = 200 \times 22\% = 44$（万元人民币）

进口环节增值税＝$(2021.96 + 374.43 + 44) \times 17\% = 414.87$（万元人民币）

进口从属费＝$9.6 + 30.33 + 374.43 + 44 + 414.87 = 873.23$（万元人民币）

设备原价＝$2021.96 + 873.23 = 2895.19$（万元人民币）

国内运杂费＝$2895.19 \times 2.5\% = 72.38$（万元人民币）

设备购置费＝$2895.19 + 72.38 = 2967.57$（万元人民币）

所以该批进口设备的购置费为 2967.57（万元人民币）。

二、工具、器具及生产家具购置费构成及计算

工具、器具及生产家具购置费，是指新建或扩建项目初步设计规定的，保证初期正常生产必须购置的没有达到固定资产标准的设备、仪器、工卡模具、器具、生产家具和备品备件等的购置费用。一般以设备购置费为计算基数，按照部门或行业规定的工具、器具及生产家具费率计算。计算公式为：

$$工具、器具及生产家具购置费＝设备购置费 \times 定额费率$$

第三节　建筑安装工程费用

一、建筑安装工程费用内容

建筑安装工程费是指完成建设项目建造、生产设备及配套工程安装所需的费用。

1. 建筑工程费用

（1）各类房屋建筑工程和列入房屋建筑工程预算的供水、供暖、卫生、通风、煤气等设备费用及装饰工程的费用，列入建筑工程预算的各种管道、电力、电信和电缆导线敷设工程的费用。

（2）设备基础、支柱、工作台、烟囱、水塔、水池、灰塔等建筑工程以及各种炉窑的砌筑工程和金属结构工程的费用。

（3）为施工而进行的场地平整，工程和水文地质勘察，原有建筑物和构筑物的拆除以及施工临时用水、电、气、路和完工后的场地整理，环境绿化、美化等工作的费用。

（4）矿井开凿、井巷延伸、露天矿剥离，石油、天然气钻井，修建铁路、公路、桥梁、水库、堤坝、灌渠及防洪等工程的费用。

2. 安装工程费用

（1）生产、动力、起重、运输、传动、医疗、实验等各种需要安装的机械设备的装配费用，与设备相连的工作台、梯子、栏杆等装设工程费用，附属于被安装设备的管线敷设工程费用，以及被安装设备的绝缘、防腐、保温、油漆等工作的材料费和安装费。

（2）为测定安装工程质量，对单台设备进行单机试运转、对系统设备进行系统联动无负荷试运转工作的调试费。

二、建筑安装工程费用构成分类

根据住建部、财政部于 2013 年发布的建标［2013］44 号令《关于印发〈建筑安装工程费用项目组成〉的通知》，我国建筑安装工程费用构成分为按照费用构成要素和按照造价形成两种分类，二者关系如图 2-2 所示，有区别又相互关联。

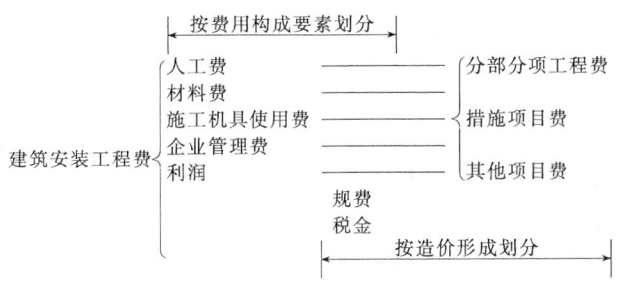

图 2-2　建筑安装工程造价构成

《建设工程工程量清单计价规范》（GB 50500—2013）规定：清单计价模式下建设工程发承包及其实施阶段的建筑安装工程费由分部分项工程费、措施项目费、其他项目费、规费和税金组成，这个规定与按造价形成的划分结果完全一致，解决了困惑建筑行业多年的费用构成不一致问题，清单计价将在第四章详述。

三、按费用构成要素划分建筑安装工程费用项目构成和计算

按照费用构成要素划分，建筑安装工程费包括：人工费、材料费（包含工程设备）、施工机具使用费、企业管理费、利润、规费和税金。

（一）人工费

1. 人工费的内容

建筑安装工程费中的人工费，是指按照工资总额构成规定，支付给直接从事建筑安装工程施工作业的生产工人和附属生产单位工人的各项费用。主要包括以下内容。

（1）计时工资或计件工资　是指按计时工资标准和工作时间或对已做工作按计件单价支付给个人的劳动报酬。

（2）奖金　是指对超额劳动和增收节支支付给个人的劳动报酬。如节约奖、劳动竞赛奖等。

（3）津贴补贴　是指为了补偿职工特殊或额外的劳动消耗和因其他特殊原因支付给个人的津贴，以及为了保证职工工资水平不受物价影响支付给个人的物价补贴。如流动施工津贴、特殊地区施工津贴、高温（寒）作业临时津贴、高空津贴等。

（4）加班加点工资　是指按规定支付的在法定节假日工作的加班工资和在法定日工作时间外延时工作的加点工资。

（5）特殊情况下支付的工资　是指根据国家法律、法规和政策规定，因病、工伤、产假、计划生育假、婚丧假、事假、探亲假、定期休假、停工学习、执行国家或社会义务等原因按计时工资标准或计时工资标准的一定比例支付的工资。

2. 人工费的计算

计算人工费的基本要素有两个，即人工工日消耗量和人工日工资单价。

（1）人工工日消耗量　是指在正常施工生产条件下，生产建筑安装产品（分部分项工程或结构构件）必须消耗的某种技术等级的人工工日数量。它由分项工程所综合的各个工序劳动定额包括的基本用工、其他用工两部分组成。

（2）人工日工资单价　是指施工企业平均技术熟练程度的生产工人在每工作日（国家法定工作时间内）按规定从事施工作业应得的日工资总额。

（3）人工费　基本计算公式为：

$$人工费 = \sum(工日消耗量 \times 日工资单价)$$

$$日工资单价 = \frac{生产工人平均月工资(计时、计件) + 平均月(奖金 + 津贴补贴 + 特殊情况下支付的工资)}{年平均每月法定工作日}$$

（二）材料费

1. 材料费的内容

建筑安装工程费中的材料费，是指工程施工过程中耗费的各种原材料、辅助材料、构配件、零件、半成品或成品、工程设备的费用，包括以下几类。

（1）材料原价　是指材料、工程设备的出厂价格或商家供应价格。

（2）运杂费　是指材料、工程设备自来源地运至工地仓库或指定堆放地点所发生的全部费用。

（3）运输损耗费　是指材料在运输装卸过程中不可避免的损耗。

（4）采购及保管费　是指为组织采购、供应和保管材料、工程设备的过程中所需要的各项费用。包括采购费、仓储费、工地保管费、仓储损耗。

（5）工程设备　是指构成或计划构成永久工程一部分的机电设备、金属结构设备、仪器装置及其他类似的设备和装置。根据《建设工程计价设备材料划分标准》（GB/T 50531—2009）的规定，工业、交通等项目中的建筑设备购置有关费用应列入建筑工程费，单一的房屋建筑工程项目的建筑设备购置有关费用宜列入建筑工程费。

2. 材料费的计算

计算材料费的基本要素是材料消耗量和材料单价。

（1）材料消耗量　材料消耗量是指在合理使用材料的条件下，生产建筑安装产品（分部分项工程或结构构件）必须消耗的一定品种、规格的原材料、辅助材料、构配件、零件、半成品或成品等的数量。它包括材料净用量和材料不可避免的损耗量。

（2）材料单价　材料单价是指建筑材料从其来源地运到施工工地仓库直至出库形成的综合平均单价。

$$材料单价 = \{(材料原价 + 运杂费) \times [1 + 运输损耗率(\%)]\} \times [1 + 采购保管费率(\%)]$$

（3）材料费的计算公式

$$材料费 = \sum(材料消耗量 \times 材料单价) + 工程设备费$$

$$工程设备费 = \sum(工程设备量 \times 工程设备单价)$$

$$工程设备单价 = (设备原价 + 运杂费) \times [1 + 采购保管费率(\%)]$$

（三）施工机具使用费

建筑安装工程费中的施工机具使用费，是指施工作业所发生的施工机械、仪器仪表使用费或其租赁费。

1. 施工机具使用费的内容

（1）施工机械使用费　是指施工机械作业发生的使用费或租赁费。构成施工机械使用费的基本要素是施工机械台班消耗量和机械台班单价。

施工机械台班单价通常由以下七个部分构成。

① 折旧费：指施工机械在规定的使用年限内，陆续收回其原值的费用。

② 大修理费：指施工机械按规定的大修理间隔台班进行必要的大修理，以恢复其正常功能所需的费用。

③ 经常修埋费：指施工机械除大修理以外的各级保养和临时故障排除所需的费用。包括为保障机械正常运转所需替换设备与随机配备工具附具的摊销和维护费用，机械运转中日常保养所需润滑与擦拭的材料费用及机械停滞期间的维护和保养费用等。

④ 安拆费及场外运费：简称安拆费，指施工机械（大型机械除外）在现场进行安装与拆卸所需的人工、材料、机械和试运转费用以及机械辅助设施的折旧、搭设、拆除等费用；场外运费指施工机械整体或分体自停放地点运至施工现场或由一施工地点运至另一施工地点的运输、装卸、辅助材料及架线等费用。

⑤ 人工费：指机上司机（司炉）和其他操作人员的人工费。

⑥ 燃料动力费：指施工机械在运转作业中所消耗的各种燃料及水、电等。

⑦ 税费：指施工机械按照国家规定应缴纳的车船使用税、保险费及年检费等。

（2）仪器仪表使用费　是指工程施工所需使用的仪器仪表的摊销及维修费用。

2. 施工机具使用费的计算

（1）施工机械使用费　基本计算公式为：

$$施工机械使用费 = \sum(施工机械台班消耗量 \times 机械台班单价)$$

$$机械台班单价 = 台班折旧费 + 台班大修费 + 台班经常修理费 + 台班安拆费及场外运费 + 台班人工费 + 台班燃料动力费 + 台班车船税费$$

（2）仪器仪表使用费　基本计算公式为：

$$仪器仪表使用费 = 工程使用的仪器仪表摊销费 + 维修费$$

（四）企业管理费

1. 企业管理费的内容

企业管理费是指建筑安装企业组织施工生产和经营管理所需的费用。内容包括以下几种。

（1）管理人员工资　是指按规定支付给管理人员的计时工资、奖金、津贴补贴、加班加点工资及特殊情况下支付的工资等。

（2）办公费　是指企业管理办公用的文具、纸张、账表、印刷、邮电、书报、办公软件、现场监控、会议、水电、烧水和集体取暖降温（包括现场临时宿舍取暖降温）等费用。

（3）差旅交通费　是指职工因公出差、调动工作的差旅费、住勤补助费，市内交通费和误餐补助费，职工探亲路费，劳动力招募费，职工退休、退职一次性路费，工伤人员就医路费，工地转移费以及管理部门使用的交通工具的油料、燃料等费用。

（4）固定资产使用费　是指管理和试验部门及附属生产单位使用的属于固定资产的房屋、设备、仪器等的折旧、大修、维修或租赁费。

（5）工具用具使用费　是指企业施工生产和管理使用的不属于固定资产的工具、器具、家具、交通工具和检验、试验、测绘、消防用具等的购置、维修和摊销费。

（6）劳动保险和职工福利费　是指由企业支付的职工退职金，按规定支付给离休干部的经费，集体福利费，夏季防暑降温、冬季取暖补贴，上下班交通补贴等。

（7）劳动保护费　是企业按规定发放的劳动保护用品的支出，如工作服、手套、防暑降温饮料以及在有碍身体健康的环境中施工的保健费用等。

（8）检验试验费 是指施工企业按照有关标准规定，对建筑以及材料、构件和建筑安装物进行一般鉴定、检查所发生的费用，包括自设试验室进行试验所耗用的材料等费用。不包括新结构、新材料的试验费，对构件做破坏性试验及其他特殊要求检验试验的费用和建设单位委托检测机构进行检测的费用，对此类检测发生的费用，由建设单位在工程建设其他费用中列支。但对施工企业提供的具有合格证明的材料进行检测不合格的，该检测费用由施工企业支付。

（9）工会经费 是指企业按《工会法》规定的全部职工工资总额比例计提的工会经费。

（10）职工教育经费 是指按职工工资总额的规定比例计提，企业为职工进行专业技术和职业技能培训、专业技术人员继续教育、职工职业技能鉴定、职业资格认定以及根据需要对职工进行各类文化教育所发生的费用。

（11）财产保险费 是指施工管理用财产、车辆等的保险费用。

（12）财务费 是指企业为施工生产筹集资金或提供预付款担保、履约担保、职工工资支付担保等所发生的各种费用。

（13）税金 是指企业按规定缴纳的房产税、车船使用税、土地使用税、印花税等。

（14）其他 包括技术转让费、技术开发费、投标费、业务招待费、绿化费、广告费、公证费、法律顾问费、审计费、咨询费、保险费等。

2. 企业管理费的计算

企业管理费一般采用取费基数乘以费率的方法计算，取费基数有三种，分别是：以分部分项工程费为计算基础、以人工费和机械费合计为计算基础及以人工费为计算基础。企业管理费费率计算方法如下。

（1）以分部分项工程费为计算基础

$$企业管理费费率（\%）=\frac{生产工人年平均管理费}{年有效施工天数×人工单价}×人工费占分部分项工程费比例（\%）$$

（2）以人工费和机械费合计为计算基础

$$企业管理费费率（\%）=\frac{生产工人年平均管理费}{年有效施工天数×（人工单价+每一工日机械使用费）}×100\%$$

（3）以人工费为计算基础

$$企业管理费费率（\%）=\frac{生产工人年平均管理费}{年有效施工天数×人工单价}×100\%$$

注：上述公式适用于施工企业投标报价时自主确定管理费，是工程造价管理机构编制计价定额确定企业管理费的参考依据。

工程造价管理机构在确定计价定额中的企业管理费时，应以定额人工费或定额人工费与机械费之和作为计算基数，其费率根据历年积累的工程造价资料，辅以调查数据确定，计入分部分项工程和措施项目费中。

（五）利润

利润是指施工企业完成所承包工程获得的盈利，由施工企业根据企业自身需求并结合建筑市场实际自主确定。工程造价管理机构在确定计价定额中利润时，应以定额人工费或定额人工费与机械费之和作为计算基数，其费率根据历年积累的工程造价资料，并结合建筑市场实际确定，以单位（单项）工程测算，利润在税前建筑安装工程费的比重可按不低于 5% 且不高于 7% 的费率计算。利润应列入分部分项工程和措施项目费中。

（六）规费

1. 规费的内容

规费是指按国家法律、法规规定，由省级政府和省级有关权力部门规定必须缴纳或计取的费用。主要包括社会保险费、住房公积金和工程排污费。

（1）社会保险费　包括以下几种。

① 养老保险费：企业按规定标准为职工缴纳的基本养老保险费。

② 失业保险费：企业按照国家规定标准为职工缴纳的失业保险费。

③ 医疗保险费：企业按照规定标准为职工缴纳的基本医疗保险费。

④ 生育保险费：企业按照国家规定为职工缴纳的生育保险费。

⑤ 工伤保险费：企业按照国务院制定的行业费率为职工缴纳的工伤保险费。

（2）住房公积金　企业按规定标准为职工缴纳的住房公积金。

（3）工程排污费　企业按规定缴纳的施工现场工程排污费。

2. 规费的计算

（1）社会保险费和住房公积金　社会保险费和住房公积金应以定额人工费为计算基础，根据工程所在地省、自治区、直辖市或行业建设主管部门规定费率计算。

社会保险费和住房公积金＝∑（工程定额人工费×社会保险费和住房公积金费率）

社会保险费和住房公积金费率可以每万元发承包价的生产工人人工费和管理人员工资含量与工程所在地规定的缴纳标准综合分析取定。

（2）工程排污费　工程排污费应按工程所在地环境保护等部门规定的标准缴纳，按实计取列入。

其他应列而未列入的地方性规费，按实际发生计取列入。

（七）税金

2016年5月1日以前，建筑安装工程费用中的税金是指国家税法规定应计入建筑安装工程费用的营业税，城市维护建设税、教育费附加及地方教育费附加，在计算时以一个综合税率来简便计算。

根据财政部、国家税务总局《关于全面推开营业税改征增值税试点的通知》（财税[2016] 36号）等文件规定，建筑业自2016年5月1日起纳入营业税改征增值税，原有的营业税停止征收。则建安工程费用中的税金应包括增值税和各种附加税。

建筑业的增值税的计算分以下两种情况。

1. 适用一般计税方法计税

除了可以适用简易计税方法的情形外，一般纳税人必须采用一般计税方法计税。

增值税＝税前工程造价×增值税销项税率－进项税额

增值税销项税率为11%，采购材料、设备、分包等凭已缴纳的进项税额按照有关税法规定可进行抵扣。

2. 适用简易计税方法计税

一般纳税人在下列三种情况下可选择简易计税。

（1）以清包工方式提供的建筑服务，可以选择适用简易计税方法计税　以清包工方式提供建筑服务，是指施工方不采购建筑工程所需的材料或只采购辅助材料，并收取人工费、管理费或者其他费用的建筑服务。

（2）为甲供工程提供的建筑服务，可以选择适用简易计税方法计税　甲供工程，是指全部或部分设备、材料、动力由工程发包方自行采购的建筑工程。

（3）为建筑工程老项目提供的建筑服务，可以选择适用简易计税方法计税   建筑工程老项目，是指：① "建筑工程施工许可证"注明的合同开工日期在 2016 年 4 月 30 日前的建筑工程项目；②未取得 "建筑工程施工许可证"的，建筑工程承包合同注明的开工日期在 2016 年 4 月 30 日前的建筑工程项目。

小规模纳税人提供建筑服务，适用简易计税方法计税。

简易纳税应以取得的全部价款和价外费用扣除支付的分包款后的余额为销售额，按照 3％的征收率计算应纳税额。

$$增值税＝（全部价款＋价外费用－分包价款）×3％$$

四、按造价形成划分建筑安装工程费用项目构成和计算

建筑安装工程费按照工程造价形成由分部分项工程费、措施项目费、其他项目费、规费和税金组成。

（一）分部分项工程费

分部分项工程费是指各专业工程的分部分项工程应予列支的各项费用。各类专业工程的分部分项工程划分应遵循现行国家或行业计量规范的规定。分部分项工程费通常用分部分项工程量乘以综合单价进行计算。

$$分部分项工程费＝\sum（分部分项工程量×综合单价）$$

综合单价包括人工费、材料费、施工机具使用费、企业管理费和利润，以及一定范围的风险费用。

（二）措施项目费

1. 措施项目费的构成

措施项目费是指为完成建设工程施工，发生于该工程施工前和施工过程中的技术、生活、安全、环境保护等方面的费用。措施项目及其包含的内容应遵循各类专业工程的现行国家或行业计量规范。以《房屋建筑与装饰工程工程量计算规范》（GB 50854—2013）中的规定为例，措施项目费可以归纳为以下几项。

（1）安全文明施工费   是指工程施工期间按照国家现行的环境保护、建筑施工安全、施工现场环境与卫生标准和有关规定，购置和更新施工安全防护用具及设施、改善安全生产条件和作业环境所需要的费用。通常包括以下几种。

① 环境保护费：是指施工现场为达到环保部门要求所需要的各项费用。

② 文明施工费：是指施工现场文明施工所需要的各项费用。

③ 安全施工费：是指施工现场安全施工所需要的各项费用。

④ 临时设施费：是指施工企业为进行建设工程施工所必须搭设的生活和生产用的临时建筑物、构筑物和其他临时设施费用。包括临时设施的搭设、维修、拆除、清理费或摊销费等。

（2）夜间施工增加费   是指因夜间施工所发生的夜班补助费、夜间施工降效、夜间施工照明设备摊销及照明用电等费用。其内容由以下各项组成。

① 夜间固定照明灯具和临时可移动照明灯具的设置、拆除费用。

② 夜间施工时，施工现场交通标志、安全标牌、警示灯的设置、移动、拆除费用。

③ 夜间照明设备摊销及照明用电、施工人员夜班补助、夜间施工劳动效率降低等费用。

（3）非夜间施工照明费   是指为保证工程施工正常进行，在地下室等特殊施工部位施工时所采用的照明设备的安拆、维护及照明用电等费用。

（4）二次搬运费　是指由于施工场地条件限制而发生的材料、成品、半成品等一次运输不能达到堆放地点，必须进行二次或多次搬运的费用。

（5）冬雨季施工增加费　是指在冬季或雨季施工需增加的临时设施、防滑、排除雨雪、人工及施工机械效率降低等费用。其内容由以下各项组成。

① 冬雨（风）季施工时增加的临时设施（防寒保温、防雨、防风设施）的搭设、拆除费用。

② 冬雨（风）季施工时，对砌体、混凝土等采用的特殊加温、保温和养护措施费用。

③ 冬雨（风）季施工时，施工现场的防滑处理、对影响施工的雨雪的清除费用。

④ 冬雨（风）季施工时增加的临时设施、施工人员的劳动保护用品、冬雨（风）季施工劳动效率降低等费用。

（6）地上、地下设施、建筑物的临时保护设施费　是指在工程施工过程中，对已建成的地上、地下设施和建筑物进行的遮盖、封闭、隔离等必要保护措施所发生的费用。

（7）已完工程及设备保护费　是指竣工验收前，对已完工程及设备采取的覆盖、包裹、封闭、隔离等必要保护措施所发生的费用。

（8）脚手架费　是指施工需要的各种脚手架搭、拆、运输费用以及脚手架购置费的摊销（或租赁）费用。其通常包括以下内容。

① 施工时可能发生的场内、场外材料搬运费用。

② 搭、拆脚手架、斜道、上料平台费用。

③ 安全网的铺设费用。

④ 拆除脚手架后材料的堆放费用。

（9）混凝土模板及支架（撑）费　是指混凝土施工过程中需要的各种钢模板、木模板、支架等的支拆、运输费用及模板、支架的摊销（或租赁）费用。其内容由以下各项组成。

① 混凝土施工过程中需要的各种模板制作费用。

② 模板安装、拆除、整理堆放及场内外运输费用。

③ 清理模板黏结物及模内杂物、刷隔离剂等费用。

（10）垂直运输费　是指现场所用材料、机具从地面运至相应高度以及职工人员上下工作面等所发生的运输费用。其内容由以下各项组成。

① 垂直运输机械的固定装置、基础制作、安装费。

② 行走式垂直运输机械轨道的铺设、拆除、摊销费。

（11）超高施工增加费　当单层建筑物檐口高度超过20m，多层建筑物超过6层时，可计算超高施工增加费。其内容由以下各项组成。

① 建筑物超高引起的人工工效降低以及由于人工工效降低引起的机械降效费。

② 高层施工用水加压水泵的安装、拆除及工作台班费。

③ 通信联络设备的使用及摊销费。

（12）大型机械设备进出场及安拆费　是指机械整体或分体自停放场地运至施工现场或由一个施工地点运至另一个施工地点，所发生的机械进出场运输及转移费用及机械在施工现场进行安装、拆卸所需的人工费、材料费、机械费、试运转费和安装所需的辅助设施的费用。其内容由安拆费和进出场费组成。

① 安拆费包括施工机械、设备在现场进行安装拆卸所需人工、材料、机械和试运转费用以及机械辅助设施的折旧、搭设、拆除等费用。

② 进出场费包括施工机械、设备整体或分体自停放地点运至施工现场或由一施工地点

运至另一施工地点所发生的运输、装卸、辅助材料等费用。

（13）施工排水、降水费　是指将施工期间有碍施工作业和影响工程质量的水排到施工场地以外，以及防止在地下水位较高的地区开挖深基坑出现基坑浸水，地基承载力下降，在动水压力作用下还可能引起流砂、管涌和边坡失稳等现象而必须采取有效的降水和排水措施费用。该项费用由成井和排水、降水两个独立的费用项目组成。

① 成井。成井的费用主要包括：

a. 准备钻孔机械、埋设护筒、钻机就位，泥浆制作、固壁，成孔、出渣、清孔等费用；

b. 对接上、下井管（滤管），焊接，安防，下滤料，洗井，连接试抽等费用。

② 排水、降水。排水、降水的费用主要包括：

a. 管道安装、拆除、场内搬运等费用；

b. 抽水、值班、降水设备维修等费用。

（14）其他　根据项目的专业特点或所在地区不同，可能会出现其他的措施项目。如工程定位复测费和特殊地区施工增加费等。

2. 措施项目费的计算

按照有关专业计量规范规定，措施项目分为应予计量的措施项目和不宜计量的措施项目两类。

（1）应予计量的措施项目　基本与分部分项工程费的计算方法相同，公式为：

$$措施项目费 = \sum(措施项目工程量 \times 综合单价)$$

不同的措施项目其工程量的计算单位是不同的，分列如下。

① 脚手架费通常按建筑面积或垂直投影面积以 m^2 为单位计算。

② 混凝土模板及支架（撑）费通常是按照模板与现浇混凝土构件的接触面积以 m^2 计算。

③ 垂直运输费可根据需要用以下两种方法进行计算：

a. 按照建筑面积以 m^2 为单位计算；

b. 按照施工工期日历天数以天为单位计算。

④ 超高施工增加费通常按照建筑物超高部分的建筑面积以 m^2 为单位计算。

⑤ 大型机械设备进出场及安拆费通常按照机械设备的使用数量以台次为单位计算。

⑥ 施工排水、降水费分两个不同的独立部分计算：

a. 成井费用通常按照设计图示尺寸以钻孔深度按 m 为单位计算；

b. 排水、降水费用通常按照排、降水日历天数以昼夜计算。

（2）不宜计量的措施项目　对于不宜计量的措施项目，通常用计算基数乘以费率的方法予以计算。

① 安全文明施工费：计算公式为

$$安全文明施工费 = 计算基数 \times 安全文明施工费费率(\%)$$

计算基数应为定额基价（定额分部分项工程费＋定额中可以计量的措施项目费）、定额人工费或定额人工费与机械费之和，其费率由工程造价管理机构根据各专业工程的特点综合确定。

② 其余不宜计量的措施项目：包括夜间施工增加费，非夜间施工照明费，二次搬运费，冬雨季施工增加费，地上、地下设施、建筑物的临时保护设施费，已完工程及设备保护费等。计算公式为：

$$措施项目费 = 计算基数 \times 措施项目费费率(\%)$$

公式中的计算基数应为定额人工费或定额人工费与定额机械费之和，其费率由工程造价管理机构根据各专业工程特点和调查资料综合分析后确定。

（三）其他项目费

1. 暂列金额

暂列金额是指建设单位在工程量清单中暂定并包括在工程合同价款中的一笔款项。用于施工合同签订时尚未确定或者不可预见的所需材料、工程设备、服务的采购，施工中可能发生的工程变更、合同约定调整因素出现时的工程价款调整以及发生的索赔、现场签证确认等的费用。

暂列金额由建设单位根据工程特点，按有关计价规定估算，施工过程中由建设单位掌握使用、扣除合同价款调整后如有余额，归建设单位。

2. 暂估价

暂估价是招标人在工程量清单中提供的用于支付必然发生但暂时不能确定价格的材料、工程设备的单价以及专业工程的金额。

招标人可根据材料、设备的采购情况来确定，投标人按照工程量清单计入投标报价中。

3. 计日工

计日工是指在施工过程中，施工企业完成建设单位提出的施工图纸以外的零星项目或工作所需的费用。

计日工由建设单位和施工企业按施工过程中的签证计算。

4. 总承包服务费

总承包服务费是指总承包人为配合、协调建设单位进行的专业工程发包，对建设单位自行采购的材料、工程设备等进行保管以及施工现场管理、竣工资料汇总整理等服务所需的费用。

总承包服务费由建设单位在招标控制价中根据总包服务范围和有关计价规定编制，施工企业投标时自主报价，施工过程中按签约合同价执行。

（四）规费和税金

规费和税金的构成和计算与按费用构成要素划分建筑安装工程费用项目组成部分是相同的，不再赘述。

第四节　工程建设其他费用

工程建设其他费用，是指从工程筹建起到工程竣工验收交付使用止的整个建设期间，除建筑安装工程费用和设备及工器具购置费用以外的，为保证工程建设顺利完成和交付使用后能够正常发挥效用而发生的各项费用。

一、建设用地费

任何一个建设项目都固定于一定地点与地面相连接，必须占用一定量的土地，也就必然要发生为获得建设用地而支付的费用，这就是建设用地费。它是指为获得建设项目建设土地的使用权而在建设期内发生的各项费用，包括通过划拨方式取得土地使用权而支付的土地征用及迁移补偿费，或者通过土地使用权出让方式取得土地使用权而支付的土地使用权出让金。

（一）建设用地取得的基本方式

建设用地的取得，实质是依法获取国有土地的使用权。根据我国《房地产管理法》规定，获取国有土地使用权的基本方式有两种：一种是出让方式；另一种是划拨方式。建设土地取得的其他方式还包括租赁和转让方式。

1. 通过出让方式获取国有土地使用权

国有土地使用权出让，是指国家将国有土地使用权在一定年限内出让给土地使用者，由土地使用者向国家支付土地使用权出让金的行为。

通过出让方式获取国有土地使用权又可以分成两种具体方式：一种是通过招标、拍卖、挂牌等竞争出让方式获取国有土地使用权；另一种是通过协议出让方式获取国有土地使用权。

2. 通过划拨方式获取国有土地使用权

国有土地使用权划拨，是指县级以上人民政府依法批准，在土地使用者缴纳补偿、安置等费用后将该幅土地交付其使用，或者将土地使用权无偿交付给土地使用者使用的行为。

国家对划拨用地有着严格的规定，特定类型的建设用地，经县级以上人民政府依法批准，可以以划拨方式取得。

（二）建设用地取得的费用

建设用地如通过行政划拨方式取得，则须承担征地补偿费用或对原用地单位或个人的拆迁补偿费用；若通过市场机制取得，则不但承担以上费用，还须向土地所有者支付有偿使用费，即土地出让金。

1. 征地补偿费用

建设征用土地费用由以下几个部分构成。

（1）土地补偿费。土地补偿费是对农村集体经济组织因土地被征用而造成的经济损失的一种补偿。征用耕地的补偿费，为该耕地被征前三年平均年产值的6～10倍。征用其他土地的补偿费标准，由省、自治区、直辖市参照征用耕地的补偿费标准规定。土地补偿费归农村集体经济组织所有。

（2）青苗补偿费和地上附着物补偿费。青苗补偿费是因征地时对其正在生长的农作物受到损害而作出的一种赔偿。在农村实行承包责任制后，农民自行承包土地的青苗补偿费应付给本人，属于集体种植的青苗补偿费可纳入当年集体收益。凡在协商征地方案后抢种的农作物、树木等，一律不予补偿。地上附着物是指房屋、水井、树木、涵洞、桥梁、公路、水利设施，林木等地面建筑物、构筑物、附着物等。视协商征地方案前地上附着物价值与折旧情况确定，应根据"拆什么，补什么，拆多少，补多少，不低于原来水平"的原则确定。如附着物产权属个人，则该项补助费付给个人。地上附着物的补偿标准，由省、自治区、直辖市规定。

（3）安置补助费。安置补助费应支付给被征地单位和安置劳动力的单位，作为劳动力安置与培训的支出，以及作为不能就业人员的生活补助。征收耕地的安置补助费，按照需要安置的农业人口数计算。需要安置的农业人口数，按照被征收的耕地数量除以征地前被征收单位平均每人占有耕地的数量计算。一个需要安置的农业人口的安置补助费标准，为该耕地被征收前三年平均年产值的4～6倍。但是，每公顷被征收耕地的安置补助费，最高不得超过被征收前三年平均年产值的15倍。土地补偿费和安置补助费，尚不能使需要安置的农民保持原有生活水平的，经省、自治区、直辖市人民政府批准，可以增加安置补助费。但是，土地补偿费和安置补助费的总和不得超过土地被征收前三年平均年产值的30倍。

（4）新菜地开发建设基金。新菜地开发建设基金指征用城市郊区商品菜地时支付的费用。这项费用交给地方财政，作为开发建设新菜地的投资。菜地是指城市郊区为供应城市居民蔬菜，连续 3 年以上常年种菜或者养殖鱼、虾等的商品菜地和精养鱼塘。一年只种一茬或因调整茬口安排种植蔬菜的，均不作为需要收取开发基金的菜地。征用尚未开发的规划菜地，不缴纳新菜地开发建设基金。在蔬菜产销放开后，能够满足供应，不再需要开发新菜地的城市，不收取新菜地开发基金。

（5）耕地占用税。耕地占用税是对占用耕地建房或者从事其他非农业建设的单位和个人征收的一种税收，目的是合理利用土地资源、节约用地、保护农用耕地。耕地占用税征收范围，不仅包括占用耕地，还包括占用鱼塘、园地、菜地及其农业用地建房或者从事其他非农业建设，均按实际占用的面积和规定的税额一次性征收。其中，耕地是指用于种植农作物的土地。占用前三年曾用于种植农作物的土地也被视为耕地。

（6）土地管理费。土地管理费主要作为征地工作中所发生的办公、会议、培训、宣传、差旅、借用人员工资等必要的费用。土地管理费的收取标准，一般是在土地补偿费、青苗费、地面附着物补偿费、安置补助费四项费用之和的基础上提取 2%～4%。如果是征地包干，还应在四项费用之和后再加上粮食价差、副食补贴、不可预见费等费用，在此基础上提取 2%～4% 作为土地管理费。

2. 拆迁补偿费用

在城市规划区内国有土地上实施房屋拆迁，拆迁人应当对被拆迁人给予补偿安置。

（1）拆迁补偿。拆迁补偿的方式可以实行货币补偿，也可以实行房屋产权调换。

货币补偿的金额，根据被拆迁房屋的区位、用途、建筑面积等因素，以房地产市场评估价格确定。具体办法由省、自治区、直辖市人民政府制定。

实行房屋产权调换的，拆迁人与被拆迁人按照计算得到的被拆迁房屋的补偿金额和所调换房屋的价格，结清产权调换的差价。

（2）搬迁、安置补助费。拆迁人应当对被拆迁人或者房屋承租人支付搬迁补助费，对于在规定的搬迁期限届满前搬迁的，拆迁人可以付给提前搬家奖励费；在过渡期限内，被拆迁人或者房屋承租人自行安排住处的，拆迁应当支付临时安置补助费；被拆迁人或者房屋承租人使用拆迁人提供的周转房的，拆迁人不支付临时安置补助费。

搬迁补助费和临时安置补助费的标准，由省、自治区、直辖市人民政府规定。有些地区规定，拆除非住宅房屋，造成停产、停业引起经济损失的，拆迁人可以根据被拆除房屋的区位和使用性质，按照一定标准给予一次性停产停业综合补助费。

3. 土地出让金、转让金

土地使用权出让金为用地单位向国家支付的土地所有权收益，出让金标准一般参考城市基准地价并结合其他因素制定。基准地价由市土地管理局会同市物价局、市国有资产管理局、市房地产管理局等部门综合平衡后报市级人民政府审定通过，它以城市土地综合定级为基础，用某一地价或地价幅度表示某一类别用地在某一土地级别范围的地价，以此作为土地使用权出让价格的基础。

在有偿出让和转让土地时，政府对地价不作统一规定，但坚持以下原则：即地价对目前的投资环境不产生大的影响；地价与当地的社会经济承受能力相适应；地价要考虑已投入的土地开发费用、土地市场供求关系、土地用途、所在区类、容积率和使用年限等。有偿出让和转让使用权，要向土地受让者征收契税；转让土地如有增值，要向转让者征收土地增值税；土地使用者每年应按规定的标准缴纳土地使用费。土地使用权出让或转让，应先由地价评估机构进行价格评估后，再签订土地使用权出让和转让合同。

二、与项目建设有关的其他费用

1. 建设管理费

建设管理费是指建设单位为组织完成建设项目建设，在建设期内发生的各类管理性费用。建设管理费的内容包括以下几点。

（1）建设单位管理费。是指建设单位发生的管理性质的开支。包括：工作人员工资、工资性补贴、施工现场津贴、职工福利费、住房基金、基本养老保险费、基本医疗保险费、失业保险费、工伤保险费、办公费、差旅交通费、劳动保护费、工具用具使用费、固定资产使用费、必要的办公及生活用品购置费、必要的通信设备及交通工具购置费、零星固定资产购置费、招募生产工人费、技术图书资料费、业务招待费、设计审查费、工程招标费、合同契约公证费、法律顾问费、咨询费、完工清理费、竣工验收费、印花税和其他管理性质开支。

（2）工程监理费。是指建设单位委托工程监理单位实施工程监理的费用。此项费用应按国家发改委与建设部联合发布的《建设工程监理与相关服务收费管理规定》（发改价格〔2007〕670号）计算。依法必须实行监理的建设工程施工阶段的监理收费实行政府指导价；其他建设工程施工阶段的监理收费和其他阶段的监理与相关服务收费实行市场调节价。

建设单位管理费按照工程费用之和（包括设备工器具购置费和建筑安装工程费用）乘以建设单位管理费费率计算。

建设单位管理费费率按照建设项目的不同性质、不同规模确定。有的建设项目按照建设工期和规定的金额计算建设单位管理费。如采用监理，建设单位部分管理工作量转移至监理单位。监理费应根据委托的监理工作范围和监理深度在监理合同中商定或按当地或所属行业部门有关规定计算；如建设单位采用工程总承包方式，其总包管理费由建设单位与总包单位根据总包工作范围在合同中商定，从建设管理费中支出。

2. 可行性研究费

可行性研究费是指在建设项目投资决策阶段，依据调研报告对有关建设方案、技术方案或生产经营方案进行的技术经济论证，以及编制、评审可行性研究报告所需的费用。此项费用应依据前期研究委托合同计列，或参照《建设项目前期工作咨询收费暂行规定的通知》计算。

3. 研究试验费

研究试验费是指为建设项目提供或验证设计数据、资料等进行必要的研究试验及按照相关规定在建设过程中必须进行试验、验证所需的费用。包括自行或委托其他部门研究试验所需人工费、材料费、试验设备及仪器使用费等。这项费用按照设计单位根据本建设项目的需要提出的研究试验内容和要求计算。在计算时要注意不应包括以下项目。

（1）应由科技三项费用（即新产品试制费、中间试验费和重要科学研究补助费）开支的项目。

（2）应在建筑安装费用中列支的施工企业对建筑材料、构件和建筑物进行一般鉴定、检查所发生的费用及技术革新的研究试验费。

（3）应由勘察设计费或工程费用中开支的项目。

4. 勘察设计费

勘察设计费是指对建设项目进行工程水文地质勘察、工程设计所发生的费用。包括：工程勘察费、初步设计费（基础设计费）、施工图设计费（详细设计费）、设计模型制作费。此项费用应按《关于发布〈工程勘察设计收费管理规定〉的通知（计价格［2002］10号）》的规定计算。

5. 环境影响评价费

环境影响评价费是指按照《中华人民共和国环境保护法》、《中华人民共和国环境影响评价法》等规定，在建设项目投资决策过程中，对其进行环境污染或影响评价所需的费用。包括编制环境影响报告书（含大纲）、环境影响报告表以及对环境影响报告书（含大纲）、环境影响报告表进行评估等所需的费用。此项费用可参照《关于规范环境影响咨询收费有关问题的通知》（计价格［2002］125号）规定计算。

6. 劳动安全卫生评价费

劳动安全卫生评价费是指按照《建设项目（工程）劳动安全卫生监察规定》和《建设项目（工程）劳动安全卫生预评价管理办法》的规定，在建设项目投资决策过程中，为编制劳动安全卫生评价报告所需的费用。包括编制建设项目劳动安全卫生预评价大纲和劳动安全卫生预评价报告书以及为编制上述文件所进行的工程分析和环境调查等所需费用，必须进行劳动安全卫生预评价的项目类别国家做出了相应规定。

7. 场地准备及临时设施费

建设项目场地准备费是指为使建设项目的建设场地达到开工条件，由建设单位组织进行的场地平整等准备工作而发生的费用。

建设单位临时设施费是指建设单位为满足建设项目建设、生活、办公的需要，用于临时设施建设、维修、租赁、使用所发生或摊销的费用。

新建项目的场地准备和临时设施费应根据实际工程量估算，或按工程费用的比例计算。改扩建项目一般只计拆除清理费。

$$场地准备和临时设施费＝工程费用×费率＋拆除清理费$$

场地准备及临时设施费计算时应注意以下几点。

（1）场地准备及临时设施费应尽量与永久性工程统一考虑。建设场地的大型土石方工程应进入工程费用中的总图运输费用中。

（2）发生拆除清理费时可按新建同类工程造价或主材费、设备费的比例计算。凡可回收材料的拆除工程采用以料抵工方式冲抵拆除清理费。

（3）此项费用不包括已列入建筑安装工程费用中的施工单位临时设施费用。

8. 引进技术和引进设备其他费

引进技术和引进设备其他费是指引进技术和设备发生的但未计入设备购置费中的费用。

（1）引进项目图纸资料翻译复制费、备品备件测绘费。可根据引进项目的具体情况计列或按引进货价（FOB）的比例估列；引进项目发生备品备件测绘费时按具体情况估列。

（2）出国人员费用。包括买方人员出国设计联络、出国考察、联合设计、监造、培训等所发生的差旅费、生活费等。依据合同或协议规定的出国人次、期限以及相应的费用标准计算，生活费按照财政部、外交部规定的现行标准计算、差旅费按中国民航公布的票价计算。

（3）来华人员费用。包括卖方来华工程技术人员的现场办公费用、往返现场交通费用、接待费用等。依据引进合同或协议有关条款及来华技术人员派遣计划进行计算。来华人员接待费用可按每人次费用指标计算。引进合同价款中已包括的费用内容不得重复计算。

（4）银行担保及承诺费。指引进项目由国内外金融机构出面承担风险和责任担保所发生的费用，以及支付贷款机构的承诺费用，应按担保或承诺协议计取，投资估算和概算编制时以担保金额或承诺金额为基数乘以费率计算。

9. 工程保险费

工程保险费是指为转移建设项目建设的意外风险，在建设期内对建筑工程、安装工程、机械设备和人身安全进行投保而发生的费用。包括建筑安装工程一切险、引进设备财产保险和人身意外伤害险等。

根据不同的工程类别，分别以其建筑、安装工程费乘以建筑、安装工程保险费率计算。民用建筑（住宅楼、综合性大楼、商场、旅馆、医院、学校）占建筑工程费的 2‰～4‰；其他建筑（工业厂房、仓库、道路、码头、水坝、隧道、桥梁、管道等）占建筑工程费的 3‰～6‰；安装工程（农业、工业、机械、电子、电器、纺织、矿山、石油、化工、钢结构桥梁）占建筑工程费的 3‰～6‰。

10. 特殊设备安全监督检验费

特殊设备安全监督检验费是指安全监察部门对在施工现场组装的锅炉及压力容器、压力管道、消防设备、燃气设备、电梯等特殊设备和设施实施安全检验收取的费用。此项费用按照建设项目所在省、市、自治区安全监察部门的规定标准计算。无具体规定的，在编制投资估算和概算时可按受检设备现场安装费的比例估算。

11. 市政公用设施费

市政公用设施费是指使用市政公用设施的建设项目，按照项目所在地省级人民政府有关规定建设或缴纳的市政公用设施建设配套费用，以及绿化工程补偿费用。此项费用按工程所在地人民政府规定标准计列。

三、与未来生产经营有关的其他费用

1. 联合试运转费

联合试运转费是指新建或新增加生产能力的建设项目，在交付生产前按照设计文件规定的工程质量标准和技术要求，对整个生产线或装置进行负荷联合试运转所发生的费用净支出（试运转支出大于收入的差额部分费用）。试运转支出包括试运转所需原材料、燃料及动力消耗、低值易耗品、其他物料消耗、工具用具使用费、机械使用费；保险金、施工单位参加试运转人员工资以及专家指导费等；试运转收入包括试运转期间的产品销售收入和其他收入、联合试运转费不包括应由设备安装工程费用开支的调试及试车费用，以及在试运转中暴露出来的因施工原因或设备缺陷等发生的处理费用。

2. 专利及专有技术使用费

专利及专有技术使用费的主要内容如下。

（1）国外设计及技术资料费、引进有效专利、专有技术使用费和技术保密费。

（2）国内有效专利，专有技术使用费。

（3）商标权、商誉和特许经营权费等。

在专利及专有技术使用费计算时应注意以下问题。

（1）按专利使用许可协议和专有技术使用合同的规定计列。

（2）专有技术的界定应以省、部级鉴定批准为依据。

（3）项目投资中只计算需在建设期支付的专利及专有技术使用费。协议或合同规定在生产期支付的使用费应在生产成本中核算。

（4）一次性支付的商标权、商誉及特许经营权费按协议或合同规定计列。协议或合同规定在生产期支付的商标权或特许经营权费应在生产成本中核算。

（5）为项目配套的专用设施投资，包括专用铁路线、专用公路、专用通信设施、送变电站、地下管道、专用码头等，如由项目建设单位负责投资但产权不归属本单位的，应作无形资产处理。

3. 生产准备及开办费

在建设期内，建设单位为保证项目正常生产而发生的人员培训费、提前进厂费以及投产使用必备的办公、生活家具用具及工器具等的购置费用。包括以下内容。

（1）人员培训费及提前进厂费。包括自行组织培训或委托其他单位培训的人员工资、工资性补贴、职工福利费、差旅交通费、劳动保护费、学习资料费等。

（2）为保证初期正常生产（或营业、使用）所必需的生产办公、生活家具用具购置费。

（3）为保证初期正常生产（或营业、使用）必需的第一套不够固定资产标准的生产工具、器具、用具购置费。不包括备品备件费。

新建项目按设计定员为基数计算，改扩建项目按新增设计定员为基数计算：

生产准备费＝设计定员×生产准备费指标(元/人)

第五节　预备费及建设期贷款利息

一、预备费

按我国现行规定，预备费包括基本预备费和价差预备费。

1. 基本预备费

基本预备费是指针对项目实施过程中可能发生但难以预料而事先预留的费用，又称工程建设不可预见费。主要考虑设计变更和工程量增加的费用。构成包括以下几点。

（1）在批准的初步设计范围内，技术设计、施工图设计及施工过程中所增加的工程费用；设计变更、局部地基处理等增加的费用。

（2）一般自然灾害造成的损失和预防自然灾害所采取的措施费用。实行工程保险的建设项目费用应适当降低。

（3）竣工验收时为鉴定工程质量对隐蔽工程进行必要的挖掘和修复费用。

（4）超规超限设备运输的费用。

基本预备费是按工程费用（设备及工器具购置费、建筑安装工程费用）和工程建设其他费用二者之和为计取基础，乘以基本预备费率进行计算的。

基本预备费＝(设备及工器具购置费＋建筑安装工程费用＋工程建设其他费用)×基本预备费率

基本预备费率的取值执行国家及部门的有关规定。

2. 价差预备费

价差预备费是指建设项目在建设期间内由于利率、汇率及价格等因素的变化引起工程造价增加需要预先预留的费用，也称为价格变动不可预见费。内容包括：人工、设备、材料、施工机械的价差费，建筑安装工程费及工程建设其他费用调整，利率、汇率调整等增加的费用。

价差预备费的测算方法，一般根据国家规定的投资综合价格指数，以估算年份价格水平的投资额为基数，采用复利方法计算。计算公式为：

$$PF = \sum_{t=1}^{n} I_t [(1+f)^m (1+f)^{0.5} (1+f)^{t-1} - 1]$$

式中　PF——价差预备费；

n——建设期年份数；

I_t——估算的建设期静态投资额在第 t 年投入的费用，包括设备及工器具购置费、建筑安装工程费，工程建设其他费用和基本预备费；

f——年涨价率，政府部门有规定的按规定，无规定的由可行性研究报告编制人员预测；

m——建设前期年限（从编制估算到开工建设），年。

【例 2-3】 已知某生物农药项目的建设期 2 年，工程计划静态投资额为 8473.7 万元，建设前期为 1 年，按照实施进度，资金使用比例第 1 年为 40%，第 2 年为 60%，建设期的物价上涨指数参照有关行业规定取 4%，试计算该生物农药项目的价差预备费。

解 第 1 年资金计划额＝8473.7×40%＝3389.48（万元）

第 1 年价差预备费＝3389.48×[(1+4%)×(1+4%)^0.5−1]＝205.39（万元）

第 2 年资金计划额＝8473.7×60%＝5084.22（万元）

第 2 年价差预备费＝5084.22×[(1+4%)×(1+4%)^0.5×(1+4%)−1]＝523.78（万元）

该项目价差预备费＝205.39＋523.78＝729.17（万元）

二、建设期贷款利息

建设期贷款利息是指为筹措建设项目资金发生的费用。包括向国内银行和其他非银行金融机构贷款、出口信贷、外国政府贷款、国际商业银行贷款以及在境内外发行的债券等在建设期间内应偿还的贷款利息。建设期贷款利息实行复利计算。

1. 贷款总额一次性贷出且利率固定的贷款利息计算

计算公式为：

$$贷款利息＝F−P$$
$$F＝P(1+i)^n$$

式中 P——一次性贷款金额；

F——建设期末还款时的本利和；

i——年利率；

n——贷款期限。

2. 贷款分年均衡发放的贷款利息计算

此种情况可按当年借款在年中支用考虑，当年贷款按半年计息，上年贷款按全年计息。计算公式为：

$$q_j=\left(P_{j-1}+\frac{1}{2}A_j\right)i$$

式中 q_j——建设期第 j 年应计利息；

P_{j-1}——建设期第 $j-1$ 年年末贷款累计金额与利息累计金额之和；

A_j——建设期第 j 年贷款金额；

i——年利率。

国外贷款利息的计算中，还应包括国外贷款银行根据贷款协议向贷款方以年利率的方式收取的手续费、管理费、承诺费，以及国内代理机构经国家主管部门批准的以年利率的方式向贷款单位收取的转贷费、担保费、管理费等。

对于有多种借款资金来源，每笔借款的年利率各不相同的项目，既可分别计算每笔借款的利息，也可先计算出各笔借款加权平均的年利率，并以此利率计算全部借款的利息。

【例 2-4】 已知某生物农药项目分年投资计划，资本金分年投入计划及各年需借款数额见表 2-1。该项目建设期投资借款在各年年内均衡发生，年利率为 6%，每年计息一次，建设期不还息，试计算该项目的建设期贷款利息。

表 2-1　某生物农药项目分年的资金投入计划　　　　单位：万元

序号	工程费用名称	建设期		合计
		第 1 年	第 2 年	
1	固定资产投资	3945.08	5079.07	9024.15
1.1	工程费用	2446.5	3669.7	6116.2
1.2	工程建设其他费用	1016.7	570.5	1587.2
1.3	基本预备费	346.3	424.0	770.3
1.4	价差预备费	135.58	414.87	550.45
2	用于投资的项目资本金	1600.68	2100.87	3701.55
3	建设期借款	2344.4	2978.2	5322.6

解 第 1 年利息 $= \dfrac{2344.4}{2} \times 6\% = 70.33$（万元）

第 2 年利息 $= \left(2344.4 + 70.33 + \dfrac{2978.2}{2}\right) \times 6\% = 234.23$（万元）

建设期借款利息 $= 70.33 + 234.23 = 304.56$（万元）

【复习思考题】

1. 简述我国工程造价的构成。

2. 设备购置费如何计算？

3. 简述我国现行的建筑安装工程费用的构成。

4. 某项目的静态投资为 3750 万元，其中工程建设其他费用及基本预备费共计 420 万元，按进度计划，项目建设期为 2 年，投资分年使用，第一年为 40%，第二年为 60%，建设期内平均价格变动率预测为 6%，则该项目建设期的价差预备费为多少万元？

5. 某项目进口一套加工设备，该设备的离岸价格为 100 万美元，国外运费为 5 万美元，运输保险费 1 万美元，关税税率为 20%，增值税税率为 17%，无消费税，则该设备的增值税为多少万人民币（设定 1 美元＝6.24 元人民币）？

第三章 建设工程计价依据

【教学目的与要求】

本章主要介绍了建设工程计价的基本原理、计价标准、计价依据和计价程序，建设工程定额的概念、作用、定额体系，建筑安装工程人工、材料、机械台班定额消耗量的确定，人工工日、材料价格、机械台班单价的确定，各种计价定额的编制。通过本章的学习，使读者掌握建筑安装工程人工、材料、机械台班定额消耗量及人工工日、材料价格、机械台班单价的概念、组成及确定方法，熟悉各种计价定额的概念和编制方法；了解建设工程计价基本原理，定额的作用和分类。

第一节 建设工程计价概述

一、工程计价基本原理

建设项目是兼具单件性与多样性的集合体。每一个建设项目的建设都需要按业主的特定需要进行单独设计、单独施工，不能批量生产和按整个项目确定价格，只能采用特殊的计价程序和计价方法，即将整个项目进行分解，划分为可以按有关技术经济参数测算价格的基本构造单元（如定额项目、清单项目），这样就可以计算出基本构造单元的费用。一般来说，分解结构层次越多，基本子项也越细，计算也更精确。

任何一个建设项目都可以分解为一个或几个单项工程，任何一个单项工程都是由一个或几个单位工程所组成。作为单位工程的各类建筑工程和安装工程仍然是一个比较复杂的综合实体，还需要进一步分解。就建筑工程来说，又可以按照施工顺序细分为土石方工程、地基处理与边坡支护工程、桩基工程、砌筑工程、混凝土及钢筋混凝土工程、金属结构工程、木结构工程、门窗工程、屋面及防水工程等分部工程。分解成分部工程后，从工程计价的角度，还需要把分部工程按照不同的施工方法、不同的构造及不同的规格，加以更为细致的分解，划分为更为简单细小的部分，即分项工程。分解到分项工程后还可以根据需要进一步划分为定额项目或清单项目，这样就可以得到基本构造单元了。

工程造价计价的主要思路就是将建设项目细分至最基本的构造单元，找到了适当的计量单位及当时当地的单价，就可以采取一定的计价方法，进行分部组合汇总，计算出相应工程造价。工程计价的基本原理就在于项目的分解与组合。

工程计价的基本原理可以用公式的形式表达如下：

分部分项工程费＝∑[基本构造单元工程量(定额项目或清单项目)×相应单价]

工程造价的计价可分为工程计量和工程计价两个环节。

(一) 工程计量

工程计量工作包括工程项目的划分和工程量的计算。

(1) 单位工程基本构造单元的确定,即划分工程项目。编制工程概算预算时,主要按工程定额进行项目的划分,编制工程量清单时主要按照工程量清单计量规范规定的清单项目进行划分。

(2) 工程量的计算要按照工程项目的划分和工程量计算规则,就施工图设计文件和施工组织设计对分项工程实物量进行计算。工程实物量是计价的基础,不同的计价依据有不同的计算规则规定。目前,工程量计算规则包括两大类:一是各类工程定额规定的计算规则;二是各专业工程计量规范附录中规定的计算规则。

(二) 工程计价

工程计价包括工程单价的确定和总价的计算。

1. 工程单价

工程单价是指完成单位工程基本构造单元的工程量所需要的基本费用。工程单价与完整的建筑产品(如单位产品、最终产品)价值在概念上是完全不同的一种单价。完整的建筑产品价值,是建筑物或构筑物在真实意义上的全部价值,即完全成本加利税。单位建筑安装产品单价,不仅不是可以独立发挥建筑物或构筑物价值的价格,甚至也不是单位假定建筑产品的完整价格。

根据工程单价的综合程度,其形式包括工料单价和综合单价。

(1) 工料单价。工料单价也称为直接工程费单价,这种工程单价只包括人工费、材料费和机械台班使用费,是各种人工消耗量、各种材料消耗量、各类机械台班消耗量与其相应单价的乘积,用下式表示:

$$工料单价＝∑(人材机消耗量×人材机单价)$$

工料单价是在采用单位估价法编制工程预算时形成的特有概念,也是计算程序中的一个重要环节。为了有利于控制工程造价,各地建设行政主管部门或其授权的工程造价管理机构一般以单位估价表的形式来发布地区统一的预算定额,根据定额中规定的人工、材料和施工机械台班消耗量以及省会(或市政府)所在地的工资单价、材料单价、机械台班单价来确定工料单价。这种定额的工料单价,也叫定额基价,这就是所谓的"量价合一"现象。

在计划经济时期,由于价格水平得到控制,地区统一的工程单价(或者单位估价表)具有相对的稳定性。在市场价格变动情况下计算工程造价,必须根据工程造价管理机构发布的调价文件,对固定的定额工料单价求出的定额直接费进行修正,通过采用修正后的工料单价乘以根据图纸计算出来的工程量的方法,获得符合实际市场情况的直接工程费。

我国长期以来,在根据图纸计算出来的工程量乘以工料单价得到直接工程费之后,其他费用的计算均采用在一定的费用计算基础上取费的办法。对于建筑工程,一般选用以直接工程费为计算基础乘以规定的取费费率来计算间接费、利润等费用。工料单价的计算方法及计价程序详见第七章相关部分。

(2) 综合单价。为了简化计价程序,实现与国际惯例接轨,我国于 2003 年开始推行工程量清单计价,采用综合单价的工程单价形式。综合单价是指完成工程量清单中一个规定计量单位项目所需的人工费、材料费、机械使用费、管理费和利润,并考虑风险因素。

理论上来讲,综合单价应包括完成规定计量单位合格产品所需的全部费用,但考虑我国的现实情况，目前实行的综合单价包括除规费、税金以外的全部费用。综合单价不仅适用于分部分项工程项目清单，也适用于措施项目清单、其他项目清单。综合单价根据国家、地区、行业定额或企业定额消耗量和相应生产要素的市场价格来确定。综合单价的具体计算和编制方法详见第四章相关部分。

2. 工程总价

工程总价是指经过规定的程序或办法逐级汇总形成的相应工程造价。

根据采用单价的不同，总价的计算程序有所不同。

（1）采用工料单价时，在工料单价确定后，乘以相应定额项目工程量并汇总，得出相应工程直接工程费，再按照相应的取费程序计算其他各项费用，汇总后形成相应工程造价。

（2）采用综合单价时，在综合单价确定后，乘以相应项目工程量，经汇总即可得出分部分项工程费，再按相应的办法计取措施项目、其他项目、规费项目和税金项目费，各项目费汇总后得出相应工程造价。

二、工程计价标准和依据

工程计价标准和依据主要包括计价活动的相关规章规程、工程量清单计价和计量规范、工程定额和相关造价信息。

从目前我国现在来看，工程定额主要用于在项目建设前期各阶段对于建设投资的预测和估计。在工程建设交易阶段，工程定额通常只能作为建设产品价格形成的辅助依据。工程量清单计价依据主要适用于合同价格形成以及后续的合同价格管理阶段。计价活动的相关规章规程则根据其具体内容可能适用于不同阶段的计价活动。造价信息是计价活动所必需的依据。

1. 计价活动的相关规章规程

现行计价活动相关的规章规程主要包括建筑工程发包与承包计价管理办法、建设项目投资估算编审规程、建设项目设计概算编审规程、建设项目施工图预算编审规程、建设工程招标控制价编审规程、建设项目工程结算编审规程、建设项目全过程造价咨询规程、建设工程造价咨询成果文件质量标准、建设工程造价鉴定规程等。

2. 工程量清单计价和计量规范

工程量清单计价和计量规范由《建设工程工程量清单计价规范》（GB 50500）、《房屋建筑与装饰工程量计算规范》（GB 50854）、《仿古建筑工程量计算规范》（GB 50855）、《通用安装工程量计算规范》（GB 50856）、《市政工程量计算规范》（GB 50857）、《园林绿化工程量计算规范》（GB 50858）、《矿山工程量计算规范》（GB 50859）、《构筑物工程量计算规范》（GB 50860）、《城市轨道交通工程量计算规范》（GB 50861）、《爆破工程量计算规范》（GB 50862）等组成。

3. 工程定额

工程定额主要指国家、省、有关专业部门制定的各种定额，包括工程消耗量定额和工程计价定额等。

4. 工程造价信息

工程造价信息主要包括价格信息、工程造价指数和已完工程信息等。

三、工程计价基本程序

（一）工程概预算编制的基本程序

工程概预算的编制是国家通过颁布统一的计价定额或指标，对建筑产品价格进行计价的活动。国家以假定的建筑安装产品为对象，制定统一的预算和概算定额。然后按概预算定额规定的分部分项子目，逐项计算工程量，套用概预算定额单价（或单位估价表）确定直接工程费，然后按规定的取费标准确定措施费、间接费、利润和税金，经汇总后即为工程概、预算价值。工程概预算编制的基本程序如图 3-1 所示。

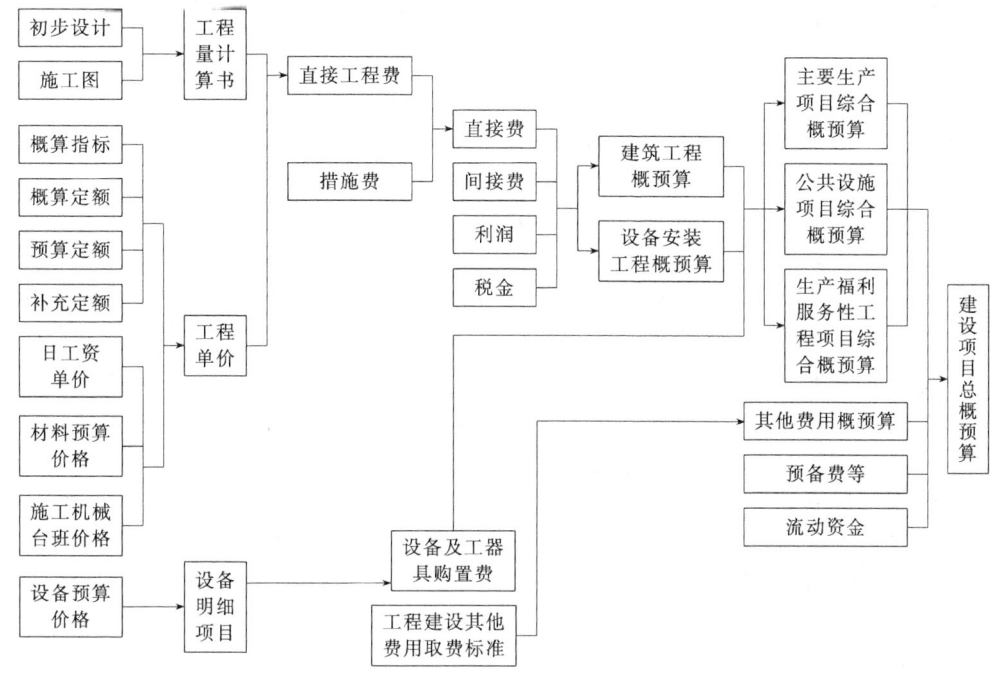

图 3-1 工程概预算编制程序示意

工程概预算单位价格的形成过程，就是依据概预算定额所确定的消耗量乘以定额单价或市场价，经过不同层次的计算形成相应造价的过程。可以用公式进一步明确工程概预算编制的基本方法和程序。

（1）每一计量单位建筑产品的基本构造要素（假定建筑产品）的直接工程费单价＝人工费＋材料费＋施工机械使用费

其中：　　　　　　人工费＝∑（人工工日数量×人工单价）

材料费＝∑（材料用量×材料单价）＋检验试验费

机械使用费＝∑（机械台班用量×机械台班单价）

（2）单位工程直接费＝∑（假定建筑产品工程量×直接工程费单价）＋措施费

（3）单位工程概预算造价＝单位工程直接费＋间接费＋利润＋税金

（4）单项工程概预算造价＝∑单位工程概预算造价＋设备、工器具购置费

（5）建设项目全部工程概预算造价＝∑单项工程概预算造价＋预备费＋有关的其他费用

（二）工程量清单计价的基本程序

工程量清单计价的过程可以分为两个阶段，即工程量清单的编制和工程量清单应用两个阶段，具体内容详见第四章。

四、建设工程定额

（一）定额的概念

定额是一种规定的额度，是社会物质生产部门在生产经营活动中，根据一定的技术组织条

件，在一定的时间内，为完成一定数量的合格产品所规定的人力、物力和财力消耗的数量标准。

在不同的生产经营领域中，有不同的定额。建设工程定额是指在正常施工条件下，完成单位合格产品所必须消耗的人工、材料、机械台班及其费用的数量标准。

不同的产品有不同的质量要求，因此，定额除规定各种资源消耗的数量标准外，还要规定应完成的产品规格、工作内容以及应达到的质量标准和安全要求。从此意义上看，定额是质与量的统一体。

（二）定额的作用

1. 在工程建设中，定额具有节约社会劳动和提高生产效率的作用

一方面企业以定额作为促使工人节约社会劳动（工作时间、原材料等）和提高劳动效率、加快工作进度的手段，以增加市场竞争能力，获取更多的利润；另一方面，作为工程造价计算依据的各类定额，又促使企业加强管理、把社会劳动的消耗控制在合理的限度内。再者，作为项目决策依据的定额指标，又在更高的层次上促使项目投资者合理而有效地利用和分配社会劳动。这都证明了定额在工程建设中节约社会劳动和优化资源配置的作用。

2. 定额有利于建筑市场公平竞争

定额所提供的准确的信息为市场需求主体和供给主体之间的竞争，以及供给主体和供给主体之间的公平竞争，提供了有利条件。

3. 定额是对市场行为的规范

定额既是投资决策的依据，又是价格决策的依据。对于投资者来说，他可以利用定额权衡自己的财务状况和支付能力、预测资金投入和预期回报，还可以充分利用有关定额的大量信息，有效地提高其项目决策的科学性，优化其投资行为。对于建筑企业来说，企业在投标报价时，只有充分考虑定额的要求，作出正确的价格决策，才能占有市场竞争优势，才能获得更多的工程合同。可见，定额在上述两个方面规范了市场主体的经济行为。因而对完善我国固定资产投资市场和建筑市场，都能起到重要作用。

4. 工程定额有利于完善市场的信息系统

定额管理是对大量市场信息的加工，也是对大量信息进行市场传递，同时也是市场信息的反馈。信息是市场体系中不可或缺的要素，它的可靠性、完备性和灵敏性是市场成熟和市场效率的标志。在我国，以定额形式建立和完善市场信息系统，是以公有制经济为主体的社会主义市场经济的特色。在发达的资本主义国家是难以想象的。

从以上分析可以看到，在市场经济条件下定额作为管理的手段是不可或缺的。

（三）建设工程定额体系

建设工程定额是一个综合概念，是工程建设中各类定额的总称。建设工程定额的内容和形式，是由运用它的需要决定的。因此，定额种类的划分也是多样化的。下面介绍几种常用的分类方法。

1. 按生产要素分类

按生产要素分为劳动消耗定额、材料消耗定额和机械台班消耗定额。这是最基本的定额分类方法，也是其他各种定额的基本组成部分。

（1）劳动消耗定额。简称劳动定额，是完成一定的合格产品（工程实体或劳务）规定活劳动消耗的数量标准。在各类定额中，劳动消耗定额都是其中重要的组成部分。

（2）材料消耗定额。简称材料定额，是指完成一定合格产品所需消耗材料的数量标准。生产一定的建筑产品，必须消耗一定数量的材料，因此，材料消耗定额亦是各类定额的重要组成部分。

（3）机械台班消耗定额。简称机械定额，是指为完成一定合格产品（工程实体或劳务）所规定的施工机械消耗的数量标准，它也是各类定额的基本组成部分。

2. 按编制程序和用途分类

可以把建设工程定额分为施工定额、预算定额、概算定额、概算指标和投资估算指标等。

（1）施工定额。它是以同一性质的施工过程为标定对象，规定某种建筑产品的劳动消耗量、机械台班消耗和材料消耗量。施工定额是编制预算定额的基础。

（2）预算定额。是以各分部分项工程为单位编制的，定额中包括所需人工工日数、各种材料的消耗量和机械台班数量，一般列有相应地区的基价，是计价性的定额。预算定额是以施工定额为基础编制的，它是施工定额的综合和扩大，又是编制概算定额和概算指标的基础。

（3）概算定额。是以扩大结构构件、分部工程或扩大分项工程为单位编制的，它包括人工、材料和机械台班消耗量，并列有工程费用，也是属于计价性的定额。概算定额是以预算定额为基础编制的，它是预算定额的综合和扩大。

（4）概算指标。是比概算定额更为综合的指标。是以整个房屋或构筑物为单位编制的，包括劳动力、材料和机械台班定额三个组成部分，还列出了各结构部分的工程量和以每百平方米建筑面积或每座构筑物体积为计量单位而规定的造价指标。

（5）投资估算指标。是在项目建议书和可行性研究阶段编制投资估算、计算投资需要量时使用的一种定额。它非常概略，往往以独立的单项工程或完整的工程项目为计算对象。它的概略程度与可行性研究阶段相适应。

上述各种定额的相互关系可参见表 3-1。

表 3-1　各种定额间关系的比较

项目	施工定额	预算定额	概算定额	概算指标	投资估算指标
对象	施工过程或基本工序	分项工程和结构构件	扩大的分项工程或扩大的结构构件	单位工程	建设项目、单项工程、单位工程
用途	编制施工预算	编制施工图预算	编制扩大初步设计概算	编制初步设计概算	编制投资估算
项目划分	最细	细	较粗	粗	很粗
定额水平	平均先进	平均			
定额性质	生产性定额	计价性定额			

3. 按专业性质分类

建设工程定额可分为建筑工程定额和安装工程定额。

（1）建筑工程定额。按专业对象分为建筑及装饰工程定额、房屋修缮工程定额、市政工程定额、铁路工程定额、公路工程定额、矿山井巷工程定额等。

（2）安装工程定额。按专业对象分为电气设备安装工程定额、机械设备安装工程定额、热力设备安装工程定额、通信设备安装工程定额、化学工业设备安装工程定额、工业管道安装工程定额、工艺金属结构安装工程定额等。

4. 按主编单位和管理权限分类

工程定额可分为全国统一定额、行业统一定额、地区统一定额、企业定额和补充定额等。

（1）全国统一定额。是由国家建设行政主管部门，综合全国工程建设中技术和施工组织管理的情况编制，并在全国范围内执行的定额，如全国统一安装工程定额。

（2）行业统一定额。是考虑到各行业部门专业工程技术特点，以及施工生产和管理水平编制的。一般是只在本行业和相同专业性质的范围内使用的专业定额，如矿井建设工程定额，铁路建设工程定额。

（3）地区统一定额。包括省、自治区、直辖市定额，地区统一定额主要是考虑地区性特点和全国统一定额水平做适当调整补充编制的。

（4）企业定额。是指由施工企业考虑本企业具体情况，参照国家、部门或地区定额的水平制定的定额。企业定额只在企业内部使用，是企业素质的一个标志。企业定额水平一般应高于国家现行定额，才能满足生产技术发展、企业管理和市场竞争的需要。

（5）补充定额。是指随着设计、施工技术的发展，现行定额不能满足需要的情况下，为了补充缺项所编制的定额。补充定额只能在指定的范围内使用，可以作为以后修订定额的基础。

从建设工程定额的分类中，可以看出各种定额之间的有机联系。它们相互区别，相互交叉，相互补充，相互联系。从而形成一个与建设程序分阶段工作深度相适应，层次分明、分工有序的庞大的建设工程定额体系，如图 3-2 所示。

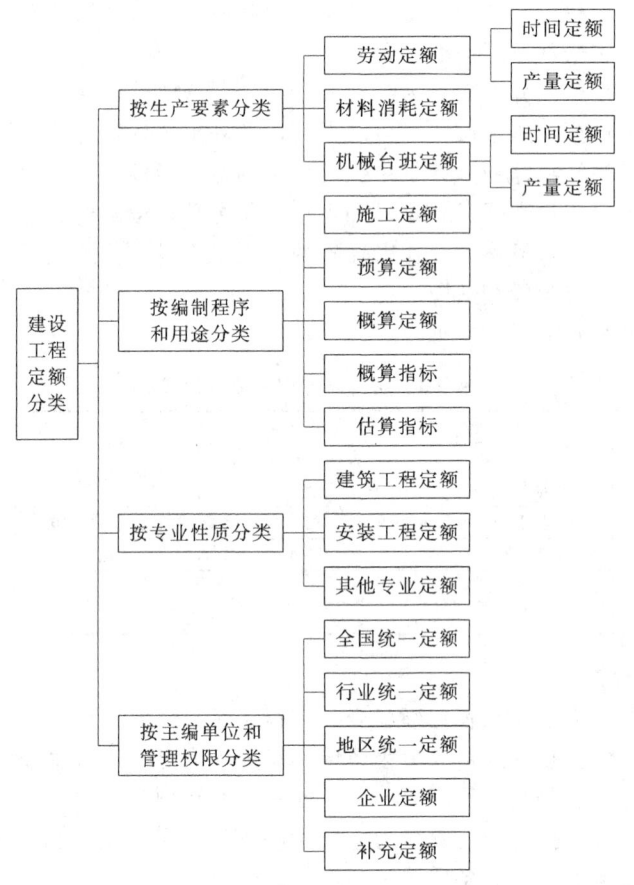

图 3-2 建设工程定额分类

第二节 建设安装工程人工、材料及机械台班消耗量定额

一、施工过程及工时研究

（一）施工过程研究

1. 施工过程的含义

施工过程就是在建设工地范围内所进行的生产过程。其最终目的是要建造、恢复、改

建、移动或拆除工业、民用建筑物和构筑物的全部或一部分。

建筑安装施工过程也与其他物质生产过程一样，也包括一般所说的生产力三要素，即劳动者、劳动对象、劳动工具，也就是说，施工过程是由不同工种、不同技术等级的建筑安装工人完成的，并且必须有一定的劳动对象——建筑材料、半成品、配件、预制品等；一定的劳动工具——手动工具、小型机具和机械等。

每个施工过程的结束，得到了一定的产品，这种产品或者是改变了劳动对象的外表形态、内部结构或性质（由于制作和加工的结果），或者是改变了劳动对象在空间的位置（由于运输和安装的结果）。

2. 施工过程分类

研究施工过程，首先是对施工过程进行分类。目的是通过对施工过程的组成部分进行分解，并按其不同的劳动分工、工艺特点、复杂程度来区别和认识施工过程的性质和包含的全部内容。施工过程分类还可以使我们在技术上有可能采用不同的现场观察方法，研究和测定工时消耗和材料消耗的特点，从而取得详尽、精确的资料，查明达不到定额或大量超额的具体原因，以便进一步调整和修订定额。对施工过程根据需要进行以下不同的分类。

（1）根据施工过程组织上的复杂程度，可以分解为工序、工作过程和综合工作过程。

① 工序是在组织上不可分割的，在操作过程中技术上属于同类的施工过程。工序的特征是：劳动者不变，劳动对象、劳动工具和工作地点也不变。在工作中如有一项改变，就已经由这一项工序转入到另一项工序了。如钢筋制作，它由平直钢筋、钢筋除锈、切断钢筋、弯曲钢筋等工序组成。

从施工的技术操作和组织观点看，工序是工艺方面最简单的施工过程。但是如果从劳动过程的观点看，工序又可以分解为较小的组成部分——操作和动作。每一个操作和动作都是完成施工工序的一部分，如图3-3所示。

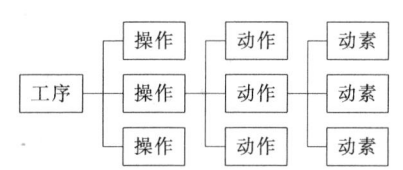

图 3-3　施工工序的组成

例如，弯曲钢筋的工序可分解为下列操作：把钢筋放在工作台上，将旋钮旋紧，弯曲钢筋，放松旋钮，将弯好的钢筋搁在一边。操作本身又包括了最小的组成部分——动作。如把"钢筋放在工作台上"这个操作，就可以分解为以下"动作"：走向放钢筋处，拿起钢筋，拿了钢筋返回工作台，再将钢筋移到支座前面……而动作又是由许多动素组成的，动素是人体动作的分解。

在编制施工定额时，工序是基本的施工过程，是主要的研究对象。测定定额时只要分解和标定到工序为止。如果进行某项先进技术或新技术的工时研究，就要分解到操作甚至动作为止，从中研究可加以改进操作或节约工时。

工序可以由一个人来完成，也可以由小组或施工队内的几名工人协同完成；可以由手动完成，也可以由机械操作完成。在机械化的施工工序中，又可以包括由工人自己完成的各项操作和由机器完成的工作两部分。

② 工作过程是由同一工人或同一小组所完成的在技术操作上相互有机联系的工序的综合体。其特点是人员编制不变，工作地点不变，而材料和工具则可以变换。例如，砌墙和勾缝，抹灰和粉刷。

③ 综合工作过程是同时进行的，在组织上有机地联系在一起的，并且最终能获得一种产品的施工过程的总和。例如，浇灌混凝土结构的施工过程，是由调制、运送、浇灌和捣实等工作过程组成。

（2）按照工艺特点，施工过程可以分为循环施工过程和非循环施工过程两类。凡各个组成部分按一定顺序一次循环进行，并且每经一次重复都可以生产出同一种产品的施工过程，称为循环施工过程，反之，若施工过程的工序或其组成部分不是以同样的次序重复，或者生产出来的产品各不相同，这种施工过程则称为非循环的施工过程。

（二）工作时间分类

研究施工中的工作时间最主要的目的是确定施工的时间定额和产量定额，其前提是对工作时间按其消耗性质进行分类，以便研究工时消耗的数量及其特点。

工作时间，指的是工作班延续时间。对工作时间消耗的研究，可以分为两个系统进行，即工人工作时间的消耗和工人所使用的机器工作时间消耗。

1. 工人工作时间消耗的分类

工人在工作班内消耗的工作时间，按其消耗的性质，基本可以分为两大类：必需消耗的时间和损失时间。

工人工作时间的分类如图 3-4 所示。

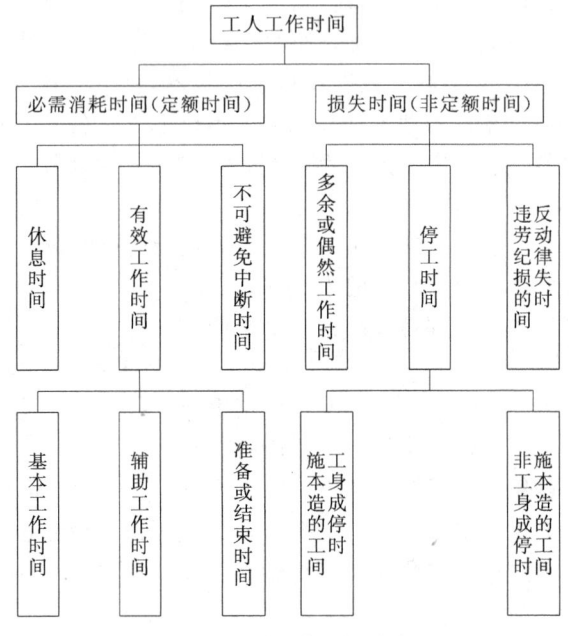

图 3-4　工人工作时间分类图

（1）必需消耗的时间（定额时间）。必需消耗的时间是工人在正常施工条件下，为完成一定产品（工作任务）所消耗的时间。这部分时间属于定额时间，是制定定额的主要依据。从图中可以看出，必需消耗的时间包括有效工作时间、休息时间和不可避免的中断时间。

① 有效工作时间，是从生产效果来看与产品生产直接有关的时间消耗，包括基本工作时间、辅助工作时间、准备与结束工作时间的消耗。

基本工作时间是工人完成能生产一定产品的施工工艺过程所消耗的时间。通过这些工艺过程可以使材料改变外形，如钢筋煨弯等；可以改变材料的结构与性质，如混凝土制品的养护干燥等；可以使预制构配件安装组合成型；也可以改变产品外部及表面的性质，如粉刷、油漆等。基本工作时间所包括的内容依工作性质各不相同。基本工作时间的长短和工作量大小成正比例。

辅助工作时间是为保证基本工作顺利完成所消耗的时间。在辅助工作时间里，不能使产品的形状大小、性质或位置发生变化。辅助工作时间的结束，往往就是基本工作时间的开始。辅助工作一般是手工操作。但如果在机手并动的情况下，辅助工作是在机械运转过程中进行的，为避免重复则不应再计辅助工作时间的消耗。辅助工作时间长短与工作量大小有关。

准备与结束工作时间是执行任务前或任务完成后所消耗的工作时间。如工作地点、劳动工具和劳动对象的准备工作时间；工作结束后的整理工作时间等。准备和结束工作时间的长短与所担负的工作量大小无关，但往往和工作内容有关。所以，又可以把这项时间消耗分为班内的准备与结束工作时间和任务的准备与结束工作时间。

② 不可避免的中断时间，是由于施工工艺特点引起的工作中断所必需的时间。与施工过程工艺特点有关的工作中断时间，应包括在定额时间内，但应尽量缩短此项时间消耗。与工艺特点无关的工作中断所占用时间，是由于劳动组织不合理引起的，属于损失时间，不能计入定额时间。

③ 休息时间，是指工人在工作过程中为恢复体力所必需的短暂休息和生理需要的时间消耗。这种时间是为了保证工人精力充沛地进行工作，所以在定额时间中必须进行计算。休息时间的长短和劳动条件有关，劳动繁重紧张、劳动条件差（如高温），则休息时间需要长。

（2）损失时间。损失时间是和产品生产无关，而和施工组织和技术上的缺点有关，与工人在施工过程的个人损失或某些偶然因素有关的时间消耗。从工人工作时间分类图中可以看出，损失时间中包括多余或偶然工作、停工、违背劳动纪律所引起的工时损失。

① 多余或偶然工作时间：多余工作，就是工人进行了任务以外的工作而又不能增加产品数量的工作。如重砌质量不合格的墙体。多余工作的工时损失，一般都是由于工程技术人员和工人的差错而引起的，因此，不应计入定额时间中。偶然工作也是工人在任务外进行的工作，但能够获得一定产品。如抹灰工不得不补上偶然遗留的墙洞等。从偶然工作的性质看，在定额中不应考虑它所占用的时间，但是由于偶然工作能获得一定产品，拟定定额时要适当考虑它的影响。

② 停工时间，是指工作班内停止工作造成的工时损失。停工时间按其性质可分为施工本身造成的停工时间和非施工本身造成的停工时间两种。施工本身造成的停工时间，是由于施工组织不善、材料供应不及时、工作面准备工作做得不好、工作地点组织不良等情况引起的停工时间。非施工本身造成的停工时间，是由于水源、电源中断引起的停工时间。前一种情况在拟定定额时不应该计算，后一种情况定额中则应给予合理的考虑。

③ 违反劳动纪律造成的工作时间损失，是指工人在工作班开始和午休后的迟到、午饭前和工作班结束前的早退、擅自离开工作岗位、工作时间内聊天或办私事等造成的工时损失。由于个别工人违背劳动纪律而影响其他工人无法工作的时间损失也包括在内。此项工时损失不应允许存在。因此，在定额中是不能考虑的。

2. 机械工作时间消耗的分类

在机械化施工过程中，对工作时间消耗的分析和研究，除了要对工人工作时间的消耗进行分类研究之外，还需要分类研究机械工作时间的消耗。

机械工作时间的消耗，按其性质可作如下分类，如图 3-5 所示。

从图中可以看到，机械工作时间也分为必需消耗的时间和损失时间两大类。

（1）必需消耗的时间（定额时间）。在必需消耗的工作时间里，包括有效工作、不可避免的无负荷工作和不可避免的中断三项时间消耗。

① 有效工作时间，包括正常负荷下、有根据地降低负荷下工作的工时消耗两项。正常

负荷下的工作时间，是机械在与机械说明书规定的计算负荷相符的情况下进行工作的时间。有根据地降低负荷下的工作时间，是在个别情况下由于技术上的原因，机械在低于其计算负荷下工作的时间。例如，汽车运输重量轻而体积大的货物时，不能充分利用汽车的载重吨位因而不得不降低其计算负荷。

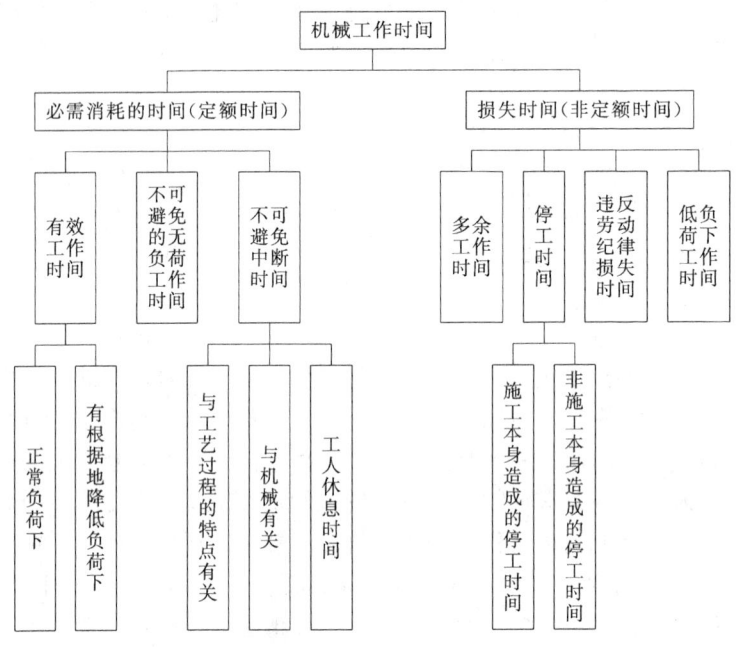

图 3-5　机械工作时间分类

② 不可避免的无负荷工作时间，是由施工过程的特点和机械结构的特点造成的机械无负荷工作时间。例如，筑路机在工作区末端调头等，都属于此项工作时间的消耗。

③ 不可避免的中断工作时间，是与工艺过程的特点、机械的使用和保养、工人休息有关，所以它又可以分为三种。

a. 与工艺过程的特点有关的不可避免中断工作时间，有循环的和定期的两种。循环的不可避免中断，是在机械工作中的每一个循环中重复一次。如汽车装货和卸货时的停车。定期的不可避免中断，是经过一定时期重复一次。比如当把灰浆泵由一个工作地点转移到另一工作地点时的工作中断。

b. 与机械有关的不可避免中断工作时间，是由于工人进行准备与结束工作或辅助工作时，机械停止工作而引起的中断工作时间。它是与机械的使用与保养有关的不可避免中断时间。

c. 工人休息时间前面已经作了说明。这里要注意的是，应尽量利用与工艺过程有关的和与机械有关的不可避免中断时间进行休息，以充分利用工作时间。

（2）损失时间。损失的工作时间中，包括多余工作、停工和违反劳动纪律所消耗的工作时间等。

① 机械的多余工作时间，是机械进行任务内和工艺过程内未包括的工作而延续的时间。如工人没有及时供料而使机械空运转的时间。

② 机械的停工时间，按其性质也可分为施工本身造成的和非施工本身造成的停工。前者是由于施工组织得不好而引起的停工现象，如由于未及时供给机械燃料而引起的停工。后者是由于气候条件所引起的停工现象，如暴雨时压路机的停工。上述停工中延续的时间，均为机械的停工时间。

③ 违反劳动纪律引起的机械的时间损失，是指由于工人迟到早退或擅离岗位等原因引起的机械停工时间。

④ 低负荷下的工作时间，是由于工人或技术人员的过错所造成的施工机械在降低负荷的情况下工作的时间。例如，工人装车的砂石数量不足引起的汽车在降低负荷的情况下工作所延续的时间。此项工作时间不能作为计算时间定额的基础。

分析和研究工程建设中的施工过程和工作时间，对劳动定额的编制、施工定额的管理以及整个建设工程定额的管理有着密切的关系和重要的意义。对复杂的施工过程和工作班延续时间进行分类和研究，是拟定施工定额的必要前提。只有对施工过程进行分类研究，把施工过程划分为便于考察和研究的对象了，才可以详细考察施工过程的技术组织条件，观察其工时消耗的性质和特点；只有把工作班延续时间按其消耗性质加以区别和分类，才能划分必需消耗时间和损失时间的界限，为拟定定额建立科学的计算依据，也才能明确哪些工时消耗应计入定额，哪些则不应计入定额。

（三）测定时间消耗的基本方法——计时观察法

1. 计时观察法的含义

计时观察法，是研究工作时间消耗的一种技术测定方法。它以研究工时消耗为对象，以观察测时为手段，通过密集抽样和粗放抽样等技术进行直接的时间研究。计时观察法运用于建筑施工中，是以现场观察为特征，所以也称之为现场观察法。计时观察法适宜于研究人工手动过程和机手并动过程的工时消耗。

在施工中运用计时观察法的主要目的，在于查明工作时间消耗的性质和数量；查明和确定各种因素对工作时间消耗数量的影响；找出工时损失的原因和研究缩短工时、减少损失的可能性。

2. 计时观察前的准备工作

（1）确定需要进行计时观察的施工过程。计时观察之前的第一个准备工作，是研究并确定有哪些施工过程需要进行计时观察。如只是获得拟定定额的原始资料时，一般划分到工序为止；若是研究先进生产技术时，则划分到操作。

（2）对施工过程进行预研究。对于已确定的施工过程的性质应进行充分的研究，目的是为了正确地安排计时观察和收集可靠的原始资料。

定时点，是上下两个相衔接的组成部分之间的分界点。确定定时点，对于保证计时观察的精确性是不容忽略的因素。确定产品计算单位，要能具体地反映产品的数量，并具有最大限度的稳定性。

（3）选择施工的正常条件。绝大多数企业和施工队、组，在合理组织施工的条件下所处的施工条件，称为施工的正常条件。选择施工的正常条件是技术测定中的一项重要内容，也是确定定额的依据。

（4）选择观察对象。观察对象，就是对其进行计时观察的施工过程和完成该施工过程的工人。选择计时观察对象，必须注意所选择的施工过程要完全符合正常施工条件，所选择的建筑安装工人，应具有与技术等级相符的工作技能和熟练程度，所承包的工作与其技术等级相等，同时应该能够完成或超额完成现行的劳动定额。

（5）调查所测定施工过程的影响因素。施工过程的影响因素包括技术、组织及自然因素。例如：产品和材料的特征（规格、质量、性能等）；工具和力学性能、型号；劳动组织和分工；施工技术说明（工作内容、要求等），并附施工简图和工作地点平面布置图。

（6）其他准备工作。此外，还必须准备好必要的用具和表格。如测时用的秒表或电子计时器，测量产品数量的工、器具，记录和整理测时资料用的各种表格等。如果有条件并且也有必要，还可配备电影摄像和电子记录设备。

3. 计时观察方法的分类

对施工过程进行观察、测时，计算实物和劳务产量，记录施工过程所处的施工条件和确定影响工时消耗的因素，是计时观察法的 3 项主要内容和要求。计时观察法种类很多，其中最主要的有 3 种，如图 3-6 所示。

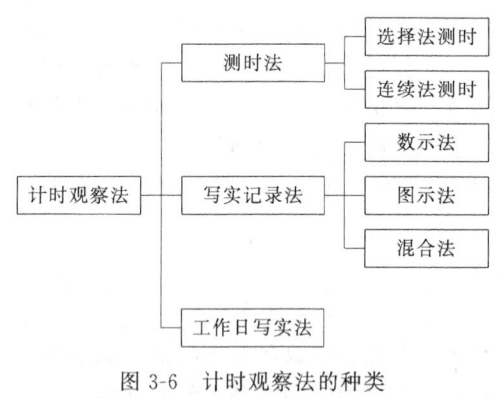

图 3-6　计时观察法的种类

（1）测时法。测时法是对某一被测产品，记录其每一道工序作业时间，并求其各工序时间消耗的平均值，再将完成该产品所有工序时间消耗的平均值累计即得到完成该产品的定额工时。测时法主要适用于研究以循环形式不断重复进行的作业，观测研究其施工过程循环组成部分的工作时间消耗。不适用于研究工人休息、准备与结束时间及其他非循环工作时间。

按记录时间的方法不同，测时法又分为选择法测时和连续法测时两种。

① 选择法测时。它是间隔选择施工过程中非紧密连接的组成部分（工序或操作）测定工时，精确度达 0.5s。

选择法测时也称为间隔测时法。采用选择法测时，当被观察的某一循环工作的组成部分开始，观察者立即开动秒表，当该组成部分终止，则立即停止秒表。然后把秒表上指示的延续时间记录到选择法测时记录（循环整理）表上，并把秒针拨回到零点。下一组成部分开始，再开动秒表，如此依次观察，并依次记录下延续时间。

采用选择法测时，应特别注意掌握定时点。记录时间时仍在进行的工作组成部分，应不予观察。当所测定的各工序或操作的延续时间较短时，连续测定比较困难，用选择法测时比较方便而简单。

② 连续法测时。它是连续测定一个施工过程各工序或操作的延续时间。连续法测时每次要记录各工序或操作的终止时间，并计算出本工序的延续时间。

连续法测时比选择法测时准确、完善，但观察技术也较之复杂。它的特点是：在工作进行中和非循环组成部分出现之前一直不停止秒表，秒针走动过程中，观察者根据各组成部分之间的定时点，记录它的终止时间。由于这个特点，在观察时，要使用双针秒表，以便使其辅助针停止在某一组成部分的结束时间上。

（2）写实记录法。写实记录法是一种研究非循环施工过程中全部工作时间消耗的方法。按记录时间的方法不同可分为数示法、图示法和混合法 3 种。

① 数示法。即测定时直接用数字记录时间的方法。适用于组成部分极少，而且比较稳定的施工过程。

② 图示法。是用图表的形式记录工时消耗的方法。适用于观察三个以内的工人共同完成某一产品的施工过程，此种方法较数示法有许多优点，主要是记录技术简单，时间记录清晰，原始记录整理方便，因此，在实际中使用较为普遍。

③ 混合法。它吸收了数示法和图示法的优点，它以横坐标表示工序延续时间，横线上部数字表示工人人数。适于同时观测 3 个以上工人工作时的同工种班组写实记录法。

（3）工作日写实法。工作日写实法是对工人在整个工作班内工时利用情况，按着时间消耗的顺序，进行现场写实记录的一种测定方法。它侧重于研究工作日的工时利用情况，总结推广先进工作者的工时利用经验，同时还可为制定劳动定额提供必需的准备和结束时间、休息时间、不可避免中断时间的资料。

根据写实的目的和对象的不同，可分为个人工作日写实、班组工作日写实、机械工作日写实 3 种。

个人工作日写实是观察、测定一个工人在一个工作日内的全部工时消耗，这种方法最为常用。班组工作日写实是观察、测定一个班组的工人在一个工作日内的全部工时消耗。它可以是相同工种为完成同一工作的班组工人，也可以是不同工种完成不同工作的几个工人。前者是为了取得同种工人的工时消耗资料，后者是为了取得确定小组定员及改进劳动组织的资料。机械工作日写实是在一个机械台班内，对机械设备的运转情况进行观察、测定的一种方法。其目的在于最大限度地发挥机械的效能。

个人工作日写实采用图示法写实记录表或采用数示法写实记录表，班组工作日写实使用混合法写实记录表，机械工作日写实使用数示法或混合法写实记录表。

工作日写实的研究对象是工作日内全部工时的利用和损失时间，因此，对写实结果，需要在工作日写实的基础上，按定额时间和非定额时间，进行分类整理。整理原始资料时，应按时间分类要求汇总编写，然后再计算每一类消耗时间占总消耗时间的百分比。

二、劳动定额

（一）劳动定额的概念及形式

劳动定额也称人工定额，它是建筑安装工人在正常的施工技术组织条件下，在平均先进水平上制定的，完成单位合格产品所必须消耗的活劳动的数量标准。

劳动定额按其表现形式和用途不同，可分为时间定额和产量定额。

1. 时间定额

时间定额是指某种专业、某种技术等级的工人班组或个人，在合理的劳动组织、合理的使用材料和合理的施工机械配合条件下，完成某种单位合格产品所必需的工作时间。包括准备与结束时间、基本生产时间、辅助生产时间、不可避免的中断时间以及工人必要的休息时间。

时间定额以工日为计量单位。一个工人工作一个 8h 工作班为 1 个工日。其计算方法如下：

$$单位产品的时间定额（工日）=\frac{班组成员工日数总和}{班组完成产品数量总和}$$

2. 产量定额

产量定额是指在合理的使用材料和合理的施工机械配合条件下，某一工种、某一等级的工人在单位工日内完成的合格产品的数量。

产量定额通常以自然单位或物理单位来表示。如立方米、平方米、米、台、套、块、根等。其计算方法如下：

$$单位时间的产量定额=\frac{生产的产品数量总和}{消耗的工日数总和}$$

产量定额与时间定额互为倒数，即：

$$产量定额=\frac{1}{时间定额}\quad 或\quad 时间定额=\frac{1}{产量定额}$$

时间定额与产量定额是同一个劳动定额的两种不同的表达方式，但其用途各不相同。时间定额便于综合，便于计算劳动量、编制施工计划和计算工期。产量定额具有形象化的优点，便于分配施工任务、考核工人的劳动生产率和签发施工任务单。

现举例说明时间定额和产量定额的不同用途。

【例 3-1】 某工程有 150m³ 一砖外墙，每天有 15 名瓦工投入施工，时间定额为 0.65 工日/m³，试计算完成该项工程的定额施工天数。

解 完成该砌砖工程的总工日数 = 0.65×150 = 97.5(工日)

完成该项工程定额施工天数 = 97.5/15 = 6.5(天)

【例 3-2】 某工程一砖外墙由 15 名瓦工投入施工，需 6.5 天完成砌筑任务。产量定额为 1.538m³/工日，试计算瓦工应完成的砖墙砌筑工程量。

解 瓦工应完成的工程量 = 15×6.5×1.538 = 150(m³)

(二) 人工消耗量的确定方法

在全面分析了各种影响因素的基础上，通过计时观察资料，我们可以获得定额的各种必需消耗时间。将这些时间进行归纳，有的是经过换算，有的是根据不同的工时规范附加，最后把各种定额时间加以综合和类比就是整个工作过程的人工消耗的时间定额。时间定额和产量定额是人工定额的两种表现形式，拟定出时间定额，也就可以计算出产量定额。

1. 确定工序作业时间

(1) 拟定基本工作时间。它在必需消耗的工作时间中占的比重最大。在确定基本工作时间时，必须细致、精确。基本工作时间消耗一般应根据计时观察资料来确定。其做法是，首先确定工作过程每一组成部分的工时消耗，然后再综合出工作过程的工时消耗。

(2) 拟定辅助工作时间。其确定方法与基本工作时间相同。如果在计时观察时不能取得足够的资料，也可采用工时规范或经验数据来确定。如具有现行的工时规范，可以直接利用工时规范中规定的辅助工作时间的百分比来计算。举例见表 3-2。

表 3-2 木作工程各类辅助工作时间的百分率参考表

工作项目	占工序作业时间/%	工作项目	占工序作业时间/%
磨刨刀	12.3	磨线刨	8.3
磨槽刨	5.9	锉锯	8.2
磨凿子	3.4		

2. 确定规范时间

规范时间内容包括工序作业时间以外的准备与结束时间、不可避免中断时间以及休息时间。

(1) 确定准备与结束时间。准备与结束时间分为工作日和任务两种。任务的准备与结束时间通常不能集中在某一个工作日中，而要采取分摊计算的方法，分摊在单位产品的时间定额里。如果在计时观察资料中不能取得足够的准备与结束时间的资料，也可根据工时规范或经验数据来确定。

(2) 确定不可避免中断时间。在确定不可避免的中断时间时，必须注意由工艺特点所引起的不可避免中断才可列入工作过程的时间定额。不可避免中断时间也需要根据测时资料通过整理分析获得，也可以根据工时规范或经验数据确定。

(3) 确定休息时间。休息时间应根据工作班作息制度、经验资料、计时观察资料，以及对工作的疲劳程度作全面分析来确定。同时，应尽可能利用不可避免中断时间作为休息时间。

规范时间均可利用工时规范或经验数据确定，常用的参考数据可如表 3-3 所示。

表 3-3　准备与结束、休息、不可避免中断时间占工作班时间的百分率参考表

序号	时间分类 工种	准备与结束时间 占工作时间/%	休息时间占 工作时间/%	不可避免中断时间 占工作时间/%
1	材料运输及材料加工	2	13～16	2
2	人力土方工程	3	13～16	2
3	架子工程	4	12～15	2
4	砖石工程	6	10～13	4
5	抹灰工程	6	10～13	3
6	手工木作工程	4	7～10	3
7	机械木作工程	3	4～7	3
8	模板工程	5	7～10	3
9	钢筋工程	4	7～10	4
10	现浇混凝土工程	6	10～13	3
11	预制混凝土工程	4	10～13	2
12	防水工程	5	25	3
13	油漆玻璃工程	3	4～7	2
14	钢制品制作及安装工程	4	4～7	2
15	机械土方工程	2	4～7	2
16	石方工程	4	13～16	2
17	机械打桩工程	6	10～13	3
18	构建运输及吊装工程	6	10～13	3
19	水暖电气工程	5	7～10	3

3. 拟定定额时间

确定的基本工作时间、辅助工作时间、准备与结束工作时间、不可避免中断时间与休息时间之和，就是劳动定额的时间定额。根据时间定额可以计算出产量定额，时间定额和产量定额互为倒数。

利用工时规范，可以计算劳动定额的时间定额，计算公式如下：

$$定额时间＝工序作业时间＋规范时间＝\frac{工序作业时间}{1－规范时间\%}$$

其中：工序作业时间＝基本工作时间＋辅助工作时间

＝基本工作时间/(1－辅助时间%)

规范时间＝准备与结束工作时＋不可避免的中断时间＋休息时间

【例 3-3】　通过计时观察法对人工砌筑一砖外墙工作过程中各工序的时间进行测定，该工作过程所属的工序及相应的时间消耗情况如下：

砌砖　　　　每砌筑 1000 块标准砖所需基本时间为 250min/人

铺砂浆　　　每铺设 1m³ 砂浆所需基本时间为 180min/人

刮灰缝　　　每砌筑 1m³ 墙体所需刮灰缝的基本时间为 30min/人

弹灰线　　　每砌筑 1m³ 墙体所需弹灰线的基本时间为 20min/人

测时资料表明：辅助工作时间占工序作业时间的 2%，准备与结束工作时间、不可避免的中断时间、休息时间分别占工作时间的 2%、1%、15%。试确定时间定额和产量定额。

解　假定 1m³ 墙体需砌标准砖 0.53 千块，需铺砂浆 0.23m³。则人工砌筑 1m³ 一砖外墙这一工作过程的基本工作时间消耗为：

$$(250×0.53＋180×0.23＋30＋20)/(60×8)＝0.466(工日/m³)$$

工序作业时间＝0.466/(1－2%)＝0.476(工日/m³)

时间定额=0.476/(1−2%−1%−15%)=0.58(工日/m³)

产量定额=1/0.58=1.72(m³/工日)

三、材料消耗定额

(一) 材料消耗定额的概念及材料分类

材料消耗定额是指在节约和合理使用材料条件下，生产单位合格产品所必须消耗的一定品种、规格的原材料、成品、半成品、配件等的数量标准。

合理确定材料消耗定额，必须研究和区分材料在施工过程中的类别。

1. 根据材料消耗的性质划分

施工中材料的消耗可分为必须消耗的材料和损失的材料两类性质。

必须消耗的材料，是指在合理用料的条件下了生产合格产品所需消耗的材料。它包括：直接用于建筑和安装工程的材料、不可避免的施工废料和不可避免的材料损耗。

必须消耗的材料属于施工正常消耗，是确定材料消耗定额的基本数据。其中：直接用于建筑和安装工程的材料，编制材料净用量定额；不可避免的施工废料和材料损耗，编制材料损耗定额。

2. 根据材料消耗与工程实体的关系划分

施工中的材料可分为实体材料和非实体材料两类。

(1) 实体材料，是指直接构成工程实体的材料。它包括工程直接性材料和辅助材料。

工程直接性材料主要是指一次性消耗、直接用于工程上构成建筑物或结构本体的材料，如钢筋混凝土柱中的钢筋一次性消耗，水泥、砂、碎石等；辅助性材料主要是指虽也是施工过程中所必需，却并不构成建筑物或结构本体的材料。如土石方爆破土程中斯的炸药、引信、雷管等。主要材料用量大，辅助材料用量少。

(2) 非实体材料，是指在施工中必须使用但又不能构成工程实体的施工措施性材料。

非实体材料主要是指周转性材料，如模板、脚手架等。

模板、脚手架等非实体材料消耗的计算在第二章中已论述，此处主要阐述实体材料消耗的计算。

(二) 材料消耗量的确定方法

材料净用量和材料损耗量的计算数据，可通过现场观测、实验室试验、统计和理论计算等方法获得。

1. 现场观测法

现场观测法主要是提供材料损耗量的数据，也可以提供材料净用量的数据。通过现场观察、测定，取得产品产量和材料消耗的情况，为编制材料消耗定额提供技术根据。

现场观测要选择典型的工程项目，其施工技术、组织及产品质量，均要符合技术规范的要求；材料的品种、型号、质量也应符合设计要求；产品检验合格，操作工人能合理使用材料和保证产品质量。

现场观测前需要充分做好准备工作，如选用标准的衡量工具和运输工具，采取减少材料损耗措施等。现场观测中要区分不可避免的材料损耗和可以避免的材料损耗。

2. 实验室试验法

实验室试验法主要是提供材料净用量的数据。实验室试验法不能取得在施工现场实际条件下由于各种客观因素对材料耗用量影响的数据，这是该法的不足之处。

实验室试验必须符合国家有关材料标准规范，计量要使用标准容器和称量设备，质量符合施工与验收规范要求，以保证获得可靠的定额编制依据。

通过试验，能够对材料的结构、化学成分和物理性能以及按强度等级控制的混凝土、砂浆配合比作出科学的结论，为编制材料消耗定额提供计算依据。

3. 统计法

统计法主要是通过现场进料、用料的大量统计资料进行分析计算，获得材料消耗的数据。

统计法对积累的各分部分项工程所耗用材料的统计分析，是根据各分部分项工程拨付材料数量、剩余材料数量及总共完成产品数量来进行计算的。

采用统计法要保证统计和测算耗用材料与相应产品一致。施工现场的某些材料，往往难以区分用在各个不同部位上的准确数量。因此，要有意识地加以区分，才能得到有效的统计数据，有利于材料消耗定额的确定。

4. 理论计算法

理论计算法是一般常用的方法，根据施工图纸，运用一定的数学公式，直接计算单位产品的材料净用量。它适宜不易产生损耗，且容易确定废料的规格材料，如块料、锯材、油毡、玻璃、钢材、预制构件等的消耗定额。因为这些材料，只要根据设计图纸、材料规格及施工规范等就可以通过理论计算确定出它们的消耗量，不可避免的损耗也有一定规律可循。

现以砖砌体材料用量的计算为例说明如下：

$$1m^3 \text{砖砌体中砖的净用量(块)} = \frac{2 \times \text{墙厚的砖数}}{\text{墙厚} \times (\text{砖厚} + \text{灰缝}) \times (\text{砖长} + \text{灰缝})}$$

$$1m^3 \text{砖砌体中砂浆净用量}(m^3) = 1 - \text{砖数} \times \text{砖体积}$$

$$\text{砖、砂浆损耗量} = \text{净用量} \times \text{损耗率}$$

标准砖尺寸及体积：长×宽×厚=$0.24 \times 0.115 \times 0.053(m^3) = 0.0014628$

墙厚：半砖墙为 0.115m；一砖墙为 0.24m；一砖半墙为 0.365m；灰缝厚为 0.01m 等。

墙厚的砖数：半砖墙为 0.5；一砖墙为 1；一砖半墙为 1.5 等。

【例 3-4】 试计算 $1m^3$ 一砖半墙体（标准砖）的材料净用量。

解 根据上述公式和数据，$1m^3$ 一砖半墙砌体的材料净用量为：

$$\text{标准砖净用量} = \frac{2 \times 1.5}{0.365 \times (0.24 + 0.01) \times (0.053 + 0.01)} \approx 522(\text{块})$$

$$\text{砂浆净用量} = 1 - 522 \times 0.0014628 = 0.236(m^3)$$

以上四种确定材料消耗定额的方法，各有其优缺点，在实际工作中应注意相互结合和验证。

四、机械台班消耗定额

(一) 机械台班消耗定额的概念及形式

机械台班消耗定额，是指在正常施工生产和合理使用施工机械条件下，完成单位合格产品所必须消耗的某种施工机械的工作时间标准。其计量单位以台班表示，每台班按 8h 计算。

机械台班消耗定额与劳动定额相同，可分为时间定额和台班产量定额两种形式。

1. 机械时间定额

机械时间定额是指在正常施工生产条件下，某种机械完成单位合格产品所必须消耗的工作时间，其计算公式如下：

$$\text{机械时间定额} = \frac{1}{\text{机械台班产量定额}(\text{台班})}$$

配合机械的工人小组人工时间定额为：

$$人工时间定额 = \frac{台班内小组成员工日数}{机械台班产量定额}$$

【例 3-5】 斗容量 $1m^3$ 反铲挖土机，挖二类土，深度 2m 以内，装车小组 2 人，其台班产量为 $500m^3$，求该挖土机的时间定额和配合机械的工人人工时间定额。

解 （1）挖土机时间定额 $= 1/5 = 0.2$（台班$/100m^3$）

（2）人工时间定额 $= 2/5 = 0.4$（工日$/100m^3$）

2. 机械台班产量定额

机械台班产量定额是指在合理的施工组织和正常的施工生产条件下，某种机械在每台班内完成合格产品的数量。其计算公式如下：

$$机械台班产量定额 = \frac{1}{机械时间定额}$$

或

$$机械台班产量定额 = \frac{台班内小组成员工日数}{人工时间定额}$$

【例 3-6】 斗容量 $1m^3$ 反铲挖土机，挖三类土，深度 4m，每 $100m^3$ 时间定额 0.391 台班，求该机械的产量定额。

解 机械台班产量定额 $= 1/0.391 = 2.56$（$100m^3$/台班）

【例 3-7】 用 6t 塔式起重机吊装混凝土构件，由 1 名司机，7 名起重工和 2 名电焊工组成的劳动小组完成。已知机械时间定额为 0.025 台班/块，求相应的机械台班产量定额和配合人工时间定额。

解 （1）机械台班产量定额 $= 10/0.25 = 40$（块/台班）

（2）人工时间定额 $= 10/40 = 0.25$（工日/块）

（二）机械台班消耗量的确定方法

1. 拟定机械工作的正常条件

机械工作与人工操作相比，劳动生产率在很大程度上受到施工条件的影响，编制定额时应重视机械工作的正常条件。拟定机械工作正常条件，主要是拟定工作地点的合理组织和工人的合理编制。

（1）工作地点的合理组织　是对机械和材料在施工地点的放置位置、工人从事操作的场所等，作出科学合理的平面布置和空间安排。要求机械和操纵机械的工人在最小范围内移动，但又不阻碍机械运转和工人操作；应使机械的开关和操纵装置尽可能集中地装置在操纵工人的近旁，以节省工作时间和减轻劳动强度；应最大限度发挥机械的效能，减少工人的手工操作。

（2）拟定工人的合理编制　是根据施工机械的性能和设计能力、工人的专业分工和劳动工效，合理确定操纵和维护机械的工人编制及配合机械施工的工人编制。合理的工人编制，要求保持机械的正常生产率和工人正常的劳动工效。工人编制往往要通过计时观察、理论计算和经验资料来合理确定。

2. 确定机械纯工作 1h 正常生产率

机械纯工作时间，是指机械的必需消耗时间，包括在正常负荷下和有根据地降低负荷下的工作时间、不可避免的无负荷工作时间和必要的中断时间，不包括低负荷下的工作时间。

机械纯工作 1h 正常生产率，是指在正常施工组织条件下，具有必需的知识和技能的技术工人操纵机械 1h 的生产率。施工机械可分为循环动作和连续动作两种类型，对两种类型机械纯工作 1h 的正常生产率应分别测定和研究。

(1) 循环动作机械纯工作 1h 正常生产率 对于按照同样次序、定期重复着固定的工作组成部分的循环动作机械，例如单斗挖土机、起重机等，其纯工作 1h 的生产率，取决于机械纯工作 1h 的循环次数和每一次循环中所生产的产品数量，即：

$$R = NM$$

式中 R——机械纯工作 1h 的生产率；

N——机械工作 1h 的循环次数；

M——机械每一次循环中生产的产品数量。

以上数据可通过技术测定求得。

【例 3-8】 某工程用塔式起重机吊装构件，由 1 名司机、8 名起重工和 1 名电焊工组成的劳动小组共同完成。每次吊装 1 块构件，机械循环的各组成部分平均延续时间，经计时观测如下：

挂钩时的停车	50s
将构件吊至所需高度	32s
塔吊回转悬臂	34s
将构件卸于安装处	24s
摘钩时的停车	40s
回转悬臂落下吊钩空回至构件堆放处	60s
总计	240s

解
$$N = 60 \times 60 / 240 = 15(次)$$
$$M = 1(块/次)$$
$$R = NM = 15 次 \times 1 块/次 = 15(块)$$

(2) 连续动作机械纯工作 1h 正常生产率 连续动作机械，如混凝土搅拌机，其纯工作 1h 的正常生产率 R，一般是通过试验或实际观测在一定时间 P 内完成的合格产品数量 M 来确定。即：

$$R = \frac{M}{P}$$

3. 确定机械时间利用系数

机械时间利用系数是指机械在工作班内对工作时间的利用率。确定机械的时间利用系数，首先是计算工作班正常状况下，准备与结束工作、机械启动、机械维护等工作所必须消耗的时间以及机械有效工作的开始与结束时间，计算出机械在工作班内的纯工作时间。这些时间可以通过工作日写实法观察分析得到。

机械时间利用系数计算公式为：

$$K = \frac{E}{T}$$

式中 K——机械时间利用系数；

E——机械在一个工作班内的纯工作时间；

T——一个工作班的法定工作时间（一般为 8h）。

如前例，塔吊在 8h 工作班内纯工作时间为 7.2h，则机械时间利用系数为：

$$K = \frac{E}{T} = \frac{7.2}{8} = 0.9$$

4. 计算机械台班消耗定额

(1) 机械台班产量定额 将机械纯工作 1h 的生产率 R，乘以每班法定工作时间 T，再乘以机械时间利用系数 K，即得机械台班产量定额，即：

$$N = RTK = 8RK$$

式中　N——机械台班产量定额。

如前例，塔吊纯工作 1h 的生产率为 15 块，时间利用系数为 0.9，则塔吊台班产量定额为：

$$N = 8RK = 8 \times 15 \times 0.9 = 108（块/台班）$$

但对于一次循环时间大于 1h 的机械施工过程，就不需要计算纯工作 1h 的生产率，可直接用下式计算台班产量定额。

$$N = MKT/P$$

式中　M——机械一次循环中生产的产品数量；

　　　T——一个工作班的法定工作时间；

　　　K——机械时间利用系数；

　　　P——机械一次循环时间。

（2）机械时间定额　根据机械时间定额与产量定额的反比关系，按下列公式计算时间定额：

$$机械时间定额 = \frac{1}{机械台班产量定额（台班）}$$

第三节　建筑安装工程人工、材料及机械台班单价

一、人工单价的组成和确定方法

（一）人工单价的概念及构成

人工单价，亦称人工工资单价、人工工日单价、工日预算价格，是指一个建筑安装工人在一个工作日中应计入预算的全部人工费用。它基本上反映了建安工人的工资水平和一个工人在一个工作日中可以得到的报酬。

按照现行规定生产工人的人工单价组成内容如表 3-4 所示。

表 3-4　人工单价组成内容

项　　　目	组　　　成
基本工资	岗位工资
	技能工资
	工龄工资
工资性补贴	交通补贴
	流动施工补贴
	住房补贴
	工资附加
	地区津贴
	物价补贴
辅助工资	非作业工日发放的工资和工资性补贴
劳动保护费	劳保用品
	徒工服装费
	防暑降温费
	保健津贴
职工福利费	书报费
	洗理费
	取暖费

为更好地体现按劳取酬和适应市场经济的需要，人工单价的组成内容，在各部门、各地区并不完全相同，但是都必须执行岗位技能工资制度。

(二) 人工单价的确定方法

1. 基本工资

基本工资是指发放给生产工人的标准工资。根据建设部"关于印发《全民所有制大中型建筑安装企业岗位技能工资制试行方案》和《全民所有制建筑安装企业试行岗位技能工资制有关问题的意见》的通知"（建人〔1992〕680 号），生产工人的基本工资应执行岗位工资和技能工资制度。基本工资按岗位工资、技能工资和工龄工资（按职工工作年限确定的工资）计算。

岗位工资是根据劳动岗位的劳动责任轻重、劳动强度大小和劳动条件好差、兼顾劳动技能要求的高低确定的。工人岗位工资标准设 8 个岗次。技能工资是根据不同岗位、职位、职务对劳动技能的要求，同时兼顾职工所具备的劳动技能水平而确定的工资，技术工人技能工资分初级工、中级工、高级工、技师和高级技师五类工资标准分 26 档。

计算公式为：

$$基本工资(G_1) = \frac{生产工人平均月工资}{年平均每月法定工作日}$$

其中，年平均每月法定工作日＝（全年日历日－法定假日）/12，法定假日指双休日和法定节日。

2. 工资性补贴

工资性补贴是指为了补偿工人额外或特殊的劳动消耗及为了保证工人的工资水平不受特殊条件影响，而以补贴形式支付给工人的劳动报酬。它包括按规定标准发放的物价补贴，煤、燃气补贴、交通费补贴、住房补贴、流动施工津贴及地区津贴等。

计算公式为：

$$工资性补贴(G_2) = \frac{\sum 年发放标准}{全年日历日－法定假日} + \frac{\sum 月发放标准}{年平均每月法定工作日} + 每工作日发放标准$$

3. 辅助工资

辅助工资，是指生产工人年有效施工天数以外的非作业天数的工资。包括职工学习、培训期间的工资，调动工作、探亲、休假期间的工资，因气候影响的停工工资，女工哺乳期间的工资，病假在六个月以内的工资及产、婚、丧假期的工资。

计算公式为：

$$辅助工资(G_3) = \frac{全年无效工作日 \times (G_1 + G_2)}{全年日历日－法定假日}$$

4. 职工福利费

职工福利费，是指按规定标准计提的职工福利费用。它主要用于职工的医药费、医护人员的工资、医务经费、职工生活困难补助、职工浴室、理发室、幼儿园、托儿所人员的工资以及按国家规定开支的其他福利支出。

计算公式为：

$$职工福利费(G_4) = (G_1 + G_2 + G_3) \times 福利费计提比例(\%)$$

5. 劳动保护费

劳动保护费是指按规定标准发放的劳动保护用品的购置费及修理费、徒工服装补贴、防暑降温费、在有碍身体健康环境中施工的保健费用等。计算公式为：

$$生产工人劳动保护费(G_5)=\frac{生产工人年平均支出劳动保护费}{全年日历日-法定假日}$$

(三) 影响人工单价的因素

影响建筑安装工人人工单价的因素很多,归纳起来有以下方面:

(1) 社会平均工资水平　建筑安装工人人工单价必然和社会平均工资水平趋同,而社会平均工资水平取决于经济发展水平。由于我国改革开放以来经济迅速增长,社会平均工资也有大幅增长,从而影响人工单价的大幅提高。

(2) 生活消费指数　生活消费指数的提高会影响人工单价的提高,以减少生活水平的下降,或维持原来的生活水平。生活消费指数的变动决定于物价的变动,尤其决定于生活消费品物价的变动。

(3) 人工单价的组成内容　例如住房消费、养老保险、医疗保险、失业保险费等列入人工单价,会使人工单价提高。

(4) 劳动力市场供需变化　在劳动力市场,如果需求大于供给,人工单价就会提高;供给大于需求,市场竞争激烈,人工单价就会下降。

(5) 社会保障和福利政策　政府推行的社会保障和福利政策也会影响人工单价的变动。

二、材料单价的组成和确定方法

(一) 材料单价的概念及构成

在建筑安装工程中,材料费占整个建安工程造价的比例很大,约占总造价的 60%~70%。因此,正确确定建安工程材料单价,有利于合理确定建安工程造价,有利于施工企业和建设单位开展经济核算,有利于推行建安工程招标投标承包制。

材料单价是指材料(包括成品、半成品、零件、构件)由来源地运到工地仓库或施工现场存放材料地点后出库的综合平均价格。材料单价一般由材料原价(或供应价格)、材料运杂费、运输损耗费、采购及保管费组成。此外在计价时,材料费中还应包括单独列项计算的检验试验费。

(二) 材料单价的确定方法

1. 材料原价(或供应价格)

材料原价是指国内采购材料的出厂价格,国外采购材料抵达买方边境、港口或车站并交纳完各种手续费、税费后形成的价格。在确定原价时,凡同一种材料因来源地、交货地、供货单位、生产厂家不同,而有几种价格(原价)时,根据不同来源地供货数量比例,采取加权平均的方法确定其综合原价。计算公式如下:

$$加权平均原价=\frac{K_1C_1+K_2C_2+\cdots+K_nC_n}{K_1+K_2+\cdots+K_n}$$

式中　K_1,K_2,…,K_n——各不同供应地点的供应量或各不同使用地点的需要量;
　　　C_1,C_2,…,C_n——各不同供应地点的原价。

2. 材料运杂费

材料运杂费是指国内采购材料自来源地、国外采购材料自到岸港运至工地仓库或指定堆放地点发生的费用。含外埠中转运输过程中所发生的一切费用和过境过桥费用,包括调车和驳船费、装卸费、运输费及附加工作费等。

同一品种的材料有若干个来源地,应采用加权平均的方法计算材料运杂费。计算公式如下:

$$加权平均运杂费 = \frac{K_1 T_1 + K_2 T_2 + \cdots + K_n T_n}{K_1 + K_2 + \cdots + K_n}$$

式中　K_1，K_2，$\cdots$，K_n——各不同供应地点的供应量或各不同使用地点的需要量；

　　　T_1，T_2，$\cdots$，T_n——各不同运距的运费。

3. 运输损耗

在材料的运输中应考虑一定的场外运输损耗费用。这是指材料在运输装卸过程中不可避免的损耗。运输损耗的计算公式如下：

$$运输损耗 = (材料原价 + 运杂费) \times 相应材料损耗率$$

4. 采购及保管费

采购及保管费是指组织材料采购、检验、供应和保管过程中发生的费用，包含采购费、仓储费、工地管理费和仓储损耗。

采购及保管费一般按照材料到库价格以费率取定。材料采购及保管费计算公式如下：

$$采购及保管费 = 材料运到工地仓库价格 \times 采购及保管费率(\%)$$

或　　$$采购及保管费 = (材料原价 + 运杂费 + 运输损耗费) \times 采购及保管费率(\%)$$

综上所述，材料单价的一般计算公式如下：

$$材料单价 = \{(材料原价 + 运杂费) \times [1 + 运输损耗率(\%)]\} \times [1 + 采购及保管费率(\%)]$$

由于我国幅员广阔，建筑材料产地与使用地点的距离各地差异很大，建筑材料采购、保管、运输方式也不尽相同，因此材料单价原则上按地区范围编制。

（三）影响材料单价变动的因素

（1）市场供需变化。材料原价是材料单价中最基本的组成。市场供大于求价格就会下降；反之，价格就会上升。从而也就会影响材料单价的涨落。

（2）材料生产成本的变动直接涉及材料单价的波动。

（3）流通环节的多少和材料供应体制也会影响材料单价。

（4）运输距离和运输方法的改变会影响材料运输费用的增减，从而也会影响材料单价。

（5）国际市场行情会对进口材料价格产生影响。

【例3-9】 某工地水泥从两个地方采购，其采购量及有关费用如表3-5所示，求该工地水泥的基价。

表3-5　材料价格相关信息表

采购处	采购量/t	原价/(元/t)	运杂费/(元/t)	运输损耗率/%	采购及保管费费率/%
来源一	300	240	18	0.4	3
来源二	200	250	15	0.3	

解　加权平均原价 $= \dfrac{300 \times 240 + 200 \times 250}{300 + 200} = 244(元/t)$

加权平均运杂费 $= \dfrac{300 \times 18 + 200 \times 15}{300 + 200} = 16.8(元/t)$

来源一的运输损耗费 $= (240 + 18) \times 0.4\% = 1.032(元/t)$

来源二的运输损耗率 $= (250 + 15) \times 0.3\% = 0.795(元/t)$

加权平均运输损耗率 $= \dfrac{300 \times 1.032 + 200 \times 0.795}{300 + 200} = 0.937(元/t)$

水泥基价 $= (244 + 16.8 + 0.937) \times (1 + 3\%) = 269.59(元/t)$

三、施工机械台班单价的组成和确定方法

（一）施工机械台班单价的概念及构成

施工机械台班单价，亦称施工机械台班预算价格、施工机械台班使用费，是指一台机械正常工作一个台班所应分摊的各种费用和所应耗用的工、料费用之和。施工机械台班单价以"台班"为计量单位，一台机械工作 8h 为一个"台班"。

建筑安装工程施工中常用的机械共划分为 12 大类：土石方及筑路机械，打夯机械，起重机械，水平运输机械，垂直运输机械，砼（即混凝土）及砂浆机械，加工机械，泵类机械，焊接机械，动力机械，地下工程机械，其他机械。根据《2001 年全国统一施工机械台班费用编制规则》的规定，施工机械台班单价由七项费用组成，包括机械折旧费、大修理费、经常修理费、安拆费及场外运费、人工费、燃料动力费、其他费用（年养路费、年车船使用税、保险费、年检费用）等。

（二）施工机械台班单价的确定方法

1. 折旧费的组成及确定

折旧费是指施工机械在规定的使用期限内，每一台班所摊的机械原值及支付贷款利息的费用。计算公式如下：

$$台班折旧费 = \frac{机械预算价格 \times (1 - 残值率) \times 时间价值系数}{耐用总台班}$$

（1）机械预算价格　机械预算价格按机械出厂（或到岸完税）价格及机械以交货地点或口岸运至使用单位机械管理部门的全部运杂费计算。

国产机械出厂价格（或销售价格）的收集途径有：全国施工机械展销会上各厂家的订货合同价；全国有关机械生产厂家函询或面询的价格；组织有关大中型施工企业提供当前购入机械的账面实际价格；建设部价格信息网络中的本期价格。

根据上述资料列表对比分析，合理取定。对于少量无法取到实际价格的机械，可用同类机械或相近机械的价格采用内插法和比例法取定。

进口机械预算价格是依据外贸、海关等部门的现行规定及企业购置机械设备发票中外币值乘以当期的外币汇率计算。关税及增值税、外贸部门手续费、银行财务费按现行规定的标准计算。

（2）残值率　残值率是指机械报废时回收的残值占机械原值（机械预算价格）的比率。残值率按目前有关文件规定执行：运输机械 2%，特大型机械 3%，中小型机械 4%，掘进机械 5%。

（3）时间价值系数　时间价值系数指购置施工机械的资金在施工生产过程中随着时间的推移而产生的单位增值。其计算公式如下：

$$时间价值系数 = 1 + \frac{折旧年限 + 1}{2} \times 年折旧率(\%)$$

其中，年折旧率应按编制期银行贷款利率确定。

（4）耐用总台班　耐用总台班指机械在正常施工作业条件下，从投入使用直到报废为止，按规定应达到的使用总台班数。

《全国统一施工机械台班费用定额》中的耐用总台班是以经济使用寿命为基础，并依据国家有关固定资产折旧年限规定，结合施工机械工作对象和环境以及年能达到的工作台班确定。

机械耐用总台班的计算公式为：

$$耐用总台班＝折旧年限×年工作台班＝大修间隔台班×大修周期$$

年工作台班是根据有关部门对各类主要机械最近三年的统计资料分析确定。

大修间隔台班是指机械自投入使用起至第一次大修止或自上一次大修后投入使用起至下一次大修止，应达到的使用台班数。

大修周期是指机械正常的施工作业条件下，将其寿命期（即耐用总台班）按规定的大修理次数划分为若干个周期。其计算公式：

$$大修周期＝寿命期大修理次数＋1$$

2. 大修理费的组成及确定

大修理费是指机械设备按规定的大修间隔台班进行必要的大修理，以恢复机械的正常功能所需的费用。台班大修理费则是机械使用期限内全部大修理费之和在台班费用中的分摊额，它取决于一次大修理费用、大修理次数和耐用总台班的数量。

其计算公式为：

$$台班大修理费＝\frac{一次大修理费×寿命期内大修理次数}{耐用总台班}$$

（1）一次大修理费　按机械设备规定的大修理范围和工作内容，进行一次全面修理所需消耗的工时、配件、辅助材料、油燃料以及送修运输等全部费用计算。

（2）寿命期内大修理次数　为恢复原机功能按规定在寿命期内需要进行的大修理次数。

3. 经常修理费的组成及确定

经常修理费，简称台班经修费，是指机械在寿命期内除大修理以外的各级保养（包括一、二、三级保养）以及临时故障排除和机械停置期间的维护等所需的各项费用，为保障机械正常运转所需替换设备、随机工具、器具的摊销费用及机械日常保养所需润滑擦拭材料费之和，分摊到台班费中，即为台班经修费。其计算公式为：

$$\frac{台班}{经修费}＝\frac{\sum(各级保养一次费用×寿命期各级保养总次数)＋临时故障排除费}{耐用总台班}＋$$

$$替换设备台班摊销费＋工具附具台班摊销费＋例保辅料费$$

为简化计算，编制台班费用定额时也可采用下列公式：

$$台班经修费＝台班大修费×K$$

$$K＝机械台班经常修理费/机械台班大修理费$$

（1）各级保养一次费用　分别指机械在各个使用周期内为保证机械处于完好状况，必须按规定的各级保养间隔周期，保养范围和内容进行的一、二、三级保养或定期保养所消耗的工时、配件、辅料、油燃料等费用。

（2）寿命期各级保养总次数　分别指一、二、三级保养或定期保养在寿命期内各个使用周期中保养次数之和。

（3）临时故障排除费用、机械停置期间维护保养费　指机械除规定的大修理及各级保养以外，临时故障所需费用以及机械在工作日以外的保养维护所需润滑擦拭材料费，可按各级保养（不包括例保辅料费）费用之和的 3%计算。

（4）替换设备及工具附具台班摊销费　指轮胎、电缆、蓄电池、运输皮带、钢丝绳、胶皮管、履带板等消耗性设备和按规定随机配备的全套工具附具的台班摊销费用。

（5）例保辅料费　即机械日常保养所需润滑擦拭材料的费用。

4. 安拆费及场外运输费的组成及确定

（1）安拆费　指机械在施工现场进行安装、拆卸所需人工、材料、机械和试运转费用，包括机械辅助设施（如基础、底座、固定锚桩、行走轨道、枕木等）的折旧、搭设、拆除等费用。

（2）场外运费 指机械整体或分体自停置地点运至现场或某一工地运至另一工地的运输、装卸、辅助材料以及架线等费用。

台班安拆费及场外运费分别按不同机械型号、重量、外形体积以及不同的安拆和运输方式测算其一次安拆费和一次场外运输费，以及年平均安拆、运输次数作为计算依据。

其计算公式为：

$$\frac{台班安拆费}{及场外运费} = \frac{机械一次安拆费 \times 年平均安拆次数}{年工作台班} + \frac{台班辅助}{设施费}$$

$$\frac{台班辅助}{设施费} = \frac{(一次运输及装卸费 + 辅助材料一次摊销费 + 一次架线费) \times 年运输次数}{年工作台班}$$

5. 人工费的组成及确定

人工费指机上司机或副司机、司炉的基本工资和其他工资性津贴（年工作台班以外的机上人员基本工资和工资性津贴以增加系数的形式表示）。

工作台班以外机上人员人工费用，以增加机上人员的工日数形式列入定额，按下列公式计算：

台班人工费 = 定额机上人工工日 × 日工资单价

定额机上人工工日 = 机上定员工日 × （1 + 增加工日系数）

增加工日系数 = （年日历天数 − 规定节假公休日 − 辅助工资中年非工作日 − 机械年工作台班）/机械年工作台班

增加工日系数取定 0.25。

6. 燃料动力费的组成及确定

燃料动力费是指机械在运转或施工作业中所耗用的固体燃料（煤炭、木材）、液体燃料（汽油、柴油）、电力、水和风力等费用。

定额机械燃料动力消耗量，以实测的消耗量为主，以现行定额消耗量和调查的消耗量为辅的方法确定。计算公式如下：

台班燃料动力消耗量 = （实测数 × 4 + 定额平均值 + 调查平均值）/6

台班燃料动力费 = 台班燃料动力消耗量 × 相应单价

7. 养路费及车船使用费的组成及确定

其他费用是指按照国家和有关部门规定应交纳的养路费、车船使用税、保险费及年检费用等。其计算公式为：

$$台班其他费用 = \frac{年养路费 + 年车船使用税 + 年保险费 + 年检费用}{年工作台班}$$

（1）年养路费、年车船使用税、年检费用应执行编制期有关部门的规定。

（2）年保险费执行编制期有关部门强制性保险的规定，非强制性保险不应计算在内。

（三）影响施工机械台班单价变动的因素

（1）施工机械的价格。这是影响折旧费，从而也影响机械台班单价的重要因素。

（2）机械使用年限。它不仅影响折旧费提取，也影响到大修理费和经常修理费的开支。

（3）机械的使用效率和管理水平。

（4）政府征收税费的规定等。

第四节　工程计价定额

工程计价定额是指工程定额中直接用于工程计价的定额或指标，包括预算定额、概算定额和投资估算指标等。工程计价定额主要用来在建设项目的不同阶段作为确定和计算工程造价的依据。

一、预算定额

（一）预算定额的概念

预算定额，是规定消耗在合格质量的单位工程基本构造要素上的劳动力、材料和机械的数量标准，是计算建筑安装产品价格的基础。工程基本构造要素，就是通常所说的分项工程和结构构件。预算定额在各地区的具体价格表现是单位估价表和综合预算定额，是计算建筑产品价格的直接依据。

在我国过去长期实行的工程概预算制度中，预算定额是工程建设中一项重要的技术经济文件，由建设行政主管部门或其授权的工程造价管理机构编制和发布，在确定和控制工程造价方面发挥着十分重要的作用。但是，在目前市场经济条件下进行工程造价改革，推行工程量清单计价，预算定额更多的表现为现在的消耗量定额。

（二）预算定额的编制原则、依据

1. 预算定额的编制原则

（1）按社会平均水平确定预算定额的原则　预算定额的平均水平，是指在正常的施工条件，合理的施工组织和工艺条件、平均劳动熟练程度和劳动强度下，完成单位分项工程基本构造要素所需的劳动时间。预算定额的水平以施工定额水平为基础，两者有着密切的联系。但是，预算定额绝不是简单地套用施工定额的水平，它包含了更多的可变因素，需要保留合理的幅度差。另外，预算定额是平均水平，施工定额是平均先进水平，所以两者相比预算定额水平要相对低一些。

（2）简明适用原则　编制预算定额贯彻简明适用原则是对执行定额的可操作性便于掌握而言的。为此，编制预算定额时，对于那些主要的、常用的、价值量大的项目，分项工程划分宜细。次要的不常用的、价值量相对较少的项目则可以放粗一些。要注意补充那些因采用新技术、新结构、新材料和先进经验而出现的新的定额项目。

2. 预算定额的编制依据

编制预算定额的主要依据有：

① 现行劳动定额和施工定额；

② 现行设计规范、施工及验收规范、质量评定标准和安全操作规程；

③ 具有代表性的典型工程施工图及有关标准图；

④ 新技术、新结构、新材料和先进的施工方法等；

⑤ 有关科学实验、技术测定的统计、经验资料；

⑥ 现行的预算定额、材料单价及有关文件规定等。

（三）预算定额编制中的主要工作

1. 确定预算定额的计量单位

预算定额和施工定额计量单位往往不同。施工定额的计量单位一般按工序或施工过程确定；而预算定额的计量单位，主要是根据分部分项工程的形体和结构构件特征及其变化确定。由于工作内容综合，预算定额的计量单位亦具有综合的性质，所选择的计量单位要根据工程量计算规则规定并确切反映定额项目所包含的工作内容。

预算定额的计量单位关系到预算工作的繁简和准确性。因此，要正确地确定各分部分项工程的计量单位。一般依据以下建筑结构构件形体的特点确定。

① 凡建筑结构构件的断面有一定形状和大小，但是长度不定时，可按长度以延长米为计量单位。如踢脚线、楼梯栏杆、木装饰条、管道线路安装等。

② 凡建筑结构构件的厚度有一定规格，但是长度和宽度不定时，可按面积以平方米为计量单位。如地面、墙面和天棚抹灰等。

③ 凡建筑结构构件的长度、厚（高）度和宽度都变化时，可按体积以立方米为计量单位。如土方、钢筋混凝土构件等。

④ 钢结构由于重量与价格差异很大，形状又不固定，采用重量以吨为计量单位。

⑤ 凡建筑结构构件无一定规格，而其构造又较复杂时，可按个、台、座、组为计量单位。如铸铁水斗、卫生洁具安装等。

预算定额中各项人工、机械和材料的计量单位选择，相对比较固定。人工和机械按"工日"、"台班"计量（国外多按"小时"、"台时"计量）；各种材料的计量单位应与产品计量单位一致，精确度要求高、材料贵重，多取三位小数。如钢材吨以下取三位小数，木材立方米以下取三位小数。一般材料取两位小数。

2. 按典型设计图纸和资料计算工程数量

计算工程量的目的，是为了通过分别计算典型设计图纸所包括的施工过程的工程量，以便在编制预算定额时，有可能利用施工定额或劳动定额的人工、机械和材料消耗指标确定预算定额所含工序的消耗量。

3. 确定预算定额各项目人工、材料和机械台班消耗指标

确定预算定额人工、材料、机械台班消耗指标时，必须先按施工定额的分项逐项计算出消耗指标，然后再按预算定额的项目加以综合。但是，这种综合不是简单的合并和相加，而需在综合过程中增加两种定额之间适当的水平差。预算定额的水平，首先取决于这些消耗量的合理确定。

4. 编制定额表和拟定有关说明

定额项目表的一般格式是：横向排列为各分项工程的项目名称，竖向排列为该分项工程的人工、材料和施工机械消耗量指标。有的项目表下部还有附注，以说明设计有特殊要求时，怎样进行调整和换算。

预算定额的说明包括定额总说明、分部工程说明及各分项工程说明。涉及各分部需说明的共性问题列入总说明，属某一分部需说明的事项列章节说明。说明要求简明扼要，但是必须分门别类注明，尤其是对特殊的变化，力求使用简便，避免争议。

（四）预算定额消耗量的编制方法

人工、材料和机械台班消耗量指标，应根据定额编制原则和要求，采用理论与实际相结合、图纸计算与施工现场测算相结合、编制人员与现场工作人员相结合等方法进行计算和确定，使定额既符合政策要求，又与客观情况一致，便于贯彻执行。

1. 预算定额人工工日消耗量的计算

人工的工日数可以有两种确定方法：一种是以劳动定额为基础确定；另一种是以现场观察测定资料为基础计算。遇到劳动定额缺项时，采用现场工作日写实等测时方法确定和计算定额的人工耗用量。

预算定额中人工工日消耗量是指在正常施工条件下，生产单位合格产品所必须消耗的人工工日数量，是由分项工程所综合的各个工序劳动定额包括的基本用工、其他用工两部分组成的。

（1）基本用工　基本用工指完成单位合格产品所必须消耗的技术工种用工。按技术工种相应劳动定额的工时定额计算，以不同工种列出定额工日。基本用工包括以下内容。

① 完成定额计量单位的主要用工。按综合取定的工程量和相应劳动定额进行计算。

计算公式：

$$基本用工＝\sum（综合取定的工程量\times劳动定额）$$

例如：工程实际中的砖基础，有1砖厚、1砖半厚、2砖厚之分，用工各不相同，在预算定额中由于不区分厚度，需要按照统计的比例，加权平均，即公式中的综合取定，得出用工。

② 按劳动定额规定应在增加计算的用工量。例如，砖基础埋深超过1.5m，超过部分要增加用工。预算定额中应按一定比例给予增加。

由于预算定额是以施工定额子目综合扩大的，包括的工作内容较多，施工的效果视具体部位而不一样，需要另外增加用工，列入基本用工内。

（2）其他用工　其他用工通常包括以下几种。

① 超运距用工。超运距是指劳动定额中已包括的材料、半成品场内水平搬运距离与预算定额所考虑的现场材料、半成品堆放地点到操作地点的水平运输距离之差。

$$超运距＝预算定额取定运距－劳动定额已包括的运距$$

需要指出，实际工程现场运距超过预算定额取定运距时，可另行计算现场二次搬运费。

② 辅助用工。指技术工种劳动定额内不包括而在预算定额内又必须考虑的用工。例如，机械土方工程配合用工、材料加工（筛砂、洗石、淋化石灰），电焊点火用工等。

计算公式如下：

$$辅助用工＝\sum（材料加工数量\times相应的加工劳动定额）$$

③ 人工幅度差。即预算定额与劳动定额的差额，主要是指在劳动定额中未包括而在正常施工情况下不可避免但又很难准确计量的用工和各种工时损失。内容包括：各工种间的工序搭接及交叉作业互相配合所发生的停歇用工；施工机械在单位工程之间转移及临时水电线路移动所造成的停工；质量检查和隐蔽工程验收工作的影响；班组操作地点转移用工；工序交接时对前一工序不可避免的修整用工；施工中不可避免的其他零星用工。

人工幅度差计算公式如下：

$$人工幅度差＝（基本用工＋辅助用工＋超运距用工）\times人工幅度差系数$$

人工幅度差系数一般为10％～15％。在预算定额中，人工幅度差的用工量列入其他用工量中。

2. 预算定额材料消耗量的计算

材料消耗量计算方法主要有以下几种。

① 凡有标准规格的材料，按规范要求计算定额计量单位耗用量，如砖、块料面层等。

② 凡设计图纸标注尺寸及下料要求的按设计图纸尺寸计算材料净用量，如门窗制作用材料等。

③ 换算法。各种胶结、涂料等材料的配合比用料，可以根据要求条件换算，得出材料用量。

④ 测定法。包括试验室试验法和现场观察法。指各种强度等级的混凝土及砌筑砂浆配

合比的耗用原材料数量的计算，需按规范要求试配经过试压合格以后并经必要的调整后得出的水泥、砂子、石子、水的用量。对新材料、新结构又不能用其他方法计算定额耗用量时，需用现场测定方法来确定，根据不同条件可以采用写实记录法和观察法，得出定额的消耗量。

材料损耗量，指在正常施工条件下不可避免的材料损耗，如现场内材料运输损耗及施工操作过程中的损耗等。其关系式如下：

$$材料损耗率 = \frac{损耗量}{净用量} \times 100\%$$

$$材料损耗量 = 材料净用量 \times 损耗率(\%)$$

$$材料消耗量 = 材料净用量 + 损耗量$$

或

$$材料消耗量 = 材料净用量 \times [1 + 损耗率(\%)]$$

3. 预算定额机械台班消耗量的计算

预算定额中的机械台班消耗量是指在正常施工条件下，生产单位合格产品（分部分项工程或结构构件）必须消耗的某种型号施工机械的台班数量。

（1）根据施工定额确定机械台班消耗量的计算　这种方法是指施工定额或劳动定额中机械台班产量加机械幅度差计算预算定额的机械台班消耗量。

机械台班幅度差一般包括正常施工组织条件下不可避免的机械空转时间，施工技术原因的中断及合理停滞时间，因供电供水故障及水电线路移动检修而发生的运转中断时间，因气候变化或机械本身故障影响工时利用的时间，施工机械转移及配套机械相互影响损失的时间，配合机械施工的工人因与其他工种交叉造成的间歇时间，因检查工程质量造成的机械停歇的时间，工程收尾和工作量不饱满造成的机械停歇时间等。

大型机械幅度差系数为：土方机械25%，打桩机械33%，吊装机械30%。砂浆、混凝土搅拌机由于按小组配用，以小组产量计算机械台班产量，不另增加机械幅度差。其他分部工程中如钢筋加工、木材、水磨石等各项专用机械的幅度差为10%。

综上所述，预算定额的机械台班消耗量按下式计算：

$$预算定额机械耗用台班 = 施工定额机械耗用台班 \times (1 + 机械幅度差系数)$$

占比重不大的零星小型机械按劳动定额小组成员计算出机械台班使用量，以"机械费"或"其他机械费"表示，不再列台班数量。

（2）以现场测定资料为基础确定机械台班消耗量　如遇到施工定额（劳动定额）缺项者，则需要依据单位时间完成的产量测定。

【例3-10】　以《全国统一建筑工程基础定额》中的砖基础定额为例，求其定额人工、材料和机械消耗量。

解　1. 基础资料

（1）砖砌体取定比例权数

砌筑工程中的砖砌体，在制定定额时，综合考虑了外墙和内墙所占比例，扣减梁头垫块和增加突出砖线体积等因素，具体如表3-6所示。

表3-6　砖砌体取定比例权数表

项目	墙类比例	附件占有率
砖基础	一砖基二层等高70%、一砖半基四层等高20%、二砖四层等高10%	T形接头重叠占0.785%、垛基突出部分占0.2575%
半砖墙	外墙按47.7%	外墙突出砖线条占0.36%
	内墙按52.3%	—

项目	墙类比例	附件占有率
3/4 砖墙	外墙按 50%	外墙梁头垫块占 0.4893% 外墙突出砖线条占 0.9425%
	内墙按 50%	内墙梁头垫块占 0.104%
一砖墙	外墙按 50%	外墙梁头垫块占 0.058%、0.3m³ 内孔洞占 0.01% 外墙突出砖线条占 0.336%
	内墙按 50%	内墙梁头垫块占 0.376%
一砖半墙及 二砖墙	外墙按 47.7%	外墙梁头垫块占 0.115% 外墙突出砖线条占 1.25%
	内墙按 52.3%	内墙梁头垫块占 0.332%
空斗墙	空斗按 73%	突出砖线条占 0.32%
	实砌按 27%	—

（2）混凝土、砂浆搅拌机等按台班产量确定台班数量

其台班产量见表 3-7。

表 3-7　机械台班产量

序号	名称	机械台班产量	备注
1	脚手架场外运输汽车	13.66t/台班	
2	砌筑砂浆搅拌机	6m²/台班	
3	模板场外运输汽车(钢模)	12.60t/台班	
	模板场外运输汽车(木模)	15m³/台班	
	模板场外运输汽车配吊车	18.9t/台班	
4	混凝土搅拌机	26m³/台班	现场预制构件
	混凝土搅拌机	40m³/台班	预制厂生产预制构件
	混凝土搅拌机	26m³/台班	现场构件(基础)
	混凝土搅拌机	16m³/台班	现场构件(其他)
5	预制构件场内堆放出窑机械	40m³/台班	堆放采用塔吊,出窑采用龙门吊(综合产量)
6	装饰工程砂浆搅拌机	6m³/台班	
7	装饰工程混凝土搅拌机	10m³/台班	

2. 砖基础定额的制定

（1）砖基础的材料消耗量计算

砖基础取定下述三种规格形式进行综合（图 3-7）。

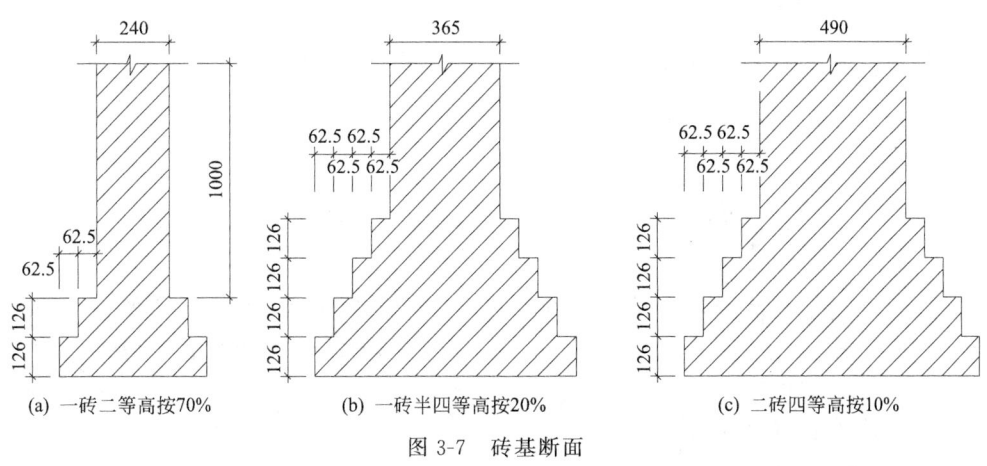

(a) 一砖二等高按70%　(b) 一砖半四等高按20%　(c) 二砖四等高按10%

图 3-7　砖基断面

直墙基高 1m＝1/(0.053＋0.01)＝15.87 层(皮)

依据表 3-6 应综合附件占有率＝0.2575％－0.785％＝－0.5275％。

为计算方便，现将各种墙厚的每层（皮）在 1m 长的砖块数列入表 3-8 供查用。

表 3-8　各种墙厚单位长的砖块数表

墙厚/m	每层砖块数	墙厚/m	每层砖块数
半砖(0.115)	4 块	二砖半(0.615)	20 块
一砖(0.24)	8 块	三砖(0.74)	24 块
一砖半(0.365)	12 块	三砖半(0.865)	28 块
二砖(0.49)	16 块	四砖(0.999)	32 块

① 定额标准砖计算，砖基用砖按下式计算：

$$\frac{每立方米砖}{基础净用砖量}=\frac{按基础规格计算 1m 长的砖块数}{按基础规格计算 1m 长的砌体体积}$$

$$\frac{每立方米砖}{基础耗用砖量}=[\Sigma(各净用砖量 \times 权数)\pm 附件占有率]\times(1+损耗率)$$

式中　权数——一砖基础为 70％，一砖半基础为 20％、二砖基础为 10％；

附件占有率——0.5275％；

损耗率——0.5％。

$$\frac{一砖基础}{净用砖量}=\frac{\overset{1m 高墙基 \quad 一阶放脚 \quad 二阶放脚}{15.87 \times 8+12 \times 2+16 \times 2}}{0.24 \times 1+0.365 \times 0.126+0.49 \times 0.126}$$

$$=\frac{182.96}{0.3477}=526.2(块/m^3)$$

$$\frac{一砖半基}{净用砖量}=\frac{\overset{1m 高墙基 \quad 一阶 \quad 二阶 \quad 三阶 \quad 四阶}{15.87 \times 12+16 \times 2+20 \times 2+24 \times 2+28 \times 2}}{0.365 \times 1+(0.49+0.615+0.74+0.865)\times 0.126}$$

$$=\frac{366.44}{0.7065}=518.67(块/m^3)$$

$$\frac{二砖基础}{净用砖量}=\frac{\overset{1m 高墙基 \quad 一阶 \quad 二阶 \quad 三阶 \quad 四阶}{15.87 \times 16+20 \times 2+24 \times 2+28 \times 2+32 \times 2}}{0.49 \times 1+(0.615+0.74+0.865+0.99)\times 0.126}$$

$$=\frac{461.92}{0.8945}=516.4(块/m^3)$$

$$\frac{标准砖}{耗用量}=(526.2 \times 70\%+518.67 \times 20\%+516.4 \times 10\%)\times(1-0.5275\%)\times(1+0.5\%)$$

$$=523.74 \times 0.9947 \times 1.005=523.6(块/m^3)$$

② 定额砂浆量计算砖基砂浆用量按下式计算：

$$\frac{每立方米砖基础}{砂浆净用量}=1-0.0014628 \times 各基础净用砖量$$

$$\frac{每立方米砖基础}{砂浆耗用量}=[\Sigma(各砂浆净用量 \times 权数)\pm 附件占有率]\times(1+损耗率)$$

式中，扣减附件占有率 0.5275％因很小，这里计算时忽略不计；损耗率为 1％。

$$\frac{一砖基础}{砂浆净用量}=1-0.0014628 \times 526.2=0.2303(m^3/m^3)$$

$$\frac{一砖半基础}{砂浆净用量}=1-0.0014628 \times 518.67=0.2413(m^3/m^3)$$

二砖基础
砂浆净用量 $=1-0.0014628\times516.4=0.2446(\mathrm{m^3/m^3})$

砂浆耗用量 $=(0.2303\times70\%+0.2413\times20\%+0.2446\times10\%)\times1.01$
$=0.236(\mathrm{m^3/m^3})$

③ 水，用于湿砖，综合按每千块砖浇水 0.2m³ 计算。则

水耗用量 $=5.236$ 千块 $\times0.2=1.047(\mathrm{m^3/10m^3})$

（2）砖基础的人工耗用量计算

砖基人工耗用量包括砌砖基用工、砌体加工用工和材料超运距用工等。

砌砖基用工：按 1985 年劳动定额执行见表 3-9 的摘录。

表 3-9 每 1m³ 砌体的劳动定额

工作内容：包括清理地槽、砌垛、角，抹防潮层砂浆等。

项 目	厚 度			序 号
	1 砖	1.5 砖	2 砖及 2 砖以外	
综合	$\dfrac{0.89}{1.12}$	$\dfrac{0.86}{1.16}$	$\dfrac{0.833}{1.200}$	一
砌砖	$\dfrac{0.37}{2.70}$	$\dfrac{0.336}{2.98}$	$\dfrac{0.309}{3.24}$	二
运输	$\dfrac{0.427}{2.34}$	$\dfrac{0.427}{2.34}$	$\dfrac{0.427}{2.34}$	三
调制砂浆	$\dfrac{0.093}{10.80}$	$\dfrac{0.097}{10.30}$	$\dfrac{0.097}{10.30}$	四
编号	1	2	3	

本定额考虑 5% 的圆形、弧形砖基础，其用工按劳动定额加工表。

材料超运距为 100m、人工幅度差为 15%，计算公式为：

定额工日 $=\Sigma$（各项计算量×时间定额）×（1+人工幅度差）

具体计算见表 3-10。

表 3-10 砖基础人工计算表

项目名称	单位	计算量	劳动定额编号	时间定额	工日/10m³
砌一砖基础	m³	7	4-1-1(一)	0.89	6.23
砌一砖半基础	m³	2	4-1-2(一)	0.86	1.720
砌二砖基础	m³	1	4-1-3(一)	0.833	0.833
圆及弧形砖基加工	m³	0.5	4-2-加工表	0.100	0.050
标准砖超运 100m	千块	5.235	4-15-177(一)	0.218	1.141
砂浆超运 100m	m³	2.36	4-15-177(二)	0.0816	0.193
筛砂工	m³	2.36×1.02	1-4-83	0.177	0.426
小计					10.593
定额工日		（人工幅度差 15%）10.593×1.15			12.182

（3）砖基础的机械台班计算

砖砌体所需机械为灰浆搅拌机，台班产量按 6m³/台班。垂直运输机械另行统一编制垂直运输定额。

机械台班计算通式为：

$$灰浆搅拌机台班=\frac{定额砂浆耗用量}{搅拌机台班产量}$$

$$砖基础机械台班=\frac{2.36}{6}=0.39(台班/10m^3)$$

（4）砖基础定额项目表的编制

汇总上述的计算结果。

（1）定额工日：12.182 工日/10m³，即 12.182 工日/10m³。

（2）水泥砂浆：0.236m³/m³，即 2.36m³/10m³。

（3）标准砖：523.6 块/m³，即 5.236 千块/10m³。

（4）水：1.047 m³/10m³，即 1.05 m³/10m³。

（5）灰浆搅拌机：0.39 台班/10m³。

将上述消耗指标列入表中，即形成砖基础定额项目表（表 3-11）。

（五）预算定额示例

表 3-11 为 1995 年《全国统一建筑工程基础定额》中砖石结构工程分部部分砖墙项目的示例。

表 3-11 砌砖定额示例

工作内容：调、运、铺砂浆，运砖；砌砖包括窗台虎头砖、腰线、门窗套；安装木砖、铁件等。

计量单位：10m³

定额编号		4-1	4-2	4-3	4-5	4-8	4-10	4-11
项　　目		砖基础	单面清水砖墙			混水砖墙		
			1/2 砖	1 砖	1 砖半	1/2 砖	1 砖	1 砖半
名　　称	单位	数　　量						
人工　综合工日	工日	12.182	21.79	18.87	17.83	20.14	16.08	15.63
材料　水泥砂浆 M5	m³	2.360	—	—	—	1.95	—	—
水泥砂浆 M10	m³	—	1.95	—	—	—	—	—
水泥混合砂浆 M2.5	m³	—	—	2.25	2.40	—	2.25	2.40
普通黏土砖	千块	5.236	5.641	5.400	5.350	5.641	5.400	5.350
水	m³	1.050	1.13	1.06	1.07	1.13	1.06	1.07
机械　灰浆搅拌机 200L	台班	0.39	0.33	0.38	0.40	0.33	0.38	0.40

（六）预算定额基价编制

预算定额基价就是预算定额分项工程或结构构件的单价，包括人工费、材料费和机械台班使用费，也称工料单价或直接工程费单价。

预算定额基价一般通过编制单位估价表、地区单位估价表及设备安装价自表所确定的单价，用于编制施工图预算。在预算定额中列出的"预算价值"或"基价"，应视作该定额编制时的工程单价。

预算定额基价的编制方法，简单说就是工、料、机的消耗量和工、料、机单价的结合过程。其中，人工费是由预算定额中每一分项工程用工数乘以地区人工工日单价计算算出；材料费是由预算定额中每一分项工程的各种材料之和算出；机械费是由预算定额中每一分项工程的各种机械台班预算价格之和算出。

分项工程预算定额基价的计算公式：

分项工程预算定额基价＝人工费＋材料费＋机械使用费

人工费＝Σ（现行预算定额中人工工日用量×人工工日单价）

材料费＝Σ（现行预算定额中各种材料消耗量×相应材料单价）

机械台班使用费＝Σ（现行预算定额中机械台班消耗量×相应机械台班单价）

预算定额基价的构成及其相互关系，见图 3-8。

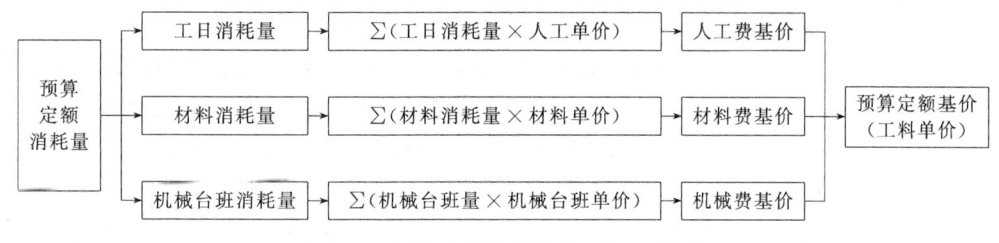

图 3-8 预算定额基价构成及相互关系

从图 3-8 中可以看出，预算定额中的人工、材料、机械台班（简称"三量"）和地区日工资单价、材料单价、机械台班单价（简称"三价"）分别相乘就得出预算定额的基价（工料单价）。

预算定额基价是根据现行定额和当地的价格水平编制的，具有相对的稳定性。但是为了适应市场价格的变动，在编制预算时，必须根据工程造价管理部门发布的调价文件对固定的工程预算单价进行修正。修正后的工程单价乘以根据图纸计算出来的工程量，就可以获得符合实际市场情况的工程的直接工程费。

【例 3-11】 某预算定额基价的编制过程如表 3-12 所示。求其中定额子目 4-1 的定额基价。

表 3-12 某预算定额基价表　　　　　　　　　　　　　　　　单位：10m³

定额编号			4-1		4-2		4-3	
项目	单位	单价/元	砖基础		混水砖墙			
					1/2 砖		1 砖	
			数量	合价	数量	合价	数量	合价
基价			1254.31		1438.86		1323.51	
其中	人工费		303.36		518.20		413.74	
	材料费		931.65		904.70		891.35	
	机械费		19.30		15.96		18.42	
	综合工日	工日	25.73	11.790	303.36	20.140	518.20	16.080	413.74
材料	水泥砂浆 M5	m³	93.92			1.950	183.14	2.250	211.32
	水泥砂浆 M10	m³	110.82	2.360	261.53				
	标准砖	百块	12.70	52.36	664.97	56.41	716.41	53.14	674.88
	水	m³	2.06	2.500	5.15	2.500	5.15	2.500	5.15
机械	灰浆搅拌机 200L	台班	49.11	0.393	19.30	0.325	15.96	0.375	18.42

解 定额人工费 $=25.73\times11.790=303.36$（元）

定额材料费 $=110.82\times2.36+12.70\times52.36+2.06\times2.50=931.66$（元）

定额机械台班费 $=49.11\times0.393=19.30$（元）

定额基价 $=303.06+931.66+19.30=1254.02$（元）

二、概算定额

（一）概算定额的概念

概算定额，是在预算定额基础上，确定完成合格的单位扩大分项工程或单位扩大结构构件所需消耗的人工、材料和机械台班的数量标准，所以概算定额又称作扩大结构定额。

概算定额是预算定额的合并与扩大。它将预算定额中有联系的若干个分项工程项目综合为一个概算定额项目。如砖基础概算定额项目，就是以砖基础为主，综合了平整场地、挖地槽、铺设垫层、砌砖基础、铺设防潮层、回填土及运土等预算定额中分项工程项目。又如砖墙定额，就是以砖墙为主，综合了砌砖、钢筋混凝土过梁制作，运输、安装，勒脚，内外墙面抹灰，内墙面刷白等预算定额的分项工程项目。

概算定额与预算定额的相同之处在于，它们都是以建（构）筑物各个结构构件和分部分项工程为单位表示的，内容也包括人工、材料和机械台班使用量定额三个基本部分，并列有基准价。概算定额表达的主要内容、主要方式及基本使用方法都与预算定额相近。

$$定额基准价＝定额单位人工费＋定额单位材料费＋定额单位机械费$$
$$＝\Sigma（人工概算定额消耗量×人工工资单价）＋\Sigma（材料概算定额消耗量×材料单价）＋\Sigma（施工机械概算定额消耗量×机械台班费用单价）$$

概算定额与预算定额的不同之处，在于项目划分和综合扩大程度上的差异，同时，概算定额主要用于设计概算的编制。由于概算定额综合了若干分项工程的预算定额，因此使概算工程量计算和概算表的编制，都比编制施工图预算简化一些。

（二）概算定额的作用

概算定额主要作用如下：

① 概算定额是初步设计阶段编制概算、扩大初步设计阶段编制修正概算的主要依据；

② 概算定额是对设计项目进行技术经济分析比较的基础资料之一；

③ 概算定额是建设工程主要材料计划编制的依据；

④ 概算定额是编制概算指标的依据。

三、概算指标

（一）概算指标的概念

建筑安装工程概算指标通常是以整个建筑物和构筑物为对象，以建筑面积、体积或成套设备装置的台或组为计量单位而规定的人工、材料、机械台班的消耗量标准和造价指标。

从上述概念中可以看出，建筑安装工程概算定额与概算指标的主要区别如下。

1. 确定各种消耗量指标的对象不同

概算定额是以单位扩大分项工程或单位扩大结构构件为对象，而概算指标则是以整个建筑物（如 $100m^2$ 或 $1000m^2$ 建筑物）和构筑物为对象。因此概算指标比概算定额更加综合与扩大。

2. 确定各种消耗量指标的依据不同

概算定额是以现行预算定额为基础，通过计算之后才综合出各种消耗量指标，而概算指标中各种消耗量指标的确定，则主要来自各种预算或结算资料。

（二）概算指标的作用

概算指标它主要用于投资估价、初步设计阶段，其作用主要有：

① 在初步设计阶段是编制建筑工程设计概算的依据，这是指在没有条件计算工程量只能使用概算指标；

② 概算指标可以作为编制投资估算的参考资料；

③ 概算指标中的主要材料指标可以作为匡算主要材料用量的依据；

④ 概算指标是设计单位进行设计方案比较、建设单位选址的一种依据；

⑤ 概算指标是编制固定资产投资计划，确定投资额和主要材料计划的主要依据。

四、投资估算指标

（一）投资估算指标的概念

投资估算指标是确定和控制建设项目全过程各项投资支出的技术经济指标，其范围涉及建设前期、建设实施期及竣工验收交付使用期等各个阶段的费用支出，内容因行业不同而各异，一般可分为建设项目综合指标、单项工程指标和单位工程指标三个层次。

1. 建设项目综合指标

建设项目综合指标指按规定应列入建设项目总投资的从立项筹建开始至竣工验收交付使用的全部投资额，包括单项工程投资、工程建设其他费和预备费等。

建设项目综合指标一般以项目的综合生产能力单位投资表示，如"元/t"、"元/kW"，或以使用功能表示，如医院床位："元/床"。

2. 单项工程指标

单项工程指标指按规定应列入能独立发挥生产能力或使用效益的单项工程内的全部投资额，包括建筑工程费、安装工程费、设备及生产工器具购置费和其他费用。

3. 单位工程指标

单位工程指标按规定应列入能独立设计、施工的工程项目的费用，即建筑安装工程费用。

单位工程指标一般按如下方式表示。

房屋：区别不同结构形式，以"元/m²"表示；道路：区别不同构造层、面层，以"元/m"表示；水塔：区别不同结构、容积，以"元/座"表示；管道：区别不同材质、管径，以"元/m"表示。

（二）投资估算指标的作用

工程建设投资估算指标是编制建设项目建议书、可行性研究报告等前期工作阶段投资估算的依据，也可以作为编制固定资产长远规划投资额的参考。投资估算指标为完成项目建设的投资估算提供依据和手段，它在固定资产的形成过程中起着投资预测、投资控制、投资效益分析的作用，是合理确定项目投资的基础。估算指标中的主要材料消耗量也是一种扩大材料消耗指标，可以作为计算建设项目主要材料消耗量的基础。估算指标的正确制定和合理使用对于提高投资估算的准确度、对建设项目的合理评估、正确决策具有重要的作用。

【复习思考题】

1. 简述工程造价计价的基本原理。

2. 简述工程计价的基本程序。

3. 我国建设工程定额的分类与作用。

4. 简述建筑安装工程人工、材料和机械台班消耗量的确定方法。

5. 人工工日单价的构成内容有哪些？

6. 什么是材料的预算价格？它由哪些部分组成？

7. 机械台班单价由哪些费用构成？

8. 简述预算定额的概念、作用和编制原则。

9. 简述预算定额人工、材料和机械台班消耗量的确定方法。

10. 简述工程单价的概念及形式。

11. 概括说明在施工定额基础上编制预算定额的基本原理。

12. 简述概算定额和概算指标的概念及作用。

13. 从研究对象、作用等方面对施工定额、预算定额、概算定额、概算指标和投资估算指标加以比较。

【案例分析】

【案例1】某项毛石护坡砌筑工程，定额测定资料如下。

（1）完成每立方米毛石砌体的基本工作时间为7.9h，辅助工作时间占工序作业时间的3%。

（2）准备与结束时间、不可避免中断时间和休息时间分别占毛石砌体工作时间的3%、2%、2%和16%。

（3）每10m³毛石砌体需要M5水泥砂浆3.93 m³，毛石11.22 m³，水0.79 m³。

（4）每10m³毛石砌体需要200L砂浆搅拌机0.66台班。

（5）该地区有关资源的现行价格如下：

人工工日单价为75元/工日；M5水泥砂浆单价为95.51元/m³；

毛石单价为58元/m³；水单价1.85元/m³；

200L砂浆搅拌机台班单价为51.41元/台班。

问题：

（1）确定砌筑每立方米毛石护坡的人工时间定额和产量定额；

（2）若预算定额的其他用工占基本用工12%，试编制该分项工程的预算定额单价；

（3）若毛石护坡砌筑砂浆设计变更为M10水泥砂浆。该砂浆现行单价111.20元/m³，定额消耗量不便，应如何换算毛石护坡的定额单价？换算后的单价是多少？

【案例2】某工程有4350m³的土方开发任务，要求在11天内完成。采用斗容量为0.5m³的反铲挖掘机挖土，载重量为5t的自卸汽车将开挖土方量的60%运走，运距为3km，其余土方量就地堆放。经现场测定的有关数据如下：

（1）挖掘机每循环一次时间为2min，机械时间利用系数为0.85，挖掘机的铲斗充盈系数为1.0；

（2）自卸汽车每一次装卸往返需24min，时间利用系数为0.80；

（3）土的松散系数为1.2，松散状态容重为1.65t/m³。

问题：求机械台班消耗定额，并确定所需要的机械数量。

【案例3】根据下表数据，编制某工程的砾石材料单价。

产地	供应比例/%	单价/(元/m³)	运输距离/km	运输单价	砾石毛重	运输损耗率	采购及保管费率
甲	30	18	30				
乙	30	22	34	0.9 元/(t·km)	1.7t/m³	1.6%	2.2%
丙	40	19	22				

【案例4】已知每10m³一砖（标准红砖）相关资料如下。

（1）人工：基本用工8.5工日，辅助用工4.0工日，超运距用工3.5工日，人工幅度差系数10%；平均月工资标准1500元，全年有效工作天数252天。

（2）材料：标准红砖150元/千块，M5混合砂浆110元/m³，砂浆和红砖损耗均为2%；水需要1m³，1.90元/m³。

（3）施工机械：200L砂浆搅拌机产量定额为12m³/台班，机械幅度差系数25%，单价85元/台班；塔吊需要0.39台班，单价260元/台班。

问题：计算每10m³一砖（标准红砖）所需要的人工、材料和机械台班消耗量，并按表3-12格式编制其定额基价。

第四章　工程量清单计价

【教学目的与要求】

本章主要介绍了工程量清单的基本概念，工程量清单及工程量清单计价的标准格式、编制方法和编制原理。通过本章的学习，使读者掌握工程量清单的编制、清单计价的程序及综合单价的计算方法；熟悉工程量清单和工程量清单计价的相关概念和统一格式；了解工程量清单的概念及适用范围。

第一节　概　　述

一、工程量清单计价与计量规范概述

工程量清单计价方法自 2003 年 7 月 1 日实施已有十余年，国家规范也历经修订不断完善，在经历了 GB 50500—2003、GB 50500—2008 的基础上，现行的工程量清单计价与计量规范于 2013 年 7 月 1 日正式实施，由《建设工程工程量清单计价规范》（GB 50500—2013）、《房屋建筑与装饰工程量计算规范》（GB 50854）、《仿古建筑工程量计算规范》（GB 50855）、《通用安装工程量计算规范》（GB 50856）、《市政工程量计算规范》（GB 50857）、《园林绿化工程量计算规范》（GB 50858）、《矿山工程量计算规范》（GB 50859）、《构筑物工程量计算规范》（GB 50860）、《城市轨道交通工程量计算规范》（GB 50861）、《爆破工程量计算规范》（GB 50862）等组成。

《建设工程工程量清单计价规范》（GB 50500）（以下简称计价规范）包括总则、术语、一般规定、工程量清单编制、招标控制价、投标报价、合同价款约定、工程计量、合同价款调整、合同价款期中支付、竣工结算与支付、合同解除的价款结算与支付、合同价款争议的解决、工程造价鉴定、工程计价资料与档案、工程计价表格及 11 个附录。

各专业工程量计量规范包括总则、术语、工程计量、工程量清单编制和附录。

二、工程量清单计价概述

工程量清单计价是与定额计价共存于招标投标计价活动中的一种计价方式。

工程量清单计价是在建设工程招标投标项目中按照国家统一的《计价规范》，由招标人提供反映工程实体和措施项目的招标工程量清单，并作为招标文件的一部分提供给投标人，由投标人依据工程量清单自主报价，经评审合理低价中标的工程造价计价模式。

（一）工程量清单计价的优点

实行工程量清单计价有如下优点。

① 实行全国统一的项目编码、项目名称、计量单位、计算规则，为建立全国统一的建设市场和规范计价行为提供了依据。

② 实行工程量清单计价后，措施项目费单列计算，有利于投标企业根据自身的技术力量、管理水平和劳动生产率降低造价，提高竞争力。

③ 实行工程量清单计价，由于工程量是公开的，将避免工程招标中弄虚作假、暗箱操作、盲目压价等不规范行为，真正体现公开、公平、公正的原则，反映市场经济规律。

④ 工程量清单计价实行综合单价，即分部分项工程单价包括人工费、材料费、机械使用费、管理费和利润，并考虑风险因素，这样，只要计算出工程量，就可简便快捷地确定工程造价，更有利于工程造价的控制。

⑤《计价规范》中没有具体的人工、材料、机械消耗量，投标企业可根据企业定额或参照省、地区颁布的社会平均消耗量定额和市场价格信息，按照《计价规范》规定的原则和方法进行报价，工程造价的最终确定，由承发包双方在市场竞争中按价值规律通过合同确定，充分体现了企业自主报价、市场形成价格的清单计价模式。

⑥ 清单计价模式与国际通行的计价模式相一致，实现了与国际接轨，提高了我国建筑企业参与国际竞争的能力。

（二）工程量清单计价的适用范围

计价规范适用于建设工程发承包及其实施阶段的计价活动。使用国有资金投资的建设工程发承包，必须采用主程量清单计价；非国有资金投资的建设工程，宜采用工程量清单计价；不采用工程量清单计价的建设工程，应执行计价规范中除工程量清单等专门性规定外的其他规定。

国有资金投资的项目包括全部使用国有资金（含国家融资资金）投资或国有资金投资为主的工程建设项目。

（1）国有资金投资的工程建设项目

① 使用各级财政预算资金的项目。

② 使用纳入财政管理的各种政府性专项建设资金的项目。

③ 使用国有企事业单位自有资金，并且国有资产投资者实际拥有控制权的项目。

（2）国家融资资金投资的工程建设项目

① 使用国家发行债券所筹资金的项目。

② 使用国家对外借款或者担保所筹资金的项目。

③ 使用国家政策性贷款的项目。

④ 国家授权投资主体融资的项目。

⑤ 国家特许的融资项目。

（3）国有资金投资为主的工程是指国有资金占总投资额 50% 以上或虽不足 50%，但国有资产投资者实质上拥有控股权的工程。

第二节　工程量清单的编制

一、工程量清单

（一）工程量清单的定义

工程量清单是载明建设工程分部分项工程项目、措施项目和其他项目的名称和相应数量以及规费和税金项目等内容的明细清单。其中由招标人根据国家标准、招标文件、设计文件，以及施工现场实际情况编制的称为招标工程量清单，而作为投标文件组成部分的已标明价格并经承包人确认的称为已标价工程量清单。

招标工程量清单应由具有编制能力的招标人或受其委托，具有相应资质的工程造价咨询人或招标代理人编制。采用工程量清单方式招标，招标工程量清单必须作为招标文件的组成部分，其准确性和完整性由招标人负责。

招标工程量清单应以单位（项）工程为单位编制，由分部分项工程项目清单，措施项目清单，其他项目清单，规费项目、税金项目清单组成。

（二）工程量清单的编制依据

编制工程量清单应依据以下文件：

① 工程量清单计价与计量规范；

② 国家或省级、行业建设主管部门颁发的计价依据和办法；

③ 建设工程设计文件；

④ 与建设工程有关的标准、规范、技术资料；

⑤ 拟定的招标文件；

⑥ 施工现场情况、工程特点及常规施工方案；

⑦ 其他相关资料。

二、分部分项工程项目清单

（一）分部分项工程项目清单的格式及五个要件

分部分项工程是"分部工程"和"分项工程"的总称。"分部工程"是单位工程的组成部分，系按结构部位、路段长度及施工特点或施工任务将单位工程划分为若干分部的工程。例如，房屋建筑与装饰工程分为土石方工程、桩基工程、砌筑工程、混凝土及钢筋混凝土工程、楼地面装饰工程、天棚工程等分部工程。"分项工程"是分部工程的组成部分，系按不同施工方法、材料、工序及路段长度等分部工程划分为若干个分项或项目的工程。例如现浇混凝土基础分为带形基础、独立基础、满堂基础、桩承台基础、设备基础等分项工程。

分部分项工程项目清单必须载明项目编码、项目名称、项目特征、计量单位和工程量，即五个要件，这五个要件在分部分项工程项目清单的组成中缺一不可。分部分项工项目清单必须根据各专业工程计量规范规定的项目编码、项目名称、项目特征、计量单位和工程量计算规则进行编制，其格式如表 4-1 所示。在分部分项工程项目清单的编制过程中，由招标人负责前六项内容填列，金额部分在编制招标控制价或投标报价时填列。

表 4-1 分部分项工程项目清单与计价表

工程名称：　　　　　　　　　　　标段：　　　　　　　　　第　页　共　页

序号	项目编码	项目名称	项目特征描述	计量单位	工程量	金额/元		
						综合单价	合价	其中:暂估价

1. 项目编码

项目编码以五级编码设置，如图 4-1 所示，用十二位阿拉伯数字表示，其中一、二、三、四级编码统一，第五级编码由工程量清单编制人按具体工程的清单项目特征而分别编码。各级编码的含义如下。

(1) 第一级编码，两位，表示专业工程代码：01——房屋建筑与装饰工程；02——仿古建筑工程；03——通用安装工程；04——市政工程；05——园林绿化工程；06——矿山工程；07——构筑物工程；08——城市轨道交通工程；09——爆破工程，以后进入国标的专业工程代码依此类推。

(2) 第二级编码，两位，表示附录分类顺序码。

(3) 第三级编码，两位，表示分部工程顺序码。

(4) 第四级编码，三位，表示分项工程项目名称顺序码。

(5) 第五级编码，三位，表示工程量清单项目名称顺序码。

项目编码结构如图 4-1 所示（以房屋建筑与装饰工程为例）：

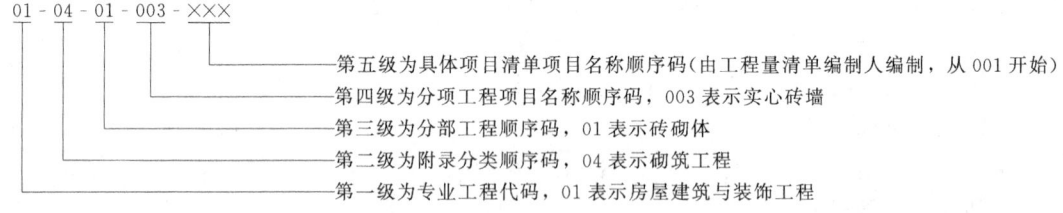

图 4-1 工程量清单项目编码结构

当同一标段（或合同段）的一份工程量清单中含有多个单位工程且工程量清单是以单位工程为编制对象时，在编制工程量清单时应特别注意对项目编码十至十二位的设置不得有重码的规定。例如一个标段（或合同段）的工程量清单中含有三个单位工程，每一单位工程中都有项目特征相同的实心砖墙砌体，在工程量清单中又需反映三个不同单位工程的实心砖墙砌体工程量时，则第一个单位工程的实心砖墙的项目编码应为 010401003001，第二个单位工程的实心砖墙的项目编码应为 010401003002，第三个单位工程的实心砖墙的项目编码应为 010401003003，并分别列出各单位工程实心砖墙的工程量。

2. 项目名称

分部分项工程项目清单的项目名称应按各专业工程计量规范附录的项目名称结合拟建工程的实际确定。附录表中的"项目名称"为分项工程项目名称，是形成分部分项工程量清单项目名称的基础。即在编制分部分项工程量清单时，以附录中的分项工程项目名称为基础，考虑该项目的规格、型号、材质等特征要求，结合拟建工程的实际情况，使其工程量清单项目名称具体化、细化，以反映影响工程造价的主要因素。例如"墙面一般抹灰"这一分项工程在形成工程量清单项目名称时可以细化为"外墙面抹灰"、"内墙面抹灰"等。

清单项目名称应表达详细、准确，各专业工程计量规范中的分项工程项目名称如有缺陷，招标人可作补充，并报当地工程造价管理机构（省级）备案。

3. 项目特征

项目特征是对项目的准确描述，是影响价格的因素，是确定一个清单项目综合单价不可缺少的重要依据，是区分清单项目的依据，是履行合同义务的基础。分部分项工程量清单的项目特征应按各专业工程计量规范附录中规定的项目特征，结合技术规范、标准图集、施工图纸，按照工程结构、使用材质及规格或安装位置等，予以详细而准确地表述和说明。凡项目特征中未描述到的其他独有特征，由清单编制人视项目具体情况确定，以准确描述清单项目为准。

在各专业工程计量规范附录中还有关于各清单项目"工作内容"的描述。工作内容是指完成清单项目可能发生的具体工作和操作程序，但应注意的是，在编制分部分项工程量清单时，工作内容通常无需描述，因为在计价规范中，工程量清单项目与工程量计算规则、工作内容有一一对应关系，当采用计价规范这一标准时，工作内容均有规定。

4. 计量单位

计量单位采用基本单位，除各专业另有特殊规定外，均按以下单位计量：

① 以重量计算的项目——吨（t）或千克（kg）；

② 以体积计算的项目——立方米（m³）；

③ 以面积计算的项目——平方米（m²）；

④ 以长度计算的项目——米（m）；

⑤ 以自然计量单位计算的项目——个、套、块、组、台等；

⑥ 没有具体数量的项目——系统、项等。

各专业有特殊计量单位的，另外加以说明，当计量单位有两个或两个以上时应根据所编工程量清单项目的特征要求，选择最适宜表现该项目特征并方便计量的单位。

计量单位的有效位数应遵守下列规定。

5. 工程数量

工程数量应根据工程量清单计价与计量规范中的工程量计算规则计算，工程数量的精确度按下列规定。

① 以"t"为单位，应保留小数点后三位数字，第四位小数四舍五入。

② 以"m"、"m²"、"m³"、"kg"为单位，应保留小数点后两位数字，第三位小数四舍五入。

③ 以"个"、"件"、"根"、"组"、"系统"等为单位，应取整数。

根据工程量清单计价与计量规范的规定，工程量计算规则可以分为房屋建筑与装饰工程、仿古建筑工程、通用安装工程、市政工程、园林绿化工程、矿山工程、构筑物工程、城市轨道交通工程、爆破工程九大类。

以房屋建筑与装饰工程为例，其计量规范中规定的实体项目包括土石方工程，地基处理与边坡支护工程，桩基工程，砌筑工程，混凝土及钢筋混凝土工程，金属结构工程，木结构工程，门窗工程，屋面及防水工程，保温、隔热、防腐工程，楼地面装饰工程，墙、柱面装饰与隔断、幕墙工程，天棚工程，油漆、涂料、裱糊工程，其他装饰工程，拆除工程等，分别制定了它们的项目的设置和工程量计算规则。该部分内容在第五章进行详细介绍。

分部分项工程项目清单编制程序如图4-2所示。

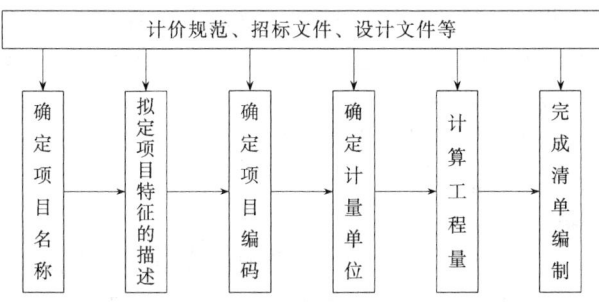

图4-2 分部分项工程项目清单编制程序

（二）分部分项工程项目清单补充方法

随着工程建设中新材料、新技术、新工艺等的不断涌现，计量规范附录所列的工程量清单项目不可能包含所有项目。在编制工程量清单时，当出现计量规范附录中未包括的清单项目时，编制人应作补充。在编制补充项目时应注意以下三个方面。

① 补充项目的编码应按计量规范的规定确定。具体做法如下：补充项目的编码由计量规范的代码与 B 和三位阿拉伯数字组成，并应从 001 起顺序编制，例如房屋建筑与装饰工程如需补充项目，则其编码应从 01B001 开始起顺序编制，同一招标工程的项目不得重码。

② 在工程量清单中应附补充项目的项目名称、项目特征、计量单位、工程量计算规则和工作内容。

③ 将编制的补充项目报省级或行业工程造价管理机构备案。

【例 4-1】 以第五章中【例 5-1】某单位传达室图中土方工程为例，土壤为三类土、干土，场内运土 150m，编制挖沟槽土方的分项工程量清单。

解 分部分项工程项目清单设置如下。

项目名称：挖沟槽土方

项目编码：010101003001

项目特征描述：三类土、带形基础、垫层宽度 1.2m、挖土深度 1.6m、弃土距离 150m

计量单位：m^3

工程数量：68.35m^3（计算过程见第五章【例 5-1】）

该分部分项工程项目清单见表 4-2。

表 4-2　分部分项工程项目清单

工程名称：

序　号	项目编码	项目名称	项目特征描述	计量单位	工程数量
1	010101003001	挖沟槽土方	三类土 带形基础 垫层宽度 1.2m 挖土深度 1.6m 弃土距离 150m	m^3	68.35

三、措施项目清单

（一）措施项目列项

措施项目是指为完成工程项目施工，发生于该工程施工准备和施工过程中的技术、生活、安全、环境保护等方面的项目。

措施项目清单应根据相关工程现行国家计量规范的规定编制，并应根据拟建工程的实际情况列项。例如，《房屋建筑与装饰工程量计算规范》（GB 50854）中规定的措施项目，包括脚手架工程，混凝土模板及支架（撑），垂直运输，超高施工增加，大型机械设备进出场及安拆，施工排水、降水，安全文明施工及其他措施项目。

（二）措施项目清单的标准格式

1. 措施项目清单的类别

（1）不能计算工程量的措施项目　措施项目费用的发生与使用时间、施工方法或者两个以上的工序相关，并大都与实际完成的实体工程量的大小关系不大，如安全文明施工，夜间施工，非夜间施工照明，二次搬运，冬雨季施工，地上、地下设施、建筑物的临时保护设施，已完工程及设备保护等。

（2）可以计算工程量的措施项目　有些非实体项目则是可以计算工程量的项目，如脚手架工程，混凝土模板及支架（撑），垂直运输，超高施工增加，大型机械设备进出场及安拆，施工排水、降水等，与完成的工程实体具有直接关系，并且是可以精确计量的项目，用分部分项工程量清单的方式采用综合单价，更有利于措施费的确定和调整。

措施项目中不能计算工程量的项目清单，以"项"为单位进行编制（表4-3）；可以计算工程量的项目清单宜采用分部分项工程量清单的方式编制，列出项目编码、项目名称、项目特征、计量单位和工程量计算规则（表4-4）。

表 4-3　措施项目清单与计价表（一）

工程名称：　　　　　　　　　　　标段：　　　　　　　　　　第　页　共　页

序号	项目编码	项目名称	计算基础	费率/%	金额/元
		安全文明施工			
		夜间施工			
		非夜间施工照明			
		二次搬运			
		冬雨季施工			
		地上、地下设施、建筑物的临时保护设施			
		已完工程及设备保护			
		各专业工程的措施项目			
		...			
		合　计			

注：1. 本表适用于以"项"计价的措施项目。

2. 根据建设部、财政部发布的《建筑安装工程费用组成》（建标［2003］206号）的规定，计算基础可为直接费、人工费或人工费＋机械费。

表 4-4　措施项目清单与计价表（二）

工程名称：　　　　　　　　　　　标段：　　　　　　　　　　第　页　共　页

序号	项目编码	项目名称	项目特征描述	计量单位	工程量	金额/元	
			本页小计				
			合　计				

注：本表适用于以综合单价形式计价的措施项目。

2. 措施项目清单的编制

措施项目清单的编制需考虑多种因素，除工程本身的因素外，还涉及水文、气象、环境、安全等因素，措施项目清单应根据拟建工程的实际情况列项。

措施项目清单的编制依据主要有以下几种：

① 施工现场情况、地勘水文资料；

② 常规施工方案；

③ 与建设工程有关的标准、规范；

④ 拟定的招标文件；

⑤ 建设工程设计文件及相关资料。

措施项目虽然不是直接凝固到产品上的直接资源消耗项目，但都是为了完成分部分项工程而必需发生的生产活动和资源耗用的保障项目。措施项目的内涵十分广泛，从施工技术措施、设备设置、施工必需的各种保障措施，到包括环保、安全和文明施工等项目的设置。因此，清单编制人必须弄清和懂得各措施项目的含义，同时必须认真思考和分析分部分项工程项目清单中，每个分项需要设置哪些措施项目，以保证各分部分项工程能顺利完成。因此，分部分项工程项目清单编制与措施项目清单编制必须综合思考，两者之间有着紧密联系。每个具体的分部分项工程项目与对应的措施项目是一个不可分割的系统问题，它与该分项的工作内容及采用什么样的施工方案极为相关。

要编好措施项目清单，编者必须具有相关的施工管理、施工技术、施工工艺和施工方法等方面的知识及实践经验，掌握有关政策、法规和相关规章制度。例如需掌握当地对环境保护、文明施工、安全施工等方面的规定和要求，为了改善和美化施工环境，组织文明施工就会发生措施项目及其费用开支，否则就会发生漏项少算的问题。

四、其他项目清单

其他项目清单是指分部分项工程量清单、措施项目清单所包含的内容以外，因招标人的特殊要求而发生的与拟建工程有关的其他费用项目和相应数量的清单。工程建设标准的高低、工程的复杂程度、工程的工期长短、工程的组成内容、发包人对工程管理要求等都直接影响其他项目清单的具体内容。

其他项目清单包括暂列金额，暂估价（包括材料暂估单价、工程设备暂估单价、专业工程暂估价），计日工，总承包服务费。其他项目清单宜按照表 4-5 的格式编制，出现未包含在表格中内容的项目，可根据工程实际情况补充。

表 4-5(a)　其他项目清单与计价汇总表

工程名称：　　　　　　　　　　　　标段：　　　　　　　　　　第　页　共　页

序号	项目名称	计量单位	金额/元	备注
1	暂列金额			明细详见表 4-5(b)
2	暂估价			
2.1	材料（工程设备）暂估单价		—	明细详见表 4-5(c)
2.2	专业工程暂估价			明细详见表 4-5(d)
3	计日工			明细详见表 4-5(e)
4	总承包服务费			明细详见表 4-5(f)
	合　计			—

注：材料暂估单价进入清单项目综合单价，此处不汇总。

(一) 暂列金额

暂列金额是指招标人在工程量清单中暂定并包括在合同价款中的一笔款项。用于工程合同签订时尚未确定或者不可预见的所需材料、工程设备、服务的采购，施工中可能发生的工程变更、合同约定调整因素出现时的合同价款调整，以及发生的索赔、现场签证确认等的费用。不管采用何种合同形式，其理想的标准是，一份合同的价格就是其最终的竣工结算价格，或者至少两者应尽可能接近。我国规定对政府投资工程实行概算管理，经项目审批部门批复的设计概算是工程投资控制的刚性指标，即使商业性开发项目也有成本的预先控制问题，否则，无法相对准确预测投资的收益和科学合理地进行投资控制。但工程建设自身的特性决定了工程的设计需要根据工程进展不断地进行优化和调整，业主需求可能会随工程建设进展出现变化，工程建设过程还会存在一些不能预见、不能确定的因素。消化这些因素必然会影响合同价格的调整，暂列金额正是因这类不可避免的价格调整而设立，以使达到合理确定和有效控制工程造价的目标。设立暂列金额并不能保证合同结算价格就不会再出现超过合同价格的情况，是否超出合同价格完全取决于工程量清单编制人对暂列金额预测的准确性，以及工程建设过程是否出现了其他事先未预测到的事件。

暂列金额应根据工程特点，按有关计价规定估算。暂列金额可按照表 4-5（b）的格式列示。

表 4-5（b）　暂列金额明细表

工程名称：　　　　　　　　　　　　　标段：　　　　　　　　　　　　第　页　共　页

序　号	项目名称	计量单位	暂定金额/元	备　注
1				
合　计				

注：此表由招标人填写，如不能详列，也可只列暂定金额总额，投标人应将上述暂列金额计入投标总价中。

（二）暂估价

暂估价是指招标人在工程量清单中提供的用于支付必然发生但暂时不能确定价格的材料、工程设备的单价以及专业工程的金额，包括材料暂估单价、工程设备暂估单价和专业工程暂估价；暂估价在招标阶段预见肯定要发生，只是因为标准不明确或者需要由专业承包人完成，暂时无法确定价格。暂估价数量和拟用项目应当结合工程量清单中的"暂估价表"予以补充说明。为方便合同管理，需要纳入分部分项工程量清单项目综合单价中的暂估价应只是材料、工程设备暂估单价，以方便投标人组价。

专业工程的暂估价一般应是综合暂估价，应当包括除规费和税金以外的管理费、利润等取费。总承包招标时，专业工程设计深度往往是不够的，一般需要交由专业设计人设计。国际上，出于提高可建造性考虑，一般由专业承包人负责设计，以发挥其专业技能和专业施工经验的优势。这类专业工程交由专业分包人完成是国际工程的良好实践，目前在我国工程建设领域也已经比较普遍。公开透明地合理确定这类暂估价的实际开支金额的最佳途径就是通过施工总承包人与工程建设项目招标人共同组织的招标。

暂估价中的材料、工程设备暂估单价应根据工程造价信息或参照市场价格估算，列出明细表；专业工程暂估价应分不同专业，按有关计价规定估算，列出明细表。暂估价可按照表 4-5（c）、表 4-5（d）的格式列示。

表 4-5（c）　材料（工程设备）暂估单价表

工程名称：　　　　　　　　　　　　　标段：　　　　　　　　　　　　第　页　共　页

序号	材料（工程设备）名称、规格、型号	计量单位	单价/元	备注
1				
合　计				

注：1. 此表由招标人填写，并在备注栏说明暂估价的材料、工程设备拟用在哪些清单项目上，投标人应将上述材料、工程设备暂估单价计入工程量清单综合单价报价中。

2. 材料、工程设备单价包括《建筑安装工程费用项目组成》（建标［2003］206 号）中规定的材料、工程设备费内容。

表 4-5（d）　专业工程暂估价

工程名称：　　　　　　　　　　　　　标段：　　　　　　　　　　　　第　页　共　页

序　号	工程名称	工程内容	金额/元	备　注
1				
合　计				

注：此表由招标人填写，投标人应将上述专业工程暂估价计入投标总价中。

（三）计日工

在施工过程中，承包人完成发包人提出的工程合同范围以外的零星项目或工作，按合同中约定的单价计价的一种方式。计日工是为了解决现场发生的零星工作的计价而设立的。国际上常见的标准合同条款中，大多数都设立了计日工计价机制。计日工对完成零星工作所消耗的人工工时、材料数量、施工机械台班进行计量，并按照计日工表中填报的适用项目的单价进行计价支付。计日工适用的所谓零星项目或工作一般是指合同约定之外的或者因变更而产生的、工程量清单中没有相应项目的额外工作，尤其是那些难以事先商定价格的额外工作。

计日工应列出项目名称、计量单位和暂估数量。计日工可按照表 4-5（e）的格式列示。

表 4-5（e）　计日工表

工程名称：　　　　　　　　　　标段：　　　　　　　　　第　页　共　页

序　号	项目名称	单　位	暂定数量	综合单价	合　价
一	人工				
1					
人工小计					
二	材料				
1					
材料小计					
三	施工机械				
1					
施工机械小计					
总　　计					

注：此表项目名称、数量由招标人填写，编制招标控制价时，单价由招标人按有关规定确定；投标时，单价由投标人自主报价，计入投标总价中。

（四）总承包服务费

总承包服务费是指总承包人为配合协调发包人进行的专业工程发包，对发包人自行采购的材料、工程设备等进行保管以及施工现场管理、竣工资料汇总整理等服务所需的费用。招标人应预计该项费用并按投标人的投标报价向投标人支付该项费用。

总承包服务费应列出服务项目及其内容等。总承包服务费按照表 4-5（f）的格式列示。

表 4-5（f）　总承包服务费计价表

工程名称：　　　　　　　　　　标段：　　　　　　　　　第　页　共　页

序　号	项目名称	项目价值/元	服务内容	费率/%	金额/元
1	发包人发包专业工程				
2	发包人提供材料				
合　计					

注：此表项目名称、服务内容由招标人填写，编制招标控制价时，费率及金额由招标人按有关计价规定确定；投标时，费率及金额由投标人自主报价，计入投标总价中。

五、规费、税金项目清单

规费项目清单应按照下列内容列项：社会保险费，包括养老保险费、失业保险费、医疗保险费、工伤保险、生育保险费，住房公积金，工程排污费，出现计价规范中未列的项目，应根据省级政府或省级有关权力部门的规定列项。

传统的税金项目清单应包括下列内容：营业税，城市维护建设税，教育费附加，地方教育附加。根据财税 [2016] 36 号等文件规定精神，建筑业自 2016 年 5 月 1 日起纳入营业税改征增值税，具体计税办法见下文分析。

规费、税金项目计价表如表 4-6 所示。

表 4-6　规费、税金项目计价表

工程名称：　　　　　　　　　　标段：　　　　　　　　　　第　页　共　页

序号	项目名称	计算基础	计算基数	计算费率/%	金额/元
1	规费	定额人工费			
1.1	社会保障费	定额人工费			
(1)	养老保险	定额人工费			
(2)	失业保险	定额人工费			
(3)	医疗保险	定额人工费			
(4)	工伤保险	定额人工费			
(5)	生育保险	定额人工费			
1.2	住房公积金	定额人工费			
1.3	工程排污费	按工程所在地环境保护部门收费标准，按实计入			
2	税金	分部分项工程费＋措施项目费＋其他项目费＋规费			
合　计					

六、工程量清单文件的标准格式

工程量清单应采用统一格式，一般应由以下内容组成：

① 封面；

② 扉页；

③ 总说明；

④ 分部分项工程项目清单；

⑤ 措施项目清单；

⑥ 其他项目清单（包括暂列金额明细表，材料、设备暂估单价表，专业工程暂估价表，计日工表，总承包服务费表）；

⑦ 规费税金项目清单；

⑧ 发包人提供材料和工程设备一览表；

⑨ 承包人提供主要材料和工程设备一览表。

1. 封面

封面由招标人填写、盖章，格式如表 4-7 所示。

表 4-7　招标工程量清单封面

_____工程

招标工程量清单

招　标　人：_____
（单位盖章）

造价咨询人：_____
（单位盖章）

年　月　日

2. 扉页

招标工程量清单扉页应按规定的内容填写、签字、盖章，由造价员编制的工程量清单应有负责审核的造价工程师签字、盖章。受委托编制的工程量清单，应有造价工程师签字、盖章以及工程造价咨询人盖章。

招标工程量清单扉页如表 4-8 所示。

表 4-8　招标工程量清单扉页

_____工程

招标工程量清单

招　标　人：_____　　造价咨询人：_____
（单位盖章）　　　　　　　　　　　　　　　（单位盖章）

法定代表人　　　　　　　　　　　　　　　法定代表人
或其授权人：_____　　或其授权人：_____
（签字或盖章）　　　　　　　　　　　　　（签字或盖章）

编　制　人：_____　　复　核　人：_____
（造价人员签字盖专用章）　　　　　　　　（造价人员签字盖专用章）

编制时间：年　月　日　　　　　　　　复核时间：年　月　日

3. 总说明

总说明应按下列内容填写。

① 工程概况：建设规模、工程特征，计划工期、施工现场实际情况，交通运输情况、自然地理条件、环境保护要求等；

② 工程招标和专业工程发包范围；

③ 工程量清单编制依据；

④ 工程质量、材料、施工等的特殊要求；

⑤ 其他需说明的问题。

4. 各项目清单

分部分项工程项目清单，措施项目清单，其他项目清单，规费、税金项目清单格式分别见表 4-2～表 4-6。

5. 主要材料设、设备一览表

发包人提供材料和工程设备一览表见表 4-9，承包人提供主要材料和工程设备一览表见表 4-10 和表 4-11。

表 4-9　发包人提供材料和工程设备一览表

工程名称：　　　　　　　　　　　标段：　　　　　　　　　　第　页　共　页

序号	材料(工程设备)名称、规格、型号	单位	数量	单价/元	交货方式	送达地点	备注

注：此表由招标人填写，供投标人在投标报价、确定总承包服务费时参考。

表 4-10　承包人提供主要材料和工程设备一览表
（适用于造价信息差额调整法）

工程名称：　　　　　　　　　　　标段：　　　　　　　　　　第　页　共　页

序号	名称、规格、型号	单位	数量	风险系数/%	基准单价/元	投标单价/元	发承包人确认单价	备注

注：1. 此表由招标人填写除"投标单价"栏的内容，投标人在投标时自主确定投标单价。

2. 招标人应优先采用工程造价管理机构发布的单价作为基准单价，未发布的，通过市场调查确定其基准单价。

表 4-11　承包人提供主要材料和工程设备一览表
（适用于造价指数差额调整法）

工程名称：　　　　　　　　　　　标段：　　　　　　　　　　第　页　共　页

序　号	名称、规格、型号	变值权重 B	基本价格指数 F_0	现行价格指数 F_1	备　注
	定值权重 A		—	—	
合　计		1	—	—	

注：1. "名称、规格、型号"、"基本价格指数"栏由招标人填写，基本价格指数应优先采用工程造价管理机构发布的价格指数，没有时，可采用发布的价格代替。如人工、机械费也采用本法调整，由招标人在"名称"栏填写。

2. "变值权重"栏由投标人根据该项人工、机械费和材料、工程设备价值在投标总报价中所占的比例填写，1 减去其比例为定值权重。

3. "现行价格指数"按约定的付款证书相关周期最后一天的前 42 天的各项价格指数填写，该指数应首先采用工程造价管理机构发布的价格指数，没有时，可采用发布的价格代替。

另外，随工程量清单发至投标人的还应包括主要材料价格表，主要供评标用。招标人提供的主要材料价格表应包括详细的材料编码、材料名称、规格型号和计量单位。

第三节 工程量清单计价方法

工程量清单计价以招标人提供的工程量清单为平台，投标人根据自身的技术、财务、管理能力进行投标报价，招标人根据具体的评标细则进行优选，这种计价方式是市场定价体系的具体表现形式。因此，在市场经济比较发达的国家，工程量清单计价方法是非常流行的，随着我国建设市场的不断成熟和发展，工程量清单计价方法也必然会越来越成熟和规范。

一、工程量清单计价的过程和基本程序

工程量清单计价的过程可以分为两个阶段，即工程量清单的编制和工程量清单应用两个阶段。其中工程量清单编制在本章第二节已详细介绍，工程量清单应用主要体现在工程项目承发包阶段的招标控制价编制、投标报价编制以及工程项目施工阶段的工程计量、价款支付、合同价款调整及工程结算等方面。工程量清单应用程序如图 4-3 所示。

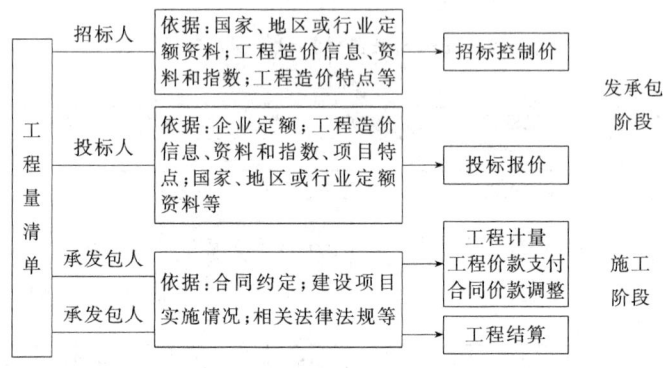

图 4-3　工程量清单应用程序

二、工程量清单计价的编制依据

工程量清单计价的依据主要有《计价规范》、工程量清单、消耗量定额或企业定额、施工图、施工方案、工料机市场价格等。

1. 工程量清单

工程量清单是投标人投标报价的重要依据，投标人应根据清单工程量、项目特征、工程内容描述及施工图纸计算计价工程量并报价。

2. 消耗量定额或企业定额

编制招标控制价时一般依据建设行政主管部门发布的预算定额或消耗量定额；投标单位投标报价时应根据自己的企业定额，若没有可参考地区预算定额或消耗量定额，它是分析拟建工程工料机消耗量的依据。

3. 施工图、施工方案

由于采用的施工方案不同，而清单工程量是分部分项工程项目清单项目的主项工程量，并不能反映报价的全部内容，因此投标人在投标报价时，需要根据施工图和施工方案计算报价工程量（也称计价工程量或组价工程量），所以施工图及施工方案也是进行工程量清单计价的重要依据。

4. 工料机市场价格

工料机市场价格是确定分部分项工程项目清单综合单价的重要依据。

三、工程量清单计价模式下的造价构成及计价程序

(一)工程量清单计价模式下的造价构成

在实行工程清单计价模式下,建筑安装工程费用的组成形式发生了一些变化。按照《计价规范》,工程量清单计价模式下的工程费用包括分部分项工程费、措施项目费、其他项目费、规费及税金。

1. 分部分项工程费

分部分项工程费是指完成分部分项工程项目清单下所列工作内容所需的费用。包括人工费、材料费、施工机械使用费、管理费、利润和风险费。其中管理费包括管理人员工资、办公费、差旅交通费、固定资产使用费、工具用具使用费、保险费、财务费用及其他费。计算公式为:

$$分部分项工程费 = \sum 分部分项工程量 \times 分部分项工程综合单价$$

2. 措施项目费

措施项目费是指措施项目清单所列工作内容所需的费用。措施项目分为以"量"计算和以"项"计算两种。对于可精确计量的措施项目,以"量"计算的措施项目,其措施费计算方法与分部分项工程费相同,即按其工程量与综合单价相乘得到措施项目费;对于不可精确计量的措施项目,则以"项"为单位,采用费率法按有关规定综合取定,采用费率法时需确定某项费用的计费基数及其费率。措施项目费计算公式为:

$$措施项目费 = \sum(措施项目工程量 \times 措施项目综合单价)$$

或
$$措施项目费 = \sum(措施项目计费基数 \times 费率)$$

措施项目综合单价的构成与分部分项工程单价构成类似。

3. 其他项目费

其他项目费包括暂列金额、材暂列金额、暂估价、计日工费及总承包服务费。

4. 规费

规费是指按政府有关部分规定必须交纳的费用,包括社会保险费(养老保险费、失业保险费、医疗保险费、工伤保险、生育保险费)、住房公积金和工程排污费。规费应按国家或省级、行业建设主管部门的规定计算,不得作为竞争性费用。

5. 税金

根据财税〔2016〕36号等文件规定,建筑业自2016年5月1日起纳入营业税改征增值税。税金包括增值税和附加税。税金以分部分项工程费、措施项目费、其他项目费和规费之和为基数,与规费一样,税金不得作为竞争性费用。增值税及附加税的计税办法见表4-12~表4-14。

税率及计算方法在第二章已介绍,此处不再赘述。

(二)工程量清单计价程序

为适应国家税制改革要求,满足建筑业营改增后建设工程计价需要,各省都结合自己计价依据体系的实际,颁布了建筑业实施营改增后建设工程计价依据的有关调整办法,此处以陕西省为例简述如下。

1. 调整依据

① 住建部办公厅《关于做好建筑业营改增建设工程计价依据调整准备工作的通知》（建办标［2016］4 号）。

② 财政部、国家税务总局《关于全面推开营业税改征增值税试点的通知》（财税［2016］36 号）。

③ 财政部、国家税务总局《营业税改征增值税试点方案》（财税［2011］110 号），财政部、国家税务总局《关于简并增值税征收率政策的通知》（财税［2014］57 号）等。

④ 陕西省现行计价依据。

2. 调整原则

① 同一合同工程项目，营改增后造价水平保持稳定。

② 同一合同工程项目，营改增后企业税赋有所下降。

3. 调整方法

在现行计价依据不变的前提下，采用过渡性综合系数法计算营改增过渡后的工程造价。具体方法是，根据价税分离的原则，分别计算出营业税下不含税工程造价和增值税下税前工程造价；再测算出营业税下不含税工程造价和增值税下税前工程造价的比值，即为过渡性综合系数；然后以该综合系数乘以营业税下不含税工程造价，得出增值税下税前工程造价，作为计算增值税的计税基础。

4. 计价程序

表 4-12～表 4-14 列举了不同工程计算式。

表 4-12　建筑工程、装饰装修工程、安装工程、市政工程、园林绿化工程、西安市城市轨道交通工程

序号	内容	计算式
1	分部分项工程费	Σ（综合单价×工程量）＋可能发生的差价
2	措施项目费	Σ（综合单价×工程量）＋可能发生的差价
3	其他项目费	Σ（综合单价×工程量）＋可能发生的差价
4	规费	（1＋2＋3）×费率
5	税前工程造价	（1＋2＋3＋4）×综合系数
6	增值税销项税额	5×11%
7	附加税	（1＋2＋3＋4）×税率
8	工程造价	5＋6＋7

5. 综合系数

依据各种类型实际工程项目测算，确定各专业的过渡性综合系数如表 4-13、表 4-14。

表 4-13　建筑工程综合系数表

序号	专业分类	综合系数
1	人工土石方工程	0.9702
2	机械土方工程	0.9391
3	桩基工程	0.9310
4	土建工程（除砖混工程外）	0.9251
5	砖混工程	0.9431
6	构筑物工程	0.9294
7	钢结构工程	0.9155
8	装饰工程	0.9130

表 4-14　安装工程综合系数表

序号	专业分类	综合系数
1	安装工程（长距离输送管道土石方工程除外）	0.9172
2	长距离输送管道土石方工程	0.9790

四、综合单价及其计算

（一）综合单价的概念

工程量清单计价采用综合单价形式。工程量清单综合单价是指完成单位分部分项工程清单项目所需的各项费用。它包括完成该工程清单项目所发生的人工费、材料费、机械费、管理费和利润，并考虑了一定的风险。除招标文件或合同约定外，结算时综合单价一般不得调整。

（二）综合单价的计算步骤

综合单价的确定是工程量清单计价的基础和核心。在工程项目招投标阶段，招标人编制招标控制价和投标人进行投标报价时均需要确定工程量清单的综合单价，主要区别在于计价的依据不同。招标控制价主要依据建设行政主管部门发布的预算定额或消耗量定额进行组价，而投标报价则需要根据企业自己的企业定额进行组价，但两者计算方法基本相同。下面以编制投标报价为例介绍综合单价的计算过程。

计算综合单价时，应按施工方案的总工程量进行计算，按招标人提供的工程量清单折算综合单价。其详细的计算步骤如下。

1. 确定施工方案，计算定额项目工程量

首先，依据提供的工程量清单和施工图纸，以及拟采用的施工方案，依据企业定额（若没有则参照地区预算定额或消耗量定额，确定所组价的定额项目名称，并计算出相应的工程量，该工程量称为计价工程量，或组价工程量。

计价工程量是投标人根据拟建工程施工图、施工方案、清单工程量和所采用定额及相对应的工程量计算规则计算出的，它是计算综合单价的重要数据。由于施工方案不同，其实际发生的工程量也不同，例如基础挖方是否要留工作面、留多少，不同的施工方法其实际发生的工程量不同，采用的定额不同，其综合单价的综合结果也有很大差别，所以在投标报价时，各投标人必然要计算计价工程量。

计价工程量根据所采用的定额和相对应的工程量计算规则计算，所以，承包商一旦确定采用何种定额时，就应完全按其定额所划分的项目内容和工程量计算规则计算工程量。

计价工程量的计算内容一般要多于清单工程量，因为，计价工程量不但要计算每个清单项目的主项工程量，而且还要计算包含的附项工程量。这就要根据清单项目的工作内容和定额项目的划分内容具体确定。例如，针对预制混凝土构件清单项目报价时，不但要计算主项的混凝土工程量，还要计算预制混凝土构件运输、安装、坐浆灌缝等附项工程量。

计价工程量的具体计算方法，同第五章第四节定额工程量计算规则中所介绍的工程量计算方法基本相同，但因计价时所依据的定额不同会有些差别。

2. 确定人工、材料、机械台班的定额消耗量

《计价规范》规定，施工企业可以按反映自身水平的企业定额或参照政府颁布的消耗量定额确定人工、材料、机械台班的耗用量。为了能够体现企业的个别成本，企业最好要有自已的企业定额，按清单项内的工作内容对应企业定额项目划分确定组价的定额子目，再对应清单项进行分析、汇总。

3. 确定人工、材料、机械台班单价

通过市场调查和询价，依据工程造价政策规定或工程造价信息确定人工、材料、机械台班单价，以便使报价更接近市场实际价格。

4. 计算分项的管理费、利润

综合单价除包括人工费、材料费和机械费外，还包括管理费、利润，并考虑适当的风险。管理费和利润的计算需要在确定管理费率和利润率的基础上，还要选择合适的计算基数和计算方法。

由于各分部分项工程中的人工、材料、机械含量的比例不同，各分项工程可根据其材料费占人工费、材料费、机械费合计的比例（以字母"C"代表该项比值）在以下三种计算方法中选择一种计算管理费和利润。

（1）当 $C > C_0$（C_0 为本地区原费用定额测算所选典型工程材料费占人工费、材料费、和机械费合计的比例）时，可采用以直接工程费（即人工费＋材料费＋机械费）为基数计算该分项的管理费和利润，计算公式为：

$$管理费＝（人工费＋材料费＋机械费）×相应的管理费率$$
$$利润＝（人工费＋材料费＋机械费＋管理费）×相应的利润率$$

（2）当 $C < C_0$ 下限时，可采用以人工费和机械费合计为基数计算该分项的管理费和利润，计算公式为：

$$管理费＝（人工费＋机械费）×相应的管理费率$$
$$利润＝（人工费＋机械费）×相应的利润率$$

（3）如该分项的直接费仅为人工费，无材料费和机械费时，可采用以人工费为基数计算该分项的管理费和利润，计算公式为：

$$管理费＝人工费×相应的管理费率$$
$$利润＝人工费×相应的利润率$$

5. 计算所组价定额项目的合价

$$定额项目合价＝定额项目工程量×[\sum（定额人工消耗量×人工单价）＋$$
$$\sum（定额材料消耗量×材料单价）＋$$
$$\sum（定额机械台班消耗量×机械台班单价）＋$$
$$价差（基价或人工、材料、机械费用）＋管理费和利润]$$

6. 计算综合单价

《计价规范》规定综合单价必须包括清单项内的全部费用，但又不能变动招标人提供的工程量。因此清单项内所包含的所有工作内容及施工方案的增量等所需费用都要包括在报价内。一般情况下，定额的子目划分较清单要细，工作内容比较单一，而工程量清单的分部分项项目划分比较综合，一个清单项目往往包含多项工作内容，所以一个清单项目所包含的所有定额项目合价计算汇总出来后折算成单位清单工程量的综合单价。

具体做法为：将若干项所组价的定额项目合价相加之和除以工程量清单项目工程量，便得到工程量清单项目综合单价，对于未计价材料费，包括暂估单价的材料费应计入综合单价，见下式。

$$工程量清单综合单价＝\frac{\sum 定额项目合价＋未计价材料}{清单项目工程量}$$

【例 4-2】　某单位传达室基础平面图及基础详图见第五章【例 5-1】中的图 5-32，施工方案见第五章【例 5-13】中介绍，试计算本章【例 4-1】中编制的工程量清单的综合单价。

根据投标人采用的定额，有关数据如下。

1-5 人工挖沟槽（挖深 2m 以内，含 100m 内运土）：

定额基价 2333.05 元/100m³，其中人工费 2333.05 元，材料费 0 元，机械费 0 元

1-33 单（双）轮车运土每增 50m：

定额基价 191.4 元/100m³，其中人工费 191.4 元，材料费 0 元，机械费 0 元

又知投标单位管理费率为 12%，利润率为 8%，暂不考虑风险，试计算投标人挖沟槽土方分项工程量清单的综合单价，并列出其综合单价分析表。

解　(1) 计算综合单价

① 投标人根据定额及施工方案计算各项工作内容计价工程量（参见第五章【例 5-13】）

人工挖沟槽工程量：$1.60 \times (1.80 + 2.86) \times 1/2 \times (28.0 + 6.40) = 128.24(m^3)$

挖土单（双）轮车运输工程量：128.24m³。

② 套定额计算各项工作内容的直接工程费

1-5 人工挖沟槽（挖深 2m 以内，含 100m 内运土）：$128.24 \times 2333.05/100 = 2991.90$（元）

1-33 单（双）轮车运土每增 50m：$128.24 \times 191.4/100 = 245.45$（元）

直接工程费小计：3237.35 元，其中人工费小计：3237.35 元。

③ 计算管理费和利润

该分项属于人工土石方，管理费和利润的计算应以人工费为计算基础。

管理费：$3237.35 \times 12\% = 388.48$（元）

利润：$3237.35 \times 8\% = 258.99$（元）

④ 计算挖沟槽土方综合单价

人工挖沟槽土方总费用合计：$3237.35 + 388.48 + 258.99 = 3884.82$（元）

故挖基础土方综合单价为：$3884.82/68.35 = 56.84$（元）

投标人对挖基础土方报价为：3884.82 元。

报价表填写如表 4-15 所示。

表 4-15　分部分项工程项目清单报价表

工程名称：　　　　　　　　　　　　　　　　　　　　　　　　　　第　页　共　页

序号	项目编码	项目名称	计量单位	工程数量	金额/元	
					综合单价	合价
1	010101003001	挖沟槽土方 三类土 带形基础 垫层宽度 1.2m 挖土深度 1.6m 弃土距离 150m	m³	68.35	56.84	3884.82

(2) 编制该分项的综合单价分析表

每 1 m³ 人工挖沟槽土方及运输清单工程量所含施工工程量：

$$128.24/68.35=1.876\ (\text{m}^3)$$

综合单价分析表如表 4-16 所示。

表 4-16　分部分项工程项目清单综合单价分析表

项目编码	010101003001			项目名称		挖沟槽土方		计量单位		m³
清单综合单价组成明细										
定额编号	定额名称	定额单位	数量	单　价/元				合　价/元		
				人工费	材料费	机械费	管理费和利润	人工费	材料费	机械费	管理费和利润
1-5	人工挖沟槽（挖深2m以内）	m³	1.876	23.33			4.67	43.77			8.76
1-33	单（双）轮车运土每增50m	m³	1.876	1.914			0.38	3.59			0.71
人工单价			小　计					47.36			9.47
72.5元/工日		未计价材料费									
清单项目综合单价								56.83			

五、工程量清单计价的标准格式

工程量清单计价应采用统一格式。投标报价时，工程量清单计价格式应随招标文件发至投标人，由投标人填写。工程量清单计价格式应由下列内容组成：

① 封面；
② 扉页；
③ 总说明；
④ 工程计价汇总表，包括建设项目、单项工程、单位工程招标控制价/投标报价汇总表；
⑤ 分部分项工程项目清单计价表；
⑥ 措施项目清单计价表；
⑦ 其他项目清单计价汇总表（包括暂列金额明细表，材料、设备暂估单价表，专业工程暂估价表，计日工表，总承包服务费表）；
⑧ 规费、税金项目清单计价表；
⑨ 发包人提供材料和工程设备一览表；
⑩ 承包人提供主要材料和工程设备一览表；
⑪ 综合单价分析表。

其中⑤～⑩项表格格式在本章第二节已列示。

1. 封面

封面（见表 4-17）由招标人（编制招标控制价）或投标人（编制投标报价）按规定的内容填写、签字、盖章。

表 4-17 封 面

_____工程

招标控制价
（或投标总价）

招 标 人：_____
（单位盖章）

造价咨询人：_____
（单位盖章）

年 月 日

2. 扉页

扉页应按规定的内容填写、签字、盖章，除承包人自行编制的投标报价和竣工结算外，受委托编制的招标控制价、投标报价、竣工结算，由造价员编制的应有负责审核的造价工程师签字、盖章以及工程造价咨询人盖章。

招标控制价扉页如表 4-18 所示。

表 4-18 招标控制价扉页

_____ 工程

招标控制价

招标控制价(小写)：_____
　　　　　　(大写)：_____

招 标 人：_____ 造价咨询人：_____
（单位盖章） （单位盖章）

法定代表人 法定代表人
或其授权人：_____ 或其授权人：_____
（签字或盖章） （签字或盖章）

编 制 人：_____ 复 核 人：_____
（造价人员签字盖专用章） （造价人员签字盖专用章）

编制时间：年 月 日 复核时间：年 月 日

投标总价扉页如表 4-19 所示。

表 4-19　投标总价扉页

_____ 工程

投标总价

招 标 人：_____

工程名称：_____

投标总价(小写)：_____

(大写)：_____

投 标 人：_____

(单位盖章)

法定代表人

或其授权人：_____

(签字或盖章)

编 制 人：_____

(造价人员签字盖专用章)

编制时间：　年　月　　日

3. 总说明

总说明应按下列内容填写。

① 工程概况：建设规模、工程特征、计划工期、合同工期、实际工期、施工现场及变化情况、施工组织设计的特点、自然地理条件、环境保护要求等。

② 编制依据等。

4. 工程计价汇总表（表 4-20、表 4-21）

表 4-20　建设项目（单项工程）招标控制价/投标报价汇总表

工程名称：　　　　　　　　　　　　　　　　　　　　　　　　　第　页　共　页

序 号	单项(位)工程名称	金额/元	其中		
			暂估价/元	安全文明施工费/元	规费/元
	合 计				

表4-21 单位工程造价汇总表

工程名称： 标段： 第 页 共 页

序　号	汇总内容	金额/元	其中:暂估价/元
1	分部分项工程		
1.1			
1.2			
...			
2	措施项目		
2.1	其中:安全文明施工费		
3	其他项目		
3.1	其中:暂列金额		
3.2	其中:专业工程暂估价		
3.3	其中:计日工		
3.4	其中:总承包服务费		
4	规费		
5	税金		
	招标控制价(投标报价)合计＝1＋2＋3＋4＋5		

5. 综合单价分析表

综合单价分析表见表4-22。

表4-22 综合单价分析表

工程名称： 标段： 第 页 共 页

项目编码				项目名称				计量单位		
清单综合单价组成明细										
定额编号	定额名称	定额单位	数量	单价				合价		
				人工费	材料费	机械费	管理费和利润	人工费	材料费	机械费	管理费和利润
人工单价				小 计						
元/工日				未计价材料费						
清单项目综合单价										

材料费明细	主要材料名称、规格、型号	单位	数量	单价/元	合价/元	暂估单价/元	暂估合价/元
	其他材料费			—		—	
	材料费小计			—		—	

【复习思考题】

1. 什么是工程量清单？它的内容有哪些？

2. 什么是工程量清单计价模式？它有什么优点？

3. 工程量清单计价的适用范围是什么？

4. 工程量清单计价模式下造价的构成内容有哪些？其计价程序是怎样的？

5. 工程量清单的"五个要件"是指什么？

6. 分部分项工程项目清单的项目是如何设置的？其编制程序是怎么样的？

7. 工程量清单计价的编制依据有哪些？

8. 工程量清单计价模式下，招标人给投标人提供哪些表格？

9. 何谓计价工程量？如何计算？

10. 何谓综合单价法？如何计算？

【案例分析】

【案例1】某工程独立柱基础如图 4-4 所示，共 10 个，土壤类别为二类，现浇混凝土强度等级为 C25。室外地坪标高－0.3m，弃土点距挖土中心 200m，试编制以下项目的工程量清单并确定其综合单价：(1) 挖基础土方；(2) 现浇混凝土独立基础；(3) 现浇混凝土钢筋。

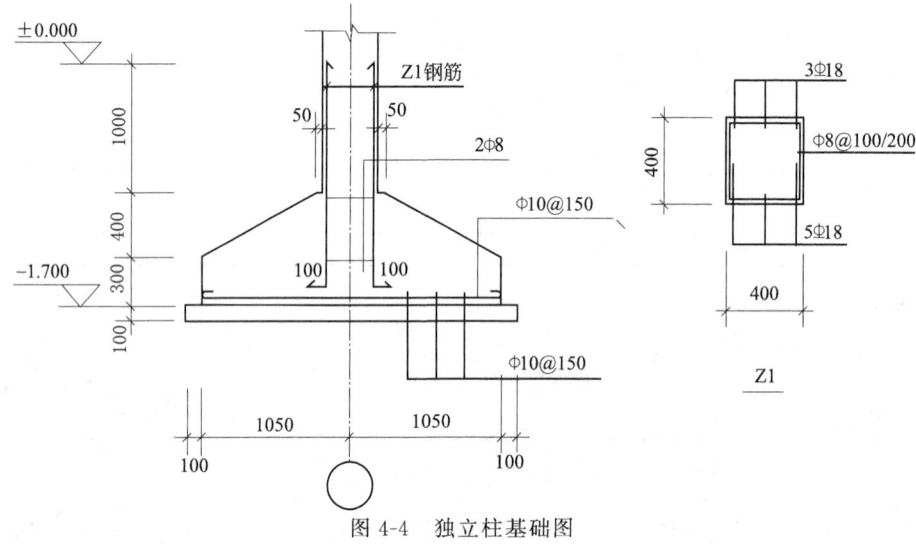

图 4-4　独立柱基础图

【案例2】某一砖混结构工程，现浇混凝土强度等级为 C25，构造柱布置如图 4-5 所示，外墙为 370，内墙为 240，构造柱截面为 370×370，370×240，240×240，层高 3.2m，试编制构造柱、地圈梁及梁的工程量清单。

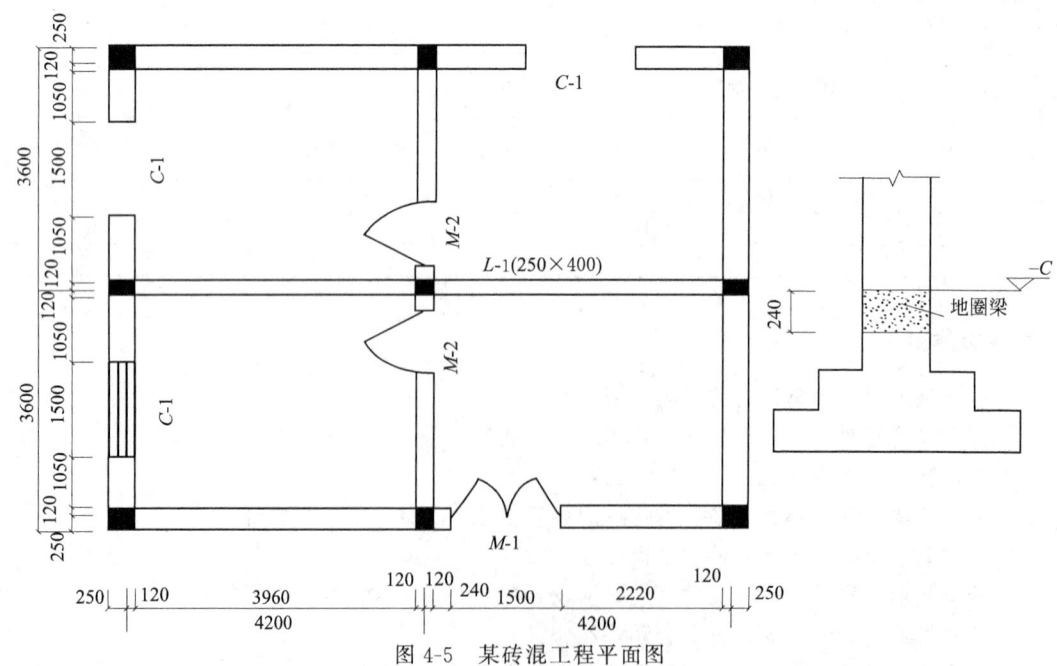

图 4-5　某砖混工程平面图

第五章 工 程 计 量

【教学目的与要求】

本章主要介绍了工程计量的基本概念与方法，建筑面积的计算规则，清单工程量计算规则，并结合《陕西省建筑装饰工程消耗量定额》（2004）介绍了定额工程量计算规则。通过本章的学习，使读者掌握建筑面积计算方法、清单工程量计算规则和定额工程量计算规则；理解建筑面积的概念，了解工程量计算的基本原理。

第一节 概 述

工程造价的确定，应以工程所要完成的分部分项工程项目以及为完成分部分项工程所采取措施项目的数量为依据，对分部分项工程项目或措施项目工程数量做出正确的计算，并以一定的计量单位表述，这就需要进行工程计量。由于工程计价的多阶段性和多次性，工程计量也具有多阶段性和多次性，不仅包括招标阶段工程量清单编制中的工程计量，也包括投标报价以及合同履约阶段的变更、索赔、支付和结算中的工程计量。工程计量工作在不同计价过程中有不同的具体内容，如在招标阶段主要依据施工图纸和工程量计算规则确定拟完分部分项工程项目和措施项目的工程数量；在施工阶段主要根据合同约定、施工图纸及工程量计算规则对已完成工程量进行确认。

一、工程量的含义及计算的依据

（一）工程量的含义

工程量指以物理计量单位或自然计量单位表示的建筑工程各个分项工程或结构构件的实物数量。物理计量单位是指以度量表示的长度、面积、体积和重量等单位；自然计量单位是指以建筑成品表现在自然状态下的简单点数所表示的个、条、樘、块等单位。

工程量是确定工程量清单、建筑工程直接费、编制施工组织设计、安排工程施工进度、编制材料供应计划、进行统计工作和实现经济核算的重要依据。

（二）工程量计算的依据

工程量是根据施工图及其相关说明，按照一定的工程量计算规则逐项进行计算并汇总得到的。主要依据如下。

① 经审定的施工设计图纸及其说明。施工图纸全面反映建筑物（或构筑物）的结构构造、各部位的尺寸及工程做法，是工程量计算的基础资料和基本依据。

② 工程施工合同、招标文件的商务条款。

③ 经审定的施工组织设计（项目管理实施规划）或施工技术措施方案。施工图纸主要表现拟建工程的实体项目，分项工程的具体施工方法及措施，应按施工组织设计（项目管理实施规划）或施工技术措施方案确定。如计算挖基础土方，施工方法是采用人工开挖，还是采用机械开挖，基坑周围是否需要放坡、预留工作面或做支撑防护等，应以施工方案为计算依据。

④ 工程量计算规则。工程量计算规则是规定在计算工程实物数量时，从设计文件和图纸中摘取数值的取定原则的方法。我国目前的工程量计算规则主要有两类：一是与预算定额相配套的工程量计算规则，原建设部制定了《全国统一建筑工程预算工程量计算规则》，各个地方及不同行业也都制定了相应的预算工程量计算规则；二是与清单计价相配套的计算规则，原建设部于 2003 年和 2008 年先后公布了两版《建设工程工程量清单计价规范》，在规范的附录部分明确了分部分项工程的工程量计算规则。2013 年住建部又公布了房屋建筑与装饰工程、通用安装工程、市政工程、园林绿化工程、矿山工程、构筑物工程、仿古建筑工程、城市轨道交通工程、爆破工程九个专业的工程量计算规范，进一步规范了工程造价中工程量计量行为，统一了各专业工程量清单的编制、项目设置和工程量计算规则。

⑤ 经审定的其他有关技术经济文件。

二、工程量计算规范

（一）工程量计算规范的组成

工程量计算规范是工程量计算的主要依据之一，按照现行规定，对于建设工程采用工程量清单计价的，其工程量计算应执行《房屋建筑与装饰工程工程量计算规范》（GB 50854）、《仿古建筑工程量计算规范》（GB 50855）、《通用安装工程量计算规范》（GB 50856）、《市政工程量计算规范》（GB 50857）、《园林绿化工程量计算规范》（GB 50858）、《矿山工程量计算规范》（GB 50859）、《构筑物工程量计算规范》（GB 50860）、《城市轨道交通工程量计算规范》（GB 50861）、《爆破工程量计算规范》（GB 50862）（以下简称《工程量计算规范》）。

《工程量计算规范》是正确计算工程量编制工程量清单的重要依据。《工程量计算规范》包括正文、附录和条文说明三部分。正文部分共四章，包括总则、术语、工程计量和工程量清单编制。附录包括分部分项工程项目（实体项目）和措施项目（非实体项目）的项目设置与工程量计算规则。

《工程量计算规范》附录中分部分项工程项目的内容包括项目编码、项目名称、项目特征、计量单位、工程量计算规则和工作内容六项内容。在清单计价中分部分项工程量清单应根据《工程量计算规范》附录规定的项目编码、项目名称、项目特征、计量单位和工程量计算规则进行编制。

《工程量计算规范》附录中列出了两种类型的措施项目：一类措施项目中列出了项目编码、项目名称、项目特征、计量单位、工程量计算规则的项目，编制工程量清单时，与分部分项工程项目的相关规定一致；另一类措施项目列出项目编码、项目名称，未列出项目特征、计量单位和工程量计算规则的项目，编制工程量清单时，应按规范中措施项目规定的项目编码、项目名称确定。

本书以《房屋建筑与装饰工程工程量计算规范》为例，在本章第三节详细介绍各分部分项工程项目及措施项目工程量计算规则。

（二）工程量计算规范与定额工程量计算的区别与联系

《工程量计算规范》是以现行的全国统一工程预算定额为基础，特别是项目划分、计量单位、工程量计算规则等方面，尽可能多的与定额衔接，但工程量清单中的工程量主要是针对建筑产品而言的（也包括一部分措施项目），这一点与预算定额工程量有所不同。

1. 在项目设置上区分实体项目和非实体项目，又有一定灵活性

实体项目即分部分项工程项目，是以工程实体来命名的，是拟完成或已完成的中间产品；非实体项目主要是措施项目。在项目的设置上也体现了一定的灵活性，如对现浇混凝土工程项目的"工作内容"中包括模板工程的内容，同时又在措施项目中单列了现浇混凝土模板工程项目。对此，可由招标人根据工程实际情况选用，若招标人在措施项目清单中未编列现浇混凝土模板项目清单，即表示现浇混凝土模板项目不单列，现浇混凝土工程项目的综合单价中应包括模板工程费用（措施项目费用含在实体项目中）。

2. 专业划分更加精细，适用范围扩大、可操作性强

现行工程量计算规范中将建筑、装饰专业进行合并为一个专业建筑与装饰，将仿古从园林专业中分开，拆解为一个新专业，同时新增了构筑物、城市轨道交通、爆破工程三个专业，扩充为九个专业。增加了对清单项目的工程量计算规则、使用范围、项目特征描述原则（哪些必须描述、哪些可以不描述）与方法的说明，增强了规范的可操作性。

3. 综合的工作内容不同

一个清单项目与一个定额项目所包含的工作内容不尽相同，《工程量计算规范》中的计算规则是根据主体工程项目设置的，其内容涵盖了主体工程项目及主体项目以外的完成该综合实体（清单项目）的其他工程项目的全部工作内容。一般来说，清单项目综合的工作内容要多于定额项目综合的工作内容。如根据《房屋建筑与装饰工程工程量计算规范》（GB 50854），010101004 挖基坑土方的工作内容综合了排地表水、土方开挖、围护（挡土板）支拆、基底钎探、运输等内容，而在预算定额中则将上述的工作内容都作为单独的定额子目处理。

4. 计算口径的调整

分部分项工程量的计算规则是按施工图纸的净量计算，不考虑施工方法和加工余量；预算定额项目计量则是考虑了不同施工方法和加工余量的实际数量，即预算定额项目计量考虑了一定的施工方法、施工工艺和现场实际情况。

如土方工程中的 010101004 挖基坑土方，按《房屋建筑与装饰工程工程量计算规范》GB 50854 规定，其工程量按图示尺寸以垫层底面积乘以挖土深度计算，按规范规定应是净量（当然规范中也同时说明了，在编制工程量清单时也可以将放坡及工作面增加的工程量并入土方工程量内）。预算定额项目计量则是按实际开挖量计算，包括放坡及工作面等的开挖量，即包含了为满足施工工艺要求而增加的加工余量。如图 5-1 所示。

5. 计量单位的调整

工程量清单项目的计量单位一般采用基本的物理计量单位或自然计量单位，如 m^2、m^3、m、kg、t 等，基础定额中的计量单位一般为扩大的物理计量单位或自然计量单位，如 $100m^2$，$1000m^3$、100m 等。

综上所述，《工程量计算规范》中的工程量计算规则既是预算定额项目工程量计算规则的发展，又是对预算定额项目工程量计算规则的扬弃。它遵循市场经济规律，注意科学的方法，着眼科学技术的发展，反映了两种不同目标与用途的工程量计算规则的区别。

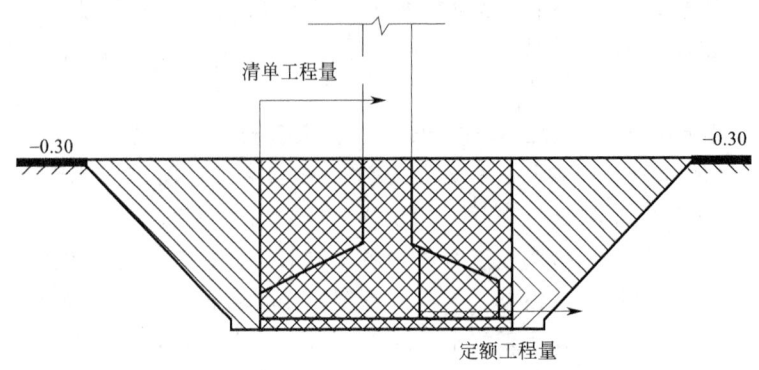

图 5-1　挖基础土方清单工程量与定额工程量计算口径比较

三、工程量计算的顺序和步骤

计算工程量应按照一定的顺序依次进行，既可以节省时间加快计算进度，又可以避免漏算或重复计算。

（一）工程量计算的顺序

1. 单位工程计算顺序

单位工程可采用以下计算顺序，也可综合采用。

（1）按施工顺序计算　按施工顺序计算是按照工程施工顺序的先后次序来计算工程量。先地下，后地上；先基础，后结构；先结构，后围护；先主体，后装修。一般民用建筑按照土方、基础、墙体、地面、楼面、屋面、门窗安装、外墙抹灰、内墙抹灰、喷涂、油漆、玻璃等顺序进行计算。

（2）按定额顺序计算　按定额顺序计算就是按照计算规则中规定的分章或分部分项工程顺序来计算工程量。这种计算顺序方法对初学人员尤为适用。

（3）统筹安排，连续计算　整个建筑工程各分项项目的施工顺序、相互关系位置和构造尺寸之间存在着内在联系，通过找出其内在联系规律，统筹安排计算程序，既可减少重复劳动，加快计算速度，又可避免漏项重项计算不准确。例如，地面面层与垫层、门窗与砖墙、砖墙与抹灰、地面与天棚等之间的相互关系。

2. 分项工程计算顺序

（1）按照顺时针方向计算　按照顺时针方向计算就是先从平面图的左上角开始，自左向右，然后再由上而下，最后转回到左上角的顺序计算工程量，如图 5-2 所示。例如计算外墙、地面、天棚等分项工程，都可以按照此顺序进行计算。

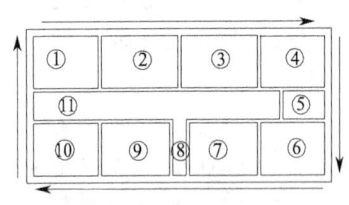

图 5-2　顺时针计算示意

（2）按"先横后竖、先上后下、先左后右"计算　此法就是从平面图上从左上角开始，按"先横后竖、先上后下、先左后右"的顺序进行计算工程量，如图 5-3 所示。例如房屋的条形基础土方、基础垫层、砖石基础、砖墙砌筑、门窗过梁、墙面抹灰等分项工程，均可按这种顺序进行计算。

（3）按图纸分项编号顺序计算　此法就是按照图纸上所注结构构件、配件的编号顺序进行计算工程量，如图 5-4 所示。例如计算混凝土构件、门窗、屋架等分项工程，均可以按此顺序进行计算。

在计算工程量时，不论采用哪种顺序方法计算，都不能有漏项少算或重复多算的现象发生。

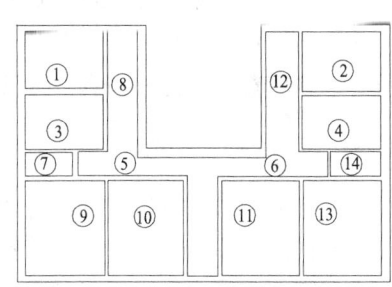

图 5-3　横竖分割计算示意

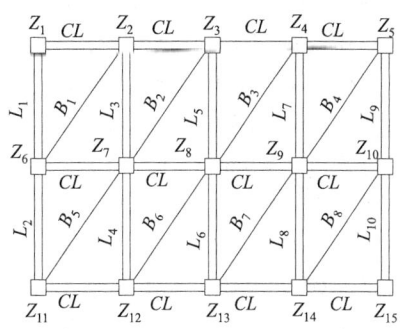

图 5-4　按构件编号计算示意

（二）工程量计算的步骤

1. 列出分部分项工程

根据工作内容和计价规范中规定的项目列出需计算工程量的分部分项工程。

2. 列出计算式

工程项目列出后，根据施工图所示的部位、尺寸和数量，按照一定的计算顺序和工程量计算规则，列出该分项工程量计算式。计算式应力求简单明了，并按一定的次序排列，便于审查核对。例如，计算面积时，应该为：宽×高；计算体积时，应该为：长×宽×高，等等。

3. 演算计算式

分项工程量计算式全部列出后，对各计算式进行逐式计算，然后再累计各算式的数量，其和就是该分项工程的工程量，将其填入工程量计算表中的"工程量"栏内。

4. 调整计量单位

计算所得工程量，一般都是以米、平方米、立方米或千克为计量单位，但工程定额往往是以 10m、$10m^2$、$10m^3$ 或 100m、$100m^2$、$100m^3$ 或 t 等扩大了的单位为计量单位。这时，就要将计算所得的工程量，按照工程定额的计量单位进行调整，使其一致，才能套用定额。

四、工程量计算的一般原则

1. 口径必须一致

计算工程量时，根据施工图及有关资料列出的分项工程的口径（指分项工程所包括的工作内容、工作内容及范围），必须与规范或定额中相应分项工程的口径相一致。只有口径一致，才能准确地划分清单项目，正确地套用定额单价。例如项目编码 010401013 砖散水、地坪项目，其工作内容包括土方挖、运、填，地基找平、夯实，铺设垫层，砌砖散水、地坪，抹砂浆面层，列清单项目时，就不能再单独列铺设垫层项目；又如陕西 04 建筑装饰消耗量定额第五章金属构件制作中（包括钢栏杆）各定额项目均已包括一遍防锈漆的工料，计算时，应考虑到这一遍防锈漆，不应重复计算。为了确保口径一致，在工程量计算时，除必须熟悉施工图和有关资料外，还必须熟悉清单和定额中每一个分项所包括或综合的工作内容、工作内容和范围。

2. 计量单位必须一致

按施工图及有关资料计算各项目工程量时，必须清单和定额中相应项目的计量单位一致。例如，定额中的计量单位，有些是 m^3、$10m^3$、$100m^3$、$1000m^3$；有些是 $10m^2$、$100m^2$、$1000m^2$；有些是 $10m$、$100m$；有些是 10 个、10 根、套、t、10t 等；并且有时在预算定额项目中互相交错出现，例如，陕西消耗量定额规定现浇混凝土"整体楼梯"模板项目是以其楼梯分层水平投影面积 $10m^2$ 为计量单位，而预制混凝土"装配式楼梯"模板则以混凝土的体积 m^3 为计量单位，而其预制楼梯的坐浆又以构件体积 $10m^3$ 为计量单位。两者虽都是楼梯，但其施工方法不同，其计量单位是有区别的。这些都应注意和分清，以免由于计量单位搞错而影响计算的准确性。

3. 按工程量计算规则计算

概、预算定额及消耗量定额各个分部工程（即各章）、《工程量计算规范》的各分部分项清单项目都列有工程量计算规则。工程量计算规则给出了计算单位、计算界线、计算的方法；它是统一计算尺度和标准的法则，也是具体进行工程实物数量测算和分析消耗数量的准绳。在计算工程量时，必须严格执行工程量计算规则，否则，就会造成计算不一，数据混乱，造价不正确，致使招标投标以及工程结算工作难以进行。如在计算砖石工程时，砖基础与墙身的划分，以设计室内地坪为界，设计室内地坪以下为基础，以上为墙身。砖石基础按图示尺寸以立方米计算。砖石基础长度，外墙按外墙中心线长度；内墙按内墙净长计算。砖石基础大放脚的 T 形接头处的重复计算部分及嵌入基础的钢筋、铁件、管子、基础防潮层及单个面积在 $0.3m^2$ 以内孔洞所占的体积不予扣除，但靠墙暖气沟的挑砖亦不增加。附墙垛基础宽出部分体积应并入基础工程量内。

4. 按设计文件计算

工程量计算时，必须严格按照设计文件内容和所注尺寸进行计算。工程量计算的项目必须与设计的构造层次、材料品种、施工方法、厚度等相一致，不得任意加大或缩小，随意增加或减少，更不能随便修改名称或内容而去套定额。

5. 列出计算式

为了准确计算，便于审核和校对，每个分项工程工程量计算时，必须详细列出计算式，并注明所在部位或轴线，计算式应力求简单明了，并应按一定的次序排列计算。例如，面积为：长×宽或长×高；体积为：长×宽×高（厚）；计算钢筋、型钢重量时为：长度×每米重量等。任何项目都不应随意估算。

6. 计算力求准确，不重算，不漏算

工程量计算的精度将直接影响工程造价的精度。因此，计算过程和计算结果要准确。一般工程量的小数点位数（精确度）按如下取值：凡以 m^3、m^2、m 为单位的，保留两位小数；以 t 为单位的，取 3 位小数；以 kg、件（个）、套为单位的，取整数。土方工程按基本单位取整数；木材以 m^3 为计量单位，习惯保留 3 位小数。

7. 讲究计算方法，合理安排计算顺序

为了计算时不重不漏项目，必须讲究计算方法和计算顺序，尤其对于初学人员，应首先根据图纸、定额和有关资料列出本工程的各分部分项工程的项目，然后按照施工图和有关资料，循着一定的顺序，逐项计算。计算中，发现未预料的项目，应随时用文字标注补充调整。计算工程量的顺序要合理，尽量一数多用，避免重复计算或漏算。

五、工程量计算方法——统筹法

编制建筑工程概、预算的基本要求是及时、准确。但在编制过程中，由于依据繁多、内容复杂、项目数多、计算量大，无论采用施工顺序计算，还是按照定额顺序编制计算，都需要用大量时间做大量的计算工作，而且很难避免漏项、重算和错算，与基本要求有较大的矛盾。找出各计算项目的内在联系，及时、准确地计算出各项工程量，是工程造价人员的迫切需要。运用统筹法计算工程量正是在这种背景下开发出来的，它抓住了建筑工程各分项之间的内在联系规律，简化了计算内容和过程，提高了计价文件的编制效率，是计算工程量的有效方法。它不仅适用于手算，也适用于电算。

（一）统筹法计算工程量的原理

根据统筹法原理，对建筑工程施工图预算的工程量计算全过程进行分析，可以看出各分项工程量既具有各自的特点，又相互间存在着内在联系。如挖基槽、墙基垫层、墙体基础、墙基防潮层、地圈梁等分项工程，都是按长度乘以断面面积以体积计算，墙体工程量是以长度乘以高度再减去门窗洞口和构件所占面积以面积计算，计算中所用的长度，外墙是用外墙中心线长度，内墙是用内墙净长；又如平整场地、钻探及回填孔、楼地面垫层、找平层、防潮层、面层以及天棚、屋面等分项工程，都与底层建筑面积或室内净面积有关；再如外墙抹灰、勾缝、勒脚、散水、墙裙以及挑檐等分项工程，计算工程量时，都与外墙外边线有关。从以上列举的分项工程可以看出，在计算工程量时，尽管各有特点，但都离不开墙体的有关长度尺寸（线）和底层建筑面积（面），这些计算分项工程量时反复多次应用的数值，称为整栋房屋工程量计算的"基数"。从这些"基数"出发，根据预算定额的工程量计算规则，找出各分项工程量与"基数"之间的联系，运用统筹法原理，安排计算的先后顺序，充分利用"基数"，从而使工程量的计算达到简便、迅速、准确、统一的要求。

（二）统筹法计算工程量的基本要点

1. 统筹程序，合理安排

工程量计算程序的安排是否合理，关系到预算工作的效率和进度。预算工程量的计算程序，若按定额顺序或施工顺序进行，就没有充分利用项目之间的内在联系，必将造成计算上的重复。

例如，某室内地面的构造层次（从下到上）为：室内回填夯实，炉渣垫层，混凝土垫层，水泥砂浆面层等。如果按施工顺序或定额顺序计算工程量，其计算程序和计算式为：

$$① \frac{室内回填夯实（m^3）}{长 \times 宽 \times 厚_1} → ② \frac{炉渣垫层（m^3）}{长 \times 宽 \times 厚_2} → ③ \frac{混凝土垫层（m^3）}{长 \times 宽 \times 厚_3} →$$

$$④ \frac{水泥砂浆面层（m^2）}{长 \times 宽} → ⑤ \cdots$$

上面计算过程中，"长×宽"（室内净面积）重复计算了四次，显然效率低，速度慢。若运用统筹法原理，先将具有共同内容的"长×宽"的水泥砂浆面层工程量计算出来，作为基数，再重复利用，分别去乘垫层厚$_3$和厚$_2$以及厚$_1$，得出各自工程量，这样就加快了计算速度。统筹法的计算程序是：

$$① \frac{水泥砂浆面层（m^2）}{长 \times 宽} → ② \frac{混凝土垫层（m^3）}{面层量 \times 厚_3} → ③ \frac{炉渣垫层（m^3）}{面层量 \times 厚_2} →$$

$$④ \frac{室内回填夯实（m^3）}{面层量 \times 厚_1} → ⑤ \cdots$$

2. 利用基数，连续计算

在统筹法计算中是以"三线"和"两面"为基数，利用连乘或加减，算出其他与之有关的分项工程量。

（1）"三线"　　"三线"是指建筑平面图中所标示的外墙外边线、外墙中心线和内墙净长线。

① 外墙外边线

外墙外边线(用 $L_外$ 表示)＝建筑平面图的外围周长之和

对于长方形、L 形、T 形等只凸不凹的建筑平面,其 $L_外$ 可利用建筑平面图中标注的总长、总宽尺寸直接计算。不必用先计算各段墙的外边线长,然后再将各段长度汇总求 $L_外$ 的方法计算。即

$$L_外＝(总长度＋总宽度)×2$$

对于凹形或复杂形状建筑平面,亦可以先按总长加总宽乘 2 的方法计算,然后再根据建筑平面的具体情况另加长度调整值。即

$$L_外＝(总长度＋总宽度)×2＋长度调整值$$

② 外墙中心线

外墙中心线(用 $L_中$ 表示)＝建筑平面图中各段外墙中心线长度之和

对于外墙厚度均相等的一般建筑平面,其 $L_中$ 也可用 $L_外$ 计算。即

$$L_中＝L_外－4×外墙厚$$

③ 内墙净长线

内墙净长线(用 $L_内$ 表示)＝建筑平面图中所有内墙净长度之和

(2)"两面" "两面"是指建筑物的底层建筑面积和室内净面积。

① 底层建筑面积

底层建筑面积(用 $S_底$ 表示)＝建筑物底层平面图勒脚以上外围水平投影面积

一般情况下,$S_底$ 就是建筑底层平面图中 $L_外$ 所围的面积。因此,$L_外$ 找出后,$S_底$ 就很容易算出。

② 底层室内净面积

底层室内净面积(用 $S_净$ 表示)＝建筑物底层平面图中各室内净面积之和

一般情况下,也可采用下式方便算出。即

$$S_净＝S_底－L_中×外墙厚－L_内×内墙厚$$

根据分项工程量计算的不同情况,以"三线"、"两面"为基数,可计算出的有关项目如下。

$L_中$——可用于计算外墙基槽,基底夯实,基础垫层,条形基础,墙基防潮层,基础梁,圈梁,墙身砌筑,外墙内面抹灰等分项工程量。

$L_外$——可用于计算平整场地,钻探及回填孔,勒脚,腰线,勾缝,外墙面抹灰,散水,挑檐等分项工程量。

$L_内$——可用于计算内墙基槽,槽底夯实,基础垫层,基础,墙基防潮层,基础梁,圈梁,墙身砌筑,内墙面抹灰等分项工程量。

$S_底$——可用于计算总建筑面积,平整场地,屋面,$S_净$ 等内容。

$S_净$——可用于计算室内地面,楼面,天棚等分项工程。

有了以上基数,就可利用这些基数连续计算出有关的工程量。例如有了外墙中心线长度 $L_中$,就可连续计算出与外墙有关的各分项工程量,并安排其计算程序如下:

① $\dfrac{基槽挖土(m^3)}{L_中×断面积}$ → ② $\dfrac{墙基垫层(m^3)}{L_中×断面积}$ → ③ $\dfrac{基础(m^3)}{L_中×断面积}$ → ④ $\dfrac{墙体防潮(m^2)}{L_中×断面积}$ →

⑤ $\dfrac{地圈梁(m^3)}{L_中×断面积}$ → ⑥ $\dfrac{外墙(m^2)}{L_中×墙高－洞口面积}$ → ⑦ ...

3. 一次算出，多次使用

对于有些不能用"线"和"面"基数进行连续计算的项目，如扶手、屋架、标准构件、浴厕隔板（断）等，以及经常用到的系数，如土方放坡系数、砖基础折加系数、屋面坡度系数等，另外还有标准图集上的做法等，可事先组织力量，将常用数据一次算出，汇编成《建筑工程工程量计算手册》。这样在具体计算时，只要根据设计图纸中有关项目的数量，乘上手册的对应系数即可很快算出工程量。

4. 结合实际，灵活机动

由于每项建筑工程的结构和造型不同，它的基础断面、墙厚、砂浆强度等级、各楼层面积等都有可能不同，这就不能只用一个"线"、"面"、基数进行连续计算，而必须结合具体的设计图纸，采用灵活机动的方法来计算。一般有以下几种常用的方法。

（1）分段计算法　即当有些"线"上断面面积不等时，即应分段计算。

（2）分层法　当建筑物的各楼层的建筑面积、墙厚、砂浆不同时，应采用分层计算的方法计算工程量。

（3）分块法　当楼地面、天棚、墙面抹灰有多种做法时，应按做法不同分区域计算其面积。计算时，可先计算较小区域的面积，再用总面积减去较小区域的面积，即可得较大区域的面积。

（4）增减法　若建筑物每层平面布置一样，仅某一层多（或少）了一道隔墙，则可先按每层相同的情况计算，然后再补加（减）这一道隔墙的工程量。

在工程量计算过程中，有时需要同时运用上面介绍的几种方法。总而言之，要结合实际，灵活运用。

（三）统筹法计算工程量的步骤

用统筹法计算工程量大体可分为五个步骤，如图5-5所示。

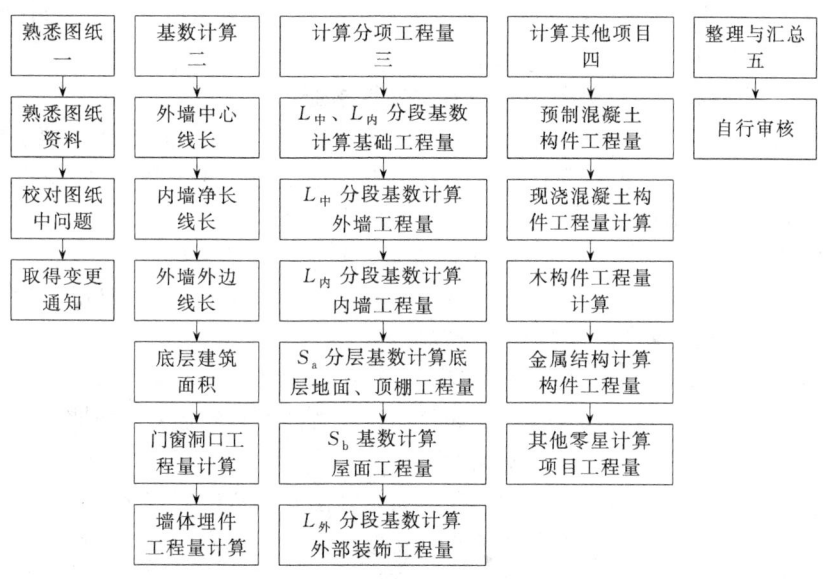

图5-5　利用统筹法计算分部分项工程步骤

（四）运用统筹法注意事项

① 在运用统筹法计算工程量时，总的顺序是按线、面、册进行，其他项目可灵活穿插在"三线"中。每一个具体项目，原则上按顺序，但个别的地方也可按实际情况前后调整，

但不能漏项。

②在计算基数时，一定要非常认真细致，计算一定要准确。因为70％～90％的项目都是以这些基数连续算出的，如果基数算错，则用基数算出的工程量全部出错。另外，应认真选用基数，不能选用错基数（例如将 $L_中$ 当 $L_内$ 用，$L_内$ 当 $L_中$ 用），否则影响极大。

③基数不是一成不变的，各层之间可能有变化。如高低跨之间的上部墙，应按外墙计算，而室内部分墙，应按内墙计算。又如外挑走廊墙、挑阳台的墙，应按外墙计算。

第二节　建筑面积及其计量规则

一、建筑面积的概念及其作用

（一）建筑面积的概念

建筑面积，也称为建筑展开面积，是指建筑物各层水平面积的总和。它包括了建筑物中的使用面积、辅助面积和结构面积。

$$建筑面积＝使用面积＋辅助面积＋结构面积$$

使用面积是指建筑物各层平面布置中可直接为人们生活、工作和生产使用的净面积的总和。居室净面积在民用建筑中亦称"居住面积"。

辅助面积是指建筑物各层平面布置中为辅助生产、生活和工作所占的净面积（如建筑物内的设备管道层、贮藏室、水箱间、垃圾道、通风道、室内烟囱等）及交通面积（如楼梯间、通道、电梯井等所占净面积）。

使用面积与辅助面积的总和称为有效面积。

结构面积是指建筑物各层平面布置中的内外墙、柱体等结构所占面积的总和（不含抹灰厚度所占面积）。

（二）建筑面积的作用

1. 建筑面积是控制设计、评价设计方案的重要依据

建筑面积是设计的重要参数，是计算容积率（土地利用系数）的基础。建筑面积与建筑占地面积不同，建筑面积与占地面积之比称容积率（或土地利用系数），容积率是建设规划和建筑设计的重要控制指标。

2. 建筑面积是编制工程造价文件和建筑房屋计算工程量的基础

编制设计概算，可采用每百平方米建筑面积的概算指标进行，利用概算指标编制概算，首先要计算出拟建工程的建筑面积，才能确定。

利用预算定额编制施工图预算，为了简化预算的编制和某些费用的计算，预算定额也采用了以建筑面积为计算基础的计费指标。如目前陕西省消耗量定额中的垂直运输增加费、超高增加费等就是以建筑面积作为计算基础的。

建筑面积是计算某些分项工程量的基础。如计算出底层建筑面积之后，就可利用这个基数，去分别计算出平整场地、钻探及回填孔、楼地面面层、室内回填土、室内地面垫层、天棚、满堂脚手架等的工程量，这样可简化工程量计算。

3. 建筑面积是计算单位建筑面积技术经济指标的基础

有了建筑面积，才有可能计算单位建筑面积的技术经济指标，才能以此评价设计方案和施工的经济效益及管理水平。其常用的技术经济指标如下。

（1）单方造价　用工程总（预算）造价除以总建筑面积，就是单位（项）工程每平方米

建筑面积的（预算）造价，简称单方造价（元/m²）。即

$$单方造价（元/m^2）=\frac{工程总（预算）造价}{总建筑面积}$$

（2）单方用工量　用工程的总耗工日数除以总建筑面积，就是单位（项）工程每平方米建筑面积的耗用工日数，简称单方用工（工日/m²）。即

$$单方用工（工日/m^2）=\frac{工程总耗工日数}{总建筑面积}$$

（3）单方用料量　用消耗于工程中的某种材料的总量除以总建筑面积，就是此材料单方用料量，如单方用钢量、单方水泥耗用量等。

二、建筑工程建筑面积计算规范

我国的《建筑面积计算规则》最初是在 20 世纪 70 年代制订的，之后根据需要进行了多次修订。1982 年国家经济委员会基本建设办公室（82）经基设字 58 号印发了《建筑面积计算规则》，对 20 世纪 70 年代制订的《建筑面积计算规则》进行了修订。1995年建设部发布《全国统一建筑工程预算工程量计算规则》（土建工程 GJD$_{GZ}$-101—95），其中含"建筑面积计算规则"，是对 1982 年的《建筑面积计算规则》进行的修订。2005 年建设部以国家标准发布了《建筑工程建筑面积计算规范》（GB/T 50353—2005）。2013 年住房和城乡建设部经广泛调查研究，在总结《建筑工程建筑面积计算规范》（GB/T 50353—2005）实施情况的基础上进行再次修订，颁布了新的《建筑工程建筑面积计算规范》（GB/T 50353—2013，下简称本规范），自 2014 年 7 月 1 日起实施。原《建筑工程建筑面积计算规范》（GB/T 50353—2005）同时废止。此次修订是鉴于建筑发展中出现的新结构、新材料、新技术、新的施工方法，为了解决建筑技术的发展产生的面积计算问题，本着不重算、不漏算的原则，对建筑面积的计算范围和计算方法进行了修改统一和完善。

本规范适用于新建、扩建、改建的工业与民用建筑工程的建筑面积的计算，包括工业厂房、仓库，公共建筑、居住建筑，农业生产使用的房屋、粮种仓库、地铁车站等的建筑面积的计算，并且各部门包括设计、施工、建设管理以及房屋营销等，都应统一按此规范计算建筑面积。

本规范由三部分组成：一、总则；二、术语；三、计算建筑面积的规定。本规范修订的主要技术内容是：①增加了建筑物架空层的面积计算规定，取消了深基础架空层；②取消了有永久性顶盖的面积计算规定，增加了无围护结构有围护设施的面积计算规定；③修订了落地橱窗、门斗、挑廊、走廊、檐廊的面积计算规定；④增加了凸（飘）窗的建筑面积计算要求；⑤修订了围护结构不垂直于水平面而超出底板外沿的建筑物的面积计算规定；⑥删除了原室外楼梯强调的有永久性顶盖的面积计算要求；⑦修订了阳台的面积计算规定；⑧修订了外保温层的面积计算规定；⑨修订了设备层、管道层的面积计算规定；⑩增加了门廊的面积计算规定；⑪增加了有顶盖的采光井的面积计算规定。

在应用本规范时，首先应正确理解、准确掌握其各项条款的规定，而且应将允许计算建筑面积的范围和不允许计算建筑面积的范围联系起来，一同理解记忆并严格区分。其次，在同一工程中经常用到多项条款来计算建筑面积，要注意它们之间的界线划分和计算方法，以免算错。

(一) 计算建筑面积的规定

1. 单层建筑物的建筑面积

计算规则一：单层建筑物的建筑面积，应按其外墙勒脚以上结构外围水平面积计算。单层建筑物高度在 2.20m 及以上者应计算全面积；高度不足 2.20m 者应计算 1/2 面积。对于形成建筑空间的坡屋顶，结构净高在 2.10m 及以上的部位应计算全面积；结构净高在 1.20m 及以上至 2.10m 以下的部位应计算 1/2 面积；结构净高在 1.20m 以下的部位不应计算建筑面积。

规则表明，单层建筑物应按不同的高度确定其面积的计算。其高度指室内地面标高至屋面板板面结构标高之间的垂直距离（图 5-6）。遇有以屋面板找坡的平屋顶单层建筑物，其高度指室内地面标高至屋面板最低处板面结构标高之间的垂直距离。

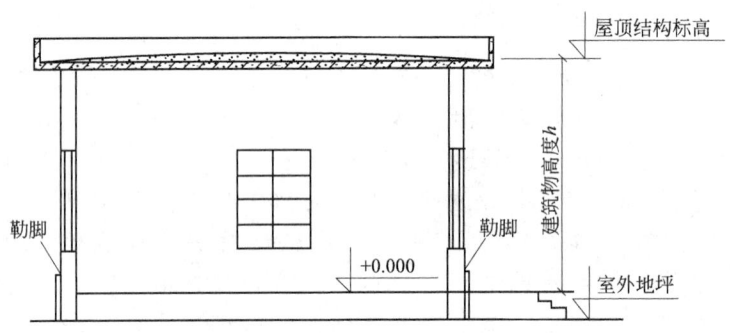

图 5-6　单层建筑物高度示意

值得注意的是，本规则对于单层建筑高度的确定，不是以净高来计算（净高指楼面或地面至上部楼板底或吊顶底面之间垂直距离），而是以室内地面标高至屋面板板面结构标高计算。

此外，计算规则规定建筑面积的计算是以勒脚以上外墙结构外边线计算，即建筑面积不包括勒脚，因为勒脚是墙根部很矮的一部分墙体加厚，不能代表整个外墙结构，在计算中要扣除勒脚墙体加厚的部分。这也说明建筑面积只包括外墙的结构面积，不包括勒脚以及外墙抹灰厚度、装饰材料厚度所占面积。

上述规则可分为以下两种情况。

(1) 单层建筑物建筑面积的计算　单层建筑不论其形式如何，均应按其外墙勒脚以上结构外围水平面积计算建筑面积。如图 5-7(a) 和 (b) 所示的单层建筑，设其高度为 H，则其建筑面积 S 计算如下：

$H \geqslant 2.20$m 时　　　　　　　　　$S = L \times B$

$H < 2.20$m 时　　　　　　　　　$S = \dfrac{1}{2} \times L \times B$

(2) 形成建筑空间的坡屋顶建筑面积的计算　对于形成建筑空间的坡屋顶，如图 5-7(c) 所示，坡屋顶单层建筑物除了按外墙勒脚以上结构外围水平面积计算其建筑面积外，还应按顶板下表面至楼面的不同净高分别计算其建筑面积。净高指坡屋顶顶板下表面至楼面的垂直距离。

对于形成建筑空间的坡屋顶，顶板下表面至楼面的净高超过 2.10m 的部位计算全面积；净高在 1.20～2.10m 的部位计算 1/2 面积。为便于准确理解，现以图 5-8 来说明其计算界限和方法。

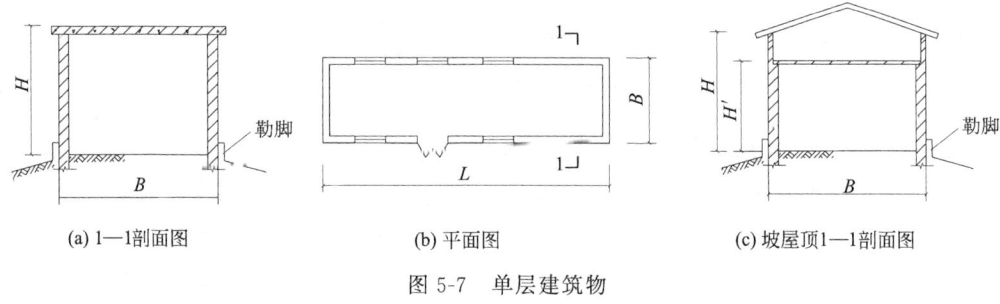

(a) 1—1剖面图　　　　　　(b) 平面图　　　　　　(c) 坡屋顶1—1剖面图

图 5-7　单层建筑物

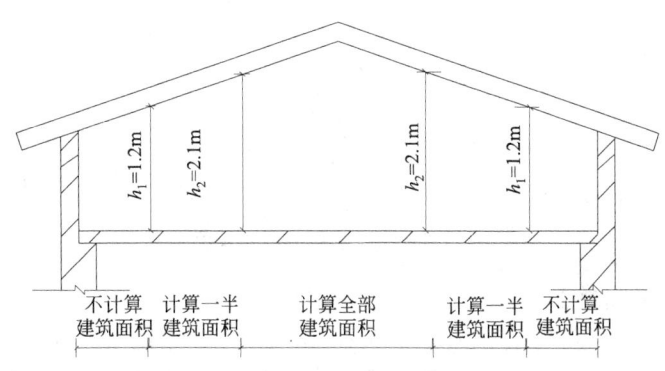

图 5-8　坡屋顶下加设阁楼或加层时建筑面积计算示意

计算规则二：单层建筑物内设有局部楼层者，局部楼层的二层及二层以上楼层，有围护结构的应按其围护结构外围水平面积计算，无围护结构的应按其结构底板水平面积计算。层高在 2.20m 及以上者计算全面积；层高不足 2.20m 者计算 1/2 面积。

计算单层厂房、剧场、礼堂等建筑面积时，若其单层建筑物内带有部分楼层（图 5-9），除了计算底层建筑面积外，二层及二层以上楼层部分建筑面积，应根据其高度，按其二层及其以上外墙外围水平面积计算。

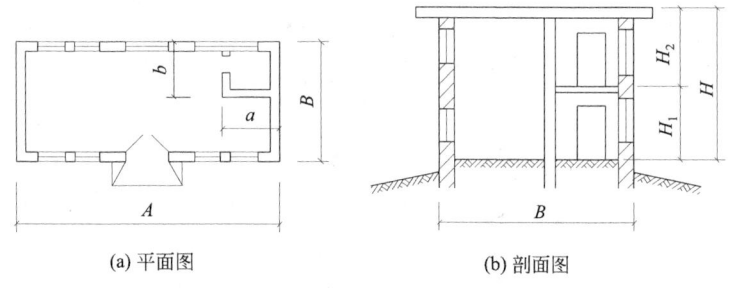

(a) 平面图　　　　　　(b) 剖面图

图 5-9　有局部楼层的单层建筑物（一）

带有局部楼层的单层建筑物的建筑面积 S 的计算公式如下。

(1) 当图 5-9(b) 中 $H_2 \geqslant 2.2\text{m}$ 时

　　$S = 底层建筑面积 + 局部楼层外围水平面积 = S_底 + a \times b = A \times B + a \times b$

(2) 当 $H_2 < 2.2\text{m}$ 时

$$S = 底层建筑面积 + \frac{1}{2}局部楼层外围水平面积 = S_底 + \frac{1}{2} \times a \times b$$

其中 $S_底$ 按如下确定：

$H \geqslant 2.20\mathrm{m}$ 时 $S_底 = A \times B$

$H < 2.20\mathrm{m}$ 时 $S_底 = \dfrac{1}{2} \times A \times B$

例如，有局部楼层的单层建筑物（图 5-10），由于 $H = 6.5\mathrm{m} \geqslant 2.2\mathrm{m}$，$H_2 = 3.0\mathrm{m} \geqslant 2.2\mathrm{m}$，所以其建筑面积为：

$$S = (18.0 + 6.0 + 0.24) \times (15.0 + 0.24) + (6.0 + 0.24) \times$$
$$(15.0 + 0.24) = 464.52 (\mathrm{m}^2)$$

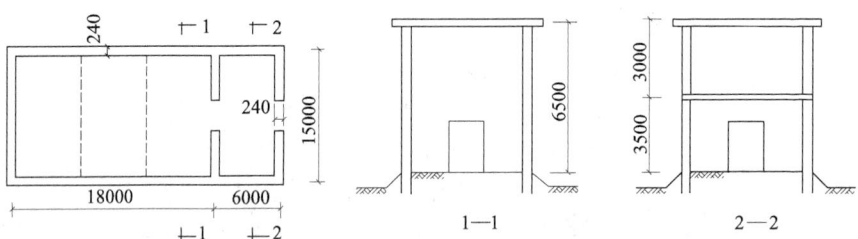

图 5-10　有局部楼层的单层建筑物（二）

2. 多层建筑物的建筑面积

计算规则：多层建筑物首层应按其外墙勒脚以上结构外围水平面积计算；二层及以上楼层应按其外墙结构外围水平面积计算。层高在 2.20m 及以上者计算全面积；层高不足 2.20m 者计算 1/2 面积。

多层建筑物建筑面积，按各层建筑面积之和计算，其首层建筑面积按单层建筑面积的计算要求计算，二层及二层以上的楼层，应根据其层高，按其外墙结构的外围水平面积计算。

例如图 5-11 中有三个自然层，应将其三层的水平面积累加到一起作为此房屋的总建筑面积。

多层房屋应注意外墙外边线是否一致，当外墙外边线不一致时，这时就应该分开计算水平面积。此外，不论是单层还是多层建筑，若其外墙外侧有保温隔热层的，应按保温隔热层外边线计算建筑面积。图 5-11 中一层为 370 墙，二、三层为 240 墙，且外墙内齐外不齐，因此，一层建筑面积必然与二、三层建筑面积不同。

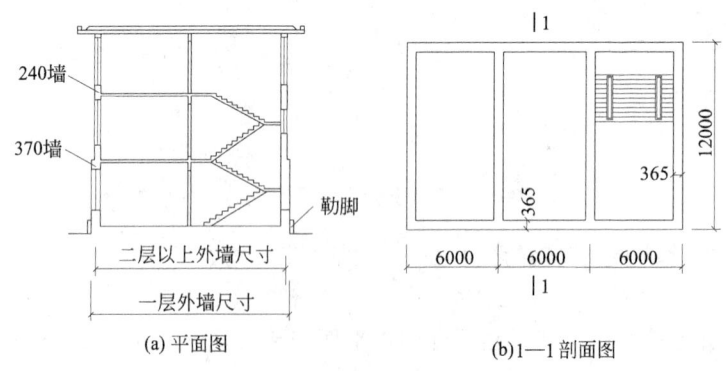

图 5-11　墙体外边线

同一建筑物如结构、层数不同时，应分别计算建筑面积。这是指在同一建筑物中，若一部分为框架结构，另一部分为砖混结构者，应分别按框架结构以柱外边线（有墙时，以墙外边线），砖混结构以砖混结构的墙外边线分开计算面积，然后按各自的层数分别累加。

多层建筑物坡屋顶内空间计算方法与单层建筑相同。

3. 场馆看台

计算规则：对于场馆看台下的建筑空间，结构净高在 2.10m 及以上的部位应计算全面积；结构净高在 1.20m 及以上至 2.10m 以下的部位应计算 1/2 面积；结构净高在 1.20m 以下的部位不应计算建筑面积。室内单独设置的有围护设施的悬挑看台，应按看台结构底板水平投影面积计算建筑面积。有顶盖无围护结构的场馆看台应按其顶盖水平投影面积的 1/2 计算面积。

场馆看台下的建筑空间面积，应根据其利用高度进行计算。如图 5-12 所示，其中 H_3 为看台内净高不小于 1.2m 的起始位置；H_2 为看台内净高不小于 2.1m 的起始位置；H_1 为看台内最大净高。

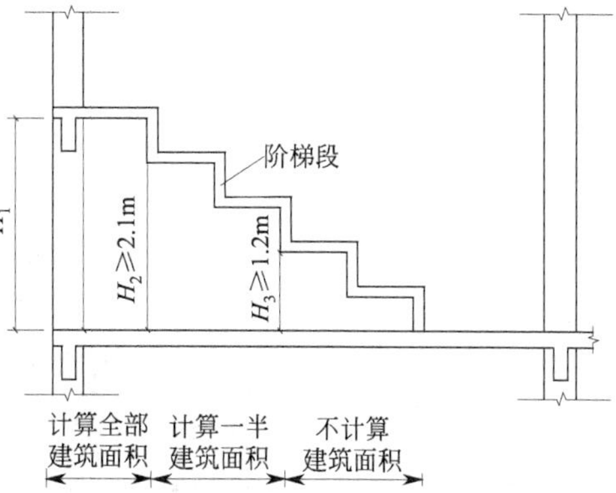

图 5-12　场馆看台

4. 地下室、半地下室

计算规则：地下室、半地下室（车间、商店、车站、车库、仓库等），应按其结构外围水平面积计算。结构层高在 2.20m 及以上者计算全面积；层高不足 2.20m 者计算 1/2 面积。出入口外墙外侧坡道有顶盖的部位，应按其外墙结构外围水平面积的 1/2 计算面积。

地下室是指房间地面低于设计室外地面的高度超过该房间净高 1/2 者；半地下室系指房间地面低于设计室外地面的高度超过该房间净高 1/3，且不超过 1/2 者。地下室出入口坡道分有顶盖出入口坡道和无顶盖出入口坡道，出入口坡道顶盖的挑出长度，为顶盖结构外边线至外墙结构外边线的长度；顶盖以设计图纸为准，对后增加及建设单位自行增加的顶盖等，不计算建筑面积，如图 5-13 所示。顶盖不分材料种类（如钢筋混凝土顶盖、彩钢板顶盖、阳光板顶盖等）。

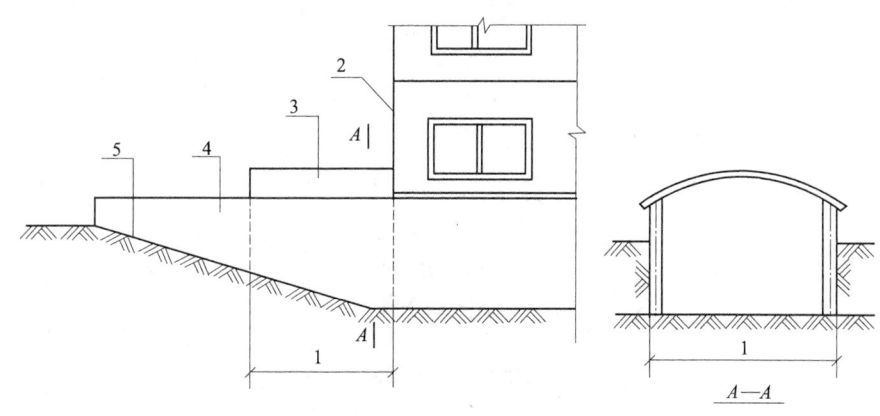

图 5-13　地下室出入口

1—计算 1/2 投影面积部位；2—主体建筑；3—出入口顶盖；4—封闭出入口侧墙；5—出入口坡道

5. 吊脚架空层

计算规则：建筑物架空层及建于坡地的建筑物吊脚架空层，应按其顶板水平投影计算建筑面积。结构层高在 2.20m 及以上的部位计算全面积；层高不足 2.20m 的部位计算 1/2 面积。

建筑物吊脚架空层如图 5-14 所示。

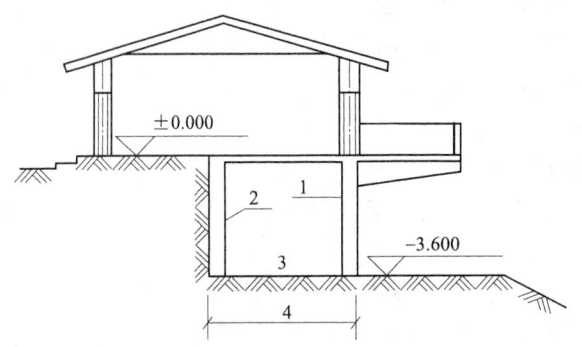

图 5-14　建筑物吊脚架空层
1—柱；2—墙；3—吊脚架空层；4—计算建筑面积部位

需要注意的是，此次修订取消了深基础架空层，也取消了是否设计加以利用和是否有围护结构的限定。

6. 门厅、大厅

计算规则：建筑物的门厅、大厅按一层计算建筑面积。门厅、大厅内设有走廊时，应按其结构底板水平面积计算。走廊层高在 2.20m 及以上者计算全面积；层高不足 2.20m 者计算 1/2 面积。

门厅、大厅如图 5-15 所示。

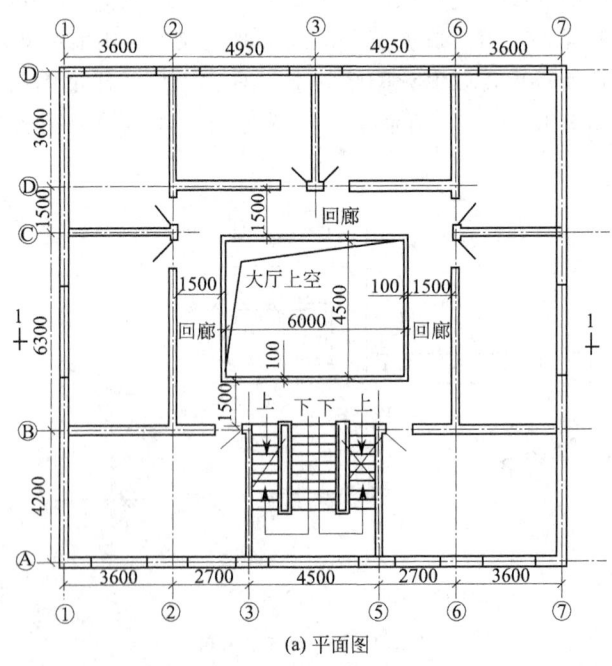

(a) 平面图

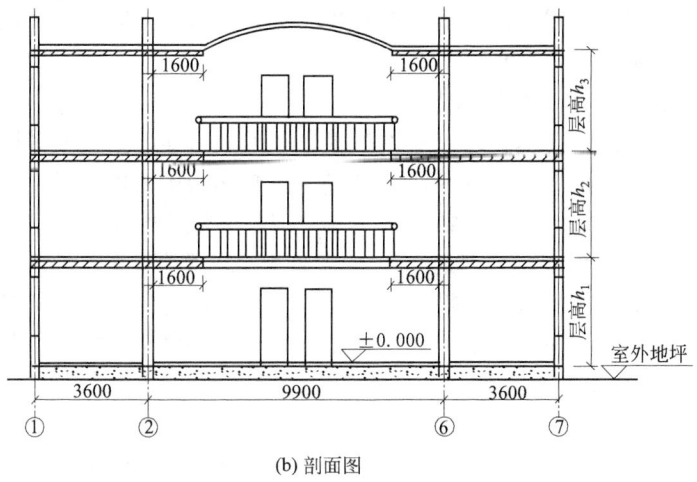

(b) 剖面图

图 5-15　大厅、走廊示意图

7. 架空走廊

计算规则：建筑物间的架空走廊，有顶盖和围护结构的，应按其围护结构外围水平面积计算全面积；无围护结构、有围护设施的，应按其结构底板水平投影面积计算 1/2 面积。

架空走廊是指建筑物与建筑物之间起交通联系作用的楼层走廊。此次建筑面积修订将架空走廊分为有顶盖和围护结构，无围护结构但有维护设施两类，如图 5-16、图 5-17 所示。

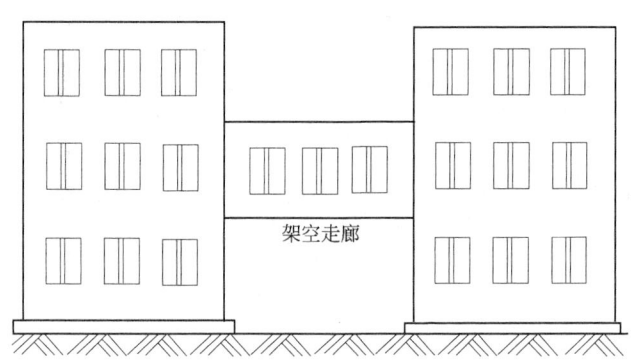

图 5-16　有围护结构的架空走廊

(a)　　　　　　　　　　　　　　　　　(b)

图 5-17　无围护结构的架空走廊

1—栏杆；2—架空走廊

需要注意的是，此次规则修订取消了有永久性顶盖的面积计算规定，增加了无围护结构有围护设施的面积计算规定。

8. 立体书库、立体仓库、立体车库

计算规则：立体书库、立体仓库、立体车库，有围护结构的，应按其围护结构外围水平面积计算建筑面积；无围护结构、有围护设施的，应按其结构底板水平投影面积计算建筑面积。无结构层的应按一层计算，有结构层的应按其结构层面积分别计算。结构层高在2.20m及以上者计算全面积；层高不足2.20m者计算1/2面积。

书库、仓库的结构层是指承受货物的承重层，往往是建筑的自然层。起局部分隔、存储等作用的书架层、货架层或可升降的立体钢结构停车层均不属于结构层，故该部分分层不计算建筑面积。书库如图5-18所示。

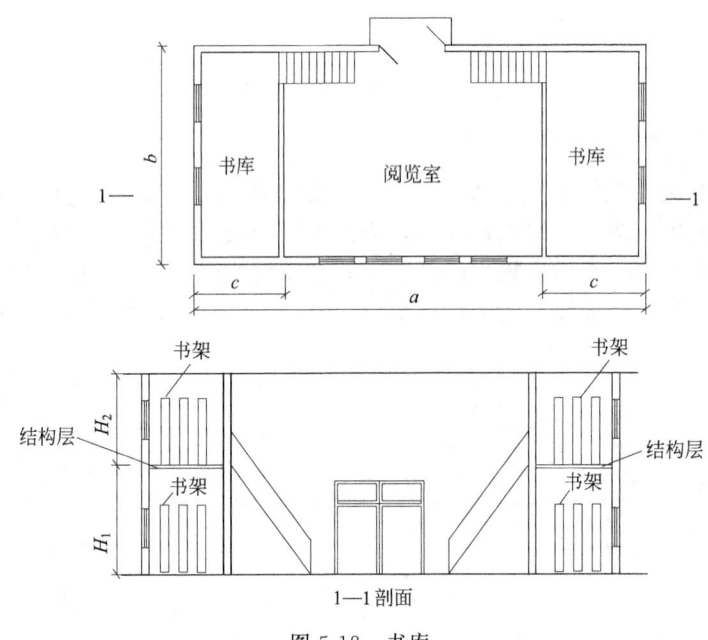

图 5-18　书库

9. 舞台灯光控制室、落地橱窗、飘窗建筑面积

计算规则：有围护结构的舞台灯光控制室，应按其围护结构外围水平面积计算。结构层高在2.20m及以上的，应计算全面积；结构层高在2.20m以下的，应计算1/2面积。

附属在建筑物外墙的落地橱窗，应按其围护结构外围水平面积计算。结构层高在2.20m及以上的，应计算全面积；结构层高在2.20m以下的，应计算1/2面积。

窗台与室内楼地面高差在0.45m以下且结构净高在2.10m及以上的凸（飘）窗，应按其围护结构外围水平面积计算1/2面积。

关于凸（飘）窗建筑面积的规定是此次修订新增的内容。

10. 走廊、挑廊、檐廊、门斗等的建筑面积

计算规则：有围护设施的室外走廊（挑廊），应按其结构底板水平投影面积计算1/2面积；有围护设施（或柱）的檐廊，应按其围护设施（或柱）外围水平面积计算1/2面积。

门斗应按其围护结构外围水平面积计算建筑面积，且结构层高在2.20m及以上的，应计算全面积；结构层高在2.20m以下的，应计算1/2面积。门廊应按其顶板的水平投影面积的1/2计算建筑面积。

（1）走廊、挑廊、檐廊　走廊是指设在房屋内或房屋间专供行人交通的联系空间的总称。根据设置位置不同有不同的称呼：设在房屋内两排房间之间的叫内走廊；设在一排房间之外的叫外走廊。外走廊是用悬挑梁板结构的，又称其为挑廊。当外走廊处于挑檐板或挑檐棚下时，又称其为檐廊，它是多层楼房最顶层的挑廊或外走廊，是平房中檐棚下的外走廊，如图 5-19、图 5-20 所示。

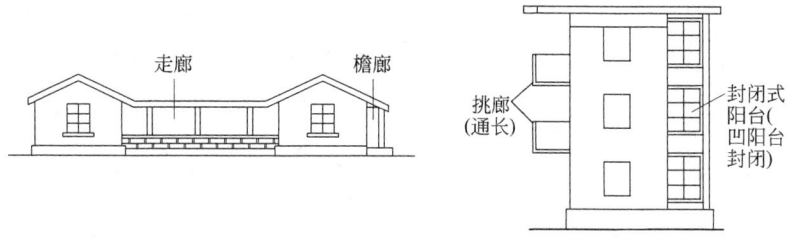

图 5-19　走廊、檐廊、挑廊

（2）门斗　门斗不同于雨篷。门斗是用于防寒、防尘的过渡交通间。分为凸出墙外的外门斗和不凸出墙外的内门斗。内门斗建筑面积已在整体建筑物内，不需另行计算；外门斗应按凸出主墙身外的门斗围护结构的外围水平面积计算建筑面积。图 5-21 所示的门斗建筑面积为：

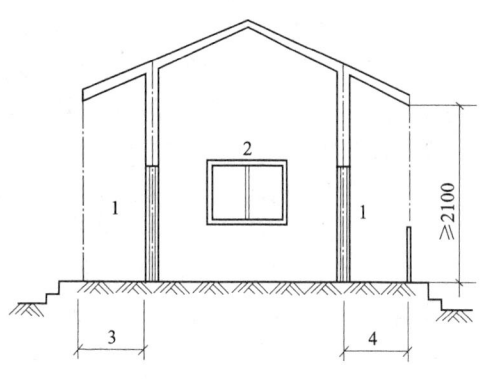

$H \geqslant 2.20\text{m}$ 时　$S = a \times b$

$H < 2.20\text{m}$ 时　$S = \dfrac{1}{2} \times a \times b$

11. 建筑物顶部有围护结构的楼梯间、水箱间、电梯机房

计算规则：建筑物顶部有围护结构的楼梯间、水箱间、电梯机房等，层高在 2.20m 及以上者计算全面积；层高不足 2.20m 者计算 1/2 面积。

图 5-20　檐廊

1—檐廊；2—室内；3—不计算建筑面积部位；4—计算 1/2 建筑面积部位

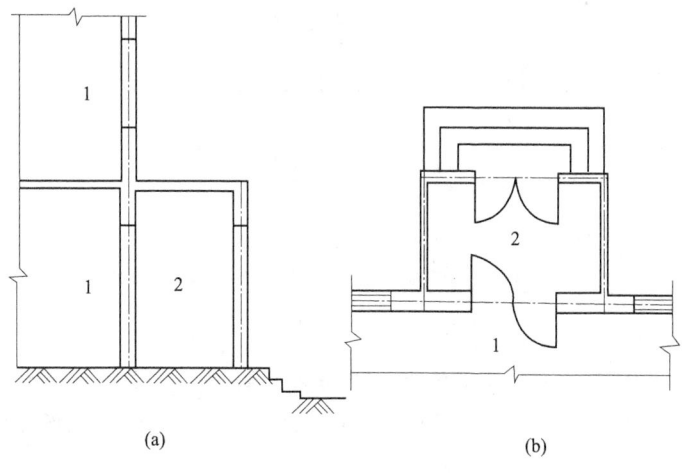

(a)　　　　　　　　(b)

图 5-21　门斗

1—室内；2—门斗

这里是指屋面上的小房间，如图 5-22（a）所示。有围护结构（有屋盖、有墙等）的，才根据其层高按其围护结构外围水平面积计算建筑面积；图 5-22（b）所示屋顶建筑，因无顶盖则不计算建筑面积。如遇建筑物屋顶的楼梯间是坡屋顶，应按坡屋顶的相关条文计算。

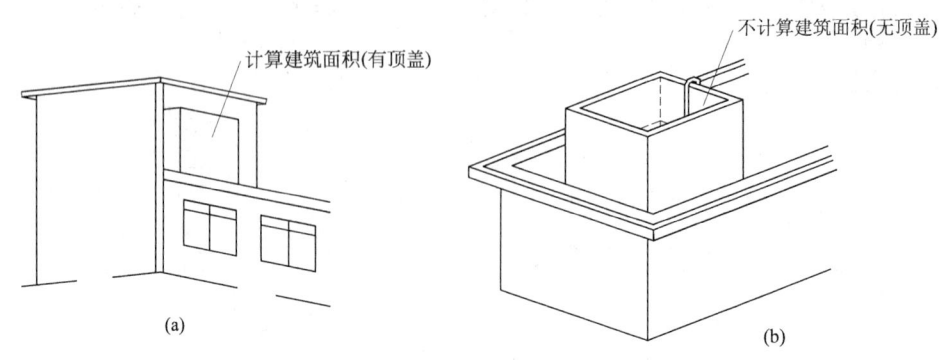

图 5-22　屋顶建筑

12. 围护结构不垂直于水平面的楼层

计算规则：围护结构不垂直于水平面的楼层，应按其底板面的外墙外围水平面积计算。结构净高在 2.10m 及以上的部位，应计算全面积；结构净高在 1.20m 及以上至 2.10m 以下的部位，应计算 1/2 面积；结构净高在 1.20m 以下的部位，不应计算建筑面积。

《建筑工程建筑面积计算规范》（GB/T 50353—2005）条文中仅对围护结构向外倾斜的情况进行了规定，本次修订后的条文对于向内、向外倾斜均适用。在划分高度上，本条使用的是结构净高，与其他正常平楼层按层高划分不同，但与斜屋面的划分原则一致。由于目前很多建筑设计追求新、奇、特，造型越来越复杂，很多时候根本无法明确区分什么是围护结构、什么是屋顶，因此对于斜围护结构与斜屋顶采用相同的计算规则，即只要外壳倾斜，就按结构净高划段，分别计算建筑面积。斜围护结构如图 5-23。

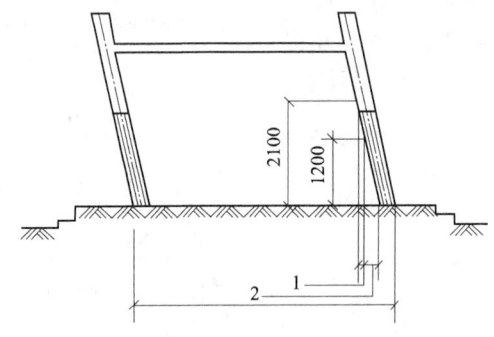

图 5-23　斜围护结构
1—计算 1/2 建筑面积部位；2—不计算建筑面积部位

13. 雨篷

计算规则：有柱雨篷应按其结构板水平投影面积的 1/2 计算建筑面积；无柱雨篷的结构外边线至外墙结构外边线的宽度在 2.10m 及以上的，应按雨篷结构板的水平投影面积的 1/2 计算建筑面积。

雨篷分为有柱雨篷和无柱雨篷。有柱雨篷，没有出挑宽度的限制，也不受跨越层数的限制，均计算建筑面积。无柱雨篷，其结构板不能跨层，并受出挑宽度的限制，设计出挑宽度大于或等于 2.10m 时才计算建筑面积。出挑宽度，系指雨篷结构外边线至外墙结构外边线的宽度，弧形或异形时，取最大宽度。

14. 室外楼梯

计算规则：室外楼梯应并入所依附建筑物自然层，并应按其水平投影面积的 1/2 计算建筑面积。

此次修订取消了有永久性顶盖的规定。室外楼梯作为连接该建筑物层与层之间交通不可缺少的基本部件，无论从其功能、还是工程计价的要求来说，均需计算建筑面积。层数为室外楼梯所依附的楼层数，即梯段部分投影到建筑物范围的层数。利用室外楼梯下部的建筑空间不得重复计算建筑面积；利用地势砌筑的为室外踏步，不计算建筑面积。

如图 5-24 所示，其室外楼梯为二跑梯式，建筑物自然层为四层，建筑面积 S 为：

$$S = 4 \times a \times b \times \frac{1}{2}$$

15. 阳台

计算规则：在主体结构内的阳台，应按其结构外围水平面积计算全面积；在主体结构外的阳台，应按其结构底板水平投影面积计算 1/2 面积。

建筑物的阳台，不论其形式如何，均以建筑物主体结构为界分别计算建筑面积，此规定与上一版建筑面积计算规则有很大区别。

16. 有顶盖的采光井

计算规则：建筑物的室内楼梯、电梯井、提物井、管道井、通风排气竖井、烟道，应并入建筑物的自然层计算建筑面积。有顶盖的采光井应按一层计算面积，且结构净高在 2.10m 及以上的，应计算全面积；结构净高在 2.10m 以下的，应计算 1/2 面积。

有顶盖的采光井包括建筑物中的采光井和地下室采光井。地下室采光井如图 5-25。

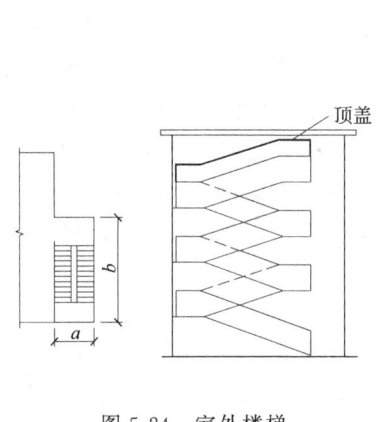

图 5-24　室外楼梯

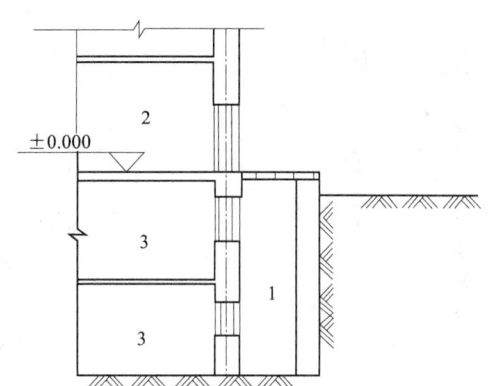

图 5-25　地下室采光井

1—采光井；2—室内；3—地下室

17. 有顶盖无围护结构的车棚、货棚、站台、加油站、收费站

计算规则：有顶盖无围护结构的车棚、货棚、站台、加油站、收费站等，应按其顶盖水平投影面积的 1/2 计算。

18. 幕墙

计算规则：以幕墙作为围护结构的建筑物，应按幕墙外边线计算建筑面积。

幕墙以其在建筑物中所起的作用和功能来区分，直接作为外墙起围护作用的幕墙，按其外边线计算建筑面积；设置在建筑物墙体外起装饰作用的幕墙，不计算建筑面积。

如图 5-26 所示，某商场二至六层中间跨采用的围护结构为局部突出的玻璃幕墙，按上述规定，其建筑面积应按幕墙外边线计算。该商场计算面积如下。

第一层：$S_1 = L \times B$

第二～六层：$S_{2\sim5} = (L \times B + \pi Rh) \times 5$

总的计算面积：$S_{总} = S_1 + S_{2\sim6}$

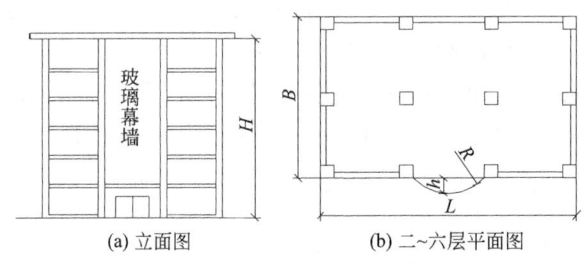

(a) 立面图　　　　　(b) 二～六层平面图

图 5-26　以幕墙作为围护结构的建筑物

19. 建筑物的外墙外保温层

计算规则：建筑物的外墙外保温层，应按其保温材料的水平截面积计算，并计入自然层建筑面积。

为贯彻国家节能要求，鼓励建筑外墙采取保温措施，本规范将保温材料的厚度计入建筑面积，但计算方法较 2005 年规范有一定变化。建筑物外墙外侧有保温隔热层的，保温隔热层以保温材料的净厚度乘以外墙结构外边线长度按建筑物的自然层计算建筑面积，其外墙外边线长度不扣除门窗和建筑物外已计算建筑面积构件（如阳台、室外走廊、门斗、落地橱窗等部件）所占长度。当建筑物外已计算建筑面积的构件（如阳台、室外走廊、门斗、落地橱窗等部件）有保温隔热层时，其保温隔热层也不再计算建筑面积。外墙是斜面者按楼面楼板处的外墙外边线长度乘以保温材料的净厚度计算。外墙外保温以沿高度方向满铺为准，某层外墙外保温铺设高度未达到全部高度时（不包括阳台、室外走廊、门斗、落地橱窗、雨篷、飘窗等），不计算建筑面积。保温隔热层的建筑面积是以保温隔热材料的厚度来计算的，不包含抹灰层、防潮层、保护层（墙）的厚度。建筑外墙外保温如图 5-27 所示。

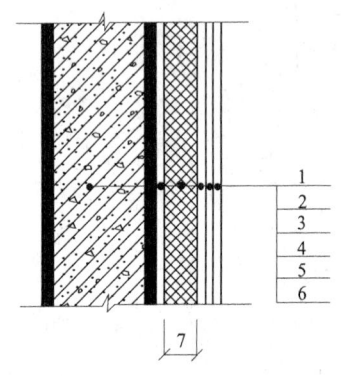

图 5-27　建筑外墙外保温

1—墙体；2—黏结胶浆；3—保温材料；
4—标准网；5—加强网；6—抹面胶浆；
7—计算建筑面积部位

20. 变形缝

计算规则：与室内相通的变形缝，应按其自然层合并在建筑物建筑面积内计算。对于高低联跨的建筑物，当高低跨内部连通时，其变形缝应计算在低跨面积内。

此处所指的与室内相通的变形缝，是指暴露在建筑物内，在建筑物内可以看得见的变形缝。

21. 设备层、管道层、避难层

计算规则：对于建筑物内的设备层、管道层、避难层等有结构层的楼层，结构层高在 2.20m 及以上的，应计算全面积；结构层高在 2.20m 以下的，应计算 1/2 面积。

设备层、管道层虽然其具体功能与普通楼层不同，但在结构上及施工消耗上并无本质区别，且本规范定义自然层为"按楼地面结构分层的楼层"，因此设备、管道楼层归为自然层，其计算规则与普通楼层相同。在吊顶空间内设置管道的，则吊顶空间部分不能被视为设备层、管道层。

（二）不计算建筑面积的规定

下列项目不应计算面积：

① 与建筑物内不相连通的建筑部件；

② 骑楼、过街楼底层的开放公共空间和建筑物通道；

③ 舞台及后台悬挂幕布和布景的天桥、挑台等；

④ 露台、露天游泳池、花架、屋顶的水箱及装饰性结构构件；

⑤ 建筑物内的操作平台、上料平台、安装箱和罐体的平台；

⑥ 勒脚、附墙柱、垛、台阶、墙面抹灰、装饰面、镶贴块料面层、装饰性幕墙，主体结构外的空调室外机搁板（箱）、构件、配件，挑出宽度在2.10m 以下的无柱雨篷和顶盖高度达到或超过两个楼层的无柱雨篷，如图 5-28 所示；

⑦ 窗台与室内地面高差在 0.45m 以下且结构净高在2.10m 以下的凸（飘）窗，窗台与室内地面高差在 0.45m及以上的凸（飘）窗；

⑧ 室外爬梯、室外专用消防钢楼梯；

⑨ 无围护结构的观光电梯；

⑩ 建筑物以外的地下人防通道，独立的烟囱、烟道、地沟、油（水）罐、气柜、水塔、贮油（水）池、贮仓、栈桥等构筑物。

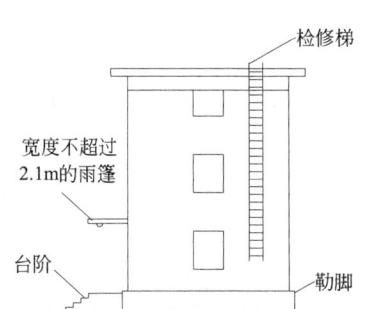

图 5-28　不计算建筑面积的构配件

第三节　工程量清单计量规则

工程量清单计价与计量规范是国家建设部为规范建设工程工程量清单计价行为，统一建设工程工程量清单的编制和计价方法而制定的规范。以下对《房屋建筑与装饰工程量计算规范》（GB 50854）（以下简称《计量规范》）所列的主要清单项目及计算规则等内容进行详细介绍。

工程量计算规则与定额工程量计算规则有区别，按《计量规范》计算规则计算的工程量清单项目，是工程实体项目。按照《计量规范》的规定，各分部分项工程量计算规则如下所述。

一、土石方工程

（一）工程量清单项目设置

土石方工程的工程量清单包括土方工程、石方工程、回填 3 节，不仅适用于建筑与装饰工程，也适用于其他专业工程的建筑物和构筑物的土石方开挖及回填工程。其中，土方工程分为平整场地，挖一般土方，挖沟槽土方，挖基坑土方，冻土开挖，挖淤泥、流沙，挖管沟土方 7 个项目；石方工程分为挖一般石方，挖沟槽石方，挖基坑石方，挖管沟石方 4 个项目；回填分为回填方和余方弃置 2 个项目。

表 5-1 选列了部分土石方工程的清单项目设置的内容，其他清单项目的设置内容可查

阅《计量规范》附录 A 土（石）方工程。

表 5-1　土方工程（编码：010101）

项目编码	项目名称	项目特征	计量单位	工程量计算规则	工作内容
010101001	平整场地	1. 土壤类别 2. 弃土运距 3. 取土运距	m²	按设计图示尺寸以建筑物首层面积计算	1. 土方挖填 2. 场地找平 3. 运输
010101002	挖一般土方	1. 土壤类别 2. 挖土深度 3. 弃土运距	m³	按设计图示尺寸以体积计算	1. 排地表水 2. 土方开挖 3. 围护（挡土板）及拆除 4. 基底钎探 5. 运输
010101003	挖沟槽土方			按设计图示尺寸以基础垫层底面积乘以挖土深度计算	
010101004	挖基坑土方				
010103002	回填方	1. 密实度要求 2. 填方材料品种 3. 填方粒径要求 4. 填方来源、运距	m³	按设计图示尺寸以体积计算。 1. 场地回填：回填面积乘平均回填厚度 2. 室内回填：主墙间面积乘回填厚度，不扣除间隔墙 3. 基础回填：挖方体积减去自然地坪以下埋设的基础体积（包括基础垫层及其他构筑物）	1. 运输 2. 回填 3. 压实

（二）工程量计算规则及有关说明

1. 平整场地

平整场地项目适用于建筑物场地厚度在 ±30cm 以内的挖、填、运、找平。工程量按设计图示尺寸以建筑物首层建筑面积计算。项目特征包括土壤类别、弃土运距、取土运距。

在平整场地若需要外运土方或取土回填时，在清单项目特征中应描述弃土运距或取土运距，其报价应包括在平整场地项目中，当清单中没有描述弃取土运距时，应注明由投标人根据施工现场实际情况自行考虑到投标报价中。

平整场地项目的清单计算规则与后面第四节定额计算规则有区别。工程量计算后，如果施工组织设计中规定的平整场地的面积超过了计算的平整场地面积，在报价时，平整超出部分面积所消耗的人工、机械等应包括在报价内。

2. 挖一般土方、挖沟槽土方和挖基坑土方

（1）沟槽、基坑、一般土方的划分　底宽小于等于 7m 且底长大于底宽 3 倍以上的槽（沟）为沟槽；底长小于等于底宽 3 倍且底面积小于等于 150m² 的为基坑；超出上述范围则为一般土方。

（2）适用范围　这三个清单项目都适用于室外设计地坪以下的土方开挖，并包括指定范围内的土方运输。建筑物场地厚度超过 ±30cm 以外的竖向布置挖土或山坡切土，应按挖一般土方项目编码列项。

（3）工程量计算规则　挖一般土方工程量按设计图示尺寸以体积计算；挖沟槽土方和挖基坑土方工程量按设计图示尺寸以基础垫层底面积乘

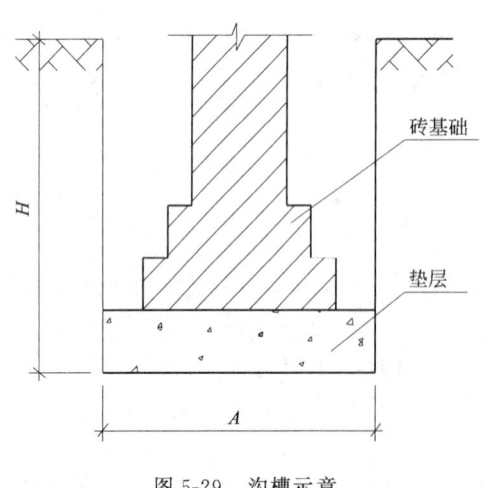

图 5-29　沟槽示意

以挖土深度计算。

对于挖沟槽土方，如图 5-29 所示，工程量计算公式为：

$$V = A \times L \times H$$

式中　V——挖沟槽土方工程量，m^3；

　　　A——基础垫层宽度，m；

　　　H——沟槽深度，m；

　　　L——垫层长度，m。

① 当基础为带（条）形基础时，外墙基础垫层长取外墙中心线长；内墙基础垫层长取内墙基础垫层净长。

② 挖土深度应按基础垫层底表面标高至交付施工场地标高确定，无交付施工场地标高时，应按自然地面标高确定。

（4）土壤类别说明　土石方体积应按挖掘前的天然密实体积计算，如需按天然密实体积折算时，应按表 5-2 系数计算。挖土方如需截桩头时，应按桩基工程相关项目列项。桩间挖土不扣除桩的体积，并在项目特征中加以描述。

表 5-2　土石方体积折算系数

天然密实度体积	虚方体积	夯实后体积	松填体积
1.00	1.30	0.87	1.08
0.77	1.00	0.67	0.83
1.15	1.49	1.00	1.24
0.93	1.20	0.81	1.00

注：虚方指未经碾压、堆积时间不超过 1 年的土壤。

土壤的不同类型决定了土方工程施工的难易程度、施工方法、功效及工程成本，所以应掌握土壤类别的确定，如土壤类别不能准确划分时，招标人可注明据地勘报告决定报价。土壤分类可参考表 5-3。

表 5-3　土壤分类

土壤分类	土壤名称	开挖方法
一、二类土	粉土、砂土（粉砂、细砂、中砂、粗砂、砾砂）、粉质黏土、弱中盐渍土、软土（淤泥质土、泥炭、泥炭质土）、软塑红黏土、冲填土	用锹、少许用镐、条锄开挖。机械能全部直接铲挖满载者
三类土	黏土、碎石土（圆砾、角砾）混合土、可塑红黏土、硬塑红黏土、强盐渍土、素填土、压实填土	主要用镐、条锄、少许用锹开挖，机械需部分刨松方能铲挖满载者或可直接铲挖但不能满载者
四类土	碎石土（卵石、碎石、漂石、块石）、坚硬红黏土、超盐渍土、杂填土	全部用镐、条锄挖掘、少许用撬棍挖掘。机械需普遍刨松方能铲挖满载者

注：本表土的名称及其含义按国家标准《岩土工程勘察规范》（GB 50021—2001）（2009 年版）定义。

（5）放坡和工作面增加的工程量的处理　以上工程量计算是以设计图示净量计算，根据施工方案规定的放坡、工作面增加的施工量等都未考虑。以上增加工程量是否并入各土方工程量中，应按各省、自治区、直辖市或行业建设主管部门的规定实施，如并入各土方工程量中，办理竣工结算时，按经发包人认可的施工组织设计规定计算，编制工程量清单时，可按表 5-4～表 5-6 规定计算。

① 放坡系数的确定。挖沟槽、基坑、土方需放坡时，按施工组织设计的放坡要求计算，

若无规定时，按表 5-4 规定确定放坡系数。

表 5-4 放坡系数

土类别	放坡起点/m	人工挖土	机械挖土		
			坑内作业	坑上作业	顺沟槽在坑上作业
一、二类土	1.20	1：0.5	1：0.33	1：0.75	1：0.5
三类土	1.50	1：0.33	1：0.25	1：0.67	1：0.33
四类土	2.00	1：0.25	1：0.10	1：0.33	1：0.25

注：1. 沟槽、基坑中土类别不同时，分别按其放坡起点、放坡系数、依不同土厚度加权平均计算。

2. 计算放坡时，交接处重复工程量不予扣除。

3. 槽、坑作基础垫层时，不论是否支模，均以垫层下表面计算放坡系数，并不再考虑垫层的工作面。

② 工作面宽度的确定。基础施工中，为满足施工操作需要，有时需沿基础或基础垫层的两边增加一定的操作宽度，当设计或施工组织设计有规定时，按规定增加；无设计无规定的，按表 5-5、表 5-6 增加。

表 5-5 基础施工所需工作面宽度计算   单位：mm

基 础 材 料	每边各增加工作面宽度
砖基础	200
浆砌毛石、条石基础	150
混凝土基础垫层支模板	300
混凝土基础支模板	300
基础垂直面做防水层	1000（防水层面）

表 5-6 管沟施工每侧工作面宽度计算   单位：mm

管沟材料管道结构宽	≤500	≤1000	≤2500	>2500
混凝土及钢筋混凝土管道	400	500	600	700
其他材质管道	300	400	500	600

注：管道结构宽——有管座的按基础外缘，无管座的按管道外径。

③ 挖沟槽土方量的计算。沟槽工程量按沟槽长度乘沟槽截面积计算。其中，沟槽长度：外墙按图示中心线长度计算；内墙按图示基础底面之间净长线长度计算。内外突出部分（垛、附墙烟囱等）体积并入沟槽土方工程量内计算。

当既不放坡又不支设挡土板时，如图 5-30 所示，其沟槽土方量计算公式为：

$$V = H \times (a + 2c) \times L$$

式中 H——沟槽深度，m；

    a——基础垫层宽度，m；

    c——工作面宽度，m；

    L——沟槽长度，m。

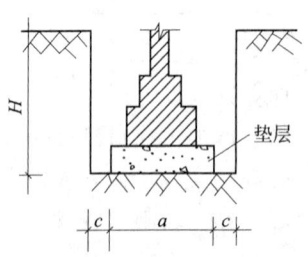

图 5-30 不放坡也不支设挡土板的沟槽

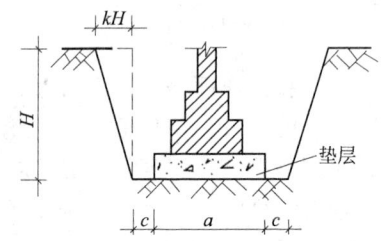

图 5-31 垫层下表面放坡示意

当由垫层下表面起放坡时，如图 5-31 所示，沟槽放坡系数为 k 时，其沟槽土方量计算公式为：

$$V = H \times (a + 2c + kH) \times L$$

式中符号代表的意义同上。

④ 挖基坑和一般土方工程量的计算。既不放坡也不支设挡土板时，土方量计算公式为：

$$V = (A + 2c) \times (B + 2c) \times H$$

式中 A——基础垫层宽度，m；

　　B——基础垫层长度，m；

　　H——地坑深度，m。

当由垫层下表面起放坡，放坡系数为 k 时，其土方量计算公式为：

$$V = (A + 2c + kH) \times (B + 2c + kH) \cdot H + \frac{1}{3} k^2 H^3$$

由上可见，当放坡、工作面增加的工程量计入清单工程量时，清单工程量计算结果与定额工程量计算结果是一致的，反之则在工程数量上有很大差别。这也是 2013 版计价规范与 2008 版、2003 版规范的重要不同之处。

3. 土（石）方回填

土（石）方回填项目适用于场地回填、室内回填和基础回填，并包括指定范围内的土方运输、回填、压实以及借土回填的土方开挖。基础回填土是指在基础施工完毕以后，将槽、坑四周未做基础的部分进行回填至室外设计地坪标高；室内回填土指的是室内地坪以下，由室外设计地坪标高填至地坪垫层底标高的夯填土。回填土工程量按设计图示尺寸以体积计算。

① 场地回填土＝回填面积×平均回填厚度

② 室内回填土＝主墙间净面积×回填厚度，不扣除间隔墙

其中"主墙"是指结构厚度在 150mm 以上的各类墙体；

回填厚度＝设计室内外地坪高差－地面面层和垫层的厚度

③ 基础回填土＝挖方体积－设计室外地坪以下埋设的基础体积等（包括基础垫层及其他构筑物）

【例 5-1】 某单位传达室基础平面图及基础详图见图 5-32，土壤为三类土、干土，场内运土 150m，计算挖沟槽土方清单工程量。

相关知识如下。

(1) 计量规范中挖沟槽土方是指建筑物设计室外地坪标高以下的挖地槽，主要适用于条形基础的土方开挖。

(2) 不需要分土壤类别、干土、湿土。

(3) 不考虑运土。

(4) 挖土深度从设计室外地坪至垫层底面，三类土，挖土深度超过 1.5m，按放坡系数表取值，1∶0.33 放坡。

(5) 垫层需支模板，工作面从垫层边至槽边，按工作面宽度计算表取值，300mm。

(6) 地槽长度：外墙按基础中心线长度计算，内墙按扣去基础宽和工作面后的净长线计算，

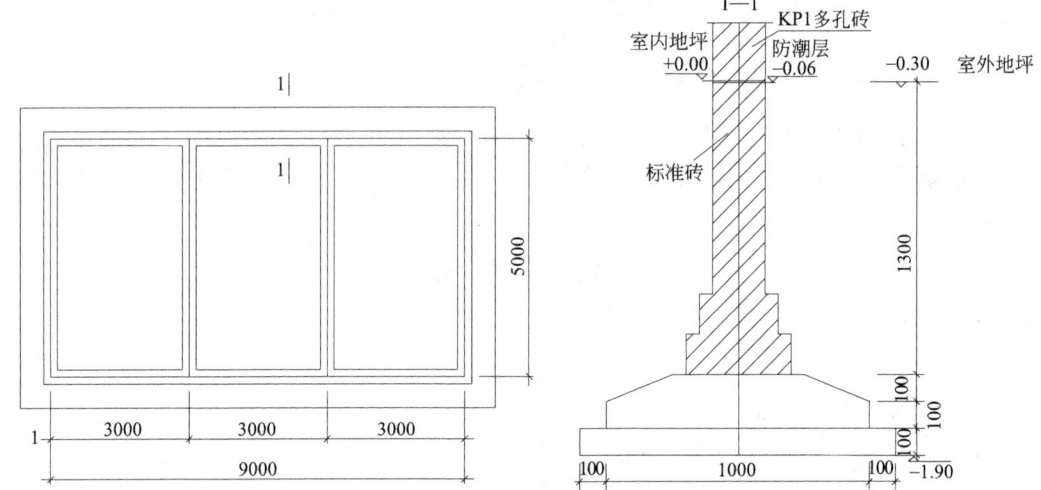

图 5-32　某单位传达室基础平面图及基础详图

放坡增加的宽度不扣。

解　工程量计算如下。

（1）挖土深度：$1.90-0.30=1.60$（m）

（2）垫层宽度：1.20m

（3）垫层长度：外（$9.0+5.0$）$\times 2=28.0$（m）

　　　　　　　　内（$5.0-1.20$）$\times 2=7.60$（m）

（4）不考虑放坡、工作面等的挖沟槽土方体积：$1.60 \times 1.20 \times (28.0+7.60)=68.35$（m³）

（5）考虑放坡、工作面增加后的工程量。

槽底宽度：（加工作面）：$1.20+0.30 \times 2=1.80$（m）

槽上口宽度：（加放坡长度）：$1.80+1.60 \times 0.33 \times 2=2.86$（m³）

地槽长度：外（$9.0+5.0$）$\times 2=28.0$（m）；内（$5.0-1.80$）$\times 2=6.40$（m）

挖沟槽体积：$1.60 \times (1.80+2.86) \times 1/2 \times (28.0+6.40)=128.24$（m³）

考虑放坡、工作面后的挖土工程量 128.24m³ 与仅考虑实体工程量 68.35m³ 的计算结果有很大不同。

二、地基处理与边坡支护工程

（一）工程量清单项目设置

地基处理与边坡支护工程分为地基处理，基坑与边坡支护 2 节。适用于地基与边坡的处理与加固。其中，地基处理包括换填垫层、铺设土工合成材料、预压地基、强夯地基、振冲密实（不填料）、振冲桩（填料）、砂石桩、水泥粉煤灰碎石桩等 17 个项目；基坑与边坡支护包括地下连续墙、咬合灌注桩、圆木桩、预制钢筋混凝土板桩、型钢桩、钢板桩、预应力锚杆、锚索、其他锚杆、土钉、喷射混凝土（水泥砂浆）、钢筋混凝土支撑、钢支撑等 11 个项目。下表列出了地基处理与边坡支护工程部分项目设置的内容。

（二）工程量计算规则及有关说明

1. 地基处理

（1）换填垫层、预压地基、强夯地基　换填垫层：按设计图示尺寸以体积计算，单位：

m^3。铺设土工合成材料：按设计图示尺寸以面积计算，单位 m^2；预压地基、强夯地基：按设计图示处理范围以面积计算，单位 m^2；振冲密实（不填料）：按设计图示处理范围以面积计算，单位：m^2。见表 5-7。

表 5-7　地基处理与边坡支护工程（编码：0102）

项目编码	项目名称	项目特征	计量单位	工程量计算规则	工作内容
010201001	换填垫层	1. 材料种类及配比 2. 压实系数 3. 掺加剂品种	m^2	按设计图示尺寸以体积计算	1. 分层铺填 2. 碾压、振密或夯实 3. 材料运输
010201002	铺设土工合成材料	1. 部位 2. 品种 3. 规格	m^2	按设计图示尺寸以面积计算	1. 挖填锚固沟 2. 铺设 3. 固定 4. 运输
010201003	预压地基	1. 排水竖井种类、断面尺寸、排列方式、间距、深度 2. 预压方法 3. 预压荷载、时间 4. 砂垫层厚度		按设计图示尺寸以加固面积计算	1. 设置排水竖井、盲沟、滤水管 2. 铺设砂垫层、密封膜 3. 堆载、卸载或抽气设备安拆、抽真空 4. 材料运输
010201007	砂石桩	1. 地层情况 2. 空桩长度、桩长 3. 桩径 4. 成孔方法 5. 材料种类、级配	1. m 2. m^3	1. 以米计量，按设计图示尺寸以桩长(包括桩尖)计算 2. 以立方米计量，按设计桩截面乘以桩长(包括桩尖)以体积计算	1. 成孔 2. 填充、振实 3. 材料运输
010201013	石灰桩	1. 地层情况 2. 空桩长度、桩长 3. 桩径 4. 成孔方法 5. 掺和料种类、配合比	m	按设计图示尺寸以桩长(包括桩尖)计算	1. 成孔 2. 混合料制作、运输、夯填
010202002	咬合灌注桩	1. 地层情况 2. 桩长 3. 桩径 4. 混凝土类别、强度等级 5. 部位	1. m 2. 根	1. 以米计量，按设计图示尺寸以桩长计算 2. 以根计量，按设计图示数量计算	1. 成孔、固壁 2. 混凝土制作、运输、灌注、养护 3. 套管压拔 4. 土方、废泥浆外运 5. 打桩场地硬化及泥浆池、泥浆沟
010202004	预制钢筋混凝土板桩	1. 地层情况 2. 送桩深度、桩长 3. 桩截面 4. 混凝土强度等级	1. m 2. 根	1. 以米计量，按设计图示尺寸以桩长(包括桩尖)计算 2. 以根计量，按设计图示数量计算	1. 工作平台搭拆 2. 桩机竖拆、移位 3. 沉桩 4. 接桩

（2）振冲桩（填料）　振冲桩（填料）：以米计量，按设计图示尺寸以桩长计算或以立方米计量，按设计桩截面乘以桩长以体积计算。

（3）砂石桩　按设计图示尺寸以桩长（包括桩尖）计算，单位：m；或按设计桩截面乘以桩长（包括桩尖）以体积计算，单位：m^3。

（4）产泥粉煤灰碎石桩　水泥粉煤灰碎石桩按设计图示尺寸以桩长（包括桩尖）计

算，单位：m。夯实水泥土桩、石灰桩、灰土（土）挤密桩等工程量计算规则与此项目相同。

（5）深层搅拌桩 深层搅拌桩按设计图示尺寸以桩长计算，单位：m。粉喷桩、柱锤冲扩桩与此项目相同。

（6）注浆地基 按设计图示尺寸以钻孔深度计算，单位：m；或按设计图示尺寸以加固体积计算，单位：m³。高压喷射注浆类型包括旋喷、摆喷、定喷，高压喷射注浆方法包括单管法、重管法、三重管法。

（7）褥垫层 按设计图示尺寸以铺设面积计算，单位：m²；或按设计图示尺寸以体积计算，单位：m³。

2. 基坑与边坡支护

（1）地下连续墙 按设计图示墙中心线长乘以厚度乘以槽深以体积计算，单位：m³。地下连续墙和喷射混凝土（砂浆）的钢筋网、咬合灌注桩的钢筋笼及钢筋混凝土支撑的钢筋制作、安装，混凝土挡土墙按混凝土及钢筋混凝土工程中相关项目列项。

（2）咬合灌注桩 按设计图示尺寸以桩长计算，单位：m；或按设计图示数量计算，单位：根。

（3）圆木桩、预制钢筋混凝土板桩 按设计图示尺寸以桩长（包括桩尖）计算，单位：m；或按设计图示数量计算，单位：根。

（4）型钢桩 按设计图示尺寸以质量计算，单位：t；或按设计图示数量计算，单位：根。

（5）钢板桩 按设计图示尺寸以质量计算，单位：t；或按设计图示墙中心线长乘以桩长以面积计算，单位：m²。

（6）锚杆（锚索）、土钉 按设计图示尺寸以钻孔深度计算，单位：m；或按设计图示数量计算，单位：根。

（7）喷射混凝土（水泥砂浆），喷射混凝土（水泥砂浆） 按设计图示尺寸以面积计算，单位：m²。

（8）钢筋混凝土支撑 按设计图示尺寸以体积计算，单位：m³。

（9）钢支撑 按设计图示尺寸以质量计算，单位：t；不扣除孔眼质量，焊条、铆钉、螺栓等不另增加质量。

三、桩基工程

（一）工程量清单项目设置

桩基工程共2节，包括打桩、灌注桩。其中，打桩包括预制钢筋混凝土方桩、预制钢筋混凝土管桩、钢管桩、截（凿）桩头4个项目；灌注桩包括泥浆护壁成孔灌注桩、沉管灌注桩、干作业成孔灌注桩、挖孔桩土（石）方、人工挖孔灌注桩、钻孔压浆桩、桩底注浆7个项目。表5-8列出了桩基工程部分项目设置的内容。

（二）工程量计算规则及有关说明

1. 打桩

（1）预制钢筋混凝土方桩、预制钢筋混凝土管桩 预制钢筋混凝土方桩、预制钢筋混凝土管桩以米计量，按设计图示尺寸以桩长（包括桩尖）计算；或以"立方米"计量，按设计图示截面积乘以桩长（包括桩尖）以实体积计算；或以"根"计量，按设计图示数量计算。

表 5-8　桩基工程（编码：0103）

项目编码	项目名称	项目特征	计量单位	工程量计算规则	工作内容
010301001	预制钢筋混凝土方桩	1. 地层情况 2. 送桩深度、桩长 3. 桩截面 4. 桩倾斜度 5. 沉桩方式 6. 接桩方式 7. 混凝土强度等级	1. m 2. m³ 3. 根	1. 以米计量，按设计图示尺寸以桩长（包括桩尖）计算 2. 以立方米计量，按设计图示截面积乘以桩长（包括桩尖）以实体积计算 3. 以根计量，按设计图示数量计算	1. 工作平台搭拆 2. 桩机竖拆、移位 3. 沉桩 4. 接桩 5. 送桩
010301002	预制钢筋混凝土管桩	1. 地层情况 2. 送桩深度、桩长 3. 桩外径、壁厚 4. 桩倾斜度 5. 混凝土强度等级 6. 填充材料种类 7. 防护材料种类			1. 工作平台搭拆 2. 桩机竖拆、移位 3. 沉桩 4. 接桩 5. 送桩 6. 桩尖制作安装 7. 填充材料、刷防护材料
010302001	泥浆护壁成孔灌注桩	1. 地层情况 2. 空桩长度、桩长 3. 桩径 4. 成孔方法 5. 护筒类型、长度 6. 混凝土类别、强度等级	1. m 2. m³ 3. 根	1. 以米计量，按设计图示尺寸以桩长（包括桩尖）计算 2. 以立方米计量，按不同截面在桩上范围内以体积计算 3. 以根计量，按设计图示数量计算	1. 护筒埋设 2. 成孔、固壁 3. 混凝土制作、运输、灌注、养护 4. 土方、废泥浆外运 5. 打桩场地硬化及泥浆池、泥浆沟
010302002	沉管灌注桩	1. 地层情况 2. 空桩长度、桩长 3. 复打长度 4. 桩径 5. 成管方法 6. 桩尖类型 7. 混凝土类别、强度等级			1. 打（沉）拔钢管 2. 桩尖制作 3. 混凝土制作、运输、灌注、养护

预制钢筋混凝土方桩、预制钢筋混凝土管桩项目以成品桩考虑，应包括成品桩购置费，如果用现场预制，应包括现场预制桩的所有费用。打试验桩和打斜桩应按相应项目单独列项，并应在项目特征中注明试验桩或斜桩（斜率）。

（2）钢管桩　按设计图示尺寸以质量计算，单位：t；或按设计图示数量计算，单位：根。

（3）截（凿）桩头　按设计桩截面乘以桩头长度以体积计算，单位：m³；或按设计图示数量计算，单位：根。截（凿）桩头项目适用于地基处理与边坡支护工程、桩基础工程所列桩的桩头截（凿）。

2. 灌注桩

（1）泥浆护壁成孔灌注桩、沉管灌注桩、干作业成孔灌注桩　工程量按设计图示尺寸以桩长（包括桩尖）计算，单位：m；或按不同截面在桩上范围内以体积计算，单位：m³；或按设计图示数量计算，单位：根。

泥浆护壁成孔灌注桩是指在泥浆护壁条件下成孔，采用水下灌注混凝土的桩。其成孔方法包括冲击钻成孔、冲抓锥成孔、回旋钻成孔、潜水钻成孔、泥浆护壁的旋挖成孔等；沉管灌注桩的沉管方法包括锤击沉管法、振动沉管法、振动冲击沉管法、内夯沉管法等；干作业成孔灌注桩是指不用泥浆护壁和套管护壁的情况下，用钻机成孔后，下钢筋笼，灌注混凝土的桩，适用于地下水位以上的土层使用。其成孔方法包括螺旋钻成孔、螺旋钻成孔扩底、干作业的旋挖成孔等。

（2）挖孔桩土（石）方　按设计图示尺寸（含护壁）截面积乘以挖孔深度以体积计算，单位：m³。一混凝土灌注桩的钢筋笼制作、安装，按混凝土与钢筋混凝土工程中相关项目编码列项。

（3）人工挖孔灌注桩　按桩芯混凝土体积计算，单位：m³；或按设计图示数量计算，单位：根。

（4）钻孔压浆桩　按设计图示尺寸以桩长计算，单位：m；或按设计图示数量计算，单位：根。灌注桩后压浆按设计图示以注浆孔数计算。

【例 5-2】 某工程桩基础为现场预制混凝土方桩，见图 5-33 所示，C30 商品混凝土，室外地坪标高−0.3m，桩顶标高−1.80m，桩计 150 根，计算预制混凝土方桩的清单工程量。

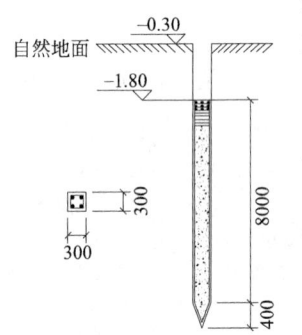

图 5-33　预制混凝土方桩示意

相关知识如下。

（1）计量单位为"米"时，只要按图示桩长（包括桩尖）计算长度，不需要考虑送桩；桩断面尺寸不同时，按不同断面分别计算。

（2）计量单位为"根"时，不同长度，不同断面的桩要分别计算。

解　工程量计算如下。

（计量单位：米）桩长：(8.0+0.40)×150＝1260.0(m)

（计量单位：根）桩根数：150 根

如果桩的长度、断面尺寸一致，则以根数计算比较简单。

四、砌筑工程

（一）工程量清单项目设置

砌筑工程的清单项目分为砖砌体，砌块砌体，石砌体，垫层 4 节，其中砖砌体分为砖基础、砖砌挖孔桩护壁、实心砖墙、多孔砖墙、空心砖墙、空斗墙、空花墙、填充墙、实心砖柱、零星砌砖、砖散水地坪、砖地沟明沟等 14 个项目，砌块砌体分为砌块墙和砌块柱 2 个项目，石砌体分为石基础、石勒脚、石墙等 10 个项目。表 5-9 选列了砌筑工程砖砌体中砖基础和实心砖墙项目设置的内容。砌筑工程其他清单项目的设置内容可查阅《计量规范》附录 D 砌筑工程。

表 5-9　砖基础（编码：010401）

项目编码	项目名称	项目特征	计量单位	工程量计算规则	工作内容
010401001	砖基础	1. 砖品种、规格、强度等级 2. 基础类型 3. 砂浆强度等级 4. 防潮层材料种类	m³	按设计图示尺寸以体积计算。包括附墙垛基础宽出部分体积，扣除地梁（圈梁）、构造柱所占体积，不扣除基础大放脚T形接头处的重叠部分及嵌入基础内的钢筋、铁件、管道、基础砂浆防潮层和单个面积 0.3m² 以内的孔洞所占体积，靠墙暖气沟的挑檐不增加。基础长度：外墙线按中心线，内墙按净长线计算	1. 砂浆制作、运输 2. 砌砖 3. 防潮层铺设 4. 材料运输

项目编码	项目名称	项目特征	计量单位	工程量计算规则	工作内容
010401003	实心砖墙	1. 砖品种、规格、强度等级 2. 墙体类型 3. 砂浆强度等级、配合比	m³	按设计图示尺寸以体积计算。扣除门窗洞口、过人洞、空圈、嵌入墙内的钢筋混凝土柱、梁、圈梁、挑梁、过梁及凹进墙内的壁龛、管槽、暖气槽、消火栓箱所占体积。不扣除梁头、板头、檩头、垫木、木楞头、沿缘木、木砖、门窗走头、砖墙内加固钢筋、木筋、铁件、钢管及单个面积0.3m² 以内的孔洞所占体积。凸出墙面的腰线、挑檐、压顶、窗台线、虎头砖、门窗套的体积亦不增加。凸出墙面的砖垛并入墙体积内计算 1. 墙长度：外墙按中心线，内墙按净长计算 2. 墙高度 (1)外墙：斜(坡)屋面无檐口天棚者算至屋面板底；有屋架且室内外均有天棚者算至屋架下弦底另加200mm；无天棚者算至屋架下弦底另加300mm，出檐宽度超过600mm时按实砌高度计算；平屋面算至钢筋混凝土板底 (2)内墙：位于屋架下弦者，算至屋架下弦底；无屋架者算至天棚底另加100mm；有钢筋混凝土楼板隔层者算至楼板顶；有框架梁时算至梁底 (3)女儿墙：从屋面板上表面算至女儿墙顶面(如有混凝土压顶时算至压顶下表面) (4)内、外山墙：按其平均高度计算 3. 框架间墙：不分内外墙按墙体净尺寸以体积计算 4. 围墙：高度算至压顶上表面(如有混凝土压顶时算至压顶下表面)，围墙柱并入围墙体积内	1. 砂浆制作、运输 2. 砌砖 3. 勾缝 4. 砖压顶砌筑 5. 材料运输

（二）工程量计算规则及有关说明

1. 砖基础

砖基础项目适用于各种类型砖基础，包括：柱基础、墙基础、烟囱基础、水塔基础、管道基础。工程量按设计图示尺寸以体积计算，包括附墙垛基础宽出部分体积，扣除地梁（圈梁)、构造柱所占体积,不扣除基础大放脚 T 形接头处的重叠部分及嵌入基础内的钢筋、铁件、管道、基础砂浆防潮层和单个面积 $0.3m^2$ 以内的孔洞所占体积,靠墙暖气沟的挑檐不增加。

(1) 基础与墙身(柱身)的划分 基础与墙身使用同一种材料时,以设计室内地坪为界,室内地坪以下为基础,以上为墙身;基础与墙身使用不同材料时,两种材料分界线位于设计室内地坪±300mm 以内时,以不同材料为分界线,分界线下部为基础,上部为墙身,分界线超过±300mm 时,仍以设计室内地坪为界。

(2) 条(带)形砖基础 砖基础多为大放脚形式,大放脚有等高与不等高两种,如图 5-34 所示,其中图 5-34(a) 1—1 剖面图为等高式大放脚,图 5-34(b) 2—2 剖面图为不等高式大放脚。

$$V_基 = 基础断面积 \times 基础长$$
$$= 基础墙厚 \times (基础高 + 大放脚折加高度) \times 基础长$$
或
$$= (基础墙厚 \times 基础高 + 大放脚增加面积) \times 基础长$$

① 大放脚折加高度。为了简化砖基础工程量的计算,可将基础大放脚增加的断面积转换成折加高度后再进行基础工程量计算。

$$大放脚折加高度 = 大放脚增加断面面积 / 砖基墙的厚度$$

根据大放脚增加的断面积和折加高度公式,将常用的等高式、不等高式砖墙基础大放脚的折加高度和增加的断面面积列于表 5-10 中供计算砖基础工程量时直接查用。

② 基础长度。外墙墙基按外墙中心线长度计算;内墙墙基按内墙基净长线计算。外墙中心线 $L_中 = 2 \times (L_1 + L_2)$(2—2 基础长),内墙净长线 $L_内 = L_2 - b$ (1—1 基础长)。

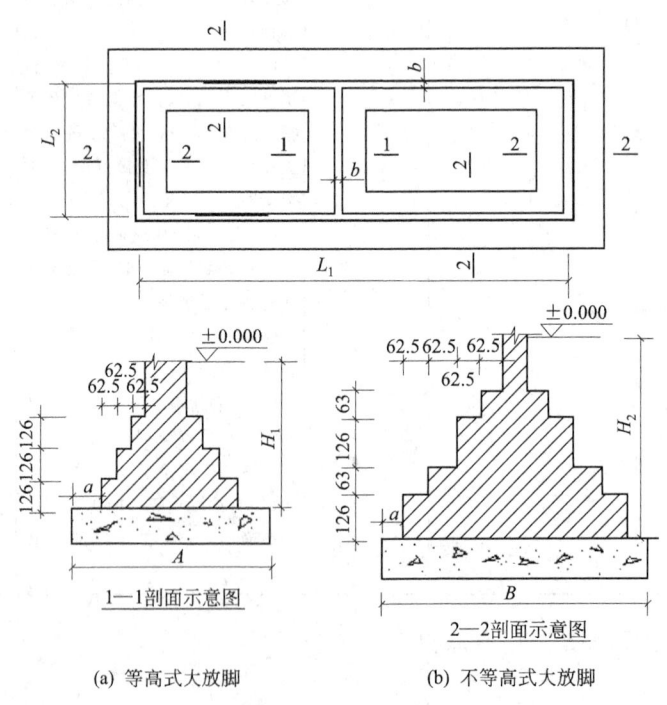

(a) 等高式大放脚　　(b) 不等高式大放脚

图 5-34　基础大放脚

表 5-10　常用等高式、不等高式标准砖墙基础大放脚折加高度的计算表

放脚层数	折加高度/m												增加断面/m²	
	$\frac{1}{2}$砖 (0.115)		1砖 (0.24)		$1\frac{1}{2}$砖 (0.365)		2砖 (0.49)		$2\frac{1}{2}$砖 (0.615)		3砖 (0.74)			
	等高	不等高	等高	不等高	等高	不等高	等高	不等高	等高	不等高	等高	不等高	等高	不等高
1	0.137	0.137	0.066	0.066	0.043	0.043	0.032	0.032	0.026	0.026	0.021	0.021	0.01575	0.01575
2	0.411	0.342	0.197	0.164	0.129	0.108	0.096	0.08	0.077	0.064	0.064	0.053	0.04725	0.03938
3	0.822	0.685	0.394	0.328	0.259	0.216	0.193	0.161	0.154	0.128	0.128	0.106	0.0945	0.07875
4	1.396	1.096	0.656	0.525	0.432	0.345	0.321	0.253	0.256	0.250	0.213	0.17	0.1575	0.126
5	2.054	1.643	0.984	0.788	0.674	0.518	0.482	0.38	0.384	0.307	0.319	0.255	0.2363	0.189
6	2.876	2.260	1.378	1.083	0.906	0.712	0.672	0.53	0.538	0.419	0.447	0.351	0.3308	0.2599
7		3.013	1.838	1.444	1.208	0.949	0.90	0.707	0.717	0.563	0.596	0.468	0.4410	0.3465
8		3.835	2.363	1.838	1.533	1.208	1.157	0.90	0.922	0.717	0.766	0.596	0.5670	0.4411
9			2.953	2.207	1.952	1.51	1.447	1.125	1.153	0.806	0.958	0.745	0.7088	0.5513
10			3.61	2.789	2.372	1.834	1.768	1.366	1.409	1.088	0.171	0.905	0.8663	0.6694

（3）独立柱基础（砖柱基础）。有大放脚的砖柱基础，如图 5-35 所示，其工程量分为两部分：一部分是柱基础大放脚顶面以上柱基体积 V_1，$V_1 = abH_1$，另一部分是柱基大放脚的体积 V_2，是由数个长方体的体积组成，计算比较简单。

注意：在以前的规范中，没有砖基础垫层项目，因此，在以往报价时需要将各种砖基础的垫层计算出来，将其综合考虑在各类基础项目报价内；而 2013 版计量规范中单独设立了垫层清单项目，因此，新版规范中砖基础项目不再含垫层的相关内容，报价时无需考虑垫层，编清单时也无需对垫层的材料种类、厚度、材料的强度等级、配合比等进行描述。

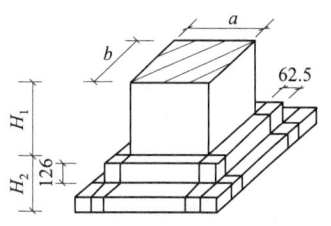

图 5-35　有大放脚的砖柱基础

2. 墙体

（1）实心砖墙　实心砖墙工程量按设计图示尺寸以体积计算，扣除门窗洞口、过人洞、空圈、嵌入墙内的钢筋混凝土柱、梁、圈梁、挑梁、过梁及凹进墙内的壁龛、管槽、暖气槽、消火栓箱所占体积。不扣除梁头、板头、檩头、垫木、木楞头、沿缘木、木砖、门窗走头、砖墙内加固钢筋、木筋、铁件、钢管及单个面积 0.3m² 以内的孔洞所占体积。凸出墙面的腰线、挑檐、压顶、窗台线、虎头砖、门窗套的体积亦不增加；凸出墙面的砖垛并入墙体积内计算。其计算公式如下所述。

砖墙工程量＝（墙长×墙高－门窗洞口面积）×墙厚＋应并入墙体体积－应扣除体积

墙长度：外墙按外墙中心线，内墙按内墙净长线。

墙高度：见图 5-36。

① 外墙。坡屋面无檐口天棚者算至屋面板板底；有屋架且室内外均有天棚者算至屋架下弦底另加 200mm；无天棚者算至屋架下弦底另加 300mm；出檐宽度超过 600mm 时应按实砌高度计算；平屋面算至钢筋混凝土板底。

② 内墙。位于屋架下者其高度算至屋架下弦底；无屋架者算至天棚底另加 100mm；有钢筋混凝土楼板隔层者算至板顶；有框架梁时算至梁底面。

③ 女儿墙。从屋面板上表面算至女儿墙顶面（如有混凝土压顶时算至压顶下表面）。

④ 内、外山墙。按其平均高度计算。

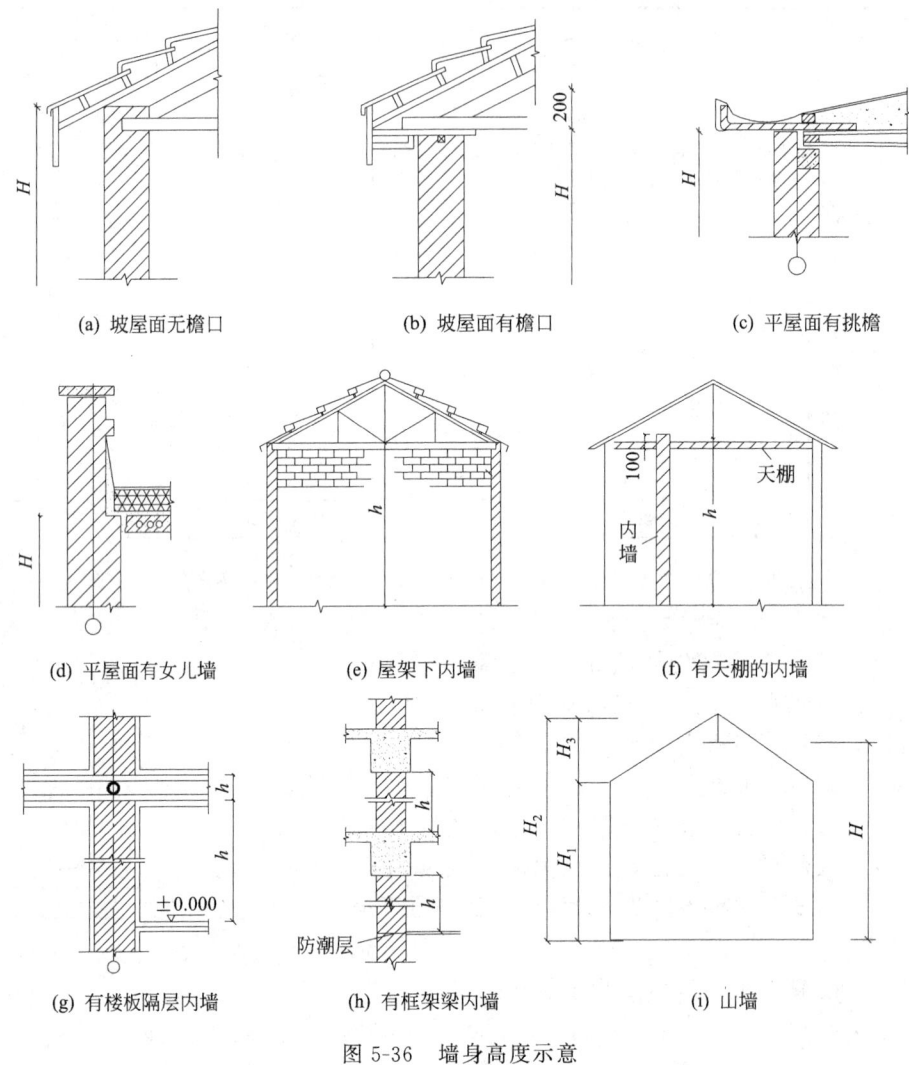

(a) 坡屋面无檐口   (b) 坡屋面有檐口   (c) 平屋面有挑檐

(d) 平屋面有女儿墙   (e) 屋架下内墙   (f) 有天棚的内墙

(g) 有楼板隔层内墙   (h) 有框架梁内墙   (i) 山墙

图 5-36　墙身高度示意

　　(2) 空斗墙　空斗墙工程量按设计图示尺寸以空斗墙外形体积计算。墙角、内外墙交接处、门窗洞口立边、窗台砖、屋檐处的实砌部分体积并入空斗墙体积内。窗间墙、窗台下、楼板下等实砌部分另行计算，按零星砌砖项目编码列项。

　　(3) 空花墙　空花墙工程量按设计图示尺寸以空花部分外形体积计算（应包括空花的外框），不扣除空洞部分体积。使用混凝土花格砌筑的空花墙分实砌墙体与混凝土花格分别计算工程量，混凝土花格按混凝土及钢筋混凝土预制零星构件编码列项。

　　(4) 填充墙　填充墙工程量按设计图示尺寸以填充墙外形体积计算。

　　(5) 实心砖柱　工程量按设计图示尺寸以体积计算，扣除混凝土及钢筋混凝土梁垫、梁头、板头所占体积。

　　(6) 零星砌砖　工程量按设计图示尺寸以体积计算，扣除混凝土及钢筋混凝土梁垫、梁头、板头所占体积。此项目适用于砖砌的台阶、台阶挡墙、梯带、锅台、炉灶、蹲台、花台、花池、屋面隔热板下的砖墩、0.3m^2 以内孔洞填塞等。台阶工程量按水平投影面积计算（不包括梯带或台阶挡墙）。小型池槽、锅台、炉灶工程量按数量以个计算，小便槽、地垄墙工程量：按长度计算，其他零星项目（如梯带、台阶挡墙）工程量按图示尺寸以体积计算。

3. 砖散水、地坪

砖散水、地坪工程量按设计图示尺寸以面积计算。

说明：砖散水、地坪工程量清单项目报价内包括垫层、结合层、面层等工序。

4. 地沟、明沟

砖地沟、明沟工程量按设计图示以中心线长度计算。

说明：地沟土方若在管沟土方中编码列项，则砖地沟项目中就不能再包括挖土方内容；砖地沟、明沟工程量清单项目报价内包括地沟、明沟垫层、混凝土面层，地沟抹灰等内容。

5. 砌块砌体

（1）砌块墙　工程量计算按设计图示尺寸以体积计算（与实心砖墙计算方法相同）。嵌入空心砖墙、砌块墙中的实心砖不扣除。墙长、墙高及墙体中要并入或扣除或不加、不扣的规定同实心砖墙。

（2）砌块柱　砌块柱工程量计算按设计图示尺寸以体积计算，扣除混凝土及钢筋混凝土梁垫、梁头、板头所占体积。

6. 石砌体

（1）石基础　石基础工程量按设计图示尺寸以体积计算，包括附墙垛基础宽出部分体积，不扣除基础砂浆防潮层及单个面积 $0.3m^2$ 以内的孔洞所占体积，靠墙暖气沟的挑檐不增加体积。

基础长度：外墙按外墙中心线，内墙按内墙净长线计算。

说明：基础垫层、剔打石料头、地座荒包、搭拆简易起重架等工序都包括在基础项目报价内。

（2）石勒脚　石勒脚工程量按设计图示尺寸以体积计算，扣除单个 $0.3m^2$ 以外的孔洞所占的体积。

（3）石墙　同实心砖墙。

7. 垫层

垫层工程量按设计图示尺寸以体积计算。

说明：除混凝土垫层应按计量规范附录 E 混凝土及钢筋混凝土工程中相关项目编码列项外，没有包括垫层要求的清单项目应按本表垫层项目编码列项。

【例 5-3】　某单位传达室基础平面图及基础详图见【例 5-1】中图 5-32，室内地坪±0.00m，防潮层−0.06m，防潮层以下用 M10 水泥砂浆砌标准砖基础，防潮层以上为多孔砖墙身。计算砖基础的清单工程量。

相关知识如下。

（1）基础与墙身的划分：基础与墙身使用不同材料的分界线位于−60mm 处，在设计室内地坪±300mm 范围以内，因此−0.06m 以下为基础，以上为墙身。

（2）内外墙基础的长度计算：外墙按中心线，内墙按净长线，大放脚 T 形接头处重叠部分不扣除。

（3）防潮层不需计算。

解　清单工程量计算如下。

（1）外墙基础长度：(9.0+5.0)×2＝28.0(m)

内墙基础长度：$(5.0-0.24)\times2=9.52(m)$

（2）基础高度：$1.30+0.30-0.06=1.54(m)$

大放脚折加高度：等高式，240厚墙，2层，双面，查表为0.197m

（3）砖基础体积：$0.24\times(1.54+0.197)\times(28.0+9.52)=15.64(m^3)$

【例5-4】 某单位传达室平面图、剖面图、墙身大样图如图5-37所示，构造柱240mm×240mm，有马牙槎与墙嵌接，圈梁240mm×300mm，屋面板厚100mm，门窗（表5-11）上口无圈梁处设置过梁厚120mm，过梁长度为洞口尺寸两边各加250mm，窗台板厚60mm，长度为窗洞口尺寸两边各加60mm，窗两侧有60mm宽砖砌窗套，砌体材料为KP1多孔砖，女儿墙为标准砖，计算墙体清单工程量。

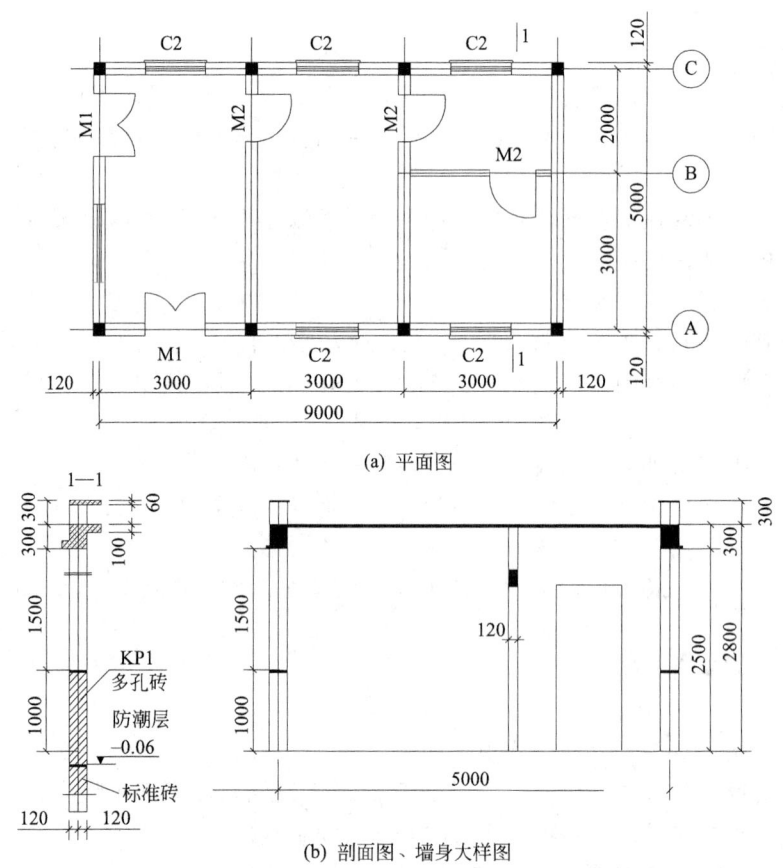

(a) 平面图

(b) 剖面图、墙身大样图

图 5-37 某单位传达室平面图、剖面图、墙身大样图

表 5-11 门窗表

编 号	宽	高	樘 数	编 号	宽	高	樘 数
M1	1200	2500	2	C1	1500	1500	1
M2	900	2100	3	C2	1200	1500	5

相关知识如下。

（1）墙的长度计算：外墙按外墙中心线，内墙按内墙净长线。

（2）墙的高度计算：现浇平屋（楼）面板，外墙算至板底，内墙算至板顶，女儿墙自屋面板顶算至压顶底。

（3）计算工程量时，要扣除嵌入墙身的柱、梁、门窗洞口，突出墙面的窗套不增加。

（4）扣构造柱要包括与墙嵌接的马牙槎，本图构造柱与墙嵌接面有 20 个。

解　工程量计算如下。

（1）一砖墙

① 墙长度：外（9.0＋5.0）×2＝28.0（m）

内（5.0－0.24）×2＝9.52（m）

② 墙高度：（扣圈梁、屋面板厚度，加防潮层至室内地坪高度）

$$2.80－0.30＋0.06＝2.56（m）$$

③ 外墙体积：外　0.24×2.56×28.0＝17.20（m³）

减构造柱　0.24×0.24×2.56×8＝1.18（m³）

减马牙槎　0.24×0.06×2.56×1/2×16＝0.29（m³）

减 C1 窗台板　0.24×0.06×1.62×1＝0.02（m³）

减 C2 窗台板　0.24×0.06×1.32×5＝0.10（m³）

减 M1　0.24×1.20×2.50×2＝1.44（m³）

减 C1　0.24×1.50×1.50×1＝0.54（m³）

减 C2　0.24×1.20×1.50×5＝2.16（m³）

外墙体积＝11.47m³

④ 内墙体积：内　0.24×2.56×9.52＝5.85（m³）

减马牙槎　0.24×0.06×2.56×1/2×4＝0.07（m³）

减过梁　0.24×0.12×1.40×2＝0.08（m³）

减 M2　0.24×0.90×2.10×2＝0.91（m³）

内墙体积＝4.79m³

⑤ 一砖墙合计　11.47＋4.79＝16.26（m³）

（2）半砖墙

① 内墙长度：3.0－0.24＝2.76（m）

② 墙高度：2.80m

③ 体积：0.115×2.80×2.76＝0.89（m³）

减过梁　0.115×0.12×1.40＝0.02（m³）

减 M2　0.115×0.90×2.10＝0.22（m³）

④ 半砖墙合计：0.65m³

（3）女儿墙

① 墙长度：（9.0＋5.0）×2＝28.0（m）

② 墙高度：0.30－0.06＝0.24（m）

③ 体积：0.24×0.24×28.0＝1.61（m³）

五、混凝土及钢筋混凝土工程

（一）工程量清单项目设置

混凝土及钢筋混凝工程量清单项目分为 17 节，包括现浇混凝土基础、现浇混凝土柱、现浇混凝土梁、现浇混凝土墙、现浇混凝土板、现浇混凝土楼梯、现浇混凝土其他构件、后浇带、预制混凝土构件、钢筋工程、螺栓铁件等，其中，预制混凝土构件包括预制混凝土柱、预制混凝土梁、预制混凝土屋架、预制混凝土板、预制混凝土楼梯、其他预制构件。适用于建筑物、构筑物的混凝土工程。各项目编号、名称、特征、工程量计算规则及包含的工作内容详见《计量规范》，其形式参见表 5-12～表 5-14。

表 5-12　现浇混凝土工程（0105）

项目编码	项目名称	项目特征	计量单位	工程量计算规则	工作内容
010501001	垫层	1. 混凝土类别 2. 混凝土强度等级	m^3	按设计图示尺寸以体积计算。不扣除构件内钢筋、预埋铁件和伸入承台基础的桩头所占体积	1. 模板及支撑制作、安装、拆除、堆放、运输及清理模内杂物、刷隔离剂等 2. 混凝土制作、运输、浇筑、振捣、养护
010501002	带形基础				
010501003	独立基础				
010501004	满堂基础				
010501005	桩承台基础				
010501006	设备基础	1. 混凝土类别 2. 混凝土强度等级 3. 灌浆材料、灌浆材料强度等级			
010502001	矩形柱	1. 混凝土类别 2. 混凝土强度等级	m^3	按设计图示尺寸以体积计算。不扣除构件内钢筋、预埋铁件所占体积柱高： 1. 有梁板的柱高，应自柱基上表面（或楼板上表面）至上一层楼板上表面之间的高度计算 2. 无梁板的柱高，应自柱基上表面（或楼板上表面）至柱帽下表面之间的高度计算 3. 框架柱的柱高，应自柱基上表面至柱顶高度计算 4. 构造柱按全高计算，嵌接墙体部分并入柱身体积 5. 依附柱上的牛腿和升板的柱帽，并入柱身体积计算	1. 模板及支撑制作、安装、拆除、堆放、运输及清理模内杂物、刷隔离剂等 2. 混凝土制作、运输、浇筑、振捣、养护
010502002	构造柱				
010502003	异形柱	1. 柱形状 2. 混凝土类别 3. 混凝土强度等级			

表 5-13　预制混凝土板（010512）

项目编码	项目名称	项目特征	计量单位	工程量计算规则	工作内容
010512001	平板	1. 图代号 2. 单件体积 3. 安装高度 4. 混凝土强度等级 5. 砂浆强度等级、配合比	1. m^3 2. 根（块）	1. 以立方米计量，按设计图示尺寸以体积计算。不扣除单个面积≤300mm×300mm的孔洞所占体积，扣除空心板空洞体积 2. 以块计量，按设计图示尺寸以数量计算	1. 模板制作、安装、拆除、堆放、运输及清理模内杂物、刷隔离剂等 2. 混凝土制作、运输、浇筑、振捣、养护 3. 构件运输、安装 4. 砂浆制作、运输 5. 接头灌缝、养护
010512002	空心板				
010512003	槽形板				
010512004	网架板				

表 5-14　钢筋工程（010515）

项目编码	项目名称	项目特征	计量单位	工程量计算规则	工作内容
010515001	现浇构件钢筋	钢筋种类、规格	t	按设计图示钢筋（网）长度（面积）乘单位理论质量计算	1. 钢筋（网、笼）制作、运输 2. 钢筋（网、笼）安装 3. 焊接（绑扎）
010515003	钢筋网片				
010515004	钢筋笼				

（二）工程量计算规则及有关说明

1. 现浇混凝土工程

（1）现浇混凝土基础　现浇混凝土基础按形式及作用可分为：垫层、带形基础、独立基础、满堂基础、设备基础、桩承台基础，各种基础工程量均按设计图示尺寸以体积计算，不扣除构件内钢筋、预埋铁件和伸入承台基础的桩头所占体积。

① 混凝土带形基础。分为有梁式和无梁式带形基础两种，应分别编码列项，并注明梁高。工程量按设计图示尺寸以体积计算，T形接头部分不能重复计算，计算公式为：

$$V = 基础断面积 \times 基础长度 + T形接头部分的体积 V_D$$

a. 基础长度取值：外墙下为外墙中心线，内墙下为基础底面净长，如图 5-38 所示。

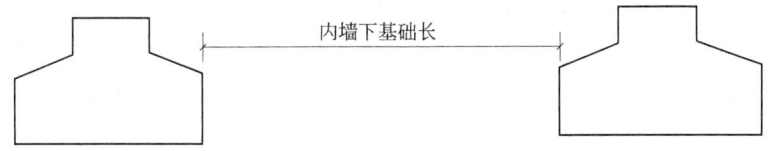

图 5-38　内墙基础长度计算示意

b. T形接头部分的体积 V_D：$V_D = V_1 + V_2 + V_3$
如图 5-39 所示。

V_1——图示搭接部分上部矩形体积，$V_1 = L_D \times b \times h_3$

V_2——搭接部分中部矩形体积一半，$V_2 = L_D \times b \times h_2 \times \dfrac{1}{2}$

V_3——搭接部分两侧三角锥体积，$V_3 = \dfrac{1}{3} \times \left(\dfrac{1}{2} \times L_D \times h_2 \right) \times \dfrac{B-b}{2} \times 2$

$$V_D = L_D \left(h_3 \times b + h_2 \times \dfrac{2b+B}{6} \right)$$

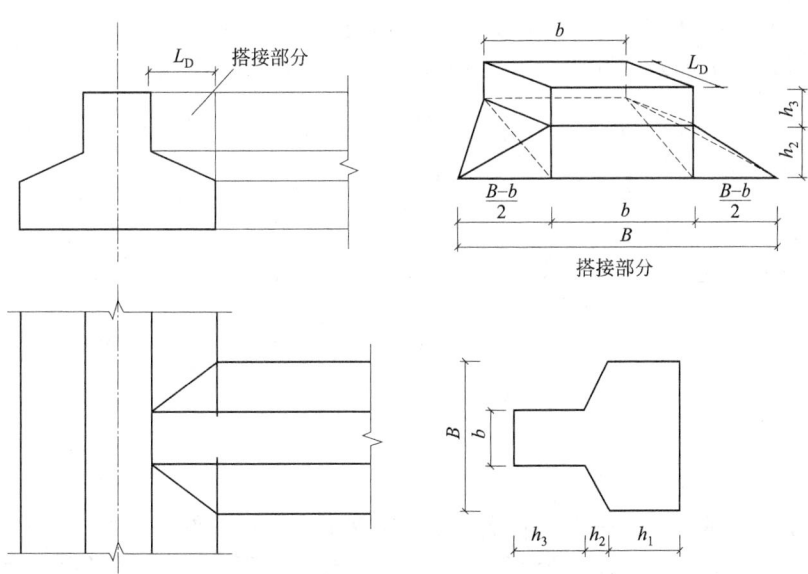

图 5-39　梯形截面带形基础接头示意

对于无梁式带形基础，因为 $h_3 = 0$，所以 $V_D = L_D \times h_2 \times \dfrac{2b+B}{6}$

如果 T 形接头是阶梯形的，则每个搭接部分均为矩形，接头部分的体积是把每个台阶矩形直接叠加起来即可。

【例 5-5】 某建筑物基础如图 5-40 所示，图中基础的轴心线与中心线重合，括号内为内墙基础尺寸，求该带形基础混凝土的清单工程量。

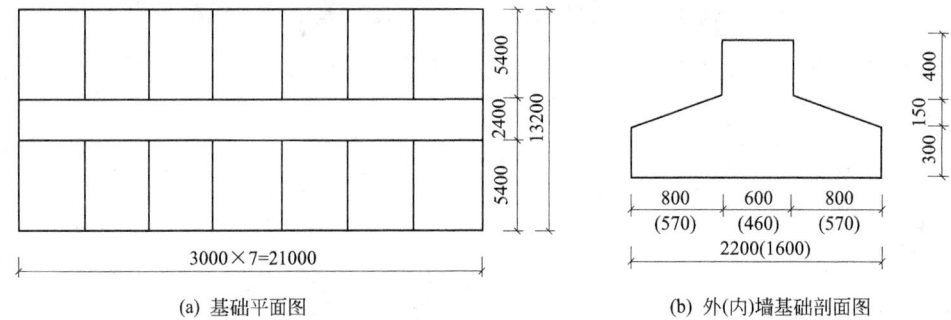

(a) 基础平面图   (b) 外(内)墙基础剖面图

图 5-40 带形基础平面及剖面图

解 (1) 外墙基础

基础长：$L_1 = L_{中} = (21+13.2) \times 2 = 68.4 (\text{m})$

截面面积：$S_1 = 2.2 \times 0.3 + 1/2 \times (0.6+2.2) \times 0.15 + 0.4 \times 0.6 = 1.11 (\text{m}^2)$

体积：$V_1 = L_1 \times S_1 = 68.4 \times 1.11 = 75.92 (\text{m}^3)$

(2) 内墙基础

基础长：$L_2 = (21-2.2) \times 2 + (5.4 - 1/2 \times 2.2 - 1/2 \times 1.6) \times 12 = 79.6 (\text{m})$

截面面积：$S_2 = 1.6 \times 0.3 + 1/2 \times (0.46+1.6) \times 0.15 + 0.4 \times 0.46 = 0.82 (\text{m}^2)$

体积：$V_2 = L_2 \times S_2 = 79.6 \times 0.82 = 65.27 (\text{m}^3)$

(3) T 形接头体积

由图知，内墙与外墙的搭接接头共 16 个。T 形接头公式中各符号数据为：

$L_D = 0.8\text{m}$，$h_3 = 0.4\text{m}$，$b = 0.46\text{m}$，$h_2 = 0.15\text{m}$，$B = 1.6\text{m}$，故

$$V_{D_1} = L_D \left(h_3 \times b + h_2 \times \frac{2b+B}{6} \right) \times 16$$

$$= 0.8 \times \left(0.46 \times 0.4 + 0.15 \times \frac{2 \times 0.46 + 1.6}{6} \right) \times 16 = 3.2 (\text{m}^3)$$

由图知，内横墙与内纵墙搭接共 12 个，且 $L_D = 0.57\text{m}$，其他数据同 V_{D_1}，故

$$V_{D_2} = 0.57 \times \left(0.46 \times 0.4 + 0.15 \times \frac{2 \times 0.46 + 1.6}{6} \right) \times 12 = 1.6 (\text{m}^3)$$

(4) 带形基础总体积

$$V = V_1 + V_2 + V_{D_1} + V_{D_2} = 75.92 + 65.27 + 3.2 + 1.69 = 146.08 (\text{m}^3)$$

② 混凝土独立基础。混凝土独立基础分为阶梯形和截锥形两种，如图 5-41，图 5-42 所示。阶梯形的独立基础工程量，按台阶分层计算；截锥形工程量，分上部的台形体 V_1 和下部的矩形体 V_2 两部分。

由图 5-42(c) 可知：$V_1 = \dfrac{h_1}{6} [A \times B + (A+a) \times (B+b) + a \times b]$

$$V_2 = A \times B \times h_2$$

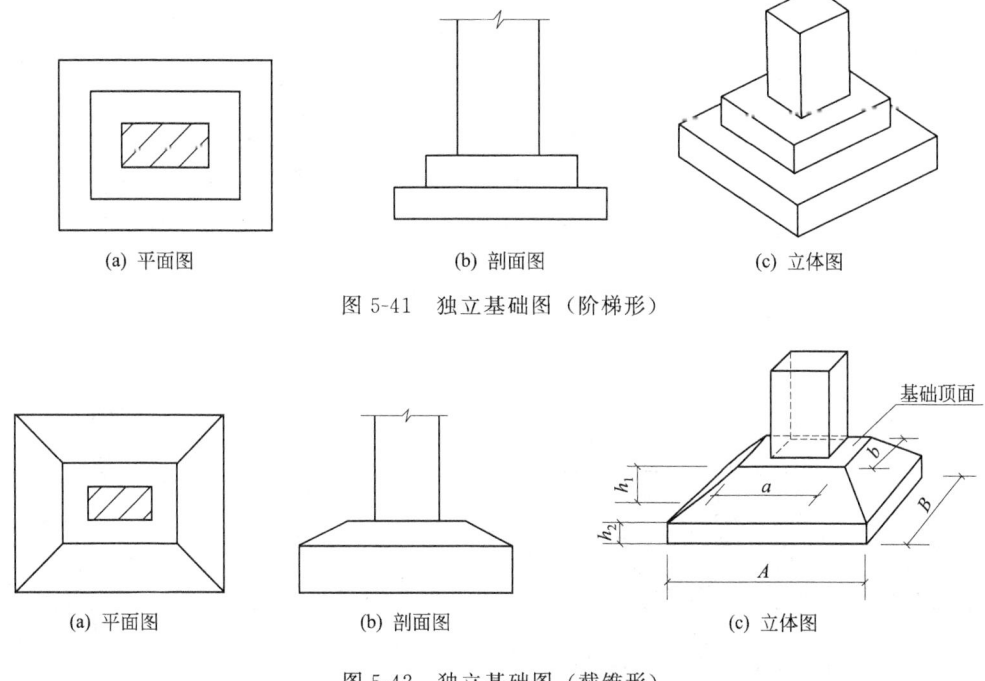

(a) 平面图　　　　　　(b) 剖面图　　　　　　(c) 立体图

图 5-41　独立基础图（阶梯形）

(a) 平面图　　　　　　(b) 剖面图　　　　　　(c) 立体图

图 5-42　独立基础图（截锥形）

【例 5-6】　某柱下混凝土独立基础如图 5-43 所示，求该独立基础的混凝土工程量。

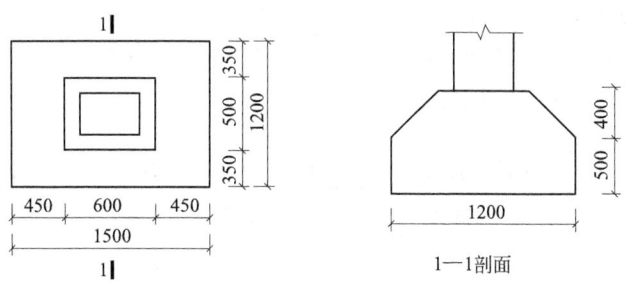

1—1剖面

图 5-43　截锥形独立基础平面及剖面图

解　上部四棱台体积 $V_1 = \dfrac{0.4}{6} \times [1.5 \times 1.2 + (1.5 + 0.6) \times (1.2 + 0.5) + 0.6 \times 0.5] = 0.38$ （m³）

下部矩形体积 $V_2 = 1.5 \times 1.2 \times 0.5 = 0.9(\text{m}^3)$

独立基础体积 $V = 0.38 + 0.9 = 1.28(\text{m}^3)$

此外，还有一种杯形基础，是独立基础的一种，只是留有安装预制钢筋混凝土柱的杯形基础（图 5-44）的体积，按外形体积减去杯口体积后计算。

说明：在清单《计量规范》中没有杯形基础的清单项目，遇有杯形基础时按独立基础的清单项目编码列项。

③ 满堂基础。分有梁式、无梁式和箱式满堂基础。如图 5-45～图 5-47 所示。

无梁式满堂基础直接按底板的面积乘以底板厚度以立方米计算，如果柱有柱脚，柱脚的体积也应并入基础的体积一同计算。

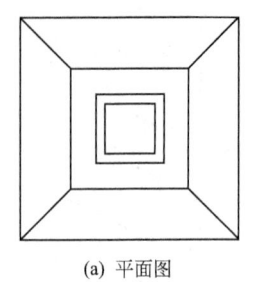 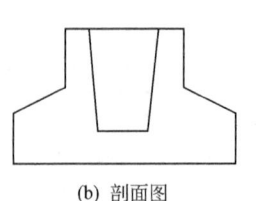 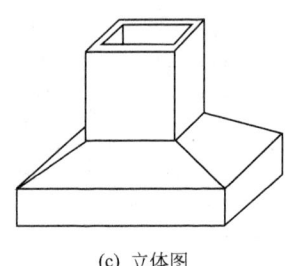

| (a) 平面图 | (b) 剖面图 | (c) 立体图 |

图 5-44　杯形基础

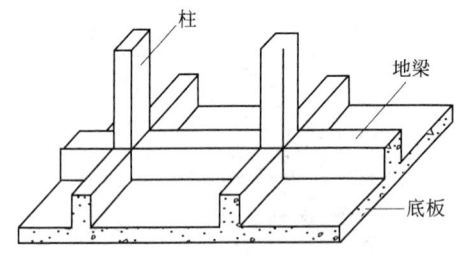

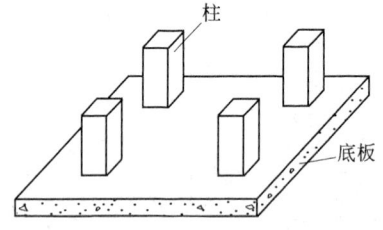

图 5-45　有梁式满堂基础示意　　　　　　　图 5-46　无梁式满堂基础示意

无梁式满堂基础混凝土工程量＝基础底板体积＋柱墩体积

有梁式满堂基础应分别计算底板和梁的体积，相加后套用有梁式满堂基础定额。

有梁式满堂基础混凝土工程量＝基础底板体积＋梁体积

箱式满堂基础，简称为箱形基础，如图 5-47 所示。其工程量应分解计算，底板按无梁式满堂基础有关规定计算；顶盖板、中间隔板、柱、梁、墙分别按现浇混凝土板、柱、梁、墙分别编码列项。

④ 桩承台基础。可分为独立承台［图 5-48(a)］和带形承台［图 5-48(b)］，编清单时按不同类型分别编码列项。工程量按设计图示尺寸以体积计算。

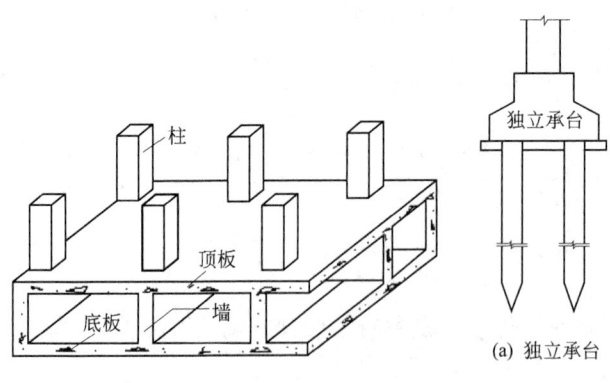 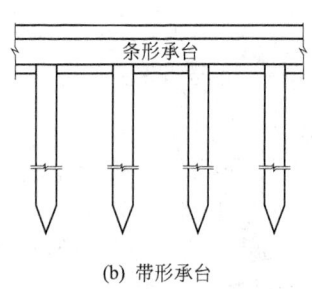

图 5-47　箱式满堂基础　　　　　　　　　图 5-48　桩承台基础

⑤ 设备基础。分为块体式和框架式。块体式，工程量按设计图示尺寸以体积计算；框架式设备基础中梁、柱、板、墙按现浇混凝土梁、柱、板、墙分别编码列项，框架设备基础的基础部分按设备基础列项。

（2）现浇混凝土柱　现浇混凝土柱分为矩形柱、构造柱、异形柱，按设计图示尺寸以体积计算，不扣除构件内的钢筋、预埋铁件所占的体积。

① 柱高。如图 5-49 所示，按下列规定计算。

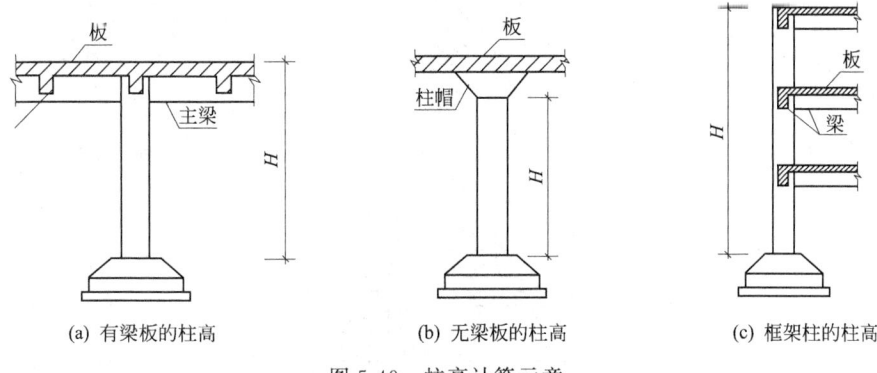

(a) 有梁板的柱高　　　　(b) 无梁板的柱高　　　　(c) 框架柱的柱高

图 5-49　柱高计算示意

a. 有梁板的柱高，应自柱基上表面（或楼板上表面）至上一层楼板上表面之间的高度计算；

b. 无梁板的柱高，应自柱基上表面（或楼板上表面）至柱帽下表面之间的高度计算；

c. 框架柱的柱高，应自柱基上表面至柱顶高度计算；

d. 构造柱按全高计算，嵌接墙体部分（马牙槎）并入柱身体积；

e. 依附柱上的牛腿和升板的柱帽，并入柱身体积计算。

② 构造柱。如图 5-50 所示，由于砖墙砌成了马牙槎，使构造柱的断面尺寸也随之变化。为简化工程量的计算，构造柱的断面尺寸取为马牙槎的中心，线间的尺寸如图 5-50 所示的虚线位置，则有：

构造柱断面面积＝原构造柱断面面积＋1/2×马牙槎断面面积×马牙槎个数

构造柱体积＝构造柱断面面积×构造柱高度

【例 5-7】　某工程中构造柱如图 5-50 所示，已知构造柱的高度为 3.6m，试计算构造柱的混凝土工程量。

解　图(a)：$(0.24×0.24＋1/2×0.06×0.24×2)×3.6＝0.26(m^3)$

图 (b)：$(0.24×0.24＋1/2×0.06×0.24×3)×3.6＝0.29(m^3)$

图 (c)：$(0.24×0.24＋1/2×0.06×0.24×4)×3.6＝0.31(m^3)$

合计：$0.26＋0.29＋0.31＝0.86(m^3)$

（3）现浇混凝土梁　现浇混凝土梁按形状及作用可分为基础梁、矩形梁、异形梁、圈梁、过梁、弧形梁、拱形梁，按设计图示尺寸以体积计算，不扣除构件内的钢筋、预埋铁件所占的体积，伸入墙内的梁头、梁垫并入梁体积内。

梁截面面积按图示尺寸，梁长可按以下规定计算，如图 5-51 所示。

① 梁与柱连接时，梁长算至柱侧面；

② 主梁与次梁连接时，次梁算至主梁侧面；

③ 圈梁梁长：外墙圈梁长取外墙中心线长（当圈梁截面宽同外墙宽时），内墙圈梁长取内墙净长线。

（4）现浇混凝土墙　现浇混凝土墙包括直形墙、弧形墙、短肢剪力墙、挡土墙。按设计

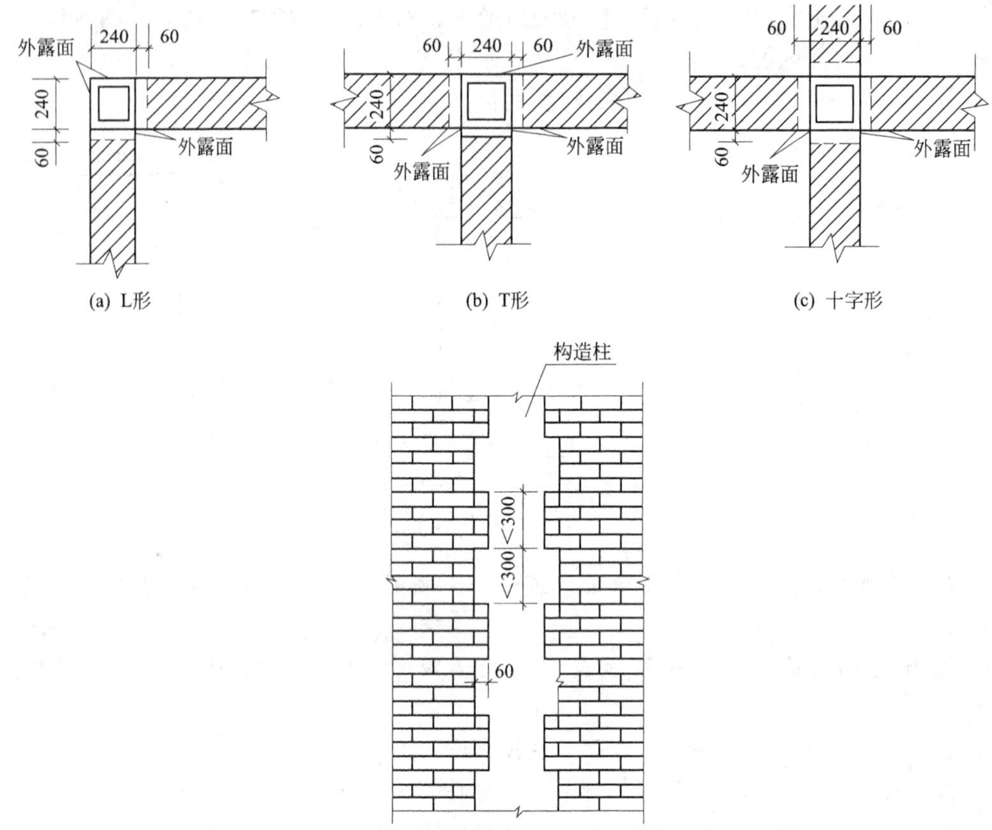

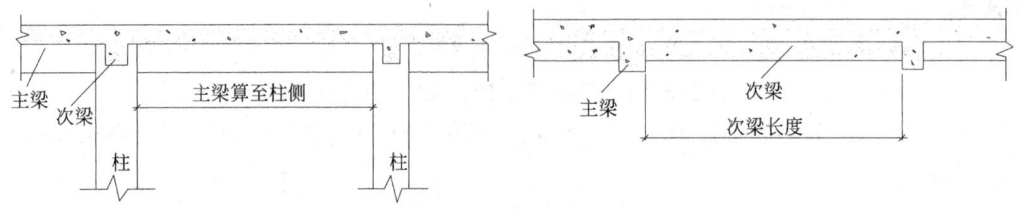

(a) L形   (b) T形   (c) 十字形

(d) 构造柱立面示意

图 5-50　构造柱

图 5-51　梁长计算示意

图示尺寸以体积计算，不扣除构件内的钢筋、预埋铁件所占的体积，扣除门窗洞口及单个面积 $0.3m^2$ 以外的孔洞所占体积，墙垛及突出墙面部分并入墙体体积内。

（5）现浇混凝土板　现浇混凝土板按荷载传递方式及作用等可分为有梁板、无梁板、平板、拱板、薄壳板、栏板、挑檐板、阳台板等。

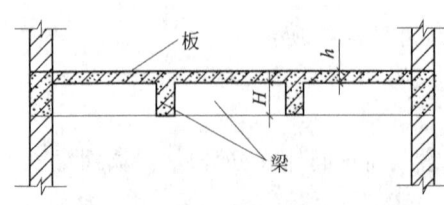

图 5-52　有梁板（包括主、次梁与板）

① 有梁板、无梁板、平板、拱板、薄壳板、栏板。按设计图示尺寸以体积计算，不扣除构件内的钢筋、预埋铁件及单个面积 $0.3m^2$ 以内的孔洞所占体积，计量单位 m^3。压形钢板混凝土楼板扣除构件内压形钢板所占体积。

有梁板（包括主、次梁和板）按梁、板体积之和计算，见图 5-52；无梁板按板和柱帽体积之和计算，见图 5-53；各类板伸入墙内的板头并入板体积内计算；薄壳板的肋和基梁并入薄壳体积内计算。

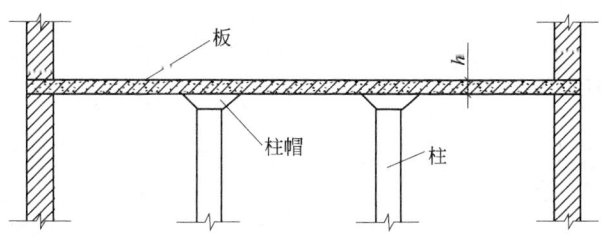

图 5-53　无梁板（包括柱帽）

② 天沟（檐沟）、挑檐板。按设计图示尺寸以体积计算，单位：m^3。

③ 雨篷、悬挑板、阳台板。按设计图示尺寸以墙外部分体积计算（包括伸出墙外的牛腿和雨篷反挑檐的体积）。

当现浇挑檐、天沟板、雨篷、阳台与板（包括屋面板、楼板）连接时，与板的分界线以外墙外边线为界，与圈梁（包括其他梁）连接时，以梁外边线为界，外边线以外为挑檐、天沟、雨篷或阳台，见图 5-54。

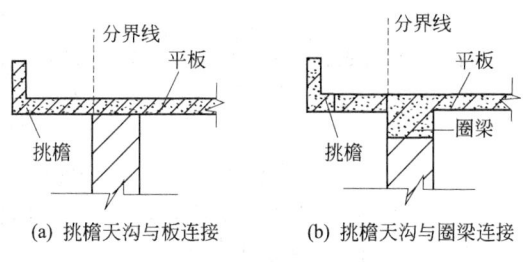

(a) 挑檐天沟与板连接　　(b) 挑檐天沟与圈梁连接

图 5-54　挑檐天沟与板及圈梁示意

说明：混凝土板采用浇筑复合高强薄型空心管时，其工程量应扣除管所占体积，复合高强薄型空心管应包括在报价内。采用轻质材料浇筑在有梁板内，轻质材料应包括在报价内。

【例 5-8】 图 5-55 所示为现浇钢筋混凝土单层厂房，屋面板顶面标高 5.0m；柱基础顶面标高-0.5m；截面尺寸（B-E 轴线居柱中，1-4 轴线居梁中）为 Z3：300mm×400mm，Z4：400mm×500mm，Z5：300mm×400mm，现浇板厚 100mm，求现浇混凝土工程清单项目工程量(不含基础)。

解 （1）清单项目设置

清单项目包括现浇柱、现浇梁、现浇有梁板和现浇挑檐、天沟。

（2）清单项目工程量计算

① 现浇柱

Z3＝0.3×0.4×5.5×4＝2.64（m^3）

Z4＝0.4×0.5×5.5×4＝4.40（m^3）

Z5＝0.3×0.4×5.5×4＝2.64（m^3）

② 现浇梁

WKL1：(16－0.2×2－0.4×2)×0.2×0.5×2＝14.8×0.2×0.5×2＝2.96（m^3）

WKL2：(10－0.2×2－0.4×2)×0.2×0.5×2＝8.8×0.2×0.5×2＝1.76（m^3）

WKL3：(10－0.3×2)×0.3×0.9×2＝9.4×0.3×0.9×2＝5.08（m^3）

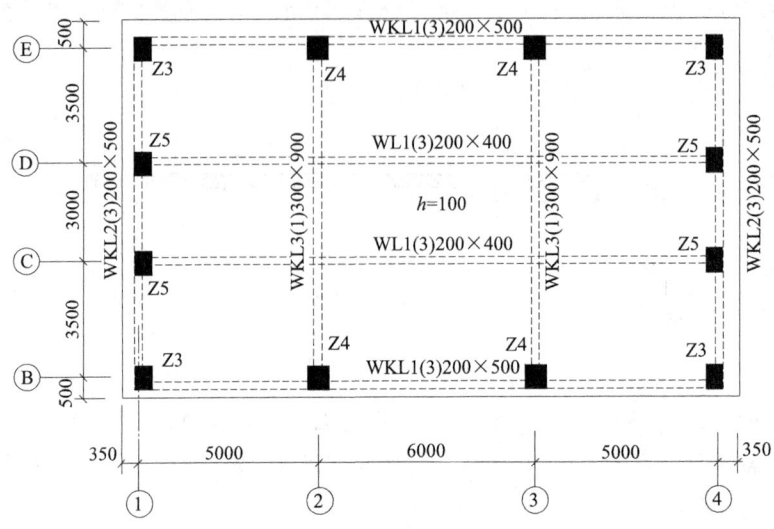

图 5-55 现浇钢筋混凝土单层厂房示意

③ 有梁板

WL1：$(16-0.2\times2-0.3\times2)\times0.2\times0.4\times2=15\times0.2\times0.4\times2=2.4$（m³）

板：$[(16+0.1\times2)\times(10+0.2\times2)-0.3\times0.4\times4-0.4\times0.5\times4-0.3\times0.4\times4-14.8\times0.2\times2-8.8\times0.2\times2-9.4\times0.3\times2-15\times0.2\times2]\times0.1=145.64\times0.1=14.56$（m³）

有梁板合计：$2.4+14.56=16.96$（m³）

④ 现浇挑檐、天沟

$[(16+0.35\times2)\times(10+0.5\times2)-(16+0.1\times2)\times(10+0.2\times2)]\times0.1=15.22\times0.1=1.52$（m³）

（6）现浇混凝土楼梯　现浇混凝土楼梯按平面形式可分为直形楼梯和弧形楼梯，按设计图示尺寸以水平投影面积计算，不扣除宽度小于 500mm 的楼梯井，伸入墙内部分不计算；或者以立方米计量，按设计图示尺寸以体积计算，见图 5-56。

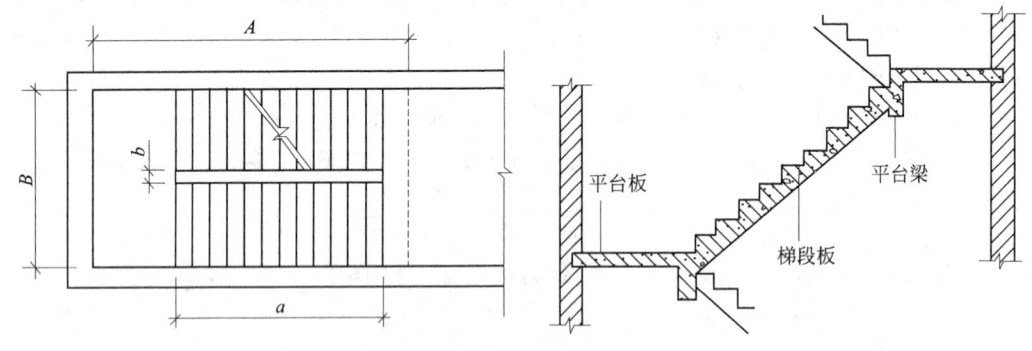

图 5-56 现浇混凝土楼梯示意

　　整体楼梯（包括直行楼梯、弧形楼梯）水平投影面积包括休息平台、平台梁、斜梁以及楼梯与楼板连接的梁；当整体楼梯与现浇楼板无梯梁连接时，以楼梯的最后一个踏步边缘加 300mm 为界。

　　工程量计算中，单跑楼梯的工程量计算与直形楼梯、弧形楼梯的工程量计算相同，单跑楼梯如无中间休息平台，在工程量清单中应进行描述。

　　（7）现浇混凝土其他构件　现浇混凝土其他构件包括的清单项目有散水、坡道，电缆沟、地沟，台阶，扶手、压顶，化粪池、检查井和其他构件这几个清单项目。

① 散水、坡道工程量按设计图示尺寸以面积计算，不扣除单个面积 $0.3m^2$ 以内孔洞所占面积。不扣除构件内钢筋、预埋铁件所占体积。

② 电缆沟、地沟，工程量按设计图示尺寸以中心线长度计算。

③ 台阶，以"平方米"计量，按设计图示尺寸水平投影面积计算；或者以"立方米"计量，按设计图示尺寸以体积计算。架空式混凝土台阶，按现浇楼梯计算。

④ 扶手、压顶工程量按设计图示的中心线延长米计算；或者以"立方米"计量，按设计图示尺寸以体积计算。

⑤ 化粪池、检查井。按设计图示尺寸以体积计算；以"座"计量，按设计图示数量计算。

⑥ 其他构件，主要包括现浇混凝土小型池槽、垫块、门框等，按设计图示尺寸以体积计算。

（8）后浇带。后浇带是一种刚性变形缝，适用于不允许留设柔性变形缝的部位，后浇带的浇筑应待两侧结构主体混凝土干缩变形稳定后进行。工程量按设计图示尺寸以体积计算。

2. 预制混凝土工程

预制混凝土构件项目特征包括图代号、单件体积、安装高度、混凝土强度等级、砂浆（细石混凝土）强度等级及配合比。若引用标准图集可以直接用图代号的方式描述，若工程量按数量以单位"根"、"块"、"榀"、"套"、"段"计量，必须描述单件体积。

（1）预制混凝土柱　预制混凝土柱包括矩形柱和异形柱两个清单项目，按设计图示尺寸以体积计算，不扣除构件内钢筋、预埋铁件等所占体积。当有相同截面、长度的预制混凝土柱，其工程量可按"根数"计算。

（2）预制混凝土梁　预制混凝土梁包括矩形、异形、拱形等六个清单项目，按设计图示尺寸以体积计算，不扣除构件内钢筋、预埋铁件等所占体积。当有相同截面、长度的预制混凝土梁时，其工程量可按"根数"计算。

（3）预制混凝土屋架　预制混凝土屋架按折线型、组合式、薄腹型等不同形式分别编码列项，共五个清单项目，按设计图示尺寸以体积计算，不扣除构件内钢筋、预埋铁件等所占体积。当有相同类型、相同跨度的预制混凝土屋架时，其工程量可按"榀数"计算。组合屋架中钢杆件应按金属结构工程中相应项目编码列项，工程量按重量以吨计算。

（4）预制混凝土板　预制混凝土板除了包括楼板、屋面板（如平板、空心板、网架板等）外，还有沟盖板、井圈等，共八个清单项目，按设计图示尺寸以体积计算，不扣除单个尺寸 300mm×300mm 以内孔洞所占体积，但空心板中空洞体积要扣除。当有同类型同规格的预制混凝土楼板（屋面板）、沟盖板时其工程量可按"块数"计算，混凝土井圈、井盖板工程量可按"套数"计算。

（5）预制混凝土楼梯　工程量按设计图示尺寸以体积计算，不扣除构件内钢筋、预埋铁件等所占体积，扣除空心踏步板空洞体积。

说明：预制构件的制作、运输、安装、接头灌缝都包括在《计量规范》清单项目工作内容设置之中，故在对清单进行报价时这几项都应包括在预制混凝土构件项目的报价内。但在定额中，以上四个工序是彼此单独的定额子目，这是清单和定额项目划分的不同之处，注意区分。

3. 钢筋工程

单位工程的钢筋预算用量应等于钢筋混凝土工程中各种构件的图纸用量及其结构中的构

造钢筋、连系钢筋等用量之和。而各种结构钢筋由若干不同规格、不同形状的单根钢筋所组成，因此，单位工程的钢筋预算用量应分别按不同品种、规格分别计算及汇总，具体计算应按下列程序和方法进行。

（1）现浇及预制构件钢筋、钢筋网片、钢筋笼　工程量按设计图示钢筋（网）长度（面积）乘以单位理论重量以吨计算。

① 钢筋的单位质量。不同品种、不同规格的钢筋理论质量如表 5-15 所示。也可以根据钢筋直径计算理论质量，钢筋的容重可按 7850kg/m³ 计算。

表 5-15　钢筋每米长度理论质量表

品种	圆钢筋		螺纹钢筋	
直径/mm	截面/100mm²	质量/(kg/m)	截面/100mm²	质量/(kg/m)
5	0.196	0.154		
6	0.283	0.222		
8	0.503	0.395		
10	0.785	0.617	0.785	0.062
12	1.131	0.888	1.131	0.089
14	1.539	1.21	1.54	1.21
16	2.011	1.58	2.0	1.58
18	2.545	2.00	2.54	2.00
20	3.142	2.47	3.14	2.47
22	3.801	2.98	3.80	2.98
25	4.909	3.85	4.91	3.85
28	6.158	4.83	6.16	4.83
30	7.069	5.55		
32	8.043	5.31	8.04	5.31

② 钢筋的混凝土保护层厚度。根据《混凝土结构设计规范》（GB 50010）规定，结构中最外层钢筋的混凝土保护层厚度（钢筋外边缘至混凝土表面的距离）应不小于钢筋的公称直径。设计使用年限为 50 年的混凝土结构，其保护层厚度尚应符合表 5-16 的规定。

表 5-16　混凝土保护层最小厚度　　　　　　　　　单位：mm

环境类别及耐久作用等级	板墙壳	梁柱
一 a	15	20
二 b	20	25
三 b	20	30
二 c	25	35
三 c	30	35
四 c	30	40
三 d	35	45
四 d	40	50

注：1. 混凝土强度等级不大于 C25 时，表中保护层厚度数值增加 5mm。

2. 与土壤接触的混凝土结构中，钢筋的混凝土保护层厚度不应小于 40mm；当无垫层时，直接在土壤上现浇底板中钢筋的混凝土保护层厚度不小于 90mm。

3. 设计使用年限为 100 年的混凝土结构，其最外层钢筋的混凝土保护层厚度应不小于表中数值的 1.4 倍。

③ 两端弯钩长度。采用工级钢筋做受力筋时，两端需设弯钩，弯钩形式有 180°、90°、135°三种。如图 5-57 所示，图中 d 为钢筋的直径，三种形式的弯钩增加长度分别为 6.25d、3.5d、4.9d。

两端带弯钩钢筋长度按以下公式计算：

$$L_1 = L - 2a + 2\Delta L_g$$

式中　L_1——带弯钩钢筋计算长度；

　　　L——构件的结构长度；

　　　a——钢筋保护层厚度；

　　　ΔL_g——钢筋一端的弯钩增加长度。

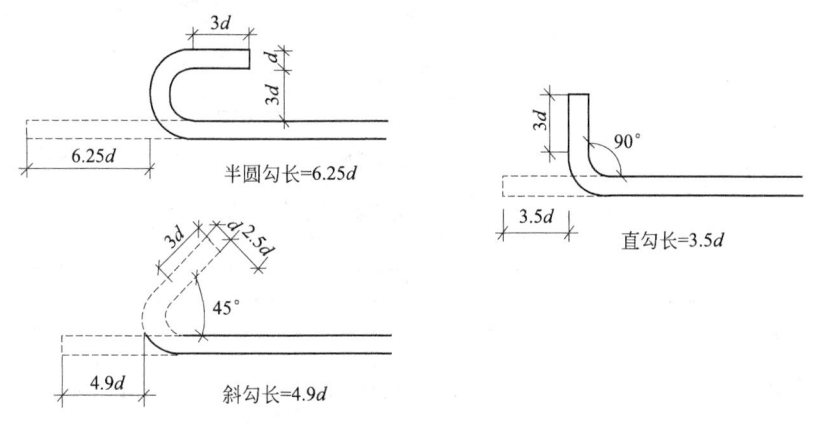

图 5-57　钢筋弯钩长度示意图

④ 弯起钢筋增加长度。弯起钢筋增加长度 $s-l$，常见的弯起钢筋弯起的角度有 30°、45°、60°三种，如图 5-58 所示。应根据弯起的角度和弯起的高度计算求出。弯起角度越小，斜边长度 s 与底边长度 l 之差就越小，弯起钢筋的增加长度也就越小，弯起钢筋斜长系数见表 5-17。

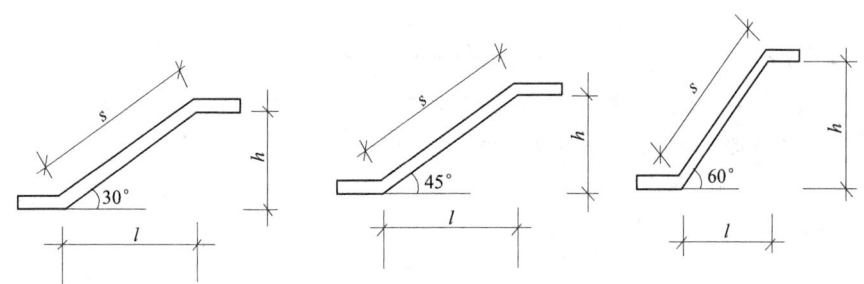

图 5-58　弯起钢筋示意

表 5-17　弯起钢筋斜长系数

弯起角度	s	l	$s-l$
30°	2.000h	1.732h	0.268h
45°	1.414h	1.000h	0.414h
60°	1.15h	0.577h	0.573h

两端带弯钩的弯起钢筋长度的计算公式为：

$$L_2 = L - 2a + 2(s-l) + 2\Delta L_g$$

式中　L_2——弯起钢筋计算长度。

　　s，l 如图 5-58 所示。其余符号同前。

⑤ 钢筋的锚固及搭接长度。纵向受拉钢筋抗震锚固长度见表 5-18。

表 5-18 钢筋搭接长度计算表

钢筋类型		混凝土强度等级与抗震等级					
		C20		C25		C30	
		一、二	三	一、二	三	一、二	三
HPB235 光圆Ⅰ级钢筋		36d	33d	31d	28d	27d	25d
HRB335 月牙纹	d≤25	44d	41d	38d	35d	34d	31d
	d>25	49d	45d	42d	39d	38d	34d
HRB400	d≤25	53d	49d	46d	42d	41d	37d
HRB500	d>25	58d	53d	51d	46d	45d	41d

纵向受拉钢筋抗震绑扎搭接长度，按锚固长度乘以修正系数计算，修正系数见表 5-19。

表 5-19 纵向受拉钢筋抗震绑扎搭接长度修正系数

纵向钢筋搭接接头面积百分率/%	≤25	≤50	≤100
修正系数	1.2	1.4	1.6

⑥ 箍筋长度计算。

a. 单个箍筋长度。矩形梁、柱的箍筋长度应按图纸规定计算。无规定时，箍筋长度为：

$$L_3 = 构件截面周长 - 8a + 2\Delta L_g$$

式中 L_3——单个箍筋的计算长度。

其余符号同前。

箍筋末端每个弯钩增加长度，其值按表 5-20 取定。

表 5-20 箍筋弯钩长度

弯钩形式		180°	135°	90°
弯钩增加值	一般结构	6.87d	8.25d	5.5d
	抗震结构	11.87d	13.25d	10.5d

b. 箍筋根数计算。箍筋根数与钢筋混凝土构件的长度有关，若箍筋为等间距配置，间距为 c，则每一构件箍筋根数 N 的计算分以下 3 种情况。

两端均设箍筋：$N = (L-2a)/c + 1$。

只有一端设箍筋：$N = (L-2a)/c$。

两端均不设箍筋：$N = (L-2a)/c - 1$。

c. 每一构件箍筋总长度 $= L_3 \times N$。

注意式中在计算根数时取整加 1；箍筋分布长度一般为构件长度减去两端保护层厚度。

⑦ 钢筋重量计算。

某型号钢筋的重量 = 该型号钢筋的计算长度 × 该钢筋每米的重量 × 钢筋的数量

（2）先张法预应力钢筋 工程量按设计图示钢筋长度乘以单位理论质量以吨计算。

（3）后张法预应力钢筋、钢丝、钢绞线 工程量按设计图示钢筋（钢丝束、钢绞线）长度乘以单位理论质量以吨计算。其长度区别不同的锚具类型，分别按下列规定计算。

① 低合金钢筋两端均采用螺杆锚具时，钢筋长度按孔道长度减 0.35m 计算，螺杆另行计算。

② 低合金钢筋一端采用墩头插片、另一端采用螺杆锚具时，钢筋长度按孔道长度计算，螺杆另行计算。

③ 低合金钢筋一端采用墩头插片、另一端采用帮条锚具时，钢筋长度按孔道长度增加 0.15m 计算；两端均采用帮条锚具时，钢筋长度按孔道长度增加 0.3m 计算。

④ 低合金钢筋采用后张混凝土自锚时，钢筋长度按孔道长度增加 0.35m 计算。

⑤ 低合金钢筋（钢绞线）采用 JM、XM、QM 型锚具，孔道长度在 20m 以内时，钢筋长度按孔道长度增加 1m 计算；孔道长度在 20m 以外时，钢筋（钢绞线）长度按孔道长度增加 1.8m 计算。

⑥ 碳素钢丝采用锥形锚具，孔道长度在 20m 以内时，钢丝束长度按孔道长度增加 1m 计算；孔道长度在 20m 以上时，钢丝束长度按孔道长度增加 1.8m 计算。

⑦ 碳素钢丝束采用墩头锚具时，钢丝束长度按孔道长度增加 0.35m 计算。

4. 螺栓、铁件

螺栓、预埋铁件，按设计图示尺寸以质量计算，单位：t。机械连接按数量计算，单位：个。编制工程量清单时，如果设计未明确，其工程数量可为暂估量，实际工程量按现场签证数量计算。

以上现浇或预制混凝土和钢筋混凝土构件，不扣除构件内钢筋、预埋铁件所占体积或面积。

【例 5-9】 已知某工程有 5 根 C20 现浇钢筋混凝土矩形梁，梁的配筋如图 5-59 所示，混凝土保护层厚度为 25mm，计算这 5 根梁的钢筋工程量。

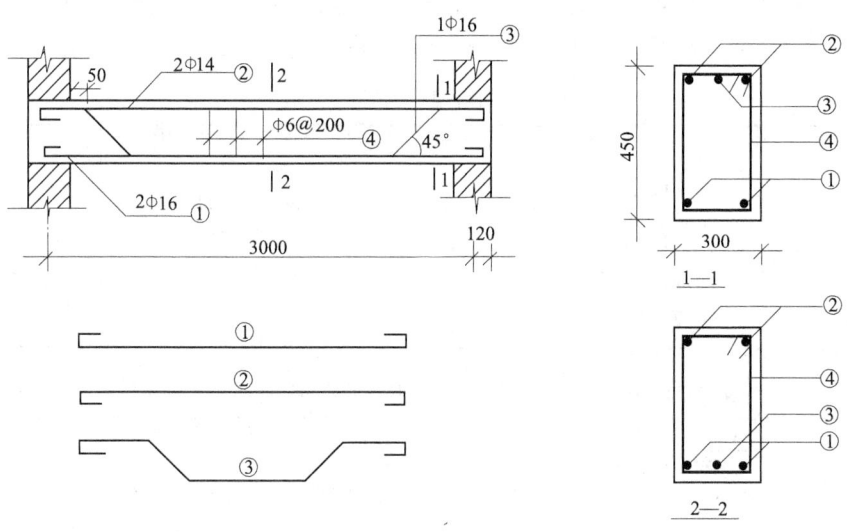

图 5-59 梁配筋示意

解 （1）单根梁内长度及数量计算

① 号筋（ϕ16，2 根）：

$L = (3.0 + 0.12 \times 2 - 0.025 \times 2 + 6.25 \times 0.016 \times 2) \times 2 = 6.78$（m）

② 号筋（ϕ14，2 根）：

$L = (3.0 + 0.12 \times 2 - 0.025 \times 2 + 6.25 \times 0.014 \times 2) \times 2 = 6.73$（m）

③ 号筋（ϕ16，1 根）：

弯起钢筋斜边长度 $s = 1.414 \times (0.45 - 0.025 \times 2) \times 2 = 1.13$（m）

弯起钢筋底边长度 $l = (0.45 - 0.025 \times 2) \times 2 = 0.8$（m）

弯起钢筋增加长度 $s - l = 1.13 - 0.8 = 0.33$（m）

弯起钢筋预算总长 $L = (3.0 + 0.12 \times 2 - 0.025 \times 2) + 0.33 + 6.25 \times 0.016 \times 2 = 3.72$（m）

④ 号筋（ϕ6@200）：

箍筋根数 $= (3.0 + 0.12 \times 2 - 0.025 \times 2)/0.2 + 1 = 17$（根）

单根箍筋周长＝(0.45＋0.3)×2－8×0.025＝1.30 (m)

单根箍筋弯钩增加长度＝11.87×0.006＝0.07 (m)

箍筋预算总长为

$L＝(1.30＋0.07×2)×17＝24.48$ (m)

（2）计算5根矩形梁钢筋预算重量

查表5-15，有

φ16：(6.78＋3.72)×1.58×5≈83 (kg)

φ14：6.73×1.21×5≈41 (kg)

φ6：24.48×0.222×5≈27 (kg)

注： 计算弯起钢筋预算长度时，为简化计算，可不考虑量度差值，但计算钢筋下料长度时，应考虑量度差值。

六、金属结构工程

（一）工程量清单项目设置

金属结构工程清单项目共分7节，包括钢屋架，钢网架、钢托架、钢桁架、钢桥架，钢柱，钢梁，钢板楼板、墙板，钢构件，金属制品。适用于建筑物、构筑物的钢结构工程。其中，钢网架，钢屋架、钢托架、钢桁架、钢桥架项目如表5-21、表5-22所示。

表 5-21　钢网架（编码：010601）

项目编码	项目名称	项目特征	计量单位	工程量计算规则	工作内容
010601001	钢网架	1. 钢材品种、规格 2. 网架节点形式、连接方式 3. 网架跨度、安装高度 4. 探伤要求 5. 防火要求	t	按设计图示尺寸以质量计算。不扣除孔眼的质量，焊条、铆钉、螺栓等不另增加质量	1. 拼装 2. 安装 3. 探伤 4. 补刷油漆

表 5-22　钢屋架、钢托架、钢桁架、钢桥架（编码：010602）

项目编码	项目名称	项目特征	计量单位	工程量计算规则	工作内容
010602001	钢屋架	1. 钢材品种、规格 2. 单榀质量 3. 屋架跨度、安装高度 4. 螺栓种类 5. 探伤要求 6. 防火要求	1. 榀 2. t	1. 以榀计量，按设计图示数量计算 2. 以吨计量，按设计图示尺寸以质量计算。不扣除孔眼的质量，焊条、铆钉、螺栓等不另增加质量	
010602002	钢托架	1. 钢材品种、规格 2. 单榀质量 3. 安装高度 4. 螺栓种类 5. 探伤要求 6. 防火要求	t	按设计图示尺寸以质量计算。不扣除孔眼的质量，焊条、铆钉、螺栓等不另增加质量	1. 拼装 2. 安装 3. 探伤 4. 补刷油漆
010602003	钢桁架				
010602004	钢架桥	1. 桥架类型 2. 钢材品种、规格 3. 单榀质量 4. 安装高度 5. 螺栓种类 6. 探伤要求			

（二）工程量清单计算规则及有关说明

1. 钢网架

工程量均按设计图示尺寸以质量计算，单位：t。不扣除孔眼、切边、切肢的质量，焊条、铆钉、螺栓等不另增加质量。但在报价中应考虑金属构件的切边，不规则及多边形钢板发生的损耗。

2. 钢屋架、钢托架、钢桁架、钢架桥

（1）钢屋架　钢屋架以"榀"计量，按设计图示数量计算；或以"吨"计量：按设计图示尺寸以质量计算。不扣除孔眼的质量，焊条、铆钉、螺栓等不另增加质量。

（2）钢托架、钢桁架、钢架桥　按设计图示尺寸以质量计算，单位：t。不扣除孔眼、切边、切肢的质量，焊条、铆钉、螺栓等不另增加质量，不规则或多边形钢板以其外接矩形面积乘以厚度乘以单位理论质量计算。

（3）钢柱

① 实腹柱、空腹柱，按设计图示尺寸以质量计算，单位：t。不扣除孔眼、切边、切肢的质量，焊条、铆钉、螺栓等不另增加质量，不规则或多边形钢板以其外接矩形面积乘以厚度乘以单位理论质量计算，依附在钢柱上的牛腿及悬臂梁等并入钢柱工程量内。实腹钢柱类型指十字形、T形、L形、H形等；空腹钢柱类型指箱形、格构等。

② 钢管柱，按设计图示尺寸以质量计算，单位：t。不扣除孔眼、切边、切肢的质量，焊条、铆钉、螺栓等不另增加质量，不规则或多边形钢板以其外接矩形面积乘以厚度乘以单位理论质量计算，钢管柱上的节点板、加强环、内衬管、牛腿等并入钢管柱工程量内。

型钢混凝土柱浇筑钢筋混凝土，其混凝土和钢筋应按混凝土及钢筋混凝土工程中相关项目编码列项。

（4）钢梁、钢吊车梁　按设计图示尺寸以质量计算，单位：t。不扣除孔眼、切边、切肢的质量，焊条、铆钉、螺栓等不另增加质量，不规则或多边形钢板以其外接矩形面积乘以厚度乘以单位理论质量计算，制动梁、制动板、制动桁架、车挡并入钢吊车梁工程量内。

型钢混凝土梁浇筑钢筋混凝土，其混凝土和钢筋应按混凝土及钢筋混凝土工程中相关项目编码列项。

（5）压型钢板楼板、墙板

① 压型钢板楼板，按设计图示尺寸以铺设水平投影面积计算，单位：m^2。不扣除单个面积在 $0.3m^2$ 以内柱、垛及孔洞所占面积。

② 压型钢板墙板，按设计图示尺寸以铺挂面积计算，单位：m^2。不扣除单个面积在 $0.3m^2$ 以内的梁、孔洞所占面积，包角、包边、窗台泛水等不另加面积。

（6）钢构件

① 钢支撑、钢拉条、钢檩条、钢天窗架、钢挡风架、钢墙架、钢平台、钢走道、钢梯、钢栏杆、钢支架、零星钢构件，按设计图示尺寸以质量计算，单位：t。不扣除孔眼、切边、切肢的质量，焊条、铆钉、螺栓等不另增加质量，不规则或多边形钢板以其外接矩形面积乘以厚度乘以单位理论质量计算。钢墙架项目包括墙架柱、墙架梁和连接杆件。加工铁件等小型构件，应按零星钢构件项目编码列项。

② 钢漏斗、钢板天沟，按设计图示尺寸以重量计算，单位：t。不扣除孔眼、切边、切肢的质量，焊条、铆钉、螺栓等不另增加质量，依附漏斗的型钢并入漏斗或天沟工程量内。

（7）金属制品

① 成品空调金属百页护栏、成品栅栏、金属网栏，按设计图示尺寸以框外围展开面积

计算，单位：m^2。

② 成品雨篷按设计图示接触边以长度计算，单位：m；或按设计图示尺寸以展开面积计算，单位：m^2。

③ 砌块墙钢丝网加固后浇带金属网按设计图示尺寸以面积计算，单位：m^2。

说明：报价时钢构件的除锈刷漆、需探伤（包括射线探伤、超声波探伤、磁粉探伤、金相探伤、着色探伤、荧光探伤等）都应包括在钢构件报价内。

七、木结构工程

（一）工程量清单项目设置

本部分共分为3节，包括木屋架、木构件、屋面木基层，适用于建筑物、构筑物的木结构工程。表5-23列出了木结构工程部分项目设置的内容。

表 5-23 木结构工程（编码：0107）

项目编码	项目名称	项目特征	计量单位	工程量计算规则	工作内容
010701001	木屋架	1. 跨度 2. 材料品种、规格 3. 刨光要求 4. 拉杆及夹板种类 5. 防护材料种类	1. 榀 2. m^3	1. 以榀计量，按设计图示数量计算 2. 以立方米计量，按设计图示的规格尺寸以体积计算	1. 制作 2. 运输 3. 安装 4. 刷防护材料
010701002	钢木屋架	1. 跨度 2. 木材品种、规格 3. 刨光要求 4. 钢品种、规格 5. 防护材料种类	榀	以榀计量，按设计图示数量计算	
010702001	木柱	1. 构件规格尺寸 2. 木材种类 3. 刨光要求 4. 防护材料种类	m^3	按设计图示尺寸以体积计算	1. 制作 2. 运输 3. 安装 4. 刷防护材料
010702002	木梁				
010702004	木楼梯	1. 楼梯形式 2. 木材种类 3. 刨光要求 4. 防护材料种类	m^2	按设计图示尺寸以水平投影面积计算。不扣除宽度≤300mm的楼梯井，伸入墙内部分不计算	
010702005	其他木构件	1. 构件名称 2. 构件规格尺寸 3. 木材种类 4. 刨光要求 5. 防护材料种类	1. m^3 2. m	1. 以立方米计量，按设计图示尺寸以体积计算 2. 以米计量，按设计图示尺寸以长度计算	
010703001	屋面木基层	1. 椽子断面尺寸及椽距 2. 望板材料种类、厚度 3. 防护材料种类	m^2	按设计图示尺寸以斜面积计算，不扣除房上烟囱、风帽底座、风道、小气窗、斜沟等所占面积。小气窗的出檐部分不增加面积	1. 椽子制作、安装 2. 望板制作、安装 3. 顺水条和挂瓦条制作、安装 4. 刷防护材料

（二）工程量计算规则及有关说明

1. 木屋架

木屋架包括木屋架、钢木屋架（下弦杆为钢结构）两个清单项目，工程量按设计图示数量以"榀"计算；也可以按设计图示的规格尺寸以体积计算。

与木屋架相连接的挑檐木、钢夹板构件、连接螺栓应包括在报价内。钢拉杆（下弦拉杆）、受拉腹杆、钢夹板、连接螺栓应包括在钢木屋架报价内。

2. 木构件

木构件包括木柱、木梁、木檩、木楼梯、其他木构件，工程量计算规则如下。

① 木柱、木梁工程量按设计图示尺寸以体积计算。

② 木檩工程量按设计图示尺寸以体积计算，或按设计图示尺寸以长度计算。

③ 木楼梯工程量按设计图示尺寸以水平投影面积计算不扣除宽度小于 300mm 的楼梯井，伸入墙内部分不计算。木楼梯的栏杆（栏板）、扶手，应按其他装饰工程中的相关项目编码列项。

④ 其他木构件项目工程量按设计图示尺寸以体积或长度计算。

3. 屋面木基层

按设计图示尺寸以斜面积计算，不扣除房上烟囱、风帽底座、风道、小气窗、斜沟等所占面积。小气窗的出檐部分不增加面积。

4. 木结构工程工程量计算及报价注意事项

① 设计规定使用干燥木材时，干燥损耗及干燥费应包括在报价内；木材的出材率以及木结构有防虫要求时，防虫药剂应包括在报价内。

② 带气楼的屋架和马尾、折角以及正交部分的半屋架，应按相关屋架项目编码列项。

③ 楼梯栏杆（栏板）、扶手，应按楼地面装饰装修工程中栏杆（栏板）、扶手项目编码列项。

八、门窗工程

（一）工程量清单项目设置

门窗工程清单项目设置有木门，金属门，金属卷帘（闸）门，厂库房大门、特种门，其他门，木窗，金属窗，门窗套，窗台板，窗帘、窗帘盒、轨共 9 节。各项目编号、名称、特征、工程量计算规则及包含的工作内容详见《计量规范》附录 H，其形式参见表 5-24、表 5-25。

表 5-24　金属门（编码：010802）

项目编码	项目名称	项目特征	计量单位	工程量计算规则	工作内容
010802001	金属（塑钢）门	1. 门代号及洞口尺寸 2. 门框或扇外围尺寸 3. 门框、扇材质 4. 玻璃品种、厚度	1. 樘 2. m²	1. 以樘计量，按设计图示数量计算 2. 以平方米计量，按设计图示洞口尺寸以面积计算	1. 门安装 2. 五金安装 3. 玻璃安装
010802002	彩板门	1. 门代号及洞口尺寸 2. 门框或扇外围尺寸			
010802003	钢质防火门	1. 门代号及洞口尺寸 2. 门框或扇外围尺寸 3. 门框、扇材质			1. 门安装 2. 五金安装
010802004	防盗门				

表 5-25　金属窗（编码：010807）

项目编码	项目名称	项目特征	计量单位	工程量计算规则	工作内容
010807001	金属（塑钢、断桥）窗	1. 窗代号及洞口尺寸 2. 框、扇材质 3. 玻璃品种、厚度	1. 樘 2. m²	1. 以樘计量，按设计图示数量计算 2. 以平方米计量，按设计图示洞口尺寸以面积计算	1. 窗安装 2. 五金、玻璃安装
010807002	金属防火窗				
010807003	金属百叶窗				
010807005	金属格栅窗	1. 窗代号及洞口尺寸 2. 框外围尺寸 3. 框、扇材质			1. 窗安装 2. 五金安装

续表

项目编码	项目名称	项目特征	计量单位	工程量计算规则	工作内容
010807006	金属(塑料、断桥)橱窗	1. 窗代号 2. 框外围展开面积 3. 框、扇材质 4. 玻璃品种、厚度 5. 防护材料种类	1. 樘 2. m²	1. 以樘计量,按设计图示数量计算 2. 以平方米计量,按设计图示尺寸以框外围展开面积计算	1. 窗制作、运输、安装 2. 五金、玻璃安装 3. 刷防护材料
010807007	金属(塑钢、断桥)飘(凸)窗	1. 窗代号 2. 框外围展开面积 3. 框、扇材质 4. 玻璃品种、厚度			1. 窗安装 2. 五金、玻璃安装
010807008	彩板窗	1. 窗代号及洞口尺寸 2. 框外围尺寸 3. 框、扇材质 4. 玻璃品种、厚度		1. 以樘计量,按设计图示数量计算 2. 以平方米计量,按设计图示洞口尺寸或框外围以面积计算	

(二)工程量清单计算规则及有关说明

1. 木门

(1)木质门、木质门带套、木质连窗门、木质防火门 工程量可以按设计图示数量计算,单位:樘;或按设计图示洞口尺寸以面积计算,单位:m²。

木质门应区分镶板木门、企口木板门、实木装饰门、胶合板门、夹板装饰门、木纱门、全玻门(带木质扇框)、木质半玻门(带木质扇框)等项目,分别编码列项。

木门五金应包括:折页、插销、门碰珠、弓背拉手、搭机、木螺丝、弹簧折页(自动门)、管子拉手(自由门、地弹门)、地弹簧(地弹门)、角铁、门轧头(地弹门、自由门)等。木质门带套计量按洞口尺寸以面积计算,不包括门套的面积,但门套应计算在综合单价中。

木门项目特征描述时,当工程量是按图示数量以"樘"计量的,项目特征必须描述洞口尺寸,以"平方米"计量的,项目特征可不描述洞口尺寸。

(2)木门框 木门框以"樘"计量,按设计图示数量计算;以"米"计量,按设计图示框的中心线以延长米计算。木门框项目特征除了描述门代号及洞口尺寸、防护材料的种类,还需描述框截面尺寸。

(3)门锁安装 门锁安装按设计图示数量计算,单位:个或套。

2. 金属门

金属门包括金属(塑钢)门、彩板门、钢质防火门、防盗门,按设计图示数量计算,单位:樘;或按设计图示洞口尺寸以面积计算(无设计图示洞口尺寸,按门框、扇外围以面积计算),单位:m²。

金属门应区分金属平开门、金属推拉门、金属地弹门、全玻门(带金属扇框)、金属半玻门(带扇框)等项目,分别编码列项。

金属门项目特征描述时,当以"樘"计量,项目特征必须描述洞口尺寸,没有洞口尺寸必须描述门框或扇外围尺寸,当以"平方米"计量,项目特征可不描述洞口尺寸及框扇的外围尺寸。

3. 金属卷帘(闸)门

金属卷帘(闸)门项目包括金属卷帘(闸)门、防火卷帘(闸)门,工程量按设计图示数量计算,单位:樘;或按设计图示洞口尺寸以面积计算,单位:m²。以樘计量,项目特征必须描述洞口尺寸，以"平方米"计量，项目特征可不描述洞口尺寸。

4. 厂库房大门、特种门

厂库房大门、特种门项目包括木板大门、钢木大门、全钢板大门、防护铁丝门、金属格栅门、钢质花饰大门、特种门。工程量可以按数量或面积进行计算，当按数量以"樘"为单位计算时，项目特征必须描述洞口尺寸，没有洞口尺寸必须描述门或扇外围尺寸，以"平方米"计量，项目特征可不描述洞口及框、扇的外围尺寸。工程量以"平方米"计量，无设计图示洞口尺寸，按门框、扇外围以面积计算。

特种门应区分冷藏门、冷冻间门、保温门、变电室门、隔声门、防射线门、人防门、金库门等项目，分别编码列项。

① 木板大门、钢木大门、全钢板大门工程量按设计图示数量计量，单位：樘；或按设计图示洞口尺寸以面积计算，单位：m²。

② 防护铁丝门工程量按设计图示数量计算，单位：樘；或按设计图示门框或扇以面积计算，单位：m²。

③ 金属格栅门工程量按设计图示数量计算，单位：樘；或按设计图示洞口尺寸以面积计算，单位：m²。

④ 钢质花饰大门工程量按设计图示数量计算，单位：樘；或按设计图示门框或扇以面积计算，单位：m²。

⑤ 特种门工程量按设计图示数量计算，单位：樘；或按设计图示洞口尺寸以面积计算，单位：m²。

5. 其他门

包括平开电子感应门、旋转门、电子对讲门、电动伸缩门、全玻自由门、镜面不锈钢饰面门、复合材料门。工程量可按数量或面积计算，当按数量以"樘"计量时，项目特征必须描述洞口尺寸，没有洞口尺寸必须描述门框或扇外围尺寸，以"平方米"计量，项目特征可不描述洞口尺寸及框、扇的外围尺寸，工程量以"平方米"计量的，无设计图示洞口尺寸，按门框、扇外围以面积计算。

其他门工程量按设计图示数量计算，单位：樘；或按设计图示洞口尺寸以面积计算，单位：m²。

6. 门窗

包括木质窗、木飘（凸）窗、木橱窗、木纱窗。木质窗应区分木百叶窗、木组合窗、木天窗、木固定窗、木装饰空花窗等项目，分别编码列项。

① 木质窗工程量按设计图示数量计算，单位：樘；或按设计图示洞口尺寸以面积计算，单位：m²。

② 木飘（凸）窗、木橱窗工程量按设计图示数量计算，单位：樘；或按设计图示尺寸以框外围展开面积计算，单位：m²。

③ 木纱窗工程量按设计图示数量计算，单位：樘；或按框的外围尺寸以面积计算，单位：m²。

7. 金属窗

金属窗应区分金属组合窗、防盗窗等项目，分别编码列项。在项目特征描述中，当金属窗工程量以"樘"计量，项目特征必须描述洞口尺寸，没有洞口尺寸必须描述窗框外围尺寸，以"平方米"计量，项目特征可不描述洞口尺寸及框的外围尺寸；对于金属橱窗、飘（凸）窗以樘计量，项目特征必须描述框外围展开面积。在工程量计算时，当以"平方米"

计量，无设计图示洞口尺寸，按窗框外围以面积计算。

① 金属（塑钢、断桥）窗、金属防火窗、金属百叶窗、金属格栅窗工程量按设计图示数量计算，单位：樘；或按设计图示洞口尺寸以面积计算，单位：m²。

② 金属纱窗工程量按设计图示数量计算，单位：樘；或按框的外围尺寸以面积计算，单位：m²。

③ 金属（塑钢、断桥）橱窗、金属（塑钢、断桥）飘（凸）窗工程量按设计图示数量计算，单位：樘；或按设计图示尺寸以框外围展开面积计算，单位：m²。

④ 彩板窗、复合材料窗工程量按设计图示数量计算，单位：樘；或按设计图示洞口尺寸或框外围以面积计算，单位：m²。

8. 门窗套

包括木门窗套、金属门窗套、石材门窗套、门窗木贴脸、硬木筒子板、饰面夹板筒子板。木门窗套适用于单独门窗套的制作、安装。在项目特征描述时，当以"樘"计量时，项目特征必须描述洞口尺寸、门窗套展开宽度；当以"平方米"计量时，项目特征可不描述洞口尺寸、门窗套展开宽度；当以"米"计量时，项目特征必须描述门窗套展开宽度、筒子板及贴脸宽度。

① 木门窗套、木筒子板、饰面夹板筒子板、金属门窗套、石材门窗套、成品木门窗套工程量按设计图示数量计算，单位：樘；或按设计图示尺寸以展开面积计算，单位：m²；或按设计图示中心以延长米计算，单位：m。

② 门窗贴脸工程量按设计图示数量计算，单位：樘；或按设计图示尺寸以延长米计算，单位：m。

9. 窗台板

包括木窗台板、铝塑窗台板、石材窗台板、金属窗台板。按设计图示尺寸以展开面积计算，单位：m²。

10. 窗帘、窗帘盒、轨

在项目特征描述中，当窗帘若是双层，项目特征必须描述每层材质；当窗帘以"米"计量，项目特征必须描述窗帘高度和宽。

① 窗帘工程量按设计图示尺寸以成活后长度计算，单位：m；或按图示尺寸以成活后展开面积计算，单位：m²。

② 木窗帘盒、饰面夹板、塑料窗帘盒、铝合金窗帘盒、窗帘轨。按设计图示尺寸以长度计算，单位：m。

11. 门窗工程工程量计算及报价注意事项

① 门窗框与洞口之间缝的填塞，应包括在门窗项目报价内。

② 实木装饰门项目也适用于竹压板装饰门。

③ 玻璃、百叶面积占其门扇面积一半以内者应为半玻门或半百叶门，超过一半时应为全玻门或全百叶门。

九、屋面及防水工程

（一）工程量清单项目设置

屋面及防水工程清单项目共分为4节，包括瓦、型材及其他屋面，屋面防水及其他，墙面防水防潮，（楼）地面防水、防潮。适用于建筑物屋面工程。表5-26及表5-27列出了屋面及防水的项目，其余清单项目详见《计量规范》。

表 5-26　瓦、型材及其他屋面（编码：010901）

项目编码	项目名称	项目特征	计量单位	工程量计算规则	工作内容
010901001	瓦屋面	1. 瓦品种、规格 2. 黏结层砂浆的配合比	m²	按设计图示尺寸以斜面积计算。不扣除房上烟囱、风帽底座、风道、小气窗、斜沟等所占面积，小气窗出檐部分不增加面积	1. 砂浆制作、运输、摊铺、养护 2. 安瓦、作瓦脊
010901005	膜结构屋面	1. 膜布品种、规格 2. 支柱（网架）钢材品种、规格 3. 钢丝绳品种、规格 4. 锚固基座做法 5. 油漆品种、刷漆遍数		按设计图示尺寸以需要覆盖的水平投影面积计算	1. 膜布热压胶接 2. 支柱（网架）制作、安装 3. 膜布安装 4. 穿钢丝绳、锚头锚固 5. 锚固基座挖土、回填 6. 刷防护材料，油漆

表 5-27　屋面防水及其他（编码：010902）

项目编码	项目名称	项目特征	计量单位	工程量计算规则	工作内容
010902001	屋面卷材防水	1. 卷材品种、规格、厚度 2. 防水层数 3. 防水层做法	m²	按设计图示尺寸以面积计算： 1. 斜屋顶（不包括平屋顶找坡）按斜面积计算，平屋顶按水平投影面积计算 2. 不扣除房上烟囱、风帽底座、风道、屋面小气窗和斜沟所占面积 3. 屋面的女儿墙、伸缩缝和天窗等处的弯起部分，并入屋面工程量内	1. 基层处理 2. 刷底油 3. 铺油毡卷材、接缝
010902002	屋面涂膜防水	1. 防水膜品种 2. 涂膜厚度、遍数 3. 增强材料种类			1. 基层处理 2. 刷基层处理剂 3. 铺布、喷涂防水层
010902003	屋面刚性层	1. 刚性层厚度 2. 混凝土种类 3. 混凝土强度等级 4. 嵌缝材料种类 5. 钢筋规格、型号		按设计图示尺寸以面积计算。不扣除房上烟囱、风帽底座、风道等所占面积	1. 基层处理 2. 混凝土制作、运输、铺筑、养护 3. 钢筋制作安装

（二）工程量清单计算规则及有关说明

1. 瓦、型材屋面

（1）瓦屋面、型材屋面　按设计图示尺寸以斜面积计算，不扣除房上烟囱、风帽底座、风道、小气窗、斜沟等所占面积，小气窗出檐部分不增加面积。

瓦屋面斜面积按屋面水平投影面积乘以屋面坡度系数，以平方米计算。坡度系数可根据屋面坡度的大小确定，见表 5-28 和图 5-60。

表 5-28　屋面坡度系数表

坡度 B(A=1)	坡度 B/2A	角度 θ	延尺系数 C(A=1)	隅延尺系数 D(A=1)	坡度 B(A=1)	坡度 B/2A	角度 θ	延尺系数 C(A=1)	隅延尺系数 D(A=1)
1	1/2	45°	1.1442	1.7320	0.4	1/5	21°48′	1.077	1.4697
0.75		36°52′	1.2500	1.6008	0.35		19°47′	1.0595	1.4569
0.7		35°	1.2207	1.5780	0.3		16°42′	1.0440	1.4457
0.666	1/3	33°40′	1.2015	1.5632	0.25	1/8	14°02′	1.0380	1.4362
0.65		33°01′	1.1927	1.5564	0.2	1/10	11°19′	1.0198	1.4283
0.6		30°58′	1.662	1.5362	0.15		8°32′	1.0112	1.4222
0.577		30°	1.1545	1.5274	0.125	1/16	7°08′	1.0078	1.4197
0.55		28°49′	1.143	1.5174	0.1	1/20	5°42′	1.0050	1.4178
0.5	1/4	26°34′	1.1180	1.5000	0.083	1/24	4°45′	1.0034	1.4166
0.45		24°14′	1.0966	1.4841	0.066	1/30	3°49′	1.0022	1.4158

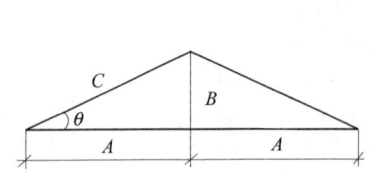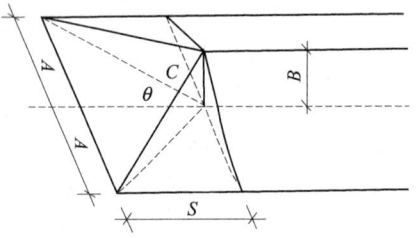

图 5-60 两坡水及四坡水屋面示意

[注：1. 两坡排水屋面面积为屋面水平投影面积乘以延尺系数 C。

2. 四坡排水屋面斜脊长度 $=A \times D$（当 $S=A$ 时）。

3. 沿山墙泛水长度 $=A \times C$]

型材屋面的钢檩条或木檩条以及骨架、螺栓、挂钩等应包括在报价内，即为完成型材屋面实体所需的一切人工、材料、机械费用都应包括在型材屋面报价内。

（2）膜结构屋面　膜结构也称索膜结构，是一种以膜布与支撑（柱、网架等）和拉结构（拉杆、钢丝绳等）组成的屋盖、篷顶结构。工程量按设计图示尺寸以需要覆盖的水平投影面积计算。

支撑和拉固膜布的钢柱、拉杆、金属网架、钢丝绳、锚固的锚头等应包括在报价内。支撑柱的钢筋混凝土的柱基、锚固的钢筋混凝土基础以及地脚螺栓等按混凝土及钢筋混凝土相关项目编码列项。

2. 屋面防水

（1）屋面卷材防水、涂膜防水　屋面卷材防水、涂膜防水，按设计图示尺寸以面积计算。

① 斜屋顶（不包括平屋顶找坡）按斜面积计算，平屋顶按水平投影面积计算。

② 不扣除房上烟囱、风帽底座、风道、屋面小气窗和斜沟所占面积。

③ 屋面的女儿墙、伸缩缝和天窗等处的弯起部分，并入屋面工程量内。

屋面卷材防水及屋面涂膜防水中，屋面的找平层、基层处理（清理修补、刷基层处理剂）、檐沟、天沟、水落口、泛水收头、变形缝等处的卷材附加层、浅色、反射涂料保护层、绿豆沙保护层、细砂、云母及蛭石保护层等应包括在报价内。

（2）屋面刚性防水　按设计图示尺寸以面积计算，不扣除房上烟囱、风帽底座、风道等所占面积。

报价时，刚性防水屋面的分格缝、泛水、变形缝部位的防水卷材、密封材料、背衬材料沥青麻丝等应包括在报价内。

（3）屋面排水管　按设计图示尺寸以长度计算。如设计未标注尺寸，以檐口至设计室外散水上表面垂直距离计算。

屋面排水管的报价，应将排水管、雨水口、算子板、水斗、埋设管卡箍、裁管、接嵌缝等包括在报价内。

（4）屋面天沟、檐沟　工程量按设计图示尺寸以面积计算，铁皮和卷材天沟按展开面积计算。

3. 墙面、楼（地）面防水、防潮

（1）卷材防水、涂膜防水、砂浆防水（潮）　工程量按设计图示尺寸以面积计算。

① 楼（地）面防水，按主墙间净空面积计算，扣除凸出地面的构筑物、设备基础等所占面积，不扣除间壁墙及单个 $0.3 \mathrm{m}^2$ 以内的柱、垛、烟囱和孔洞所占面积。

② 墙基防水，按长度乘以宽度（或高度）计算。乘以宽度，计算的是水平防水；乘以高度，计算的是立面防水。墙基平面防水（潮）外墙长度取外墙中心线长，内墙长度取内墙净长；墙基外墙立面防水（潮）外墙长度取外墙外边线长。

卷材防水、涂膜防水项目适用于基础、楼地面、墙面等部位的防水。卷材防水、涂膜防水中抹找平层、刷基层处理剂、刷胶黏剂、胶黏防水卷材以及特殊处理部位（如管道的通道部位）的嵌缝材料、附加卷材衬垫等应包括在报价内。砂浆防水（防潮）项目适用于地下、基础、楼地面、墙面等部位的防水防潮，报价时，防水、防潮层的外加剂应包括在报价内。

（2）变形缝　按设计图示以长度计算。报价时变形缝止水带的安装、盖板的制作及安装应包括在报价内。

【**例 5-10**】　某工程的平屋面及檐沟做法如图 5-61 所示，试列出屋面及防水工程的工程量清单项目，列出清单编号、项目名称及特征描述，并计算出相应的工程量。

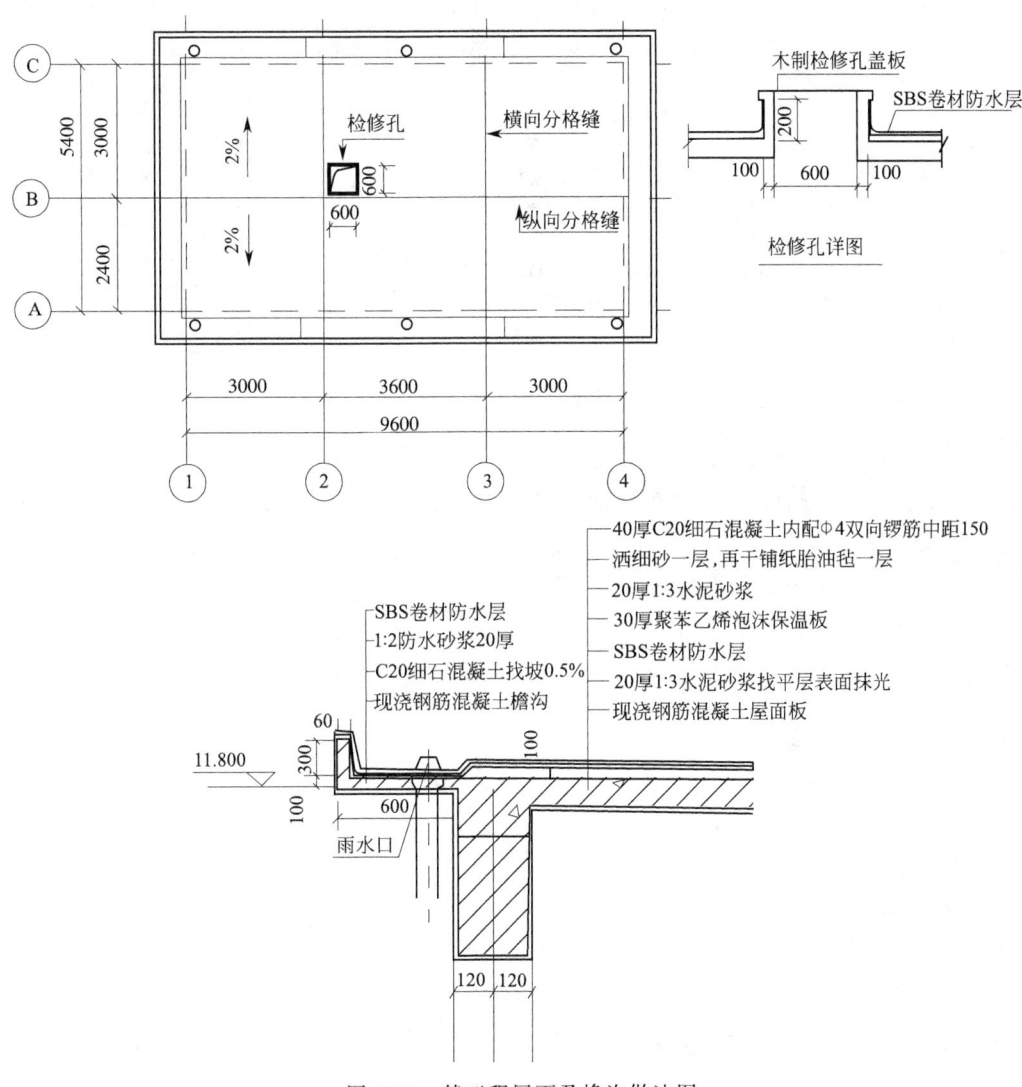

图 5-61　某工程屋面及檐沟做法图

相关知识如下。

(1) 平屋面卷材防水清单工程量按水平投影面积计算，女儿墙、伸缩缝等处弯起部分的面积,并入屋面工程量内。

(2)平屋面刚性防水清单工程量按设计图示尺寸以面积计算,不扣除房上烟囱、风帽底座、风道等所占面积。

(3)屋面排水管按设计图示尺寸以长度计算。如设计未标注尺寸,以檐口至设计室外散水上表面垂直距离计算。

(4)屋面卷材天沟按展开面积计算。

解 根据《计价规范》的规定和图纸内容,将该工程的屋面及防水工程量清单列于表5-29中。

表 5-29　屋面及防水工程量清单项目

序号	项目编码	项目名称	计量单位	工程数量
1	010902001001	屋面卷材防水 1. 卷材品种、规格:SBS 改性沥青卷材,厚 3mm 2. 防水层作法:冷粘 3. 找平层:1∶3 水泥砂浆 20mm 厚,分格,高强 APP 嵌缝膏嵌缝	m²	54.86
2	010902003001	屋面刚性防水 1. 防水层厚度:40mm 2. 嵌缝材料:高强 APP 嵌缝膏嵌缝 3. 混凝土强度等级:C20 细石混凝土 4. 找平层:1∶3 水泥砂浆 20mm 厚,分格,高强 APP 嵌缝膏嵌缝	m²	54.86
3	010902004001	屋面排水管 1. 排水管品种、规格、颜色:白色 D100UPVC 增强塑料管 2. 排水口:D100 带罩铸铁雨水口 3. 雨水口:矩形白色 UPVC 增强塑料雨水斗	m	73.20
4	010902007001	屋面天沟、檐沟 1. 材料品种:SBS 改性沥青卷材,厚 3mm 2. 防水层作法:满粘 3. 找坡:C20 细石混凝土找坡 0.5% 4. 找平层:1∶2 防水砂浆 20mm 厚,不分格	m²	33.68

清单工程量的计算

(1)屋面卷材防水清单工程量

屋面:$(9.60+0.24)\times(5.40+0.24)-0.80\times0.80=54.86$ (m²)

检修孔弯起:$0.80\times4\times0.20=0.64$ (m²)

合计:$S=54.86+0.64=55.5$ (m²)

(2)屋面刚性防水清单工程量

$S=(9.60+0.24)\times(5.40+0.24)-0.80\times0.80=54.86$ (m²)

(3)屋面排水管清单工程量

$L=(11.9+0.30)\times6=73.20$ (m)

(4)屋面天沟、檐沟清单工程量

$S=(9.84+5.64)\times2\times0.1+[(9.84+0.54)+(5.64+0.54)]\times2\times0.54+[(9.84+1.08)+(5.64+1.08)]\times2\times(0.3+0.06)=33.68$ (m²)

十、保温、隔热、防腐工程

(一)工程量清单项目设置

防腐、隔热、保温工程清单项目共有 3 节,包括保温、隔热,防腐面层,其他防腐。适用于工业与民用建筑的基础、地面、墙面防腐,楼地面、墙体、屋盖的保温隔热工程。各项目编号、名称、特征、工程量计算规则及包含的工作内容详见《计量规范》附录 K，其形式参见表 5-30。

表 5-30 保温、隔热（编码：011001）

项目编码	项目名称	项目特征	计量单位	工程量计算规则	工作内容
011001001	保温隔热屋面	1. 保温隔热材料品种、规格、厚度 2. 隔气层材料品种、厚度 3. 黏结材料种类、做法 4. 防护材料种类、做法		按设计图示尺寸以面积计算。扣除面积＞0.3m² 孔洞及占位面积	1. 基层清理 2. 刷黏结材料 3. 铺粘保温层 4. 铺、刷（喷）防护材料
011001002	保温隔热天棚	1. 保温隔热面层材料品种、规格、性能 2. 保温隔热材料品种、规格及厚度 3. 黏结材料种类及做法 4. 防护材料种类及做法	m²	按设计图示尺寸以面积计算。扣除面积＞0.3m² 上柱、垛、孔洞所占面积，与天棚相连的梁按展开面积，计算并入天棚工程量内	
011001003	保温隔热墙面	1. 保温隔热部位 2. 保温隔热方式 3. 踢脚线、勒脚线保温做法 4. 龙骨材料品种、规格 5. 保温隔热面层材料品种、规格、性能 6. 保温隔热材料品种、规格及厚度 7. 增强网及抗裂防水砂浆种类 8. 黏结材料种类及做法 9. 防护材料种类及做法		按设计图示尺寸以面积计算 扣除门窗洞口以及面积＞0.3m² 梁、孔洞所占面积；门窗洞口侧壁需作保温时，并入保温墙体工程量内	1. 基层清理 2. 刷界面剂 3. 安装龙骨 4. 填贴保温材料 5. 保温板安装 6. 粘贴面层 7. 铺设增强格网，抹抗裂、防水砂浆面层 8. 嵌缝 9. 铺、刷（喷）防护材料

（二）工程量清单计算规则及有关说明

1. 保温、隔热工程

（1）保温隔热屋面、保温隔热天棚　按设计图示尺寸以面积计算，扣除面积＞0.3m² 孔洞及占位面积。

屋面保温隔热层上的防水层应按屋面的防水项目单独编码列项。预制隔热板屋面的隔热板与砖墩分别按混凝土及钢筋混凝土工程和砌筑工程相关项目编码列项。屋面保温隔热的找坡、找平层应包括在保温隔热项目的报价内（应在项目特征中描述其找坡、找平材料品种、厚度），如果屋面防水层项目包括找坡、找平，屋面保温隔热不再计算，以免重复。

下贴式如需底层抹灰时，应包括在保温隔热天棚项目报价内。保温隔热材料需加药物防虫剂时，应在清单中进行描述。柱帽保温隔热应并入天棚保温隔热工程量内。保温的面层应包括在天棚保温隔热项目内，面层外的装饰面层按装饰工程相关项目编码列项。

（2）保温隔热墙　按设计图示尺寸以面积计算，扣除门窗洞口以及面积＞0.3m² 梁、孔洞所占面积，门窗洞口侧壁以及与墙相连的柱需做保温时，并入保温墙体工程量内。

外墙外保温和内保温的面层应包括在保温隔热墙项目报价内，其装饰层应按《计量规范》附录 B（装饰工程）有关项目编码列项。外墙内保温的内墙保温踢脚线应包括在保温隔热墙项目报价内。外墙外保温、内保温、内墙保温的基层抹灰或刮腻子应包括在该项目的报价内。

（3）保温柱　按设计图示以保温层中心线展开长度乘以保温层高度计算。

（4）隔热楼地面　按设计图示尺寸以面积计算，扣除面积＞0.3m² 柱、垛、孔洞所占面积。

2. 防腐面层

（1）防腐混凝土（砂浆、胶泥）面层、玻璃钢防腐面层　按设计图示尺寸以面积计算。

① 平面防腐。扣除凸出地面的构筑物、设备基础等以及面积＞0.3m² 柱、垛、孔洞所占面积。

② 立面防腐。扣除门、窗、洞口以及面积＞0.3m² 孔洞、梁所占面积，门、窗、洞口侧壁、垛等突出部分按展开面积并入墙面积内。

说明：因防腐材料不同，带来的价格差异就会很大，因而清单项目中必须列出防腐混凝土、砂浆、胶泥的材料种类，比如水玻璃混凝土、沥青混凝土等。如遇池槽防腐、池底、池壁可合并列项，也可分开分别编码列项。

（2）聚氯乙烯板面层、块料防腐面层　平面、立面防腐同"防腐混凝土面层"。踢脚板防腐按设计图示尺寸以面积计算后，扣除门洞所占面积并相应增加门洞侧壁面积。

3. 其他防腐

（1）隔离层　按设计图示尺寸以面积计算。

① 平面防腐。扣除凸出地面的构筑物、设备基础等以及面积＞0.3m² 柱、垛、孔洞所占面积。

② 立面防腐。扣除门、窗、洞口以及面积＞0.3m² 孔洞、梁所占面积，门、窗、洞口侧壁、垛等突出部分按展开面积并入墙面积内。

（2）砌筑沥青浸渍砖　按设计图示尺寸以体积计算。

（3）防腐涂料　工程量计算同隔离层。

防腐涂料需刮腻子时应包括在防腐涂料项目内，应对涂料底漆层、中间漆层、面漆涂刷（或刮）遍数进行描述。

4. 防腐、隔热、保温工程量计算及报价注意事项

① 工程量计算中，柱帽的保温隔热并入顶棚保温隔热工程量内。池槽的保温隔热，池壁、池底应分别编码列项，池壁应并入墙面保温隔热工程量内，池底应并入地面保温隔热工程量内。

② 防腐工程的养护应包括在报价内，如果防腐工程需酸化处理，酸化处理所需费用应包括在报价内。

十一、楼地面装饰工程

（一）工程量清单项目设置

楼地面装饰工程清单项目有楼地面抹灰，楼地面镶贴，橡塑面层，其他材料面层，踢脚线，楼梯面层，台阶装饰，零星装饰项目 8 节。适用于楼地面、楼梯、台阶等装饰工程。各项目编号、名称、特征、工程量计算规则及包含的工作内容详见《计量规范》附录 L，其形式参见表 5-31。

表 5-31　楼地面抹灰、楼地面镶贴（编码：011101，011102）

项目编码	项目名称	项目特征	计量单位	工程量计算规则	工作内容
011101001	水泥砂浆楼地面	1. 找平层厚度、砂浆配合比 2. 素水泥浆遍数 3. 面层厚度、砂浆配合比 4. 面层做法要求	m²	按设计图示尺寸以面积计算。扣除凸出地面构筑物、设备基础、室内管道、地沟等所占面积，不扣除间壁墙和 0.3m² 以内的柱、垛、附墙烟囱及孔洞所占面积。门洞、空圈、暖气包槽、壁龛的开口部分不增加面积	1. 基层清理 2. 抹找平层 3. 抹面层 4. 材料运输
011101002	现浇水磨石楼地面	1. 找平层厚度、砂浆配合比 2. 面层厚度、水泥石子浆配合比 3. 嵌条材料种类、规格 4. 石子种类、规格、颜色 5. 颜料种类、颜色 6. 图案要求 7. 磨光、酸洗、打蜡要求			1. 基层清理 2. 抹找平层 3. 面层铺设 4. 嵌缝条安装 5. 磨光、酸洗打蜡 6. 材料运输
011102001	石材楼地面	1. 找平层厚度、砂浆配合比 2. 结合层厚度、砂浆配合比 3. 面层材料品种、规格、颜色 4. 嵌缝材料种类 5. 防护层材料种类 6. 酸洗、打蜡要求		按设计图示尺寸以面积计算。门洞、空圈、暖气包槽、壁龛的开口部分并入相应的工程量内	1. 基层清理、抹找平层 2. 抹找平层 3. 面层铺设、磨边 4. 嵌缝 5. 刷防护材料 6. 醋洗、打蜡 7. 材料运输
011102002	碎石材楼地面				
011102003	块料楼地面				

（二）工程量计算规则及有关说明

1. 整体面层及找平层

（1）整体面层　整体面层项目包括水泥砂浆、现浇水磨石、细石混凝土、菱苦土楼地面、自流坪楼地面 5 个清单项目，其清单项目工程量均按设计图示尺寸以面积计算，扣除凸出地面构筑物、设备基础、室内管道、地沟等所占面积，不扣除间壁墙和 0.3m² 以内的柱、垛、附墙烟囱及孔洞所占面积，门洞、空圈、暖气包槽、壁龛的开口部分不增加面积。

（2）平面砂浆找平层　平面砂浆找平层按设计图示尺寸以面积计算。平面砂浆找平层只适用于全做找平层的平面抹灰。楼地面混凝土垫层另按现浇混凝土基础中垫层项目编码列项，除混凝土外的其他材料垫层按砌筑工程中垫层项目编码列项。

2. 块料面层

块料面层包括石材楼地面、碎石材楼地面、块料楼地面 3 个清单项目，工程量按设计图示尺寸以面积计算，门洞、空圈、暖气包槽、壁龛的开口部分并入相应的工程量内。

3. 橡塑面层

橡塑面层包括橡胶板楼地面、橡胶卷材楼地面、塑料板楼地面、塑料卷材楼地面 4 个清单项目，工程量按设计图示尺寸以面积计算，门洞、空圈、暖气包槽、壁龛的开口部分并入相应的工程量内。

4. 其他材料面层

其他材料面层包括地毯楼地面、竹木地板、金属复合地板、防静电活动地板 4 个清单项目，工程量计算同橡塑面层。

5. 踢脚线

踢脚线包括水泥砂浆、石材、块料、塑料板、木质、金属、防静电踢脚线 7 个清单项目，各种踢脚线其工程量均按设计图示长度乘以高度以面积计算，或按延长米计算。

6. 楼梯面层

楼梯装饰包括石材楼梯面层、块料楼梯面层、拼碎块料面层、水泥砂浆楼梯面层、现浇水磨石楼梯面、地毯楼梯面、木板楼梯面、橡胶板楼梯面和塑料板楼梯面层 9 个清单项目，按设计图示尺寸以楼梯（包括踏步、休息平台及 500mm 以内的楼梯井）水平投影面积计算：

① 楼梯与楼地面相连时，算至梯口梁内侧边沿；

② 无梯口梁者，算至最上一层踏步边沿加 300mm。

单跑楼梯不论其中间是否有休息平台，其工程量与双跑楼梯同样计算。楼梯侧面装饰应按"零星装饰项目"编码列项。

7. 台阶装饰

台阶装饰项目包括石材台阶面、块料台阶面、拼碎块料台阶面、水泥砂浆台阶面、现浇水磨石台阶面、剁假石台阶面 6 个清单项目，均按设计图示尺寸以台阶（包括最上一层踏步边沿加 300mm）水平投影面积计算。

台阶面层与平台面层是同一种材料时，平台计算面层后，台阶不再计算最上一层踏步面积，如台阶计算最上一层踏步加 300mm，平台面层中必须扣除该面积。台阶侧面装饰不包括在台阶面层项目内，应按"零星装饰项目"编码列项。

8. 零星装饰项目

零星装饰项目包括石材零星项目、碎拼石材零星项目、块料零星项目、水泥砂浆零星项目，按设计图示尺寸以面积计算。楼梯、台阶侧面装饰，不大于 $0.5m^2$ 少量分散的楼地面装修，应按零星装饰项目编码列项。

【例 5-11】 如图 5-62 所示，列出楼地面工程的工程量清单项目，列出清单编码、项目名称及特征描述，并计算出相应的清单工程量（门安装在墙的中心线上，M1 宽 1200mm，M2 宽 900mm）。

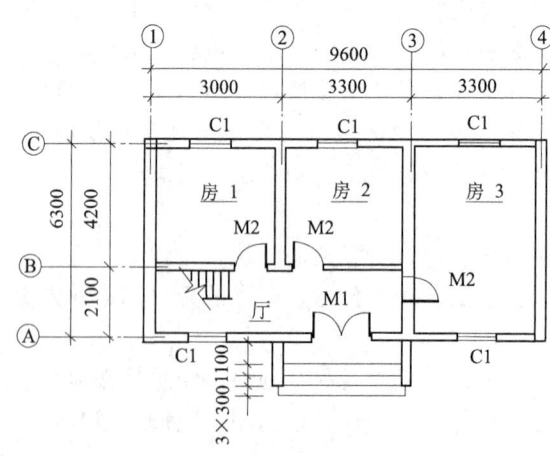

图 5-62　某工程平面图

楼地面做法如下。

底层厅：100 厚 3∶7 灰土、60 厚 C15 混凝土、20 厚 1∶3 水泥砂浆、塑料地板。

底层房 3：100 厚 3∶7 灰土，60 厚 C15 混凝土，25 厚 1∶3 水泥砂浆贴 600×600 地砖。

二层房 3：20 厚水泥砂浆找平、50×70@300 木龙骨、18 厚木地板面层。

三层房 3：40 厚 C20 细石混凝土地面、铺地毯面层。

解 根据《计量规范》的规定和图纸内容，将该工程的楼地面工程量清单列于表 5-32 中。

表 5-32 楼地面工程量清单项目

序号	项目编码	项目名称	计量单位	工程数量
1	011102003001	块料楼地面 1.100 厚 3∶7 灰土 2.60 厚 C15 混凝土 3.25 厚 1∶3 水泥砂浆 4.600×600 地板砖	m²	18.54
2	011103003001	塑料板楼地面 1.100 厚 3∶7 灰土 2.60 厚 C15 混凝土 3.20 厚 1∶3 水泥砂浆 4. 塑料地板	m²	11.74
3	011104001001	地毯楼地面 1.40 厚 C20 细石混凝土地面 2. 地毯	m²	18.65
4	011104002001	木地板楼地面 1.20 厚水泥砂浆找平 2.50×70@300 木龙骨 3.18 厚木地板面层	m²	18.65
5	011105003001	块料踢脚线 1.10 厚 1∶2.5 水泥砂浆 2.150 高地板砖踢脚线	m²	2.64

清单工程量的计算：

（1）底层厅塑料地板工程量

$S=(2.1-0.24)×(6.3-0.24)+0.9×0.12×3+1.2×0.12=11.74（m^2）$

（2）底层房 3 地砖工程量

$S=(3.3-0.24)×(6.3-0.24)=18.54（m^2）$

（3）底层房 3 地砖踢脚线工程量（高 150mm）

$L=[(3.3-0.24)+(6.3-0.24)]×2-0.9+0.12×2=17.58（m）$

$S=L×H=17.58×0.15=2.64（m^2）$

（4）二层房 3 木地板工程量

$S=18.54+0.9×0.12=18.65（m^2）$

（5）三层地毯工程量

$S=18.54+0.9×0.12=18.65（m^2）$

十二、墙、柱面装饰与隔断、幕墙工程

（一）工程量清单项目设置

墙、柱面装饰与隔断、幕墙工程清单项目包括墙面抹灰、柱（梁）面抹灰、零星抹灰、墙面块料面层、柱（梁）面镶贴块料、镶贴零星块料、墙饰面、柱（梁）饰面、幕墙工程、隔断 10 节。各项目编号、名称、特征、工程量计算规则及包含的工作内容详见《计量规范》附录 M，其形式参见表 5-33。

表 5-33　墙面抹灰、墙面块料面层（编码：0112）

项目编码	项目名称	项目特征	计量单位	工程量计算规则	工作内容
011201001	墙面一般抹灰	1. 墙体类型 2. 底层厚度、砂浆配合比 3. 面层厚度、砂浆配合比 4. 装饰面层材料种类 5. 分格缝宽度、材料种类	m²	按设计图示尺寸以面积计算。扣除墙裙、门窗洞口及单个 0.3m² 以外的孔洞面积，不扣除踢脚线、挂镜线和墙与构件交接处的面积，门窗洞口和孔洞的侧壁及顶面不增加面积。附墙柱、梁、垛、烟囱侧壁并入相应的墙面面积内 1. 外墙抹灰面积按外墙垂直投影面积计算 2. 外墙裙抹灰面积按其长度乘以高度计算 3. 内墙抹灰面积按主墙间的净长乘以高度计算 （1）无墙裙的，高度按室内楼地面至天棚底面计算 （2）有墙裙的，高度按墙裙顶至天棚底面计算 4. 内墙裙抹灰面按内墙净长乘以高度计算	1. 基层清理 2. 砂浆制作、运输 3. 底层抹灰 4. 抹面层 5. 抹装饰面 6. 勾分格缝
011201002	墙面装饰抹灰				
011204001	石材墙面	1. 墙体类型 2. 安装方式 3. 面层材料品种、规格、颜色 4. 缝宽、嵌缝材料种类 5. 防护材料种类 6. 磨光、酸洗、打蜡要求		按镶贴表面积计算	1. 基层清理 2. 砂浆制作、运输 3. 黏结层铺贴 4. 面层安装 5. 嵌缝 6. 刷防护材料 7. 磨光、酸洗、打蜡
011204002	拼碎石材墙面				
011204003	块料墙面				

（二）工程量计算规则及有关说明

1. 墙面抹灰

墙面抹灰包括墙面一般抹灰、墙面装饰抹灰、墙面勾缝、立面砂浆找平层 4 个清单项目，工程量计算规则见表 5-33。

2. 柱（梁）面抹灰

包括柱（梁）面一般抹灰、柱（梁）面装饰抹灰、柱（梁）面砂浆找平层、柱面勾缝。按设计图示柱（梁）断面周长乘以高度以面积计算。

柱（梁）面抹石灰砂浆、水泥砂浆、混合砂浆、聚合物水泥砂浆、麻刀石灰浆、石膏灰浆等按本表中柱（梁）面一般抹灰编码列项；柱（梁）面水刷石、斩假石、干黏石、假面砖等按本表中柱（梁）面装饰抹灰项目编码列项。

3. 零星抹灰

墙、柱（梁）面 ≤0.5m² 的少量分散的抹灰按零星抹灰项目编码列项，包括零星项目一般抹灰、零星项目装饰抹灰、零星砂浆找平层。按设计图示尺寸以面积计算。

4. 墙面块料面层

（1）石材、碎拼石材、块料墙面按镶贴表面积计算。

（2）干挂石材钢骨架按设计图示尺寸以质量计算，计量单位：t。

5. 柱（梁）面镶贴块料

① 石材柱（梁）面、块料柱（梁）面、拼碎块柱面，按设计图示尺寸以镶贴表面积计算。

② 柱（梁）面干挂石材的钢骨架按"墙面块料面层"中的"干挂石材钢骨架"列项。

6. 墙饰面

装饰板墙面，按设计图示墙净长乘以净高以面积计算，扣除门窗洞口及单个 $0.3 m^2$ 以上的孔洞所占面积。

7. 柱（梁）饰面

按设计图示饰面外围尺寸（指饰面的表面尺寸）以面积计算，柱帽、柱墩并入相应柱饰面工程量内。

8. 幕墙工程

（1）带骨架幕墙 带骨架幕墙是指玻璃仅作饰面构件，骨架是承力构件的幕墙。工程量按设计图示框外围尺寸以面积计算。

与幕墙同种材质的窗所占面积不扣除，其价格包括在幕墙项目报价内。如窗的材质与幕墙不同，可包括在幕墙报价内，也可单独编码列项，要在清单项目名称栏中进行描述。若门窗包括在隔断项目报价内，则门窗洞口面积不扣除。

（2）全玻幕墙 全玻幕墙同带骨架幕墙区别之处在于：玻璃不仅是饰面构件，还是承受自身荷载和风荷载的承力构件。整个玻璃幕墙是采用通长的大块玻璃组成的玻璃幕墙体系，适宜在首层较开阔的部位采用。工程量按设计图示尺寸以面积计算，带肋全玻璃幕墙按展开面积计算。

9. 隔断

① 木隔断、金属隔断，按设计图示框外围尺寸以面积计算。不扣除单个 $\leqslant 0.3m^2$ 的孔洞所占面积；浴厕门的材质与隔断相同时，门的面积并入隔断面积内。

② 玻璃隔断、塑料隔断，按设计图示框外围尺寸以面积计算。不扣除单个 $\leqslant 0.3m^2$ 的孔洞所占面积。

③ 成品隔断，按设计图示框外围尺寸以面积计算；或按设计间的数量以"间"计算。

十三、天棚工程

（一）工程量清单项目设置

天棚装饰装修工程清单项目有天棚抹灰、天棚吊顶、采光天棚工程、天棚其他装饰 4 节，各项目编号、名称、特征、工程量计算规则及包含的工作内容详见《计量规范》附录 N，其形式参加表 5-34。

表 5-34 天棚工程（编码：0113）

项目编码	项目名称	项目特征	计量单位	工程量计算规则	工作内容
011301001	天棚抹灰	1. 基层类型 2. 抹灰厚度、材料种类 3. 砂浆配合比	m^2	按设计图示尺寸以水平投影面积计算。不扣除间壁墙、垛、柱、附墙烟囱、检查口和管道所占的面积，带梁天棚、梁两侧抹灰面积并入天棚面积内，板式楼梯底面抹灰按斜面积计算,锯齿形楼梯底板抹灰按展开面积计算	1. 基层清理 2. 底层抹灰 3. 抹面层

续表

项目编码	项目名称	项目特征	计量单位	工程量计算规则	工作内容
011302001	吊顶天棚	1. 吊顶形式、吊杆规格、高度 2. 龙骨材料种类、规格、中距 3. 基层材料种类、规格 4. 面层材料品种、规格 5. 压条材料种类、规格 6. 嵌缝材料种类 7. 防护材料种类	m²	按设计图示尺寸以水平投影面积计算。天棚面中的灯槽及跌级、锯齿形、吊挂式、藻井式天棚面积不展开计算。不扣除间壁墙、检查口、附墙烟囱、柱垛和管道所占面积，扣除单个 0.3m² 以外的孔洞、独立柱及天棚相连的窗帘盒所占面积	1. 基层清理 2. 龙骨安装 3. 基层板铺贴 4. 面层铺贴 5. 嵌缝 6. 刷防护材料
011304001	灯带（槽）	1. 灯带形式、尺寸 2. 格栅片材料品种、规格 3. 安装固定方式	m²	按设计图示尺寸以框外围面积计算	安装、固定
011304002	送风口、回风口	1. 风口材料品种、规格 2. 安装固定方式 3. 防护材料种类	个	按设计图示数量计算	1. 安装、固定 2. 刷防护材料

（二）工程量计算规则及有关说明

天棚工程各分项工程计算规则都列在表 5-34 中，此处不再赘述。工程量计算应注意以下事项。

① 天棚抹灰与天棚吊顶工程量计算规则有所不同：天棚抹灰不扣除柱、垛所占面积；天棚吊顶不扣除柱垛所占面积，但应扣除独立柱所占面积。

② 天棚吊顶应扣除与天棚吊顶相连的窗帘盒所占的面积。

③ 天棚的检查孔、天棚内的检修走道、灯槽等应包括在天棚吊顶工程报价内。注意在项目特征中进行描述。

④ 采光天棚和天棚设置保温、隔热层时，按附录 K 保温隔热工程项目编码列项。

【例 5-12】 某工程平、立、剖三面图如图 5-63 所示，室内为 1200mm 高三合板木墙裙、上部为一般抹灰刷乳胶漆墙面，在 2.6m 标高处设吊顶。外墙裙为石材，檐口为水刷石、墙面为面砖贴面，地面为 600×600 地砖，门窗距轴线安装（挑檐板和翻檐厚均为 100mm），屋面防水采用 4mm 厚 SBS 改性沥青卷材，屋面采用 30mm 厚聚苯乙烯挤塑保温板，1∶6 水泥炉渣找坡。试列出有关的工程量清单项目编码及项目名称，并计算相应的清单工程量。

解 根据《计量规范》的规定和图纸内容，将相应的工程清单列于表 5-35 中。

表 5-35 工程清单项目

序号	项目编码	项目名称	计量单位	工程数量
1	010401003001	一砖半实心砖墙	m³	20.46
2	010401012001	砖烟道	m³	0.45
3	010902001001	SBS 改性沥青屋面卷材防水	m²	62.79
4	011001001001	聚苯乙烯挤塑保温隔热屋面	m²	30.70
5	011001001002	保温隔热屋面（1∶6 水泥炉渣找坡层）	m²	51.21
6	011102003001	块料楼地面	m²	22.59
7	011201001001	内墙一般抹灰（刷乳胶漆）	m²	21.90
8	011201002001	外墙装饰抹灰	m²	11.86
9	011204003001	块料墙面（石材外墙裙）	m²	13.46
10	011204003002	块料墙面（外墙面砖）	m²	65.60
11	011207001001	内墙木墙裙饰面	m²	21.69
12	011301001001	天棚抹灰	m²	23.44
13	011302001001	天棚吊顶	m²	22.43

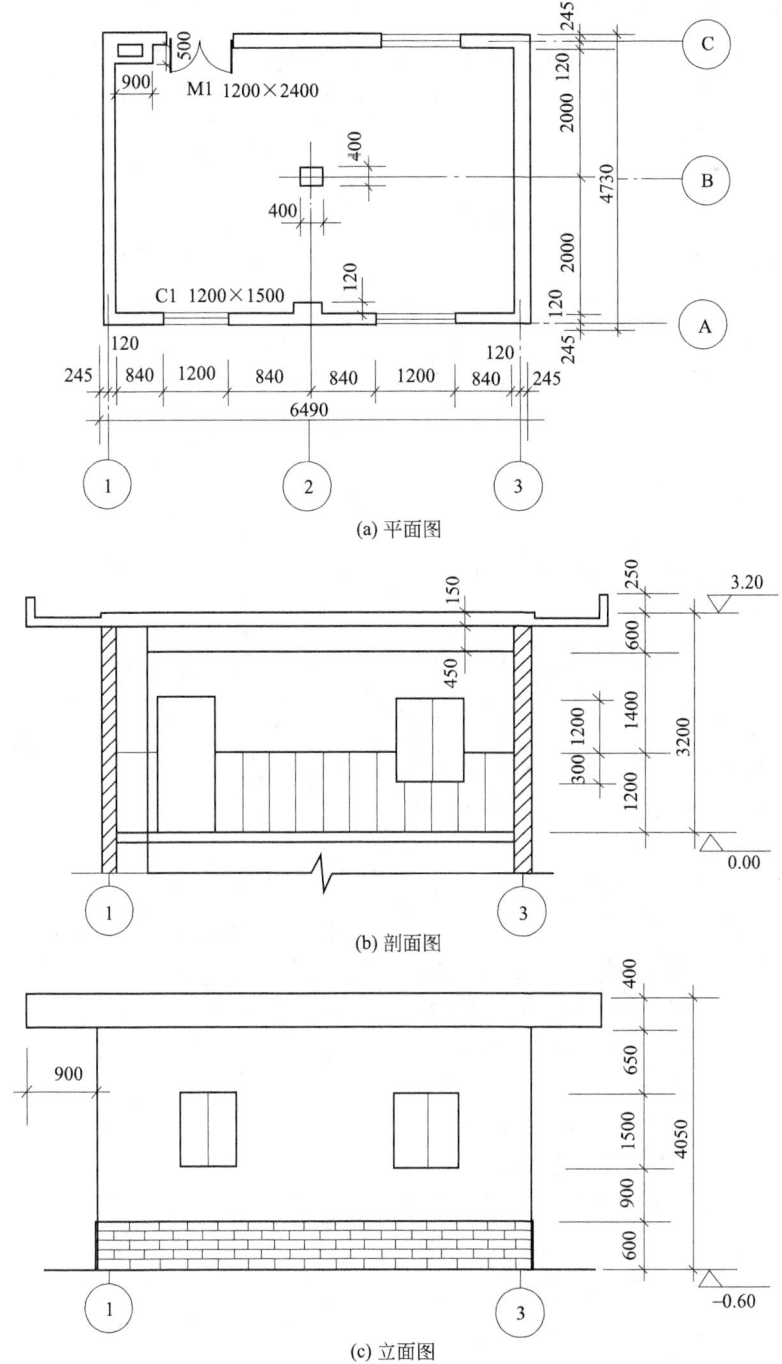

图 5-63　某工程平、立、剖三面图

清单工程量的计算如下。

有关参数：

$L_{外}=(6.49+4.73)\times2=22.44$（m）

$L_{中}=22.44-0.365\times4=20.98$（m）

$S_{底}=6.49\times4.73=30.70$（m²）

$S_{净}=30.70-20.98\times0.365=23.04$（m²）

（1）370 砖外墙工程量

$V=$（长度×高度－门窗洞口面积）×墙厚－混凝土构件体积＋附墙砖垛等

$S=20.98\times(3.2-0.15)-(1.2\times2.4+1.2\times1.5\times3)=63.99-8.28=55.71$（m²）

$V_1=55.71\times0.365=20.33$（m³）

$V_2=0.365\times0.12\times(3.2-0.15)=0.13$（m³）

$V=V_1+V_2=20.33+0.13=20.46$（m³）

（2）砖烟道工程量（120mm 厚）

$V=(0.9+0.5-0.12)\times(3.2-0.15)\times0.115=0.45$（m³）

（3）屋面防水层工程量

$S=$屋面的水平投影面积＋栏板内侧翻起面积

$=S_底+S_挑檐+L\times H$

$=30.70+23.44+(22.44+0.8\times8)\times(0.4-0.1)$

$=30.70+23.44+8.65=62.79$（m²）

（4）屋面保温层工程量

挑檐时：保温层铺设至外墙外皮，即 $S=S_底=30.70\text{m}^2$

（5）屋面找坡层工程量

挑檐时：找坡层铺设至挑檐栏板内侧，即

$S=S_底+S_挑檐=30.70+22.44\times0.8+0.8\times0.8\times4=30.70+20.51=51.21$（m²）

（6）块料楼地面工程量

$S=$底层建筑面积－墙体所占面积－其他应扣除的面积

$S=23.04-0.9\times0.5(烟道)=22.59$（m²）

（7）内墙一般抹灰工程量

$S=$设计净长×墙裙顶面至吊顶标高之差＋垛侧面－门窗洞口面积

$=19.52\times1.4+0.12\times2\times1.4-(1.2\times1.2+1.2\times1.2\times3)=21.90$（m²）

（8）外墙装饰抹灰工程量（挑檐立面水刷石）

$L=[(6.49+0.9\times2)+(4.73+0.9\times2)]\times2=29.64$（m）

$S=L\times H=29.64\times0.4=11.86$（m²）

（9）石材外墙裙工程量

$S=L\times H=22.44\times0.6=13.46$（m²）

（10）外墙面砖工程量（门窗距轴线安装）

$S=$外墙面投影面积－门窗洞口面积＋门窗洞口侧壁面积

$S_1=22.44\times(0.9+1.5+0.65)-(1.2\times2.4+1.2\times1.5\times3)=60.16$（m²）

$S_2=(2.4\times2+1.2)\times0.245+(1.2\times2+1.5\times2)\times0.245\times3=1.47+3.97=5.44$（m²）

$S=S_1+S_2=60.16+5.44=65.60$（m²）

（11）内木墙裙饰面工程量

$S=$设计净长×净高＋垛、门窗侧面积－门窗洞口面积

$L=L_外-8\times0.365=22.44-2.92=19.52$（m）

$S_1=19.52\times1.2+0.12\times1.2\times2=23.71$（m²）

$S_2=0.12\times1.2\times2+0.12\times0.3\times6=0.50$（m²）

$S_3=1.2\times1.2+1.2\times0.3\times3=2.52$（m²）

$S=S_1+S_2-S_3=23.71+0.50-2.52=21.69$（m²）

（12）天棚抹灰工程量

挑檐板底抹灰：

$$S=L_{外}\times 宽+宽\times 宽\times 4$$
$$=22.44\times 0.9+0.9\times 0.9\times 4=23.44（m^2）$$

（13）天棚室内吊顶工程量

$$S=水平投影面积-柱、窗帘盒所占面积$$
$$=22.59-0.4\times 0.4=22.59-0.16=22.43（m^2）$$

十四、油漆、涂料、裱糊工程

（一）工程量清单项目设置

油漆、涂料、裱糊工程清单项目分为8节，包括门油漆、窗油漆、木扶手及其他板条线条油漆、木材面油漆、金属面油漆、抹灰面油漆、喷、刷涂料、裱糊，具体内容参见表5-36。

表5-36　油漆、涂料、裱糊工程（编码：0114）

项目编码	项目名称	项目特征	计量单位	工程量计算规则	工作内容
011401001	木门油漆	1. 门类型 2. 门代号及洞口尺寸 3. 腻子种类 4. 刮腻子遍数 5. 防护材料种类 6. 油漆品种、刷漆遍数	1. 樘 2. m²	1. 以樘计量，按设计图示数量计算 2. 以平方米计量，按设计图示洞口尺寸以面积计算	1. 基层清理 2. 刮腻子 3. 刷防护材料、油漆
011401002	金属门油漆				1. 除锈、基层清理 2. 刮腻子 3. 刷防护材料、油漆
011403001	木扶手油漆	1. 断面尺寸 2. 腻子种类 3. 刮腻子遍数 4. 防护材料种类 5. 油漆品种、刷漆遍数	m	按设计图示尺寸以长度计算	1. 基层清理 2. 刮腻子 3. 刷防护材料、油漆
011403002	窗帘盒油漆				
011404001	木护墙、木墙裙油漆	1. 腻子种类 2. 刮腻子遍数 3. 防护材料种类 4. 油漆品种、刷漆遍数	m²	按设计图示尺寸以面积计算	1. 基层清理 2. 刮腻子 3. 刷防护材料、油漆
011404003	窗台板、筒子板、盖板、门窗套、踢脚线油漆				
011404007	暖气罩油漆				
011404011	衣柜、壁柜油漆			按设计图示尺寸以油漆部分展开面积计算	
011404012	梁柱饰面油漆				
011404014	木地板油漆			按设计图示尺寸以面积计算。空洞、空圈、暖气包槽、壁龛的开口部分并入相应的工程量内	
011404015	木地板烫硬蜡面	1. 硬蜡品种 2. 面层处理要求			1. 基层清理 2. 烫蜡

（二）工程量清单计算规则及有关说明

1. 门油漆

包括木门油漆、金属门油漆，均按设计图示数量计算，计量单位"樘"；或者按设计图示单面洞口面积以 m² 计算。

木门油漆应区分单层木门、双层（一玻一纱）木门、双层一（单裁口）木门、全玻自由门、半玻自由门、装饰门及有框门或无框门等，分别编码列项。金属门油漆应区分平开门、推拉门、钢制防火门等项目，分别编码列项。

2. 窗油漆

包括木窗油漆、金属窗油漆，其工程量计算按设计图示数量或设计图示单面洞口面积计算，单位：樘/m²。木窗油漆应区分单层玻璃窗、双层（一玻一纱）木窗、双层框扇（单裁口）木窗、双层框三层（二玻一纱）木窗、单层组合窗、双层组合窗、木百叶窗、木推拉窗等分别编码列项。金属窗油漆应区分平开窗、推拉窗、固定窗、组合窗、金属格栅窗等项目，分别编码列项。

3. 木扶手及其他板条线条油漆

木扶手及其他板条线条油漆包括木扶手油漆、窗帘盒油漆、封檐板、顺水板油漆、挂衣板、黑板框油漆、挂镜线、窗帘棍、单独木线油漆，按设计图示尺寸以长度计算。木扶手应区分带托板与不带托板，分别编码列项。

4. 木材面油漆

① 木板、纤维板、胶合板油漆、木护墙、木墙裙油漆、窗台板、筒子板、盖板、门窗套、踢脚线油漆、清水板条顶棚，檐口油漆、木方格吊顶天棚油漆、吸声板墙面、天棚面油漆、暖气罩油漆，按设计图示尺寸以面积计算。

② 木间壁、木隔断油漆、玻璃间壁露明墙筋油漆、木栅栏、木栏杆（带扶手）油漆，按设计图示尺寸以单面外围面积计算。

③ 衣柜、壁柜油漆、梁柱饰面油漆、零星木装修油漆，按设计图示尺寸以油漆部分展开面积计算。

④ 木地板油漆、木地板烫硬蜡面等十五个项目，按设计图示尺寸以面积计算，空洞、空圈、暖气包槽、壁龛的开口部分并入相应的工程量内。

5. 金属面油漆

按设计图示尺寸以质量计算，计量单位：t；或者按设计展开面积计算。

6. 抹灰面油漆

① 抹灰面油漆，按设计图示尺寸以面积计算。

② 抹灰线条油漆，按设计图示尺寸以长度计算。

③ 满刮腻子。按设计图示尺寸以面积计算。

7. 喷刷、涂料

① 墙面和天棚喷刷涂料，按设计图示尺寸以面积计算。

② 空花格、栏杆刷涂料，按设计图示尺寸以单面外围面积计算。

③ 线条刷涂料，按设计图示尺寸以长度计算。

④ 金属构件刷防火涂料，按设计图示尺寸以质量计算，计量单位：t；也可按设计展开面积计算。

⑤ 木材构件喷刷防火涂料，按设计图示尺寸以面积计算；也可按设计结构尺寸以体积计算。

8. 裱糊

墙纸裱糊、织锦段裱糊按设计图示尺寸以面积计算。

9. 清单项目工程量计算注意事项

① 楼梯木扶手工程量按中心线斜长计算，弯头长度应计算在扶手长度内。

② 博风板工程量按中心线斜长计算，有大刀头的每个大刀头增加长度50cm。

③ 木板、纤维板、胶合板油漆按设计图示尺寸以面积计算，单面油漆按单面面积计算，双面油漆按双面面积计算。

④ 木护墙、木墙裙油漆按设计图示尺寸以垂直投影面积计算。

⑤ 窗台板、筒子板、盖板、门窗套、踢脚线油漆按设计图示尺寸以水平或垂直投影面积（门窗套的贴脸板和筒子板垂直投影面积合并）计算。

⑥ 清水板条天棚、檐口油漆及木方格吊顶天棚油漆按设计图示尺寸以水平投影面积计算，不扣除空洞面积。

⑦ 吸音板墙面、天棚面油漆按设计图示尺寸以水平或垂直投影面积计算。

⑧ 暖气罩油漆按设计图示尺寸以面积计算，垂直面按垂直投影面积计算，突出墙面的水平面按水平投影面积计算。

⑨ 工程量以面积计算的油漆、涂料项目，线脚、线条、压条等不展开。

十五、其他装饰工程

（一）工程量清单项目设置

其他装饰装修工程清单项目共分为 8 节，包括柜类、货架、装饰线、扶手、栏杆、栏板装饰、暖气罩、浴厕配件、雨篷、旗杆、招牌、灯箱、美术字。各项目编号、名称、特征、工程量计算规则及包含的工作内容详见《计量规范》附录 Q，其形式参加表 5-37。

表 5-37　柜类、货架（编码：011501）

项目编码	项目名称	项目特征	计量单位	工程量计算规则	工作内容
011501001	柜台	1. 台柜规格 2. 材料种类、规格 3. 五金种类、规格 4. 防护材料种类 5. 油漆品种、刷漆遍数	1. 个 2. m 3. m³ 4. m²	1. 以个计量，按设计图示数量计算 2. 以米计量，按设计图示尺寸以延长米计算 3. 以立方米计量，以设计图尺寸按体积计算 4. 以立面立方米计算 5. 桌面投影面积	1. 台柜制作、运输、安装（安放） 2. 刷防护材料、油漆 3. 五金件安装
011501002	酒柜				
011501003	衣柜				
011501004	存包柜				
011501005	鞋柜				
011501006	书柜				

（二）清单项目工程量计算注意事项

（1）台柜工程量以"个"计算，即以能分离的同规格的单体个数计算。柜类、货架中的各清单项目报价内均应包括台柜、台面（架面）、内隔板材料、连接件、配件等。

（2）暖气罩按设计图示尺寸以垂直投影面积（不展开）计算。

（3）洗漱台放置洗面盆的地方必须挖洞，根据洗漱台摆放的位置有些还需选型，产生挖弯、削角，为此洗漱台按设计图示尺寸以台面外接矩形面积计算。挡板指镜面玻璃下边沿至洗漱台面和侧墙与台面接触部位的竖挡板。挡板和吊沿均以面积并入台面面积内计算。

十六、拆除工程

（一）工程量清单项目设置

拆除工程的清单项目共有 15 节，分别为砖砌体拆除，混凝土及钢筋混凝土构件拆除，木构件拆除，抹灰面拆除，块料面层拆除，龙骨及饰面拆除，屋面拆除，铲除油漆涂料裱糊面，栏杆、轻质隔断隔墙拆除，门窗拆除，金属构件拆除，管道及卫生洁具拆除，灯具、玻璃拆除，其他构件拆除，开孔（打洞）。表 5-38 给出了拆除工程部分项目设置的内容。

表 5-38 拆除工程（编码：0116）

项目编码	项目名称	项目特征	计量单位	工程量计算规则	工作内容
011601001	砖砌体拆除	1. 砌体名称 2. 砌体材质 3. 拆除高度 4. 拆除砌体的截面尺寸 5. 砌体表面的附着物种类	1. m³ 2. m	1. 以立方米计量,按拆除的体积计算 2. 以米计量,按拆除的延长米计算	1. 拆除 2. 控制扬尘 3. 清理 4. 建渣场内、外运输
011602001	混凝土构件拆除	1. 构件名称 2. 拆除构件的厚度或规格尺寸 3. 构件表面的附着物种类	1. m³ 2. m² 3. m	1. 以立方米计量,按拆除构件的混凝土体积计算 2. 以平方米计量,按拆除部位的面积计算 3. 以米计量,按拆除部位的延长米计算	
011602002	钢筋混凝土构件拆除				
011604001	平面抹灰层拆除	1. 拆除部位 2. 抹灰层种类	m²	按拆除部位的面积计算	
011605001	平面块料拆除	1. 拆除的基层类型 2. 饰面材料种类		按拆除面积计算	

（二）工程量计算规则及有关说明

① 砖砌体拆除以"m³"计量，按拆除的体积计算；或以"m"计量，按拆除的延长米计算。以"m"为单位计量，如砖地沟、砖明沟等必须描述拆除部位的截面尺寸；以"m³"为单位计量，截面尺寸不必描述。

② 混凝土及钢筋混凝土构件、木构件拆除以"m³"计算，按拆除构件的体积计算；或以"m²"计算，按拆除部位的面积计算；或以"m"计算，按拆除部位的延长米计算。

③ 抹灰面拆除、屋面、隔断横隔墙拆除，均按拆除部位的面积计算，单位：m²。块料面层、龙骨及饰面、玻璃拆除均按拆除面积计算，单位：m²。

④ 铲除油漆涂料裱糊面以"m²"计算，按铲除部位的面积计算；或以"m"计算，按铲除部位的延长米计算。

⑤ 栏板、栏杆拆除以"m²"计量，按拆除部位的面积计算；或以"m"计量，按拆除的延长米计算。

⑥ 门窗拆除包括木门窗和金属门窗拆除，以"m²"计量，按拆除面积计算；以"樘"计量，按拆除樘数计算。

⑦ 金属构件拆除中钢网架以"t"计量，按拆除构件的质量计算，其他（钢梁、钢柱、钢支撑、钢墙架）拆除除按拆除构件质量计算外还可以按拆除延长米计算，以"m"计量。

⑧ 管道拆除以"m"计量，按拆除管道的延长米计算；卫生洁具、灯具拆除以"套（个）"计量，按拆除的数量计算。

⑨ 其他构件拆除中，暖气罩、柜体拆除可以按拆除的个数计量，也可按拆除延长米计算；窗台板、筒子板拆除可以按拆除的块数计算，也可按拆除的延长米计算；窗帘盒、窗帘轨拆除按拆除的延长米计算。

⑩ 开孔（打洞）以"个"为单位，按数量计算。

十七、措施项目

（一）工程量清单项目设置

措施项目的清单项目共有 7 节，分别为脚手架工程，混凝土模板及支架（撑），垂直运输，超高施工增加，大型机械设备进出场及安拆，施工排水、降水，安全文明施工及其他措施项目。其中：脚手架工程包括综合脚手架、外脚手架、里脚手架等 8 个项目；混凝土模板及支架（撑）包括垫层、带形基础、独立基础、矩形柱、构造柱、基础梁、过梁、雨篷、悬挑板、阳台板、台阶、散水、后浇带模板项目 32 个；施工排水、降水包括成井和排水、降水 2 个项目；安全文明施工及其他措施项目包括安全文明施工（含环境保护、文明施工、安全施工、临时设施），夜间施工，非夜间施工照明，二次搬运，冬雨季施工，地上、地下设施、建筑物的临时保护设施，已完工程及设备保护 7 个；表 5-39、表 5-40 选列了部分混凝土模板及支架项目及安全文明施工及其他措施项目设置的内容。

表 5-39　混凝土模板及支架（撑）（编码：011702）

项目编码	项目名称	项目特征	计量单位	工程量计算规则	工作内容
011702001	基础	基础类型	m²	按模板与现浇混凝土构件的接触面积计算 ①现浇钢筋混凝土墙、板单孔面积≤0.3m² 的孔洞不予扣除，洞侧壁模板亦不增加；单孔面积＞0.3m² 时应予扣除，洞侧壁模板面积并入墙、板工程量内计算 ②现浇框架分别按梁、板、柱有关规定计算；附墙柱、暗梁、暗柱并入墙内工程量内计算 ③柱、梁、墙、板相互连接的重叠部分，均不计算模板面积 ④构造柱按图示外露部分计算模板面积	1. 模板制作 2. 模板安装、拆除、整理堆放及场内外运输 3. 清理模板黏结物及模内杂物、刷隔离剂等
011702002	矩形柱				
011702003	构造柱				
011702004	异形柱	柱截面形状			
011702005	基础梁	梁截面形状			
011702006	矩形梁	支撑高度			
011702007	异形梁	1. 梁截面形状 2. 支撑高度			
011702014	有梁板	支撑高度			
011702015	无梁板				
011702016	平板				
011702017	拱板				
011702019	空心板				
011702022	天沟、檐沟	构建类型		按模板与现浇混凝土构件的接触面积计算	
011702023	雨篷、悬挑板、阳台板	1. 构件类型 2. 板厚度		按图示外挑部分尺寸的水平投影面积计算，挑出墙外的悬臂梁及板边不另计算	
011702029	散水	坡度		按模板与散水的接触面积计算	

表 5-40　安全文明施工及其他措施项目（编码 011707）

项目编码	项目名称	工作内容及包含范围
011707001	安全文明施工（含环境保护、文明施工、安全施工、临时设施）	1. 环境保护包含范围：现场施工机械设备降低噪声、防扰民措施费用；水泥和其他易飞扬细颗粒建筑材料密闭存放或采取覆盖措施等费用；工程防扬尘洒水费用；土石方、建渣外运车辆冲洗、防洒漏等费用；现场污染源的控制、生活垃圾清理外运、场地排水排污措施的费用；其他环境保护措施费用 2. 文明施工包含范围："五牌一图"的费用；现场围挡的墙面美化（包括内外粉刷、刷白、标语等）、压顶装饰费用；现场厕所便槽刷白、贴瓷砖，水泥砂浆地面或地砖费用，建筑物内临时便溺设施费用；其他施工现场临时设施的装饰装修、美化措施费用；现场生活卫生设施费用；符合卫生要求的饮水设备、淋浴、消毒等设施费用；生活用洁净燃料费用；防煤气中毒、防蚊虫叮咬等措施费用；施工现场操作场地的硬化费用；现场绿化费用；治安综合治理费用；现场配备医药保健器材、物品费用和急救人员培训费用；用于现场工人的防暑降温费、电风扇、空调等设备及用电费用；其他文明施工措施费用 3. 安全施工包含范围：安全资料、特殊作业专项方案的编制，安全施工标志的购置及安全宣传的费用；"三宝"（安全帽、安全带、安全网）、"四口"（楼梯口、电梯井口、通道口、预留洞口）、"五临边"（阳台围边、楼板围边、屋面围边、槽坑围边、卸料平台两侧），水平防护架、垂直防护架、外架封闭等防护的费用；施工安全用电的费用，包括配电箱三级配电、两级保护装置要求、外电防护措施；起重机、塔吊等起重设备（含井架、门架）及外用电梯的安全防护措施（含警示标志）费用及卸料平台的临时防护、层间安全门、防护棚等设施费用；建筑工地起重机械的检验检测费用；施工机具防护棚及其围栏的安全保护设施费用；施工安全防护通道的费用；工人的安全防护用品、用具购置费用；消防设施与消防器材的配置费用；电气保护、安全照明设施费；其他安全防护措施费用

项目编码	项目名称	工作内容及包含范围
011707001	安全文明施工（含环境保护、文明施工、安全施工、临时设施）	4. 临时设施包含范围：施工现场采用彩色、定型钢板、砖、混凝土砌块等围挡的安砌、维修、拆除费或摊销费；施工现场临时建筑物、构筑物的搭设、维修、拆除或摊销的费用；如临时宿舍、办公室、食堂、厨房、厕所、诊疗所、临时文化福利用房、临时仓库、加工厂、搅拌台、临时简易水塔、水池等。施工现场临时设施的搭设、维修、拆除或摊销的费用。如临时供水管道、临时供电管线、小型临时设施等；施工现场规定范围内临时简易道路铺设，临时排水沟、排水设施安砌、维修、拆除的费用；其他临时设施费搭设、维修、拆除或摊销的费用
011707002	夜间施工	1. 夜间固定照明灯具和临时可移动照明灯具的设置、拆除 2. 夜间施工时，施工现场交通标志、安全标牌、警示灯等的设置、移动、拆除 3. 包括夜间照明设备摊销及照明用电、施工人员夜班补助、夜间施工劳动效率降低等费用
011707003	非夜间施工照明	为保证工程施工正常进行，在如地下室等特殊施工部位施工时所采用的照明设备的安拆、维护、摊销及照明用电等费用
011707004	二次搬运	包括由于施工场地条件限制而发生的材料、成品、半成品等一次运输不能到达堆放地点，必须进行二次或多次搬运的费用
011707005	冬雨季施工	1. 冬雨（风）季施工时增加的临时设施（防寒保温、防雨、防风设施）的搭设、拆除 2. 冬雨（风）季施工时，对砌体、混凝土等采用的特殊加温、保温和养护措施 3. 冬雨（风）季施工时，施工现场的防滑处理、对影响施工的雨雪的清除 4. 包括冬雨（风）季施工时增加的临时设施的摊销、施工人员的劳动保护用品、冬雨（风）季施工劳动效率降低等费用
011707006	地上、地下设施、建筑物的临时保护设施	在工程施工过程中，对已建成的地上、地下设施和建筑物进行的遮盖、封闭、隔离等必要保护措施所发生的费用
011707007	已完工程及设备保护	对已完工程及设备采取的覆盖、包裹、封闭、隔离等必要保护措施所发生的费用

（二）工程量计算规则及有关说明

《计量规范》中给出了脚手架、混凝土模板及支架、垂直运输、超高施工增加、大型机械设备进出场及安拆、施工降水及排水、安全文明施工及其他措施项目的计算规则或应包含范围。除安全文明施工及其他措施项目外，前6项都详细列出了项目编码、项目名称、项目特征、工程量计算规则、工作内容，其清单的编制与分部分项工程一致。

1. 脚手架

① 综合脚手架，按建筑面积计算，单位：m^2。用综合脚手架时，不再使用外脚手架、里脚手架等单项脚手架；综合脚手架适用于能够按"建筑面积计算规则"计算建筑面积的建筑工程脚手架，不适用于房屋加层、构筑物及附属工程脚手架。综合脚手架项目特征包括建设结构形式、檐口高度，同一建筑物有不同的檐高时，按建筑物竖向切面分别按不同檐高编列清单项目。脚手架的材质可以不作为项目特征内容，但需要注明由投标人根据工程实际情况按照有关规范自行确定。

② 外脚手架、里脚手架、整体提升架、外装饰吊篮，按所服务对象的垂直投影面积计算，单位：m^2。整体提升架包括2m高的防护架体设施。

③ 悬空脚手架、满堂脚手架，按搭设的水平投影面积计算，单位：m^2。

④ 挑脚手架，按搭设长度乘以搭设层数以延长米计算，单位：m。

2. 混凝土模板及支架

混凝土模板及支撑（架）项目，只适用于以"平方米"计量，按模板与混凝土构件的接触面积计算，采用清水模板时应在项目特征中说明。以"立方米"计量的模板及支撑（架），按混凝土及钢筋混凝土实体项目执行，其综合单价应包括模板及支撑（架）。以下仅规定了按接触面积计算的规则与方法。

① 混凝土基础、柱、墙板等主要构件模板及支架工程量按模板与现浇混凝土构件的接触面积计算，单位：m^2。原槽浇灌的混凝土基础不计算模板工程量。若现浇混凝土梁、板支撑高度超过 3.6m 时，项目特征应描述支撑高度。

a. 现浇钢筋混凝土墙、板单孔面积≤$0.3m^2$ 的孔洞不予扣除，洞侧壁模板亦不增加；单孔面积＞$0.3m^2$ 时应予扣除，洞侧壁模板面积并入墙、板工程量内计算。

b. 现浇框架分别按梁、板、柱有关规定计算；附墙柱、暗梁、暗柱并入墙内工程量内计算。

c. 柱、梁、墙、板相互连接的重叠部分，均不计算模板面积。

d. 构造柱按图示外露部分计算模板面积。

② 天沟、檐沟、电缆沟、地沟，散水、扶手、后浇带、化粪池、检查井按模板与现浇混凝土构件的接触面积计算。

③ 雨篷、悬挑板、阳台板，按图示外挑部分尺寸的水平投影面积计算，挑出墙外的悬臂梁及板边不另计算。

④ 楼梯，按楼梯（包括休息平台、平台梁、斜梁和楼层板的连接梁）的水平投影面积计算，不扣除宽度≤500mm 的楼梯井所占面积，楼梯踏步、踏步板、平台梁等侧面模板不另计算，伸入墙内部分亦不增加。

3. 垂直运输

垂直运输指施工工程在合理工期内所需垂直运输机械。垂直运输可按建筑面积计算也可以按施工工期日历天数计算，单位：m^2 或天。

项目特征包括建筑物建筑类型及结构形式、地下室建筑面积、建筑物檐口高度及层数。其中建筑物的檐口高度是指设计室外地坪至檐口滴水的高度（平屋顶系指屋面板底高度），突出主体建筑物屋顶的电梯机房、楼梯出口间、水箱间、瞭望塔、排烟机房等不计入檐口高度。同一建筑物有不同檐高时，按建筑物的不同檐高做纵向分割，分别计算建筑面积，以不同檐高分别编码列项。

4. 超高施工增加

单层建筑物檐口高度超过 20m，多层建筑物超过 6 层时（不包括地下室层数），可按超高部分的建筑面积计算超高施工增加。其工程量计算按建筑物超高部分的建筑面积计算，单位：m^2。同一建筑物有不同檐高时，可按不同高度的建筑面积分别计算建筑面积，以不同檐高分别编码列项。

其工作内容包括：①由超高引起的人工工效降低以及由于人工工效降低引起的机械降效；②高层施工用水加压水泵的安装、拆除及工作台班；③通信联络设备的使用及摊销。

5. 大型机械设备进出场及安拆

安拆费包括施工机械、设备在现场进行安装拆卸所需人工、材料、机械和试运转费用以及机械辅助设施的折旧、搭设、拆除等费用；进出场费包括施工机械、设备整体或分体自停放地点运至施工现场或由一施工地点运至另一施工地点所发生的运输、装卸、辅助材料等费用。工程量按使用机械设备的数量计算，单位：台次。

6. 施工排水、降水

① 成井，按设计图示尺寸以钻孔深度计算，单位：m。

② 排水、降水，按照排、降水日历天数计算，单位：昼夜。

7. 安全文明施工及其他措施项目

安全文明施工及其他措施项目所包含的具体措施项目、工作内容及包含内容详见表 5-40。该部分措施项目费用的发生与使用时间、施工方法或者两个以上的工序相关，并大都与实际完成的实体工程量的大小关系不大，属于不能计算工程量的措施项目，以"项"为单位进行编制。在实际应用中，应根据工程实际情况计算措施项目费用，需分摊的应合理计算摊销费用。

第四节　定额计量规则

一、土石方工程

1. 平整场地

人工平整场地是指建筑场地挖、填土方厚度在±30cm 以内及找平。当挖、填土方厚度超过±30cm 以外时，按场地土方平衡竖向布置图另行计算。

平整场地工程量按建筑物外墙外边线每边各加 2m，以平方米计算，该计算规则与清单不同。施工现场已按竖向布置进行土方开挖、填、找平的工程和大开挖工程、道路及室外沟管道不得计算场地平整。

2. 人工挖桩孔土方

人工挖桩孔土方工程量按图示桩断面积乘以设计桩孔中心线深度计算。施工中，挖孔桩的底部一般是球冠体，其体积计算按球冠体公式计算。

3. 人工挖沟槽、地坑、土方

人工挖沟槽、地坑、土方等，按设计要求尺寸以立方米计算。根据施工方案要求的放坡、支挡土板、预留工作面等增加的施工工程量也要计算在内。放坡、工作面等规定见第三节。

4. 土方回填工程量

土方回填体积以挖方体积减去设计室外地坪以下埋设的砌筑物（基础垫层、基础等）体积计算。管道沟槽回填，管径在 500mm 以下的不扣除管道所占体积；管径超过 500mm 以上时按规定扣除管道所占体积计算。

5. 房心回填土

房心回填土指室内地坪结构层以下不够设计标高而回填的土方。房心回填土工程量按主墙（承重墙或厚度在 150mm 以上的墙）之间的净面积乘以填土平均厚度计算，不扣除附墙垛、柱、附墙烟囱所占体积。

6. 钻探及回填孔

钻探及回填孔，按建筑物底层外边线每边各加 3m 以"m^2"计算。设计要求放宽者按设计要求计算。

7. 余土或取土工程量

余土或取土工程量，可按下式计算：

$$余土外运体积(m^3) = 挖土总体积 - 回填土总体积$$

上式计算结果为正值时，为余土外运体积；负值时，为需取土体积。

【例 5-13】 某单位传达室基础平面图及基础详图见本章第三节【例 5-1】中图 5-32，土壤为三类土、干土，场内运土 150m，计算人工挖地槽工程量。

相关知识如下。

(1) 挖土深度从设计室外地坪至垫层底面，三类土，挖土深度超过 1.5m，按放坡系数表取值，1∶0.33 放坡。

(2) 垫层需支模板，工作面从垫层边至槽边，按工作面宽度计算表取值，300mm。

(3) 地槽长度：外墙按基础中心线长度计算，内墙按扣去基础宽和工作面后的净长线计算，放坡增加的宽度不扣。

解　工程量计算如下。

(1) 挖土深度：1.90－0.30＝1.60（m）

(2) 槽底宽度：(加工作面)
1.20＋0.30×2＝1.80（m）

(3) 槽上口宽度：(加放坡长度)
放坡长度＝1.60×0.33＝0.53（m）
1.80＋0.53×2＝2.86（m）

(4) 地槽长度：外(9.0＋5.0)×2＝28.0（m）
　　　　　　　内(5.0－1.80)×2＝6.40（m）

(5) 挖地槽体积：1.60×(1.80＋2.86)×1/2×(28.0＋6.40)＝128.24（m³）

(6) 挖出土场内运输：128.24m³

将此例与【例 5-1】比较，可见挖土的清单工程量与定额工程量计算规则有很大的不同。

二、桩基工程

1. 打预制钢筋混凝土桩

打预制钢筋混凝土桩的工程量，按设计桩长（包括桩尖长度）乘以桩截面面积，以立方米计算。管桩则应扣除空心体积。

2. 送桩

打预制桩需送桩，送桩长度从柱顶面标高至自然地坪另加 500mm，乘以桩身截面面积，以立方米计算。

3. 接桩

打预制桩需接桩时，接桩的方法有电焊接桩，硫磺胶泥接桩，法兰盘接桩等。接桩工程量计算规则：电焊接桩按设计接头，以"个"计算；硫黄胶泥接桩按桩断面以"m²"计算。

4. 灌注桩

常见的灌注桩有打孔灌注桩、钻孔灌注桩、挖孔灌注桩、套管成孔灌注桩和爆扩成孔灌注桩等多种。

(1) 打孔灌注桩工程量　混凝土桩、砂桩、碎石桩的体积，按设计规定的桩长加桩尖长度乘以钢管管箍外径截面面积计算；扩大桩的体积按单桩体积乘以次数计算。

走管式打桩机成孔后，先埋入预制混凝土桩尖，再灌注混凝土者，桩尖按钢筋混凝土有关章节另行计算。

(2) 钻孔灌注桩工程量　钻孔灌注桩工程量以设计桩长（含桩尖）增加 0.5m 乘以断面面积计算。

(3) 钢筋笼安放工程量　灌注混凝土桩的钢筋笼制作依设计规定，按钢筋混凝土章节相应项目以"吨"计算。

5. 凿桩头

凿灌注混凝土桩头按立方米计算，凿、截断预制桩以根计算。

【例 5-14】 某工程桩基础为现场预制混凝土方桩，见本章第三节【例 5-2】中图 5-33 所示，C30 商品混凝土，室外地坪标高 -0.3m，桩顶标高 -1.80m，桩计 150 根，计算与打桩有关的工程量。

相关知识如下。

(1) 设计桩长包括桩尖，不扣除桩尖虚体积。

(2) 送桩长度从桩顶面到自然地面另加 500mm。

(3) 桩的制作混凝土按设计桩长乘以桩身截面积计算，钢筋按设计图纸和规范要求计算在钢筋工程内，模板按接触面积计算在措施项目内。

解 工程量计算如下。

(1) 打桩：桩长＝桩身＋桩尖＝8.0＋0.40＝8.40（m）

$0.30×0.30×8.40×150＝113.40$（m³）

(2) 送桩：长度＝1.50＋0.50＝2.0（m）

$0.30×0.30×2.0×150＝27.0$（m³）

(3) 凿桩头：150 根

将本例与【例 5-2】对比，可见桩基工程的清单工程量与定额工程量也有很大的区别。在进行清单计价时，本例中打桩、送桩、凿桩头几项内容都应体现在报价中。

三、砌筑工程

1. 砖基础

同清单计算规则。

2. 砖墙

砖墙定额工程量同实心砖墙清单项目计算规则基本一致，只有墙的高度计算中内墙高度的计算稍有区别：清单计算规则中，内墙有钢筋混凝土楼板隔层者高度算至板顶；定额计算规则中，算至板底。

3. 其他砖墙工程量的计算

① 砖砌地下室外墙、内墙均按相应内墙定额计算；

② 各种砌块墙按图示尺寸计算，砌块内的空心体积不扣除，砌体中设计有钢筋砖过梁时，按小型砌体定额计算；

③ 墙基防潮层按墙基顶面水平宽度乘以长度，以平方米计算。

【例 5-15】 某单位传达室基础平面图及基础详图见本章第三节【例 5-1】中图 5-32，室内地坪 $±0.00\text{m}$，防潮层 -0.06m，防潮层以下用 M10 水泥砂浆砌标准砖基础，防潮层以上为多孔砖墙身。计算砖基础、防潮层的工程量。

相关知识如下。

(1) 基础与墙身的划分，砖基础计算规则均与清单计算规则一致，同【例 5-3】。

(2) 防潮层需单独计算工程量。

解 工程量计算如下。

(1) 外墙基础长度：(9.0＋5.0)×2＝28.0（m）

内墙基础长度：(5.0－0.24)×2＝9.52（m）

(2) 基础高度：1.30＋0.30－0.06＝1.54（m）

大放脚折加高度：等高式，240 厚墙，2 层，双面，查表为 0.197m

(3) 砖基础体积：0.24×(1.54＋0.197)×(28.0＋9.52)＝15.64（m³）

(4) 防潮层面积：0.24×(28.0＋9.52)＝9.0（m²）

【例5-16】　某单位传达室平面图、剖面图、墙身大样图见本章第三节【例5-4】中图5-36所示，构造柱240mm×240mm，有马牙槎与墙嵌接，圈梁240mm×300mm，屋面板厚100mm，门窗上口无圈梁处设置过梁厚120mm，过梁长度为洞口尺寸两边各加250mm，窗台板厚60mm，长度为窗洞口尺寸两边各加60mm，窗两侧有60mm宽砖砌窗套，砌体材料为KP1多孔砖，女儿墙为标准砖，计算墙体工程量。

相关知识如下。

(1) 计算规则与清单基本一致，扣除嵌入墙身的柱、梁、门窗洞口，突出墙面的窗套不增加。

(2) 墙的高度计算：平屋（楼）面，外墙算至板底同清单计算规则，内墙亦算至板底（清单算至板顶）。

解　工程量计算如下。

(1) 一砖墙

① 墙长度：外(9.0＋5.0)×2＝28.0（m）

内(5.0－0.24)×2＝9.52（m）

② 墙高度：（扣圈梁、屋面板厚度，加防潮层至室内地坪高度）

2.80－0.30＋0.06＝2.56（m）

③ 外墙体积：外0.24×2.56×28.0＝17.20（m³）

减构造柱、窗台板、门窗洞

外墙体积：11.47m³

④ 内墙体积：内0.24×2.56×9.52＝5.85（m³）

减构造柱、过梁、门洞

内墙体积：4.79m³

⑤ 一砖墙合计：11.47＋4.79＝16.26（m³）

(2) 半砖墙

① 内墙长度：3.0－0.24＝2.76（m）

② 墙高度：2.80－0.10＝2.70（m）

③ 体积：0.115×2.70×2.76＝0.86（m³）

减过梁、门洞

④ 半砖墙合计：0.62m³

(3) 女儿墙

① 墙长度：(9.0＋5.0)×2＝28.0（m）

② 墙高度：0.30－0.06＝0.24（m）

③ 体积：0.24×0.24×28.0＝1.61（m³）

将本例与【例5-4】对比，可见砖墙工程量计算清单与定额基本一致，只有平屋（楼）面时，内墙墙高计算上有区别，清单算至板顶，而定额则算至板底。

四、混凝土及钢筋混凝土工程

在《全国统一建筑工程基础定额》中，混凝土及钢筋混凝土工程分为混凝土、钢筋及模板这三部分内容，是分别计算工程量及执行各自定额，工程量计算方法如下。

(一) 混凝土工程

1. 现浇混凝土工程

现浇混凝土工程量除另有规定者外，均按图示尺寸实体体积以立方米计算。不扣除构件内钢筋、预埋铁件及墙、板中 $0.3m^2$ 内的孔洞所占体积。计算规则同清单基本一致。

（1）现浇混凝土基础　梁高与梁宽之比在 $4:1$ 以内的，按有梁式带形基础计算；超过 $4:1$ 时，其基础底按无梁式带形基础计算，上部按墙计算。

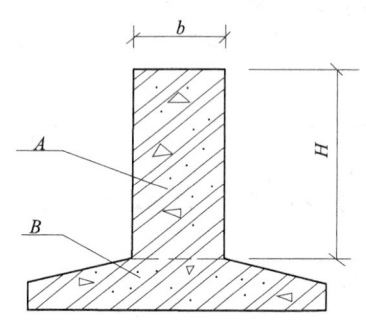

图 5-64　有梁式带形混凝土基础示意

如图 5-64 所示，当 $H:b$ 在 $4:1$ 以内时，A、B 体积合并一起按有梁式带形基础计算；当 $H:b$ 超过 $4:1$ 时，B 部分基础底按无梁式带形基础计算，A 部分按墙计算。

其余基础同清单。

（2）现浇混凝土柱、梁、板、墙　工程量计算同清单。

（3）现浇整体楼梯　现浇钢筋混凝土整体楼梯工程量按水平投影面积计算，不扣除宽度小于 500mm 的楼梯井的面积，伸入墙内部分面积也不另增加。执行混凝土定额子目时，将水平投影面积乘以单位投影面积混凝土含量系数求得混凝土的含量。

（4）现浇阳台、雨篷（悬挑板）　现浇阳台、雨篷工程量按伸出墙外的水平投影面积计算，伸出墙外的牛腿不另计算。这与清单计算规则不同，清单是按体积计算。执行混凝土定额子目时，水平投影面积乘以单位投影面积混凝土含量系数求得混凝土的含量。阳台上的栏杆、栏板应另列项目计算。

（5）栏杆、栏板　现浇钢筋混凝土栏杆的工程量按栏杆净长度以延长米计算，伸入墙内的长度已综合在定额内。钢筋混凝土栏板以立方米计算，伸入墙内的栏板，合并计算。

（6）其他现浇混凝土构件　其他现浇混凝土构件，如挑檐、天沟、压顶、暖气沟、电缆沟、台阶、小型池槽及其他小型构件（每件体积在 $0.05m^3$ 以内），其混凝土工程量按按图示尺寸的实体体积以立方米计算，执行各自相应的定额项目。

2. 预制混凝土工程

预制混凝土工程量，按以下规定计算。

① 一般预制构件混凝土工程量，应区别构件类别分别列项，如桩、柱、梁、屋架、板、楼梯、雨篷、阳台等，均按图示尺寸实体积以立方米计算，不扣除构件内钢筋、铁件、后张法预应力钢筋灌浆孔及板内小于 300mm×300mm 孔洞所占的体积，但空心构件（如空心板）应扣除空心体积。

② 预制桩按桩全长（包括桩尖）乘以桩断面面积（不扣除桩尖虚体积），以立方米计算，空心桩应扣除空心体积。

③ 混凝土与钢杆件组合的构件（如预制柱上有钢牛腿），混凝土按构件实体体积以立方米计算，钢杆件按吨计算，分别套相应的定额项目。

④ 清单计价模式下，在对各类预制混凝土构件进行报价时，其混凝土工程量计算应考虑预制构件的损耗，详见本节后面"构件运输及安装工程"部分。

（二）钢筋工程

① 现浇构件中钢筋工程量计算同清单工程量；

② 清单计价模式下，在对各类预制构件中的钢筋分项进行报价时，其钢筋工程量计算应在清单工程量的基础上再考虑损耗，损耗系数同各预制构件混凝土工程量计算时相应的损耗系数。

（三）模板工程

2013 版《计价规范》中，混凝土模板及支撑分两种情况：措施项目中的混凝土模板及支撑（支架）项目，只适用于以平方米计量，按模板与混凝土构件的接触面积计算；以立方米计量的混凝土模板及支撑（支架），按混凝土及钢筋混凝土实体项目执行，其综合单价中应包含模板及支撑（支架）。

模板工程包括模板和支撑两部分。工程量的计算可分为现浇混凝土及钢筋混凝土模板计算、预制钢筋混凝土构件模板计算、构筑物模板计算三部分。

1. 现浇混凝土及钢筋混凝土模板

现浇混凝土及钢筋混凝土模板工程量，按以下规定计算。

① 一般现浇构件，如基础、柱、梁、墙、板、挑檐、栏板等，其模板工程量应按不同构件类别，并区别模板的不同材质（组合钢模板、复合木模板、木模板等）分别列项，均按混凝土与模板接触面的面积，以平方米计算。也有部分省份的地区定额以混凝土实体体积计算（陕西 2004 年消耗量定额即是如此）。

② 现浇钢筋混凝土柱、梁、板、墙的支模高度（即室外地坪至板底或板面至上一层板底之间的高度）以 3.6m 以内为准，超过 3.6m 以上部分，每超过 1m 另计算一次增加支撑工程量。

③ 现浇钢筋混凝土墙、板上单孔面积在 0.3m^2 以内的孔洞面积，不予扣除，洞侧壁模板亦不增加；单孔面积在 0.3m^2 以外时，应予扣除，洞侧壁模板面积并入墙、板模板工程量之内计算。

④ 砌体结构墙体中的构造柱，其外露面均应按图示外露部分计算模板面积，构造柱与墙接触面不计算模板面积。

⑤ 现浇钢筋混凝土框架，分别按梁、板、柱、墙有关规定计算，附墙柱，并入墙内工程量计算。

⑥ 杯形基础杯口高度大于杯口大边长度的套高杯基础定额项目。

⑦ 现浇钢筋混凝土悬挑板（雨篷、阳台）按图示外挑部分尺寸的水平投影面积计算。挑出墙外的牛腿梁及板边模板不另计算。

⑧ 现浇钢筋混凝土楼梯模板，以图示露明面尺寸的水平投影面积计算，不扣除小于 500mm 楼梯井所占面积。楼梯的踏步、踏步板平台梁等侧面模板，不另计算。

⑨ 混凝土台阶不包括梯带，按图示台阶尺寸的水平投影面积计算，台阶端头两侧不另计算模板面积。

⑩ 现浇混凝土小型池槽按构件外围体积计算，池槽内、外侧及底部的模板不应另计算。

2. 预制钢筋混凝土构件模板

预制钢筋混凝土构件模板工程量，按以下规定计算。

① 预制钢筋混凝土模板工程量，除另有规定者外均按混凝土实体体积以立方米计算。

② 预制小型池槽按池槽外围体积以立方米计算。

③ 预制桩尖的模板，按不扣除桩尖虚体积部分的外围体积计算。

④ 清单计价模式下，在对模板及支撑这一措施项目进行报价时，各类预制混凝土构件的模板工程量计算应考虑损耗，详见本节后面"构件运输及安装工程"部分。

【例 5-17】 某工程需用 20 块预应力空心板，构件编号 YKB459-2zdc，计算其相关的定额工程量。

相关知识如下。

(1) 预制构件的工作内容有：预制构件制作、运输、安装、接头灌缝；

(2) 制作、运输、安装的损耗率分别为 1.5%、1.3%、0.5%。

解 工程量计算如下。

由标准图集可知每块混凝土构件实体体积 0.355m³，则 20 块共 0.355×20＝7.1（m³）

(1) 制作工程量：7.1×1.015＝7.21（m³）

(2) 运输工程量：7.1×1.013＝7.19（m³）

(3) 安装工程量：7.1×1.005＝7.14（m³）

(4) 接头灌缝工程量：7.1m³

在工程量清单设置中，预应力空心板这一个清单项目包含了其制作、运输、安装、接头灌缝等工作内容，计算清单工程量只需计算上面的 7.1m³ 即可，但对清单进行报价时，要考虑其制作、运输、安装、接头灌缝四个过程的费用，并且应按加上损耗后的工程数量执行各自的定额子目进行计价。

【例 5-18】 某现浇钢筋混凝土方形柱高 9m，设计断面尺寸为 600mm×500mm，试计算柱的模板工程量。

相关知识如下。

(1) 现浇钢筋混凝土柱模板工程量按混凝土与模板接触面的面积，以平方米计算。

(2) 现浇钢筋混凝土柱的支模高度以 3.6m 以内为准，超过 3.6m 以上部分，每超过 1m 另计算一次增加支撑工程量。

解 柱模板工程量计算如下。

(1) 柱模板与混凝土的接触面积：(0.6＋0.5)×2×9＝19.8（m²）

(2) 柱模板支撑增加工程量：(0.6＋0.5)×2×(9－3.6)＝11.88（m²）

五、构件运输及安装工程

1. 预制混凝土构件

① 预制混凝土构件运输、安装工程量按构件图示尺寸以实体体积计算。预制混凝土构件运输及安装损耗率按表 5-41 的规定计算后，并入构件工程量内。其中，预制混凝土屋架、桁架、托架及长度在 9m 以上的梁、板、柱不计算损耗率。

② 运输工程定额未考虑构件由现场堆放地运至安装地点的费用，发生时另计。

③ 加气混凝土板（块）、硅酸盐块的运输，每立方米折合钢筋混凝土构件体积 0.4m³，按一类构件运输计算。

表 5-41 预制钢筋混凝土构件制作、运输、安装损耗率

名 称	制作废品率	运输堆放损耗	安装(打桩)损耗
各类预制构件	0.2	0.8	0.5
预制钢筋混凝土桩	0.1	0.4	1.5

2. 金属结构构件

金属结构构件运输及安装按构件设计图示尺寸以吨计算，所需的螺栓、电焊条等重量不另计算。

3. 木门窗

木门窗运输工程量按门窗洞口的面积（包括框、扇在内）以平方米计算，带纱扇另增加

洞口面积的 40% 计算。

六、屋面防水及保温隔热工程计量

屋面工程主要是指屋面结构层（屋面板）或屋面木基层以上的工作内容，建筑物的屋面按其不同形式可分为坡屋面、平屋面和拱形屋面三种类型。

防水工程主要是指地下室工程防水、浴厕间工程防水、构筑物工程防水（如水池、水塔等）和特殊建筑部位工程防水（包括楼层或屋面游泳池、喷水池、屋顶花园等），以及框架外墙壁板和装配式壁板的板缝防水、各种变形缝防水等。

1. 屋面工程

（1）瓦屋面、金属压型板　瓦屋面、金属压型板屋面工程量，均按水平投影面积乘以屋面坡度系数，以平方米计算。不扣除房上烟囱、风帽底座、风道、屋面小气窗、斜沟等所占面积，屋面小气窗的出檐部分亦不增加。

（2）卷材屋面　卷材防水屋面常分为三大类：沥青卷材防水屋面；高聚物改性沥青防水卷材屋面；合成高分子防水卷材屋面。

卷材防水屋面的工程量按以下规定计算。

① 卷材屋面的工程量，按图示尺寸的水平投影面积乘以规定的屋面坡度系数以平方米计算。不扣除房上烟囱、风帽底座、风道、屋面小气窗和斜沟所占面积，屋面的女儿墙、伸缩缝和天窗等处的弯起部分，按图示尺寸并入屋面工程量内计算。若图纸无规定时，伸缩缝、女儿墙的弯起部分可按 250mm 计算，天窗弯起部分可按 500mm 计算。

② 卷材屋面的附加层、接缝、收头、找平层的嵌缝、冷底子油已计入定额内，不另计算。

（3）涂膜屋面　涂膜屋面的工程量计算同卷材屋面。涂膜屋面的油膏嵌缝、玻璃布盖缝，屋面分格缝，均以延长米计算。

（4）屋面排水工程量计算规则　屋面排水工程量按以下规则计算。

① 薄钢板排水按图示尺寸以展开面积计算，咬口和搭接等已计入定额项目中，不另计算。

② 铸铁、玻璃钢水落管的工程量，应区别不同直径按图示尺寸以延长米计算，雨水口、水斗、弯头、短管以个计算。

2. 防水工程

① 建筑物地面防水、防潮层的工程量，按主墙间净空面积计算，扣除凸出地面的构筑物、设备基础等所占的面积，不扣除柱、垛、间壁墙、烟囱及 $0.3m^2$ 以内孔洞所占面积。地面防水层周边部位上卷高度按图示尺寸计算，无具体设计尺寸时按 0.3m 计算。上卷高度在 0.5m 以内时，工程量并入平面防水层；超过 500mm 时，按立面防水层计算。

② 建筑物墙基防水、防潮层工程量，外墙长度按中心线，内墙按净长乘以宽度以平方米计算。

③ 构筑物及建筑物地下室防水层工程量，按实铺面积计算，但不扣除 $0.3m^2$ 以内的孔洞面积。平面与立面交接处的防水层，其上卷高度超过 500mm 时，按立面防水层计算。

④ 防水卷材的附加层、接缝、收头、冷底子油等人工材料均已计入定额内，不另计算。

⑤ 变形缝的工程量，按延长米计算。

⑥ 屋面保温隔热层和屋面找坡层工程量，均按设计图示铺设面积乘设计厚度（找坡层

为平均厚度），以立方米计算，不扣除单个面积不超过 $0.1m^2$ 所占的面积。如不同部位设计要求坡度、厚度、材质不同时，应分别计算。

3. 保温隔热工程

（1）天棚保温隔热层　天棚保温隔热层工程量，按保温材料的体积计算，即天棚面积乘以保温材料的厚度。不同保温材料品种应分别计算。柱帽保温隔热层按图示保温隔热层体积并入天棚保温隔热层工程量内。架空隔热层工程量的计算与地面有关规定相同。天棚保温隔热层项目中已包含了龙骨的人工费、材料费、机械费，故龙骨不另计算。

（2）墙体保温隔热层　墙体保温隔热层，外墙按隔热层中心线长度、内墙按隔热层净长度乘以图示尺寸高度及厚度以立方米计算。应扣除冷藏门洞口和管道穿墙洞口所占体积，门洞口侧壁周围的隔热部分，按图示隔热层尺寸以立方米计算，并入墙面的保温隔热层工程量内。其计算公式如下：

墙体保温隔热层工程量＝保温隔热层长度×高度×厚度－门窗洞口所占体积＋门窗洞口侧壁增加面积

外墙隔热层的中心线及内墙隔热层的净长度不是 $L_中$ 及 $L_内$，计算时应考虑隔热层厚度对隔热层长度所带来的影响。

【例 5-19】　某工程的平屋面及檐沟做法见本章第三节【例 5-10】中图 5-61 所示，试计算屋面中找平层、找坡层、隔热层、防水层、排水管等的工程量。

解　（1）计算现浇混凝土板上 20mm 厚 1：3 水泥砂浆找平层

因屋面面积较大，需做分格缝，根据计算规则，按水平投影面积乘以坡度系数计算，这里坡度系数很小，可忽略不计。

$S = (9.60 + 0.24) \times (5.40 + 0.24) - 0.70 \times 0.70 = 55.01$（$m^2$）

（2）计算 SBS 卷材防水层

根据计算规则，按水平投影面积乘以坡度系数计算，弯起部分另加，檐沟按展开面积并入屋面工程量中。

屋面：$(9.60 + 0.24) \times (5.40 + 0.24) - 0.70 \times 0.70 = 55.01$（$m^2$）

检修孔弯起：$0.70 \times 4 \times 0.20 = 0.56$（$m^2$）

檐沟：$(9.84 + 5.64) \times 2 \times 0.1 + [(9.84 + 0.54) + (5.64 + 0.54)] \times 2 \times 0.54 + [(9.84 + 1.08) + (5.64 + 1.08)] \times 2 \times (0.3 + 0.06) = 33.68$（$m^2$）

屋面部分合计：$S = 55.01 + 0.56 = 55.57$（m^2）

檐沟部分：$S = 33.68m^2$

总计：$89.25m^2$

（3）计算 30mm 厚聚苯乙烯泡沫保温板

根据计算规则，按实铺面积乘以净厚度以立方米计算。

$V = [(9.60 + 0.24) \times (5.40 + 0.24) - 0.70 \times 0.70] \times 0.03 = 1.65$（$m^3$）

（4）计算聚苯乙烯塑料保温板上砂浆找平层工程量

$S = (9.60 + 0.24) \times (5.40 + 0.24) - 0.70 \times 0.70 = 55.01$（$m^2$）

（5）计算细石混凝土屋面工程量

$S = (9.60 + 0.24) \times (5.40 + 0.24) - 0.70 \times 0.70 = 55.01$（$m^2$）

（6）檐沟内侧面及上底面防水砂浆工程量厚度为 20mm，无分格缝。

同檐沟卷材：$S = 33.68m^2$

（7）计算檐沟细石找坡工程量（平均厚 25mm）

$S = [(9.84 + 0.54) + (5.64 + 0.54)] \times 2 \times 0.54 = 17.88$（$m^2$）

（8）计算屋面排水落水管工程量

根据计算规则，落水管从檐口滴水处算至设计室外地面高度，按延长米计算（本例中室内外高差按 0.3m 考虑）。

$$L = (11.80 + 0.1 + 0.3) \times 6 = 73.20 \text{（m）}$$

七、装饰工程

装饰工程定额分为楼地面工程，墙柱面工程，天棚工程，门窗工程，油漆、涂料、裱糊工程及其他工程部分。计算装饰工程量之前，应了解图纸各部位工程做法，以确定计算工程量时，分部分项工程项目划分问题。

（一）楼地面工程

整体面层、块料面层、楼梯面层等计算规则同清单。

（二）墙柱面工程

定额中墙柱面装饰包含墙柱面的一般抹灰、装饰抹灰、镶贴块料面层、墙柱面装饰及其他。所有项目中均包含 3.6m 以下的简易脚手架的搭设、拆除，发生时不另计算。

1. 墙柱面一般抹灰

（1）内墙面抹灰　内墙面抹灰面积应扣除门窗洞口和空圈所占面积，不扣除踢脚板、挂镜线、$0.3m^2$ 以内的孔洞和墙身与构件交接处面积，洞口侧壁和顶面也不增加。内墙裙抹灰面积按内墙净长乘以高度计算，应扣除门窗洞口和空圈所占面积，门窗洞口和空圈的侧壁面积不另增加，墙垛、附墙烟囱面积并入墙裙抹灰面积内计算。其计算公式如下：

内墙面抹灰工程量＝内墙面面积－门窗洞口和空圈所占面积＋墙垛、附墙烟囱侧壁面积

内墙裙抹灰工程量＝内墙面净长度×内墙裙抹灰高度－门窗洞口和空圈所占面积＋墙垛、附墙烟囱侧壁面积

式中：内墙面净长度取主墙间图示净长度；内墙面抹灰高度按表 5-42 规定计算。

表 5-42　内墙面抹灰高度取值表

类型	抹灰高度取值
无墙裙	室内地面或楼面取至天棚底面
有墙裙	墙裙顶面取至天棚底面
吊顶天棚	按吊顶高度增加 100mm 计算

（2）外墙面抹灰　外墙抹灰面积，按外墙面的垂直投影面积以平方米计算。应扣除门窗洞口、外墙裙和大于 $0.3m^2$ 孔洞所占面积，洞口侧壁面积不另增加。附墙垛、梁、柱侧面抹灰面积并入外墙面抹灰工程量内计算。栏板、栏杆、窗台线、门窗套、扶手、压顶、挑檐遮阳板、突出墙外的腰线等，另按相应规定计算。外墙裙抹灰面积，按其长度乘高度计算，扣除门窗洞口和大于 $0.3m^2$ 孔洞所占面积，门窗洞口及孔洞的侧壁面积不另增加。其计算公式如下：

外墙面抹灰工程量＝外墙垂直投影面积－门窗洞口及 $0.3m^2$ 以上孔洞所占面积＋墙垛侧壁面积

外墙裙抹灰工程量＝$L_{外}$×外墙裙高度－门窗洞口及 $0.3m^2$ 以上孔洞所占面积＋墙垛侧壁面积

外墙抹灰高度按表 5-43 规定计算。

表 5-43　外墙抹灰高度取值表

类　型			外墙抹灰高度取值
平屋面	有挑檐	无墙裙	设计室外地坪取至挑檐板底
		有墙裙	勒脚顶取至挑檐板底
	有女儿墙	无墙裙	设计室外地坪取至女儿墙压顶底
		有墙裙	勒脚顶取至女儿墙压顶底
坡屋面	有檐口天棚	无墙裙	设计室外地坪取至檐口天棚底
		有墙裙	勒脚顶取至檐口天棚底
	无檐口天棚	无墙裙	设计室外地坪取至屋面板底
		有墙裙	勒脚顶取至屋面板底

（3）墙面勾缝　墙面勾缝按垂直投影面积计算，应扣除墙裙和墙面抹灰的面积，不扣除门窗洞口、门窗套、腰线等零星抹灰所占面积，附墙柱和门窗洞口侧面的勾缝面积亦不增加。独立柱、房上烟囱勾缝，按图示尺寸以平方米计算。其计算公式如下：

$$墙面勾缝工程量＝L_外×墙高度－墙裙面积－墙面抹灰面积$$

勾缝有原浆勾缝和加浆勾缝之分。原浆勾缝是指边砌墙边用砌筑砂浆勾缝，其费用已包含在墙体砌筑中，不另计算；加浆勾缝是在砌完墙后，用抹灰砂浆勾缝，缝的形状有凹缝、平缝、凸缝，其费用未包含在墙体砌筑中，工程量应另行计算。

（4）独立柱一般抹灰　独立柱的一般抹灰按结构断面周长乘以柱的高度以平方米计算。

2. 墙柱面装饰抹灰

（1）外墙装饰抹灰　外墙各种装饰抹灰均按图示尺寸以实抹面积计算。应扣除门窗洞口、空圈的面积，其侧壁面积不另增加。计算公式如下：

$$外墙装饰抹灰工程量＝实抹面积－门窗洞口、空圈所占面积$$

实抹面积是指按外墙所采用的不同装饰材料分别计算各自装饰抹灰面积。

（2）独立柱装饰抹灰　独立柱装饰抹灰工程量的计算与其一般抹灰相同。

3. 墙柱面镶贴块料面层

（1）墙面镶贴块料面层　墙面镶贴块料面层均按图示尺寸以实贴面积计算。

（2）独立柱面镶贴块料面层　独立柱面镶贴块料面层工程量的计算与其一般抹灰工程量相同。

（三）天棚工程

1. 天棚抹灰

① 天棚抹灰面积按主墙间的净面积计算，不扣除间壁墙、垛、柱、附墙烟囱、检查口和管道所占的面积。带梁天棚梁两侧的抹灰面积，并入天棚抹灰工程量内计算。

② 天棚抹灰如带有装饰线时，区别三道线以内或五道线以内按延长米计算，线角的道数以一个突出的棱角为一道线。

③ 檐口天棚的抹灰面积，并入天棚抹灰面积内计算。

④ 天棚中的折线、灯槽线、圆弧形线、拱形线等艺术形式的抹灰，按展开面积计算。

2. 天棚龙骨

各种吊顶天棚龙骨按主墙间净空面积计算，不扣除间壁墙、检查口、附墙烟囱、附墙垛和管道所占面积，应扣除独立柱及与天棚相连的窗帘盒所占的面积。其计算公式如下：

$$天棚龙骨工程量＝主墙间净面积－独立柱及与天棚相连的窗帘盒所占面积$$

3. 天棚基层和天棚装饰面层

天棚基层和天棚装饰面层，按主墙间实钉面积计算，不扣除间壁墙、检查口、附墙烟囱、附墙垛和管道所占面积，但应扣除 0.3m^2 以上孔洞、独立柱、灯槽及与天棚相连的窗帘盒所占的面积。

【例 5-20】 某钢筋混凝土天棚如图 5-65 所示。已知板厚 100mm，试计算其天棚抹灰工程量。

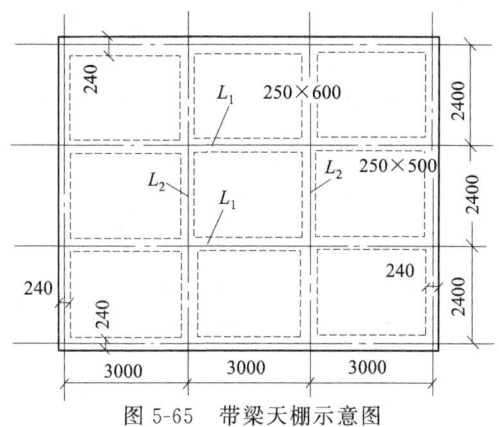

图 5-65　带梁天棚示意图

解 （1）主墙间净面积＝（3×3－0.24）×（2.4×3－0.24）＝60.97（m^2）

（2）L_1 的侧面抹灰面积＝（9－0.24－0.25×2）×（0.6－0.1）×2×2＝16.52（m^2）

（3）L_2 的侧面抹灰面积＝（7.2－0.24－0.25×2）×（0.5－0.1）×2×2＝10.34（m^2）

（4）天棚抹灰工程量＝主墙间净面积＋L_1、L_2 的侧面抹灰面积
＝60.97＋16.52＋10.34＝87.83（m^2）

（四）油漆、涂料、裱糊工程

定额中油漆、涂料、裱糊分为木材面油漆、金属面油漆、抹灰面油漆及涂料和裱糊四个部分。

1. 木材面、金属面油漆

木材面、金属面油漆工程量按表 5-44～表 5-46 规定计算，并乘以表内系数以平方米计算。其计算公式如下：

$$木材面、金属面油漆工程量＝表中规定基数×相应系数$$

2. 抹灰面油漆、涂料

抹灰面油漆、涂料工程量应按表 5-47 规定并乘以表列系数以平方米计算。表中未规定的楼地面，天棚面，墙面，柱面，梁面的喷（涂）、抹灰面油漆工程均按各自相应的抹灰工程量计算规则规定计算。

3. 裱糊

裱糊工程量按实铺面积计算。

表 5-44　执行木门定额工程量系数

项目名称	系数	工程量计算方法
单层木门	1.00	按单面洞口面积计算
双层（一玻一纱）木门	1.36	
双层（单裁口）木门	2.00	
单层全玻门	0.83	
木百叶门	1.25	

表 5-45　执行木窗定额工程量系数

项目名称	系数	工程量计算方法
单层玻璃窗	1.00	按单面洞口面积计算
双层（一玻一纱）木窗	1.36	
双层框扇（单裁口）木窗	2.00	
双层框三层（二玻一纱）木窗	2.60	
单层组合窗	0.83	
双层组合窗	1.13	
木百叶窗	1.50	

表 5-46　执行木扶手定额工程量系数

项目名称	系数	工程量计算方法
木扶手(不带托板)	1.00	按延长米计算
木扶手(带托板)	2.60	
窗帘盒	2.04	
封檐板、顺水板	1.74	
挂衣板、黑板框、单独木线条 100mm 以外	0.52	
挂镜线、窗帘棍、单独木线条 100mm 以内	0.35	

表 5-47　抹灰面工程量系数

项目名称	系数	工程量计算方法
槽形底板、混凝土折板	1.30	长×宽
有梁板底	1.10	
密肋、井字梁底板	1.50	
混凝土平板式楼梯底	1.30	水平投影面积

【复习思考题】

1. 简述工程量计算的依据及方法。
2. 在规定的建筑面积计算规则中，计算全面积的范围有哪些？
3. 建筑物哪些部位不计算建筑面积？
4. 地下室和半地下室的建筑面积如何计算？
5. 工程量清单如何描述项目特征及工作内容？
6. 清单工程量计算中，平整场地、挖基础土方工程量如何计算？
7. 清单工程量计算中，砖基础、实心砖墙的工程量如何计算？
8. 清单工程量计算中，现浇混凝土基础、柱、梁、墙、板及钢筋的工程量如何计算？
9. 清单工程量计算中，楼地面工程整体面层、块料面层的工程量如何计算？
10. 清单工程量计算中，墙、柱面工程量如何计算？
11. 清单工程量计算中，天棚抹灰、天棚吊顶工程量如何计算？
12. 墙身与基础如何区分？
13. 定额工程量计算中，土石方工程量如何确定？与清单工程量计算规则有何区别？
14. 定额工程量计算中，金属构件的吊装、运输的工程量如何计算？
15. 定额工程量计算中，水磨石地面工程量如何计算？
16. 定额工程量计算中，屋面找平层及保温层的工程量如何计算？
17. 定额工程量计算中，内墙面、外墙面、天棚抹灰的工程量如何计算？

【案例分析】

【案例1】某高校机修实习车间基础工程，分别为条形砖基础和混凝土垫层、钢筋混凝土独立柱基础和混凝土垫层，土壤为三类。由于工程较小，采用人工挖土，移挖作填，余土场内堆放，不考虑场外运输。室外地坪标高为 -0.15m，室内地坪为 6cm 混凝土垫层、2cm 水泥砂浆面层。砖基垫层、柱基垫层与柱混凝土均为 C20 混凝土，基础均为支模垫层。基础平面图见图 5-66（a），基础剖面图见图 5-66（b）。

问题：

（1）屋面上没有围护结构的水箱间，其建筑面积如何计算？

（2）列出该基础工程所涉及的所有工程量清单项目，包括清单项目名称、项目编码和项目特征。

（3）计算各清单项目的工程量。

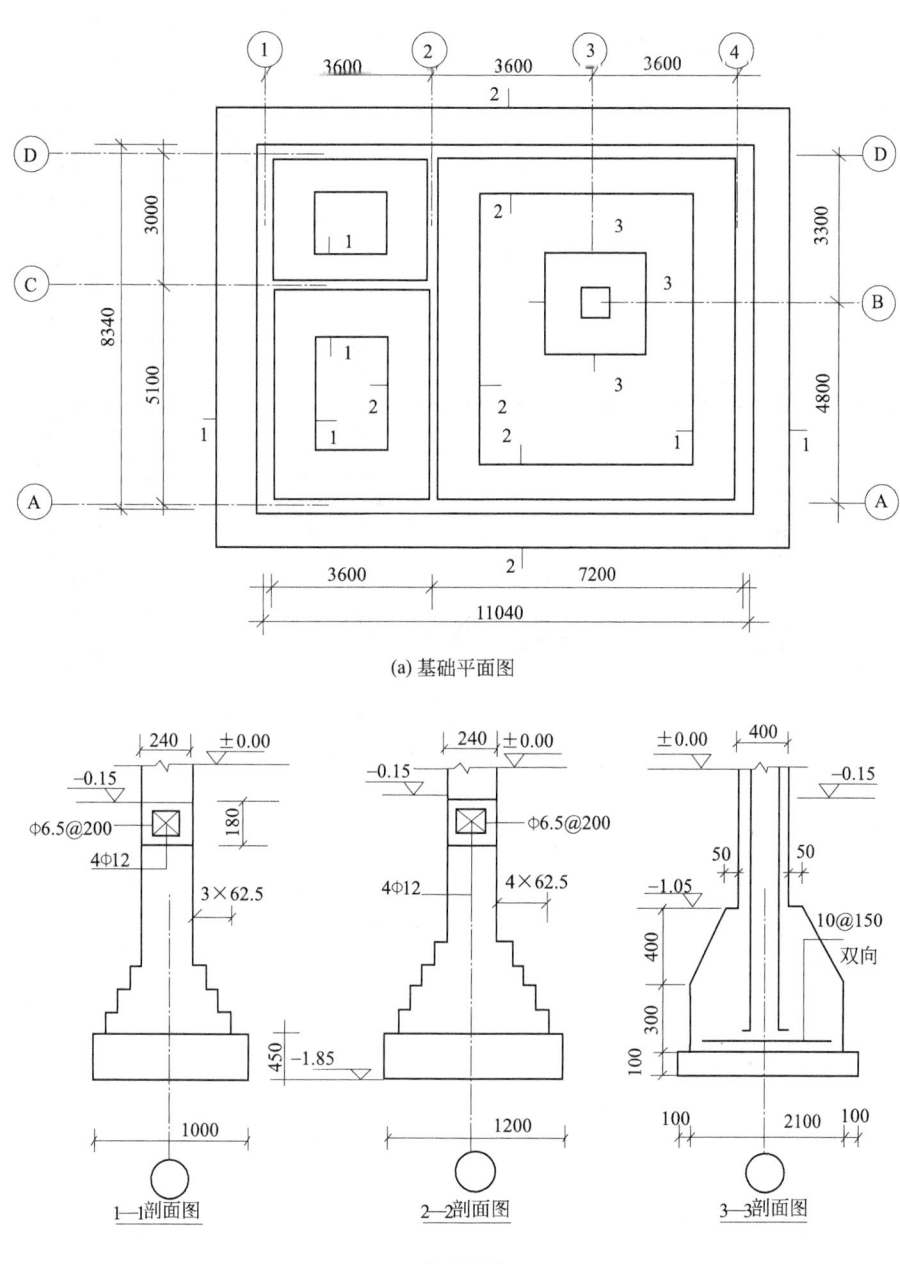

(a) 基础平面图

(b) 基础剖面图

图 5-66 某高校机修实习车间基础平面图及剖面图

【案例 2】 某单层建筑物如图 5-67 所示，墙身为 M5 混合砂浆砌筑 MU7.5 标准砖，墙厚 240mm，GZ 从地圈梁到女儿墙顶，预制混凝土过梁，外墙 100mm×100mm 瓷砖贴面，水泥砂浆地面，水泥砂浆踢脚线，水泥砂浆天棚抹灰，水泥石膏砂浆内墙面抹灰，内墙及天棚抹灰面刷乳胶漆，屋面防水采用 4mm 厚 SBS 改性沥青卷材，屋面采用 30mm 厚聚苯乙烯挤塑保温板，1:6 水泥炉渣找坡。M1：1500mm×2700mm，M2：1000mm×2700mm，

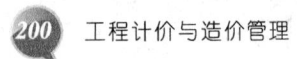

C1：1800mm×1800mm，C2：1500mm×1800mm，试计算有关清单项目的工程量。

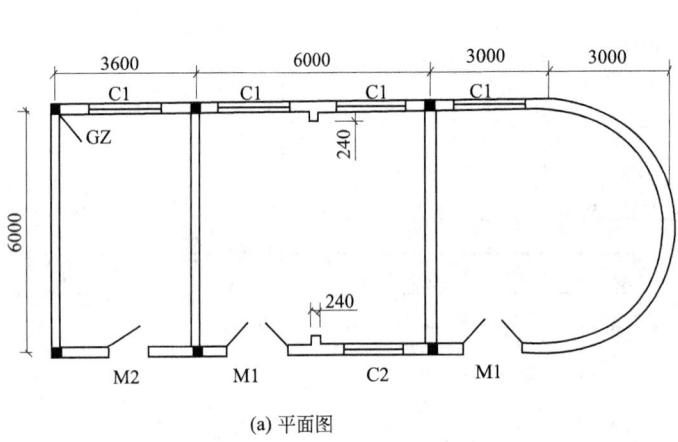

(a) 平面图　　　　　　　　(b) 剖面图

图 5-67　某工程平面图、剖面图

第六章 投资决策阶段的造价管理

【教学目的与要求】

本章主要介绍了工程项目决策的基本理论，可行性研究的相关内容，投资估算的基本概念及编制方法。通过本章的学习，使读者掌握工程项目投资估算的内容，建设投资估算方法和流动资金估算方法；熟悉项目可行性研究的内容和编制；了解决策阶段影响工程造价的因素。

第一节 概　　述

一、工程项目决策的含义

项目投资决策是选择和决定投资行动方案的过程，是对拟建项目的必要性和可行性进行技术经济论证，对不同建设方案进行技术经济比较选择及做出判断和决定的过程。项目投资决策是投资行动的准则，正确的项目投资行动来源于正确的项目投资决策。项目决策正确与否，直接关系到项目建设的成败，关系到工程造价的高低及投资效果的好坏。正确决策是正确估算和有效控制工程造价的前提。

二、工程项目决策与工程造价的关系

1. 项目决策的正确性是工程造价合理性的前提

项目决策正确，意味着对项目建设做出科学的决断，优选出最佳投资行动方案，达到资源的合理配置。这样才能合理地估计和计算工程造价，并且在实施最优投资方案过程中，有效地控制工程造价。项目决策失误，主要体现为不该建设的项目进行投资建设，或者项目建设地点的选择错误，或者投资方案的确定不合理等。诸如此类的决策失误，会直接带来不必要的资金投入和人力、物力及财力的浪费，甚至造成不可弥补的损失。在这种情况下，合理地进行工程估价与造价控制已经毫无意义了。因此，要达到工程造价的合理性，事先就要保证项目决策的正确性，避免决策失误。

2. 项目决策的内容是决定工程造价的基础

工程估价与造价控制贯穿于项目建设全过程，但决策阶段各项技术经济决策，对该项目的工程造价有重大影响，特别是建设标准水平的确定、建设地点的选择、工艺的评选，设备选用等，直接关系到工程造价的高低。据有关资料统计，在项目建设各大阶段中，投资决策

阶段影响工程造价的程度最高，达到 80%～90%。因此，决策阶段项目决策的内容是决定工程造价的基础，直接影响着决策阶段之后的各个建设阶段工程估价与造价控制是否科学、合理的问题。

3. 造价高低、投资多少也影响项目决策

决策阶段的投资估算是进行投资方案选择的重要依据之一，同时也是决定项目是否可行及主管部门进行项目审批的参考依据。

4. 项目决策的深度影响投资估算的精确度，也影响工程造价的控制效果

投资决策过程，是一个由浅入深、不断深化的过程，依次分为若干工作阶段，不同阶段决策的深度不同，投资估算的精确度也不同。如投资机会及项目建议书阶段，是初步决策的阶段，投资估算的误差率在 ±30% 左右，而详细可行性研究阶段，投资估算误差率在 ±10% 以内。另外，由于在项目建设各阶段中，即决策阶段、初步设计阶段、技术设计阶段、施工图设计阶段、工程招投标及承发包阶段、施工阶段以及竣工验收阶段，通过工程估价与造价控制，相应形成投资估算、设计概算、修正概算、施工图预算、承包合同价、结算价及竣工决算价。这些造价形式之间存在着前者控制后者、后者补充前者这样的相互作用关系。由此可见，只有加强项目决策的深度，采用科学的估算方法和可靠的数据资料，合理地计算投资估算，保证投资估算打足，才能保证其他阶段的造价被控制在合理范围，避免"三超"现象的发生。

三、项目决策阶段影响工程造价的主要因素

（一）项目规模的确定

项目规模的确定，就是要合理选择拟建项目的生产规模，解决"生产多少"的问题。每一个工程项目都存在着一个合理规模的选择问题。生产规模过小，使得资源得不到有效配置，单位产品成本较高，经济效益低下；生产规模过大，超过了项目产品市场的需求量，则会导致开工不足、产品积压或降价销售，致使项目经济效益也会低下。因此，项目规模的合理选择问题关系着项目的成败，决定着工程造价合理与否。

制约项目规模的主要因素包括市场因素、技术因素及环境因素。合理处理好这几者的关系，对确定项目合理规模及投资估算的控制十分重要。

1. 市场因素

市场因素是项目规模确定中需考虑的首要因素。其中，项目产品的市场需求状况是确定项目生产规模的前提。一般情况下，项目的生产规模应以市场预测的需求量为限，并根据项目产品市场的长期发展趋势作相应调整。除此之外，还要考虑原材料市场、资金市场、劳动力市场等，它们也对项目规模的选择起着程度不同的制约作用。如项目规模过大可能导致材料供应紧张和价格上涨，项目所需投资资金的筹集困难和资金成本上升等。

2. 技术因素

先进的生产技术及技术装备是项目规模效益赖以存在的基础，而相应的管理技术水平则是实现规模效益的保证。若与经济规模生产相适应的先进技术及其装备的来源没有保障，或获取技术的成本过高，或管理水平跟不上，则不仅预期的规模效益难以实现，还会给项目的生存和发展带来危机，导致项目投资效益低下、工程造价支出严重浪费等。

3. 环境因素

项目的建设、生产和经营离不开一定的社会经济环境，项目规模确定中需考虑的主要环境因素有：政策因素、燃料动力供应、协作及土地条件、运输及通信条件。其中，政策因素

包括产业政策、投资政策、技术经济政策、国家/地区及行业经济发展规划等。特别是为了取得较好的规模效益，国家对部分行业的新建项目规模作了下限规定，选择项目规模时应予以遵照执行。

(二) 建设地区及建设地点 (厂址) 的选择

一般情况下，确定某个工程项目的具体地址 (或厂址)，需要经过建设地区选择和建设地点选择 (厂址选择) 这样两个不同层次的、相互联系又相互区别的工作阶段。这两个阶段是一种递进关系。其中，建设地区选择是指在几个不同地区之间对拟建项目适宜配置在哪个区域范围的选择；建设地点选择是指对项目具体坐落位置的选择。

1. 建设地区的选择

建设地区选择的合理与否，在很大程度上决定着拟建项目的命运，影响着工程造价的高低、建设工期的长短、建设质量的好坏，还影响到项目建成后的经营状况。因此，建设地区的选择要充分考虑各种因素的制约，这些因素一般包括以下几种。

① 要符合国民经济发展战略规划，国家工业布局总体规划和地区经济发展规划的要求。

② 要根据项目的特点和需要，充分考虑原材料条件、能源条件、水源条件、各地区对项目产品需求及运输条件等。

③ 要综合考虑气象、地质、水文等建厂的自然条件。

④ 要充分考虑劳动力来源、生活环境、协作、施工力量、风俗文化等社会环境因素的影响。

因此，在综合考虑上述因素的基础上，建设地区的选择要遵循以下两个基本原则。

① 靠近原料、燃料提供地和产品消费地的原则。满足这一要求，在项目建成投产后，可以避免原料、燃料和产品的长期远途运输，减少费用，降低产品的成本；并且缩短流通时间，加快流动资金的周转速度。但这一原则并不是意味着项目安排在距原料、燃料提供地和产品消费地的等距离范围内，而是根据项目的技术经济特点和要求，具体对待。例如，对农产品、矿产品的初步加工项目，由于大量消耗原料，应尽可能靠近原料产地；对于能耗高的项目，如铝厂、电石厂等，宜靠近电厂，它们所得廉价电能和减少电能运输损失所获得的利益，通常大大超过原料、半成品调运中的耗费。

② 工业项目适当聚集的原则。在工业布局中，通常是一系列相关的项目聚成适当规模的工业基地和城镇，从而有利于发挥"集聚效益"，对各种资源和生产要素充分利用，便于形成综合生产能力，便于统一建设比较齐全的基础结构设施，避免重复建设，节约投资，另外还能为不同类型的劳动者提供多种就业机会。

但是，工业布局的聚集程度，并非越高越好。当工业聚集超越客观条件时，也会带来许多弊端，促使项目投资增加，经济效益下降。当工业聚集带来的"外部不经济性"的总和超过生产集聚带来大的利益时，综合经济效益反而下降，这就表明集聚程度已超过经济合理的界限。

2. 建设地点 (厂址) 的选择

遵照上述原则确定建设区域范围后，具体的建设地点的选择又是一项极为复杂的技术经济综合性很强的系统工程，它不仅涉及项目建设条件、产品生产要素、生态环境和未来产品销售等重要问题，受社会、政治、经济、国防等多因素的制约；而且还直接影响到项目建设投资、建设速度和施工条件，以及未来企业的经营管理及所在地点的城乡建设规划与发展。因此，必须从国民经济和社会发展的全局出发，运用系统管理和方法分析决策。

（1）厂址的选择应满足的要求

① 节约用地，减少土地占用，节约土地补偿费用。

② 应尽量选在工程地质、水文地质条件较好的地段，土壤耐压力应满足拟建厂的要求。

③ 厂区土地面积与外形能满足厂房与各种构筑物的需要，并适合于按科学的工艺流程布置厂房与构筑物。

④ 应靠近铁路、公路，水路，以缩短运输距离，减少建设投资。

⑤ 应便于供电、供热和其他协作条件的取得。

⑥ 应尽量减少对环境的污染。对于排放大量有害气体和烟尘的项目，不能建在城市的上风口，以免对整个城市造成污染；对于噪声大的项目，厂址应选在距离居民集中地区较远的地方，同时，要设置一定宽度的绿带，以减弱噪声的干扰。

上述条件能否满足，不仅关系到建设工程造价的高低和建设期限，对项目投产后的运营状况也有很大影响。因此，在确定厂址时，也应进行方案的技术经济分析、比较，选择最佳厂址。

（2）厂址选择时的费用分析

在进行厂址多方案技术经济分析时，除比较上述厂址条件外，还应从以下两方面进行分析。

① 项目投资费用。包括土地征购费、拆迁补偿费、土石方工程费、运输设施费、排水及污水处理设施费、动力设施费、生活设施费、临时设施费、建材运输费等。

② 项目投产后生产经营费用比较。包括原材料、燃料运入及产品运出费用，给水、排水、污水处理费用，动力供应费用等。

（三）工程技术方案的影响

在建设规模、建设地区及地点确定后，具体的单项或单位工程的工程技术方案的确定，在很大程度上也影响着单项或单位工程的估算造价。所以合理的工程技术方案的确定，也直接影响工程项目的投资估算。

工程技术方案的确定主要包括生产工艺方案的确定和主要设备的选用两部分内容。

1. 生产工艺方案的确定

生产工艺是指生产产品所采用的工艺流程和制作方法。工艺流程是指投入物（原料或半成品）经过有次序的生产加工，成为产出物（产品或加工品）的过程。评价及确定拟采用的工艺是否可行，主要有两项标准：先进适用和经济合理。

（1）先进适用　这是评定工艺流程的最基本的标准。先进与适用，是对立的统一。保证工艺的先进性是首先要满足的，它能够带来产品质量、生产成本的优势。但并不是越先进越好，要根据工程项目的经济效益，综合考虑先进与适用的关系。

（2）经济合理　经济合理是指所用的工艺应能以最小的消耗获得最大的经济效果，要求综合考虑所用工艺所能产生的经济效益和国家的经济承受能力。在可行性研究中可能提出几种不同的工艺方案，各方案的劳动需要量、能源消耗量、投资数量等可能不同，在产品质量和产品成本等方面可能也有差异，应反复比较，从中挑选最经济合理的工艺。

2. 主要设备的选用

主要设备的选用直接体现了单项或单位工程的投资估算数额大小，因此，主要设备选型时，要尽可能处理好国产设备选型、进口设备选型及国产与进口设备配套问题、设备与厂房及工艺流程配套问题、设备与原材料及备件维修等配套问题。应充分利用价值工程原理，选择既能满足功能要求，又不过分浪费其价值的设备，这也是控制生产型项目单项或单位工程投资估算最关键的环节，只有控制住这些主要的敏感因素，才能正确估算和有效控制工程造价。

第二节　工程项目可行性研究

一、可行性研究的概念和作用

（一）可行性研究的概念

工程项目可行性研究是在投资决策前，对与拟建项目有关的社会、经济、技术等各方面进行深入细致的调查研究，对各种可能采用的技术方案和建设方案进行认真的技术经济分析和比较论证，对项目建成后的经济效益进行科学的预测和评价。在此基础上，对拟建项目的技术先进性和适用性、经济合理性和有效性，以及建设必要性和可行性进行全面分析、系统论证、多方案比较和综合评价，由此得出该项目是否应该投资和如何投资等结论性意见，为项目投资决策提供可靠的科学依据。

（二）可行性研究的作用

在工程项目的整个寿命周期中，前期决策工作具有决定性意义，起着极端重要的作用。而作为工程项目投资决策前期工作的核心和重点的可行性研究工作，一经批准，在整个项目周期中，就会发挥着极其重要的作用。具体体现在以下几方面。

1. 作为确定工程项目的依据

可行性研究作为一种投资决策方法，从市场、技术、工程建设、经济及社会等多方面对建设项目进行全面综合的分析和论证，依其结论进行投资决策可大大提高投资决策的科学性。

2. 作为编制设计文件的依据

可行性研究报告一经审批通过，意味着该项目正式批准立项，可以进行初步设计。在可行性研究工作中，对项目选址、建设规模、主要生产流程、设备选型和施工进度等方面都作了较详细的论证和研究，设计文件的编制应以可行性研究报告为依据。

3. 作为向银行贷款的依据

在可行性研究报告中，详细预测了项目的财务效益、经济效益及贷款偿还能力。世界银行等国际金融组织，均把可行性研究报告作为申请项目投资贷款的先决条件。我国的金融机构在审批工程项目贷款时，也都以可行性研究报告为依据，对工程项目进行全面、细致的分析评估，确认项目的偿还能力及风险水平后，才做出是否贷款的决策。

4. 作为建设单位与各协作单位签订合同和有关协议的依据

在可行性研究工作中，对建设规模、主要生产流程及设备选型等都进行了充分的论证。建设单位在与有关协作单位签订原材料、燃料、动力、工程建筑、设备购置等方面的协议时，应以批准的可行性研究报告为基础，保证预定建设目标的实现。

5. 作为环保部门、地方政府和规划部门审批项目的依据

工程项目开工前，需当地府政府批拨土地，规划部门审查项目建设是否符合城市规划，环保部门审查项目对环境的影响。这些审查都以可行性研究报告中总图布置、环境及生态保护方案等诸多方面的论证为依据。因此，可行性研究报告为工程项目申请和批准提供了依据。

6. 作为施工组织、工程进度安排及竣工验收的依据

可行性研究报告对以上工作都有明确的要求，所以它是检查施工进度及工程质量的

依据。

7. 作为项目后评估的依据

在项目后评估时，以可行性研究报告为依据，将项目的预期效果与实际效果进行对比考核，可对项目的运行进行全面评价。

二、可行性研究的阶段划分

可行性研究工作主要包括四个阶段：投资机会研究阶段、初步可行性研究阶段、详细可行性研究阶段、项目评估和决策阶段。

1. 投资机会研究阶段

投资机会研究又称投资机会论证。这一阶段的主要任务是提出工程项目投资方向建议，即在一个确定的地区和部门内，根据自然资源、市场需求、国家产业政策和国际贸易情况，通过调查、预测和分析研究，选择工程项目，寻找投资的有利机会。机会研究要解决两个方面的问题：一是社会是否需要；二是有没有可以开展项目的基本条件。

这一阶段的工作比较粗略，一般是根据条件和背景相类似的工程项目来估算投资额和生产成本，初步分析建设投资效果，提供一个或一个以上可能进行建设的投资项目或投资方案。该阶段投资估算的精确度大约控制在±30%以内，大中型项目的机会研究所需时间大约在1～3个月，所需要费用约占投资总额的0.2%～1%。如果投资者对该项目感兴趣，则可再进行下一步的可行性研究工作。

2. 初步可行性研究阶段

在项目建议书被国家计划部门批准后，对于投资规模大、技术工艺又比较复杂的大型骨干项目，需要先进行初步可行性研究。初步可行性研究，也称为预可行性研究，是正式的详细可行性研究前的预备性研究阶段。经过初步可行性研究，认为该项目具有一定的可行性，便可转入详细可行性研究阶段。否则，就终止该项目的前期研究工作。初步可行性研究作为投资机会研究和详细可行性研究的中间性或过渡性研究阶段，主要目的有：确定是否进行详细的可行性研究；确定哪些关键问题需要进行辅助性专题研究。

初步可行性研究的内容和结构与详细可行性研究基本相同，主要区别是所获取资料的详尽程度不同、研究深度不同。对建设投资和生产成本的估算精度一般要求控制在±20%以内，研究时间大约为4～6个月，所需费用占投资总额的0.25%～1.25%。

3. 详细可行性研究阶段

详细可行性研究又称技术经济可行性研究，是可行性研究的主要阶段，是工程项目投资决策的基础。它为项目决策提供技术、经济、社会、商业等方面的评价依据，为项目的具体实施提供科学依据。这一阶段的主要目标有：

① 提出项目建设方案；
② 效益分析和最终方案选择；
③ 确定项目投资的最终可行性和选择依据标准。

这一阶段的内容比较详尽，所花费的时间和精力都比较大。而且本阶段还为下一步工程设计提供基础资料和决策依据。因此，在此阶段，建设投资和生产成本计算精度控制在±10%以内；大型项目研究所花费的时间为8～12个月，所需费用约占投资总额的0.2%～1%；中小型项目研究所花费的时间为4～6个月，所需费用约占投资总额的1%～3%。

4. 项目评估和决策阶段

项目评估和决策是由投资决策部门组织和授权有关咨询公司或有关专家，代表项目业主和出资人对工程项目可行性研究报告进行全面的审核和再评价。其主要任务是对拟建项目的可行性研究报告提出评价意见，最终决策项目投资是否可行，确定最佳投资方案。

由于基础资料的占有程度、研究深度与可靠程度要求不同，可行性研究的各个工作阶段的研究性质、工作目标、工作要求、工作时间与费用各不相同。一般来说，各阶段的研究内容由浅入深，项目投资和成本估算的精度要求由粗到细，研究工作量由小到大，研究目标和作用逐步提高，因此，工作时间和费用也逐渐增加，具体见表 6-1 所示。

表 6-1　可行性研究各工作阶段的要求

工作阶段	机会研究	初步可行性研究	详细可行性研究	项目评估与决策
研究性质	项目设想	项目初选	项目准备	项目评估
研究要求	编制项目建议书	编制初步可行性研究报告	编制可行性研究报告	提出项目评估报告
估算精度	±30%	±20%	±10%	±10%
研究费用（占总投资的比例）	0.2%～1%	0.25%～1.25%	大项目：0.2%～1% 小项目：1%～3%	—
需要时间/月	1～3	4～6	8～12	—

三、可行性研究的内容

一般工业工程项目可行性研究报告一般应包括以下几个方面的内容。

1. 总论

综述项目概况，包括项目的名称、主办单位、承担可行性研究的单位、项目提出的背景、投资的必要性和经济意义、投资环境、提出项目调查研究的主要依据、工作范围和要求、项目的历史发展概况、项目建议书及有关审批文件、可行性研究的主要结论和存在的问题与建议。

2. 产品的市场需求和拟建规模

主要内容包括：调查国内外市场近期需求状况，并对未来趋势进行预测，对国内现有工厂生产能力进行调查估计，进行产品销售预测、价格分析，判断产品的市场竞争能力及进入国际市场的前景，确定拟建项目的规模，对产品方案和发展方向进行技术经济论证比较。

3. 资源、原材料、燃料及公用设施情况

经过全国储量委员会正式批准的资源储量、品位、成分以及开采、利用条件的评述；所需原料、辅助材料、燃料的种类、数量、质量及其来源和供应的可能性；有毒、有害及危险品的种类、数量和储运条件；材料试验情况；所需动力（水、电、气等）公用设施的数量、供应条件、外部协作条件以及签订协议和合同的情况。

4. 建厂条件和厂址选择

确定厂区的地理位置，与原材料产地和产品市场的距离；根据工程项目的生产技术要求，对厂区的气象、水文、地质、地形条件、地震、洪水情况和社会经济现状进行调查研究，收集基础资料，了解交通运输、通信设施及水、电、气、热的现状和发展趋势；了解厂址面积、占地范围，厂区总体布置方案、建设条件、地价、拆迁及其他工程费用情况；对厂址选择进行多方案的技术经济分析和比选，提出选择意见。

5. 项目设计方案

在选定的建设地点内进行总图和交通运输的设计，进行多方案比较和选择；确定项目的构成范围，主要单项工程（车间）的组成，厂内外主体工程和公用辅助工程的方案比较论证；项目土建工程总量的估算，土建工程布置方案的选择，包括场地平整、主要建筑和构筑物与厂外工程的规划；采用技术和工艺方案的论证，包括技术来源、工艺路线和生产方法，主要设备选型方案和技术工艺的比较，引进技术、设备的必要性及其来源国别的选择比较；设备的国外分交或与外商合作制造方案设想以及必要的工艺流程图。

6. 环境保护与劳动安全

对项目建设地区的环境状况进行调查，分析拟建项目"三废"（废气、废水、废渣）的种类、成分和数量，并预测其对环境的影响；提出治理方案的选择和回收利用情况，对环境影响进行评价；提出劳动保护、安全生产、城市规划、防震、防洪、防空、文物保护等要求以及采取相应的措施方案。

7. 企业组织、劳动定员和人员培训

全厂生产管理体制、机构的设置，对选择方案的论证，工程技术和管理人员的素质和数量的要求；劳动定员的配备方案；人员的培训规划和费用估算。

8. 项目施工计划和进度要求

根据勘察设计、设备制造、工程施工、安装、试生产所需时间与进度要求，选择项目实施方案和总进度，并用横道图和网络图来表述最佳实施方案。

9. 投资估算和资金筹措

投资估算包括项目总投资估算，主体工程及辅助、配套工程的估算，以及流动资金的估算；资金筹措应说明资金来源、筹措方式、各种资金来源所占的比例、资金成本及贷款的偿付方式。

10. 项目的经济评价

项目的经济评价包括财务分析和经济分析，并通过有关指标的计算，进行项目盈利能力、偿债能力等分析，得出经济评价结论。

11. 综合评价与结论、建议

运用各项数据，从技术、经济、社会、财务等方面综合论述项目的可行性，推荐一个或几个方案供决策参考，指出项目存在的问题以及结论性意见和改进建议。

可以看出，工程项目可行性研究报告的内容可概括为三大部分。首先是市场研究，包括产品的市场调查和预测研究，这是项目可行性研究的前提和基础，其主要任务是要解决项目的"必要性"问题；第二是技术研究，即技术方案和建设条件研究，这是项目可行性研究的技术基础，它要解决项目在技术上的"可行性"问题；第三是效益研究，即经济效益的分析和评价，这是项目可行性研究的核心部分，主要解决项目在经济上的"合理性"问题。市场研究、技术研究和效益研究共同构成项目可行性研究的三大支柱。

四、可行性研究报告的编制

（一）可行性研究的编制程序

根据我国现行的工程项目建设程序和国家颁布的《关于工程项目进行可行性研究试行管理办法》，可行性研究的工作程序如下。

1. 建设单位提出项目建议书和初步可行性研究报告

各投资单位根据国家经济发展的长远规划、经济建设的方针任务和技术经济政策，结合资源情况、建设布局等条件，在广泛调查研究、收集资料的基础上，初步分析建设条件和投资效果，提出需要进行可行性研究的项目建议书和初步可行性研究报告。

2. 项目业主、承办单位委托有资格的单位进行可行性研究

当项目建议书经过国家计划部门、贷款部门审定批准后，该项目即可立项。项目业主或承办单位就可委托经过资格审定的工程咨询公司（或设计单位）着手编制拟建项目的可行性研究报告。

3. 设计或咨询单位进行可行性研究工作，编制完整的可行性研究报告

设计或咨询单位与委托单位签订委托合同承接可行性研究任务以后，即可开展可行性研究工作，最终编制出详尽的可行性研究报告。

（二）可行性研究的编制依据

编制可行性研究报告的主要依据有：

① 国民和地方的经济和社会发展规划，行业部门发展规划；

② 项目建议书（初步可行性研究报告）及其批复文件；

③ 国家有关法律、法规和政策；

④ 对于大中型骨干项目，必须具有国家批准的资源报告、国土开发整治规划、区域规划、江河流域规划、工业基地规划等有关文件；

⑤ 有关机构发布的工程建设方面的标准、规范和定额；

⑥ 合资、合作项目各方签订的协议书或意向书；

⑦ 委托单位的委托合同；

⑧ 经国家统一颁布的有关项目评价的基本参数和指标；

⑨ 有关的基础数据。

（三）可行性研究的编制要求

1. 编制单位必须具备承担可行性研究的条件

可行性研究报告的质量取决于编制单位的资质和编写人员的素质。项目可行性研究报告的内容涉及面广，还有一定的深度要求。因此，编制单位必须是具备一定的技术力量、技术装备、技术手段和相当实践经验等条件的工程咨询公司、设计院等专门单位。研究人员应具有所从事专业的中级以上专业职称，并具有相关的知识、技能和工作经历。

2. 确保可行性研究报告的真实性和科学性

可行性研究报告是投资者进行项目最终决策的重要依据，其质量如何影响重大。要求编制单位必须保持独立性和公正性，应切实做好编制前的准备工作，在调查研究的基础上，按客观实际情况实事求是地进行技术经济论证、技术方案比较和优选，切忌主观臆断、行政干预、划框框、定调子，保证可行性研究的严肃性、客观性、真实性、科学性和可靠性，确保可行性研究的质量。

3. 可行性研究的内容和深度要规范化和标准化

不同行业和不同项目的可行性研究内容和深度可以各有侧重和区别，但其基本内容要完整、文件要齐全，研究深度要达到国家规定的标准，按照国家发改委颁布的有关文件的要求进行编制，以满足投资决策的要求。

4. 可行性研究报告必须经签证与审批

可行性研究报告编完之后，应由编制单位的行政、技术、经济方面的负责人签字，并对研究报告的质量负责。同时，还须上报主管部门审批。

第三节 投资估算

投资估算是项目决策的重要依据之一。在整个投资决策过程中，要对建设工程造价进行估算，在此基础上研究是否建设。投资估算要保证必要的准确性，如果误差太大，必将导致决策的失误。因此，准确、全面地估算工程项目的工程造价，是项目可行性研究乃至整个工程项目投资决策阶段造价管理的重要任务。

一、投资估算概述

(一) 投资估算的概念及作用

投资估算是指在项目投资决策过程中,依据现有的资料和特定的方法,对工程项目的投资额进行的估计。它是项目建设前期编制项目建议书和可行性研究报告的重要组成部分,是项目决策的重要依据之一。投资估算的准确与否不仅影响到可行性研究工作的质量和经济评价结果,而且也直接关系到下一阶段设计概算和施工图预算的编制,对工程项目资金筹措方案也有直接的影响。因此,全面准确地估算工程项目的工程造价,是可行性研究乃至整个决策阶段造价管理的重要任务。

投资估算在项目开发建设过程中的作用有以下几点。

① 项目建议书阶段的投资估算,是项目主管部门审批项目建议书的依据之一,并对项目的规划、规模起参考作用。

② 项目可行性研究阶段的投资估算,是项目投资决策的重要依据,也是研究、分析、计算项目投资经济效果的重要依据。当可行性研究报告被批准之后,其投资估算额就是作为设计任务书中下达的投资限额,即作为工程项目投资的最高限额,不得随意突破。

③ 项目投资估算对工程设计概算起控制作用,设计概算不得突破批准的投资估算额。

④ 项目投资估算可作为项目资金筹措及制订建设贷款计划的依据,建设单位可根据批准的项目投资估算额,进行资金筹措和向银行申请贷款。

⑤ 项目投资估算是核算其固定资产投资需要额和编制固定资产投资计划的重要依据。

(二) 投资估算的阶段划分与精度要求

在我国,项目投资估算是指在做初步设计之前各工作阶段中的一项工作。在做工程初步设计之前,根据需要可邀请设计单位参加编制项目规划和项目建议书,并可委托设计单位承担项目的初步可行性研究、可行性研究及设计任务书的编制工作,同时应根据项目已明确的技术经济条件,编制和估算出精度不同的投资估算额。我国工程项目的投资估算分为以下几个阶段。

1. 项目规划阶段的投资估算

工程项目规划阶段是指有关部门根据国民经济发展规划、地区发展规划和行业发展规划的要求,编制一个工程项目的建设规划。此阶段是按项目规划的要求和内容,粗略地估算工程项目所需要的投资额。其对投资估算精度的要求为允许误差大于±30%。

2. 项目建议书阶段的投资估算

在项目建议书阶段,是按项目建议书中的产品方案、项目建设规模、产品主要生产工艺、企业车间组成、初选建厂地点等,估算工程项目所需要的投资额。其对投资估算精度的要求为误差控制在±30%以内。可据此阶段项目的投资估算判断该项目是否需要进行下一阶段的工作。

3. 初步可行性研究阶段的投资估算

初步可行性研究阶段,是在掌握了更详细、更深入的资料条件下,估算工程项目所需的投资额。其对投资估算精度的要求为误差控制在±20%以内。此阶段项目投资估算的意义是据以确定是否进行详细可行性研究。

4. 详细可行性研究阶段的投资估算

详细可行性研究阶段的投资估算至关重要,因为这个阶段的投资估算经审查批准之后,便是工程设计任务书中规定的项目投资限额,并可据此列入项目年度基本建设计划。该阶段对投资估算精度的要求为误差控制在±10%以内。

（三）投资估算的内容

根据国家规定，从满足工程项目投资计划和投资规模的角度，工程项目投资估算包括建设投资、建设期利息和流动资金。

1. 建设投资

建设投资是指在项目筹建与建设期间所花费的全部建设费用，由建筑工程费、安装工程费、设备及工器具购置费、工程建设其他费用、预备费（包括基本预备费、涨价预备费）构成。

2. 建设期利息

建设期利息是债务资金在建设期内发生并应计入固定资产原值的利息，包括借款（或债券）利息及手续费、承诺费、管理费等。

3. 流动资金

流动资金是指生产经营性项目投产后，用于购买原材料、燃料、支付工资及其他经营费用等所需的周转资金。它是伴随着固定资产投资而发生的长期占用的流动资金投资，流动资金等于流动资产减去流动负债。其中，流动资产主要考虑现金、应收账款和存货；流动负债主要考虑应付账款。因此，流动资金的概念，实际上就是财务中的营运资金。

以上费用中，建筑安装工程费用、设备及工器具购置费形成固定资产，工程建设其他费用可分别形成固定资产、无形资产及其他资产，基本预备费、涨价预备费、建设期贷款利息，在可行性研究阶段为简化计算，一并计入固定资产，流动资金则形成流动资产。

工程项目投资估算构成如图 6-1 所示。

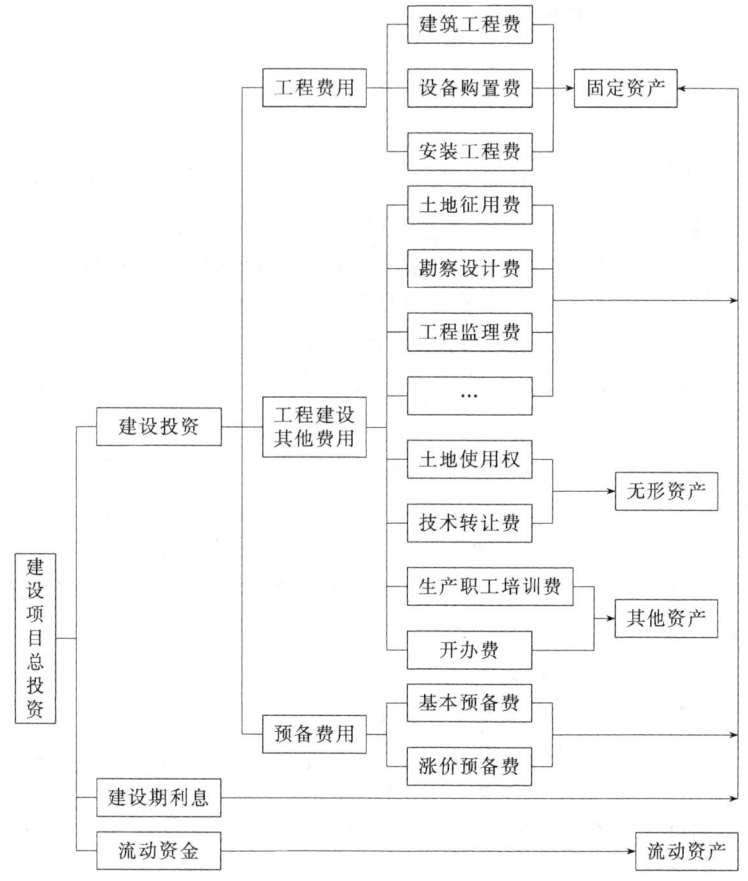

图 6-1　建设项目总投资构成与资产形成

（四）投资估算的编制依据

① 专门机构发布的建设工程造价费用构成、估算指标、计算方法，以及其他有关计算工程造价的文件。

② 专门机构发布的工程建设其他费用计算办法和费用标准，以及政府部门发布的物价指数。

③ 拟建项目各单项工程的建设内容及工程量。

二、建设投资估算

建设投资估算方法有简单估算法和分类详细估算法。简单估算法有单位生产能力估算法、生产能力指数估算法、系数估算法、比例估算法和指标估算法等。前四种估算方法估算准确度相对不高，主要适用于投资机会研究和初步可行性研究阶段。项目详细可行性研究阶段应采用指标估算法和分类详细估算法。

（一）简单估算法

1. 单位生产能力估算法

依据调查的统计资料，利用相近规模的单位生产能力投资乘以建设规模，即得拟建项目投资。其计算公式为：

$$C_2 = \left(\frac{C_1}{Q_1}\right)Q_2 f$$

式中　C_1——已建类似项目的投资额；

C_2——拟建项目投资额；

Q_1——已建类似项目的生产能力；

Q_2——拟建项目的生产能力；

f——不同时期、不同地点的定额、单价、费用变更等的综合调整系数。

这种方法把项目的建设投资与其生产能力的关系视为简单的线性关系，估算结果精确度较差。使用这种方法时要注意拟建项目的生产能力和类似项目的可比性，否则误差很大。由于在实际工作中不易找到与拟建项目完全类似的项目，通常是把项目按其下属的车间、设施和装置进行分解，分别套用类似车间、设施和装置的单位生产能力投资指标计算，然后加总求得项目总投资。或根据拟建项目的规模和建设条件，将投资进行适当调整后估算项目的投资额。

单位生产能力估算法主要用于新建项目或装置的估算，十分简便迅速，但要求估算人员掌握足够的典型工程的历史数据，这些数据均应与单位生产能力的造价有关，而且必须是新建装置与所选取装置的历史资料相类似，仅存在规模大小和时间上的差异。

【例6-1】 假定某地拟建一座2000套客房的豪华旅馆，另有一座豪华旅馆最近在该地竣工，且掌握了以下资料：它有2500套客房，有餐厅、会议室、游泳池、夜总会、网球场等设施。总造价为10250万美元。估算新建项目的总投资。

解　根据以上资料，可首先推算出折算为每套客房的造价：

$$\frac{总造价}{客房总套数} = \frac{10250}{2500} = 4.1（万美元/套）$$

据此，即可很迅速地计算出在同一个地方，且各方面有可比性（f取1）的具有2000套客房的豪华旅馆造价估算值为：

$$4.1万美元 \times 2000 = 8200（万美元）$$

单位生产能力估算法估算误差较大，可达 ±30%，即精度达 70%。此法只能是粗略地快速估算，由于误差大，应用该估算法时需要小心，应注意以下几点。

（1）地方性　地方性差异主要表现为：两地经济情况不同；土壤、地质、水文情况不同；气候、自然条件的差异；材料、设备的来源、运输状况不同等。

（2）配套性　一个工程项目或装置，均有许多配套装置和设施，也可能产生差异，如：公用工程、辅助工程、厂外工程和生活福利工程等，这些工程随地方差异和工程规模的变化均各不相同，它们并不与主体工程的变化呈线性关系。

（3）时间性　工程项目不一定在同一时间兴建，时间差异或多或少存在，在这段时间内可能在技术、标准、价格等方面发生变化。

2. 生产能力指数估算法

生产能力指数估算法又称指数估算法，它是根据已建成的类似项目生产能力和投资额来粗略估算拟建项目投资额的方法。其计算公式为：

$$C_2 = C_1\left(\frac{Q_2}{Q_1}\right)^n f$$

式中　n——生产能力指数。

其他符号含义同前。

上式表明，造价与规模（或容量）呈非线性关系，且单位造价随工程规模（或容量）的增大而减小。在正常情况下，$0 \leq n \leq 1$。不同生产率水平的国家和不同性质的项目中，n 的取值是不相同的。比如化工项目美国取 $n=0.6$，英国取 $n=0.66$，日本取 $n=0.7$。

若已建类似项目的规模和拟建项目的规模相差不大，生产规模比值在 0.5～2 之间，则指数 n 的取值近似为 1。

若已建类似项目与拟建项目的规模相差不大于 50 倍，且拟建项目规模的扩大仅靠增大设备规模来达到时，则 n 取值约在 0.6～0.7 之间；若是靠增加相同规格设备的数量达到时，n 的取值约在 0.8～0.9 之间。

【例6-2】　已知建设年产 30 万吨乙烯装置的投资额为 60 000 万元，试估计建设年产 70 万吨乙烯装置的投资额（生产能力指数 $n=0.6$，$f=1.2$）。

解　　$C_2 = C_1\left(\frac{Q_2}{Q_1}\right)^n f = 60000 \times \left(\frac{70}{30}\right)^{0.6} \times 1.2 = 119706.73$（万元）

生产能力指数法与单位生产能力估算法相比精确度略高，其误差可控制在 ±20% 以内，尽管估价误差仍较大，但有它独特的好处：即这种估价方法不需要详细的工程设计资料，只知道工艺流程及规模就可以；其次对于总承包工程而言，可作为估价的旁证，在总承包工程报价时，承包商大都采用这种方法估价。

3. 比例估算法

它是以拟建项目的主体工程费或主要设备费为基数，以其他工程费占主体工程费的百分比为基础估算项目总投资的方法。这种方法简单易行，但是精度较低，一般用于项目建议书阶段。比例估算法可分为两种。

（1）以拟建项目的设备购置费为基数进行估算　该方法是以拟建项目的设备购置费为基数，根据已建成的同类项目的建筑工程费和安装工程费占设备购置费的百分比，求出相应的建筑工程费和安装工程费，再加上拟建项目其他费用（包括工程建设其他费用和预备费等），其总和即为拟建项目的固定资产投资。计算公式如下：

$$C = E(1 + f_1 P_1 + f_2 P_2) + I$$

式中　C——拟建项目投资额；

　　　E——拟建项目根据当时当地价格计算的设备购置费；

　P_1,P_2——已建项目中建筑工程费和安装工程费占设备购置费的百分比；

　f_1,f_2——由于时间因素引起的定额、单价、费用变更等的综合调整系数；

　　　I——拟建项目的其他费用。

【例6-3】 某拟建项目设备购置费为15000万元，根据已建同类项目统计资料，建筑工程费占设备购置费的23%，安装工程费占设备购置费的9%，该拟建项目的其他有关费用估计为2600万元，调整系数f_1、f_2均为1.1，试估算该项目的固定资产投资。

解　$C=E(1+f_1P_1+f_2P_2)+I=15000\times[1+(23\%+9\%)\times1.1]+2600=22880$（万元）

（2）以拟建项目的工艺设备投资为基数进行估算　该方法以拟建项目中的最主要、投资比重较大并与生产能力直接相关的工艺设备的投资（包括运杂费和安装费）为基数，根据同类型的已建项目的有关统计资料，计算出拟建项目的各专业工程（总图、土建、暖通、给排水、管道、电气及电信、自控等）占工艺设备投资的百分比，据以求出各专业的投资，然后把各部分投资（包括工艺设备投资）相加求和，再加上拟建项目的其他有关费用，即为拟建项目的固定资产投资。计算公式为：

$$C=E(1+f_1P_1'+f_2P_2'+f_3P_3'+\cdots)+I$$

式中　　　　E——拟建项目根据当时当地价格计算的工艺设备投资；

$P_1',P_2',P_3'\cdots$——已建项目中各专业工程费用占设备投资的比重。

其他符号含义同前。

4. 系数估算法

（1）朗格系数法　这种方法是以设备购置费为基础，乘以适当系数来推算项目的建设费用。其计算公式为：

$$C=E(1+\sum K_i)K_C$$

式中　C——总建设费用；

　　　E——主要设备费用；

　　K_i——管线、仪表、建筑物等项费用的估算系数；

　　K_C——管理费、合同费、应急费等间接费在内的总估算系数。

总建设费用与设备费用之比为朗格系数K_L，即：

$$K_L=(1+\sum K_i)K_C$$

（2）设备及厂房系数法　该方法以拟建项目工艺设备投资和厂房土建投资估算为基础，其他专业工程参照类似项目的统计资料，与设备关系较大的按设备投资系数计算，与厂房土建关系较大的则按厂房土建投资系数计算，两类投资加起来，再加上拟建项目的其他有关费用，即为拟建项目的固定资产投资。

【例6-4】 某项目工艺设备及其安装费用估计为2600万元，厂房土建费用估计为4200万元，参照类似项目的统计资料，其他各专业工程投资系数如下，其他有关费用为2400万元，试估算该项目的固定资产投资。

工艺设备	1.00	厂房土建（含设备基础）	1.00
起重设备	0.09	给排水工程	0.04
加热炉及烟道	0.12	采暖通风	0.03
气化冷却	0.01	工业管道	0.01

余热锅炉	0.04	电器照明	0.01
供电及转动	0.18		
自动化仪表	0.02		
系数合计：	1.46	系数合计：	1.09

解　根据上述方法，则该项目的固定资产投资额为：

$$2600×1.46＋4200×1.09＋2400＝10774(万元)$$

5. 指标估算法

这种方法是把工程项目划分为建筑工程、设备安装工程、设备购置费及其他基本建设费等费用项目或单位工程，再根据各种具体的投资估算指标，估算并加总各项费用项目或单位工程投资，再估算工程建设其他费用及预备费，汇总后即可求得工程项目总投资。

在初步设计与施工图设计阶段均有一套较为完整的材料价格、定额资料、费用标准等，可按一定的程序与编制方法来编制概预算。但在工程建设前期进行可行性研究编制投资估算时，则缺少指导性的依据资料，因而投资估算的精确度在很大程度上取决于编制人员的业务水平与经验。过去有关主管部门对概预算定额、费用标准抓得比较紧，而对投资估算定额或指标考虑较少，为有效地控制工程造价，就要有一套合理估价的基础资料。近年来，随着经济体制的改革，各地区、各主管部门结合其工程建设的特点及不同情况，已开展估算指标的编制工作。

估算指标是一种比概算指标更为扩大的单位工程指标或单项工程指标。编制方法是采用有代表性的单位或单项工程的实际资料，采用现行的概预算定额编制。或收集有关工程的施工图预算或结算资料，经过修正、调整反复综合平衡，以单项工程（装置、车间）或工段（区域，单位工程）为扩大单位，以"量"和"价"相结合的形式，用货币来反映活劳动与物化劳动。指标的单位可以根据工艺流程的需要而分区切块，按需要而变动。指标的"量"与"价"受扩大指标单位规定的内容和范围影响而变化。在规定的范围内，"量"是不变的，而"价"是受单价影响的，必须进行必要的调整。估算指标应是以定"量"为主，故在估算指标中应有人工数、主要设备规格表、主要材料量、主要实物工程量、各专业工程的投资等。对单项工程，应作简洁的介绍，必要时还要附工艺流程图、物料平衡表及消耗指标。这样，就为动态计算和经济分析创造条件。

使用估算指标法应根据不同地区、年代进行调整。因为地区、年代不同，设备与材料的价格均有差异，调整方法可以以主要材料消耗量或工程量为依据；也可以按不同的工程项目的"万元工料消耗定额"确定不同的系数。如果有关部门已颁布了有关定额或材料价差系数（物价指数），也可以据其调整。

使用估算指标法进行投资估算决不能生搬硬套，必须对工艺流程、定额、价格及费用标准进行分析，经过实事求是的调整与换算后，才能提高其精确度。

（二）分类详细估算法

分类详细估算法是对构成建设投资的各类费用，即工程费用（含建筑工程费、设备及工器具购置费和安装工程费）、工程建设其他费用和预备费（含基本预备费和涨价预备费）分类进行估算。

1. 估算步骤

① 分别估算各单项工程所需的建筑工程费、设备及工器具购置费、安装工程费；

② 汇总建筑工程费、设备及工器具购置费、安装工程费，得出单项工程的工程费用，然后合计得出项目建设所需的工程费用；

③ 在工程费用的基础上，估算工程建设其他费用；

④ 以工程费用和工程建设其他费用为基础估算基本预备费；

⑤ 在确定分年投资计划的基础上估算涨价预备费；

⑥ 估算建设期贷款利息；

⑦ 加总求得固定资产总投资。

2. 建筑工程费用估算

建筑工程费用的估算方法有单位建筑工程投资估算法、单位实物工程量投资估算法和概算指标投资估算法。前两种方法比较简单，后一种方法要以较为详细的工程资料为基础，工作量较大，实际工作中可根据具体条件和要求选用。

（1）单位建筑工程投资估算法　该方法是以单位建筑工程量投资乘以建筑工程总量来估算建筑工程费的方法。一般工业与民用建筑以单位建筑面积（平方米）投资，乘以相应的建筑工程总量计算建筑工程费。

（2）单位实物工程量投资估算法　该方法是以单位实物工程量投资乘以实物工程量总量来估算建筑工程费的方法。土石方工程按每立方米投资，路面铺设工程按每平方米投资，乘以相应的实物工程量总量计算建筑工程费。

（3）概算指标投资估算法　在估算建筑工程费时，对于没有前两种估算指标，或者建筑工程费占固定资产投资比例较大的项目，可采用概算指标估算法。建筑工程概算指标通常以整个建筑物为对象，以建筑面积、体积等为计量单位来确定人工、材料和机械台班的消耗量标准和造价指标。采用该方法，需要占有较为详细的工程资料、建筑材料价格和工程费用指标，工作量较大。具体方法参照专门机构发布的概算编制办法。

估算建筑工程费应编制建筑工程费估算表。其内容和格式见表 6-2。

表 6-2　某生物农药项目的建筑工程费估算

序号	建、构筑物名称	单位	工程量	单价/元	费用合计/万元
1	生产车间	m²	7712	1800	1388.2
2	培育室	m²	144	1000	14.4
3	原料、成品库	m²	5783	1000	578.3
4	综合动力站	m²	1134	1200	136.1
5	地下水池	m³	1300	750	97.5
6	门卫室	m²	74	1000	7.4
7	厂区围墙和大门	m	750	200	15.0
8	厂区道路	m²	9800	120	117.6
9	厂区绿化	m²	6743	50	33.7
10	综合楼	m²	3402	1200	408.2
11	食堂等生活设施	m²	1157	1000	115.7
12	车库	m²	230	1000	23.0
	合计				2935.1

注：该项目对生产车间有一定的净化要求，无菌间等需封闭隔离以及发酵生产设备振动等对生产厂房有特殊要求。

3. 设备及工器具购置费用估算

设备及工器具购置费估算包括国内设备购置费、进口设备购置费和工器具及生产家具购置费的估算。各部分具体的计算方法在本书第二章第二节中已有详细介绍，此处不再赘述。

估算设备及工器具购置费应编制设备及工器具购置费估算表。其内容和格式见表 6-3。

表 6-3　某生物农药项目的国内设备购置费估算

序号	设备名称	型号规格	单位	数量	设备购置费/万元		
					出厂价	运杂费	总价
1	工艺设备		台套	124	1618.2	129.5	1747.7
	其中:二级种子罐	10m³	台	6	120.0		
	发酵罐	80m³	台	3	270.0		
	喷雾干燥系统		套	2	180.0		
	包装机		套	6	240.0		
2	通风设备		台	20	6.0	0.5	6.5
3	自控设备		套	1	300.0	24.0	324.0
4	培育室设备		套	1	40.0	3.2	43.2
5	化验检测仪器		台套	44	97.6	7.8	105.4
6	机电仪修设备		套	3	60.0	4.8	64.8
7	综合动力设备		台套	15	395.0	31.6	426.6
	其中:空压系统	110m³/min,1MPa	套	2	120.0		
	制冷系统	30万千卡	套	2	140.0		
8	消防设备		套	1	24.0	1.9	25.9
9	污水处理设备		套	1	30.0	2.4	32.4
10	通信设备				5.0		5.0
11	生产运输车辆		台	6	67.0	5.4	72.4
12	台式计算机		台	30	24.0		24.0
13	工器具及生产家具				5.3	0.4	5.7
	合　计				2672.1	211.5	2883.6

4. 安装工程费用估算

投资估算中安装工程费用通常是根据行业或专门机构发布的安装工程定额、取费标准进行估算。具体计算可按安装费费率、每吨设备安装费指标或每单位安装实物工程量费用指标进行估算。项目决策阶段，根据投资估算的深度要求，安装费用也可以按单项工程分别估算。计算公式为:

$$安装工程费 = 设备原价 \times 安装费费率$$

或　　　　　　　　$$安装工程费 = 设备吨位 \times 每吨设备安装费指标$$

或　　　　　　$$安装工程费 = 安装实物工程量 \times 每单位安装实物工程量费用指标$$

估算安装工程应编制安装工程费估算表。其内容和格式见表 6-4。

表 6-4　某生物农药项目的安装工程费估算

序号	安装工程名称	设备原价/万元	设备安装费率（占设备原价百分比）/%	管道、材料费/万元	安装工程费/万元
1	设备				
1.1	工艺设备	1618.2	8		129.5
1.2	通风设备	6.0	10		0.6
1.3	自控设备	300.0	7		21.0
1.4	培育室设备	40.0	3		1.2
1.5	化验检测仪器	97.6	1		1.0
1.6	机修、电修设备	40.0	5		2.0
1.7	仪修设备	20.0	2		0.4
1.8	综合动力设备	395.0	10		39.5
1.9	消防设备	24.0	12		2.9
1.10	污水处理设备	30.0	12		3.6
	设备小计				201.7
2	管线工程				

续表

序号	安装工程名称	设备原价/万元	设备安装费率（占设备原价百分比）/%	管道、材料费/万元	安装工程费/万元
2.1	供水管道			21.0	21.0
2.2	排水管道			30.0	30.0
2.3	变配电线路			4.8	4.8
2.4	通信线路			10.0	10.0
2.5	厂区动力照明			30.0	30.0
	管线工程小计				95.8
	合计				297.5

汇总建筑工程费、设备及工器具购置费及安装工程费，便可求得拟建项目的工程费用。

【例 6-5】 按表 6-2～表 6-4 给出的条件，求某生物农药项目的工程费用。

解 某生物农药项目的工程费用＝建筑工程费＋设备及工器具购置费＋安装工程费

$$＝2935.1＋2883.6＋297.5＝6116.2（万元）$$

5. 工程建设其他费用估算

工程建设其他费用包括的内容在第二章中已详细介绍，此处不再赘述。

工程建设其他费用按各项费用的费率或者取费标准估算后，应编制工程建设其他费用估算表。其内容和格式见表 6-5。

表 6-5　某生物农药项目的工程建设其他费用估算表

序号	费用名称	计算依据	费率或标准	总价/万元
1	土地使用权费	$35000m^2$	每平方米 176 元	616.0
2	建设管理费	工程费用	4.8%	293.6
3	前期工作费	工程费用	1.0%	61.2
4	勘察设计费	工程费用	3.0%	183.5
5	工程保险费	工程费用	0.3%	18.3
6	联合试运转费	工程费用	0.5%	30.6
7	专利费	专利转让协议		240.0
8	人员培训费	项目定员 180 人	每人 2000 元	36.0
9	人员提前进厂费	项目定员 180 人	每人 5000 元	90.0
10	办公及生活家具购置费	项目定员 180 人	每人 1000 元	18.0
	合计			1587.2

注：表内的前期工作费包括可行性研究费、环境影响评价费和职业安全卫生健康评价费。

6. 基本预备费估算

基本预备费以工程费用和工程建设其他费用之和为基数，按部门或行业主管部门规定的基本预备费费率估算。估算公式为：

$$基本预备费＝（工程费用＋工程建设其他费用）×基本预备费费率$$

【例 6-6】 按【例 6-5】及表 6-5 给出的条件，估算某生物农药项目的基本预备费，已知该行业基本预备费费率取 10%。

解 该项目基本预备费＝（6116.2＋1587.2）×10%＝770.3（万元）

7. 涨价预备费估算

涨价预备费估算应以基准年静态投资的资金使用计划为基础来计算，具体计算方法在第二章第五节中已详细介绍，此处不再赘述。

8. 汇总编制固定资产投资估算表

上述各项费用估算完毕后应编制固定资产投资估算表。其内容和格式见表 6-6。

表 6-6 某生物农药项目的建设投资估算

序号	工程或费用名称/万元	建筑工程费/万元	设备购置费/万元	安装工程费/万元	其他费用/万元	合计/万元	其中：外汇/万元	投资比例/%
1	工程费用	2935.1	2883.6	297.5		6116.2		67.8
1.1	主体工程	1402.6	2121.4	152.3		3676.3		40.7
1.1.1	生产车间	1388.2	2078.2	151.1		3617.5		
	厂房建筑	1388.2				1388.2		
	工艺设备		1747.7	129.5		1877.2		
	通风设备		6.5	0.6		7.1		
	自控设备		324.0	21.0		345.0		
1.1.2	培育室	14.4	43.2	1.2		58.8		
1.2	辅助工程	578.3	170.2	3.4		751.9		8.3
1.2.1	原料、成品库	578.3				578.3		
1.2.2	化验检测器		105.4	1.0		106.4		
1.2.3	维修设备		64.8	2.4		67.2		
1.3	工用工程	233.6	489.9	111.8		835.3		9.3
1.3.1	综合动力站	136.1	426.6	44.3		607.0		
1.3.2	消防设施	22.5	25.9	2.9		51.3		
1.3.3	循环水池	15.0				15.0		
1.3.4	污水处理设施	60.0	32.4	3.6		96.0		
1.3.5	供水管道			21.0		21.0		
1.3.6	排水管道			30.0		30.0		
1.3.7	通信		5.0	10.0		15.0		
1.4	总图运输工程	173.7	72.4	30.0		276.1		3.1
1.4.1	门卫室	7.4				7.4		
1.4.2	厂区围墙和大门	15.0				15.0		
1.4.3	厂区道路	117.6				117.6		
1.4.4	厂区动力照明			30.0		30.0		
1.4.5	厂区绿化	33.7				33.7		
1.4.6	生产运输车辆		72.4			72.4		
1.5	服务性工程项目	564.9	24.0			570.9		6.3
1.5.1	综合楼	408.2	24.0			432.2		
1.5.2	食堂等综合设施	115.7				115.7		
1.5.3	车库	23.0				23.0		
1.6	工器具及生产家具		5.7			5.7		0.1
2	工程建设其他费				1587.2	1587.2		17.6
2.1	土地使用权费				616.0	616.0		
2.2	建设管理费				193.6	293.6		
2.3	前期工作费				61.2	61.2		
2.4	勘察设计费				183.5	183.5		
2.5	工程保险费				18.3	18.3		
2.6	联合试运转费				30.6	30.6		
2.7	专利费				24.0	24.0		
2.8	人员培训费				36.0	36.0		
2.9	人员提前进厂费				90.0	90.0		
2.10	办公生活家具购置费				18.0	18.0		
3	预备费				1320.8	1320.8		14.6
3.1	基本预备费				770.3	770.3		
3.2	涨价预备费				550.5	550.5		
4	建设投资	2935.1	2883.6	297.5	2908	9024.2		100.0
	投资比例/%	32.5	32.0	3.3	32.2	100.0		

建设期贷款利息估算具体计算方法见第二章。

三、流动资金估算

(一)　流动资金构成

流动资金是指项目建成后企业在生产过程中处于生产和流通领域、供周转使用的资金，它是流动资产与流动负债的差额。项目建成后，为保证企业正常生产经营的需要，必须有一定量的流动资金维持其周转，如用以购置企业生产经营过程中所需的原材料、燃料、动力等劳动对象和支付职工工资，以及生产中以周转资金形式被占用于在制品、半成品、产成品上的，在项目投产前预先垫支的流动资金。在周转过程中流动资金不断地改变其自身的实物形态，其价值也随着实物形态的变化而转移到新产品中，并随着产品销售的实现而回收。

在项目建设经济评价中所考虑的流动资金，是伴随固定资产投资而发生的永久性流动资产投资，它等于项目投产后所需全部流动资产扣除流动负债后的余额。

按照新的财务制度的规定，对流动资金构成及用途的划分突出了流动资产核算的重要性，强化了对流通领域中流动资金的核算，因此流动资金结构按变现速度快慢顺序划分为货币资金、应收及预付账款和存货三大块，并与流动负债（即应付、预收账款）相加形成企业的流动资产。

流动资金估算一般采用分项详细估算法，个别情况或者小型项目可采用扩大指标估算法。

(二)　扩大指标估算法

扩大指标估算法是根据现有同类企业的实际资料，求得各种流动资金率指标，亦可依据行业或部门给定的参考值或经验确定比率。将各类流动资金率乘以相对应的费用基数来估算流动资金。一般常用的基数有销售收入、总成本费用或经营成本、固定资产投资及单位产量等，究竟采用何种基数依行业习惯而定。扩大指标估算法简便易行，但准确度不高，适用于项目建议书阶段的估算。

1. 销售收入资金率法

销售收入资金率是指项目流动资金需要量与其一定时期内（通常为一年）的销售收入的比率。销售收入资金率法的计算公式如下：

$$流动资金需要量＝项目年销售收入×销售收入资金率$$

式中，项目年销售收入取项目正常生产年份的数值；销售收入资金率根据同类项目的经验数据加以确定。

一般加工工业项目多采用该法进行流动资金估算。

2. 总成本（或经营成本）资金率法

总成本（或经营成本）资金率是指项目流动资金需要量与其一定时期（通常为一年）内总成本（或经营成本）的比率。总成本（或经营成本）资金率法的计算公式如下：

$$流动资金需要量＝项目年总成本（或经营成本）×总成本（或经营成本）资金率$$

式中，项目年总成本（或经营成本）取项目正常生产年份的数值，总成本（或经营成本）资金率根据同类项目的经验数据加以确定。

一般采掘项目多采用该法进行流动资金估算。

3. 固定资产价值资金率法

固定资产价值资金率是指项目流动资金需要量与固定资产价值的比率。其固定资产价值资金率法的计算公式如下：

$$流动资金需要量＝固定资产价值×固定资产价值资金率$$

式中，固定资产价值根据前述方法得出；固定资产价值资金率根据同类项目的经验数据加以确定。

某些特定的项目（如火力发电厂、港口项目等）可采用该法进行流动资金估算。

4. 单位产量资金率法

单位产量资金率法是指项目单位产量所需的流动资金金额。单位产量资金率法的计算公式如下：

$$流动资金需要量＝达产期年产量×单位产量资金率$$

式中，单位产量资金率根据同类项目的经验数据加以确定。

（三）分项详细估算法

分项详细估算法是按各类流动资金分项估算，然后加总获得企业总流动资金需要量。它是国际上通行的流动资金估算方法。流动资金的显著特点是在生产过程中不断周转，其周转额的大小与生产规模及周转速度直接相关。分项详细估算法是根据周转额与周转速度之间的关系，对构成流动资金的各项流动资产和流动负债分别进行估算。在可行性研究中，为简化计算，仅对现金、应收账款、存货和应付账款四项内容进行估算，计算公式为：

$$流动资金＝流动资产－流动负债$$

其中：

$$流动资产＝现金＋应收账款＋存货$$

$$流动负债＝应付账款$$

$$流动资金本年增加额＝本年流动资金－上年流动资金$$

估算的具体步骤，首先计算各类流动资产和流动负债的年周转次数，然后再分项估算占用资金额。

1. 周转次数计算

周转次数是指流动资金的各个构成项目在一年内完成多少个生产过程。

$$周转次数＝360/最低周转天数$$

现金、应收账款、存货和应付账款的最低周转天数，可参照同类企业的平均周转天数并结合项目特点确定。又因为：

$$周转次数＝周转额/各项流动资金平均占用额$$

如果周转次数已知，则：

$$各项流动资金平均占用额＝周转额/周转次数$$

2. 现金估算

项目流动资金中的现金是指货币资金，即企业生产经营活动中停留于货币形态的那部分资金，包括企业库存现金和银行存款。计算公式为：

$$现金＝（年工资及福利费＋年其他费用）/现金年周转次数$$

$$年其他费用＝制造费用＋管理费用＋销售费用－（以上三项$$
$$费用中所包含的工资及福利费、折旧费、维检费、摊销费、修理费）$$

或

$$年其他费用＝其他制造费用＋其他营业费用＋其他管理费用＋$$
$$技术转让费＋研究与开发费＋土地使用税$$

3. 应收账款估算

应收账款的计算公式为：

$$应收账款＝年经营成本/应收账款年周转次数$$

4. 存货估算

存货是企业为销售或者生产耗用而储备的各种物资，主要有原材料、辅助材料、燃料、低值易耗品、维修备件、包装物、在产品、自制半成品和产成品等。为简化计算，仅考虑外购原材料、外购燃料、在产品和产成品，并分项进行计算。计算公式为：

$$存货＝外购原材料、燃料＋在产品＋产成品$$

其中：　　　外购原材料＝年外购原材料费/原材料年周转次数

外购燃料＝年外购燃料费/按种类分项年周转次数

在产品＝（年外购原材料、燃料、动力费＋年工资及福利费＋年修理费＋年其他制造费用）/在产品年周转次数

产成品＝（年经营成本－年其他营业费用）/产成品年周转次数

5. 应付账款估算

流动负债是指在一年或者超过一年的一个营业周期内，需要偿还的各种债务。在可行性研究中，流动负债的估算只考虑应付账款一项。计算公式为：

$$应付账款＝（年外购原材料＋年外购燃料、动力费）/应付账款年周转次数$$

根据流动资金各项估算结果，编制流动资金估算表。

【例 6-7】 某生物农药项目依据市场开拓计划，确定计算期第 3 年（即投产第 1 年）生产负荷为 30％，计算期第 4 年生产负荷为 60％，计算期第 5 年生产负荷为 100％。该项目经营成本数据见表 6-7 所示。

根据该项目生产、销售的实际情况确定其各项流动资产和流动负债的最低周转天数为：应收账款、应付账款均为 45 天；存货中各项原材料平均为 45 天，在产品为 4 天，产成品为 120 天；现金为 30 天；该项目不需外购燃料，一般也不发生预付账款和预收账款。据此估算该项目的流动资金。

解　据此估算的该项目流动资金数额见表 6-8（计算过程略）。

表 6-7　某生物农药项目的经营成本数据　　　　　　　　　单位：万元

序号	收入或成本项目	第 3 年	第 4 年	第 5～12 年
1	经营成本（含进项税额）	5646.5	9089.7	13680.5
1.1	外购原材料（含进项税额）	2044.6	4089.2	6815.3
1.2	外购动力（含进项税额）	404.0	808.1	1346.8
1.3	工资	442.5	442.5	442.5
1.4	修理费	436.4	436.4	436.4
1.5	技术开发费	464.1	928.2	1547.0
1.6	其他制造费用	218.2	218.2	218.2
1.7	其他管理费用	1106.3	1106.3	1106.3
1.8	其他营业费用	530.4	1060.8	1768.0

表 6-8　某生物农药项目的流动资金估算　　　　　　　　　单位：万元

序号	项目	最低周转天数/天	周转次数/次	运营期		
				第 3 年	第 4 年	第 5～第 12 年
1	流动资产			2936.3	4703.3	7059.2
1.1	应收账款	45	8	705.8	1136.2	1710.1
1.2	存货			2000.4	3254.1	4925.6
1.2.1	原材料	45	8	255.6	511.2	851.9
1.2.2	在产品	4	90	39.4	66.6	102.9
1.2.3	产成品	120	3	1705.4	2676.3	3970.8
1.3	现金	30	12	230.1	313.0	423.5

续表

序号	项目	最低周转天数/天	周转次数/次	运营期		
				第3年	第4年	第5～第12年
2	流动负债			306.1	612.2	1020.3
2.1	应付账款	45	8	306.1	612.2	1020.3
3	流动资金(1～2)			2630.2	4091.1	6038.9
4	流动资金本年增加额				1460.9	1947.8
5	用于流动资金的项目资本金			789.1	1227.3	1811.7
6	流动资金借款			1841.1	2863.8	4227.2

（四）估算流动资金应注意的问题

① 在采用分项详细估算法时，应根据项目实际情况分别确定现金、应收账款、存货和应付账款的最低周转天数，并考虑一定的保险系数。因为最低周转天数减少，将增加周转次数，从而减少流动资金需用量，因此，必须切合实际地选用最低周转天数。对于存货中的外购原材料和燃料，要分品种和来源，考虑运输方式和运输距离，以及占用流动资金的比重大小等因素确定。

② 在不同生产负荷下的流动资金，应按不同生产负荷所需的各项费用金额，分别按照上述的计算公式进行估算，而不能直接按照100%生产负荷下的流动资金乘以生产负荷百分比求得。

③ 流动资金属于长期性（永久性）流动资产，流动资金的筹措可通过长期负债和资本金（一般要求占30%）的方式解决。流动资金一般要求在投产前一年开始筹措，为简化计算，可规定在投产的第一年开始按生产负荷安排流动资金需用量。其借款部分按全年计算利息，流动资金利息应计入生产期间财务费用，项目计算期末收回全部流动资金（不含利息）。

【复习思考题】

1. 项目投资决策与工程造价有什么关系？
2. 项目决策阶段影响工程造价的主要因素有哪些？
3. 简述可行性研究的概念、作用及内容。
4. 简述可行性研究的阶段划分。
5. 简述投资估算的作用。
6. 简述投资估算的阶段划分及相应的精度要求。
7. 投资估算包括哪些内容？
8. 简述固定资产投资估算的方法。
9. 简述流动资金估算的方法。

【案例分析】

【案例1】某拟建年产3000万吨炼钢厂，根据可行性研究报告提供的已建年产2500万吨类似工程的主厂房工艺设备投资约2400万元。已建类似项目资料：与设备有关的其他各专业工程投资系数，见表6-9。与主厂房投资有关的辅助工程及附属设施投资系数，见表6-10。

表6-9 与设备投资有关的各专业工程投资系数

加热炉	汽化冷却	余热锅炉	自动化仪表	起重设备	供电与传动	建安工程
0.12	0.01	0.04	0.02	0.09	0.18	0.40

表 6-10　与主厂房投资有关的辅助及附属设施投资系数

动力系统	机修系统	总图运输系统	行政及生活福利设施工程	工程建设其他费
0.30	0.12	0.20	0.30	0.20

本项目的资金来源为自有资金和贷款，贷款总额为 8000 万元，贷款利率 8%（按年计息）。建设期 3 年，项目总投资第 1 年投入 30%，第 2 年投入 50%，第 3 年投入 20%，各年贷款也按此比例投放。基本预备费率 5%，预计建设期物价平均上涨率 3%，投资方向调节税率为 0%。

问题：

（1）已知拟建项目建设期与类似项目建设期的综合价格差异系数为 1.25，生产能力指数取 1.0，试用生产能力指数法估算拟建工程的工艺设备投资额；用系数估算法估算该项目主厂房投资和项目建设的工程费与其他费投资。

（2）估算该项目的建设投资。

（3）若固定资产投资流动资金率为 6%，试用扩大指标估算法估算拟建项目的流动资金，确定该项目的总投资。

【案例 2】某公司拟投资建设一个化工厂。该工程项目的基础数据如下。

1. 项目实施计划

该项目建设期为 3 年，实施计划进度为：第一年完成项目全部投资的 20%，第二年完成项目全部投资的 55%，第三年完成项目全部投资的 25%，第四年全部投产，投产当年项目的生产负荷达到设计生产能力的 70%，第五年项目的生产负荷达到设计生产能力的 90%，第六年项目的生产负荷达到设计生产能力的 100%。项目的运营期总计 15 年。

2. 固定资产投资估算

该项目工程费用及工程建设其他费用的估算额为 52180 万元，预备费为 5000 万元。

3. 建设资金来源

本项目的资金来源为自有资金和贷款。贷款总额为 4 亿元，其中外汇贷款为 2300 万美元，外汇牌价为 1 美元兑换 8.19 元人民币。人民币贷款的年利率为 12.48%（按季计息）。外汇贷款年利率为 8%（按年计息）。

4. 生产经营费用估计

该项目达到设计生产能力后，全厂定员为 1100 人，工资及福利费按每人每年 7200 元估算。项目每年的其他费用为 860 万元（其中年其他制造费用为 720 万元，年其他营业费用 80 万元），年外购原材料、燃料及动力费估算为 1.92 亿元，年经营成本为 2.1 亿元，年修理费 148 万元。各项流动资金最低周转天数分别为：应收账款、应付账款为 30 天，现金、存货为 40 天。

问题：

（1）估算建设期利息。

（2）试用分项详细估算法估算该项目的流动资金投资。

（3）估算项目的总投资。

第七章 设计阶段的造价管理

【教学目的与要求】

本章主要介绍了设计方案的评价及优化、设计概算和施工图预算的编制。通过本章的学习，使读者掌握设计概算和施工图预算的概念、作用、编制依据和内容，设计概算和施工图预算的编制方法；熟悉设计方案评价的内容与方法，工程设计优化途径；了解设计程序，设计概算和施工图预算的审查内容。

第一节 概 述

工程设计是指在工程开始施工之前，设计者根据已批准的设计任务书，为具体实现拟建项目的技术、经济要求，拟定建筑、安装及设备制造等所需的规划、图纸、数据等技术文件的工作。设计文件是建筑安装施工的依据。拟建工程在建设过程中能否保证进度、保证质量和节约投资，在很大程度上取决于设计质量的优劣。工程建成后，能否获得满意的经济效果，除了项目决策之外，设计工作起着决定性的作用。

一、工程设计程序

设计程序包括准备工作、编制各阶段的设计文件、配合施工和参加验收、进行总结的全过程，其具体步骤如下。

（1）设计准备工作。设计单位根据主管部门或业主的委托书进行可行性研究，参加厂址选择和调查研究设计所需的基础资料（包括勘察资料，环境及水文地质资料，科学试验资料，水、电及原材料供应资料，用地情况及指标、外部运输及协作条件等资料），开展工程设计所需的科学试验，在此基础上进行方案设计。

（2）初步设计。设计单位根据批准的可行性研究报告或设计承包合同和基础资料进行初步设计和编制初步设计文件。

（3）扩大初步设计。对技术复杂而又无设计经验或特殊的建设项目，设计单位应根据批准的初步设计文件进行扩大初步设计和编制扩大初步设计文件（含修正总概算）。

（4）施工图设计。设计单位根据批准的初步设计文件（或扩大初步设计文件）和主要设备订货情况进行施工图设计，并编制施工图设计文件（含施工图预算）。

（5）设计交底和配合施工。设计单位应负责交代设计意图，进行技术交底，解释设计文件，及时解决施工中设计文件出现的问题，参加试运转和竣工验收、投产及进行全面的工程设计总结。对于大中型工业项目和大型复杂的民用工程，应派现场设计代表积极配合现场施工并参加隐蔽工程验收。

二、工程设计的基本原则

工程设计不仅直接影响到建设项目的经济效果，也是贯彻国家方针政策的基本途径。在我国，建筑设计中要求贯彻"坚固适用、技术先进、经济合理"的方针。具体而言，在设计中应该坚持以下原则。

① 严格执行国家现行的设计规范和国家批准的建设标准。

② 尽量采用标准化设计，积极推广应用"可靠性设计方法"、"结构优化设计方法"等现代设计方法。

③ 注意因地制宜，就地取材，节省建设资金，在切实满足建筑物功能要求的同时，千方百计地节约投资、节约各种资源，缩短建设工期。

④ 积极采用技术上更加先进、经济上更加合理的新结构、新材料。

第二节　设计方案的评价

一、设计方案评价的原则

为了提高工程建设投资效果，从选择建设场地和工程总平面布置开始，直至建筑节点的设计，都应进行多方案比选，从中选取技术先进、经济合理的最佳设计方案。设计方案评价应遵循以下原则。

① 设计方案必须要处理好经济合理性与技术先进性之间的关系。

② 设计方案必须兼顾建设与使用，考虑项目全寿命费用。

③ 设计必须兼顾近期与远期的要求。

④ 设计方案能够节约用地和能源，与国内同类建设项目及国际常规相比回收期短，收益率高。

二、设计方案评价的内容

工程设计包括工业项目设计和民用建筑设计两大类。不同类型的项目，使用目的和功能要求不同，设计方案评价的内容也不相同。

(一) 工业项目设计评价

工业项目设计是由总平面设计、工艺设计和建筑设计三部分组成。各部分设计方案侧重点不同，确定的评价指标也不相同。

1. 总平面设计评价

总平面图设计是指总图运输设计和总平面配置。主要包括的内容有：厂址方案、占地面积和土地利用情况；总图运输、主要建筑物和构筑物及公用设施的配置；外部运输、水、电、气及其他外部协作条件等。

总平面设计应满足生产工艺过程的要求，尽量节约建设用地，不占或少占农田。适应厂内外运输需要和建设地点的气候、地形、地质等自然条件。此外，还要考虑与城市规划的协调。

总平面设计中，常用的技术经济评价如下。

（1）建筑系数（建筑密度）　是指厂区内（一般指厂区围墙内）建筑物、构筑物和各种露天仓库及堆场、操作场地等的占地面积与整个厂区建设用地面积的比值　它是反映总平面图设计用地是否经济合理的指标，建筑系数大，表明布置紧凑，节约用地，又可缩短管线距离，降低工程造价。

（2）土地利用系数　是指厂区内建筑物、构筑物、露天仓库及堆场、操作场地、铁路、道路、广场、排水设施及地上地下管线等所占面积与整个厂区建设用地面积的比值。它综合反映出总平面布置的经济合理性和土地利用效率。

（3）工程量指标　是指场地平整土石方量、铁路道路及广场铺砌面积、排水工程、围墙长度及绿化面积等。

（4）绿化指标　是指厂区内绿化面积与厂区占地面积之比，反应环境质量水平。

（5）经济指标　是指铁路、道路每吨货物的运输费用、经营费用等。

2. 工艺设计评价

工艺设计部分要确定企业的技术水平。主要包括建设规模、标准和产品方案；工艺流程和主要设备的选型；主要原材料、燃料供应；"三废"治理及环保措施，此外还包括生产组织及生产过程中的劳动定员情况。

工艺设计要考虑技术发展的最新动态，选择先进适用的技术方案。在工艺设计中首先确定生产工艺流程，然后根据工厂生产规模和工艺过程的要求，选择设备型号和数量，并对一些标准和非标准设备进行设计。设备选型和设计应注意标准化、通用化和系列化；要考虑建设地点的实际情况和动力、运输、资源等具体条件；采用高效率的先进设备要符合技术先进、稳妥可靠、经济合理，设备的选择应立足国内；对于国内不能生产的关键设备，进口时要注意与工艺流程相适应，并与有关设备配套，不要重复引进。

工艺技术方案评价的内容主要有：技术的先进程度、可靠程度，技术对产品质量性能的保证程度，技术对原料的适应程度，工艺流程的合理性，技术获得的难易程度，对环境的影响程度，技术转让费或专利费等。

3. 建筑设计评价

建筑设计部分，要在考虑施工过程的合理组织和施工条件的基础上，决定工程的立体平面设计和结构方案的工艺要求，建筑物和构筑物及公用辅助设施的设计标准，提出工艺方案、暖气通风、给排水等问题的简要说明。

在建筑平面布置和立面形式选择上，应该满足生产工艺要求。在建筑设计时必须采用各种切合实际的先进技术，从建筑形式、材料和结构的选择、结构布置和环境保护等方面采取措施，以满足生产工艺对建筑设计的要求。

常用的建筑设计评价指标有以下几点。

（1）单位面积造价　建筑物平面形状、层数、层高、柱网布置、建筑结构及建筑材料等因素都会影响单位面积造价。

（2）建筑物周长与建筑面积比　这主要用于评价建筑物平面形状是否合理。该指标越小，平面形状越合理。

（3）厂房展开面积　这主要用于确定多层厂房的经济层数，展开面积越大，经济层数越能提高。

（4）厂房有效面积与建筑面积比　该指标主要用于评价柱网布置是否合理，合理的柱网布置可以提高厂房有效使用面积。

（5）工程全寿命成本　工程全寿命成本包括工程造价及工程建成后的使用成本，这是评价建筑物功能水平是否合理的一个综合性指标。一般来讲，功能水平低，工程造价低但使用成本高；功能水平高，工程造价高但使用成本低。工程全寿命成本最低时，功能水平最合理。

（二）民用建筑设计评价

民用建筑设计是根据建筑物的使用功能要求，确定建筑标准、结构形式、建筑物空间与平面布置以及建筑群体的配置等。民用建筑一般包括公共建筑、住宅建筑、住宅小区。本书主要介绍住宅类建筑设计评价。

1. 住宅建筑设计评价

住宅建筑设计要坚持"适用、经济、美观"的原则，合理确定户型、每户面积、层数、层高，合理选择结构方案和平面布置，长宽比例要适当。

住宅建筑设计评价的指标一般包括：

（1）平面系数　该指标衡量平面布置的紧凑性、合理性。有以下四种具体形式。

$$平面系数\ K = \frac{居住面积}{建筑面积} \times 100\%$$

$$平面系数\ K_1 = \frac{居住面积}{有效面积} \times 100\%$$

$$平面系数\ K_2 = \frac{辅助面积}{有效面积} \times 100\%$$

$$平面系数\ K_3 = \frac{结构面积}{建筑面积} \times 100\%$$

其中，有效面积是指建筑面积中可供使用的面积；居住面积＝有效面积－辅助面积；结构面积指建筑平面中结构所占的面积；有效面积＋结构面积＝建筑面积。对于民用建筑，应尽量减少结构面积比例，增加有效面积。

（2）建筑周长指标　即墙长与建筑面积之比。居住建筑进深加大，则单元周长缩小，可节约用地，减少墙体积，降低造价。

$$单元周长指标 = \frac{单元周长}{单元建筑面积}$$

$$建筑周长指标 = \frac{建筑周长}{建筑占地面积}$$

（3）建筑体积指标　该指标是建筑体积与建筑面积之比，是衡量层高的指标。

（4）面积定额指标　用于控制设计面积。

$$户均建筑面积 = \frac{建筑总面积}{总户数}$$

$$户均居住面积 = \frac{居住总面积}{总户数}$$

$$户均面宽指标 = \frac{建筑物总长度}{总户数}$$

（5）户型比　指不同居室数的户数占总户数的比例，是评价户型结构是否合理的指标之一。

2. 住宅小区设计评价

进行住宅小区建设规划时，应根据小区基本功能和要求来确定各构成部分的合理层次与关系，合理安排住宅建筑、公共建筑、绿化及管网和道路等，正确确定小区的居住建筑密度、居住建筑面积密度、居住面积密度、居住人口密度等。在节约用地的前提下，既要为居民的生活、工作和生活创造方便、舒适、优美的环境，又要能体现独特的城市风貌。

住宅小区设计方案常用的评价指标见表 7-1。

表 7-1　住宅小区设计方案评价指标

序号	指标名称	计算公式
1	建筑用地利用率	$建筑用地利用率 = \dfrac{居住小区建筑面积}{居住小区占地总面积}$
2	绿化比率	$绿化比率 = \dfrac{居住小区绿化面积}{居住小区占地总面积}$
3	建筑毛密度	$建筑毛密度 = \dfrac{居住和公共建筑基底面积}{居住建筑总面积}$
4	居住建筑净密度	$居住建筑净密度 = \dfrac{居住建筑基底面积}{居住建筑占地面积}$
5	居住面积密度	$居住面积密度 = \dfrac{居住面积}{居住建筑占地面积}$
6	居住建筑面积密度	$居住建筑面积密度 = \dfrac{居住建筑面积}{居住建筑占地面积}$
7	人口毛密度	$人口毛密度 = \dfrac{居住人数}{居住小区占地总面积}$
8	人口净密度	$人口净密度 = \dfrac{居住人数}{居住建筑占地面积}$
9	居住建筑工程造价	$居住建筑工程造价 = \dfrac{工程原造价}{居住建筑面积}$

其中，居住建筑净密度是衡量用地经济性和保证居住区必要卫生条件的主要经济技术指标。其数值的大小与建筑层数、房屋间距、层高、房屋排列方式等因素有关。适当提高建筑密度，可节省用地，但应保证日照、通风、防火、交通安全的基本需要。

居住面积密度是反映建筑布置、平面设计与用地之间关系的重要指标。影响居住面积密度的主要因素是房屋的层数，增加层数其数值就增大，有利于节约土地和管线费用。

三、设计方案技术经济评价

设计方案的技术经济评价的目的，是采用科学的方法，按照建设项目经济效果评价原则，用一个或一组主要指标对设计方案的项目功能、造价、工期和设备、材料、人工消耗等方面进行定量与定性分析相结合的综合评价，从而择优确定技术经济效果好的设计方案。常用的技术经济评价方法有单指标法（如投资回收期法、计算费用法），和多指标法（如多指标综合评分法）。

1. 投资回收期法

设计方案的比选往往是比选各方案的功能水平及成本。功能水平先进的设计方案一般需要的投资较多，方案实施过程中的效益一般也比较好。投资回收期能够反映初始投资补偿速度，投资回收期越短的设计方案越好。

不同设计方案的比选实际上是互斥方案的比选，首先要考虑方案可比性问题。当相互比较的各设计方案能满足相同的需要时，就只需比较它们的投资和经营成本的大小，常用差额投资回收期比较法。差额投资回收期是指在不考虑时间价值的情况下，用投资大的方案比投资小的方案所节约的投资成本，回收差额投资所需的时间。其计算公式为：

$$\Delta P_t = \frac{K_2 - K_1}{C_1 - C_2}$$

式中 ΔP_t——投资差额回收期；

K_2——方案 2 的投资额；

K_1——方案 1 的投资额，且 $K_2 > K_1$；

C_2——方案 2 的年经营成本；且 $C_2 > C_1$；

C_1——方案 1 的年经营成本。

当 $\Delta P_t \leqslant P_c$（基准投资回收期）时，投资大的方案优；反之，投资小的方案优。

如果两个比较方案的年业务量不同，则需将投资和经营成本转化为单位业务量的投资和成本，然后再计算差额投资回收期，进行方案比选。此时，差额投资回收期的计算公式为：

$$\Delta P_t = \frac{K_2/Q_2 - K_1/Q_1}{C_1/Q_1 - C_2/Q_2}$$

式中 Q_1，Q_2——各设计方案的年业务量，其他符号含义同前。

【例 7-1】 某新建企业有两个设计方案，方案甲总投资 1500 万元，年经营成本 400 万元，年产量为 1000 件；方案乙总投资 1000 万元，年经营成本 360 万元，年产量为 800 件。基准投资回收期 P_c 为 6 年，试选择最优设计方案。

解 各方案单位产量的投资为：

$$K_甲/Q_甲 = 1500/1000 = 1.5（万元/件）$$
$$K_乙/Q_乙 = 1000/800 = 1.25（万元/件）$$

各方案单位产量的年经营成本为：

$$C_甲/Q_甲 = 400/1000 = 0.4（万元/件）$$
$$C_乙/Q_乙 = 360/800 = 0.45（万元/件）$$

差额投资回收期 $\Delta P_t = \dfrac{1.5 - 1.25}{0.45 - 0.4} = 5（年）$

由于 ΔP_t 小于 6 年，所以单位产量投资额较大的方案甲较优。

2. 计算费用法

计算费用法又叫最小费用法，是将一次性投资和经常性的经营成本统一为一种性质的费用从而评价设计方案的优劣。最小费用法是在诸多设计方案的功能相同的条件下，项目在整个寿命周期内计算费用最低者为最佳方案，是评价设计方案优劣的常用方法之一。

年计算费用公式为：

$$C_年 = KE + V$$

总计算费用公式为：

$$C_总 = K + Vt$$

式中 $C_年$——年计算费用；

$C_总$——项目总计算费用；

K——总投资额；

V——年生产成本；

t——投资回收期，年；

E——投资效果系数（等于投资回收期的倒数）。

【例 7-2】 某建设项目有 3 个设计方案，其已知条件如下。

方案 1：投资总额 $K_1 = 2000$ 万元，年生产成本 $V_1 = 2400$ 万元；

方案 2：投资总额 $K_2 = 2200$ 万元，年生产成本 $V_2 = 2300$ 万元；

方案 3：投资总额 $K_3 = 2800$ 万元，年生产成本 $V_3 = 2100$ 万元。

标准回收期 $t_0 = 5$ 年，投资效果系数 $E = 0.2$，优选出最佳设计方案？

解　方案 1：$C_年 = K_1 E + V_1 = 2000 \times 0.2 + 2400 = 2800$（万元）

$$C_总 = K_1 + V_1 t_0 = 2000 + 2400 \times 5 = 14000（万元）$$

$$方案 2：C_年 = K_2 E + V_2 = 2200 \times 0.2 + 2300 = 2740（万元）$$

$$C_总 = K_2 + V_2 t_0 = 2200 + 2300 \times 5 = 13700（万元）$$

$$方案 3：C_年 = K_3 E + V_3 = 2800 \times 0.2 + 2100 = 2660（万元）$$

$$C_总 = K_3 + V_3 t_0 = 2800 + 2100 \times 5 = 13300（万元）$$

由以上计算结果可见，方案 3 计算的年费用和总费用均为最低，所以，方案 3 是最佳方案。从该方案可说明，虽然它的投资为最大，但投产后生产成本最低。设计方案优劣不仅要考虑投资额的高低，还应考虑项目投产后的生产成本高低和经营效益。

3. 多指标综合评分法

多指标综合评分法，首先对需要进行分析评价的设计方案设定若干个评价指标，并按其重要程度分配各指标的权重，然后按评价标准给各指标打分，并计算各指标的加权得分，汇总出各设计方案的评价总分，以总分最高者为最优方案。

这种方法，是定量分析与定性分析相结合的方法。因此，可靠性高，应用较广泛。但关键是要正确地确定权重。其计算公式为：

$$S = \sum_{i=1}^{n} S_i \times W_i$$

式中　S —— 设计方案的总分；

S_i —— 某方案在某评价指标的评分；

W_i —— 某评价指标的权重；

i —— 评价指标个数，$i = 1、2、3、\cdots、n$。

【例 7-3】　某建筑工程有四个设计方案，选定评价指标为：实用性、平面布置、经济性、美观性四项，各指标的权重及各方案的得分为 10 分制，试选择最优设计方案。计算结果见表 7-2。

表 7-2　多指标评分法计算表

评价指标	权重	方案 A		方案 B		方案 C		方案 D	
		得分	加权得分	得分	加权得分	得分	加权得分	得分	加权得分
实用性	0.4	9	3.6	8	3.2	7	2.8	6	2.4
平面布置	0.2	8	1.6	7	1.4	8	1.6	9	1.8
经济性	0.3	9	2.7	7	2.1	9	2.7	8	2.4
美观性	0.1	7	0.7	9	0.9	8	0.8	9	0.9
合计		—	8.6	—	7.6	—	7.9	—	7.5

由上表可知：方案 A 的加权得分最高，因此方案 A 最优。

这种方法的优点在于避免了各指标间可能发生相互矛盾的现象，评价结果是唯一的。但是在确定权重及评分过程中存在主观臆断成分。同时，由于分值是相对的，因而不能直接判断各方案的各项功能实际水平。

第三节　设计方案的优化

优化设计是以系统工程理论为基础，应用最优化技术和借助计算机技术，对工程设计方案、设备选型、参数匹配、效益分析、项目可行性等方面进行最优化的设计方法。它是设计阶段的重要步骤，是控制工程造价的有效方法。

一、推行限额设计

1. 限额设计的概念

限额设计就是按照设计任务书批准的投资估算额控制初步设计，按照初步设计总概算控制施工图设计，按施工图预算造价对施工图设计的各个专业设计文件作出决策。各专业在保证达到使用功能的前提下，按分配的投资限额控制设计，严格控制不合理变更，保证总投资额不被突破。

投资分解和工程量控制是实行限额设计的有效途径和主要方法。限额设计是将上阶段设计审定的投资额和工程量分先分解到各专业，然后再分解到各单位工程和各分部工程而得到的，限额设计体现了设计标准、规模、原则的合理确定及有关概预算基础资料的合理取定，通过层层限额设计，实现了对投资限额的控制与管理，也就同时实现了对设计规范、设计标准、工程数量与概预算指标等各方面的控制。

2. 限额设计目标的确定

限额设计目标是在初步设计开始前，根据批准的可行性研究报告及其投资估算确定的。限额设计目标，经项目经理或总设计师提出，经主管院长审批下达，其总额度一般只下达直接工程费的 90%，以便项目经理或总设计师和室主任留有一定的调节指标，用完后，必须经批准才能调整。专业之间或专业内部节约下来的单项费用，未经批准不能互相调用。

3. 推行限额设计的意义

① 限额设计是控制工程造价的重要手段，限额设计是按上一阶段批准的投资控制下一阶段的设计，而且在设计中以控制工程量为主要内容，抓住了控制工程造价的核心，从而有利于克服"三超"问题。

② 限额设计可促使设计单位加强技术与经济的对立统一，克服长期以来重技术、轻经济的不良现象。

③ 限额设计有利强化设计人员的工程造价意识，增强设计人员的责任感。

④ 限额设计可促使设计与概预算形成有机的整体，克服相互脱节现象。

4. 限额设计的过程

限额设计的全过程实际上就是对建设项目投资目标管理的过程，即目标分解与计划、目标实施、目标实施检查、信息反馈的控制循环过程。这个过程可用图 7-1 来表示。

二、设计招标和设计方案竞选

建设单位首先就拟建工程的设计任务通过报刊、信息网络或其他媒介发布公告，吸引设计单位参加设计招标或设计方案竞选，以获得众多的设计方案；然后组织专家评定小组采用科学的方法，按照经济、适用、美观的原则，以及技术先进、功能全面、结构合理、安全适用、满足建设节能及环境等要求，综合评定各设计方案优劣，从中选择最优的设计方案，或将各方案的可取之处重新组合，提出最佳方案。专家评价法有利于多种设计方案的比较与选择，能集思广益，吸收众多设计方案的优点，使设计更完美。通过设计招标和设计方案竞选优化设计方案，有利于控制工程造价。

三、应用价值工程优化设计

1. 价值工程原理

价值工程又称为价值分析，是通过相关领域的合作，研究如何以最少的人力、物力、财

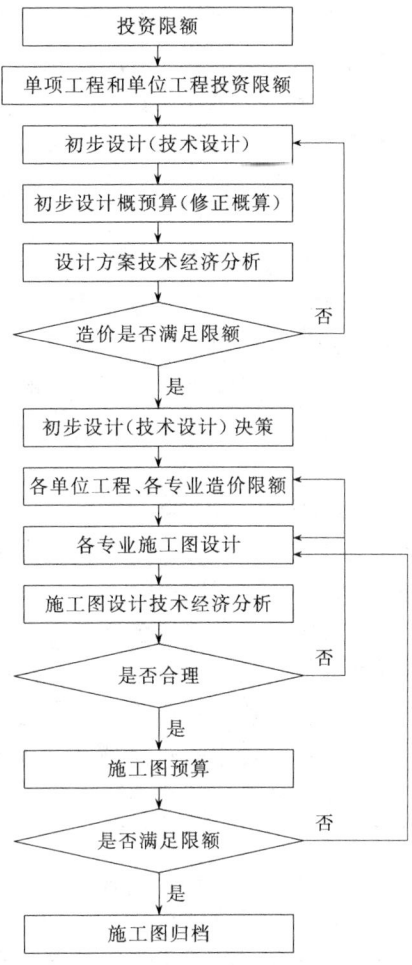

图 7-1　限额设计程序

力和时间获得必要功能的技术经济方法，是降低成本提高经济效益的有效途径。价值分析并不是单纯追求降低成本，也不片面追求提高功能，而是力求正确处理好功能与成本的对立统一关系，据高它们之间的比值即价值，研究产品功能和成本的最佳配置。

在价值工程中，价值的定义为：

$$V = \frac{F}{C}$$

式中　V——价值；

　　　F——功能；

　　　C——成本。

从上式可知，价值取决于功能和成本两个因素，因此提高工程价值的途径有：

① 在提高工程功能的同时，又降低项目投资，这是提高工程价值最为理想的途径；

② 在项目投资不变的情况下，提高工程功能；

③ 保持工程功能不变的前提下，降低项目造价；

④ 工程功能有较大幅度提高，项目投资增加较少；

⑤ 工程功能略有下降，而项目投资有大幅度降低。

在研究对象寿命周期的各个阶段都可以实施价值工程，但是在设计阶段实施价值工程意义更为重大。可以有效地控制工程造价，节约社会资源，还可以使建筑产品的功能更合理。

2. 应用价值工程进行设计方案评价的程序

（1）功能分析　不同的建筑产品有不同的使用功能，它们通过一系列建筑因素体现出来，反映建筑物的使用要求。建筑产品的功能一般分为社会性功能、适用性功能、技术性功能、物理性功能和美学功能五类。功能分析首先应明确项目各类功能具体有哪些，哪些是主要功能，并对功能进行定义和整理。

（2）功能评价　功能评价主要是比较各项功能的重要程度，用 $0\sim1$ 评分、$0\sim4$ 评分、环比评分等方法，计算各项功能的功能评价系数，作为该功能的重要度权数。

（3）方案设计　根据功能分析的结果，提出各种实现功能的方案。

（4）方案评价　对上一步所设计的各方案针对每项功能的满足程度打分，然后加权计算各方案的功能评价系数。结合成本评价系数计算各方案的价值系数，以价值系数最大者为最优方案。

3. 应用价值工程进行设计方案优化的程序

（1）对象选择　设计优化应以对造价影响较大的项目作为应用价值工程优化的对象。可以应用 ABC 分析法、百分比法、产品寿命周期法等。

（2）功能分析　分析研究对象具有哪些功能，各项功能之间的关系如何。

（3）功能评价　评价各项功能，确定功能评价系数，并计算实现各项功能的现实成本是多少，从而计算各项功能的价值系数。价值系数小于 1 的，应该在功能水平不变的条件下降低成本，或在成本不变的条件下，提高功能水平；价值系数大于 1 的，如果是重要的功能，应该提高成本，保证重要功能的实现。如果该项功能不重要，可以不做改变。

（4）分配目标成本　根据限额设计的要求，确定研究对象的目标成本，并以功能评价系数为基础，将目标成本分摊到各项功能上，与各项功能的现实成本进行对比，确定成本改进期望值，成本改进期望值大的，应首先重点改进。

（5）方案优化　根据价值分析结果及目标成本分配结果的要求，使设计方案更加合理。

【例 7-4】　某建设项目设计人员根据业主的使用要求，提出了三个设计方案。有关专家决定从五个方面（分别以 $F_1\sim F_5$ 表示）对不同方案的功能进行评价，并对功能的重要性分析如下：F_3 相对于 F_4 很重要，F_3 相对于 F_1 较重要，F_2 和 F_5 同样重要，F_4 和 F_5 同样重要。各方案单位面积造价及专家对三个方案的评分结果见表 7-3。

表 7-3　单位面积造价及专家评分

功能	A	B	C
F_1	9	8	9
F_2	8	7	8
F_3	8	10	10
F_4	7	6	8
F_5	10	9	8
单位面积造价/(元/m²)	1680	1720	1590

（1）试用 $0\sim4$ 评分法计算各功能的权重。

（2）用价值分析选择最佳设计方案。

（3）在确定某一设计方案后，设计人员按限额设计的要求，确定建安工程成本为预算成本降低 8%，然后以主要分部工程为对象进一步开展价值工程分析。各分部工程评分值及预算成本见表7-4。试分析各功能项目的价值系数及成本改进期望值，并确定改进顺序。

表7-4 功能得分和预算成本

分部工程	功能评分	预算成本/万元
土方和基础工程	12	1650
地下结构工程	14	1500
主体结构工程	36	4800
装饰装修工程	38	5630
合计	100	13580

解 (1)各功能权重的计算见表7-5。

表7-5 权重计算

项目	F_1	F_2	F_3	F_4	F_5	得分	权重系数
F_1	×	3	1	3	3	10	10/40=0.25
F_2	1	×	0	2	2	5	0.125
F_3	3	4	×	4	4	15	0.375
F_4	1	2	0	×	2	5	0.125
F_5	1	2	0	2	×	5	0.125
合计						40	1

(2)价值系数的计算见表7-6。

表7-6 价值系数计算

项目功能	权重系数	A 功能得分	A 功能加权得分	B 功能得分	B 功能加权得分	C 功能得分	C 功能加权得分
F_1	0.25	9	2.25	8	2	9	2.25
F_2	0.125	8	1	7	0.875	8	1
F_3	0.375	8	3	10	3.75	10	3.75
F_4	0.125	7	0.875	6	0.75	8	1
F_5	0.125	10	1.25	9	1.125	8	1
方案加权得分			8.375		8.500		9.00
方案功能评价系数		8.375/25.875=0.324		0.328		0.348	
方案成本评价系数		1680/4990=0.337		0.345		0.318	
方案价值系数		0.324/0.337=0.961		0.951		1.094	

由表中数据可知,C方案的价值系数最大,所以C方案为最优方案。

(3)价值系数及成本改进期望值的计算见表7-7。

表7-7 价值系数及成本改进期望值计算

分部工程	功能评分	功能系数	预算成本/万元	成本系数	价值系数	目标成本/万元	成本改进期望值/万元
(1)	(2)	(3)	(4)	(5)	(6)	(7)	(8)
土方和基础工程	12	0.12	1650	0.12	1.00	1499.23	150.77
地下结构工程	14	0.14	1500	0.11	1.27	1749.10	−249.10
主体结构工程	36	0.36	4800	0.36	1.00	4497.70	302.30
装饰装修工程	38	0.38	5630	0.41	0.93	4747.57	882.43
合计	100	1.00	13580	1.00		12493.60	1086.40

限额设计目标成本降低8%,价值为13580×8%=1086.40(万元),即总目标成本为12493.60万元。按功能系数分配,见表7-7中第(7)列。再将第(4)和第(7)列之差填入第(8)列。从第(8)列

可见,降低成本潜力大的是装饰装修工程,降低成本 882.43 元,占降低成本总目标的 81.23％;其次是主体结构工程、土方和基础工程。地下结构工程的目标成本比预算成本高,故不考虑降低成本。

四、推广标准化设计

标准化设计又称通用设计,是工程建设标准化的组成部分。标准设计覆盖范围较广,重复建造的建筑类型及生产能力相同的企业、单独的房屋构筑物均应采用标准设计。在设计阶段投资控制工作中,对不同使用要求的建筑物,应按统一的建筑模数、建筑标准、设计规范、技术规定等进行设计。若房屋或构筑物整体不便定型化时,应将其中重复出现的建筑单元、房间和主要的结构节点构造,在构配件标准化的基础上定型化。建筑物和构筑物的柱网、层高及其他构件参数尺寸应力求统一化,在基本满足使用要求和修建条件的情况下,尽可能具有通用互换性。

广泛推广标准化设计能够加快设计速度,缩短设计周期,节约设计费用;可使工艺定型,易提高工人技术水平,提高劳动生产率和节约材料,有益于较大幅度降低建设投资;可加快施工准备和定制预制构件等项工作,并能使施工速度大大加快;可以贯彻执行国家的技术经济政策,密切结合自然条件和技术发展水平,合理利用资源和材料设备,考虑施工、生产、使用和维修的要求,便于工业化生产。

第四节　设计概算的编制与审查

一、设计概算的概念和作用

1. 设计概算的概念

设计概算是初步设计文件的重要组成部分,是在投资估算的控制下由设计单位根据初步设计或技术设计的图纸及说明、利用国家或地区颁发的概算定额、概算指标、综合指标预算定额等,结合建设地区自然、技术经济条件和设备材料预算价格等资料,按照设计要求,对建设项目从筹建至竣工交付使用所需全部费用进行的预计。其特点是编制工作较为简单,在精度上没有施工图预算准确。采用两阶段设计的建设项目,初步设计阶段必须编制设计概算;采用三阶段设计的,技术设计阶段编制修正概算。

2. 设计概算的作用

设计概算的主要作用是控制以后各阶段的投资,具体表现为:

① 设计概算是编制固定资产投资计划、确定和控制建设项目投资的依据。
② 设计概算是控制施工图设计和施工图预算的依据。
③ 设计概算是衡量设计方案技术经济合理性和选择最佳设计方案的依据。
④ 设计概算是编制招标控制价(或招标标底)的依据。
⑤ 设计概算是签订建设工程合同和贷款合同的依据。
⑥ 设计概算是考核建设项目投资效果的依据。

二、设计概算的编制内容

设计概算可分单位工程概算、单项工程综合概算和建设项目总概算三级。各级概算之间的相互关系如图 7-2 所示。

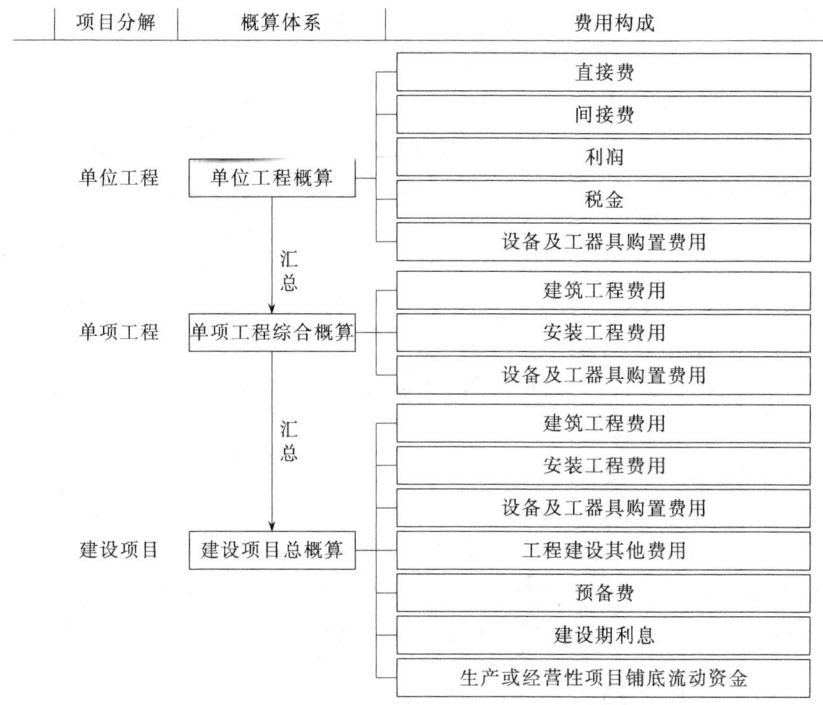

图 7-2 三级设计概算关系

1. 单位工程概算

单位工程概算是确定各单位工程建设费用的文件,是编制单项工程综合概算的依据,是单项工程综合概算的组成部分。单位工程概算按其工程性质分为建筑工程概算和设备及安装工程概算两大类。建筑工程概算包括土建工程概算,给排水、采暖工程概算,通风、空调工程概算,电气照明工程概算,弱电工程概算,特殊构筑物工程概算等;设备及安装工程概算包括机械设备及安装工程概算,电气设备及安装工程概算等,以及工具、器具及生产家具购置费概算等。

2. 单项工程综合概算

单项工程是一个复杂的综合体,是一个具有独立存在意义的完整工程,如输水工程、净水厂工程、配水工程等。单项工程概算是以初步设计文件为依据,在单位工程概算的基础上汇总单项工程工程费用的成果文件,由单项工程中的各单位工程概算汇总编制而成,是建设项目总概算的组成部分。

3. 建设项目总概算

建设项目总概算是确定整个建设项目从筹建到竣工验收所需全部费用的文件,它是由各单项工程综合概算、工程建设其他费用概算、预备费、建设期利息和投资方向调节税概算等汇总编制而成的。

若干个单位工程概算汇总后成为单项工程概算,若干个单项工程概算和其他工程费用、预备费、建设期利息等概算文件汇总成为建设项目总概算。单项工程概算和建设项目总概算仅是一种归纳、汇总性文件,因此,最基本的计算文件是单位工程概算书。建设项目若为一个独立单项工程,则建设项目总概算书与单项工程综合概算书可合并编制。

三、设计概算的编制依据

设计概算的编制依据如下。

① 国家、行业和地方政府有关建设和造价管理的法律、法规、规章、规程、标准等。

② 相关文件和费用资料，包括以下内容。

a. 初步设计或扩大初步设计图纸、设计说明书、设备清单和材料表等。

b. 批准的建设项目设计任务书（或批准的可行性研究报告）和主管部门的有关规定。

c. 国家或省、市、自治区现行的建筑设计概算定额（综合预算定额或概算指标），现行的安装设计概算定额（或概算指标），类似工程概预算及技术经济指标。

d. 建设工程所在地区的人工工资标准、材料预算价格、施工机械台班预算价格，标准设备和非标设备价格资料，现行的设备原价及运杂费率，各类造价信息和指数。

e. 国家或省、市、自治区现行的建筑安装工程直接费定额和有关费用标准，工程所在地区的土地征购、房屋拆迁、青苗补偿等费用和价格资料。

f. 资金筹措方式或资金来源。

g. 正常的施工组织设计及常规施工方案。

h. 项目涉及的有关文件、合同、协议等。

③ 施工现场资料。概算编制人员应熟悉设计文件，掌握施工现场情况，充分了解设计意图，掌握工程全貌，明确工程的结构形式和特点。掌握施工组织与技术应用情况，深入施工现场了解建设地点的地形、地貌及作业环境并加以核实、分析和修正。

四、设计概算的编制方法

（一）单位工程概算的编制方法

单位工程概算应根据单项工程中所属的每个单体按专业分别编制，一般分土建、装饰、采暖通风、给排水、照明、工艺安装、自控仪表、通信、道路、总图竖向等专业或工程分别编制。

总体上讲，单位工程概算分建筑工程概算和设备及安装工程概算两大类。建筑工程概算的编制方法有概算定额法、概算指标法、类似工程预算法等；设备及安装工程概算的编制方法有预算单价法、扩大单价法、设备价值百分比法和综合吨位指标法等。

1. 建筑工程概算的编制方法

（1）概算定额法　概算定额法又叫扩大单价法，是指采用概算定额编制建筑工程概算的方法。概算定额法要求初步设计达到一定深度，建筑结构比较明确时，才可采用。其计算步骤如下。

① 搜集基础资料、熟悉设计图纸和了解有关施工条件和施工方法。

② 按照概算定额分部分项顺序，列出单位工程中分项工程或扩大分项工程项目名称并计算工程量。

③ 确定各分部分项工程项目的概算定额单价。工程量计算完毕后，逐项套用相应概算定额单价和人工、材料消耗指标。然后分别将其填入工程概算表和工料分析表中。

有些地区根据地区人工工资、物价水平和概算定额编有与概算定额配合使用的扩大单位估价表，即概算定额单价。在采用概算定额法编制概算时，可以将计算出的扩大分部分项工程的工程量，乘以单位估价表中的概算定额单价进行直接工程费的计算。

④ 计算单位工程直接工程费和措施费。将已算出的各分部分项工程项目的工程量及在概算定额中已查出的相应定额单价和单位人工、主要材料消耗指标分别相乘，即可得出各分项工程的直接工程费和人工、主要材料消耗量。再汇总各分项工程的直接工程费及人工、主要材料消耗量，即可得到该单位工程的直接工程费和工料总消耗量。

最后，依据当地的相关规定和取费标准，计算出措施费。直接工程费与措施费汇总，即成直接费。如果规定有地区的人工、材料价差调整指标，计算直接工程费时，按规定的调整系数或其他调整方法进行调整计算。

⑤ 计算间接费、利润和税金。根据直接费，结合其他各项取费标准，分别计算间接费、利润和税金。计算公式已在第二章讲过。

⑥ 计算单位工程概算造价。

单位工程概算造价＝直接费＋间接费＋利润＋税金

⑦ 编写概算编制说明。

【例 7-5】　某市拟建一座 $7560m^2$ 的教学楼，按扩大单价和工程量表编制出该教学楼土建工程设计概算造价和平方米造价。按有关规定标准计算得到措施费为 438000 元，各项费率分别为：间接费费率为 5%，利润率为 7%，综合税率为 3.41%（以直接费为计算基础）。根据已知条件，计算该教学楼土建工程造价如表 7-8 所示。

表 7-8　教学楼土建工程概算造价计算

序号	分部工程或费用名称	单位	工程量	扩大单价/元	合价/元
1	基础工程	$10m^2$	160	3500	560000
2	混凝土及钢筋混凝土	$10m^3$	150	12000	1800000
3	砌筑工程	$10m^3$	280	4900	1372000
4	地面工程	$100m^2$	40	7000	280000
5	楼面工程	$100m^2$	90	11000	990000
6	卷材屋面	$100m^2$	40	9800	392000
7	门窗工程	$100m^2$	35	42000	1470000
8	脚手架	$100m^2$	180	900	162000
A	直接工程费小计	以上 8 项之和			7026000
B	措施费				438000
C	直接费小计	A+B			7464000
D	间接费	C×5%			373200
E	利润	(C+D)×7%			548604
F	税金	(C+D+E)×3.48%			291826
	概算造价	C+D+E+F			8677630
	每平方米概算造价/(元/m²)	8677630/7560			1148

（2）概算指标法　概算指标法采用直接工程费指标，将拟建的厂房、住宅的建筑面积或体积乘以技术条件相同或基本相同的概算指标，得出直接工程费，然后再按规定计算出措施费、间接费、利润和税金等，编制出单位工程概算的方法。该方法适用以下情况。

a. 在方案设计中，由于设计无详图而只有概念性设计时，或初步设计深度不够，不能准确地计算出工程量，但工程设计采用的技术比较成熟时可以选定与该工程相似类型的概算指标编制概算。

b. 设计方案急需造价估算而又有类似工程概算指标可以利用的情况。

c. 图样设计间隔很久后再来实施，概算造价不适用于当前情况而又急需确定造价的情形下，可按当前概算指标来修正原有概算造价。

d. 组织编制通用图设计概算指标，便于确定造价。

① 设计对象的结构特征与概算指标相同时的计算。拟建工程如果符合下列条件：

a. 拟建工程的建设地点与概算指标中的工程建设地点相同；

b. 拟建工程的工程特征和结构特征与概算指标中的工程特征、结构特征基本相同；

c. 拟建工程的建筑面积与概算指标中工程的建筑面积相差不大。

这种情况下，可以直接套用概算指标。根据直接工程费，结合其他各项取费方法，分别计算措施费、间接费、利润和税金。得到每平方米建筑面积的概算单价，乘以拟建单位工程的建筑面积，即可得到单位工程概算造价。

② 设计对象的结构特征与概算指标有局部差异时的调整。由于拟建工程（设计对象）往往与类似工程的概算指标的技术条件不尽相同，而且概算指标编制年份的人工、材料、设备等价格与拟建工程当时当地的价格也不一样。因此，必须对其进行调整，根据调整对象不同，可以分为两类。

a. 调整概算指标单价。计算公式为：

$$结构变化修正概算指标(元/m^2)=J+Q_1P_1-Q_2P_2$$

式中　J——原概算指标；

　　　Q_1——概算指标中换入新结构的工程量；

　　　Q_2——概算指标中换出旧结构的工程量；

　　　P_1——换入新结构的单价；

　　　P_2——换出旧结构的单价。

则拟建工程造价为：

$$直接工程费=修正后的概算指标×拟建工程建筑面积(或体积)$$

求出直接工程费后，再按照规定的取费计算方法计算其他费用，最终得到单位工程概算造价。

b. 调整概算指标工、料、机数量。计算公式为：

结构变化修正概算指标的工、料、机数量=原概算指标中的工、料、机消耗量+换入结构的工程量×相应定额的工、料、机消耗量-换出结构的工程量×相应定额的工、料、机消耗量

【例 7-6】　假设新建单身宿舍一座，其建筑面积为 3500m²，按概算指标和地区材料预算价格等算出一般土建工程单位造价为 840.00 元/m²（其中直接工程费为 668.00 元/m²），采暖工程 62.00 元/m²，给排水工程 46.00 元/m²，照明工程 130.00 元/m²。按照当地造价管理部门规定，土建工程措施费费率为 8%，间接费费率为 15%，利润率为 7%，税率为 3.48%。

但新建单身宿舍设计资料与概算指标相比较，其结构构件有部分变更，设计资料表明外墙为 1 砖半外墙，而概算指标中外墙为 1 砖外墙，根据当地土建工程预算定额，外墙带型毛石基础的预算单价为 426.7 元/m³，1 砖外墙的预算单价为 637.10 元/m³，1 砖半外墙的预算单价为 678.08 元/m³；概算指标中每 100m² 建筑面积中含外墙带型毛石基础为 12m³，1 砖外墙为 26.5m³，新建工程设计资料表明，每 100m² 中含外墙带型毛石基础为 9.6m³，1 砖半外墙为 31.2m²。

请计算调整后的概算单价和新建宿舍的概算造价。

解　对土建工程中结构构件的变更和单价调整过程如表 7-9 所示。

表 7-9　概算指标调整计算

结构名称	数量 /(m³,m²)	单价 /(元/m³,m²)	单位面积价格 /(元/m²)
概算指标中的土建工程直接工程费			668.00
换出部分：			
外墙带型毛石基础	0.12	426.7	51.20
1 砖外墙	0.265	637.1	168.83
换出合计			220.03

续表

结构名称	数量 /(m³,m²)	单价 /(元/m³,m²)	单位面积价格 /(元/m²)
换入部分：			
外墙带型毛石基础	0.096	426.7	40.96
1砖半外墙	0.312	678.08	211.56
换入合计			252.52
结构变化修正概算指标	668.00−220.03+252.52=700.49(元/m²)		

以上计算结果为直接工程费单价,需取费得到修正后的土建单位工程造价,即

$$700.49×(1+8\%)×(1+15\%)×(1+7\%)×(1+3.48\%)=963.30(元/m²)$$

其余工程单位造价不变,因此经过调整后的概算单价为

$$963.30+62.00+46.00+130.00=1201.30(元/m²)$$

新建宿舍楼概算造价为

$$1201.30×3500=4204550(元)$$

（3）类似工程预算法　类似工程预算法是利用技术条件与设计对象相类似的已完工程或在建工程的工程造价资料来编制拟建工程设计概算的方法。

类似工程预算法的编制步骤如下。

a. 根据设计对象的各种特征参数，选择最合适的类似工程预算。

b. 根据本地区现行的各种价格和费用标准计算类似工程预算的人工费、材料费、机械费、措施费、间接费修正系数。

c. 根据类似工程预算修正系数和以上五项费用占预算成本的比重，计算预算成本总修正系数，并计算出修正后的类似工程平方米预算成本。

d. 根据类似工程修正后的平方米预算成本和编制概算地区的利税率计算修正后的类似工程平方米造价。

e. 根据拟建工程的建筑面积和修正后的类似工程平方米造价，计算拟建工程概算造价。

f. 编制概算编写说明。

类似工程预算法适用于拟建工程初步设计与已完工程或在建工程的设计相类似，如层数相同、面积相似、结构相似、工程地点相似等，且没有可用的概算指标的情况，但必须对建筑结构差异和价差进行调整。

① 建筑结构差异的调整。建筑结构差异调整方法与概算指标法的调整方法相同。即先确定有差别的项目，然后分别按每一项目算出结构构件的工程量和单位价格（按编制概算工程所在地区的单价），然后以类似预算中相应（有差别）的结构构件的工程量和单价为基础，算出总差价。将类似预算的直接工程费总额减去（或加上）这部分差价，就得到结构差异换算后的直接工程费，再取费得到结构差异换算后的造价。

② 价差调整。类似工程造价的价差调整有两种方法：一是类似工程造价资料有具体的人工、材料、机械台班的用量时，可按类似工程造价资料中的主要材料用量、工日数量、机械台班用量乘以拟建工程所在地的主要材料预算价格、人工单价、机械台班单价，计算出直接工程费，再取费即可得出所需的造价指标；二是类似工程造价资料只有人工、材料、机械台班费用和其他费用时，可按下面公式调整

$$D=AK$$
$$K=a\%K_1+b\%K_2+c\%K_3+d\%K_4+e\%K_5$$

式中　　　　　　　　D——拟建工程单位面积概算造价；

A——类似工程单位面积预算造价；

K——综合调整系数；

$a\%$、$b\%$、$c\%$、$d\%$、$e\%$——类似工程预算的人工费、材料费、机械台班费、措施费、间接费占预算造价的比重；

K_1、K_2、K_3、K_4、K_5——拟建工程地区与类似工程预算造价在人工费、材料费、机械台班费、措施费、间接费之间的差异系数。

K_1＝拟建工程概算的人工费（或工资标准）/类似工程预算人工费（或地区工资标准）；K_2、K_3、K_4、K_5类同。

【例 7-7】 拟建办公楼建筑面积为 3000m^2，类似工程的建筑面积为 2800m^2，预算造价为 3200000 元。各种费用占预算造价的比例为：人工费 6%，材料费 55%，机械使用费 6%，措施费 3%，其他费用 30%。试用类似工程预算法编制概算。

解 假设根据公式计算出各种价格差异系数为：

人工费 K_1＝1.02 材料费 K_2＝1.05 机械使用费 K_3＝0.99

措施费 K_4＝1.04 其他费用 K_5＝0.95

综合调整系数 K＝$6\%\times1.02+55\%\times1.05+6\%\times0.99+3\%\times1.04+30\%\times0.95$

＝1.01

价差修正后的类似工程预算造价＝3200000×1.01＝3232000(元)

价差修正后的类似工程预算单方造价＝3232000/2800＝1154.29(元)

由此可得,拟建办公楼概算造价＝1154.29×3000＝3462870(元)

2. 设备及安装工程概算的编制方法

设备及安装工程概算包括设备及工器具购置费概算和设备安装工程费概算两大部分。

(1) 设备及工器具购置费概算　设备购置费是根据初步设计的设备清单计算出设备原价，并汇总出设备总原价，再按有关规定的设备运杂费率乘以设备总原价，两项相加即为设备购置费概算。具体计算可参考第二章的相关内容。

(2) 设备安装工程费概算　设备安装工程费概算的编制方法是根据初步设计深度和要求明确的程度来确定的。常用的编制方法如下。

① 预算单价法。当初步设计较深，有详细的设备清单时，可直接按安装工程预算定额单价编制设备安装工程概算，概算程序基本同于安装工程施工图预算。优点是计算具体，精确性较高。

② 扩大单价法。当初步设计深度不够，设备清单不完备，只有主体设备或仅有成套设备重量时，可采用主体设备、成套设备的综合扩大安装单价来编制概算。

③ 设备价值百分比法，又叫安装设备百分比法。当初步设计深度不够，只有设备出厂价而无详细规格、重量时，安装费可按其占设备费的百分比计算。其百分比值（即安装费率）由主管部门制定或由设计单位根据已完类似工程确定。该法常用于价格波动不大的定型产品和通用设备产品。计算公式为：

设备安装费＝设备原价×安装费率(%)

④ 综合吨位指标法。当初步设计提供的设备清单有规格和设备重量时，可采用综合吨位指标编制概算，其综合吨位指标由主管部门或由设计院根据已完类似工程资料确定。该法常用于设备价格波动较大的非标准设备和引进设备的安装工程概算。计算公式为：

设备安装费＝设备吨重×每吨设备安装费指标（元/t）

(二) 单项工程综合概算的编制方法

单项工程综合概算是以其所包含的建筑工程概算表和设备及安装概算表为基础汇总编制

的。当建设项目只有一个单项工程时，单项工程综合概算（实为总概算）还应包括工程建设其他费用（含建设期贷款利息、预备费和固定资产投资方向调节税）。

单项工程综合概算文件一般包括编制说明（不编制总概算时列入）和综合概算表两部分。

（二）建设项目总概算的编制方法

建设项目总概算是设计文件的重要组成部分，是预计整个建设项目从筹建到竣工交付使用所花费的全部费用的文件。它是由各单项工程综合概算、工程建设其他费用、建设期贷款利息、预备费、固定资产投资方向调节税和经营性项目的铺底流动资金，并按照主管部门规定的统一表格进行编制而成的。

五、设计概算的审查

1. 审查概算的编制依据

（1）审查编制依据的合法性　设计概算采用的编制依据必须经过国家和授权机关的批准，符合概算编制的有关规定。同时，不得擅自提高概算定额、指标或费用标准。

（2）审查编制依据的时效性　设计概算文件所使用的各类依据，如定额、指标、价格、取费标准等，都应根据国家有关部门的规定进行。

（3）审查编制依据的适用范围　各主管部门规定的各类专业定额及其取费标准，仅适用于该部门的专业工程；各地区规定的各种定额及其取费标准，只适用于该地区范围内，特别是地区的材料预算价格应按工程所在地区的具体规定执行。

2. 审查概算的编制深度

（1）审查编制说明　审查设计概算的编制方法、深度和编制依据等重大原则性问题。

（2）审查设计概算编制的完整性　对于一般大中型项目的设计概算，审查是否具有完整的编制说明和三级设计概算文件（总概算、综合概算、单位工程概算），是否达到规定的深度。

（3）审查设计概算的编制范围　包括：设计概算编制范围和内容是否与批准的建设项目范围相一致；各项费用应列的项目是否符合法律法规及工程建设标准；是否存在多列或遗漏的取费项目等。

3. 审查概算的主要内容

① 概算编制是否符合法律、法规及相关规定。

② 概算所编制建设项目的建设规模和建设标准、配套工程等是否符合批准的可行性研究报告或立项批文。对总概算投资超过批准投资估算10%以上的，应进行技术经济论证，需重新上报进行审批。

③ 概算所采用的编制方法、计价依据和程序是否符合相关规定。

④ 概算工程量是否准确。应将工程量较大、造价较高、对整体造价影响较大的项目作为审查重点。

⑤ 概算中主要材料用量的正确性和材料价格是否符合工程所在地的价格水平，材料价差调整是否符合相关规定等。

⑥ 概算中设备规格、数量、配置是否符合设计要求，设备原价和运杂费是否正确；非标准设备原价的计价方法是否符合规定；进口设备的各项费用的组成及其计算程序、方法是否符合规定。

⑦ 概算中各项费用的计取程序和取费标准是否符合国家或地方有关部门的规定。

⑧ 总概算文件的组成内容是否完整地包括了建设项目从筹建至竣工投产的全部费用组成。

⑨ 综合概算、总概算的编制内容、方法是否符合国家相关规定和设计文件的要求。

⑩ 概算中工程建设其他费用中的费率和计取标准是否符合国家、行业有关规定。

⑪ 概算项目是否符合国家对于环境治理的要求和相关规定。

⑫ 概算中技术经济指标的计算方法和程序是否正确。

第五节　施工图预算的编制与审查

一、施工图预算的概念

施工图预算是以施工图设计文件为依据，按照规定的程序、方法和依据，在工程施工前对建设项目的工程费用进行的预测与计算。施工图预算是在施工图设计阶段对工程建设所需资金作出较精确计算的设计文件。

施工图预算价格既可以是按照政府统一规定的预算单价、取费标准、计价程序计算得到的属于计划或预期性质的施工图预算价格，也可以是通过招标投标法定程序后施工企业根据自身的实力即企业定额、资源市场单价以及市场供求及竞争状况计算得到的反映市场水平的施工图预算价格。

施工图预算作为建设工程建设程序中一个重要的技术经济文件，在工程建设实施过程中具有十分重要的作用。

二、施工图预算的编制内容

施工图预算由建设项目总预算、单项工程综合预算和单位工程预算组成。

建设项目总预算是反映施工图设计阶段建设项目投资总额的造价文件，是施工图预算文件的主要组成部分。由组成该建设项目的各个单项工程综合预算和相关费用组成。

单项工程综合预算是反映施工图设计阶段一个单项工程（设计单元）总预算的组成部分，由构成该单项工程的各个单位工程施工图预算组成。其编制的费用项目是各单项工程的建筑安装工程费、设备及工器具购置费和工程建设其他费用总和。

单位工程预算是依据单位工程施工图设计文件、现行预算定额以及人工、材料和施工机械台班价格等，按照规定的计价方法编制的工程造价文件。包括单位建筑工程预算和单位设备及安装工程预算。

三、施工图预算的编制依据

施工图预算的编制必须遵循以下依据。

① 国家、行业和地方政府有关工程建设和造价管理的法律、法规和规定。

② 经过批准和会审的施工图设计文件，包括设计说明书、标准图、图纸会审纪要、设计变更通知单及经建设主管部门批准的设计概算文件。

③ 施工现场勘察地质、水文、地貌、交通、环境及标高测量资料等。

④ 预算定额（或单位估价表）、地区材料市场与预算价格等相关信息以及颁布的材料预算价格、工程造价信息、材料调价通知、取费调整通知等，工程量清单计价规范。

⑤ 当采用新结构、新材料、新工艺、新设备而定额缺项时，按规定编制的补充预算定

额，也是编制施工图预算的依据。

⑥ 合理的施工组织设计和施工方案等文件。

⑦ 工程量清单、招标文件、工程合同或协议书，它明确了施工单位承包的工程范围，应承担的责任、权利和义务。

⑧ 项目有关的设备、材料供应合同、价格及相关说明书。

⑨ 项目的技术复杂程度，以及新技术、专利使用情况等。

⑩ 项目所在地区有关的气候、水文、地质地貌等的自然条件。

⑪ 项目所在地区有关的经济、人文等社会条件。

⑫ 预算工作手册、常用的各种数据、计算公式、材料换算表、常用标准图集及各种必备的工具书。

四、施工图预算的编制方法

(一) 单位工程施工图预算编制

1. 建筑安装工程费计算

单位工程施工图预算包括建筑工程费、安装工程费和设备及工器具购置费。单位工程施工图预算中的建筑安装工程费应根据施工图设计文件、预算定额（或综合单价）以及人工、材料及施工机械台班等价格资料进行计算。主要编制方法有单价法和实物量法。

（1）单价法　单价法分为工程量清单单价法和定额单价法。

工程量清单单价法，也称综合单价法，是招标人按照国家统一的工程量计算规则提供工程数量，预算编制人采用综合单价的形式计算工程造价的方法。采用综合单价法编制施工图预算时，综合单价由人工费、材料费、机械费、管理费、利润构成，并考虑风险。应用综合单价法编制施工图预算的具体过程已在本书第四章的工程量清单计价章节进行了讲解。

定额单价法，又称工料单价法或预算单价法，是指分部分项工程的单价为直接工程费单价，将分部分项工程量乘以对应分部分项工程单价后的合计作为单位直接工程费，直接工程费汇总后，再根据规定的计算方法计取措施费、间接费、利润和税金，将上述费用汇总后得到该单位工程的施工图预算造价。定额单价法中的单价一般采用地区统一单位估价表中的各分项工程的工料单价（定额基价）。

【例7-8】 以直接费为计算基础，定额单价法编制施工图预算的案例见表7-10。

表7-10　某值班室土建工程部分预算书

序号	定额编号	项目名称	计量单位	数量	单价/(元/计量单位)				总价/元			
					人工费	材料费	机械费	合计	人工费	材料费	机械费	总计
1	4-4	砖墙	10m³	3.034	378.10	963.95	15.15	1357.20	1147.16	2924.62	45.97	4117.75
2	5-55	现浇柱模板	100m²	0.202	679.25	1846.93	62.35	2588.53	137.21	373.08	12.59	522.88
3	5-316	现浇矩形柱	10m³	0.121	441.75	1401.35	61.94	1905.04	53.45	169.56	7.49	230.50
4	7-29	木门框制作	100m²	0.049	103.74	1332.18	33.60	1469.52	5.08	65.28	1.65	72.01
5	7-145	窗扇安装	100m²	0.081	408.31	934.44	0.00	1342.75	33.07	75.69	0.00	108.76
6	9-98	屋面防水	100m²	0.755	154.09	1696.99	0.00	1851.08	116.34	1281.23	0.00	1397.57
7	11-407	内墙面及天棚106涂料两遍	100m²	2.162	76.19	63.53	0.00	139.72	164.72	137.35	0.00	302.07

续表

序号	定额编号	项目名称	计量单位	数量	单价/(元/计量单位)				总价/元			
					人工费	材料费	机械费	合计	人工费	材料费	机械费	总计
8	11-135	外墙面釉面砖	100m²	1.586	1159.95	1974.36	13.96	3148.27	1839.68	3131.33	22.14	4993.15
		总计							3496.71	8158.14	89.84	11744.69
A		直接工程费小计			人工费＋材料费＋机械费				11744.70			
B		措施费							1035.36			
C		直接费小计			A＋B				12780.06			
D		间接费			C×4.4%				562.32			
E		利润			(C＋D)×5%				667.12			
F		税金			(C＋D＋E)×3.41%				477.72			
		土建工程预算造价			C＋D＋E＋F				14487.22			

定额单价法是编制施工图预算的常用方法，具有计算简单。工作量较小和编制速度较快、便于工程造价管理部门集中统一管理的优点。但由于是采用事先编制好的统一的单位估价表，其价格水平只能反映定额编制年份的价格水平，在市场价格波动较大的情况下，定额单价法的计算结果会偏离实际价格水平。

（2）实物量法　实物量法编制单位工程施工图预算，就是根据施工图计算的各分项工程量分别乘以地区定额中人工、材料、施工机械台班的定额消耗量，分类汇总得出该单位工程所需的全部人工、材料、施工机械台班消耗数量，然后再乘以当时当地人工工日单价、各种材料单价、施工机械台班单价，求出相应的人工费、材料费、机械使用费，再加上措施费，就可以求出该工程的直接费。间接费、利润及税金等费用计取方法与定额单价法相同。

实物量法的优点是能较及时地将反映各种材料、人工、机械的当时当地市场单价计入预算价格，不需调价，反映当时当地的工程价格水平。

【例 7-9】 以某住宅建筑工程的几个分项工程为例，利用实物量法编制施工图预算的部分内容，结果见表 7-11～表 7-14。

表 7-11　人工实物量汇总

项目序号	工程或费用名称	计量单位	工程量	人工实物量/工日	
				单位用量	合计用量
1	挖土机挖土	m³	2900	0.0298	86.42
2	C20 独立基础	m³	45	1.813	81.585
	M5 砂浆砌砖基础	m³	36	1.53	55.08
	...				
	合计				223.085

表 7-12　机械台班实物量汇总

项目序号	工程或费用名称	计量单位	工程量	挖土机/台班		推土机/台班		其他机械费/元	
				单位用量	合计用量	单位用量	合计用量	单位用量	合计用量
1	挖土机挖土	m³	2900	0.024	69.6	0.001	2.9		
2	C20 独立基础	m³	45					4.9	220.5
3	M5 砂浆砌砖基础	m³	36					0.61	21.96
	...								
	合计				69.6		2.9		242.46

表 7-13 材料实物量汇总

项目序号	工程或费用名称	计量单位	工程量	C20 钢筋混凝土/m³		M5 砂浆/m³		机制砖/千块	
				单位用量	合计用量	单位用量	合计用量	单位用量	合计用量
1	挖土机挖土	m³	2900						
2	C20 独立基础	m³	45	1.015	45.675				
3	M5 砂浆砌砖基础	m³	36			0.24	8.64	0.51	18.36
	...								
	合计				45.675		8.64		18.36

表 7-14 人材机费用汇总

序号	费用名称	计量单位	实物数量	费用/元	
				当时当地单价	合价
1	人工	工日	223.085	95	21193.075
2	C20 钢筋混凝土	m³	45.675	900	41107.5
3	M5 砂浆	m³	8.64	194.97	1684.54
4	机制砖	千块	18.36	580	10648.8
5	挖土机	台班	69.6	892.1	62090.16
6	推土机	台班	2.9	452.7	1312.83
7	其他机械费	元	242.46		242.46
	...				
	直接工程费合计	元			138279.365

2. 设备及工器具购置费计算

设备购置费由设备原价和设备运杂费构成，未到达固定资产标准的工器具购置费一般以设备购置费为计算基数，按照规定的费率计算。设备及工器具购置费计算方法及内容可参照设计概算编制的相关内容。

（二）单项工程综合预算的编制

单项工程综合预算造价由组成该单项工程的各个单位工程预算造价汇总而成。计算公式如下：

单项工程施工图预算 ＝∑单位建筑工程费用＋∑单位设备及安装工程费用

（三）建设项目总预算的编制

三级预算编制中，总预算由单项工程综合预算和工程建设其他费、预备费、建设期利息及铺底流动资金汇总而成。

二级预算编制中，总预算由单位工程施工图预算和工程建设其他费、预备费、建设期利息及铺底流动资金汇总而成。以建设项目施工图预算编制时为界线，若前述费用已经发生，按合理发生金额列计，如果还未发生，按照原概算内容和本阶段的计费原则计算列入。

总预算表的格式如表 7-15 所示。

表 7-15 总预算

总预算编号：　　　　　　　　工程名称：　　　　　　　单位：万元　共 页 第 页

序号	预算编号	建设项目或费用名称	建筑工程费	设备及工器具购置费	安装工程费	其他费用	合计	其中:引进部分		占总投资比例/%
								单位	指标	
一		工程费用								
1		主要工程								
		…								
2		辅助工程								
		…								
3		配套工程								
		…								
二		其他费用								
1		…								
2		…								
三		预备费								
1		…								
2		…								
四		专项费用								
1		…								
2		…								
		建设项目预算总投资								

五、施工图预算的审查

审查施工图预算的重点，应该放在以下方面。

（1）工程量的审查　工程量计算是编制施工图预算的基础性工作之一，对施工图预算的审查，应首先从审查工程量开始。

（2）定额使用的审查　应重点审查定额子目的套用是否正确。同时，对于补充的定额子目，要对其各项指标消耗量的合理性进行审查，并按程序进行报批，及时补充到定额当中。

（3）设备材料及人工、机械价格的审查　设备材料及人工、机械价格受时间、资金和市场行情等因素的影响较大，且在工程总造价中所占比例较高，因此，应作为施工图预算审查的重点。

（4）相关费用的审查　审查各项费用的选取是否符合国家和地方有关规定，审查费用计算和计取基数是否正确、合理。

【复习思考题】

1. 简述设计阶段影响民用建设项目工程造价的主要因素。
2. 简述设计方案评价的原则。常用的民用建筑设计的评价指标有哪些？
3. 简述设计方案评价的方法及各种方法之间的异同。
4. 设计优化有哪些途径？简述利用价值工程进行设计优化的原理。
5. 简述设计概算的概念及其作用。
6. 单位工程概算、单项工程综合概算和建设项目总概算分别包括哪些内容？
7. 阐述单位建筑工程概算编制的实物法程序。

8. 简述施工图预算的概念及其作用。

9. 对比分析施工图预算编制的两种方法。

【案例分析】

【案例1】某新建企业有两个设计方案：方案甲总投资 1500 万元，年经营成本 400 万元，年产量 1000 件；方案乙总投资 1000 万元，年经营成本 360 万元，年产量 800 件。当行业的标准投资效果系数小于多少时，方案甲优。

【案例2】某拟建砖混结构住宅工程，建筑面积 3420.00 m^2，结构形式与已建成的某工程相同，只有外墙保温贴面不同，其他部分均较为接近。类似工程外墙为珍珠岩板保温、水泥砂浆抹面，每平方米建筑面积消耗量分别为：0.044 m^3、0.842 m^2，珍珠岩板 353.1 元/m^3、水泥砂浆 38.95 元/m^2；拟建工程外墙为加气混凝土保温、外贴釉面砖，每平方米建筑面积消耗量分别为：0.08 m^3、0.82 m^2，加气混凝土现行价格 485.48 元/m^3，贴釉面砖现行价格 129.75 元/m^2。类似工程单方造价 988 元/m^2，其中，人工费、材料费、机械费、措施费、间接费及其他费用占单方造价比例，分别为：11%、62%、6%、9% 和 12%，拟建工程与类似工程预算造价在这几方面的差异系数分别为：2.01、1.06、1.92、1.02 和 0.87，拟建工程除直接工程费以外费用的综合取费为 20%。

问题：

（1）应用类似工程预算法确定拟建工程的单位工程概算造价。

（2）若类似工程预算中，每平方米建筑面积主要资源消耗为：人工消耗 5.08 工日，钢材 23.8kg，水泥 205kg，原木 0.05m^3，铝合金门窗 0.24m^2，其他材料费为主材费 45%，机械费占直接工程费 8%，拟建工程主要资源的现行市场价分别为：人工 85 元/工日，钢材 5.1 元/kg，水泥 0.35 元/kg，原木 2400 元/m^3，铝合金门窗平均 450 元/m^2。试应用概算指标法，确定拟建工程的单位工程概算造价。

第八章 招投标阶段的造价管理

【教学目的与要求】

本章主要介绍了建设工程招标、投标、评标、定标及合同签订的相关知识和造价管理方法。通过本章的学习，使读者掌握招标控制价、投标报价的编制方法及常见的投标报价策略；熟悉工程评标的基本方法及常用的承发包合同类型；掌握招标文件及投标文件的编制方法。

第一节 概　　述

一、工程招投标的概念

从法律意义上讲，建设工程招标指建设单位（或业主）就拟建工程发布通告，用法定方式吸引潜在投标人参加竞争，进而通过法定程序从中选择条件优越者来完成工程建设任务的法律行为。建设工程投标一般是经过特定审查而获得投标资格的投标人，按照招标文件的要求，经过初步研究和估算，在指定期限内编制标书并争取中标的法律行为。

招投标实质上是一种市场竞争行为。建设工程招投标是以工程设计或施工，或以工程所需的物资、设备、建筑材料等为对象，在招标人和若干个投标人之间进行的，它是商品经济发展到一定阶段的产物。在市场经济条件下，它是一种最普遍、最常见的择优方式。招标人通过招标活动来选择条件优越者，使其力争用最优的技术、最佳的质量、最低的价格和最短的周期完成工程建设任务。投标人也通过这种方式选择项目和招标人，以使自己获得更丰厚的利润。

二、工程招标方式

为了规范招标投标活动，保护国家利益和社会公共利益以及招投标活动当事人的合法权益，《中华人民共和国招标投标法》规定招标方式分为公开招标和邀请招标两大类。

1. 公开招标

公开招标指招标人通过新闻媒体发布招标公告，凡具备相应资质、符合招标条件的法人或组织不受地域和行业限制均可申请投标。公开招标的优点是，招标人可以在较广的范围内选择中标人，将工程项目的建设交予可靠的中标人实施并取得有竞争性的报价。公开招标的缺点是，由于潜在投标人较多，一般要设置资格预审程序，而且评标的工作量也较大，所需招标时间长、费用高。

《工程建设项目施工招标投标办法》第十一条规定：国务院发展计划部门确定的国家重点建设项目和各省、自治区、直辖市人民政府确定的地方重点建设项目，以及全部使用国有资金投资或者国有资金投资占控股或者主导地位的工程建设项目，应当采用公开招标。

2. 邀请招标

邀请招标指招标人向预先选择的若干家具备相应资质、符合招标条件的法人或组织发出邀请函，对招标工程的概况、工作范围和实施条件等作出简要说明，请他们参加投标竞争。邀请对象的数目以 5～7 家为宜，但不应少于 3 家。被邀请人同意参加投标后，从招标人处获取招标文件，按规定要求进行投标报价。邀请招标的优点是，不需要发布招标公告和设置资格预审程序，节约招标费用和时间；由于招标人对投标人以往的业绩和履约能力比较了解，减小了合同履行过程中承包方违约的风险。邀请招标的缺点是，由于邀请范围较小，导致选择面窄，可能排斥了某些在技术或报价上有竞争实力的潜在投标人，因此投标竞争的激烈程度相对较差。

三、工程招投标流程

工程招投标的流程是建设工程施工招投标过程的简称，包括招标资格审查与备案，确定招标方式，发布招标公告或投标邀请书，编制、发放资格预审文件，编制、递交资格预审申请书，资格预审、确定合格的投标申请人，编制、发放招标文件，踏勘现场、答疑，编制、送达与签收投标文件，开标、评标、定标及签订合同协议。图 8-1 列示了施工招投标程序的基本流程，即从招标资格审查与备案到签订合同协议的一个全过程。在施工招投标活动过程中涉及的主体有三方：招标人及其代理人、投标人、监督管理部门。

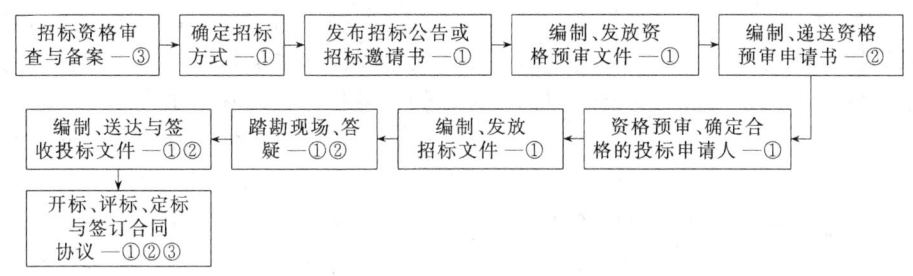

图 8-1　工程招投标流程
①—招标人及其代理；②—投标人；③—监督管理部门

四、工程招投标价格

在建设工程招投标过程中，招投标价格有不同的表现形式，包括招标控制价、投标报价及合同价（中标价），详述如下。

1. 招标控制价

招标控制价是招标人根据国家或省级、行业建设主管部门颁发的有关计价依据和办法，以及拟定的招标文件和招标工程量清单所编制的招标工程的最高限价，是招标人控制投资的一种手段。

2. 投标报价

投标报价是投标人投标时报出的拟建工程价格。投标人为了得到工程施工承包的资格，按照招标人在招标文件中的要求进行估价，然后根据投标策略而确定的卖方的要价。如果中标，这个价格就是合同谈判和签订的基础。投标报价应由投标人或其委托的具有相应资质的工程造价咨询机构编制。

3. 合同价（中标价）

在招标投标过程中，招标文件（含可能设置的标底）是发包人的定价意图，投标文件（含投标报价）是投标人的定价意图，而中标价则是双方均可接受的价格，并应成为合同的重要组成部分。评标委员会在选择中标人时，通常遵循"最大限度地满足招标文件中规定的各种综合评价标准"或"能够满足招标文件的实质性要求，并且经评审的投标价格最低"原则。前者属于综合评估法，后者属于经评审的最低投标价法。当然，我国的招标投标法及相关法规不允许投标人以低于成本的报价竞标。合同价是承发包双方履约的依据，了解承发包方式与合同价的关系及合同价的形成过程有助于深刻理解合同价的内涵。

（1）合同价与发承包的关系　建设工程发承包最核心的问题是合同价的确定，而建设工程项目签订合同价取决于承发包方式的选择。目前承发包方式有直接发包和招标发包两种，其中招标发包是主要发承包方式。同时，签约合同价还因采用不同的计价方式，会产生较大的价格差额。对于招标发包的项目，即以招标投标方式签订的合同中，应以中标时确定的中标金额为准；对于直接发包的项目，如按初步设计总概算投资包干时，应以经审批的概算投资中与承包内容相应部分的投资（包括相应的不可预见费）为签约合同价；如按施工图预算包干，则应以审查后的施工图预算或综合预算为准。在建筑安装工程中，能准确确定合同价款的，需要明确相应的价款调整规定，如在合同签订当时尚不能准确计算出合同价款的，尤其是按施工图预算加现场签证和按实结算的工程，在合同中需要明确规定合同价款的计算原则，具体约定执行的计价依据与计算标准，以及合同价款的审定方式等。

（2）合同价的形成过程　在市场经济条件下，招标投标是一种优化资源配置、实现有序竞争的交易行为，也是工程发承包的主要方式。在工程项目招投标中，投标人应当按招标文件的要求编制投标文件。招标文件是投标人编制投标文件的主要依据，也是中标后签订施工合同的主要依据。合同价款的约定与招标投标文件具有相辅相成和密不可分的关系。招标人在招标时，把合同条款的主要内容纳入招标文件中，对投标报价的编制办法和要求及合同价款的方式已做了详细说明，如采用"单价合同"方式、"总价合同"方式或"成本加酬金合同"的方式发包，在招标文件内均已明确，投标人按招标文件中的规定和要求、根据自己的实力和市场因素等确定投标报价。经评标被认可的投标价即为中标价，中标价只有通过合同的形式才能加以确认，即投标人中标后，所签订的合同价就是中标价。

五、工程招投标对工程造价的影响

实行工程招投标制是我国建筑市场走向规范化、完善化的重要举措之一。推行建设工程招投标制，对降低工程造价，进而使工程造价得到合理的控制具有非常重要的意义。这种重要影响主要表现在以下几点。

① 推行招投标制基本形成了由市场定价的价格机制，使工程价格更加合理。这种市场竞争最直接、最集中的表现就是在价格上的竞争。通过竞争确定出工程价格，使其趋于合理或下降，这将有利于节约投资、提高投资效益。

② 推行招投标制能够不断降低社会平均劳动消耗水平而使工程价格得到有效控制。在建筑市场中，不同投标者的个别劳动消耗水平是有差异的。通过推行招投标制会使那些个别劳动消耗水平最低或接近最低的投标者获胜，这样便实现了生产力资源较优配置，也对不同

投标者实行了优胜劣汰。面对激烈竞争的压力，为了自身的生存与发展，每个投标者都必须切实在降低自己个别劳动消耗水平上下工夫，这样将逐步而全面地降低社会平均劳动消耗水平，使工程价格更为合理。

③ 推行招投标制便于供求双方更好地相互选择，使工程价格更加符合价值基础，进而更好地控制工程造价。由于供求双方各自出发点不同，存在利益矛盾，因而单纯采用"一对一"的选择方式，成功的可能性较小。采用招投标方式就为供求双方在较大范围内进行相互选择创造了条件，为需求者（如建设单位、业主）与供给者（如勘察设计单位、施工企业）在最佳点上结合提供了可能。需求者对供给者选择的基本出发点是"择优选择"，即选择那些报价较低、工期较短、具有良好业绩和管理水平的供给者，这样即为合理控制工程造价奠定了基础。

④ 推行招投标制有利于规范价格行为，使公开、公平、公正的原则得以贯彻。我国招投标活动有特定的监督机构、严格的审批程序、高素质的专家支持系统，能够避免盲目过度竞争和营私舞弊现象的发生，能够遏止建筑领域中的腐败现象，有力的规范价格形成过程。

⑤ 推行招投标制能够减少交易费用，节省人力、物力、财力，进而使工程造价有所降低。我国目前从招标、投标、开标、评标直至定标，均有一些法律、法规的约束，已进入制度化操作。招投标中，若干投标人在同一时间、地点报价竞争，在专家支持系统的评估下，以群体决策方式确定中标者，必然能减少交易过程的费用，这本身就意味着招标人收益的增加，对工程造价必然产生积极的影响。

第二节　招标文件及招标控制价的编制

一、招标文件的编制

按照我国招标投标法的规定，招标文件应当包括招标项目的技术要求，对投标人资格审查的标准、投标报价要求和评标标准等实质性要求和条件以及签订合同的主要条款。建设工程招标文件由招标单位或其委托的咨询机构编制，其既是投标单位编制投标文件的依据，也是招标单位与中标单位签订工程承发包合同的基础，投标文件中提出的各项要求，对整个招标工程乃至承发包双方都有约束力。建设工程招投标分为许多不同阶段，每个阶段招标文件编制内容及要求不尽相同，这里重点介绍施工招标文件的内容。

（一）招标文件的组成

根据《标准施工招标文件》（2007）的规定，施工招标文件包括以下内容。

1. 招标公告（或投标邀请书）

当未进行资格预审时，招标文件中应包括招标公告。当进行资格预审时，招标文件中应包括投标邀请书，该邀请书可代替资格预审通过通知书，以明确投标人已具备了投标资格，其他内容包括招标文件的获取、递交等。

2. 投标人须知

投标人须知主要包括对于项目概况的介绍和招标过程的各种具体要求，在正文中的未尽事宜可以通过"投标人须知前附表"进行进一步明确，由招标人根据招标项目具体特点和实际需要编制和填写，但无需与招标文件的其他章节相衔接，并不得与投标人须知正文的内容相抵触，否则抵触内容无效。投标人须知包括如下 10 个方面的内容。

（1）总则　主要包括项目概况、资金来源和落实情况、招标范围、计划工期和质量要求的描述，对投标人资格要求的规定，对费用承担、保密、语言文字、计量单位等内容的约定，对踏勘现场、投标预备会的要求，以及对分包和偏离问题的处理等。项目概况中主要包括项目名称、建设地点以及招标人和招标代理机构的情况等。

（2）招标文件　主要包括招标文件的构成以及澄清和修改等内容。在招标文件中应当确定投标人编制投标文件所需要的合理时间，即自招标文件开始发出之日起至投标人提交投标文件截止之日止，该段时间称投标准备时间，一般最短不得少于 20 天。

（3）投标文件　主要包括投标文件的组成，投标报价编制的要求，投标有效期和投标保证金的规定，需要提交的资格审查资料，是否允许提交备选投标方案，以及投标文件标识所应遵循的标准格式要求等。

（4）投标　主要规定投标文件的密封和标识、递交修改及撤回的各项要求。

（5）开标　规定开标的时间、地点和程序等。

（6）评标　说明评标委员会的组建方法，评标原则和拟采取的评标办法等。

（7）合同授予　说明拟采用的定标方式，中标通知书的发出时间，要求承包人提交的履约担保和合同的签订时限等。

（8）重新招标和不再招标　规定重新招标和不再招标的条件。

（9）纪律和监督　主要包括对招投标过程各参与方的纪律要求。

（10）其他　需要补充的其他内容。

3．评标办法

评标办法可选择经评审的最低投标价法和综合评估法。具体内容见后面相关介绍。

4．合同条款及格式

包括本工程拟采用的通用合同条款、专用合同条款以及各合同附件的格式。通用条款是所有相同版本的建设工程施工合同共有的内容，专用条款是签订合同的双方针对合同项下的具体工程所作的有针对性的、不同于通用条款或者将通用条款予以细化的特别约定。

5．工程量清单

工程量清单是表现拟建工程实体性项目、非实体性项目和其他项目名称和相应数量的明细清单，以满足工程项目具体量化和计量支付的需要；是招标人编制招标控制价和投标人编制投标价的重要依据。如按照规定应编制招标控制价的项目，其招标控制价也应在招标时一并公布。

6．图纸

图纸指应由招标人提供的用于计算招标控制价和投标人计算投标报价所必需的各种详细程度的图纸。

7．技术标准和要求

招标文件规定的各项技术标准应符合国家强制性规定。招标文件中规定的各项技术标准均不得要求或标明某一特定的专利、商标、名称、设计、原产地或生产供应者，不得含有倾向或者排斥潜在投标人的其他内容。如果必须引用某一生产供应商的技术标准才能准确或清楚地说明拟招标项目的技术标准时，则应当在参照后面加上"或相当于"的字样。

8．投标文件格式

提供各种投标文件编制所应依据的参考格式。

9．投标人须知前附表规定的其他材料

如需要其他材料，应在"投标人须知前附表"中予以规定。

（二）招标文件的澄清

1. 招标文件的澄清

投标人应仔细阅读和检查招标文件的全部内容。如发现缺页或附件不全，应及时向招标人提出，以便补齐。如有疑问，应在规定的时间前以书面形式（包括信函、电报、传真等可以有形地表现所载内容的形式），要求招标人对招标文件予以澄清。

招标文件的澄清在规定的投标截止时间 15 天前以书面形式发给所有购买招标文件的投标人，但不指明澄清问题的来源。如果澄清发出的时间距投标截止时间不足 15 天，应相应推迟投标截止时间。

投标人在收到澄清后，应在规定的时间内以书面形式通知招标人，确认已收到该澄清。投标人收到澄清后的确认时间，可以采用一个相对的时间，如招标文件澄清发出后 12 小时以内；也可以采用一个绝对的时间，如 2013 年 6 月 20 日中午 12：00 以前。

2. 招标文件的修改

招标人对已发出的招标文件进行必要的修改，应当在投标截止时间 15 天前，招标人可以书面形式修改招标文件，并通知所有已购买招标文件的投标人。如果修改招标文件的时间距投标截止时间不足 15 天的，应相应推后投标截止时间。投标人收到修改内容后，应在规定的时间内以书面形式通知招标人，确认已收到该修改文件。

（三）建设项目施工招标过程中其他文件的主要内容

1. 资格预审公告和招标公告的内容

（1）招标公告的内容　根据《工程建设项目施工招标投标办法》和《标准施工招标文件》的规定，招标公告具体包括以下内容：招标条件；项目概况与招标范围；投标人资格要求；招标文件的获取；投标文件的递交；发布公告的媒介；联系方式等。

（2）资格预审公告的内容　按照《标准施工招标资格预审文件的规定》，资格预审公告具体包括以下内容。

① 招标条件。明确拟招标项已符合前述的招标条件。

② 项目概况与招标范围。说明本次招标项目的建设地点、规模、计划工期、招标范围、标段划分等。

③ 申请人的资格要求。包括对于申请资质、业绩、人员、设备、资金等各方面的要求，以及是否接受联合体资格预审申请的要求。

④ 资格预审的方法。明确采用合格制或有限数量制。

⑤ 资格预审文件的获取。是指获取资格预审文件地点、时间和费用。

⑥ 资格预审申请文件的递交。说明递交资格预审申请文件的截止时间。

⑦ 发布公告的媒介。

⑧ 联系方式。

2. 资格审查文件的内容与要求

资格审查分为资格预审和资格后审。资格预审是指在投标前对潜在投标人进行的资质条件、业绩、信誉、技术、资金等多方面情况进行资格审查，而资格后审是指在开标后对投标人进行的资格审查。采取资格预审的，招标人应当在资格预审文件中载明资格预审的条件、标准和方法；采取资格后审的，招标人应当在招标文件中载明对投标人资格要求的条件、标准和方法。招标人不得改变载明的资格条件或者以没有载明的资格条件对潜在投标人进行资格审查。

（1）资格预审文件的内容　发出资格预审公告后，招标人向申请参加资格预审的申请人出售资格预审文件，资格预审文件主要的内容包括：资格预审公告、申请人须知、资格审查办法、资格预审申请文件格式、项目建设概况等内容，同时还包括关于资格预审文件澄清和修改的说明。

（2）资格预审申请文件的内容　资格预审申请文件由承包人填报，应包括下列内容：资格预审申请函；法定代表人身份证明或附有法定代表人身份证明的授权委托书；联合体协议书（如工程接受联合体投标）；申请人基本情况表；近年财务状况表；近年完成的类似项目情况表；正在施工和新承接的项目情况表；近年发生的诉讼及仲裁情况；其他材料。

二、招标控制价的编制

招标控制价是指根据国家或省级建设行政主管部门颁发的有关计价依据和办法，依据拟定的招标文件和招标工程量清单，结合工程具体情况发布的招标工程的最高投标限价，是招标人对建设工程的期望价格，由成本、利润、税金等组成，一般应控制在批准的总概算及投资包干限额内。

《招标投标法实施条例》规定，招标人可以自行决定是否编制标底，一个招标项目只能有一个标底，标底必须保密。同时规定，招标人设有最高投标限价的，应当在招标文件中明确最高投标限价或者最高投标限价的计算方法，招标人不得规定最低投标限价。

招标控制价是推行工程量清单计价过程中对传统标底概念的性质进行界定后所设置的专业术语，它使招标时评标定价的管理方式发生了很大的变化，由此产生了设标底招标、无标底招标以及招标控制价招标三种模式，其利弊分析如下。

1. 三种招标模式

（1）设标底招标　设标底招标是清单计价模式推行前非常常用的招标定标办法。如设标底，其作用主要体现在两个方面：一是作为招标人控制建设投资，确定工程合同价格的参考依据；二是作为招标人衡量、评审投标人投标报价是否合理的尺度和依据。其主要弊端表现在以下方面。

① 设标底时易发生泄露标底及暗箱操作的现象，失去招标的公平公正性，容易诱发违法违规行为。

② 编制的标底价是预期价格，因较难考虑施工方案、技术措施等对造价的影响，容易与市场造价水平脱节，不利于引导投标人理性竞争。

③ 标底在评标过程的特殊地位使标底价成为左右工程造价的杠杆，不合理的标底会使合理的投标报价在评标中显得不合理，有可能成为地方或行业保护的手段。

④ 将标底作为衡量投标人报价的基准，导致投标人尽力地去迎合标底，往往招标投标过程反映的不是投标人实力的竞争，而是投标人编制预算文件能力的竞争，或者各种合法或非法的"投标策略"的竞争。

（2）无标底招标　无标底招标是定额计价模式和清单计价模式转换期间出现的招标定标办法，其主要弊端表现在以下方面。

① 容易出现围标串标现象，各投标人哄抬价格，给招标人带来投资失控的风险。

② 容易出现低价中标后偷工减料，以牺牲工程质量来降低工程成本，或产生先低价中标，后高额索赔等不良后果。

③ 评标时，招标人对投标人的报价没有参考依据和评判基准。

（3）招标控制价招标　招标控制价招标是工程量清单推行后，为了克服设标底和无标底招标的弊端而出现的招标模式，其优点可概括为：可有效控制投资，防止恶性哄抬报价带来的投资风险；提高了透明度，避免了暗箱操作、寻租等违法活动的产生；可使各投标人自主报价、公平竞争，发挥市场配置资源的作用；投标人自主报价，不受标底的左右。采用招标控制价招标可能出现的问题包括：若"最高限价"大大高于市场平均价时，就预示中标后利润很丰厚，只要投标不超过公布的限额都是有效投标，从而可能诱导投标人串标围标；若公布的最高限价远远低于市场平均价，就会影响招标效率。即可能出现只有两家投标或出现无人投标情况，因为按此限额投标将无利可图，超出此限额投标又成为无效投标，结果使招标人不得不修改招标控制价进行二次招标。

2. 招标控制价编制规定与依据

（1）编制招标控制价的一般规定

① 国有资金投资的工程建设项目应实行工程量清单招标，招标人应编制招标控制价，并应当拒绝高于招标控制价的投标报价，即投标人的投标报价若超过公布的招标控制价，则其投标作为废标处理。

② 招标控制价应由具有编制能力的招标人或受其委托的、具有相应资质的工程造价咨询机构的人员编制。工程造价咨询人员不得同时接受招标人和投标人对同一工程的招标控制价和投标报价的编制。

③ 招标控制价应在招标文件中公布，对所编制的招标控制价不得进行上浮或下调，在公布招标控制价时，应公布招标控制价各组成部分的详细内容，不得只公布招标控制价总价。

④ 若招标控制价超过批准的概算，招标人应将其报原概算审批部门审核。这是由于我国对国有资金投资项目的投资控制实行的是设计概算审核制度，国有资金投资的工程原则上不能超过批准的设计概算。

⑤ 投标人经复核认为招标人公布的招标控制价未按照《建设工程工程量清单计价规范》GB 50500—2013 的规定进行编制的，应在开标前 5 日向招标投标监督机构或（和）工程造价管理机构投诉。招标投标监督机构应会同工程造价管理机构对投诉进行处理，当招标控制价误差超过 3% 时，应责成招标人改正。

⑥ 招标人应将招标控制价及有关资料报送工程所在地工程造价管理机构备查。

（2）招标控制价的编制依据　招标控制价的编制依据是指在编制招标控制价时需要进行工程量计量、价格确认、工程计价的有关参数、率值的确定等工作时所需的基础性资料，主要包括以下内容。

① 现行国家标准《建设工程工程量清单计价规范》（GB 50500—2013）与专业工程计量规范。

② 国家或省级、行业建设主管部门颁发的计价定额和计价办法。

③ 建设工程设计文件及相关资料。

④ 拟定的招标文件及招标工程量清单。

⑤ 与建设项目相关的标准、规范、技术资料。

⑥ 施工现场情况、工程特点及常规施工方案。

⑦ 工程造价管理机构发布的工程造价信息，没有相关工程造价信息的参照市场价。

⑧ 其他的相关资料。

3. 招标控制价的编制内容

招标控制价包括分部分项工程费、其他项目费、规费和税金，各个部分有不同的计价要求，详述如下。

（1）分部分项工程费的编制要求　分部分项工程量清单应载明项目编码、项目名称、项目特征、计量单位和工程量。分部分项工程量清单应根据相关工程现行国家计量规范规定的项目编码、项目名称、项目特征、计量单位和工程量计算规则进行编制。并应符合下列规定。

① 分部分项工程费应根据招标文件中的分部分项工程量清单及有关要求，按《建设工程工程量清单计价规范》（GB 50500—2013）有关规定确定的综合单价计价。

② 工程量即招标文件中提供的分部分项工程量清单中载明的工程量，不得更改。

③ 综合单价中应包括拟定的招标文件中要求投标人承担的风险费用。拟定的招标文件没有明确的，应提醒招标人明确。

④ 拟定的招标文件提供了暂估单价的材料和工程设备，按暂估的单价计入综合单价。

（2）措施项目费的编制要求

① 措施项目清单应根据相关工程现行国家计量规范并考虑拟建工程的实际情况编制。措施项目清单应采用综合单价计价，其中的安全文明施工费应按照国家或省级、行业建设主管部门的规定计价，不得作为竞争性费用。

② 措施项目应按招标文件中提供的措施项目清单确定，措施项目分为以"量"计算和以"项"计算两种。对于可精确计量的措施项目，以"量"计算，即按其工程量用与分部分项工程工程量清单单价相同的方式确定综合单价；对于不可精确计量的措施项目，则以"项"为单位，采用费率法按有关规定综合取定，采用费率法时需确定某项费用的计费基数及其费率，即"措施项目清单费＝措施项目计费基数×费率"。措施项目费应包括除规费、税金以外的全部费用。

（3）其他项目费的编制要求　其他项目清单包括暂列金额、暂估价、计日工及总承包服务费。其内容及计取方法如下。

① 暂列金额。暂列金额是指招标人暂定并包括在合同中的一笔款项。暂列金额应根据工程特点，按有关计价规定估算。一般可根据工程的复杂程度、设计深度、工程环境条件进行估算，一般按分部分项工程费的 10%～15% 计取。

② 暂估价。暂估价是招标人在招标文件中提供的用于支付必然要发生但暂时不能确定价格的材料、工程设备的单价以及专业工程的金额。暂估价中的材料、工程设备暂估价应根据工程造价信息或参照市场价格估算；专业工程暂估价应分不同专业，按有关计价规定估算。

③ 计日工。计日工是为了解决现场发生零星工作或项目的计价而设立的。编制计日工表格时，一定要给出暂定数量，并且需要根据经验，尽可能估算一个比较贴近实际的数量，且尽可能把项目列全，以消除因此而产生的争议。在编制招标控制价时，对计日工中的人工单价和施工机械台班单价应按省级、行业建设主管部门或其授权的工程造价管理机构公布的单价计算；材料应按工程造价管理机构发布的工程造价信息中的材料单价计算，工程造价信息未发布单价的材料，其价格应按市场调查确定的单价计算。

④ 总承包服务费。总承包服务费应按照省级或行业建设主管部门的规定计算，在计算时可参考以下标准。

a. 招标人仅要求对分包的专业工程进行总承包管理和协调时，一般按分包的专业工程估算造价的 1.5% 计算。

b. 招标人要求对分包的专业工程进行总承包管理和协调，并同时要求提供配合服务时，根据招标文件中列出的配合服务内容和提出的要求，一般按分包的专业工程估算造价的

$3\%\sim5\%$计算。

c. 招标人自行供应材料的，一般按招标人供应材料价值的1%计算。

（4）规费和税金的编制要求　规费和税金应按国家或省级、行业建设主管部门的规定计算，不得作为竞争性费用。其中规费包括：工程排污费；社会保障费，包括养老保险费、失业保险费、医疗保险费；住房公积金及工伤保险。若出现未包含在以上范围之内的项目，应根据省级政府或省级有关权力部门的规定列项。

税金包括：营业税、城市维护建设税及教育费附加。若出现未包含在以上范围之内的项目，应根据税务部门的规定列项。

税金以分部分项工程量清单费、措施项目清单费、其他项目清单费及规费之和为基数，乘以综合税率确定。具体计算方法见清单计价章节的介绍。

4. 标控制价的计价与组价

（1）招标控制价计价程序　建设工程的招标控制价反映的是单位工程费用，各单位工程费用是由分部分项工程费、措施项目费、其他项目费、规费和税金组成。其计价方法见第四章相关内容。单位工程招标控制价计价程序见表8-1。

由于招标人招标控制价计价程序与投标人投标报价计价程序具有相同的表格，为便于对比分析，将两种表格合并列出，其中表格栏目中斜线后带括号的内容用于投标报价，其余为通用栏目。

表 8-1　单位工程招标控制价计价程序（投标报价计价程序）

序号	汇总内容	计算方法	金额/元
1	分部分项工程	按计价规定计算/（自主报价）	
1.1			
1.2			
2	措施项目	按计价规定计算/（自主报价）	
2.1	其中:安全文明施工费	按规定标准估算/（按规定标准计算）	
3	其他项目		
3.1	其中:暂列金额	按规定估算/（按招标文件提供金额计列）	
3.2	其中:专业工程暂估价	按计价规定估算/（按招标文件提供金额计列）	
3.3	其中:计日工	按计价规定估算/（自主报价）	
3.4	其中:总承包服务费	按计价规定估算/（自主报价）	
4	规费	按规定标准计算	
5	税金（扣除不列入计税范围的工程设备金额）	（1+2+3+4）×规定税率	
	招标控制价/（投标报价）合计＝1+2+3+4+5		

（2）综合单价的组价　综合单价的组价步骤和方法见第四章相关内容。

（3）确定综合单价应考虑的因素　编制招标控制价在确定其综合单价时，应考虑一定范围内的风险因素。在招标文件中应通过预留一定的风险费用，或明确说明风险所包括的范围及超出该范围的价格调整方法。

采用工程量清单计价的工程，应在招标文件或合同中明确计价中的风险内容及其范围（幅度），不得采用无限风险、所有风险或类似语句规定计价中的风险内容及其范围（幅度）。一般因国家法律、法规、规章和政策变化或省级或行业建设主管部门发布的人工费调整引起的风险因素应由发包人承担，并在招标控制价中予以考虑。

对于招标文件中未作要求的可按以下原则确定。

① 对于技术难度较大和管理复杂的项目，可考虑一定的风险费用，并纳入到综合单

价中。

② 对于工程设备、材料价格的市场风险，应依据招标文件的规定，工程所在地或行业工程造价管理机构的有关规定，以及市场价格趋势考虑一定的风险费用，纳入到综合单价中。

③ 税金、规费等法律、法规、规章和政策变化的风险和人工单价等风险费用不应纳入综合单价。

招标工程发布的分部分项工程量清单对应的综合单价，应按照招标人发布的分部分项工程量清单的项目名称、工程量、项目特征描述，依据工程所在地区颁发的计价定额和人工、材料、机械台班价格信息等进行组价确定，并应编制工程量清单综合单价分析表。

5. 编制招标控制价时应注意的问题

① 采用的材料价格应是工程造价管理机构通过工程造价信息发布的材料价格，工程造价信息未发布材料单价的材料，其材料价格应通过市场调查确定。另外，未采用工程造价管理机构发布的工程造价信息时，需在招标文件或答疑补充文件中对招标控制价采用的与造价信息不一致的市场价格予以说明，采用的市场价格则应通过调查、分析确定，有可靠的信息来源。

② 施工机械设备应根据工程项目特点和施工条件，本着经济实用、先进高效的原则进行选型。

③ 应该正确、全面地使用行业和地方的计价定额与相关文件。

④ 不可竞争的措施项目和规费、税金等均属于强制性的条款，编制招标控制价时应按国家有关规定计算，不得按竞争性费用处理。

⑤ 不同工程项目、不同施工单位会有不同的施工组织方法，所发生的措施费也会不同，因此，对于竞争性的措施费用，招标人应首先编制常规的施工方案，经专家论证确认后再合理确定措施项目及其费用。

⑥ 招标控制价必须适应招标方的质量要求，对高于国家验收规范的质量因素有所反映。

6. 招标控制价的审核

招标控制价编制完成后，应对其进行审查，具体内容包括以下几点。

（1）审查分部分项工程数量　由于分部工程数量既是编制工程招标控制价的依据，又是投标人计算投标报价的主要资料，因此应把招标工程的分部分项工程数量，作为审查招标控制价的一项重要内容。主要审查内容包括以下几点。

① 工程量的项目是否与定额或工程量计价规范附录中所列项目一致，有无漏项或重复列项。

② 工程量的计算单位是否与定额或工程量清单计价规范的计量单位一致，计算方法是否符合计算规则的规定。

③ 计算数据是否与图示尺寸符合，应加减的尺寸是否已经增加或扣除等。

（2）审查各项费用　主要审查内容包括以下几点。

① 费用项目是否齐全，有无重复和漏项。

② 费用标准是否正确，是否符合工程类型，费率选择是否合适。

③ 各项费用的计算方法是否正确，计算基础是否合理。

（3）审查"活口"费用　所谓"活口"费用，主要指措施性项目费用和价差等。这些费用情况较复杂，计算依据准确性较差，在审查时要搞好调查研究，在全面熟悉工程实际情况的基础上进行。

第三节 投标文件及投标报价的编制

投标文件需对招标文件做出实质性响应、符合招标文件的各项要求，并严格遵守招投标的相关法律法规。科学规范地编制投标文件、合理策略地提出有竞争力的报价，对投标单位投标的成败和将来实施工程的盈亏起着决定性作用。

一、投标文件的编制

（一）投标前期准备工作

1. 研究招标文件

投标人取得招标文件后，为保证工程量清单报价的合理性，应对投标人须知、合同条件、技术规范、图纸和工程量清单等重点内容进行分析，深刻而正确地理解招标文件和业主的意图。

（1）投标人须知 它反映了招标人对投标的要求，特别要注意项目的资金来源、投标书的编制和递交、投标保证金、更改或备选方案、评标方法等，重点在于防止废标。

（2）合同分析

① 合同背景分析。投标人有必要了解与自己承包的工程内容有关的合同背景，了解监理方式及合同的法律依据，为报价和合同实施及索赔提供依据。

② 合同形式分析。主要分析承包方式（如平行承发包、施工总承包、设计与施工总承包、管理承包等）；计价方式（如固定价格合同、可调价格合同和成本加酬金合同等）。

③ 合同条款分析。主要包括：a. 承包商的任务、工作范围和责任；b. 工程变更及相应的合同价款调整；c. 付款方式、时间，应注意合同条款中关于工程预付款、材料预付款的规定，根据这些规定和预计的施工进度计划，计算出占用资金的数额和时间，从而计算出需要支付的利息数额并计入投标报价；d. 施工工期。合同条款中关于合同工期、竣工日期、部分工程分期交付工期等规定，这是投标人制订施工进度计划的依据，也是报价的重要依据，要注意合同条款中有无工期奖罚的规定，尽可能做到在工期符合要求的前提下报价有竞争力，或在报价合理的前提下工期有竞争力；e. 业主责任，投标人所制订的施工进度计划及投标报价，都是以业主履行责任为前提的。所以应注意合同条款中关于业主责任措辞的严密性，以及关于索赔的有关规定。

④ 技术标准和要求分析。工程技术标准是按工程类型来描述工程技术和工艺内容特点，对设备、材料、施工和安装方法等所规定的技术要求，有的是对工程质量进行检验、试验和验收所规定的方法和要求。它们与工程量清单中各子项工作密不可分，报价人员应在准确理解招标人要求的基础上对有关工程内容进行报价。任何忽视技术标准的报价都是不完整、不可靠的，有时可能会导致工程承包重大失误和亏损。

⑤ 图纸分析。图纸是确定工程范围、内容和技术要求的重要文件，也是投标者确定施工方法等施工计划的主要依据。

图纸的详细程度取决于招标人提供的施工图设计所达到的深度和所采用的合同形式。详细的设计图纸可使投标人比较准确地估价，而不够详细的图纸则需要估价人员采用综合估价方法，其结果一般不很精确。

2. 施工现场勘察

招标人在招标文件中一般会明确进行工程现场踏勘的时间和地点。投标人施工现场勘查一般包括以下几个方面内容。

(1) 自然条件调查　如气象资料，水文资料，地震、洪水及其他自然灾害情况，地质情况等。

(2) 施工条件调查　主要包括：工程现场的用地范围、地形、地貌、地物、高程，地上或地下障碍物，现场的三通一平情况；工程现场周围的道路、进出场条件、有无特殊交通限制；工程现场施工临时设施、大型施工机具、材料堆放场地安排的可能性，是否需要二次搬运；工程现场邻近建筑物与招标工程的间距、结构形式、基础埋深、新旧程度、高度；市政给水及污水、雨水排放管线位置、高程、管径、压力、废水、污水处理方式，市政、消防供水管道管径、压力、位置等；当地供电方式、方位、距离、电压等；当地煤气供应能力，管线位置、高程等；工程现场通信线路的连接和铺设；当地政府有关部门对施工现场管理的一般要求、特殊要求及规定，是否允许节假日和夜间施工等。

(3) 其他条件调查。主要包括各种构件、半成品及商品混凝土的供应能力和价格，以及现场附近的生活设施、治安情况等。

(二) 询价与工程量复核

1. 询价

投标报价之前，投标人必须通过各种渠道，采用各种手段对工程所需各种材料、设备等的价格、质量、供应时间、供应数量等进行系统全面的调查，同时还要了解项目的分包形式、分包范围、分包人报价、分包人履约能力及信誉等。询价是投标报价的基础，它为投标报价提供可靠的依据。询价时要特别注意两个问题：一是产品质量必须可靠，并满足招标文件的有关规定；二是供货方式、时间、地点，有无附加条件和费用。询价的渠道包括：直接与生产厂商联系；了解生产厂商的代理人或从事该项业务的经纪人；了解经营该产品的销售商；向咨询公司进行询价，通过咨询公司所得到的询价资料比较可靠，但需要支付一定的咨询费用，也可向同行了解；通过互联网查询；自行进行市场调查或信函询价等。

(1) 生产要素询价

① 材料询价。材料询价的内容包括调查对比材料价格、供应数量、运输方式、保险和有效期、不同买卖条件下的支付方式等。询价人员在施工方案初步确定后，立即发出材料询价单，并催促材料供应商及时报价。收到询价单后，询价人员应将从各种渠道所询得的材料报价及其他有关资料汇总整理。对同种材料从不同经销部门所得到的所有资料进行比较分析，选择合适、可靠的材料供应商的报价，提供给工程报价人员使用。

② 施工机械设备询价。在外地施工需用的机械设备，有时在当地租赁或采购可能更为有利。因此，事前有必要进行施工机械设备的询价。必须采购的机械设备，可向供应厂商询价。对于租赁的机械设备，可向专门从事租赁业务的机构询价，并应详细了解其计价方法。

③ 劳务询价。劳务询价主要有两种渠道：一种是成建制的劳务公司，相当于劳务分包，一般费用较高，但素质较可靠，工效较高，承包商的管理工作较轻；另一种是劳务市场招募零散劳动力，根据需要进行选择，这种方式虽然劳务价格低廉，但有时素质达不到要求或工效降低，且承包商的管理工作较繁重。投标人应在对劳务市场充分了解的基础上决定采用哪种方式，并以此为依据进行投标报价。

(2) 分包询价　总承包商在确定了分包工作内容后，应将分包专业的工程施工图纸和技术说明送交预先选定的分包单位，请他们在约定的时间内报价，以便进行比较选择，最终选择合适的分包人。对分包人询价应注意以下几点：分包标函是否完整；分包工程单价所包含的内容；分包人的工程质量、信誉及可信赖程度；质量保证措施；分包报价。

2. 复核工程量

工程量清单作为招标文件的组成部分，是由招标人提供的。工程量的大小是投标报价最直接的依据。复核工程量的准确程度，将直接影响承包商的经营行为：一是根据复核后的工程量与招标文件提供的工程量之间的差距，考虑相应的投标策略，决定报价尺度；二是根据工程量的大小采取适合的施工方法，选择适用、经济的施工机具设备、投入使用相应的劳动力数量等。

复核工程量时应注意以下几方面。

① 投标人应认真根据招标说明、图纸、地质资料等招标文件资料，计算主要清单工程量，复核工程量清单。其中特别注意，按一定顺序进行，避免漏算或重算；正确划分分部分项工程项目，与"清单计价规范"保持一致。

② 复核工程量的目的不是修改工程量清单，即使有误，投标人也不能修改工程量清单中的工程量，因为修改了清单就等于擅自修改了合同。对工程量清单存在的错误，可以向招标人提出，由招标人统一修改并把修改情况通知所有投标人。

③ 针对工程量清单中工程量的遗漏或错误，是否向招标人提出修改意见取决于投标策略。投标人可以运用一些报价的技巧提高报价的质量，争取在中标后能获得更大的收益。

④ 通过工程量计算复核还能准确地确定订货及采购物资的数量，防止由于超量或少购等带来的浪费、积压或停工待料。

在核算完全部工程量清单中的细目后，投标人应按大项分类汇总主要工程总量，以便获得对整个工程施工规模的整体概念，并据此研究采用合适的施工方法，选择适用的施工的设备等。

3. 编制项目管理规划

项目管理规划是工程投标报价的重要依据，项目管理规划应分为项目管理规划大纲和项目管理实施规划。根据《建设工程项目管理规范》（GB/T 50326—2006），当承包商以编制施工组织设计代替项目管理规划时，施工组织设计应满足项目管理规划的要求。

（1）项目管理规划大纲　项目管理规划大纲是投标人管理层在投标之前编制的，旨在作为投标依据或满足招标文件要求及签订合同要求。一般包括下列内容：项目概况；项目范围管理规划；项目管理目标规划；项目管理组织规划；项目成本管理规划；项目进度管理规划；项目质量管理规划；项目职业健康安全与环境管理规划；项目采购与资源管理规划；项目信息管理规划；项目沟通管理规划；项目风险管理规划；项目收尾管理规划等。

（2）项目管理实施规划　项目管理实施规划是指在开工之前由项目经理主持编制的，旨在指导施工项目实施阶段管理。项目管理实施规划必须由项目经理组织项目经理部在工程开工之前编制完成。一般应包括下列内容：项目概况；总体工作计划；组织方案；技术方案；进度计划；质量计划；职业健康安全与环境管理计划；成本计划；资源需求计划；风险管理计划；信息管理计划；项目沟通管理计划；项目收尾管理计划；项目现场平面布置图；项目目标控制措施；技术经济指标等。

（三）编制投标文件

1. 投标文件编制的内容

投标人应当按照招标文件的要求编制投标文件。投标文件应当包括下列内容：投标函及投标函附录；法定代表人身份证明或附有法定代表人身份证明的授权委托书；联合体协议书

（如工程允许采用联合体投标）；投标保证金；已标价工程量清单；施工组织设计；项目管理机构；拟分包项目情况表；资格审查资料；规定的其他材料。

2. 编制投标文件应遵循的规定

（1）投标文件应按"投标文件格式"进行编写　其中，投标函附录在满足招标文件实质性要求的基础上，可以提出比招标文件要求更能吸引招标人的承诺。

（2）投标文件应当对招标文件有关工期、投标有效期、质量要求、技术标准和要求、招标范围等实质性内容作出响应。

（3）投标文件应由投标人的法定代表人或其委托代理人签字或盖单位章　委托代理人签字的，投标文件应附法定代表人签署的授权委托书。投标文件应尽量避免涂改、行间插字或删除。如果出现上述情况，改动之处应加盖单位章或由投标人的法定代表人或其授权的代理人签字确认。

（4）投标文件正本一份，副本份数按招标文件有关规定提供　正本和副本的封面上应清楚标记"正本"或"副本"字样。投标文件的正本与副本应分别装订成册，并编制目录。当副本和正本不一致时，以正本为准。

（5）除招标文件另有规定外，投标人不得递交备选投标方案　允许投标人递交备选投标方案的，只有中标人所递交的备选投标方案方可予以考虑。评标委员会认为中标人的备选方案优于其按照招标文件要求编制的投标方案的，招标人可以接受该备选投标方案。

二、投标文件的递交

投标人应当在招标文件规定的提交投标文件的截止时间前，将投标文件密封送达投标地点。招标人收到投标文件后，应当向投标人出具标明签收人和签收时间的凭证，在开标前任何单位和个人不得开启投标文件。在招标文件要求提交投标文件的截止时间后送达或未送达指定地点的投标文件，为无效的投标文件，招标人不予受理。有关投标文件的递交还应注意以下问题。

（1）投标人在递交投标文件的同时，应按规定的金额及担保形式递交投标保证金，作为其投标文件的组成部分　联合体投标的，其投标保证金由牵头人递交，并应符合相关规定。投标保证金除现金外，可以是银行出具的银行保函、保兑支票、银行汇票或现金支票。投标保证金的数额不得超过投标总价的 2%，且一般不超过 80 万元人民币。依法必须进行招标的项目的境内投标单位，以现金或者支票形式提交的投标保证金应当从其基本账户转出。投标人不按要求提交投标保证金的，其投标文件按废标处理。招标人最迟应当在书面合同签订后 5 日内向中标人和未中标的投标人退还投标保证金及银行同期存款利息。出现下列情况的，投标保证金将不予返还。

① 投标人在规定的投标有效期内撤销或修改其投标文件。

② 中标人在收到中标通知书后，无正当理由拒签合同协议书或未按招标文件规定提交履约担保。

（2）投标有效期　投标有效期从投标截止时间起开始计算，主要用作组织评标委员会评标、招标人定标、发出中标通知书，以及签订合同等工作，一般考虑以下因素。

① 组织评标委员会完成评标需要的时间。

② 确定中标人需要的时间。

③ 签订合同需要的时间。

一般项目投标有效期为 60～90 天，大型项目 120 天左右。投标保证金的有效期应与投标有效期保持一致。

出现特殊情况需要延长投标有效期的，招标人应以书面形式通知所有投标人延长投标有效期。投标人同意延长的，应相应延长其投标保证金的有效期，但不得要求或被允许修改或撤销其投标文件；投标人拒绝延长的，其投标失效，但投标人有权收回其投标保证金。

（3）投标文件的密封和标识　投标文件的正本与副本应分开包装，加贴封条，并在封套上清楚标记"正本"或"副本"字样，于封口处加盖投标人单位章。

（4）投标文件的修改与撤回　在规定的投标截止时间前，投标人可以修改或撤回已递交的投标文件，但应以书面形式通知招标人。在招标文件规定的投标有效期内，投标人不得要求撤销或修改其投标文件。

（5）费用承担与保密责任　投标人准备和参加投标活动发生的费用自理。参与招标投标活动的各方应对招标文件和投标文件中的商业和技术等秘密保密，违者应对由此造成的后果承担法律责任。

三、投标过程中的其他问题

1. 联合体投标

两个以上法人或者其他组织可以组成一个联合体，以一个投标人的身份共同投标。联合体各方均应当具备承担招标项目的相应能力；国家有关规定或者招标文件对投标人资格条件有规定的，联合体各方均应当具备规定的相应资格条件。由同一专业的单位组成的联合体，按照资质等级较低的单位确定资质等级。联合体各方应当签订共同投标协议，明确约定各方拟承担的工作和责任，并将共同投标协议连同投标文件一并提交招标人。联合体中标的，联合体各方应当共同与招标人签订合同，就中标项目向招标人承担连带责任。招标人不得强制投标人组成联合体共同投标，不得限制投标人之间的竞争。联合体投标的，应当以联合体各方或者联合体中牵头人的名义提交投标保证金。以联合体中牵头人名义提交的投标保证金，对联合体各成员具有约束力。

2. 串通投标

投标人不得相互串通投标报价，不得排挤其他投标人的公平竞争，损害招标人或者其他投标人的合法权益。投标人不得与招标人串通投标，损害国家利益、社会公共利益或者他人的合法权益。有关串通投标的相关规定如下。

在投标过程有串通投标行为的，招标人或有关管理机构可以认定该行为无效。

（1）有下列情形之一的，属于投标人相互串通投标

① 投标人之间协商投标报价等投标文件的实质性内容；

② 投标人之间约定中标人；

③ 投标人之间约定部分投标人放弃投标或者中标；

④ 属于同一集团、协会、商会等组织成员的投标人按照该组织要求协同投标；

⑤ 投标人之间为谋取中标或者排斥特定投标人而采取的其他联合行动。

（2）有下列情形之一的，视为投标人相互串通投标

① 不同投标人的投标文件由同一单位或者个人编制；

② 不同投标人委托同一单位或个人办理投标事宜；

③ 不同投标人询投标文件载明的项目管理成员为同一人；

④ 不同投标人的投标文件异常一致或者投标报价呈规律性差异；

⑤ 不同投标人的投标文件相互混装；

⑥ 不同投标人的投标保证金从同一单位或者个人的账户转出。

（3）有下列情形之一的，属于招标人与投标人串通投标

① 招标人在开标前开启投标文件并将有关信息泄露给其他投标人；

② 招标人直接或者间接向投标人泄露标底、评标委员会成员等信息；

③ 招标人明示或者暗示投标人压低或者抬高投标报价；

④ 招标人授意投标人撤换、修改投标文件；

⑤ 招标人明示或者暗示投标人为暂定投标人中标提供方便；

⑥ 招标人与投标人为谋求特定投标人中标而采取的其他串通行为。

《中华人民共和国招标投标法》第五十三条规定，投标人相互串通投标或者与招标人串通投标的，中标无效，处中标项目金额千分之五以上千分之十以下的罚款，对单位直接负责的主管人员和其他直接责任人员处单位罚款数额百分之五以上百分之十以下的罚款；有违法所得的，并处没收违法所得；情节严重的，取消其一年至二年内参加依法必须进行招标的项目的投标资格并予以公告，直至由工商行政管理机关吊销营业执照；构成犯罪的，依法追究刑事责任。给他人造成损失的，依法承担赔偿责任。

四、投标报价的编制原则和依据

投标报价是在工程招投标过程中，投标人按照招标文件的要求，根据工程特点，并结合自身的施工技术、装备和管理水平，依据有关计价规定自主确定的工程造价，是投标人希望达成工程承包交易的期望价格，它不能高于招标人设定的招标控制价。作为投标计算必要条件，应预先确定施工方案和施工进度，此外，投标报价还必须与采用的合同形式相协调。

（一）投标报价的编制原则

编制投标报价应遵循以下原则。

① 自主报价原则。投标人遵循自主报价的原则，但必须执行《建设工程工程量清单计价规范》（GB 50500—2013）的强制性规定。投标报价应由投标人或受其委托，具有相应资质的工程造价咨询人员编制。

② 不得低于成本原则。投标人的投标报价不得低于成本。《中华人民共和国招标投标法》第四十一条规定："中标人的投标应当符合下列条件之一：能够最大限度地满足招标文件中规定的各项综合评价标准；能够满足招标文件的实质性要求，并且经评审的投标价格最低。但是投标价格低于成本的除外。"《评标委员会和评标方法暂行规定》（七部委第 12 号令）第二十一条规定："在评标过程中，评标委员会发现投标人的报价明显低于其他投标报价或者在设有标底时明显低于标底的，使得其投标报价可能低于其个别成本的，应当要求该投标人作出书面说明并提供相关证明材料。投标人不能合理说明或者不能提供相关证明材料的，由评标委员会认定该投标人以低于成本报价竞标，其投标应作为废标处理。"根据上述法律、规章的规定，特别要求投标人的投标报价不得低于成本。

③ 投标报价要以招标文件中设定的发承包双方责任划分，作为考虑投标报价费用项目和费用计算的基础，发承包双方的责任划分不同，会导致合同风险不同的分摊，从而导致投标人选择不同的报价；根据工程发承包模式考虑投标报价的费用内容和计算深度。

④ 以施工方案、技术措施等作为投标报价计算的基本条件；以反映企业技术和管理水平的企业定额作为计算人工、材料和机械台班消耗量的基本依据；充分利用现场考察、调研成果、市场价格信息和行情资料，编制基础标价。

⑤ 报价计算方法要科学严谨，简明适用。

(二) 投标报价的编制依据

《建设工程工程量清单计价规范》GB 50500—2013规定，投标报价应根据下列依据编制和复核：

①《建设工程工程量清单计价规范》；

② 国家或省级、行业建设主管部门颁发的计价办法；

③ 企业定额，国家或省级、行业建设主管部门颁发的计价定额计价办法；

④ 招标文件、招标工程量清单及其补充通知、答疑纪要；

⑤ 建设工程设计文件及相关资料；

⑥ 施工现场情况、工程特点及投标时拟定的施工组织设计或施工方案；

⑦ 与建设项目相关的标准、规范等技术资料；

⑧ 市场价格信息或工程造价管理机构发布的工程造价信息；

⑨ 其他的相关资料。

五、投标报价的编制方法

投标人应首先根据招标人提供的工程量清单编制分部分项工程量清单计价表、措施项目清单计价表、其他项自清单计价表、规费、税金项目清单计价表，汇总得到单位工程投标报价汇总表，再层层汇总，分别得出单项工程投标报价汇总表和工程项目投标总价汇总表，投标总价的组成如图8-2所示。在编制过程中，投标人应按招标人提供的工程量清单填报价格。填写的项目编码、项目名称、项目特征、计量单位、工程量必须与招标人提供的一致。

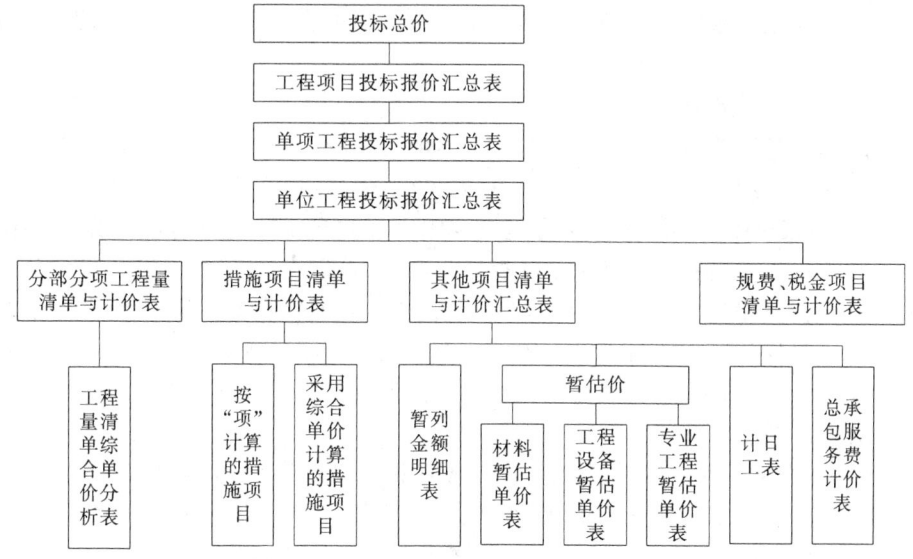

图8-2 建设项目施工投标总价组成

(一) 分部分项工程量清单与计价表的编制

投标人投标价中的分部分项工程费应按招标文件中分部分项工程量清单项目的特征描述确定综合单价。因此确定综合单价是分部分项工程工程量清单与计价表编制过程中最主要的内容。分部分项工程量清单综合单价，包括完成单位分部分项工程所需的人工费、材料费、施工机具使用费、管理费、利润，并考虑风险费用的分摊。具体编制方法见第四章内容。编制分部分项工程综合单价时应注意以下事项。

(1) 以项目特征描述为依据 项目特征是确定综合单价的重要依据之一，投标人投标报价时应依据招标文件中分部分项工程量清单项目的特征描述确定清单项目的综合单价。在招标投标过程中，当出现招标文件中分部分项工程量清单特征描述与设计图纸不符时，投标人应以分部分项工程量清单的项目特征描述为准，确定投标报价的综合单价。当施工中施工图纸或设计变更与工程量清单项目特征描述不一致时，发承包双方应按实际施工的项目特征，依据合同约定重新确定综合单价。

（2）材料、工程设备暂估价的处理　招标文件中在其他项目清单中提供了暂估单价的材料和工程设备，应按其暂估的单价计入分部分项工程量清单项目的综合单价中。

（3）考虑合理的风险　招标文件中要求投标人承担的风险费用，投标人应考虑进入综合单价。在施工过程中，当出现的风险内容及其范围（幅度）在招标文件规定的范围（幅度）内时，综合单价不得变动，合同价款不作调整。据国际惯例并结合我国工程建设的特点，发承包双方对工程施工阶段的风险宜采用如下分摊原则。

① 对于主要由市场价格波动导致的价格风险，如工程造价中建筑材料、燃料等价格风险，发承包双方应当在招标文件中或在合同中对此类风险的范围和幅度予以明确约定，进行合理分摊。根据工程特点和工期要求，一般采取的方式是承包人承担5%以内的材料、工程设备价格风险，10%以内的施工机具使用费风险。

② 对于法律、法规、规章或有关政策出台导致工程税金、规费、人工费发生变化，并由省级、行业建设行政主管部门或其授权的工程造价管理机构根据上述变化发布的政策性调整，承包人不应承担此类风险，应按照有关调整规定执行。

③ 对于承包人根据自身技术水平、管理、经营状况能够自主控制的风险，如承包人的管理费、利润的风险，承包人应结合市场情况，根据企业自身的实际合理确定、自主报价，该部分风险由承包人全部承担。

（二）措施项目清单与计价表的编制

编制内容主要是计算各项措施项目费，措施项目费应根据招标文件中的措施项目清单及投标时拟定的施工组织设计或施工方案按不同报价方式自主报价。计算时应遵循以下原则。

① 投标人可根据工程实际情况结合施工组织设计，自主确定措施项目费。对招标人所列的措施项目可以进行增补。这是由于各投标人拥有的施工装备、技术水平和采用的施工方法有所差异，招标人提出的措施项目清单是根据一般情况确定的，没有考虑不同投标人的"个性"，投标人投标时应根据自身编制的投标施工组织设计或施工方案确定措施项目，对招标人提供的措施项目进行调整。投标人根据投标施工组织设计或施工方案调整和确定的措施项目应通过评标委员会的评审。

② 措施项目清单计价应根据拟建工程的施工组织设计，对于可以精确计"量"的措施项目宜采用分部分项工程量清单方式的综合单价计价；对于不能精确计量的措施项目可以"项"为单位的方式按"率值"计价，应包括除规费、税金外的全部费用；以"项"为计量单位的，按项计价，其价格组成与综合单价相同，应包括除规费、税金以外的全部费用。

③ 措施项目清单中的安全文明施工费应按照国家或省级、行业建设主管部门的规定计价，不得作为竞争性费用。招标人不得要求投标人对该项费用进行优惠，投标人也不得将该项费用参与市场竞争。

（三）其他项目清单与计价表的编制

其他项目费主要包括暂列余额、暂估价、计日工以及总承包服务费。投标人对其他项目费投标报价时应遵循以下原则。

① 暂列金额应按照其他项目清单中列出的金额填写，不得变动。

② 暂估价不得变动和更改。暂估价中的材料暂估价必须按照招标人提供的暂估单价计入分部分项工程费用中的综合单价；专业工程暂估价必须按照招标人提供的其他项目清单中列出的金额填写。材料暂估单价和专业工程暂估价均由招标人提供，为暂估价格，在工程实施过程中，对于不同类型的材料与专业工程采用不同的计价方法。

a. 招标人在工程量清单中提供了暂估价的材料和专业工程属于依法必须招标的，由承包人和招标人共同通过招标确定材料单价与专业工程中标价。

b. 若材料不属于依法必须招标的，经发、承包双方协商确认后计价。

c. 若专业工程不属于依法必须招标的，由发包人、总承包人与分包人按有关计价依据进行计价。

③ 计日工应按照其他项目清单列出的项目和计算的数量，自主确定各项综合单价并计算费用。

④ 总承包服务费应根据招标人在招标文件中列出的分包专业工程内容和供应材料、设备情况，按照招标人提出的协调、配合与服务要求和施工现场管理需要自主确定。

（四）规费、税金项目清单与计价表的编制

规费和税金应按国家或省级、行业建设主管部门的规定计算，不得作为竞争性费用。这是由于规费和税金的计取标准是依据有关法律、法规和政策规定制定的，具有强制性。因此，投标人在投标报价时必须按照国家或省级、行业建设主管部门的有关规定计算规费和税金。

（五）投标价的汇总

投标人的投标总价应当与组成工程量清单的分部分项工程费、措施项目费、其他项目费和规费和税金的合计金额相一致，即投标人在进行工程量清单招标的投标报价时，不能进行投标总价优惠（或降价、让利），投标人对投标报价的任何优惠（或降价）均应反映在相应清单项目的综合单价中。

六、投标报价的策略

招投标竞争机制的建立，使企业在市场竞争中除了靠企业自身的素质和实力外，投标报价技巧对于能否中标及能否取得更多利润也有着举足轻重的作用，是企业在竞争中立于不败之地的重要手段之一。

投标报价策略，就是投标人在投标过程中对报价文件采用一些策略上的调整，将自己可能受到的损失减到最小，而将可能得到的利润最大化。投标报价策略作为投标取胜的方式、手段和艺术，贯穿于投标竞争的始终，内容十分丰富。常用的投标报价策略主要有以下几种。

1. 根据招标项目的不同特点采用不同报价

投标报价时，既要考虑自身的优势和劣势，也要分析招标项目的特点。要按照工程项目的不同特点、类别、施工条件等来选择报价策略。

（1）遇到如下情况报价可高一些 如，施工条件较差的工程；专业要求较高的技术密集型工程，而本公司在这方面又有专长，声望也较高；总价低的小工程以及自己不愿做、又不方便投标的工程；特殊工程，如港口码头、地下开挖工程等；工期要求急的工程；投标对手少的工程；支付条件不理想的工程等。

（2）遇到如下情况报价可低一些 如，施工条件好的工程；工作简单、工程量大而一般公司都可以做的工程；本公司急于打入某一地区，或在地区面临工程结束，机械设备等无工地转移时；本公司在附近有工程，而本项目又可利用该工程的设备、劳务，或有条件短期内突击完成的工程；投标对手多，竞争激烈的工程；非急需工程；支付条件好的工程等。

2. 不平衡报价法

不平衡报价法是一个工程项目总报价基本确定后，通过调整内部各个项目的报价，以期既不提高总报价、不影响中标，又能在结算时得到更理想的经济效益。总的来讲，要保证两个原则：即"早收钱"和"多收钱"。一般可以考虑在以下几个方面采用不平衡报价。

① "早收钱"。就是作为有经验的承包商，工程一开工，除预付款外，完成每一个单项工程都要争取提前拿钱。这个技巧就是在报价时把工程量清单里先完成的工作内容的单价调高（如开办费、临时设施、土石方工程、基础和结构部分等），后完成的工作内容的单价调低（如道路面层、交通指示牌、屋顶装修、清理施工现场和零散附属工程等）。尽管后边的单价可能会赔钱，但由于先期早已收回了成本，资金周转的问题已经得到妥善解决，财务应变能力得到提高，还有适量利息收入，因而只要能够保证整个项目最终盈利即可。这个收支曲线在海外被称为"头重脚轻"（Front Loading）配置法，其核心就是力争内部管理的资金负占用。

② "多收钱"。可以这样理解：招标方提供的工程量清单与最终实际施工的工程量之间都会存在差异，有的时候因为招标方计算的失误会有不小的差距，而清单综合单价计价表中单价的一项是空白的。如果投标方判断出工程量清单提供的工程量明显错误或不合理，这就是可能盈利的机会。例如：某个清单项目的工程量为10000，单价确定为1000元人民币，而经过投标方计算后，有绝对的把握认为工程量应该为12000，那么就可以适当提高此清单项目的单价，如调整到1200元。原来报价是按1200×10000写入合同金额中，那么最后结算的时候按实际发生的工程量计算，为1200×12000，就可以比原来的报价赚取更多的利润。

③ 预计今后工程量会通过变更增加的项目，单价可适当提高，这样在最终结算时可多赚钱；预计工程量可能通过变更减少的项目，单价可适当降低，这样工程结算时损失不大。

上述三种情况要统筹考虑，即对于工程量有错误的早期工程，如果实际工程量可能小于工程量表中的数量，则不能盲目抬高单价，要具体分析后再定。

另外，招标方对此种情况也要有预先的准备，可在招标文件里注明：招标人提供的工程量清单为投标人计量计价的参考，招标人不对工程量清单中清单项目的完整性和工程量的准确性负责，投标人应根据自己对招标文件的理解，对本工程进行准确的计量和计价，投标人可以对招标方提供的清单项目的工程量进行增减和调整，但必须书面通知招标人。

④ 设计图纸不明确，估计修改后工程量要增加的，可以提高单价；而工程内容解说不清楚的，则可适当降低单价，待澄清后可再要求提价。

⑤ 暂定项目，又叫任意项目或选择项目，对这类项目要具体分析。因为这类项目要在开工后再由业主研究决定是否实施以及由哪家承包商实施。如果工程不会由另一家承包商施工，则其中肯定要做的单价可高些，不一定做的应低些。如果该暂定项目可能由其他承包商施工时，则不宜报高价，以免抬高总报价。

采用不平衡报价一定要建立在对工程量清单中工程量仔细核对分析的基础上，特别是对报单价的项目。单价的不平衡要注意尺度，不应该成倍或几倍的偏离正常的价格，否则业主可能会判为废标，甚至列入以后禁止投标的黑名单中，就得不偿失了。一般情况下，比正常价格多出15%～30%的幅度，业主都是可以接受的，投标人可以解释为临时设施的搭建、材料、设备订货等预先支出的费用。

不平衡报价法必须在保证总报价不变的基础上对某些单价进行上调或下调，其运用是否合理是企业的投标报价技巧的一种表现。关键在于把握一个合理的幅度，幅度大了，影响中标的概率，幅度小了，效果又不明显，要在不平衡中寻求幅度的平衡，这样才能够充分利用不平衡报价法的优势。

当然，不平衡报价也有相应的风险，要看投标人的判断和决策是否正确。这就要求投标人具备相当丰富的经验，要对项目进行充分的调研、掌握丰富的资料、把握准确的信息等，这样所做出的判断和决策才是客观的、科学的，才能把风险降至最低。即使投标人的判断和决策是正确的，招标人也可以在履行合同的时候通过一系列的手段来控制件，如要求在投标报价文件中增加工程量清单综合单价分析表来分析每条清单的项目的单价构成，发变更令减少施工的工程量，甚至强行取消原有设计等，只要在招标文件中注明相关的条款或在合同中约定，投标人就很难利用不平衡报价法来获得利益。

3. 计日工单价的报价

如果是单纯报计日工单价，而且不计入总价中，可以报高些，以便在业主额外用工或使用施工机械时多盈利。但如果计日工单价要计入总报价，则需要具体分析是否报高价，以免抬高总报价。

4. 可供选择的项目的报价

有些工程项目的分项工程，业主可能要求按某一方案报价，而后再提供几种可供选择方案的比较报价。但是，"可供选择项目"并非由投标人选择，而是业主选择。因此，我们虽然适当提高了可供选择项目报价，并不意味着肯定可以取得较好的利润，只是提供了一种可能性，一旦业主今后选用，投标人即可得到额外利润。

5. 暂定工程量报价

暂定工程量报价有下面三种方式。

① 业主规定了暂定工程量的分项内容和暂定总价款，并规定所有投标人都必须在总报价中加入这笔固定金额，但由于分项工程量不很准确，允许将来按投标人所报单价和实际完成的工程量付款。

② 业主列出了暂定工程的项目的数量，但并没有限制这些工程量的总价款，要求投标人报出单价和总价，结算时按实际完成的工程量和所报单价支付。

③ 只有暂定工程的一笔固定金额，将来这笔金额做什么用，由业主确定。

第一种情况，由于暂定总价款是固定的，对各投标人的总报价水平竞争力没有任何影响。因此，投标时应当将暂定工程量的单价适当提高。这样既不会因今后工程量变更而吃亏，也不会削弱投标报价的竞争力。第二种情况，投标人必须慎重考虑，如果单价定得高了，同其他工程量计价一样，将会增大总报价，影响投标报价的竞争力；如果单价定得低了，将来这类工程量增大，会影响收益。一般来说，这类工程量可以采用正常价格。如果投标人估计今后实际工程量肯定会增大，则可适当提高单价，使将来可增加额外收益。第三种情况对投标竞争没有实际意义，按招标文件要求将规定的暂定款列入总报价即可。

6. 多方案报价法

对于一些招标文件，如果发现工程范围不明确，条款不清楚，或很不公正，或技术规范要求过于苛刻，则应在充分估计投标风险的基础上，按多方案报价法处理。即按原招标文件报一个价，然后再报一个价，如某某条款作某些变动，报价可降低多少，由此可报出一个较低的价，这样可以降低总价，吸引发包人。

7. 增加建议方案

有时招标文件中规定，可以提一个建议方案，可以修改原设计方案，提出投标者的方案。投标者这时应抓住机会，组织一些有经验的设计工程师和施工工程师，对原招标文件的设计和施工方案仔细研究，提出更为合理的方案以吸引发包人，促成自己的方案中标。这种新建议方案可以降低总造价，或使工期缩短，或使工程运用更为合理，但要注意对原招标方案一定也要报价。建议方案不要写得太具体，要保留方案的技术关键，防止发包人将此方案交给其他承包商，同时要强调的是，建议方案一定要比较成熟，有良好的可操作性。

8. 分包商报价的采用

由于现代工程的综合性和复杂性，总承包商不可能将全部工程内容完全独家包揽，特别是有些专业性较强的工程，需分包给其他专业工程公司施工，还有些招标项目，业主规定某些工程内容必须由他指定的几家分包商承担。因此，总承包商通常应在投标前先取得分包商的报价，并摊入一定的管理费列入总报价中。为了避免总承包商中标后与分包商在价格等问题上发生矛盾和纠纷，总承包商在投标前找 2～3 家分包商分别报价，而后选择其中一家信誉较好、实力较强和报价合理的分包商，签订协议，同意该分包商作为本分包工程的唯一合作者，并将分包商的姓名列入投标文件中，但要求该分包商提交投标保函。这种把分包商的利益同投标人捆在一起的做法，不但可以防止分包商事后反悔和涨价，还可能迫使分包商报出较合理的价格，以便共同争取中标。

9. 无利润报价法

缺乏竞争优势的投标人，在不得已的情况下，只好在投标书中根本不考虑利润去夺标，这种办法一般适用于以下情况。

① 有可能在中标后，将部分工程分包给索价较低的一些分包商。

② 对于分期建设的项目，先以低价获得首期工程，而后赢得机会创造第二期工程中的竞争优势，并在以后的实施中赚得利润。

③ 较长时期内，投标人没有在建的工程项目，如果再不中标，就难以维持生存。因此，虽然本工程无利可图，只要能有一定的管理费维持公司的日常运转，就可设法度过暂时的困难，以图将来东山再起。

10. 突然降价法

投标报价中各竞争对手往往在报价时采取迷惑对手的方法。即先按一般情况报价或报出较高的价格，以表现出自己对该工程兴趣不大，到投标快截止时，再突然降价。采用这种方法时，一定要在准备投标报价的过程中考虑降价的幅度，在临近投标截止日期前，根据情报信息与分析判断，再做最后决策。

11. 力求评标分最高的报价法

有些工程的投标，评标原则明确规定，以最接近业主标底的标价为最合理报价，评分最高。投标企业应对某一地区或某一领域业主的标底进行认真分析，找出规律，弄清业主的指导思想，在投标报价时就能取得与业主标底最接近的报价。

总之，企业如果想在投标工作中提高中标率，就要在充分研究招标文件、详细勘查现场、精心进行施工组织设计的基础上，灵活运用以上所讲的投标策略。

第四节　工程评标与定标

工程评标与定标是招标程序中极为重要的环节。只有做出客观、公正的评标，才能最终正确地选择最优秀最合适的承包商，从而有效的控制工程造价。

一、评标

《招标投标法》明确规定，招标人应当采取必要的措施，保证评标在严格保密的情况下进行，任何单位和个人不得非法干预、影响评标的过程和结果。工程评标应遵循竞争优选，公正、公平、科学合理，质量好、信誉高、价格合理、工期适当、施工方案先进可行，反不正当竞争及规范性与灵活性相结合的原则。

未经资格预审的投标单位，在评标前须进行资格审查，只有资格审查合格的投标单位，其投标文件才能进行评价与比较。

（一）评标的准备与初步评审

评标活动应遵循公平、公正、科学、择优的原则，招标人应当采取必要的措施，保证评标在严格保密的情况下进行。评标是招标投标活动中一个十分重要的环节，如果对评标过程不进行保密，则影响公正评标的不正当行为有可能发生。

评标委员会成员名单一般应于开标前确定，而且该名单在中标结果确定前应当保密。评标委员会在评标过程中是独立的，任何单位和个人都不得非法干预、影响评标过程和结果。

1. 评标工作的准备

评标委员会成员应当编制供评标使用的相应表格，认真研究招标文件至少应了解和熟悉以下内容。

① 招标的目标。

② 招标项目的范围和性质。

③ 招标文件中规定的主要技术要求、标准和商务条款。

④ 招标文件规定的评标标准、评标方法和在评标过程中考虑的相关因素。

招标人或者其委托的招标代理机构应当向评标委员会提供评标所需的重要信息和数据。

评标委员会应当根据招标文件规定的评标标准和方法，对投标文件进行系统的评审和比较。《招标投标法实施条例》第四十九条规定：招标文件中没有规定的标准和方法不得作为评标的依据。因此，评标委员会成员还应当了解招标文件规定的评标标准和方法，这也是评标的重要准备工作。

2. 初步评审及标准

根据《评标委员会和评标方法暂行规定》和《标准施工招标文件》的规定，我国目前评标中主要采用的方法包括经评审的最低投标价法和综合评估法，两种评标方法在初步评审阶段，其内容和标准基本是一致的。

（1）初步评审标准　初步评审的标准包括以下四方面。

① 形式评审标准。包括投标人名称与营业执照、资质证书、安全生产许可证一致；投标函上有法定代表人或其委托代理人签字或加盖单位章；投标文件格式符合要求；联合体投标人已提交联合体协议书，并明确联合体牵头人（如有）；报价唯一，即只能有一个有效报价等。

② 资格评审标准。如果是未进行资格预审的，应具备有效的营业执照、具备有效的安全生产许可证，并且资质等级、财务状况、类似项目业绩、信誉、项目经理、其他要求、联合体投标人等，均符合规定。如果是已进行资格预审的，仍按前文所述资格审查办法中详细审查标准来进行审查。

③ 响应性评审标准。主要内容包括投标报价校核，审查全部报价数据计算的正确性，分析报价构成的合理性，并与招标控制价进行对比分析，还有工期、工程质量、投标有效期、投标保证金、权利义务、已标价工程量清单、技术标准和要求、分包计划等，均应符合招标文件的有关要求。即投标文件应实质上响应招标文件的所有条款、条件，无显著的差异或保留。所谓显著的差异或保留包括以下情况：对工程的范围、质量及使用性能产生实质性影响；偏离了招标文件的要求，而对合同中规定的招标人的权利或者投标人的义务造成实质性的限制；纠正这种差异或者保留将会对提交了实质性响应要求的投标书的其他投标人的竞争地位产生不公正影响。

④ 施工组织设计和项目管理机构评审标准。主要包括施工方案与技术措施、质量管理体系与措施、安全管理体系与措施、环境保护管理体系与措施、工程进度计划与措施、资源配备计划、技术负责人、其他主要人员、施工设备、试验、检测仪器设备等，符合有关标准。

（2）投标文件的澄清和说明　评标委员会可以书面方式要求投标人对投标文件中含义不明确的内容作必要的澄清、说明或补正，但是澄清、说明或补正不得超出投标文件的范围或者改变投标文件的实质性内容。对招标文件的相关内容作出澄清、说明或补正，其目的是有利于评标委员会对投标文件的审查、评审和比较。澄清、说明或补正包括投标文件中含义不明确、对同类问题表述不一致或者有明显文字和计算错误的内容。但评标委员会不得向投标人提出带有暗示性或诱导性的问题，或向其明确投标文件中的遗漏和错误。同时，评标委员会不接受投标人主动提出的澄清、说明或补正。

投标文件不响应招标文件的实质性要求和条件的，招标人应当拒绝，并不允许投标人通过修正或撤销其不符合要求的差异或保留，使之成为具有响应性的投标。

评标委员会对投标人提交的澄清、说明或补正有疑问的，可以要求投标人进一步澄清、说明或补正，直至满足评标委员会的要求。

（3）报价有算术错误的修正　投标报价有算术错误的，评标委员会按以下原则对投标报价进行修正，修正的价格经投标人书面确认后具有约束力。投标人不接受修正价格的，其投标作废标处理。

① 投标文件中的大写金额与小写金额不一致的，以大写金额为准。

② 总价金额与依据单价计算出的结果不一致的，以单价金额为准修正总价，但单价金额小数点有明显错误的除外。此外，如对不同文字文本投标文件的解释发生异议的，以中文文本为准。

（4）经初步评审后否决投标的情况　评标委员会应当审查每一投标文件是否对招标文件提出的所有实质性要求和条件做出响应。未能在实质上响应的投标，评标委员会应当否决其投标。具体情形包括：

① 投标文件未经投标单位盖章和单位负责人签字；

② 投标联合体没有提交共同投标协议；

③ 投标人不符合国家或者招标文件规定的资格条件；

④ 同一投标人提交两个以上不同的投标文件或者投标报价，但招标文件要求提交备选投标的除外；

⑤ 投标报价低于成本或者高于招标文件设定的招标控制价；

⑥ 投标文件没有对招标文件的实质性要求和条件作出响应；

⑦ 投标人有串通投标、弄虚作假、行贿等违法行为。

（二）详细评审标准与方法

经初步评审合格的投标文件，评标委员会应当根据招标文件确定的评标标准和方法，对其技术部分和商务部分做进一步评审、比较。详细评审的方法包括经评审的最低投标价法和综合评估法两种。

1. 经评审的最低投标价法

经评审的最低投标价法是指评标委员会对满足招标文件实质要求的投标文件，根据详细评审标准规定的量化因素及量化标准进行价格折算，按照经评审的投标价由低到高的顺序推荐中标候选人，或根据招标人授权直接确定中标人，但投标报价低于其成本的除外。经评审的投标价相等时，投标报价低的优先；投标报价也相等的，由招标人自行确定。

（1）经评审的最低投标价法的适用范围　按照《评标委员会和评标方法暂行规定》的规

定，经评审的最低投标价法一般适用于具有通用技术、性能标准或者招标人对其技术、性能没有特殊要求的招标项目。

（2）详细评审标准及规定 采用经评审的最低投标价法的，评标委员会应当根据招标文件中规定的量化因素和标准进行价格折算，对所有投标人的投标报价以及投标文件的商务部分作必要的价格调整。根据《标准施工招标文件》的规定，主要的量化因素包括单价遗漏和付款条件等，招标人可以根据项目具体特点和实际需要，进一步删减、补充或细化量化因素和标准。另外如世界银行贷款项目采用此种评标方法时，通常考虑的量化因素和标准包括：一定条件下的优惠（借款国国内投标人有 7.5% 的评标优惠）；工期提前的效益对报价的修正；同时投多个标段的评标修正等。所有的这些修正因素都应当在招标文件中有明确的规定。对同时投多个标段的评标修正，一般的做法是，如果投标人的某一个标段已被确定为中标，则在其他标段的评标中按照招标文件规定的百分比（通常为 4%）乘以报价额后，在评标价中扣减此值。

根据经评审的最低投标价法完成详细评审后，评标委员会应当拟定一份"价格比较一览表"，连同书面评标报告提交招标人。"价格比较一览表"应当载明投标人的投标报价、对商务偏差的价格调整和说明以及已评审的最终投标价。

2. 综合评估法

不宜采用经评审的最低投标价法的招标项目，一般应当采取综合评估法进行评审。综合评估法是指评标委员会对满足招标文件实质性要求的投标文件，按照规定的评分标准进行打分，并按得分由高到低顺序推荐中标候选人，或根据招标人授权直接确定中标人，但投标报价低于其成本的除外。综合评分相等时，以投标报价低的优先；投标报价也相等的，由招标人自行确定。

详细评审中的分值构成与评分标准。综合评估法下评标分值构成一般分为四个方面，即施工组织设计，项目管理机构，投标报价，其他评分因素。总计分值为 100 分。各方面所占比例和具体分值由招标人自行确定，并在招标文件中明确载明，且招标文件发出后不能再变更。某工程的评分标准如表 8-2 所示，其中评标标准应结合项目的实际情况确定。

表 8-2 综合评估法下的评分因素和评分标准

分值构成	评分因素	评分标准
施工组织设计评分标准（20分）	施工方案	1.5～2.0
	确保工程质量的技术组织措施	1.5～2.0
	确保安全生产的技术组织措施	1.5～2.0
	确保文明施工的技术组织措施及环境保护措施	1.5～2.0
	确保工期的技术组织措施	1.5～2.0
	施工机械配备和材料投入计划	1.5～2.0
	施工进度表或施工网络图	1.5～2.0
	劳动力安排计划及劳务分配情况表	1.5～2.0
	成品保护措施	1.5～2.0
	与总承包单位的配合方案	1.5～2.0
项目管理机构评分标准（5分）	项目经理部组成	1.5～2.0
	项目经理任职资格与业绩	1.0～1.5
	技术责任人任职资格与业绩	1.0～1.5
投标报价评分标准（75分）	投标总价①	25
	分部分项工程综合单价①	40
	措施项目①	10

① 不同工程各个组成部分的权重有所不同，应该结合工程的特征及业主的需求确定。

二、定标

（一）中标候选人的确定

经过评标后，除招标文件中特别规定了授权评标委员会直接确定中标人外，招标人应依据评标委员会推荐的中标候选人确定中标人，评标委员会提交中标候选人的个数应符合招标文件的要求，应当不超过 3 人，并标明排列顺序。

中标人的投标应当符合下列条件之一。

① 能够最大限度满足招标文件中规定的各项综合评价标准。

② 能够满足招标文件的实质性要求，并且经评审的投标价格最低；但是投标价格低于成本的除外。

对使用国有资金投资或者国家融资的项目，招标人应当确定排名第一的中标候选人为中标人。排名第一的中标候选人放弃中标，因不可抗力提出不能履行合同，或者招标文件规定应当提交履约保证金而在规定的期限内未能提交的，招标人可以确定排名第二的中标候选人为中标人。排名第二的中标候选人因上述同样原因不能签订合同的，招标人可以确定排名第三的中标候选人为中标人。

招标人可以授权评标委员会直接确定中标人。招标人不得向中标人提出压低报价、增加工作量、缩短工期或其他违背中标人意愿的要求，即不得以此作为发出中标通知书和签订合同的条件。

经评标委员会评审，认为所有投标都不符合招标文件要求的，可以否决所有投标。依法必须进行招标的项目的所有投标被否决的，招标人应当依照本法重新招标。在确定中标人前，招标人不得与投标人就投标价格、投标方案等实质性内容进行谈判。

（二）评标报告的内容及提交

评标委员会完成评标后，应当向招标人提交书面评标报告，并抄送有关行政监督部门。评标报告应当如实记载以下内容：

① 基本情况和数据表；

② 评标委员会成员名单；

③ 开标记录；

④ 符合要求的投标一览表；

⑤ 废标情况说明；

⑥ 评标标准、评标方法或者评标因素一览表；

⑦ 经评审的价格或者评分比较一览表；

⑧ 经评审的投标人排序；

⑨ 推荐的中标候选人名单与签订合同前要处理的事宜；

⑩ 澄清、说明、补正事项纪要。

评标报告由评标委员会全体成员签字。评标结果有不同意见的评标委员会成员应当以书面方式阐述其不同意见和理由，评标报告应当注明该不同意见。评标委给成员拒绝在评标报告上签字且不陈述其不同意见和理由的，视为同意评标结论。评标委员会应当对此做出书面说明并记录在案。

（三）公示与中标通知

1. 公示中标候选人

为维护公开、公平、公正的市场环境，鼓励各招投标当事人积极参与监督，按照《招标投标法实施条例》的规定，依法必须进行招标的项目，招标人应当自收到评标报告之日起 3 日内公示中标候选人，公示期不得少于 3 日。投标人或者其他利害关系人对依法必须进行招标的项目的评标结果有异议的，应当在中标候选人公示期间提出。招标人应当自收到异议之日起 3 日内作出答复；作出答复前，应当暂停招标投标活动。

对中标候选人的公示需明确以下几个方面。

（1）公示范围　公示的项目范围是依法必须进行招标的项目，其他招标项目是否公示中标候选人由招标人自主决定。公示的对象是全部中标候选人。

（2）公示媒体　招标人在确定中标人之前，应当将中标候选人在交易场所和指定媒体上公示。

（3）公示时间（公示期）　公示由招标人统一委托当地招投标中心在开标当天发布。公示期从公示的第二天开始算起，在公示期满后招标人才可以签发中标通知书。

（4）公示内容　对中标候选人全部名单及排名进行公示；而不是只公示排名第一的中标候选人。同时，对有业绩信誉条件的项目，在投标报名或开标时提供的作为资格条件或业绩信誉情况，应一并进行公示，但不含投标人的各评分要素的得分情况。

（5）异议处置　公示期间，投标人及其他利害关系人应当先向招标人提出异议，经核查后发现在招标过程中确有违反相关法律法规且影响评标结果公正性的，招标人应当重新组织评标或招标。招标人拒绝自行纠正或无法自行纠正的，则根据《招标投标法实施条例》第60条的规定向行政监督部门提出投诉。对故意虚构事实，扰乱招投标市场秩序的，则按照有关规定进行处理。

2. 发出中标通知书

中标人确定后，招标人应当向中标人发出中标通知书，并同时将中标结果通知所有未中标的投标人。中标通知书对招标人和中标人具有法律效力。中标通知书发出后，招标人改变中标结果，或者中标人放弃中标项目的，应当依法承担法律责任。依据《招标投标法》的规定，依法必须进行招标的项目，招标人应当自确定中标人之日起15日内，向有关行政监督部门提交招标投标情况的书面报告。书面报告中至少应包括下列内容：

① 招标范围；

② 招标方式和发布招标公告的媒介；

③ 招标文件中投标人须知、技术条款、评标标准和方法、合同主要条款等内容；

④ 评标委员会的组成和评标报告；

⑤ 中标结果。

3. 履约担保

在签订合同前，中标人以及联合体的中标人应按招标文件有关规定的金额、担保形式和招标文件规定的履约担保格式，向招标人提交履约担保。履约担保有现金、支票、履约担保书银行保函等形式，可以选择其中的一种作为招标项目的履约保证金，履约保证金不得超过中标合同金额的10%。中标人不能按要求提交履约保证金的，视为放弃中标，其投标保证金不予退还，给招标人造成的损失超过投标保证金数额的，中标人还应当对超过部分予以赔偿。中标后的承包人应保证其履约保证金在发包人颁发工程接收证书前一直有效。发包人应在工程接收证书颁发后28天内把履约保证金退还给承包人。

第五节　施工合同的签订

一、施工合同价格类型及选择

根据《中华人民共和国合同法》、《建设工程施工合同管理办法》及《建设工程施工发包与承包计价管理办法》的规定，建筑工程施工合同按付款方式可分为3种：固定价格合同、可调价格合同及成本加酬金合同。招标单位在招标前，就应根据工程难度、设计深度等因素确定合同形式。

（一）施工合同类型

1. 固定价格合同价

固定价格合同价指合同中确定的工程合同价在实施期间不因价格变化而调整。固定合同价可分为固定总价合同和固定单价合同两种。

（1）固定总价合同　这种合同确定的总价为包死的固定总价。合同总价只有在设计和施工范围变更的情况下才能做相应的调整，除此之外，合同总价是不能变动的。因此，作为合同价格计算依据的图纸和计量规则、规范必须对工程做出详尽的描述。在合同执行过程中，合同双方都不能因工程量、设备、材料价格、工资等因素变动和气候条件恶劣等原因提出对合同总价调整的要求，这就意味着承包商在施工过程中要承担较大的风险，如物价波动、气候条件恶劣、地质地基条件及其他意外因素等，因此合同价款一般会高些。这类合同价可以使建设单位对工程总开支做到心中有数，在施工过程中可以更有效地控制资金的使用。

（2）固定单价合同　固定单价合同中确定的各项单价在工程实施期间不因价格变化而调整。这种合同是以工程量表中所列工程量和承包商所报出的单价为依据来计算合同价的。通常招标人在准备此类合同的招标文件时，委托咨询单位按分部分项工程列出工程量表并填入估算的工程量，承包商在投标时在工程量表中填入各项的单价，据之计算出总价作为投标报价之用。但在结算时，以实际完成的工程量为准。

采用这种合同时，要求实际完成的工程量与原估计的工程量不能有实质性的变化。因为投标人报出的单价是以招标文件给出的工程量为基础计算的，工程量大幅度的增加或减少，会使得投标人按比例分摊到单价中的一些固定费用与实际严重不符，要么使投标人获得超额利润，要么使许多固定费用收不回来。所以有的单价合同规定，如果最终结算时实际工程量与工程量清单中的估算工程量相差超过 10% 时，允许调整合同单价。

在设计单位来不及提供施工详图，或虽有施工详图但由于某些原因不能准确地计算工程量时，招标文件也可只向投标人提供各分项工程内的工作项目一览表、工程范围及必要的说明，而不提供工程量，承包商只要给出表中各项目的单价即可，将来施工时按实际完成工程量计算。

2. 可调价格合同

可调价是指合同总价或者单价在合同实施过程中可以按照约定，随资源价格等因素的变化而调整。

（1）可调总价　可调总价合同的总价一般也是以设计图纸及规定、规范为基础，在报价及签约时，按招标文件的要求和当时的物价计算合同总价的。但合同总价是一个相对固定的价格，在合同执行过程中，由于通货膨胀而使投入工程的工料成本增加，可对合同总价进行相应的调整，即在合同条款中增加调价条款，如果出现通货膨胀这一不可预见的费用因素，合同总价就可按约定的调价条款作相应的调整。

有关调价的特定条款，往往在合同专用条款中列明，调价工作必须按照这些特定的调价条款进行。这种合同与固定总价合同的不同之处在于，它对合同实施过程中出现的风险作了分摊，发包方承担了通货膨胀的风险，而承包方承担了合同实施中工程量、成本和工期因素等其他风险。

可调总价合同适用于工程内容和技术经济指标很明确的项目，由于合同中列有调值条款，所以工期在一年以上的工程项目较适合于采用这种合同计价方式。

（2）可调单价　合同单价的调整，一般是在工程招标文件中规定的。有的工程在招标或签约时，因某些不确定因素而在合同中暂定某些分部分项工程的单价，在工程结算时，再根据实际情况和合同约定对其进行调整，确定实际结算单价。

3. 成本加酬金合同

成本加酬金合同指合同中确定的工程合同价，其工程成本部分按现行计价依据计算，酬金部分则按固定金额或工程成本乘以规定的费率计算，将两者相加，确定出合同价。一般分为以下几种形式。

（1）成本加固定百分比酬金确定的合同价　这种合同价是发包方对承包方支付的实际直接成本全部据实补偿，同时按照实际直接成本的固定百分比付给承包方一笔酬金，作为承包方的利润。

这种合同价使得建安工程总造价及付给承包方的酬金随工程成本而水涨船高，不利于鼓励承包方降低成本，故很少采用。

（2）成本加固定金额确定的合同价　这种合同价与上述成本加固定百分比酬金合同价相似，其不同之处仅在于发包方付给承包方的酬金是一笔固定金额的酬金。

采用上述两种合同价方式时，为了避免承包方企图获得更多的酬金而对工程成本不加控制，往往在承包合同中规定一些"补充条款"，以鼓励承包方节约资金，降低成本。

（3）成本加奖罚确定的合同价　采用这种合同价，首先要确定一个目标成本，这个目标成本是根据粗略估算的工程量和单价表编制出来的。在此基础上，根据目标成本来确定酬金的数额，可以是百分数的形式，也可以是一笔固定酬金。然后，根据工程实际成本支出情况另外确定一笔奖金，当实际成本低于目标成本时，承包方除从发包方获得实际成本、酬金补偿外，还可根据成本降低额得到一笔奖金。当实际成本高于目标成本时，承包方仅能从发包方得到成本和酬金的补偿，此外，视实际成本高出目标成本情况，若超过合同价的限额，还要处以一笔罚金。这种合同价形式可以促使承包商降低成本，缩短工期，承发包双方都不会承担太大风险，故应用较多。

（4）最高限额成本加固定最大酬金确定的合同价　在这种合同价中，首先要确定限额成本、报价成本和最低成本。当实际成本没有超过最低成本时，承包方花费的成本费用及应得酬金等都可得到发包方的支付，并与发包方分享节约额；如果实际工程成本在最低成本和报价成本之间，承包方只能得到成本和酬金；如果实际工程成本在报价成本与最高限额成本之间，则只能得到全部成本；当实际工程成本超过最高限额成本时，则超过部分发包方不予支付。这种合同价形式有利于控制工程造价，并能鼓励承包方最大限度地降低工程成本。

（二）施工合同类型的选择

一般说来，选择施工合同类型时建设单位具有一定的主动权，但也应考虑施工单位的承受能力，选择双方都能认可的合同类型。影响合同类型选择的因素主要有以下几方面。

（1）建筑规模与工期　项目规模小、工期短，建设单位较愿选用总价合同，因为这类工程风险较小。若项目规模大、工期长、不可预见因素多，则不宜采用总价合同。

（2）设计深度　若设计详细，工程量明确，则三类合同均可选用；若设计深度可以划分出分部分项工程，但不能准确计算工程量，应优先选用单价合同。

（3）项目准备时间的长短　工程招投标及签订合同，招标单位与投标单位都要做准备工作，不同的合同类型需要不同的准备时间与费用。总价合同需要的准备时间和准备费用最高，成本加酬金合同需要的准备时间和费用最低。对抢险救灾等十分急迫的任务，给予招投标双方的准备时间都很少，因此只能采用成本加酬金的合同形式。反之，可采用单价或总价合同形式。

（4）项目的施工难度及竞争情况　项目施工难度大，则对施工单位技术要求高，风险也较大，选择总价合同的可能性较小；项目施工难度小，且愿意施工的单位多，竞争激烈，建设单位拥有较大的主动权，可按总价合同、单价合同、成本加酬金合同的顺序选择。

此外，选择合同类型时，还应考虑外部环境因素。若外部环境恶劣，如通货膨胀率高、气候条件差等，则施工成本高、风险大，投标单位很难接受总价合同。

二、施工合同格式的选择

合同是招投标双方对招投标成果的确认，是招标之后、开工之前双方签订的工程施工、付款和结算的凭证。合同的形式应在招标文件中确定，投标人应在投标文件中作出响应。目前的建筑工程施工合同格式一般采用以下三种方式。

（1）参照 FIDIC 合同格式订立的合同　FIDIC 合同是国际通用的规范合同文本，一般用于大型的国家投资项目和世界银行贷款项目。采用这种合同格式，可以有效减少工程竣工结算时的经济纠纷，但因其使用条件较严格，因而在一般中小型项目中较少采用。

（2）参照《建设工程施工合同示范文本》（简称示范文本合同）订立的合同　按照国家工商部和建设部推荐的《建设工程施工合同示范文本》格式订立的合同是比较规范，也是公开招标的中小型工程项目采用最多的一种合同格式。该合同由四部分组成：协议书、通用条款、专用条款、附件。《协议书》明确了双方最主要的权利义务，经当事人签字盖章，具有最高的法律效力；《通用条款》具有通用性，基本适用于各类建筑施工和设备安装工程；《专用条款》是对《通用条款》必要的修改与补充，其与《通用条款》相对应，多为空格形式，需双方协商完成；附件对双方的某项义务以确定格式予以明确，便于实际工作中的执行与管理。

示范文本合同是招标文件的延续，故一些项目在招标文件中就拟定了补充条款内容以表明招标人的意向；投标人若对此有异议时，可在招标答疑（澄清）会上提出，并在投标函中提出施工单位能接受的补充条款；双方对补充条款再有异议时可在询标时得到最终统一。但是，也有项目虽然在招标中采用了示范合同文本，并没有在协议书中写明工程造价，或者协议书中写明的造价与中标通知书上的中标价不相一致，或者在补充条款中未对招标文件内容有实质性响应，甚至在补充条款中提出与招标文件内容相矛盾的款项。所有这些都会给日后工程的实施埋下隐患，应提早加以预防。

（3）自由格式合同　自由格式合同是由建设单位和施工单位协商订立的合同，它一般适用于通过邀请招标或议标发包的工程项目。这种合同是一种非正规的合同形式，往往由于一方（主要是建设单位）对建筑工程的复杂性、特殊性等方面考虑不周，从而使其在工程实施阶段陷于被动。

三、施工合同的签订

施工合同的签订是整个招投标过程中的里程碑事件，在招投标过程和施工过程中起着承前启后的作用，对于工程的实施和造价的控制至关重要，应予以足够的重视。在施工合同的签订过程中，应注意以下事项。

1. 关于合同文件部分

招投标过程中形成的补遗、修改、书面答疑、各种协议等均应作为合同文件的组成部分。特别应注意作为付款和结算依据的工程量和价格清单，应根据评标阶段作出的修正稿重新整理、审定。

2. 关于合同条款的约定

在拟订合同条款时，应注重有关风险和责任的约定，将项目管理的理念融入合同条款中，尽量将风险量化，责任明确，公正地维护双方的利益。其中应特别注意以下条款。

（1）程序性条款　程序性条款贯穿于合同行为的始终，包括信息往来程序、计量程序、工程变更程序、索赔处理程序、价款支付程序、争议处理程序等。编写时注意明确具体步骤，约定时间期限，预防不必要的纠纷。

（2）有关工程计量条款　注重计算方法的约定，应严格确定计量内容（一般按净值计量），加强隐蔽工程计量的约定。计量方法一般按工程部位和工程特性确定，以便于核定工程量及便于计算工程价款为原则。

（3）有关估价的条款　应特别注意价格调整条款，如对未标明价格或无单独标价的工程，在合同中应约定相应的计价方法；对于工程量变化引起的价格调整，应约定调整公式；对工程延期、材料价格上涨等因素造成的价格调整，都应在合同中约定。

（4）有关双方职责的条款　为进一步划清双方责任，量化风险，应对双方的职责进行清晰的描述。对那些未来很可能发生并影响工作、增加合同价格及延误工期的事件和情况加以明确，防止索赔、争议的发生。

（5）工程变更的条款　适当规定工程变更和增减总量的限额及时间期限。如在 FIDIC 合同条款中规定，单位工程的增减量超过原工程量 15％时应相应调整该项的综合单价。

【复习思考题】

1. 简述工程招标的基本方式及特点。
2. 简述工程招投标对工程造价的影响。
3. 简述招标文件的内容。
4. 简述投标报价的编制原则和方法。
5. 简述常用的投标报价策略。
6. 简述常用的评标方法。
7. 简述常用的工程承包合同价格类型及特点。

【案例分析】

某广场泛光照明工程采用公开招标方式选择中标人，评标专家由七位经济、技术类专家组成，共八家单位前来参加投标，其中一家因投标文件包装不响应招标文件的规定而被废标，剩余七家都通过了资格预审，分别用 A、B、C、D、E、F、G 代表，招标文件中规定评标方法采用综合评估法。

招标文件中给出的评标因素及评标标准见表 8-3。

表 8-3　综合评估法下的某广场泛光照明工程评分因素和评分标准

分值构成	评分因素	评分标准
施工组织设计评分标准（20分）	施工方案	1.5～2.0
	确保工程质量的技术组织措施	1.5～2.0
	确保安全文明施工的技术组织及环境保护措施	1.5～2.0
	确保工期的技术组织措施	1.5～2.0
	施工机械配备和材料投入计划	1.5～2.0
	劳动力安排计划及劳务分配情况表	1.5～2.0
	施工进度表或施工网络图	1.5～2.0
	项目经理部组成	1.5～2.0
	成品保护措施	1.5～2.0
	与总承包单位的配合方案	1.5～2.0
投标报价评分标准（80分）	投标总报价	20
	分部分项工程综合单价	50
	措施项目	10

1. 技术标的评审方法

技术标共 10 项，总分 20 分，每项分值范围 1.5～2.0 分，由专家根据投标文件的要求、工程特点及投标文件的质量独立打分，其平均值作为每项的得分值。

2. 商务标评审方法

（1）投标总报价评分标准

① 招标控制价只起控制投标总价的作用。招标控制价的综合单价和措施项目费不参加各种基准价的平均；当投标人的投标总价大于或等于招标控制价时，视为废标，不再参与商务标的评审。

② 投标总报价评标基准价：所有有效投标报价的算术平均值下浮 3% 作为评标基准价。

③ 投标报价得分：当投标报价等于评标基准价时得 20 分，其余报价与评标基准价相比，投标报价每增加 1% 扣 1 分，每减少 1% 扣 0.5 分，增减不足 1% 时，按插值法计算，扣完为止。

（2）分部分项工程综合单价评分标准

① 招标控制价中从分部分项工程综合单价由高到低排序取 25 项进行评审，每一评分项为 2 分。

② 综合单价评标基准价：所有有效投标的同一分部分项工程量清单综合单价进行算术平均计算，以算术平均值下浮 3% 作为评标基准价。

③ 同一分部分项工程量清单综合单价报价得分：当同一分部分项工程量清单综合单价报价等于评标基准价时得 2 分；其余报价与评标基准价相比，综合单价每增加 1% 扣 0.2 分，每减少 1% 扣 0.1 分，增减不足 1% 时，按插值法计算，扣完为止。各分部分项得分的总和为分部分项工程综合单价得分。

（3）措施项目评分标准

① 措施项目评标基准价：所有有效投标报价的算术平均值下浮 3% 作为评标基准价。

② 措施项目得分：各投标人措施项目报价等于基准价时得 10 分，其余报价与评标基准价相比，报价每增加 1% 扣 0.5 分，每减少 1% 扣 0.25 分，增减不足 1% 时，按插值法计算，扣完为止。各分部分项得分的总和为措施项目得分。

3. 评标结果

经过专家评审及广联达软件对商务标的计算，评标结果见表 8-4～表 8-7。

表 8-4　总报价得分

序号	投标单位	投标报价	基准价	差额率/%	扣分率	总报价得分
1	A	10809975.92		2.22	1	19.73
2	B	10885538.02		2.93	1	17.84
3	C	11148973.14		5.42	1	17.78
4	D	11104691.36	10575438.11	5	1	17.07
5	E	10960568.77		3.64	1	16.36
6	F	10804361.40		2.16	1	15
7	G	10603486.02		0.27	1	14.58

表 8-5　措施项目得分

序号	投标单位	措施费	基准价	差额率/%	扣分率	措施项目得分
1	A	426123.05		3.31	0.5	8.35
2	B	423917.02		2.77	0.5	8.61
3	C	437601.83		6.09	0.5	6.95
4	D	426249.36	412473.93	3.34	0.5	8.33
5	E	427101.98		3.55	0.5	8.23
6	F	426240.15		3.34	0.5	8.33
7	G	409382.59		−0.75	0.25	9.81

表8-6　主要清单项目综合单价评分

序号	清单编码及名称	基准价	A 报价	A 得分	B 报价	B 得分	C 报价	C 得分	D 报价	D 得分	E 报价	E 得分	F 报价	F 得分	G 报价	G 得分
1	030204018001 配电箱	20551.36	21650.66	0.93	21648.77	0.93	21069.50	1.50	20918.08	1.64	21065.72	1.50	21069.50	1.50	20886.53	1.67
2	030204031001 小电器	744.97	761.74	1.55	769.74	1.34	794.74	0.66	781.95	1.01	774.74	1.20	749.74	1.87	743.41	1.98
3	030208001002 电力电缆	62.84	65.04	1.30	65.46	1.17	65.43	1.18	62.86	1.99	64.94	1.33	66.87	0.72	62.85	2.00
4	030208001003 电力电缆	71.87	74.88	1.16	74.45	1.28	74.12	1.37	74.81	1.18	74.96	1.14	75.29	1.05	70.12	1.76
5	030212001001 电气配管	19.27	21.10	0.10	21.13	0.07	21.26	0.00	17.48	1.07	21.15	0.05	19.20	1.96	17.71	1.19
6	030212001004 电气配管	22.05	22.90	1.23	23.00	1.14	23.00	1.14	22.23	1.84	23.00	1.14	23.02	1.12	21.97	1.96
7	030213002001 工厂灯	6959.15	7136.02	1.49	7136.02	1.49	7136.02	1.49	7413.79	0.69	7136.02	1.49	7136.02	1.49	7126.78	1.52
8	030213003001 装饰灯	1104.25	1125.61	1.61	1135.71	1.43	1166.01	0.88	1164.67	0.91	1145.81	1.25	1125.61	1.61	1105.37	1.98
9	030213003003 装饰灯	1104.25	1125.61	1.61	1135.71	1.43	1166.01	0.88	1164.67	0.91	1145.81	1.25	1125.61	1.61	1105.37	1.98
10	030213003004 装饰灯	873.32	893.31	1.54	898.36	1.43	923.61	0.85	912.17	1.11	908.46	1.20	893.31	1.54	873.07	2.00
11	030213003002 装饰灯	2042.36	2075.01	1.69	2095.21	1.49	2176.01	0.70	2164.57	0.81	2155.41	1.29	2075.01	1.69	2044.67	1.99
12	030213003005 装饰灯	2041.96	2075.01	1.68	2095.21	1.48	2176.01	0.69	2164.57	0.80	2105.31	1.38	2075.01	1.68	2044.67	1.97
13	030204017001 控制箱	10740.75	10905.36	1.69	11005.36	1.51	11305.36	0.95	11338.02	0.89	11105.36	1.32	11105.36	1.32	10745.74	1.99
14	030204017002 控制箱	3768.53	3840.36	1.62	3875.36	1.43	3985.36	0.85	3938.03	1.10	3905.36	1.27	3905.36	1.27	3745.74	1.94
15	030204018001 配电箱	19755.46	20381.17	1.37	20381.17	1.37	20381.17	1.37	20350.74	1.40	20381.17	1.37	20381.17	1.37	20308.61	1.44
16	030204018002 配电箱	19755.46	20381.17	1.37	20381.17	1.37	20381.17	1.37	20350.74	1.40	20381.17	1.37	20381.17	1.37	20308.61	1.44
17	030208001001 电力电缆	22.44	23.72	0.86	23.62	0.95	23.00	1.50	23.00	1.50	23.91	0.69	23.11	1.40	21.58	1.62
18	030208001002 电力电缆	27.21	27.90	1.49	29.12	0.60	27.97	1.45	27.55	1.75	27.93	1.47	28.70	0.90	27.19	1.99
19	030208001003 电力电缆	37.81	39.22	1.25	39.00	1.37	38.96	1.39	38.14	1.83	38.98	1.38	40.71	0.47	37.84	1.98
20	030212001002 电气配管	17.08	18.20	0.69	18.24	0.64	18.45	0.40	17.04	1.98	18.35	0.51	17.11	1.96	15.90	1.31
21	030212001004 电气配管	20.58	21.68	0.93	21.85	0.77	20.95	1.64	20.86	1.73	21.00	1.59	21.65	0.96	20.50	1.96
22	030213001001 工厂灯	1565.15	1589.22	1.69	1604.37	1.50	1675.07	0.60	1666.32	0.71	1619.52	1.31	1574.07	1.89	1566.31	1.99
23	030213001001 普通吸顶灯及其他灯具	792.07	809.03	1.57	816.10	1.39	841.35	0.76	833.43	0.96	821.15	1.27	800.95	1.78	793.94	1.95
24	030213003002 装饰灯	1948.26	1986.57	1.61	2006.77	1.40	2067.37	0.78	2057.78	0.88	2016.87	1.30	1966.37	1.81	1957.87	1.90
25	030213003001 装饰灯	2035.03	2067.37	1.68	2087.57	1.48	2168.37	0.69	2158.78	0.78	2097.67	1.38	2067.37	1.68	2038.67	1.96
合计				33.71		30.46		25.09		30.87		30.45		36.02		45.47

表 8-7 评审结果汇总表

序号	投标单位	总报价得分	主要清单综合单价得分	措施项目得分	技术标得分	商务标得分	总得分	名次
1	G	19.73	45.47	9.81	17.91	75.01	92.92	1
2	F	17.84	36.02	8.33	17.79	62.19	79.98	2
3	A	17.78	33.71	8.35	16.88	59.84	76.72	3
4	B	17.07	30.46	8.61	16.98	56.14	73.12	
5	E	16.36	30.45	8.23	16.9	55.04	71.94	
6	D	15	30.87	8.33	15	54.21	69.2	
7	C	14.58	25.09	6.95	14.36	46.62	60.98	

第九章 施工阶段的造价管理

【教学目的与要求】

本章主要介绍了施工阶段工程造价管理的内容。通过本章的学习，使读者掌握工程变更的确认、处理及变更后合同价款的确定，工程索赔程序与计算，工程备料款的预付与扣回，工程款的支付与结算方法；熟悉工程变更产生的原因与内容，索赔的概念、处理原则、分类与内容，业主反索赔。

第一节 工程合同价款调整

一、一般规定

（一）合同价款调整事件

主要包括以下内容：

① 法律法规政策变化；

② 工程变更；

③ 项目特征不符；

④ 工程量清单缺项；

⑤ 工程量偏差；

⑥ 计日工；

⑦ 物价波动；

⑧ 暂估价；

⑨ 不可抗力；

⑩ 提前竣工（赶工补偿）；

⑪ 误期赔偿；

⑫ 索赔；

⑬ 现场签证；

⑭ 暂列金额；

⑮ 发承包双方约定的其他调整事项。

发承包双方在订立施工合同时，可以根据工程计价方式和项目特征，选择适当的合同价款调整事件进行约定。

（二）调整程序

① 出现合同价款调增事项（不含工程量偏差、计日工、现场签证、索赔）后的 14 天内，承包人应向发包人提交合同价款调增报告并附上相关资料；承包人在 14 天内未提交合同价款调增报告的，应视为承包人对该事项不存在调整价款请求。

② 出现合同价款调减事项（不含工程量偏差、索赔）后的 14 天内，发包人应向承包人提交合同价款调减报告并附相关资料；发包人在 14 天内未提交合同价款调减报告的，应视为发包人对该事项不存在调整价款请求。

③ 发（承）包人应在收到承（发）包人合同价款调增（减）报告及相关资料之日起 14 天内对其核实，予以确认的应书面通知承（发）包人。当有疑问时，应向承（发）包人提出协商意见。发（承）包人在收到合同价款调增（减）报告之日起 14 天内未确认也未提出协商意见的，应视为承（发）包人提交的合同价款调增（减）报告已被发（承）包人认可。发（承）包人提出协商意见的，承（发）包人应在收到协商意见后的 14 天内对其核实，予以确认的应书面通知发（承）包人。承（发）包人在收到发（承）包人的协商意见后 14 天内既不确认也未提出不同意见的，应视为发（承）包人提出的意见已被承（发）包人认可。

④ 发包人与承包人对合同价款调整的不同意见不能达成一致的，只要对发承包双方履约不产生实质影响，双方应继续履行合同义务，直到其按照合同约定的争议解决方式得到处理。

⑤ 经发承包双方确认调整的合同价款，作为追加（减）合同价款，应与工程进度款或结算款同期支付。

二、法律法规政策变化

因国家法律、法规、规章和政策发生变化影响合同价款的风险，发承包双方可以在合同中约定由发包人承担。

1. 基准日的确定

为了合理划分发承包双方的合同风险，施工合同中应当约定一个基准日，对于基准日之后发生的、作为一个有经验的承包人在招标投标阶段不可能合理预见的风险，应当由发包人承担。对于实行招标的建设工程，一般以施工招标文件中规定的提交投标文件的截止时间前的第 28 天作为基准日；对于不实行招标的建设工程，一般以建设工程施工合同签订前的第 28 天作为基准日。

2. 合同价款的调整方法

施工合同履行期间，国家颁布的法律、法规、规章和有关政策在合同工程基准日之后发生变化，且因执行相应的法律、法规、规章和政策引起工程造价发生增减变化的，合同双方当事人应当依据法律、法规、规章和有关政策的规定调整合同价款。但是，如果有关价格（如人工、材料和工程设备等价格）的变化已经包含在物价波动事件的调价公式中，则不再予以考虑。

3. 工期延误期间的特殊处理

如果由于承包人的原因导致的工期延误，在工程延误期间国家的法律、行政法规和相关政策发生变化引起工程造价变化的，造成合同价款增加的，合同价款不予调整，造成合同价款减少的，合同价款予以调整。

三、工程变更和现场签证

(一) 工程变更

1. 工程变更的概念

工程变更可以理解为是合同工程实施过程中由发包人提出或由承包人提出经发包人批准的合同工程的任何改变。

由于工程变更会带来工程造价和工期的变化，为了有效地控制造价，无论任何一方提出工程变更，均需由工程师确认并签发工程变更指令。当工程变更发生时，要求工程师及时处理并确认变更的合理性。一般过程是：提出工程变更→分析提出的工程变更对项目目标的影响→分析有关的合同条款和会议、通信记录→初步确定处理变更所需的费用、时间范围和质量要求（向业主提交变更评估报告）→确认工程变更。

2. 工程变更产生的原因

在工程项目的实施过程中，经常碰到来自业主方对项目要求的修改、设计方由于业主要求的变化或现场施工环境、施工技术的要求而产生的设计变更等。由于这多方面变更，经常出现工程量变化、施工进度变化、业主方与承包方在执行合同中的争执等问题。这些问题的产生，一方面是由于主观原因，如勘察设计工作粗糙，以致在施工过程中发现许多招标文件中没有考虑或估算不准确的工程量，因而不得不改变施工项目或增减工程量；另一方面是由于客观原因，如发生不可预见的事故，自然或社会原因引起的停工和工期拖延等，致使工程变更不可避免。

3. 工程变更的范围

工程变更包括设计变更、进度计划变更、施工条件变更以及原招标文件和工程量清单中未包括的"新增工程"。按照《建设工程施工合同》（2007 年版）通用合同条款有关规定，工程变更的范围和内容包括以下几点：

① 取消合同中任何一项工作，但被取消的工作不能转由发包人或其他人实施；

② 改变合同中任何一项工作的质量或其他特性；

③ 更改合同工程有关部分的标高、基线、位置和尺寸；

④ 增减合同中约定的工程量；

⑤ 改变合同中任何一项工作的施工时间或者改变已批准的施工工艺或顺序；

⑥ 为完成工程需要追加的额外工作。

4. 工程变更的程序

根据《建设工程施工合同》的规定，工程变更可以由发包人（建设单位）或承包人提出，也可由于施工条件的变化引起。

（1）发包人的指令变更

① 发包人直接发布变更指令。发生合同约定的变更情形时、发包人应在合同约定的期限内向承包人发出书面变更指示。变更指示应说明变更的目的、范围、变更内容以及变更的工程量及其进度和技术要求，并附有关图纸和文件。承包人收到变更指示后，应按变更指示进行变更工作。发包人在发出变更指示前，可以要求承包人提交一份关于变更工作的实施方案，发包人同意该方案后再向承包人发出变更指示。

② 发包人根据承包人的建议发布变更指令。承包人收到发包人按合同约定发出的图纸和文件后，经检查认为其中存在变更情形的，可向发包人提出书面变更建议，但承包人不得仅仅为了施工便利而要求对工程进行设计变更。承包人的变更建议应阐明要求变更的依据，

并附必要的图纸和说明。发包人收到承包人的书面建议后、确认存在变更情形的、应在合同规定的期限内作出变更指示。发包人不同意作为变更情形的，应书面答复承包人。

（2）承包人的合理化建议导致的变更　承包人对发包人提供的图纸、技术要求以及其他方面提出的合理化建议，均应以书面形式提交给发包人。合理化建议被发包人采纳并构成变更的，发包人应向承包人发出变更指示。发包人同意采用承包人的合理化建议，所发生费用和获得收益的分担或分享、由发包人和承包人在合同条款中另行约定。

（3）由施工条件变化引起的变更　工程变更中除了对原工程设计进行变更、工程进度计划变更之外，施工条件的变更往往较复杂，需要特别重视。对于施工条件的变更，往往是指未能预见的现场条件或不利的自然条件，即在施工中实际遇到的现场条件同招标文件中描述的现场条件有本质的差异，使承包商向业主提出施工单价和施工时间的变更要求。在土建工程中，现场条件的变更一般出现在基础地质方面，如厂房基础下发现流砂或淤泥层，隧洞开挖中发现新的断层破碎等，水坝基础岩石开挖中出现对坝体安全不利的岩层走向等。

5. 工程变更的处理要求

（1）如果出现了必须变更的情况，应当尽快变更　如果变更不可避免，不论是停止施工等待变更指令，还是继续施工，无疑都会增加损失。

（2）工程变更后，应当尽快落实变更　工程变更指令发出后，应当迅速落实指令，全面修改相关的各种文件。承包人也应当抓紧落实，如果承包人不能全面落实变更指令，则扩大的损失应当由承包人承担。

（3）对工程变更的影响应当作进一步分析　工程变更的影响往往是多方面的，影响持续的时间也往往较长，对此应当有充分的分析。

6. 工程变更的价款调整方法

（1）分部分项工程费的调整　工程变更引起分部分项工程项目发生变化的，应按照下列规定调整。

① 已标价工程量清单中有适用于变更工程项目的，且工程变更导致的该清单项目的工程数量变化不足 15％时，采用该项目的单价。

② 已标价工程量清单中没有适用、但有类似于变更工程项目的，可在合理范围内参照类似项目的单价或总价调整。

③ 已标价工程量清单中没有适用也没有类似于变更工程项目的，由承包人根据变更工程资料、计量规则和计价办法、工程造价管理机构发布的信息（参考）价格和承包人报价浮动率，提出变更工程项目的单价或总价，报发包人确认后调整，承包人报价浮动率可按下列公式计算。

实行招标的工程：

$$承包人报价浮动率 L＝（1－中标价/招标控制价）×100％$$

不实行招标的工程：

$$承包人报价浮动率 L＝（1－报价值/施工图预算）×100％$$

注：上述公式中的中标价、招标控制价或报价值、施工图预算，均不含安全文明施工费。

④ 已标价工程量清单中没有适用也没有类似于变更工程项目，且工程造价管理机构发布的信息（参考）价格缺价的，由承包人根据变更工程资料、计量规则、计价办法和通过市场调查等的有合法依据的市场价格提出变更工程项目的单价或总价，报发包人确认后调整。

协商单价和价格是基于合同中没有或者有但不合适的情况而采取的一种方法。例如：某合同路堤土方工程完成后，发现原设计在排水方面考虑不周，为此业主提出在适当位置增设排水管涵。在工程量清单上有100多道类似管涵，但承包人却拒绝直接从中选择适合的作为参考依据。理由是变更设计提出时间较晚，其土方已经完成并准备开始路面施工，新增工程不但打乱了施工进度计划，而且二次开挖土方难度较大，特别是重新开挖用石灰处理过的路堤，与开挖天然表土不能等同。工程师认为承包人的意见可以接受，不宜直接套用清单中的管涵价格。经与承包人协商，决定采用工程量清单上的几何尺寸、地理位置等条件类似的管涵价格作为新增工程的基本价格，但对其中的"土方开挖"一项在原报价基础上按某个系数予以适当提高，提高的费用叠加在基本单价上，构成新增工程价格。

（2）措施项目费的调整　工程变更引起措施项目发生变化的，承包人提出调整措施项目费的，应事先将拟实施的方案提交发包人确认，并详细说明与原方案措施项目相比的变化情况。拟实施的方案经发、承包双方确认后执行，并应按照下列规定调整措施项目费：

① 安全文明施工费，按照实际发生变化的措施项目调整，不得浮动。

② 采用单价计算的措施项目费，按照实际发生变化的措施项目按前述分部分项工程费的调整方法确定单价。

③ 按总价（或系数）计算的措施项目费，除安全文明施工费外，按照实际发生变化的措施项目调整，但应考虑承包人报价浮动因素，即调整金额按照实际调整金额乘以承包人报价浮动率 L 计算。

如果承包人未事先将拟实施的方案提交给发包人确认，则视为工程变更不引起措施项目费的调整或承包人放弃调整措施项目费的权利。

（3）承包人报价偏差的调整　如果工程变更项目出现承包人在工程量清单中填报的综合单价与发包人招标控制价或施工图预算相应清单项目的综合单价偏差超过15％的，工程变更项目的综合单价可由发承包双方协商调整。具体的调整方法，由双方当事人在合同专用条款中约定。

（4）删减工程或工作的补偿　如果发包人提出的工程变更，非因承包人原因删减了合同中的某项原定工作或工程，致使承包人发生的费用或（和）得到的收益不能被包括在其他已支付或应支付的项目中，也未被包含在任何替代的工作或工程中，则承包人有权提出并得到合理的费用及利润补偿。

7. 工程变更价款的确定程序

《建设工程施工合同（示范文本）》和《工程价款结算办法》规定的工程合同变更价款的程序如图9-1所示。

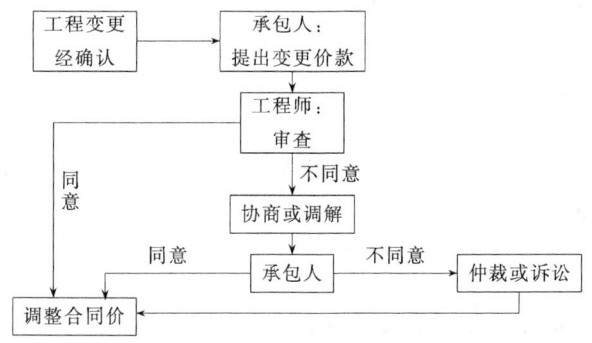

图9-1　工程变更价款控制程序

① 施工中发生工程变更，承包人按照经发包人认可的变更设计文件，进行变更施工。其中，政府投资项目重大变更，需按基本建设程序报批后方可施工。

② 承包人在工程变更确定后 14 日内，提出变更工程价款的报告，经工程师确认发包人审核同意后调整合同价款。

③ 承包人在确定变更后 14 日内不向工程师提出变更工程价款报告，则发包人可根据所掌握的资料决定是否调整合同价款和调整的具体金额。重大工程变更涉及工程价款变更报告和确认的时限由发承包双方协商确定。

④ 收到变更工程价款报告一方，应在收到之日起 14 天内予以确认或提出协商意见，自变更工程价款报告送达之日起 14 天内，对方未确认也未提出协商意见时，视为变更工程价款报告已被确认。

处理工程变更价款问题时应注意以下 3 个方面。

① 工程师不同意承包人提出的变更价款报告，可以协商或提请有关部门调解；协商或调解不成的，双方可以采用仲裁或向人民法院起诉的方式解决。

② 工程师确认增加的工程变更价款作为追加合同价款，与工程进度款同期支付。

③ 因承包人自身原因导致的工程变更，承包人无权要求追加合同价款。

（二）现场签证

现场签证是指发包人或其授权现场代表（包括工程监理人、工程造价咨询人）与承包人或其授权现场代表就施工过程中涉及的责任事件所作的签认证明。施工合同履行期间出现现场签证事件的，发承包双方应调整合同价款。

1. 现场签证的提出

承包人应发包人要求完成合同以外的零星项目、非承包人责任事件等工作的，发包人应及时以书面形式向承包人发出指令提供所需的相关资料；承包人在收到指令后，应及时向发包人提出现场签证要求。

承包人在施工过程中，若发现合同工程内容因场地条件、地质水文、发包人要求等不一致时，应提供所需的相关资料，提交发包人签证认可，作为合同价款调整的依据。

2. 现场签证报告的确认

承包人应在收到发包人指令后的 7 天内，向发包人提交现场签证报告，发包人应在收到现场签证报告后的 48 小时内对报告内容进行核实，予以确认或提出修改意见。发包人在收到承包人现场签证报告后的 48 小时内未确认也未提出修改意见的，视为承包人提交的现场签证报告已被发包人认可。

3. 现场签证报告的要求

① 现场签证的工作如果已有相应的计日工单价，现场签证报告中仅列明完成该签证工作所需的人工、材料、工程设备和施工机械台班的数量。

② 如果现场签证的工作没有相应的计日工单价，应当在现场签证报告中列明完成该签证工作所需的人工、材料、工程设备和施工机械台班的数量及其单价。

现场签证工作完成后的 7 天内，承包人应按照现场签证内容计算价款，报送发包人确认后，作为增加合同价款，与进度款同期支付。

经承包人提出，发包人核实并确认后的现场签证表如表 9-1 所示。

4. 现场签证的限制

合同工程发生现场签证事项，未经发包人签证确认，承包人便擅自实施相关工作的，除非征得发包人书面同意，否则发生的费用由承包人承担。

表 9-1 现场签证表

工程名称： 标段： 编号：

施工单位		日期	年 月 日

致：_____（发包人全称）_____

根据_____（指令人姓名） 年 月 日的口头指令或你方（或监理人） 年 月 日的书面通知，我方要求完成此项工作应支付价款金额为（大写）（小写_____），请予核准。

附：1. 签证事由及原因
  2. 附图及计算式

承包人（章）：_____

承包代表人：

日 期：

复核意见： 你方提出的此项签证申请经复核： □不同意此项签证，具体意见见附件 □同意此项签证，签证金额的计算，由造价工程师复核 监理工程师： 日 期：	复核意见： □此项签证按承包人中标的计日工单价计算，金额为（大写）_____元，（小写：_____元） □此项签证因无计日工单价，金额为（大写）_____元，（小写：_____元） 造价工程师： 日 期：

审核意见：
□不同意此项签证
□同意此项签证，价款与本期进度款同期支付。

发包人（章）：

发包人代表：

日 期：

注：1. 在选择栏中的"□"作标识"√"。

2. 本表一式四份，由承包人在收到发包人（监理人）的口头或书面通知后填写，发包人、监理人、造价咨询人、承包人各存一份。

四、物价波动

施工合同履行期间，因人工、材料、工程设备和施工机械台班等价格波动影响合同价款时，发承包双方可以根据合同约定的调整方法，对合同价款进行调整。因物价波动引起的合同价款调整方法有两种：一种是采用价格指数调整价格差额；另一种是采用造价信息调整价格差额。承包人采购材料和工程设备的，应在合同中约定主要材料、工程设备价格变化的范围或幅度，如没有约定，则材料、工程设备单价变化超过 5%，超过部分的价格按上述两种方法之一进行调整。

（一）采用价格指数调整价格差额

采用价格指数调整价格差额的方法，主要适用于施工中所用的材料品种较少，但每种材料使用量较大的土木工程，如公路、水坝等。

1. 价格调整公式

因人工、材料、工程设备和施工机械台班等价格波动影响合同价款时，根据投标函附录中的价格指数和权重表约定的数据，按下列公式计算差额并调整合同价款：

$$P = P_0 \left(a_0 + a_1 \frac{A}{A_0} + a_2 \frac{B}{B_0} + a_3 \frac{C}{C_0} + a_4 \frac{D}{D_0} \right)$$

式中 P——调值后合同价款或工程实际结算价款；

               P_0——合同价款中工程预算进度款；

               a_0——固定要素，代表合同支付中不能调整的部分；

a_1、a_2、a_3、a_4——代表有关各项费用（如：人工费用、钢材费用、水泥费用、运输费用等）在合同总价中所占的比重，$a_1+a_2+a_3+a_4=1$；

A_0、B_0、C_0、D_0——投标截止日期前 28 天与 a_1、a_2、a_3、a_4…对应的各项费用的现行价格指数或价格；

  A、B、C、D——在工程结算月份与 a_1、a_2、a_3、a_4…对应的各项费用的现行价格指数或价格。

在运用这一调值公式进行工程价款价差调整中要注意如下几点。

① 固定要素通常的取值范围在 0.15～0.35。固定要素对调价的结果影响很大，它与调价余额成反比关系。固定要素相当微小的变化，隐含着在实际调价时很大的费用变动，所以，承包商在调值公式中采用的固定要素取值要尽可能偏小。

② 调值公式中有关的各项费用，按一般国际惯例，只选择用量大、价格高且具有代表性的一些典型人工费和材料费，通常是大宗的水泥、沙石料、钢材、木材、沥青等，并用它们的价格指数变化综合代表材料费的价格变化，以便尽量与实际情况接近。

③ 各部分成本的比重系数，在许多招标文件中要求承包方在投标中提出，并在价格分析中予以论证。但也有的是由发包方（业主）在招标文件中即规定一个允许范围，由投标人在此范围内选定。例如，布鲁革水电站工程的标书即对外币支付项目各费用比重系数范围作了如下规定：外籍人员工资 0.10～0.20；水泥 0.10～0.16；钢材 0.09～0.135；设备 0.35～0.48；海上运输 0.04～0.08；固定系数 0.17。并规定允许投标人根据其施工方法在上述范围内选用具体系数。

④ 调整有关各项费用要与合同条款规定相一致。例如，签订合同时，甲乙双方一般应商定调整的有关费用和因素，以及物价波动到何种程度才进行调整。在国际工程中，一般在正负百分之五以上才进行调整。如有的合同规定，在应调整金额不超过合同原始价 5% 时，由承包方自己承担，在 5%～20% 之间时，承包方负担 10%，发包方（业主）负担 90%；超过 20% 时，则必须另行签订附加条款。

⑤ 调整有关各项费用应注意地点与时点。地点一般指工程所在地或指定的某地市场价格。时点指的是某月某日的市场价格。这里要确定两个时点价格，即签订合同时间某个时点的市场价格（基础价格）和每次支付前的一定时间的时点价格。这两个时点就是计算调值的依据。

⑥ 确定每个品种的系数和固定要素系数，品种的系数要根据该品种价格对总造价的影响程度而定。各品种系数之和加上固定要素系数应该等于1。

当确定定值部分和可调部分因子权重时，应注意由于以下原因引起的合同价款调整，其风险应由发包人承担：

a. 省级或行业建设主管部门发布的人工费调整，但承包人对人工费或人工单价的报价高于发布的除外。

b. 由政府定价或政府指导价管理的原材料等价格进行了调整的。

以上价格调整公式中的各可调因子、定值和变值权重，以及基本价格指数及其来源在投标函附录价格指数和权重表中约定。价格指数应首先采用工程造价管理机构提供的价格指数，缺乏上述价格指数时，可采用工程造价管理机构提供的价格代替。

在计算调整差额时得不到现行价格指数的，可暂用上一次价格指数计算，并在以后的付款中再按实际价格指数进行调整。

2. 权重的调整

按变更范围和内容所约定的变更，导致原定合同中的权重不合理时，由承包人和发包人协商后进行调整。

3. 工期延误后的价格调整

由于发包人原因导致工期延误的，则对于计划进度日期（或竣工日期）后续施工的工程，在使用价格调整公式时，应采用计划进度日期（或竣工日期）与实际进度日期（或竣工日期）的两个价格指数中较高者作为现行价格指数。

由于承包人原因导致工期延误的，则对于计划进度日期（或竣工日期）后续施工的工程，在使用价格调整公式时，应采用计划进度日期（或竣工日期）与实际进度日期（或竣工日期）的两个价格指数中较低者作为现行价格指数。

【例 9-1】　某城市城区市政道路新建项目进行了施工招标，投标截止日期为 2011 年 8 月 1 日。通过评标确定了中标候选人后，签订的施工合同总价为 800000 万元，工程与 2011 年 9 月 20 日开工。施工合同中约定：①预付款为合同总价的 5%，分 10 次按相同比例从每月应支付的工程进度款中扣还。②工程进度款按月支付，进度款金额包括：当月完成的清单子目的合同价款；当月确认的变更、索赔金额；当月价格调整金额；扣除合同约定应当抵扣的预付款和扣留的质量保证金。③质量保证金从月进度款中按 5% 扣留，最高扣至合同总价的 5%。④合同价款结算时人工单价、钢材、水泥、沥青、砂石料以及机械使用费采用价格指数法给承包商以调价补偿，各项权重系数及价格指数如表 9-2 所示。根据表 9-3 所列工程前四个月的完成情况，计算 11 月份应当实际支付给承包人的工程款数额。

表 9-2　工程调价因子权重系数及价格指数

项目	人工	钢材	水泥	沥青	砂石料	机械使用费	定值部分
权重系数	0.12	0.10	0.08	0.15	0.12	0.10	0.33
2011.7 指数	91.7	78.95	106.97	99.92	114.57	115.18	—
2011.8 指数	91.7	82.44	106.8	99.13	114.26	115.39	—
2011.9 指数	91.7	86.53	108.11	99.09	114.03	115.41	—
2011.10 指数	95.96	85.84	106.88	99.38	113.01	114.94	—
2011.11 指数	95.96	86.75	107.27	99.66	116.08	114.91	—
2011.12 指数	101.47	87.80	128.37	99.85	126.26	116.41	—

表 9-3　2010 年 9～12 月工程完成情况

项目	指标			
支付项目金额/万元	9 月份	10 月份	11 月份	12 月份
截至当月完成的清单子目价款	1200	3510	6950	9840
当月确认的变更金额（调价前）	0	60	−110	100
当月确认的索赔金额（调价前）	0	10	30	50

解 （1）计算 11 月份完成的清单子目的合同价款：6950－3510＝3440（万元）

（2）计算 11 月份的价格调整金额：

$$(3440-110+30)\times\left[\left(0.33+0.12\times\frac{95.96}{91.7}+0.10\times\frac{86.75}{78.95}+0.08\times\frac{107.27}{106.97}+0.15\times\frac{99.66}{99.92}+0.12\times\right.\right.$$

$$\left.\left.\frac{116.08}{114.57}+0.10\times\frac{114.91}{115.18}\right)-1\right]$$

$$=3360\times[(0.33+0.1256+0.1099+0.0802+0.1496+0.1216+0.0998)-1]$$

$$=3360\times0.0167=56.11（万元）$$

说明：①由于当月的变更和索赔金额不是按照现行价格计算的，所以应当计算在调价基数内；②基准日为 2011 年 7 月 3 日，所以应当选取 7 月份的价格指数作为各可调因子的基本价格指数；③人工费缺少价格指数，可以用相应的人工单价代替。

（3）计算 11 月份应当实际支付的金额

① 11 月份应扣预付款：80000×5％/10＝400（万元）

② 11 月份应扣质量保证金：（3440－110＋30＋56.11）×5％＝170.81（万元）

③ 11 月份应当实际支付的进度款金额＝3440－110＋30＋56.11－400－170.81＝2845.30（万元）

（二）采用造价信息调整价格差额

采用造价信息调整价格差额的方法，主要适用于使用的材料品种较多，相对而言每种材料使用量较小的房屋建筑与装饰工程。

施工合同履行期间，因人工、材料、工程设备和施工机械台班价格波动影响该合同价格时，人工、施工机械使用费按照国家或省、自治区、直辖市建设行政管理部门、行业建设管理部门或其授权的工程造价管理机构发布的人工成本信息、施工机械台班单价或施工机械使用费系数进行调整；需要进行价格调整的材料，其单价和采购数应由发包人复核，发包人确认需调整的材料单价及数量，作为调整合同价款差额的依据。

1. 人工单价的调整

人工单价发生变化时，发承包双方应按省级或行业建设主管部门或其授权的工程造价管理机构发布的人工成本文件调整合同价款。

2. 材料和工程设备价格的调整

材料、工程设备价格变化的价款调整，按照承包人提供主要材料和工程设备一览表，根据发承包双方约定的风险范围，按以下规定进行调整：

① 如果承包人投标报价中材料单价低于基准单价，工程施工期间材料单价涨幅以基准单价为基础超过合同约定的风险幅度值时，或材料单价跌幅以投标报价为基础超过合同约定的风险幅度值时，其超过部分按实调整。

② 如果承包人投标报价中材料单价高于基准单价，工程施工期间材料单价跌幅以基准单价为基础超过合同约定的风险幅度值时，或材料单价涨幅以投标报价为基础超过合同约定的风险幅度值时，其超过部分按实调整。

③ 如果承包人投标报价中材料单价等于基准单价，工程施工期间材料单价涨、跌幅以基准单价为基础超过合同约定的风险幅度值时，其超过部分按实调整。

④ 承包人应当在采购材料前将采购数量和新的材料单价报发包人核对，确认用于本合同工程时，发包人应当确认采购材料的数量和单价。发包人在收到承包人报送的确认资料后 3 个工作日不予答复的，视为已经认可，作为调整合同价款的依据。如果承包人未报经发包人核对即自行采购材料，再报发包人确认调整合同价款的，如发包人不同意，则不作调整。

3. 施工机械台班单价的调整

施工机械台班单价或施工机械使用费发生变化超过省级或行业建设主管部门或其授权的工程造价管理机构规定的范围时，按照其规定调整合同价款。

五、工程索赔

（一）工程索赔的概念及分类

1. 工程索赔的概念

工程索赔是指在合同履行过程中，对于并非自己的过错，而是应由对方承担责任的情况造成的实际损失向对方提出经济补偿和（或）时间补偿的要求。工程索赔是工程承包中经常发生的正常现象。由于施工现场条件、气候条件的变化，施工进度、物价的变化，以及合同条款、规范、标准文件和施工图纸的变更、差异、延误等因素的影响，使得工程承包中不可避免地出现索赔。《中华人民共和国民法通则》第一百一十一条规定，当事人一方不履行合同义务或履行合同义务不符合约定条件的，另一方有权要求履行或者采取补救措施，并有权要求赔偿损失。这即是索赔的法律依据。

工程索赔是合同当事人的权利，是保护和捍卫自身正当利益的手段。工程索赔是十分必要的，如果索赔运用得法，可变不利为有利，变被动为主动。当事人双方索赔的权利是平等的。此外，索赔与反索赔相对应，被索赔方亦可提出合理论证和齐全的数据、资料，以抵御对方的索赔。

目前索赔已成为许多承包人的经营策略之一。由于建筑市场竞争激烈，承包人为了取得工程，只能以低价中标，而通过工程施工过程中的索赔来提高合同价格，减少或转移工程风险，避免亏本，争取赢利，所以现代工程中索赔业务越来越多。在许多国际承包工程中，索赔额达到工程合同价的 10%～20%，甚至有些工程索赔要求超过合同额。因此，建设管理者都必须重视索赔问题，提高索赔管理水平。

2. 工程索赔的分类

可以从不同的角度、以不同的标准对索赔进行分类。

（1）按索赔的目的分类

① 工期索赔。就是由于非承包人责任的原因而导致施工进程延误，要求批准顺延合同工期的索赔。工期索赔形式上是对权利的要求，以避免在原定合同竣工日不能完工时，被发包人追究拖期违约责任。一旦获得批准合同工期顺延后，承包人不仅免除了承担拖期违约赔偿费的严重风险，而且可能提前工期得到奖励，最终仍反映在经济收益上。

② 费用索赔。就是要求经济补偿。当施工的客观条件改变导致承包人增加开支，要求对超出计划成本的附加开支给予补偿，以挽回不应由他承担的经济损失。

（2）按索赔的当事人分类

① 承包人与发包人之间的索赔。该类索赔发生在建设工程施工合同的双方当事人之间，既包括承包人向发包人的索赔，也包括发包人向承包人的索赔。但是在工程实践中，经常发生的索赔事件，大都是承包人向发包人提出的，教材中所提及的索赔，如果未作特别说明，即是指此类情形。

② 总承包人和分包人之间的索赔。在建设工程分包合同履行过程中，索赔事件发生无论是发包人的原因还是总承包人的原因所致，分包人都只能向总承包人提出索赔而不能直接向发包人提出。

（3）按索赔的依据分类

① 合同规定的索赔。是指索赔涉及的内容在合同文件中能够找到依据，业主或承包商可以据此提出索赔要求。这种在合同文件中有明文规定的条款，常称为"明示条款"。一般凡是工程项目合同文件中有明示条款的，这类索赔不大容易发生争议。

② 非合同规定的索赔。是指索赔涉及的内容在合同文件中没有专门的文字叙述，但可以根据该合同条件某些条款的含义，推论出有一定的索赔权。这种隐含在合同条款中的要求，常称为"默示条款"。"默示条款"是国际上用到的一个概念，它包含合同明示条款中没有写入、但符合合同双方签订合同时设想的愿望和当时的环境条件的一切条款。这些默示条款，或者从明示条款所表述的设想愿望中引申出来，或者从合同双方在法律上的合同关系中引申出来，经合同双方协商一致；或被法律或法规所指明，都成为合同文件的有效条款，要求合同双方遵照执行。

③ 道义索赔。是指通情达理的业主看到承包商为完成某项困难的施工，承受了额外费用损失，甚至承受重大亏损，出于善良意愿给承包商以适当的经济补偿，因在合同条款中没有此项索赔的规定，所以也称为"额外支付"，这往往是合同双方友好信任的表现，但较为罕见。

（4）按索赔事件的性质分类

① 工程延误索赔。因发包人未按合同要求提供施工条件，或因为发包人指令工程暂停或不可抗力事件等原因造成工期拖延的，承包人可以向发包人提出索赔。如果由于承包人原因导致工期拖延，发包人可以向承包人提出索赔。这是工程中常见的一类索赔。

② 工程变更索赔。由于发包人或监理工程师指令增加或减少工程量或增加附加工程、修改设计、变更工程顺序等，造成工期延长和费用增加，承包人对此提出索赔。

③ 合同被迫终止索赔。由于发包人违约或发生不可抗力事件等原因造成合同非正常终止，承包人因其遭受经济损失而提出索赔。如果由于承包人的原因导致合同非正常终止，或者合同无法继续履行，发包人可以就此提出索赔。

④ 工程加速索赔。由于发包人或工程师指令承包人加快施工速度、缩短工期，引起承包人的人、财、物的额外开支而提出的索赔。

⑤ 不可预见的不利条件索赔。承包人在工程施工期间，施工现场遇到一个有经验的承包人通常不能合理预见的不利施工条件或外界障碍，例如地质条件与发包人提供的资料不符，出现不可预见的地下水、地质断层、溶洞、地下障碍物等，承包人可以就因此遭受的损失提出索赔。

⑥ 不可抗力事件的索赔。工程施工期间，因不可抗力事件的发生而遭受损失的一方，可以根据合同中对不可抗力风险分担的约定，向对方当事人提出索赔。

⑦ 其他索赔。如因货币贬值、汇率变化、物价上涨、政策法令变化等原因引起的索赔。

《标准施工招标文件》（2007年版）的通用合同条款中，按照引起索赔事件的原因不同，对一方当事人提出的索赔可能给予合理补偿工期、费用和（或）利润的情况，分别作出了相应的规定。其中，引起承包人索赔的事件以及可能得到的合理补偿内容如表9-4所示。

表9-4　《标准施工招标文件》中承包人的索赔事件及可补偿内容

序号	条款号	索赔事件	可补偿内容		
			工期	费用	利润
1	1.6.1	迟延提供图纸	√	√	√
2	1.10.1	施工中发现文物、古迹	√	√	

续表

序号	条款号	索赔事件	可补偿内容		
			工期	费用	利润
3	2.3	迟延提供施工场地	√	√	√
4	3.4.5	监理人指令迟延或错误	√	√	
5	4.11	施工中遇到不利物质条件	√	√	
6	5.2.4	提前向承包人提供材料、设备		√	
7	5.2.6	发包人提供材料、工程设备不合格或迟延提供或变更交货地点	√	√	√
8	5.4.3	发包人更换其提供的不合格材料、工程设备	√	√	
9	8.3	承包人依据发包人提供的错误资料导致测量放线错误	√	√	√
10	9.2.6	因发包人原因造成承包人人员工伤事故		√	
11	11.3	因发包人原因造成工期延误	√	√	√
12	11.4	异常恶劣的气候条件导致工期延误	√		
13	11.6	承包人提前竣工		√	
14	12.2	发包人暂停施工造成工期延误	√	√	√
15	12.4.2	工程暂停后因发包人原因无法按时复工	√	√	√
16	13.1.3	因发包人原因导致承包人工程返工	√	√	√
17	13.5.3	监理人对已经覆盖的隐蔽工程要求重新检查且检查结果合格	√	√	√
18	13.6.2	因发包人提供的材料、工程设备造成工程不合格	√	√	√
19	14.1.3	承包人应监理人要求对材料、工程设备和工程重新检验且检验结果合格	√	√	√
20	16.2	基准日后法律的变化		√	
21	18.4.2	发包人在工程竣工前提前占用工程	√	√	√
22	18.6.2	因发包人的原因导致工程试运行失败		√	√
23	19.2.3	工程移交后因发包人原因出现新的缺陷或损坏的修复		√	√
24	19.4	工程移交后因发包人原因出现的缺陷修复后的实验和试运行		√	
25	21.3.1(4)	因不可抗力停工期间应监理人要求照管、清理、修复工程		√	
26	21.3.1(4)	因不可抗力造成工期延误	√		
27	22.2.2	因发包人违约导致承包人暂停施工	√	√	√

（二）索赔的处理原则

1. 索赔必须以合同为依据

遇到索赔事件时，工程师必须以完全独立的身份，站在客观公正的立场上审查索赔要求的正当性。必须对合同条件、协议条款等有详细的了解，以合同为依据来公平处理合同双方的利益纠纷。根据我国有关规定、合同文件能互相解释、互为说明，除合同另有约定外，其组成和解释顺序如下：

① 本合同协议书；

② 中标通知书；

③ 投标书及其附件；

④ 本合同专用条款；

⑤ 本合同通用条款；

⑥ 标准、规范及有关技术文件；

⑦ 图纸；

⑧ 工程量清单；

⑨ 工程报价单或预算书。

2. 及时合理地处理索赔

索赔发生后，必须依据合同的准则及时地对索赔进行处理。任何在中期付款期间，将问题搁置下来，留待以后处理的想法将会带来意想不到的后果。处理索赔还必须注意双方计算索赔的合理性。要做到既维护业主利益，又要照顾承包方实际情况。

3. 加强索赔的前瞻性，有效避免过多索赔事件的发生

工程师在项目实施过程中，应对可能引起的索赔有所预测，及时采取补救措施，避免过多索赔事件的发生。

(三) 索赔的原因

1. 当事人违约

当事人违约常常表现为没有按照合同约定履行自己的义务。发包人违约常常表现为没有为承包人提供合同约定的施工条件、未按照合同约定的期限和数额付款等。工程师未能按照合同约定完成工作，如未能及时发出图纸、指令等，也视为发包人违约。承包人违约的情况则主要是没有按照合同约定的质量、期限完成施工，或者由于不当行为给发包人造成其他损害。

2. 不可抗力

不可抗力又可以分为自然事件和社会事件。自然事件主要是不利的自然条件和客观障碍，如在施工过程中遇到了经现场调查无法发现、业主提供的资料中也未提及的、无法预料的情况，如地下水、地质断层等。社会事件则包括国家政策、法律、法令的变更，战争、罢工等。

3. 合同缺陷

合同缺陷表现为合同文件规定不严谨甚至矛盾，合同中的遗漏或错误。在这种情况下，工程师应当给予解释，如果这种缺陷将导致成本增加或工期延长，发包人应当给予补偿。

4. 合同变更

合同变更表现为设计变更、施工方法变更、追加或者取消某些工作、合同规定的其他变更等。

5. 工程师指令

工程师指令有时也会产生索赔，如工程师指令承包人加速施工、进行某项工作、更换某些材料、采取某些措施等。

6. 其他第三方原因

其他第三方原因常常表现为与工程有关的第三方的问题而引起的对本工程的不利影响。

(四) 索赔的依据和前提

1. 索赔的依据

(1) 工程施工合同文件　工程施工合同是工程索赔中最关键和最主要的依据，工程施工期间，发承包双方关于工程的洽商、变更等书面协议或文件，双方的往来信件及各种会谈纪要，其他双方签字认可的文件（如备忘录、修正案等），经认可的工程实施计划、各种工程图纸、技术规范等，也是索赔的重要依据。

（2）国家法律、法规 国家制定的相关法律、行政法规，是工程索赔的法律依据。工程项目所在地的地方性法规或地方政府规章，也可以作为工程索赔的依据，但应当在施工合同专用条款中约定为工程合同的适用法律。

（3）国家、部门和地方有关的标准、规范和定额 对于工程建设的强制性标准，是合同双方必须严格执行的；对于非强制性标准，必须在合同中有明确规定的情况下，才能作为索赔的依据。

（4）工程施工合同履行过程中与索赔事件有关的各种凭证 进度计划和具体的进度以及项目现场的有关文件；气象资料、工程检查验收报告和各种技术鉴定报告，工程中送停电、送停水、道路开通和封闭的记录和证明；这是承包人因索赔事件所遭受费用或工期损失的事实依据，它反映了工程的计划情况和实际情况。

2. 索赔成立的前提条件

承包人工程索赔成立的基本条件包括以下几点：

① 索赔事件已造成了承包人直接经济损失或工期延误。

② 造成费用增加或工期延误的索赔事件是非因承包人的原因发生的。

③ 承包人已经按照工程施工合同规定的期限和程序提交了索赔意向通知、索赔报告及相关证明材料。

（五）索赔的基本程序

《建设工程施工合同》规定的工程索赔程序如下：

① 承包人提出索赔申请。索赔事件发生 28 天内，向工程师发出索赔意向通知。逾期申报时，工程师有权拒绝承包人的索赔要求。

② 发出索赔意向通知后 28 天内，向工程师提出补偿经济损失和（或）延长工期的索赔报告及有关资料。

③ 工程师审核承包人的索赔申请。工程师在收到承包人送交的索赔报告和有关资料后，于 28 天内给予答复，或要求承包人进一步补充索赔理由和证据。接到承包人的索赔信件后，工程师应该立即研究承包人的索赔资料，在不确认责任属谁的情况下，依据自己的同期纪录资料客观分析事故发生的原因，重温有关合同条款，研究承包人提出的索赔证据。必要时还可以要求承包人进一步提交补充资料，包括索赔的更详细说明材料或索赔计算的依据。工程师在 28 天内未予答复或未对承包人作进一步要求，视为该项索赔已经认可。

④ 当该索赔事件持续进行时，承包人应当阶段性向工程师发出索赔意向，在索赔事件终了后 28 天内，向工程师提供索赔的有关资料和最终索赔报告。

⑤ 工程师与承包人谈判。双方各自依据对这一事件的处理方案进行友好协商，若能通过谈判达成一致意见，则该事件较容易解决。如果双方对该事件的责任、索赔款额或工期展延天数分歧较大时，按照条款规定工程师有权确定一个他认为合理的单价或价格作为最终的处理意见报送业主并相应通知承包人。

⑥ 承包人接受了索赔决定，这一索赔事件即告结束。若承包人不接受工程师的决定或业主删减的索赔或工期展延天数，按照合同纠纷处理方式解决。

承包人未能按合同约定履行自己的各项义务和发生错误给发包人造成损失的，发包人也可按上述时限向承包人提出索赔。

（六）索赔文件

索赔文件是承包商向业主索赔的正式书面材料，也是业主审议承包商索赔请求的主要依据。索赔文件通常包括三个部分：

1. 索赔信

索赔信是一封承包商致业主或其代表的简短的信函，它主要说明索赔事件、索赔理由等。

2. 索赔报告

索赔报告是索赔材料的正文，包括报告的标题，事实与理由，损失计算与要求赔偿金额及工期。

3. 附件

包括索赔报告中所列举事实、理由、影响等的证明文件、证据和详细计算书。

（七）常见的索赔内容

1. 不利的自然条件与人为障碍引起的索赔

不利的自然条件是指施工中遭遇到的实际自然条件比招标文件中所描述的更为困难和恶劣，这些不利的自然条件和人为障碍增加了施工的难度，导致了承包商必须花费更多的时间和费用，在这种情况下，承包商可以提出索赔要求。

（1）地质条件变化引起的索赔　一般地说，业主在招标文件中会提供有关该工程的勘察所取得的水文及地表以下的资料。有时这类资料会严重失实，不是位置差异极大、就是程度相差较远，从而给承包商带来严重困难，导致费用损失加大或工期延误，为此承包商提出索赔。但在实践中，这类索赔经常会引起争议。这是由于在签署的合同条件中，往往写明承包商在提交投标书之前，已对现场和周围环境及与之有关的可用资料进行了考察和检查，包括地表以下条件及水文和气候条件。承包商自己应对上述资料的解释负责。但合同条件中还有另外一条：在工程施工过程中，承包商如果遇到了现场气候条件以外的外界障碍或条件，在他看来这些障碍和条件是一个有经验的承包商也无法预见到的，则承包商有补偿费用和延长工期的权利。以上并存的合同文件，往往引起承包商同业主及工程师的争议。

（2）工程中人为阻碍引起的索赔　在施工过程中，如果承包商遇到了地下构筑物或文物，只要是图纸上并未说明的，而且与工程师共同确定的处理方案导致了工程费用的增加，承包商即可提出索赔。延长工期和补偿相应费用。

2. 由发包人原因造成的工期延误

工期延长和延误的费用索赔通常包括两个方面：一方面是承包商要求延长工期；另一方面是承包商要求偿付由于非承包商原因导致工程延误而造成的损失。一般这两方面的索赔报告要求分别编制。有时两种索赔可能混在一起，既可以要求延长工期，又可以获得对其损失的赔偿。

3. 加速施工的索赔

由于非承包商的原因，工程项目的进度受到干扰，导致项目不能按时竣工，业主的经济效益受到影响时，有时业主和工程师会发布加速施工指令，要求承包商投入更多资源、加班赶工来完成工程项目。这可能会导致工程成本的增加，引起承包商的索赔。

4. 因施工临时中断和工效降低引起的索赔

由于业主和工程师原因造成的临时停工或施工中断，特别是根据业主和工程师不合理指令造成了工效的大幅度降低，从而导致费用支出增加，承包商可提出索赔。

5. 业主不正当地终止工程而引起的索赔

由于业主不正当地终止工程，承包商有权要求补偿损失，其数额是承包商在被终止工程上的人工、材料、机械设备的全部支出，以及各项管理费用、保险费、贷款利息、保函费用的支出（减去已结算的工程款），并有权要求赔偿其盈利损失。

6. 拖欠支付工程款引起的索赔

一般合同中都有支付工程款的时间限制及延期付款计息的利率要求。如果业主不按时支付中期工程进度款或最终工程款，承包商可据此规定，向业主索要拖欠的工程款并索赔利息，敦促业主迅速偿付。对于严重拖欠工程款，导致承包商资金周转困难，影响工程进度，甚至引起中止合同的严重后果，承包商则必须严肃地提出索赔，甚至诉讼。

7. 其他索赔

政策、法规变化，货币汇率变化，物价上涨等原因引起的索赔，属于业主风险，承包商有权要求补偿。

（八）工期索赔

1. 工期索赔的处理原则

（1）不同类型工程拖期的处理原则　在施工过程中，由于各种因素的影响，使承包商不能在合同规定的工期内完成工程，造成工程拖期。工程拖期可以分为两种情况，即"可原谅的拖期"和"不可原谅的拖期"。可原谅的拖期是由于非承包商原因造成的工程拖期。不可原谅的拖期一般是承包商的原因而造成的工程拖期。这两类工程拖期的处理原则及结果均不相同，见表 9-5。

表 9-5　工期索赔处理原则

索赔原因	是否可原谅	拖期原因	责任者	处理原则	索赔结果
工程进度拖延	可原谅拖期	1. 修改设计 2. 施工条件变化 3. 业主原因拖期 4. 工程师原因拖期	业主/工程师	可给予工期延长,可补偿经济损失	工期+经济补偿
		1. 异常恶劣天气 2. 工人罢工 3. 天灾	客观原因	可给予工期延长,不给予经济补偿	工期
	不可原谅拖期	1. 工效不高 2. 施工组织不好 3. 设备材料供应不及时	承包商	不延长工期,不补偿经济损失,向业主支付误期损失赔偿费	无权索赔

（2）共同延误下的工期索赔的处理原则　在实际施工过程中，工程拖期很少是只由一方面（承包商、业主或某一方面客观原因）造成的，往往是两、三种原因同时发生（或相互作用）而形成的，这就称为"共同延误"。在共同延误的情况下，要具体分析哪一种情况延误是有效的，即承包商可以得到工期延长，或既可得到工期延长，又可得到费用补偿。在确定拖期索赔的有效期时，应依据下列原则：

① 首先判别造成拖期的哪一种原因是最先发生的，即确定"初始延误"者，它应对工程拖期负责。在初始延误发生作用期间，其他并发的延误者不承担拖期责任。

② 如果初始延误者是业主，则在业主造成的延误期内，承包商既可得到工期延长，又可得到经济补偿。

③ 如果初始延误者是客观因素，则在客观因素发生影响的时间段内，承包商可以得到

工期延长，但很难得到费用补偿。

2. 工期索赔的具体依据

① 合同约定或双方认可的施工总进度规划。

② 合同双方认可的详细进度计划。

③ 合同双方认可的对工期的修改文件。

④ 施工日志、气象资料。

⑤ 业主或工程师的变更指令。

⑥ 影响工期的干扰事件。

⑦ 受干扰后的实际工程进度等。

3. 工期索赔的计算方法

(1) 直接法　如果某干扰事件直接发生在关键线路上，造成总工期的延误，可以直接将该干扰事件的实际干扰时间（延误时间）作为工期索赔值。

(2) 网络图分析法　网络图分析法是利用进度计划的网络图，分析其关键线路。如果延误的工作为关键工作，则延误的时间为索赔的工期；如果延误的工作为非关键工作，当该工作由于延误超过时限而成为关键工作时，可以索赔延误时间与时差的差值；若该工作延误后仍为非关键工作，则不存在工期索赔问题。

该方法通过分析干扰事件发生前和发生后网络计划的计算工期之差来计算工期索赔值，可以用于各种干扰事件和多种干扰事件共同作用所引起的工期索赔。

(3) 对比分析法　在实际工程中，干扰事件常常仅影响某些单项工程、单位工程或分部分项工程的工期，要分析它们对总工期的影响，可以采用较简单的对比分析法，即以某个技术经济指标作为比较基础，计算工期索赔值。比例计算法在实际工程中用的较多，因其计算简单、方便，不需作复杂的网络分析，易被人们接受。但严格地说，比例计算法是近似计算的方法，对有些情况并不适用。例如业主变更工程施工顺序、业主指令加速施工、业主指令删减工程量或部分工程等。如果仍用上述方法，会得到错误的结果，在实际工作中应予以注意。常用的计算公式是：

$$总工期索赔 = \frac{受干扰部分的工程合同价}{整个工程合同总价} \times 该部分工程受干扰工期拖延量$$

或

$$总工期索赔 = \frac{额外或新增工程量价格}{原合同总价} \times 原合同总工期$$

【例 9-2】　某工程合同总价为 380 万元，合同总工期为 15 个月，现发包方增加额外工程价值为 76 万元，则承包商提出工期索赔为多少个月？

解　$工期索赔 = \frac{76}{380} \times 15 = 3(月)$

承包商提出工期索赔 3 个月。

【例 9-3】　某工程原合同规定分两阶段进行施工，土建工程 21 个月，安装工程 12 个月。假定以一定量的劳动力需要量为相对单位，则合同规定的土建工程量可折算为 310 个相对单位，安装工程量折算为 70 个相对单位。合同规定，在工程量增减 10% 的范围内，作为承包商的工期风险，不能要求工期补偿。在工程施工过程中，土建和安装的工程量都有较大幅度的增加。实际土建工程量增加到 430 个相对单位，实际安装工程量增加到 117 个相对单位。求承包商可以提出的工期索赔额。

解　承包商提出的工期索赔为：

不索赔的土建工程量的上限为 310×1.1＝341 个相对单位

不索赔的安装工程量的上限为 70×1.1＝77 个相对单位

由于工程量增加而造成的工期延长

土建工程工期延长＝21×(430/341−1)＝5.5(个月)

安装工程工期延长＝12×(117/77−1)＝6.2(个月)

总工期索赔为：5.5 个月＋6.2 个月＝11.7(个月)

4. 工期索赔中应当注意的问题

① 划清施工进度拖延的责任。因承包人的原因造成施工进度滞后，属于不可原谅的延期；只有承包人不应承担任何责任的延误，才是可原谅的延期。有时工程延期的原因中可能包含有双方责任，此时监理人应进行详细分析，分清责任比例，只有可原谅延期部分才能批准顺延合同工期。可原谅延期，又可细分为可原谅并给予补偿费用的延期和可原谅但不给予补偿费用的延期；后者是指非承包人责任的影响并未导致施工成本的额外支出，大多属于发包人应承担风险责任事件的影响，如异常恶劣的气候条件影响的停工等。

② 被延误的工作应是处于施工进度计划关键线路上的施工内容，只有位于关键线路上工作内容的滞后，才会影响到竣工日期。但有时也应注意，既要看被延误的工作是否在批准进度计划的关键路线上，又要详细分析这一延误对后续工作的可能影响。因为若对非关键路线工作的影响时间较长，超过了该工作可用于自由支配的时间，也会导致进度计划中非关键路线转化为关键路线，其滞后将影响总工期的拖延。此时，应充分考虑该工作的自由时间，给予相应的工期顺延，并要求承包人修改施工进度计划。

(九) 费用索赔

1. 索赔费用的组成

对于不同原因引起的索赔，承包人可索赔的具体费用内容是不完全一样的。但归纳起来，索赔费用的要素与工程造价的构成基本类似，一般可归结为人工费、材料费、施工机械使用费、分包费、施工管理费、利息、利润、保险费等。

(1) 人工费 人工费的索赔包括：由于完成合同之外的额外工作所花费的人工费用；超过法定工作时间加班劳动；法定人工费增长；非因承包商原因导致工效降低所增加的人工费用，非因承包商原因导致工程停工的人员窝工费和工资上涨费等。在计算停工损失中人工费时，通常采取人工单价乘以折算系数计算。

(2) 材料费 材料费的索赔包括：由于索赔事件的发生造成材料实际用量超过计划用量而增加的材料费；由于发包人原因导致工程延期期间的材料价格上涨和超期储存费用。材料费中应包括运输费，仓储费，以及合理的损耗费用。如果由于承包商管理不善，造成材料损坏失效，则不能列入索赔款项内。

(3) 施工机械使用费 施工机械使用费的索赔包括：由于完成合同之外的额外工作所增加的机械使用费；非因承包人原因导致工效降低所增加的机械使用费、由于发包人或工程师指令错误或迟延导致机械停工的台班费。在计算机械设备台班停滞费时，不能按机械设备台班费计算，因为台班费中包括设备使用费。如果机械设备是承包人自有设备，一般按台班折旧费计算；如果是承包人租赁的设备，一般按台班租金加上每台班分摊的施工机械进退场费计算。

(4) 现场管理费 现场管理费的索赔包括承包人完成合同之外的额外工作以及由于发包人原因导致工期延期期间的现场管理费，包括管理人员工资、办公费、通信费、交通费等。

现场管理费索赔金额的计算公式为：

$$现场管理费索赔金额＝索赔的直接成本费用×现场管理费率$$

其中，现场管理费率的确定可以选用下面的方法：①合同百分比法，即管理费比率在合同中规定；②行业平均水平法，即采用公开认可的行业标准费率；③原始估价法，即采用投标报价时确定的费率；④历史数据法，即采用以往相似工程的管理费率。

（5）总部（企业）管理费 总部管理费的索赔主要指的是由于发包人原因导致工程延期期间所增加的承包人向公司总部提交的管理费，包括总部职工工资、办公大楼折旧、办公用品、财务管理、通信设施以及总部领导人员赴工地检查指导工作等开支，总部管理费索赔金额的计算，目前还没有统一的方法。通常可采用以下几种方法。

① 按总部管理费的比率计算：

总部管理费索赔金额=（直接费索赔金额+现场管理费索赔金额）×总部管理费比率（%）

其中，总部管理费的比率可以按照投标书中的总部管理费比率计算（一般为 3%～8%），也可以按照承包人公司总部统一规定的管理费比率计算。

② 按已获补偿的工程延期天数为基础计算。该方法是在承包人已经获得工程延期索赔的批准后，进一步获得总部管理费索赔的计算方法，计算步骤如下。

a. 计算被延期工程应当分摊的总部管理费：

延期工程应分摊的总部管理费=同期公司计划总部管理费×延期工程合同价格÷同期公司所有工程合同总价

b. 计算被延期工程的日平均总部管理费：

延期工程的日平均总部管理费=延期工程应分摊的总部管理费÷延期工程计划工期

c. 计算索赔的总部管理费：

索赔的总部管理费=延期工程的日平均总部管理费×工程延期的天数

（6）保险费 因发包人原因导致工程延期时，承包人必须办理工程保险、施工人员意外伤害保险等各项保险的延期手续，对于由此而增加的费用，承包人可以提出索赔。

（7）保函手续费 因发包人原因导致工程延期时，承包人必须办理相关履约保函的延续，对于由此而增加的手续费，承包人可以提出索赔。

（8）利息 利息的索赔包括：发包人拖延支付工程款利息；发包人迟延退还工程保留金的利息；承包人垫资施工的垫资利息；发包人错误扣款的利息等。至于具体的利率标准，可以在合同中明确约定，没有约定或约定不明的，可以按照中国人民银行发布的同期同类贷款利率计算。

（9）利润 一般来说，由于工程范围的变更、发包人提供的文件有缺陷或错误、发包人未能提供施工场地以及因发包人违约导致的合同终止等事件引起的索赔，承包人都可以列入利润。比较特殊的是，根据《标准施工招标文件》（2007 年版）通用合同条款第 11.3 款的规定，对于因发包人原因暂停施工导致的工期延误，承包人有权要求发包人支付合理的利润。索赔利润的计算通常是与原报价单中的利润百分率保持一致。但是应当注意的是，由于工程量清单中的单价是综合单价，已经包含了人工费、材料费、施工机械使用费、企业管理费、利润以及一定范围内的风险费用，在索赔计算中不应重复计算。

同时，由于一些引起索赔的事件，同时也可能是合同中约定的合同价款调整因素（如工程变更、法律法规的变化以及物价波动等），因此，对于已经进行了合同价款调整的索赔事件，承包人在费用索赔的计算时，不能重复计算。

（10）分包费用 由于发包人的原因导致分包工程费用增加时，分包人只能向总承包人提出索赔，但分包人的索赔款项应当列入总承包人对发包人的索赔款项中。分包费用索赔指的是分包人的索赔费用，一般也包括与上述费用类似的内容索赔。

2. 索赔费用的计算方法

索赔费用的计算应以赔偿实际损失为原则，包括直接损失和间接损失。索赔费用的计算方法通常有三种，即实际费用法、总费用法和修正的总费用法。

（1）实际费用法　实际费用法又称分项法，即根据索赔事件所造成的损失或成本增加，按费用项目逐项进行分析、计算索赔金额的方法。这种方法比较复杂，但能客观地反映施工单位的实际损失，比较合理，易于被当事人接受，在国际工程中被广泛采用。

由于索赔费用组成的多样化，不同原因引起的索赔，承包人可索赔的具体费用内容有所不同，必须具体问题具体分析。由于实际费用法所依据的是实际发生的成本记录或单据，所以，在施工过程中，系统而准确地积累记录资料是非常重要的。

在这种计算方法中，需要注意的是不要遗漏费用项目。

（2）总费用法　总费用法，也被称为总成本法，就是当发生多次索赔事件后，重新计算工程的实际总费用，再从该实际总费用中减去投标报价时的估算总费用，即为索赔金额。总费用法计算索赔金额的公式如下：

$$索赔金额＝实际总费用－投标报价估算总费用$$

但是，在总费用法的计算方法中，没有考虑实际总费用中可能包括由于承包商的原因（如施工组织不善）而增加的费用，投标报价估算总费用也可能由于承包人为谋取中标而导致过低的报价，因此，总费用法并不十分科学。只有在难于精确地确定某些索赔事件导致的各项费用增加额时，总费用法才得以采用。

（3）修正的总费用法　修正的总费用法是对总费用法的改进，即在总费用计算的原则上，去掉一些不合理的因素，使其更为合理。修正的内容如下：

① 将计算索赔款的时段局限于受到索赔事件影响的时间，而不是整个施工期。

② 只计算受到索赔事件影响时段内的某项工作所受影响的损失，而不是计算该时段内所有施工工作所受的损失。

③ 与该项工作无关的费用不列入总费用中。

④ 对投标报价费用重新进行核算，即按受影响时段内该项工作的实际单价进行核算，乘以实际完成的该项工作的工程量，得出调整后的报价费用。

按修正后的总费用计算索赔金额的公式如下：

$$索赔金额＝某项工作调整后的实际总费用－该项工作的报价费用$$

修正的总费用法与总费用法相比，有了实质性的改进，它的准确度已接近于实际费用法。

【**例 9-4**】某建设项目业主与施工单位签订了可调价格合同。合同中约定：主导施工机械一台为施工单位自有设备，台班单价 800 元/台班，折旧费为 100 元/台班，人工日工资单价为 40 元/工日，窝工费 10 元/工日。合同履行后第 30 天，因场外停电全场停工 2 天，造成人员窝工 20 个工日；合同履行后的第 50 天业主指令增加一项新工作，完成该工作需要 5 天时间，机械 5 台班，人工 20 个工日，材料费 5000 元，求施工单位可获得的直接工程费的补偿额。

解　因场外停电导致的直接工程费索赔额：

$$人工费＝20×10＝200(元)$$

$$机械费＝2×100＝200(元)$$

因业主指令增加新工作导致的直接工程费索赔额：

$$人工费＝20×40＝800(元)$$

$$材料费＝5000(元)$$

$$机械费＝5×800＝4000(元)$$

可获得的直接工程费的补偿额＝（200＋200）＋（800＋5000＋4000）＝10200（元）

六、合同价款调整的其他原因

（一）项目特征描述不符

1. 项目特征描述

项目的特征描述是确定综合单价的重要依据之一，承包人在投标报价时应依据发包人提供的招标工程量清单中的项目特征描述，确定其清单项目的综合单价。发包人在招标工程量清单中对项目特征的描述，应被认为是准确的和全面的，并且与实际施工要求相符合。承包人应按照发包人提供的招标工程量清单，根据其项目特征描述的内容及有关要求实施合同工程，直到其被改变为止。

2. 合同价款的调整方法

承包人应按照发包人提供的设计图纸实施合同工程，若在合同履行期间，出现设计图纸（含设计变更）与招标工程量清单任一项目的特征描述不符，且该变化引起该项目的工程造价增减变化的，发承包双方应当按照实际施工的项目特征，重新确定相应工程量清单项目的综合单价，调整合同价款。

（二）招标工程里清单缺项漏项

1. 清单缺项漏项的责任

招标工程量清单必须作为招标文件的组成部分，其准确性和完整性由招标人负责。因此，招标工程量清单是否准确和完整，其责任应当由提供工程量清单的发包人负责，作为投标人的承包人不应承担因工程量清单的缺项、漏项以及计算错误带来的风险与损失。

2. 合同价款的调整方法

（1）分部分项工程费的调整　施工合同履行期间，由于招标工程量清单中分部分项工程出现缺项漏项，造成新增工程清单项目的，应按照工程变更事件中关于分部分项工程费的调整方法，调整合同价款。

（2）措施项目费的调整　由于招标工程量清单中分部分项工程出现缺项漏项，引起措施项目发生变化的，应当按照工程变更事件中关于措施项目费的调整方法，在承包人提交的实施方案被发包人批准后，调整合同价款；由于招标工程量清单中措施项目漏项，承包人应将新增措施项目实施方案提交发包人批准后，按照工程变更事件中的有关规定调整合同价款。

（三）工程量偏差

1. 工程量偏差的概念

工程量偏差是指承包人根据发包人提供的图纸（包括由承包人提供经发包人批准的图纸）进行施工，按照现行国家计量规范规定的工程量计算规则，计算得到的完成合同工程项目应予计量的工程量与相应的招标工程量清单项目列出的工程量之间出现的量差。

2. 合同价款的调整方法

施工合同履行期间，若应予计算的实际工程量与招标工程量清单列出的工程量出现偏差，或者因工程变更等非承包人原因导致工程量偏差，该偏差对工程量清单项目的综合单价将产生影响，是否调整综合单价以及如何调整，发承包双方应当在施工合同中约定。如果合同中没有约定或约定不明的，可以按以下原则办理：

（1）综合单价的调整原则　当应予计算的实际工程量与招标工程量清单出现偏差（包括因工程变更等原因导致的工程量偏差）超过15%时，对综合单价的调整原则为：当工程量增加15%以上时，其增加部分的工程量的综合单价应予调低；当工程量减少15%以上时，减少后剩余部分的工程量的综合单价应予调高。至于具体的调整方法，则应由双方当事人在合同专用条款中约定。

（2）措施项目费的调整　当应予计算的实际工程量与招标工程量清单出现偏差（包括因工程变更等原因导致的工程量偏差）超过15%，且该变化引起措施项目相应发生变化，如该措施项目是按系数或单一总价方式计价的，对措施项目费的调整原则为：工程量增加的，措施项目费调增；工程量减少的，措施项目费调减。至于具体的调整方法，则应由双方当事人在合同专用条款中约定。

（四）暂估价

暂估价是指招标人在工程量清单中提供的用于支付必然发生但暂时不能确定价格的材料、工程设备的单价以及专业工程的金额。

1. 给定暂估价的材料、工程设备

（1）不属于依法必须招标的项目　发包人在招标工程量清单中给定暂估价的材料和工程设备不属于依法必须招标的，由承包人按照合同约定采购，经发包人确认后以此为依据取代暂估价，调整合同价款。

（2）属于依法必须招标的项目　发包人在招标工程量清单中给定暂估价的材料和工程设备属于依法必须招标的，由发承包双方以招标的方式选择供应商。依法确定中标价格后，以此为依据取代暂估价，调整合同价款。

2. 给定暂估价的专业工程

（1）不属于依法必须招标的项目　发包人在工程量清单中给定暂估价的专业工程不属于依法必须招标的，应按照前述工程变更事件的合同价款调整方法，确定专业工程价款，并以此为依据取代专业工程暂估价，调整合同价款。

（2）属于依法必须招标的项目　发包人在招标工程量清单中给定暂估价的专业工程，依法必须招标的，应当由发承包双方依法组织招标选择专业分包人，并接受建设工程招标投标管理机构的监督。

① 除合同另有约定外，承包人不参加投标的专业工程，应由承包人作为招标人，但拟定的招标文件、评标方法、评标结果应报送发包人批准。与组织招标工作有关的费用应当被认为已经包括在承包人的签约合同价（投标总报价）中。

② 承包人参加投标的专业工程，应由发包人作为招标人，与组织招标工作有关的费用由发包人承担。同等条件下，应优先选择承包人中标。

③ 专业工程依法进行招标后，以中标价为依据取代专业工程暂估价，调整合同价款。

（五）提前竣工（赶工补偿）与误期赔偿

1. 提前竣工（赶工补偿）

（1）赶工费用　发包人应当依据相关工程的工期定额合理计算工期，压缩的工期天数不得超过定额工期的20%，超过的应在招标文件中明示增加赶工费用。

（2）提前竣工奖励　发承包双方可以在合同中约定提前竣工的奖励条款，明确每日历天应奖励额度。约定提前竣工奖励的，如果承包人的实际竣工日期早于计划竣工日期，承包人有权向发包人提出并得到提前竣工天数和合同约定的每日历天应奖励额度的乘积计算的提前竣工奖励。一般来说，双方还应当在合同中约定提前竣工奖励的最高限额（如合同价款的5%）。提前竣工奖励列入竣工结算文件中，与结算款一并支付。

发包人要求合同工程提前竣工，应征得承包人同意后与承包人商定采取加快工程进度的措施，并修订合同工程进度计划。发包人应承担承包人由此增加的赶工费。发承包双方也可在合同中约定每日历天的赶工补偿额度，此项费用作为增加合同价款，列入竣工结算文件中，与结算款一并支付。

2. 误期赔偿

发承包双方可以在合同中约定误期赔偿费，明确每日历天应赔偿额度。如果承包人的实际进度迟于计划进度，发包人有权向承包人索取并得到实际延误天数和合同约定的每日历天应赔偿额度的乘积计算的误期赔偿费。一般来说，双方还应当在合同中约定误期赔偿费的最高限额（如合同价款的5%）。误期赔偿费列入进度款支付文件或竣工结算文件中，在进度款或结算款中扣除。

合同工程发生误期的，承包人应当按照合同的约定向发包人支付误期赔偿费，如果约定的误期赔偿费低于发包人由此造成的损失的，承包人还应继续赔偿。即使承包人支付误期赔偿费，也不能免除承包人按照合同约定应承担的任何责任和义务。

如果在工程竣工之前，合同工程内的某单项（或单位）工程已通过了竣工验收，且该单项（或单位）工程接收证书中表明的竣工日期并未延误，而是合同工程的其他部分产生了工期延误，则误期赔偿费应按照已颁发工程接收证书的单项（或单位）工程造价占合同价款的比例幅度予以扣减。

（六）不可抗力

1. 不可抗力的范围

不可抗力是指合同双方在合同履行中出现的不能预见、不能避免并不能克服的客观情况。不可抗力的范围一般包括因战争、敌对行动（无论是否宣战）、入侵、外敌行为、军事政变、恐怖主义、骚动、暴动、空中飞行物坠落或其他非合同双方当事人责任或原因造成的罢工、停工、爆炸、火灾等，以及当地气象、地震、卫生等部门规定的情形，双方当事人应当在合同专用条款中明确约定不可抗力的范围以及具体的判断标准。

2. 不可抗力造成损失的承担

（1）费用损失的承担原则　因不可抗力事件导致的人员伤亡、财产损失及其费用增加，发承包双方应按以下原则分别承担并调整合同价款和工期。

① 合同工程本身的损害、因工程损害导致第三方人员伤亡和财产损失以及运至施工场地用于施工的材料和待安装的设备的损害，由发包人承担。

② 发包人、承包人人员伤亡由其所在单位负责，并承担相应费用。

③ 承包人的施工机械设备损坏及停工损失，由承包人承担。

④ 停工期间，承包人应发包人要求留在施工场地的必要的管理人员及保卫人员的费用由发包人承担。

⑤ 工程所需清理、修复费用，由发包人承担。

（2）工期的处理　因发生不可抗力事件导致工期延误的，工期相应顺延。发包人要求赶工的，承包人应采取赶工措施，赶工费用由发包人承担。

（七）计日工

1. 计日工费用的产生

发包人通知承包人以计日工方式实施的零星工作，承包人应予执行。采用计日工计价的任何一项变更工作，承包人应在该项变更的实施过程中，按合同约定提交以下报表和有关凭证，送发包人复核：

① 工作名称、内容和数量。

② 投入该工作所有人员的姓名、工种、级别和耗用工时。

③ 投入该工作的材料名称、类别和数量。

④ 投入该工作的施工设备型号、台数和耗用台时。

⑤ 发包人要求提交的其他资料和凭证。

2. 计日工费用的确认和支付

任一计日工项目持续进行时，承包人应在该项工作实施结束后的 24 小时内，向发包人提交有计日工记录汇总的现场签证报告一式三份。发包人在收到承包人提交现场签证报告后的 2 天内予以确认并将其中一份返还给承包人，作为计日工计价和支付的依据，发包人逾期未确认也未提出修改意见的，视为承包人提交的现场签证报告已被发包人认可。

任一计日工项目实施结束。承包人应按照确认的计日工现场签证报告核实该类项目的工程数量，并根据核实的工程数量和承包人已标价工程量清单中的计日工单价计算，提出应付价款；已标价工程量清单中没有该类计日工单价的，由发承包双方按工程变更的有关的规定商定计日工单价计算。

每个支付期末，承包人应与进度款同期向发包人提交本期间所有计日工记录的签证汇总表，以说明本期间自己认为有权得到的计日工金额，调整合同价款，列入进度款支付。

（八）暂列金额

暂列金额是指发包人在招标工程量清单中暂定并包括在合同价款中的一笔款项。招标工程量清单中开列的已标价的暂列金额是用于工程合同签订时尚未确定或者不可预见的所需材料、工程设备、服务的采购，或用于施工中可能发生的工程变更等合同约定调整因素出现时的合同价款调整以及经发包人确认的索赔、现场签证等费用的支出。

已签约合同价中的暂列金额由发包人掌握使用，发包人按照合同的规定作出支付后，如果有剩余，则暂列金额余额归发包人所有。

第二节　工程计量与合同价款结算

对承包人已经完成的合格工程进行计量并予以确认，是发包人支付工程价款的前提工作。因此，工程计量不仅是发包人控制施工阶段工程造价的关键环节，也是约束承包人履行合同义务的重要手段。

一、工程计量

（一）工程计量的原则与范围

1. 工程计量的概念

工程计量，就是发承包双方根据合同约定，对承包人完成合同工程的数量进行的计算和确认。具体地说，就是双方根据设计图纸、技术规范以及施工合同约定的计量方式和计算方法，对承包人已经完成的质量合格的工程实体数量进行测量与计算，并以物理计量单位或自然计量单位进行表示、确认的过程。

招标工程量清单中所列的数量，通常是根据设计图纸计算的数量，是对合同工程的估计工程量。工程施工过程中，通常会由于一些原因导致承包人实际完成工程量与工程量清单中所列工程量的不一致，比如：招标工程量清单缺项、漏项或项目特征描述与实际不符；工程变更；现场施工条件的变化；现场签证；暂列金额中的专业工程发包等。因此，在工程合同价款结算前，必须对承包人履行合同义务所完成的实际工程进行准确的计量。

2. 工程计量的原则

① 不符合合同文件要求的工程不予计量。即工程必须满足设计图纸、技术规范等合同文件对其在工程质量上的要求，同时有关的工程质量验收资料齐全、手续完备，满足合同文件对其在工程管理上的要求。

② 按合同文件所规定的方法、范围、内容和单位计量。工程计量的方法、范围、内容和单位受合同文件所约束，其中工程量清单（说明）、技术规范、合同条款均会从不同角度、不同侧面涉及这方面的内容。在计量中要严格遵循这些文件的规定，并且一定要结合起来使用。

③ 因承包人原因造成的超出合同工程范围施工或返工的工程量，发包人不予计量。

3. 工程计量的范围与依据

（1）工程计量的范围　工程计量的范围包括：工程量清单及工程变更所修订的工程量清单的内容；合同文件中规定的各种费用支付项目，如费用索赔、各种预付款、价格调整、违约金等。

（2）工程计量的依据　工程计量的依据包括：工程量清单及说明；合同图纸；工程变更令及其修订的工程量清单；合同条件；技术规范；有关计量的补充协议；质量合格证书等。

（二）工程计量的方法

工程量必须按照相关工程现行国家计量规范规定的工程量计算规则计算。工程计量可选择按月或按工程形象进度分段计量，具体计量周期在合同中约定。因承包人原因造成的超出合同工程范围施工或返工的工程量，发包人不予计量。通常区分单价合同和总价合同规定不同的计量方法，成本加酬金合同按照单价合同的计量规定进行计量。

1. 单价合同计量

单价合同工程量必须以承包人完成合同工程应予计量的按照现行国家计量规范规定的工程量计算规则计算得到的工程量确定。施工中工程计量时，若发现招标工程量清单中出现缺项、工程量偏差，或因工程变更引起工程量的增减，应按承包人在履行合同义务中完成的工程量计算。具体的计量方法如下：

① 承包人应当按照合同约定的计量周期和时间，向发包人提交当期已完工程量报告。发包人应在收到报告后7天内核实，并将核实计量结果通知承包人。发包人未在约定时间内进行核实的，则承包人提交的计量报告中所列的工程量视为承包人实际完成的工程量。

② 发包人认为需要进行现场计量核实时，应在计量前24小时通知承包人，承包人应为计量提供便利条件并派人参加。双方均同意核实结果时，则双方应在上述记录上签字确认。承包人收到通知后不派人参加计量，视为认可发包人的计量核实结果。发包人不按照约定时间通知承包人，致使承包人未能派人参加计量，计量核实结果无效。

③ 如承包人认为发包人核实后的计量结果有误，应在收到计量结果通知后的7天内向发包人提出书面意见，并附上其认为正确的计量结果和详细的计算资料。发包人收到书面意见后，应在7天内对承包人的计量结果进行复核后通知承包人。承包人对复核计量结果仍有异议的，按照合同约定的争议解决办法处理。

④ 承包人完成已标价工程量清单中每个项目的工程量后，发包人应要求承包人派人共同对每个项目的历次计量报表进行汇总，以核实最终结算工程量。发承包双方应在汇总表上签字确认。

2. 总价合同计量

采用经审定批准的施工图纸及其预算方式发包形成的总价合同，除按照工程变更规定引起的工程量增减外，总价合同各项目的工程量是承包人用于结算的最终工程量。总价合同约定的项目计量应以合同工程经审定批准的施工图纸为依据，发承包双方应在合同中约定工程计量的形象目标或时间节点进行计量。具体的计量方法如下：

①　承包人应在合同约定的每个计量周期内，对已完成的工程进行计量，并向发包人提交达到工程形象目标完成的工程量和有关计量资料的报告。

②　发包人应在收到报告后 7 天内对承包人提交的上述资料进行复核，以确定实际完成的工程量和工程形象目标。对其有异议的，应通知承包人进行共同复核。

二、工程价款结算概述

(一) 工程价款结算的概念

工程价款结算是承包商在工程实施过程中，依据承包合同中关于付款条款的规定和已经完成的工程量，按照规定的程序向建设单位（业主）收取工程价款的一项经济活动。

工程价款结算具体是指发承包双方依据合同约定，进行工程预付款、工程进度款、工程竣工价款结算的活动。

(二) 工程价款结算的意义

工程价款结算是工程项目承包中的一项十分重要的工作，主要表现在以下方面：

①　工程价款结算是反映工程进度的主要指标。在施工过程中，工程价款结算的依据之一就是按照已完成的工程量进行结算，也就是说，承包商完成的工程量越多，所应结算的工程价款就应越多，所以，根据累计已结算的工程价款占合同总价款的比例，能近似地反映出工程的进度情况，有利于准确掌握工程进度。

②　工程价款结算是加速资金周转的重要环节。承包商能够尽快尽早地结算回工程价款，有利于偿还债务，也有利于资金的回笼，降低内部运营成本。通过加速资金周转，提高资金使用的有效性。

③　工程价款结算是考核经济效益的重要指标。对于承包商来说，只有工程价款如数地结算，才意味着完成了"惊险一跳"，避免了经营风险，承包商也才能够获得相应的利润，进而达到良好的经济效益。

④　竣工结算是建设单位编制竣工决算的主要依据。

⑤　竣工结算的完成，标志着承包人和发包人双方所承担的合同义务和经济责任的结束等。

(三) 工程价款结算的依据

《工程价款结算办法》规定：工程价款结算应按合同约定办理，合同未作约定或约定不明的，承发包双方应依照下列规定与文件协商处理：①国家有关法律、法规和规章制度；②国务院建设行政主管部门、省、自治区、直辖市或有关部门发布的工程造价计价标准、计价办法等有关规定；③工程项目的合同、补充协议、变更签证，以及经发、承包人认可的其他有效文件；④其他可依据的材料。

(四) 工程价款结算的主要方式

我国现行工程价款结算根据不同情况，可采取多种方式：

(1) 按月结算　实行旬末或月中预支，月终结算，竣工后清算的办法。跨年度竣工的工程，在年终进行工程盘点，办理年度结算。我国现行建筑安装工程价款结算中，相当一部分是实行这种按月结算。

(2) 竣工后一次结算　工程项目或单项工程全部建筑安装工程建设期在 12 个月以内，

或者工程承包合同价值在 100 万元以下的，可以实行工程价款每月月中预支，竣工后一次结算。

（3）分段结算　即当年开工，当年不能竣工的单项工程或单位工程按照工程形象进度，划分不同阶段进行结算。分段结算可以按月预支工程款。分段的划分标准，由各部门、自治区、直辖市、计划单列市规定。

对于以上三种主要结算方式的收支确认，国家财政部在 1999 年 1 月 19 日起实行的《企业会计准则——建造合同》讲解中做了如下规定。

——实行旬末或月中预支，月终结算，竣工后清算办法的工程合同，应分期确认合同价款收入的实现，即：各月份终了，与发包单位进行已完工程价款结算时，确认为承包合同已完工部分的工程收入实现，本期收入额为月终结算的已完工程价款金额。

——实行合同完成后一次结算工程价款办法的工程合同，应于合同完成、施工企业与发包单位进行工程合同价款结算时，确认为收入实现，实现的收入额为承发包双方结算的合同价款总额。

——实行按工程形象进度划分不同阶段、分段结算工程价款办法的工程合同，应按合同规定的形象进度分次确认已完阶段工程收益实现。即：应于完成合同规定的工程形象进度或工程阶段，与发包单位进行工程价款结算时，确认为工程收入的实现。

（4）目标结款方式　即在工程合同中，将承包工程的内容分解成不同的控制界面，以业主验收控制界面作为支付工程价款的前提条件。也就是说，将合同中的工程内容分解成不同的验收单元，当承包商完成单元工程内容并经业主（或其委托人）验收后，业主支付构成单元工程内容的工程价款。

目标结款方式下，承包商要想获得工程价款，必须按照合同约定的质量标准完成界面内的工程内容，要想尽早获得工程价款，承包商必须充分发挥自己组织实施能力，在保证质量前提下，加快施工进度。这意味着承包商拖延工期时，则业主推迟付款，增加承包商的财务费用、运营成本，降低承包商的收益，客观上使承包商因延迟工期而遭受损失。同样，当承包商积极组织施工，提前完成控制界面内的工程内容，则承包商可提前获得工程价款，增加承包收益，客观上承包商因提前工期而增加了有效利润。同时，因承包商在界面内质量达不到合同约定的标准而业主不予验收，承包商也因此而遭受损失。可见，目标结款方式实质上是运用合同手段、财务手段对工程的完成进行主动控制。

目标结款方式中，对控制界面的设定应明确描述，便于量化和质量控制，同时要适应项目资金的供应周期和支付频率。

（5）其他　结算双方约定的其他结算方式。

三、工程价款结算的主要内容和程序

工程价款结算主要包括竣工结算、分阶段结算、专业分包结算和合同中止结算。

（一）工程预付款结算

1. 工程预付款的概念

施工企业承包工程，一般都实行包工包料，这就需要有一定数量的备料周转金。在工程承包合同条款中，一般要明文规定发包单位（甲方）在开工前拨付给承包单位（乙方）一定限额的工程预付备料款。此预付款构成施工企业为该承包工程项目储备主要材料、结构件所需的流动资金。

2. 工程预付款的支付时间

根据《建设工程价款结算暂行办法》的规定，在具备施工条件的前提下，发包人应在双方签订合同后的一个月内或不迟于约定的开工日期前的 7 天内预付工程款，发包人不按约定预付，承包人应在预付时间到期后 10 天内向发包人发出要求预付的通知，发包人收到通知后仍不按要求预付，承包人可在发出通知 14 天后停止施工，发包人应从约定应付之日起向承包人支付应付款的利息（利率按同期银行贷款利率计），并承担违约责任。

① 承包人应在签订合同或向发包人提供与预付款等额的预付款保函（如有）后向发包人提交预付款支付申请。

② 发包人应在收到支付申请的 7 天内进行核实后向承包人发出预付款支付证书，并在签发支付证书后的 7 天内向承包人支付预付款。

③ 发包人没有按合同约定按时支付预付款的，承包人可催告发包人支付；发包人在预付款期满后的 7 天内仍未支付的，承包人可在付款期满后的第 8 天起暂停施工。发包人应承担由此增加的费用和（或）延误的工期，并向承包人支付合理利润。

3. 工程预付款的支付额度

工程预付款的本质是预付备料款，应根据建筑材料、设备等物资供应方式，正确确定预付备料款的额度。

预付款的额度如下。各地区、各部门对工程预付款额度的规定不完全相同，主要是保证施工所需材料和构件的正常储备。工程预付款额度一般是根据施工工期、建安工作量、主要材料和构件费用占建安工程费的比例以及材料储备周期等因素经测算来确定。

① 百分比法。发包人根据工程的特点、工期长短、市场行情、供求规律等因素，招标时在合同条件中约定工程预付款的百分比。根据《建设工程价款结算暂行办法》的规定，预付款的比例原则上不低于合同金额的 10%，不高于合同金额的 30%。

一般建筑工程不应超过当年建筑工作量（包括水、电、暖）的 30%，安装工程按年安装工作量的 10%；材料占比重较多的安装工程按年计划产值的 15% 左右拨付。

预付备料款＝施工合同价或年度建安工作量×预付备料款额度（%）

② 公式计算法。公式计算法是根据主要材料（含结构件等）占年度承包工程总价的比重，材料储备定额天数和年度施工天数等因素，通过公式计算预付款额度的一种方法。

计算公式为：

$$工程预付款数额＝\frac{年度工程总价×材料比重（\%）}{年度施工天数}×材料储备定额天数$$

式中，年度施工天数按 365 天日历天计算；材料储备定额天数由当地材料供应的在途天数、加工天数、整理天数、供应间隔天数、保险天数等因素决定。

在实际工作中，备料款的数额，要根据各工程类型、合同工期、承包方式和供应体制等不同条件而定。例如，工业项目中钢结构和管道安装占比重较大的工程，其主要材料所占比重比一般安装工程要高，因而备料款也要相应提高，工期短的工程比工期长的要高，材料由施工单位自购的比由建设单位供应主要材料的要高。

对于只包定额工日（不包材料定额，一切材料由建设单位供给）的工程项目，则可以不预付备料款。

4. 工程预付款的扣还

发包单位拨付给承包单位的备料款属于预支性质，到了工程实施后，随着工程所需主要材料储备的逐步减少，应以抵充工程价款的方式陆续扣回。扣款的方法有以下两种。

（1）起扣点计算法。可以从未施工工程尚需的主要材料及构件的价值相当于备料款数额时起扣，从每次结算工程价款中，按材料比重扣抵工程价款，竣工前全部扣清。

其基本表达公式是：

$$T = P - M/N$$

式中　T——起扣点，即工程预付款开始扣回时的累计完成工作量金额；

　　　M——工程预付款限额；

　　　N——主要材料所占比重；

　　　P——承包工程价款总额。

（2）按合同约定扣回　建设部《招标文件范本》中规定，在承包方完成金额累计达到合同总价的10%后，由承包方开始向发包方还款，发包方从每次应付给承包方的金额中扣回工程预付款，发包方至少在合同规定的完工期前三个月将工程预付款的总计金额按逐次分摊的办法扣回。当发包方一次付给承包方的余额少于规定扣回的金额时，其差额应转入下一次支付中作为债务结转。

在实际经济活动中，情况比较复杂。有些工程工期较短、就无需分期扣回。有些工程工期较长，如跨年度施工，预付备料款可以不扣或少扣，并于次年按应预付备料款调整，多退少补。具体地说，跨年度工程，预计次年承包工程价值大于或相当于当年承包工程价值时，可以不扣回当年的预付备料款；如小于当年承包工程价值时，应按实际承包工程价值进行调整，在当年扣回部分预付备料款，并将未扣回部分，转入次年，直到竣工年度，再按上述办法扣回。

5. 预付款担保

（1）预付款担保的概念及作用　预付款担保是指承包人与发包人签订合同后领取预付款前，承包人正确、合理使用发包人支付的预付款而提供的担保。其主要作用是保证承包人能够按合同规定的目的使用并及时偿还发包人已支付的全部预付金额。如果承包人中途毁约，终止工程，使发包人不能在规定期限内从应付工程款中扣除全部预付款，则发包人有权从该项担保金额中获得补偿。

（2）预付款担保的形式　预付款担保的主要形式为银行保函。预付款担保的担保金额通常与发包人的预付款是等值的。预付款一般逐月从应付工程款中扣除，预付款担保的担保金额也相应逐月减少。承包人在施工期间，应当定期从发包人处取得同意此保函减值的文件，并送交银行确认；承包人还清全部预付款后，发包人应退还预付款担保，承包人将其退回银行注销，解除担保责任。

预付款担保也可以采用发承包双方约定的其他形式，如由担保公司提供担保，或采取抵押等担保形式。承包人的预付款保函的担保金额根据预付款扣回的数额相应递减，但在预付款全部扣回之前一直保持有效。发包人应在预付款扣完后的14天内将预付款保函退还给承包人。

6. 安全文明施工费

发包人应在工程开工后的28天内预付不低于当年施工进度计划的安全文明施工费总额的60%，其余部分按照提前安排的原则进行分解，与进度款同期支付。

发包人没有按时支付安全文明施工费的，承包人可催告发包人支付；发包人在付款期满后的7天内仍未支付的，若发生安全事故，发包人应承担连带责任。

（二）工程进度款的支付（期中支付）

施工企业在施工过程中，按逐月（或形象进度、或控制界面等）完成的工程数量计算各项费用，向建设单位（业主）办理工程进度款的支付（即期中支付）。进度款支付周期，应与合同约定的工程计量周期一致。

以按月结算为例，现行的中间结算办法是，施工企业在旬末或月中向建设单位提出预支工程款账单，预支一旬或半月的工程款，月终再提出工程款结算账单和已完工程月报表，收取当月工程价款，并通过银行进行结算。按月进行结算，要对现场已施工完毕的工程逐一进行清点，资料提出后要交监理工程师和建设单位审查签证。为简化手续，多年来采用的办法是以施工企业提出的统计进度月报表为支取工程款的凭证，即通常所称的工程进度款。工程进度款的支付步骤，见图9-2。

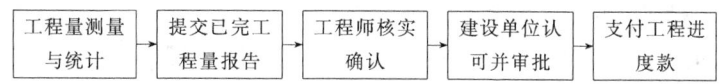

图9-2 工程进度款支付步骤

1. 期中支付价款的计算

（1）已完工程的结算价款 已标价工程量清单中的单价项目，承包人应按工程计量确认的工程量与综合单价计算。如综合单价发生调整的，以发承包双方确认调整的综合单价计算进度款。

已标价工程量清单中的总价项目，承包人应按合同中约定的进度款支付分解，分别列入进度款支付申请中的安全文明施工费和本周期应支付的总价项目的金额中。

（2）结算价款的调整 承包人现场签证和得到发包人确认的索赔金额列入本周期应增加的金额中。由发包人提供的材料、工程设备金额，应按照发包人签约提供的单价和数量从进度款支付中扣出，列入本周期应扣减的金额中。

2. 期中支付的程序

（1）承包人提交进度款支付申请 承包人应在每个计量周期到期后的7天内向发包人提交已完工程进度款支付申请一式四份，详细说明此周期认为有权得到的款额，包括分包人已完工程的价款。支付申请的内容包括以下几点。

① 累计已完成的合同价款。

② 累计已实际支付的合同价款。

③ 本周期合计完成的合同价款，其中包括：本周期已完成单价项目的金额；本周期应支付的总价项目的金额；本周期已完成的计日工价款；本周期应支付的安全文明施工费；本周期应增加的金额。

④ 本周期合计应扣减的金额，其中包括：本周期应扣回的预付款；本周期应扣减的金额。

⑤ 本周期实际应支付的合同价款。

（2）发包人签发进度款支付证书 发包人应在收到承包人进度款支付申请后的14天内，根据计量结果和合同约定对申请内容予以核实，确认后向承包人出具进度款支付证书。若发、承包双方对有的清单项目的计量结果出现争议，发包人应对无争议部分的工程计量结果向承包人出具进度款支付证书。

（3）发包人支付进度款 发包人应在签发进度款支付证书后的14天内，按照支付证书列明的金额向承包人支付进度款。若发包人逾期未签发进度款支付证书，则视为承包人提交的进度款支付申请已被发包人认可，承包人可向发包人发出催告付款的通知。发包人应在收到通知后的14天内，按照承包人支付申请的金额向承包人支付进度款。

发包人未按照规定的程序支付进度款的，承包人可催告发包人支付，并有权获得延迟支付的利息；发包人在付款期满后的 7 天内仍未支付的，承包人可在付款期满后的第 8 天起暂停施工。发包人应承担由此增加的费用和（或）延误的工期，向承包人支付合理利润，并承担违约责任。

（4）进度款的支付比例　进度款的支付比例按照合同约定，按期中结算价款总额计，不低于 60%，不高于 90%。

（5）支付证书的修正　发现已签发的任何支付证书有错、漏或重复的数额，发包人有权予以修正，承包人也有权提出修正申请；经发承包双方复核同意修正的，应在本次到期的进度款中支付或扣除。

工程进度款支付过程中，应遵循如下要求。

① 合同收入的组成。财政部制定的《企业会计准则——建造合同》中对合同收入的组成内容进行了解释，合同收入包括两部分内容：

a. 合同中规定的初始收入，即建造承包商与客户在双方签订的合同中最初商订的合同总金额，它构成了合同收入的基本内容。

b. 因合同变更、索赔、奖励等构成的收入，这部分收入并不构成合同双方在签订合同时已在合同中商订的合同总金额，而是在执行合同过程中由于合同变更、索赔、奖励等原因而形成的追加收入。

② 工程进度款支付。国家工商行政管理总局、建设部颁布的《建设工程施工合同》中对工程进度款支付做了如下详细规定：

a. 工程款（进度款）在双方确认计量结果后 14 天内，发包方应向承包方支付工程款（进度款）。按约定时间发包方应扣回的预付款，与工程款（进度款）同期结算。

b. 符合规定范围的合同价款的调整，工程变更调整的合同价款及其他条款中约定的追加合同价款，应与工程款（进度款）同期调整支付。

c. 发包方超过约定支付时间不支付工程款（进度款），承包方可向发包方发出要求付款通知，发包方收到承包方通知后仍不能按要求付款，可与承包方协商签订延期付款协议，经承包方同意后可延期支付。协议需明确延期支付时间和从发包方计量结果确认后第 15 天起计算应付款的贷款利息。

d. 发包方不按合同约定支付工程款（进度款），双方又未达成延期付款协议，导致施工无法进行，承包方可停止施工，由发包方承担违约责任。

（三）质量保证金（尾留款）的预留

按照有关规定，工程项目总造价中应预留出一定比例的尾留款作为质量保证金（又称保留金），待工程项目缺陷责任期结束后最后拨付。有关尾留款的扣除，一般有两种做法：

① 当工程进度款拨付累计额达到该建筑安装工程造价的一定比例（一般为 95%～97%）时，停止支付，预留造价部分作为尾留款。

② 国家颁布的《招标文件范本》中规定，尾留款（质量保证金）的扣除，可以从发包方向承包方第一次支付的工程进度款开始，在每次承包方应得的工程款中扣留投标书附录中规定金额作为保留金，直至保留金总额达到投标书附录中规定的限额为止。

（四）工程竣工结算及其审查

1. 工程竣工结算的含义

工程竣工结算是指工程项目完工并经竣工验收合格后，发承包双方按照施工合同的约定对所完成的工程项目进行的工程价款的计算、调整和确认。工程竣工结算分为单位工程竣工结算、单项工程竣工结算和建设项目竣工总结算，其中，单位工程竣工结算和单项工程竣工结算也可看作是分阶段结算。

办理工程价款竣工结算的一般公式为：

$$竣工结算工程价款＝预算（或概算）或合同价款＋施工过程中预算或合同价款调整数额－$$
$$预付及已结算工程价款－质量保证（保修）金$$

2. 工程竣工结算的编制

承包人应在合同约定期限内完成项目竣工结算编制工作，未在规定期限内完成并且提不出正当理由延期的，责任自负。

（1）工程竣工结算的编制依据

工程竣工结算由承包人或受其委托具有相应资质的工程造价咨询人编制，由发包人或受其委托具有相应资质的工程造价咨询人核对。工程竣工结算编制的主要依据有以下几点：

① 国家有关法律、法规、规章制度和相关的司法解释。

② 国务院建设主管部门以及各省、自治区、直辖市和有关部门发布的工程造价计价标准、计价方法、有关规定及相关解释。

③《建设工程工程量清单计价规范》GB 50500—2013。

④ 施工承发包合同、专业分包合同及补充合同，有关材料、设备采购合同。

⑤ 招投标文件，包括招标答疑文件、投标承诺、中标报价书及其组成内容。

⑥ 工程竣工图或施工图、施工图会审记录，经批准的施工组织设计，以及设计变更、工程洽商和相关会议纪要。

⑦ 经批准的开、竣工报告或停、复工报告。

⑧ 发承包双方实施过程中已确认的工程量及其结算的合同价款。

⑨ 发承包双方实施过程中已确认调整后追加（减）的合同价款。

⑩ 其他依据。

（2）工程竣工结算的计价原则

在采用工程量清单计价的方式下，工程竣工结算的计价原则如下。

① 分部分项工程和措施项目中的单价项目应依据双方确认的工程量与已标价工程量清单的综合单价计算；如发生调整的，以发承包双方确认调整的综合单价计算。

② 措施项目中的总价项目应依据合同约定的项目和金额计算。如发生调整的，以发承包双方确认调整的金额计算，其中安全文明施工费必须按照国家或省级、行业建设主管部门的规定计算。

③ 其他项目应按下列规定计价：

a. 计日工应按发包人实际签证确认的事项计算；

b. 暂估价应按发承包双方按照《建设工程工程量清单计价规范》GB 50500—2013 的相关规定计算；

c. 总承包服务费应依据合同约定金额计算，如发生调整的，以发承包双方确认调整的金额计算；

d. 施工索赔费用应依据发承包双方确认的索赔事项和金额计算；

e. 现场签证费用应依据发承包双方签证资料确认的金额计算；

f. 暂列金额应减去工程价款调整（包括索赔、现场签证）金额计算，如有余额归发包人。

④ 规费和税金应按照国家或省级、行业建设主管部门的规定计算。规费中的工程排污费应按工程所在地环境保护部门规定标准缴纳后按实列入。

此外，发承包双方在合同工程实施过程中已经确认的工程计量结果和合同价款，在竣工结算办理中应直接进入结算。

3. 竣工结算的程序

（1）承包人提交竣工结算文件　合同工程完工后，承包人应在经发承包双方确认的合同工程期中价款结算的基础上汇总编制完成竣工结算文件，并在提交竣工验收申请的同时向发包人提交竣工结算文件。

承包人未在合同约定的时间内提交竣工结算文件，经发包人催告后14天内仍未提交或没有明确答复，发包人有权根据已有资料编制竣工结算文件，作为办理竣工结算和支付结算款的依据，承包人应予以认可。

（2）发包人核对竣工结算文件

① 发包人应在收到承包人提交的竣工结算文件后的28天内核对。发包人经核实，认为承包人还应进一步补充资料和修改结算文件，应在28天内向承包人提出核实意见，承包人在收到核实意见后的28天内按照发包人提出的合理要求补充资料，修改竣工结算文件，并再次提交给发包人复核后批准。

② 发包人应在收到承包人再次提交的竣工结算文件后的28天内予以复核，并将复核结果通知承包人。如果发包人、承包人对复核结果无异议的，应在7天内在竣工结算文件上签字确认，竣工结算办理完毕；如果发包人或承包人对复核结果认为有误的，无异议部分办理不完全竣工结算；有异议部分由发承包双方协商解决，协商不成的，按照合同约定的争议解决方式处理。

③ 发包人在收到承包人竣工结算文件后的28天内，不核对竣工结算或不提出核对意见的，视为承包人提交的竣工结算文件已被发包人认可，竣工结算办理完毕。

④ 承包人在收到发包人提出的核实意见后的28天内，不确认也未提出异议的，视为发包人提出的核实意见已被承包人认可，竣工结算办理完毕。

（3）发包人委托工程造价咨询机构核对竣工结算文件　发包人委托工程造价咨询机构核对竣工结算的，工程造价咨询机构应在28天内核对完毕，核对结论与承包人竣工结算文件不一致的，应提交给承包人复核，承包人应在14天内将同意核对结论或不同意见的说明提交工程造价咨询机构。工程造价咨询机构收到承包人提出的异议后，应再次复核，复核无异议的，发承包双方应在7天内在竣工结算文件上签字确认，竣工结算办理完毕；复核后仍有异议的，对于无异议部分办理不完全竣工结算；有异议部分由发承包双方协商解决，协商不成的，按照合同约定的争议解决方式处理，承包人逾期未提出书面异议的，视为工程造价咨询机构核对的竣工结算文件已经承包人认可。

（4）竣工结算文件的签认

① 拒绝签认的处理。对发包人或发包人委托的工程造价咨询人指派的专业人员与承包人指派的专业人员经核对后无异议并签名确认的竣工结算文件，除非发承包人能提出具体详细的不同意见，发承包人都应在竣工结算文件上签名确认，如其中一方拒不签认的，按以下规定办理。

a. 若发包人拒不签认的，承包人可不提供竣工验收备案资料，并有权拒绝与发包人或其上级部门委托的工程造价咨询机构重新核对竣工结算文件。

b. 若承包人拒不签认的，发包人要求办理竣工验收备案的，承包人不得拒绝提供竣工验收资料，否则，由此造成的损失，承包人承担连带责任。

② 不得重复核对。合同工程竣工结算核对完成，发承包双方签字确认后，禁止发包

人又要求承包人与另一个或多个工程造价咨询人重复核对竣工结算。

（5）质量争议工程的竣工结算 发包人以对工程质量有异议，拒绝办理工程竣工结算的。

① 已经竣工验收或已竣工未验收但实际投入使用的工程，其质量争议按该工程保修合同执行，竣工结算按合同约定办理。

② 已竣工未验收且未实际投入使用的工程以及停工、停建工程的质量争议，双方应就有争议的部分委托有资质的检测机构进行检测，根据检测结果确定解决方案，或按工程质量监督机构的处理决定执行后办理竣工结算，无争议部分的竣工结算按合同约定办理。

4. 工程竣工结算的审查

工程竣工结算是指施工承包单位完成合同中规定的全部工作内容并经验收合格，与建设单位进行的最终工程价款结算。工程竣工结算分为单位工程竣工结算、单项工程竣工结算和工程项目竣工总结算。其中，单位工程竣工结算和单项工程竣工结算可看作是分阶段结算。

单位工程竣工结算由施工承包单位编制，建设单位审查；实行总承包的工程，由具体承包单位编制单位工程竣工结算，在总承包单位审查的基础上，由建设单位审查。单项工程竣工结算、工程项目竣工总结算由总承包单位编制，建设单位可直接进行审查，也可委托具有相应资质的工程造价咨询机构进行审查。政府投资项目，由同级财政部门进行审查。

工程竣工结算的审查应依据施工合同约定的结算方法进行，根据不同的施工合同类型，应采用不同的审查方法。对于采用工程量清单计价方式签订的单价合同，应审查施工图以内的各个分部分项工程量，依据合同约定的方式审查分部分项工程价格，并对设计变更、工程洽商、工程索赔等调整内容进行审查。

（1）施工承包单位的内部审查 施工承包单位内部审查工程竣工结算的主要内容包括：
① 审查结算的项目范围、内容与合同约定的项目范围、内容的一致性；
② 审查工程量计算的准确性、工程量计算规则与计价规范或定额的一致性；
③ 审查执行合同约定或现行的计价原则、方法的严格性。对于工程量清单或定额缺项以及采用新材料、新工艺的，应根据施工过程中的合理消耗和市场价格审核结算单价；
④ 审查变更签证凭据的真实性、合法性、有效性，核准变更工程费用；
⑤ 审查索赔是否依据合同约定的索赔处理原则、程序和计算方法以及索赔费用的真实性、合法性、准确性；
⑥ 审查取费标准执行的严格性，并审查取费依据的时效性、相符性。

（2）建设单位的审查 建设单位审查工程竣工结算的内容包括以下几点。
① 审查工程竣工结算的递交程序和资料的完备性。
审查结果资料递交手续、程序的合法性，以及结算资料具有的法律效力；审查结果资料的完整性、真实性和相符性。
② 审查与工程竣工结算有关的各项内容：
a. 工程施工合同的合法性和有效性；
b. 工程施工合同范围以外调整的工程价款；
c. 分部分项工程、措施项目、其他项目的工程量及单价；
d. 建设单位单独分包工程项目的界面划分和总承包单位的配合费用；
e. 工程变更、索赔、奖励及违约费用；
f. 取费、税金、政策性调整以及材料价差计算；
g. 实际施工工期与合同工期产生差异的原因和责任，以及对工程造价的影响程度；

h. 其他涉及工程造价的内容。

(3) 工程竣工结算的审查时限 根据财政部、建设部关于印发《建设工程价款结算暂行办法》的通知（财建［2004］369号），单项工程竣工后，施工承包单位应按规定程序向建设单位递交竣工结算报告及完整的结算资料，建设单位应按表9-6规定的时限进行核对、审查，并提出审查意见。

表9-6　工程竣工结算审查时限

工程竣工结算报告金额	审查时限 （从接到竣工结算报告和完整的竣工结算资料之日起）
500万元以下	20天
500万～2000万元	30天
2000万～5000万元	45天
5000万元以上	60天

工程项目竣工总结算在最后一个单项工程竣工结算审查确认后15天内汇总，送建设单位后30天内审查完成。

【例9-5】 某项工程业主与承包商签订了施工合同，合同中含有两个子项工程，估算工程量A项为2300m³，B项为3200m³，经协商合同价A项为180元/m³，B项为160元/m³，承包合同规定：开工前业主应向承包商支付合同价20%的预付款；业主自第一个月起，从承包商的工程款中，按5%的比例扣留保修金；子项工程实际工程量超过估算工程量10%时，可进行调价，调整系数为0.9；根据市场情况规定价格调整系数平均按1.2计算；工程师签发月度付款最低金额为25万元；预付款在最后两个月扣除，每月扣50%。

承包商每月实际完成并经工程师签证确认的工程量如表9-7所示。

表9-7　某工程每月实际完成并经工程师签证确认的工程量　　　　单位：m³

月份	1月	2月	3月	4月
A项	500	800	800	600
B项	700	900	800	600

第一个月，工程量价款为 $500 \times 180 + 700 \times 160 = 20.2$（万元）

签证的工程款为 $20.2 \times 1.2 \times (1 - 5\%) = 23.028$（万元）

由于合同规定工程师签发的最低金额为25万元，故本月工程师不予签发付款凭证。

求预付款、从第二个月起每月工程量价款、工程师应签证的工程款、实际签发的付款凭证金额各是多少？

解 （1）预付款金额为 $(2300 \times 180 + 3200 \times 160) \times 20\% = 18.52$（万元）

（2）第二个月，工程量价款为 $800 \times 180 + 900 \times 160 = 28.8$（万元）

应签证的工程款为 $28.8 \times 1.2 \times 0.95 = 32.832$（万元）

本月工程师实际签发的付款凭证金额 $23.028 + 32.832 = 55.86$（万元）

（3）第三个月，工程量价款为 $800 \times 180 + 800 \times 160 = 27.2$（万元）

应签证的工程款为 $27.2 \times 1.2 \times 0.95 = 31.008$（万元）

应扣预付款为 $18.52 \times 50\% = 9.26$（万元）

应付款为 $31.008 - 9.26 = 21.748$（万元）

因本月应付款金额小于25万元，故工程师不予签发付款凭证。

（4）第四个月，A 项工程累计完成工程量为 2700m^3，比原估算工程量 2300m^3 超出 400m^3，已超过估算工程量的 10%，超出部分其单价应进行调整。则：

超过估算工程量 10% 的工程量为 $2700-2300\times(1+10\%)=170(\text{m}^3)$

这部分工程量单价应调整为 $180\times0.9=162(\text{元}/\text{m}^3)$

A 项工程工程量价款为 $(600-170)\times180+170\times162=10.494(\text{万元})$

B 项工程累计完成工程量为 3000m^3，比原估算工程量 3200m^3 减少 200m^3，不超过估算工程量，其单价不予进行调整。

B 项工程工程量价款为 $600\times160=9.6(\text{万元})$

本月完成 A、B 两项工程量价款合计为 $10.494+9.6=20.094(\text{万元})$

应签证的工程款为 $20.094\times1.2\times0.95=22.907(\text{万元})$

本月工程师实际签发的付款凭证金额 $21.748+22.907-18.52\times50\%=35.395(\text{万元})$。

5. 竣工结算价款的支付

（1）承包人提交竣工结算款支付申请　承包人应根据办理的竣工结算文件，向发包人提交竣工结算款支付申请。该申请应包括下列内容：

① 竣工结算合同价款总额。

② 累计已实际支付的合同价款。

③ 应扣留的质量保证金。

④ 实际应支付的竣工结算款金额。

（2）发包人签发竣工结算支付证书　发包人应在收到承包人提交竣工结算款支付申请后 7 天内予以核实，向承包人签发竣工结算支付证书。

（3）支付竣工结算款　发包人签发竣工结算支付证书后的 1 天内，按照竣工结算支付证书列明的金额向承包人支付结算款。

发包人在收到承包人提交的竣工结算款支付申请后 7 天内不予核实，不向承包人签发竣工结算支付证书的，视为承包人的竣工结算款支付申请已被发包人认可；发包人应在收到承包人提交的竣工结算款支付申请后的 14 天内，按照承包人提交的竣工结算款支付申请列明的金额向承包人支付结算款。

发包人未按照规定的程序支付竣工结算款的，承包人可催告发包人支付，并有权获得延迟支付的利息。发包人在竣工结算支付证书签发后或者在收到承包人提交的竣工结算款支付申请 7 天后的 56 天内仍未支付的，除法律另有规定外，承包人可与发包人协商将该工程折价，也可直接向人民法院申请将该工程依法拍卖。承包人就该工程折价或拍卖的价款优先受偿。

6. 合同解除的价款结算与支付

发承包双方协商一致解除合同的，按照达成的协议办理结算和支付合同价款。

（1）不可抗力解除合同　由于不可抗力解除合同的，发包人除应向承包人支付合同解除之日前已完成工程但尚未支付的合同价款，还应支付下列金额：

① 合同中约定应由发包人承担的费用。

② 已实施或部分实施的措施项目应付价款。

③ 承包人为合同工程合理订购且已交付的材料和工程设备货款。发包人一经支付此项货款，该材料和工程设备即成为发包人的财产。

④ 承包人撤离现场所需的合理费用，包括员工遣送费和临时工程拆除、施工设备运离现场的费用。

⑤ 承包人为完成合同工程而预期开支的任何合理费用，且该项费用未包括在本款其他各项支付之内。

发承包双方办理结算合同价款时，应扣除合同解除之日前发包人应向承包人收回的价款。当发包人应扣除的金额超过了应支付的金额，则承包人应在合同解除后的 56 天内将其差额退还给发包人。

（2）违约解除合同

① 承包人违约。因承包人违约解除合同的，发包人应暂停向承包人支付任何价款。

发包人应在合同解除后 28 天内核实合同解除时承包人已完成的全部合同价款以及按施工进度计划已运至现场的材料和工程设备货款，按合同约定核算承包人应支付的违约金以及造成损失的索赔金额，并将结果通知承包人。发承包双方应在 28 天内予以确认或提出意见，并办理结算合同价款。如果发包人应扣除的金额超过了应支付的金额，则承包人应在合同解除后的 56 天内将其差额退还给发包人。发承包双方不能就解除合同后的结算达成一致的，按照合同约定的争议解决方式处理。

② 发包人违约。因发包人违约解除合同的，发包人除应按照有关不可抗力解除合同的规定向承包人支付各项价款外，还需按合同约定核算发包人应支付的违约金以及给承包人造成损失或损害的索赔金额费用。该笔费用由承包人提出，发包人核实后与承包人协商确定后的 7 天内向承包人签发支付证书。协商不能达成一致的，按照合同约定的争议解决方式处理。

【例 9-6】 广东某城市某土建工程，合同规定结算款为 100 万元，合同原始报价日期为 1995 年 3 月，工程于 1996 年 5 月建成交付使用。根据表 9-8 所列工程人工费、材料费构成比例以及有关造价指数，计算工程实际结算款。

表 9-8　工程人工费、材料费构成比例及有关造价指数

项目	人工费	钢材	水泥	集料	一级红砖	砂	木材	不调值费用
比例	45%	11%	11%	5%	6%	3%	4%	15%
1995 年 3 月指数	100	100.8	102.0	93.6	100.2	95.4	93.4	—
1996 年 5 月指数	110.1	98.0	112.9	95.9	98.9	91.9	117.9	—

解　实际结算价款 $=100\times\left(0.15+0.45\times\dfrac{110.1}{100}+0.11\times\dfrac{98.0}{100.08}+0.11\times\dfrac{112.9}{102.0}+0.05\times\dfrac{95.9}{93.6}+\right.$

$$\left.0.06\times\dfrac{98.9}{100.2}+0.03\times\dfrac{91.1}{95.4}+0.04\times\dfrac{117.9}{93.4}\right)$$

$$=100\times1.064=106.4(万元)$$

总之，通过调值，1996 年 5 月实际结算的工程价款为 106.4 万元，比原始合同价多结 6.4 万元。

四、最终结清

所谓最终结清，是指合同约定的缺陷责任期终止后，承包人已按合同规定完成全部剩余工作且质量合格的，发包人与承包人结清全部剩余款项的活动。

（一）最终结清申请单

缺陷责任期终止后，承包人已按合同规定完成全部剩余工作且质量合格的，发包人签发缺陷责任期终止证书，承包人可按合同约定的份数和期限向发包人提交最终结清申请单，并提供相关证明材料，详细说明承包人根据合同规定已经完成的全部工程价款金额以及承包人

认为根据合同规定应进一步支付给他的其他款项。发包人对最终结清申请单内容有异议的，有权要求承包人进行修正和提供补充资料，由承包人向发包人提交修正后的最终结清申请单。

（二）最终支付证书

发包人收到承包人提交的最终结清申请单后的 14 天内予以核实，向承包人签发最终支付证书。发包人未在约定时间内核实，又未提出具体意见的，视为承包人提交的最终结清申请单已被发包人认可。

发包人应在收到最终结清支付申请后的 14 天内予以核实，向承包人签发最终结清支付证书。若发包人未在约定的时间内核实，又未提出具体意见的，视为承包人提交的最终结清支付申请已被发包人认可。

（三）最终结清付款

发包人应在签发最终结清支付证书后的 14 天内，按照最终结清支付证书列明的金额向承包人支付最终结清款。最终结清付款后，承包人在合同内享有的索赔权利也自行终止。发包人未按期支付的，承包人可催告发包人在合理的期限内支付，并有权获得延迟支付的利息。

最终结清时，如果承包人被扣留的质量保证金不足以抵减发包人工程缺陷修复费用的，承包人应承担不足部分的补偿责任。

最终结清付款涉及政府投资资金的，按照国库集中支付等国家相关规定和专用合同条款的约定办理。

承包人对发包人支付的最终结清款有异议的，按照合同约定的争议解决方式处理。

五、合同价款纠纷的处理

建设工程合同价款纠纷，是指发承包双方在建设工程合同价款的确定、调整以及结算等过程中所发生的争议。按照争议合同的类型不同，可以把工程合同价款纠纷分为总价合同价款纠纷、单价合同价款纠纷以及成本加酬金合同价款纠纷；按照纠纷发生的阶段不同，可以分为合同价款确定纠纷、合同价款调整纠纷和合同价款结算纠纷；按照纠纷的成因不同，可以分为合同无效的价款纠纷、工期延误的价款纠纷、质量争议的价款纠纷以及工程索赔的价款纠纷。

（一）合同价款纠纷的解决途径

建设工程合同价款纠纷的解决途径主要有四种：和解、调解、仲裁和诉讼。建设工程合同发生纠纷后，当事人可以通过和解或者调解解决合同争议。当事人不愿和解、调解或者和解、调解不成的，可以根据仲裁协议向仲裁机构申请仲裁。当事人没有订立仲裁协议或者仲裁协议无效的，可以向人民法院起诉。当事人应当履行发生法律效力的法院判决或裁定、仲裁裁决、法院或仲裁调解书；拒不履行的，对方当事人可以请求人民法院执行。

1. 和解

和解是指当事人在自愿互谅的基础上，就已经发生的争议进行协商并达成协议，自行解决争议的一种方式。发生合同争议时，当事人应首先考虑通过和解解决争议。合同争议和解解决方式简便易行，能经济、及时地解决纠纷，同时有利于维护合同双方的友好合作关系，使合同能更好地得到履行。根据《建设工程工程量清单计价规范》（GB 50500—2013）的规定，双方可通过以下方式进行和解：

（1）协商和解 合同价款争议发生后，发承包双方任何时候都可以进行协商。协商达成一致的，双方应签订书面和解协议，和解协议对发承包双方均有约束力。如果协商不能达成一致协议，发包人或承包人都可以按合同约定的其他方式解决争议。

（2）监理或造价工程师暂定　若发包人和承包人之间就工程质量、进度、价款支付与扣除、工期延期、索赔、价款调整等发生任何法律上、经济上或技术上的争议，首先应根据已签约合同的规定，提交合同约定职责范围内的总监理工程师或造价工程师解决，并抄送另一方。总监理工程师或造价工程师在收到此提交件后 14 天内应将暂定结果通知发包人和承包人。发承包双方对暂定结果认可的，应以书面形式予以确认，暂定结果成为最终决定。

发承包双方在收到总监理工程师或造价工程师的暂定结果通知之后的 14 天内，未对暂定结果予以确认也未提出不同意见的，视为发承包双方已认可该暂定结果。

发承包双方或一方不同意暂定结果的，应以书面形式向总监理工程师或造价工程师提出，说明自己认为正确的结果，同时抄送另一方，此时该暂定结果成为争议。在暂定结果不实质影响发承包双方当事人履约的前提下，发承包双方应实施该结果，直到其按照发承包双方认可的争议解决办法被改变为止。

2. 调解

调解是指双方当事人以外的第三人应纠纷当事人的请求，依据法律规定或合向约定，对双方当事人进行疏导、劝说，促使他们互相谅解、自愿达成协议解决纠纷的一种途径。

《建设工程工程量清单计价规范》GB 50500—2013 规定了以下的调解方式。

（1）管理机构的解释或认定　合同价款争议发生后，发承包双方可就工程计价依据的争议以书面形式提请工程造价管理机构对争议以书面文件进行解释或认定。工程造价管理机构应在收到申请的 10 个工作日内就发承包双方提请的争议问题进行解释或认定。

发承包双方或一方在收到工程造价管理机构书面解释或认定后，仍可按照合同约定的争议解决方式提请仲裁或诉讼。除工程造价管理机构的上级管理部门作出了不同的解释或认定，或在仲裁裁决或法院判决中不予采信的外，工程造价管理机构作出的书面解释或认定是最终结果，对发承包双方均有约束力。

（2）双方约定争议调解人进行调解　通常按照以下程序进行：

① 约定调解人。发承包双方应在合同中约定或在合同签订后共同约定争议调解人，负责双方在合同履行过程中发生争议的调解。合同履行期间，发承包双方可以协议调换或终止任何调解人，但发包人或承包人都不能单独采取行动。除非双方另有协议，在最终结清支付证书生效后，调解人的任期即终止。

② 争议的提交。如果发承包双方发生了争议，任何一方可以将该争议以书面形式提交调解人，并将副本抄送另一方，委托调解人调解。发承包双方应按照调解人提出的要求，给调解人提供所需要的资料、现场进入权及相应设施。调解人应被视为不是在进行仲裁人的工作。

③ 进行调解。调解人应在收到调解委托后 28 天内，或由调解人建议并经发承包双方认可的其他期限内，提出调解书，发承包双方接受调解书的，经双方签字后作为合同的补充文件，对发承包双方具有约束力，双方都应立即遵照执行。

④ 异议通知。如果发承包任一方对调解人的调解书有异议，应在收到调解书后 28 天内向另一方发出异议通知，并说明争议的事项和理由。但除非并直到调解书在协商和解或仲裁裁决、诉讼判决中作出修改，或合同已经解除，承包人应继续按照合同实施工程。

如果调解人已就争议事项向发承包双方提交了调解书，而任一方在收到调解书后 28 天内，均未发出表示异议的通知，则调解书对发承包双方均具有约束力。

3. 仲裁或诉讼

仲裁是当事人根据在纠纷发生前或纠纷发生后达成的仲裁协议，自愿将纠纷提交仲裁机构作出裁决的一种纠纷解决方式。民事诉讼是指人民法院在当事人和其他诉讼参与人的参加下，以审理、判决、执行等方式解决民事纠纷的活动。

用何种方式解决争端，关键在于合同中是否约定了仲裁协议。

（1）仲裁方式的选择　如果发承包双方的协商和解或调解均未达成一致意见，其中的一方已就此争议事项根据合同约定的仲裁协议申请仲裁，应同时通知另一方。

仲裁可在竣工之前或之后进行，但发包人、承包人、调解人各自的义务不得因在工程实施期间进行仲裁而有所改变。如果仲裁是在仲裁机构要求停止施工的情况下进行，承包人应对合同工程采取保护措施，由此增加的费用由败诉方承担。

若双方通过和解或调解形成的有关的暂定或和解协议或调解书已经有约束力的情况下，如果发承包中一方未能遵守暂定或和解协议或调解书，则另一方可在不损害他可能具有的任何其他权利的情况下，将未能遵守暂定或不执行和解协议或调解书达成的事项提交仲裁。

（2）诉讼方式的选择　发包人、承包人在履行合同时发生争议，双方不愿和解、调解或者和解、调解不成，又没有达成仲裁协议的，可依法向人民法院提起诉讼。

（二）合同价款纠纷的处理原则

建设工程合同履行过程中会产生大量的纠纷，有些纠纷并不容易直接适用现有的法律条款予以解决。针对这些纠纷，可以通过相关司法解释的规定进行处理。2002年6月11日，最高人民法院通过了《关于建设工程价款优先受偿权问题的批复》（法释［2002］16号），2004年9月29日，最高人民法院通过了《关于审理建设工程施工合同纠纷案件适用法律问题的解释》（法释［2004］14号）。司法解释中关于施工合同价款纠纷的处理原则和方法，更是可以为发承包双方在工程合同履行过程中出现的类似纠纷的处理，提供参考性极强的借鉴。

1. 施工合同无效的价款纠纷处理

建设工程施工合同无效，但建设工程经竣工验收合格，承包人请求参照合同约定支付工程价款的，应予支持。建设工程施工合同无效，且建设工程经竣工验收不合格的，按照以下情形分别处理：

① 修复后的建设工程经竣工验收合格，发包人请求承包人承担修复费用的，应予支持。

② 修复后的建设工程经竣工验收不合格，承包人请求支付工程价款的、不予支持。

因建设工程不合格造成的损失，发包人有过错的，也应承担相应的民事责任。

承包人非法转包、违法分包建设工程或者没有资质的实际施工人借用有资质的建筑施工企业名义与他人签订建设工程施工合同的行为无效。人民法院可以根据相关法律的规定，收缴当事人已经取得的非法所得。

2. 垫资施工合同的价款纠纷处理

对于发包人要求承包人垫资施工的项目，对于垫资施工部分的工程价款结算，最高人民法院《关于审理建设工程施工合同纠纷案件适用法律问题的解释》提出了处理意见：

① 当事人对垫资和垫资利息有约定，承包人请求按照约定返还垫资及其利息的，应予支持，但是约定的利息计算标准高于中国人民银行发布的同期同类贷款利率的部分除外。

② 当事人对垫资没有约定的，按照工程欠款处理。

③ 当事人对垫资利息没有约定，承包人请求支付利息的，不予支持。

3. 施工合同解除后的价款纠纷处理

① 建设工程施工合同解除后，已经完成的建设工程质量合格的，发包人应当按照约定

支付相应的工程价款。

② 已经完成的建设工程质量不合格的。

a. 修复后的建设工程经验收合格，发包人请求承包人承担修复费用的，应予支持。

b. 修复后的建设工程经验收不合格，承包人请求支付工程价款的、不予支持。

4. 工程设计变更的合同价款纠纷处理

当事人对建设工程的计价标准或者计价方法有约定的，按照约定结算工程价款。因设计变更导致建设工程的工程量或者质量标准发生变化，当事人对该部分工程价款不能协商一致的，可以参照签订建设工程施工合同时当地建设行政主管部门发布的计价方法或者计价标准结算工程价款。

5. 工程结算价款纠纷的处理

（1）阴阳合同的结算依据 当事人就同一建设工程另行订立的建设工程施工合同与经过备案的中标合同实质性内容不一致的，应当以备案的中标合同作为结算工程价款的根据。

（2）对承包人竣工结算文件的认可 当事人约定，发包人收到竣工结算文件后，在约定期限内不予答复，视为认可竣工结算文件的，按照约定处理。承包人请求按照竣工结算文件结算工程价款的，应予支持。

（3）工程欠款的利息支付

① 利率标准。当事人对欠付工程价款利息计付标准有约定的，按照约定处理；没有约定的，按照中国人民银行发布的同期同类贷款利率计息。

② 计息日。利息从应付工程价款之日计付。当事人对付款时间没有约定或者约定不明的，下列时间视为应付款时间：建设工程已实际交付的，为交付之日；建设工程没有交付的，为提交竣工结算文件之日；建设工程未交付，工程价款也未结算的，为当事人起诉之日。

（三）工程造价鉴定

在工程合同价款纠纷案件处理中，需做工程造价司法鉴定的，应委托具有相应资质的工程造价咨询人进行。

1. 工程造价咨询人所需遵守的一般性规定

（1）程序合法 工程造价咨询人接受委托，提供工程造价司法鉴定服务，除应符合本规范的规定外，应按仲裁、诉讼程序和要求进行，并符合国家关于司法鉴定的规定。

（2）人员合格 工程造价咨询人进行工程造价司法鉴定，应指派专业对口、经验丰富的注册造价工程师承担鉴定工作。

（3）按期完成 工程造价咨询人应在收到工程造价司法鉴定资料后 10 天内，根据自身专业能力和证据资料，判断能否胜任该项委托，如不能，应辞去该项委托。禁止工程造价咨询人在鉴定期满后以上述理由不做出鉴定结论，影响案件处理。

（4）适当回避 接受工程造价司法鉴定委托的工程造价咨询人或造价工程师如是鉴定项目一方当事人的近亲属或代理人、咨询人以及其他关系可能影响鉴定公正的，应当自行回避；未自行回避，鉴定项目委托人以该理由要求其回避的，必须回避。

（5）接受质询 工程造价咨询人应当依法出庭接受鉴定项目当事人对工程造价司法鉴定意见书的质询。如确因特殊原因无法出庭的，经审理该鉴定项目的仲裁机关或人民法院准许，可以书面答复当事人的质询。

2. 工程造价鉴定的取证

（1）所需收集的鉴定材料 工程造价咨询人进行工程造价鉴定工作，应自行收集以下（但不限于）鉴定资料。

① 适用于鉴定项目的法律、法规、规章、规范性文件以及规范、标准、定额。

② 鉴定项目同时期同类型工程的技术经济指标及其各类要素价格等。

③ 工程造价咨询人收集鉴定项目的鉴定依据时，应向鉴定项目委托人提出具体书面要求，其内容包括：与鉴定项目相关的合同、协议及其附件；相应的施工图纸等技术经济文件；施工过程中施工组织、质量、工期和造价等工程资料；存在争议的事实及各方当事人的理由；其他有关资料。

工程造价咨询人在鉴定过程中要求鉴定项目当事人对缺陷资料进行补充的，应征得鉴定项目委托人同意，或者协调鉴定项目各方当事人共同签认。

（2）现场勘验　根据鉴定工作需要现场勘验的，工程造价咨询人应提请鉴定项目委托人组织各方当事人对被鉴定项目所涉及的实物标的进行现场勘验。

勘验现场应制作勘验记录、笔录或勘验图表，记录勘验的时间、地点、勘验人、在场人、勘验经过、结果，由勘验人、在场人签名或者盖章确认。对于绘制的现场图应注明绘制的时间、测绘人姓名、身份等内容。必要时应采取拍照或摄像取证，留下影像资料。

鉴定项目当事人未对现场勘验图表或勘验笔录等签字确认的，工程造价咨询人应提请鉴定项目委托人决定处理意见，并在鉴定意见书中作出表述。

3. 鉴定结论

（1）鉴定依据的选择　工程造价咨询人在鉴定项目合同有效的情况下应根据合同约定进行鉴定，不得任意改变双方合法的合意。工程造价咨询人在鉴定项目合同无效或合同条款约定不明确的情况下应根据法律法规、相关国家标准和本规范的规定，选择相应专业工程的计价依据和方法进行鉴定。

（2）鉴定意见　工程造价咨询人出具正式鉴定意见书之前，可报请鉴定项目委托人向鉴定项目各方当事人发出鉴定意见书征求意见稿，并指明应书面答复的期限及其不答复的相应法律责任。工程造价咨询人收到鉴定项目各方当事人对鉴定意见书征求意见稿的书面复函后，应对不同意见认真复核，修改完善后再出具正式鉴定意见书。

工程造价咨询人出具的工程造价鉴定书应包括以下内容：

① 鉴定项目委托人名称、委托鉴定的内容；

② 委托鉴定的证据材料；

③ 鉴定的依据及使用的专业技术手段；

④ 对鉴定过程的说明；

⑤ 明确的鉴定结论；

⑥ 其他需说明的事宜；

⑦ 工程造价咨询人盖章及注册造价工程师签名盖执业专用章。

4. 鉴定期限的延长

工程造价咨询人应在委托鉴定项目的鉴定期限内完成鉴定工作，如确因特殊原因不能在原定期限内完成鉴定工作时，应按照相应法规提前向鉴定项目委托人申请延长鉴定期限，并在此期限内完成鉴定工作。

经鉴定项目委托人同意等待鉴定项目当事人提交、补充证据，质证所用的时间不应计入鉴定期限。

【复习思考题】

1. 简述施工阶段工程造价管理的工作内容。

2. 简述施工阶段工程造价管理的工作程序。

3. 简述我国现行工程变更的确认及处理程序。

4. 简述我国现行工程变更价款的确定方法。

5. 简述工程索赔的目的和分类。

6. 施工中的干扰事件和索赔理由有哪些？

7. 简述工程索赔的程序。

8. 简述费用索赔的原则。

9. 索赔费用的组成内容有哪些？

10. 对比分析费用索赔的计算方法。

11. 简述工程价款结算的作用和分类。

12. 简述我国工程价款结算的依据。

13. 简述我国工程价款结算的内容程序和有关规定。

14. 简述我国工程价款的结算中工程预付款（预付备料款）的支付与扣回方法。

15. 简述我国工程价款的结算中工程进度款的结算方法。

16. 简述我国工程价款的结算中工程保留金的预留方法。

17. 简述我国工程价款的结算中工程竣工结算的方法。

18. 工程价款的动态结算的方法有哪些？

【案例分析】

【案例】某施工单位承包某工程项目，甲乙双方签订的关于工程价款的合同内容有：

（1）建筑安装工程造价 660 万元，建筑材料及设备费占施工产值的比重为 60%；

（2）工程预付款为建筑安装工程造价的 20%。工程实施后，工程预付款从未施工工程尚需的建筑材料及设备费相当于工程预付款数额时起扣，从每次结算工程价款中按材料和设备占施工产值的比重扣抵工程预付款，竣工前全部扣清；

（3）工程进度款逐月计算；

（4）工程质量保证金为建筑安装工程造价的 3%，竣工结算月一次扣留；

（5）建筑材料和设备费价差调整按当地工程造价管理部门有关规定执行（按当地工程造价管理部门有关规定上半年材料和设备价差上调 10%，在 6 月份一次调增）。

工程各月实际完成产值如下表。

各月实际完成产值 单位：万元

月份	二	三	四	五	六
完成产值	55	110	165	220	110

问题：

（1）通常工程竣工结算的前提是什么？

（2）工程价款结算的方式有哪几种？

（3）该工程的工程预付款、起扣点为多少？

（4）该工程 2 月至 5 月每月拨付工程款为多少？累计工程款为多少？

（5）6 月份办理工程竣工结算，该工程结算造价为多少？甲方应付工程结算款为多少？

（6）该工程在保修期间发生屋面漏水，甲方多次催促乙方修理，乙方一再拖延，最后甲方另请施工单位修理，修理费 1.5 万元，该项费用如何处理？

第十章　竣工验收、后评估阶段的造价管理

【教学目的与要求】

本章主要介绍了工程项目竣工验收、后评估阶段工程造价管理的内容。通过本章学习，使读者掌握竣工结算、竣工决算的内容和编制方法，新增固定资产价值的确定方法；熟悉竣工验收的范围、条件、依据、标准和工作程序；了解质量保证金的处理方法，项目后评估的种类及其指标计算。

第一节　竣　工　验　收

一、竣工验收介绍

(一) 竣工验收

建设项目的施工达到竣工条件进行验收，是项目施工周期的最后一个程序，也是建设成果转入生产使用的标志。

竣工验收是建设工程的最后阶段，是严格按照国家有关规定组成验收组进行的。建设项目竣工验收是指由建设单位、施工单位和项目验收委员会，以项目批准的设计任务书和设计文件、国家或部门颁发的施工验收规范和质量检验标准为依据，按照一定的程序和手续，在项目建成并试生产合格后（工业生产性项目），对项目的总体进行检验与认证、综合评价和鉴定的活动。

竣工验收对保证工程质量，促进建设项目及时投产，发挥投资效益，总结经验教训都有重要作用；据此，国家规定：所有建设项目，按批准的设计文件所规定的内容建成，工业项目经负荷运转和试生产考核，能够生产合格产品；非工业项目符合设计要求，能够正常使用，都要及时组织验收。验收合格后，才能交付使用。凡是符合验收条件的工程，又不及时办理验收手续的，其一切费用不允许从基建项目投资中支出。

凡新建、扩建、改建的基本建设项目和技术改造项目，应按批准的设计文件所规定的设计内容和验收标准进行及时验收，并办理固定资产移交手续。

(二) 竣工验收的内容与条件

1. 建设项目竣工验收的内容

不同的建设项目，其竣工验收的内容不完全相同。但一般均包括工程资料验收和工程内

容验收两部分。

(1) 工程资料验收　包括工程技术资料、综合资料和财务资料验收三个方面的内容。

① 工程技术资料验收的内容如下：

a. 工程地质、水文、气象、地形、地貌、建筑物、构筑物及重要设备安装位置、勘察报告与记录。

b. 初步设计、技术设计或扩大初步设计、关键的技术试验、总体规划设计。

c. 土质试验报告、基础处理。

d. 建筑工程施工记录、单位工程质量检验记录、管线强度、密封性试验报告、设备及管线安装施工记录及质量检查、仪表安装施工记录。

e. 设备试车、验收运转、维修记录。

f. 产品的技术参数、性能、图纸、工艺说明、工艺规程、技术总结、产品检验与包装、工艺图。

g. 设备的图纸、说明书。

h. 涉外合同、谈判协议、意向书。

i. 各单项工程及全部管网竣工图等资料。

② 工程综合资料验收的内容如下：

a. 项目建议书及批件，可行性研究报告及批件，项目评估报告，环境影响评估报告书。

b. 设计任务书，土地征用申报及批准的文件。

c. 招标投标文件，承包合同。

d. 项目竣工验收报告，验收鉴定书。

③ 工程财务资料验收的内容如下：

a. 历年建设资金供应（拨、贷）情况和应用情况。

b. 历年批准的年度财务决算。

c. 历年年度投资计划，财务收支计划。

d. 建设成本资料。

e. 设计概算、预算资料。

f. 施工决算资料。

(2) 工程内容验收　包括建筑工程验收、安装工程验收两部分。

① 建筑工程验收的内容如下：

a. 建筑物的位置、标高、轴线是否符合设计要求。

b. 对基础工程中的土石方工程、垫层工程、砌筑工程等资料的审查。

c. 结构工程中的砖木结构、砖混结构、内浇外砌结构、钢筋混凝土结构的审查验收。

d. 对屋面工程的木基、望板油毡、屋面瓦、保温层、防水层等的审查验收。

e. 对门窗工程的审查验收。

f. 对装修工程的审查验收（抹灰、油漆等工程）。

② 安装工程验收的内容如下：

a. 建筑设备安装工程（指民用建筑物中的上下水管道、暖气、煤气、通风、电气照明等安装工程）。应检查这些设备的规格、型号、数量、质量是否符合设计要求，检查安装时的材料、材质、材种，检查试压、闭水试验、照明。

b. 工艺设备安装工程包括生产、起重、传动、实验等设备的安装，以及附属管线敷设和油漆、保温等。检查设备的规格、型号、数量、质量、设备安装的位置、标高、机座尺寸、质量、单机试车、无负荷联动试车、有负荷联动试车、管道的焊接质量、清洗、吹扫、试压、试漏及各种阀门等。

c. 动力设备安装工程指有自备电厂的项目或变配电室（所）、动力配电线路的验收。

2. 建设项目竣工验收的条件与范围

（1）竣工验收的条件　国务院 2000 年 1 月发布的第 279 号令《建设工程质量管理条例》规定，建设工程竣工验收应当具备以下条件：

① 完成建设工程设计和合同约定的各项内容；

② 有完整的技术档案和施工管理资料；

③ 有工程使用的主要建筑材料、建筑构配件和设备的进场试验报告；

④ 有勘察、设计、施工、工程监理等单位分别签署的质量合格文件；

⑤ 有施工单位签署的工程保修书。

（2）竣工验收的范围　国家颁布的建设法规规定，凡新建、扩建、改建的基本建设项目和技术改造项目（所有列入固定资产投资计划的建设项目或单项工程），已按国家批准的设计文件所规定的内容建成，符合验收标准，即工业投资项目经负荷试车考核，试生产期间能够正常生产出合格产品，形成生产能力的；非工业投资项目符合设计要求，能够正常使用的。不论是属于哪种建设性质，都应及时组织验收，办理固定资产移交手续。

有的工期较长、建设设备装置较多的大型工程，为了及时发挥其经济效益，对其能够独立生产的单项工程，也可以根据建成时间的先后顺序，分期分批地组织竣工验收；对能生产中间产品的一些单项工程，不能提前投料试车，可按生产要求与生产最终产品的工程同步建成竣工后，再进行全部验收。

对于某些特殊情况，工程施工虽未全部按设计要求完成，也应进行验收，这些特殊情况主要有：

① 因少数非主要设备或某些特殊材料短期内不能解决，虽然工程内容尚未全部完成，但已可以投产或使用的工程项目；

② 规定要求的内容已完成，但因外部条件的制约，如流动资金不足、生产所需原材料不能满足等，而使已建工程不能投入使用的项目；

③ 有些建设项目或单项工程，已形成部分生产能力，但近期内不能按原设计规模续建，应从实际情况出发，经主管部门批准后，可缩小规模对已完成的工程和设备组织竣工验收，移交固定资产。

（三）竣工验收的依据及标准

1. 竣工验收的依据

① 上级主管部门对该项目批准的各种文件；

② 可行性研究报告；

③ 施工图设计文件及设计变更洽商记录；

④ 国家颁布的各种标准和现行的施工验收规范；

⑤ 工程承包合同文件；

⑥ 技术设备说明书；

⑦ 建筑安装工程统一规定及主管部门关于工程竣工的规定；

⑧ 从国外引进的新技术和成套设备的项目以及中外合资建设项目，要按照签订的合同和进口国提供的设计文件等进行验收；

⑨ 利用世界银行等国际金融机构贷款的建设项目，应按世界银行规定，按时编制《项

目完成报告》。

2. 竣工验收的标准

（1）工业建设项目竣工验收标准

根据国家规定，工业建设项目竣工验收、交付生产使用，必须满足以下要求：

① 生产性项目和辅助性公用设施，已按设计要求完成，能满足生产使用要求；

② 主要工艺设备、动力设备均已安装配套，经无负荷联动试车和有负荷联动试车合格，并已形成生产能力，能够生产出设计文件所规定的产品；

③ 必要的生产设施，已按设计要求建成；

④ 生产准备工作能适应投产的需要，其中包括生产指挥系统的建立，经过培训的生产人员已能上岗操作，生产所需的原材料、燃料和备品备件的储备，经验收检查能够满足连续生产要求；

⑤ 环境保护设施、劳动安全卫生设施、消防设施已按设计要求与主体工程同时建成使用；

⑥ 生产性投资项目如工业项目的土建工程、安装工程、人防工程、管道工程、通信工程等工程的施工和竣工验收，必须按照国家批准的《中华人民共和国国家标准××工程施工及验收规范》和主管部门批准的《中华人民共和国行业标准××工程施工及验收规范》执行。

（2）民用建设项目竣工验收标准

① 建设项目各单位工程和单项工程，均已符合项目竣工验收标准；

② 建设项目配套工程和附属工程，均已施工结束，达到设计规定的相应质量要求，并具备正常使用条件。

3. 竣工验收的质量核定

竣工验收的质量核定是政府对竣工工程进行质量监督的一种带有法律性的手段，是竣工验收交付使用必须办理的手续。质量核定的范围包括新建、扩建、改建的工业与民用建筑工程、设备安装工程和市政工程等。

（1）申报竣工质量核定工程的条件

① 必须符合国家或地区规定的竣工条件和合同规定的内容。委托工程监理的工程，必须提供监理单位对工程质量进行监理的有关资料。

② 必须具备各方签认的验收记录。对验收各方提出的质量问题，施工单位进行返修的，应具备建设单位和监理单位的复验记录。

③ 具有符合规定的、齐全有效的施工技术资料。

④ 保证竣工质量核定所需的水、电供应及其他必备的条件。

（2）竣工质量核定的方法

① 单位工程完成之后，施工单位应按照国家检验评定标准的规定进行自验，符合有关规范、设计文件和合同要求的质量标准后，提交建设单位。

② 建设单位组织设计、监理、施工等单位，对工程质量评出等级，并向有关的监督机构提出申报竣工工程质量核定。

③ 监督机构在受理了竣工工程质量核定后，按照国家的《工程质量检验评定标准》进行核定，经核定合格或优良的工程，发给《合格证书》，并说明其质量等级。工程交付使用后，如工程质量出现永久缺陷等严重问题，监督机构将收回《合格证书》，并予以公布。

④ 经监督机构核定不合格的单位工程，不发给《合格证书》，不准投入使用，责任单位

在规定期限返修后，再重新进行申报、核定。

⑤ 在核定中，如施工单位资料不能说明结构安全或不能保证使用功能的，由施工单位委托法定监测单位进行监测。

二、竣工验收的方式与程序

（一）竣工验收的方式

为了保证建设项目竣工验收的顺利进行，验收必须遵循一定的程序，并按照建设项目总体计划的要求以及施工进展的实际情况分阶段进行。项目施工达到验收条件的验收方式可分为项目中间验收、单项工程验收和全部工程的竣工验收三大类，见表10-1。规模较小、施工内容简单的建设项目，也可以一次进行全部项目的竣工验收。

虽然项目的中间验收也是工程验收的一个组成部分，但它属于施工过程中的管理内容，这里仅就竣工验收（单项工程验收和全部工程验收）的有关问题予以介绍。

表 10-1　竣工验收的方式

类型	验收条件	验收组织
中间验收	(1)按照施工承包合同的约定,施工完成到某一阶段后要进行中间验收 (2)主要的工程部位施工已完成了隐蔽前的准备工作,该工程部位将置于无法查看的状态	由监理单位组织,业主和承包商派人参加。该部位的验收资料将作为最终验收的依据
单项工程验收 （交工验收）	(1)建设项目中的某个合同工程已全部完成 (2)合同内约定有分部项移交的工程已达到竣工标准,可移交给业主投入试运行	由业主组织,会同施工单位、监理单位、设计单位及使用单位等有关部门共同进行
全部工程的竣工验收(动用验收)	(1)建设项目按设计规定全部建成,达到竣工验收条件 (2)初验结果全部合格 (3)竣工验收所需资料已准备齐全	大中型和限额以上项目由原国家计委或由其委托项目主管部门或地方政府部门组织验收。小型和限额以下项目由项目主管部门组织验收。验收委员会由银行、物资、环保、劳动、统计、消防及其他有关部门组成。业主、监理单位、施工单位、设计单位和使用单位参加验收工作

（二）竣工验收程序

建设项目全部建成，经过各单项工程的验收符合设计要求，并具备竣工图表、竣工决算、工程总结等必要文件资料，由建设项目主管部门或建设单位向负责验收的单位提出竣工验收申请报告，按程序验收。

（1）承包商申请交工验收　承包商在完成了合同工程或按合同约定可分步移交工程的，可申请交工验收。交工验收一般为单项工程，但在某些特殊情况下也可以是单位工程的施工内容，诸如特殊基础处理工程、发电站单机机组完成后的移交等。承包商施工的工程达到竣工条件后，应先进行预检验，对不符合要求的部位和项目，确定修补措施和标准，修补有缺陷的工程部位；对于设备安装工程，要与甲方和监理单位共同进行无负荷的单机和联动试车。承包商在完成了上述工作和准备好竣工资料后，即可向甲方提交竣工验收申请报告，一般由基层施工单位先进行自验、项目经理自验、公司级预验三个层次进行竣工验收预验收，亦称竣工预验，为正式竣工验收做好准备。

（2）监理工程师现场初验　施工单位通过竣工预验收，对发现的问题进行处理后，决定正式提请验收，应向监理工程师提交验收申请报告，监理工程师审查验收申请报告，如认为可以验收，则由监理工程师组成验收组，对竣工的工程项目进行初验。在初验中发现的质量问题，要及时书面通知施工单位，令其修理甚至返工。

（3）单项工程验收 单项工程验收又称交工验收，即验收合格后业主方可投入使用。由业主组织的交工验收，主要依据国家颁布的有关技术规范和施工承包合同，对以下几方面进行检查或检验：

① 检查、核实竣工项目，准备移交给业主的所有技术资料的完整性、准确性；

② 按照设计文件和合同，检查已完工程是否有漏项；

③ 检查工程质量、隐蔽工程验收资料、关键部位的施工记录等，考察施工质量是否达到合同要求；

④ 检查试车记录及试车中所发现的问题是否得到改正；

⑤ 在交工验收中发现需要返工、修补的工程，明确规定完成期限；

⑥ 其他涉及的有关问题。

经验收合格后，业主和承包商共同签署《交工验收证书》。然后由业主将有关技术资料和试车记录、试车报告及交工验收报告一并上报主管部门，经批准后该部分工程即可投入使用。验收合格的单项工程，在全部工程验收时，原则上不再办理验收手续。

（4）全部工程的竣工验收 全部施工过程完成后，由国家主管部门组织的竣工验收，也称动用验收。业主参与全部工程竣工验收。分为验收准备、预验收和正式验收三个阶段。正式验收是在自验的基础上，确认工程全部符合验收标准，具备了交付使用的条件后，即可开始正式竣工验收工作。

① 发出《竣工验收通知书》。施工单位应于正式竣工验收之日的前 10 天，向建设单位发送《竣工验收通知书》。

② 组织验收工作。工程竣工验收工作由建设单位邀请设计单位及有关方面参加，同施工单位一起进行检查验收。国家重点工程的大型建设项目，由国家有关部门邀请有关方面参加，组成工程验收委员会，进行验收。

③ 签发《竣工验收证明书》并办理移交。在建设单位验收完毕并确认工程符合竣工标准和合同条款规定要求以后，向施工单位签发《竣工验收证明书》。

④ 进行工程质量评定。建筑工程按设计要求和建筑安装工程施工的验收规范及质量标准进行质量评定验收。验收委员会或验收组，在确认工程符合竣工标准和合同条款规定后，签发竣工验收合格证书。

⑤ 整理各种技术文件资料，办理工程档案资料移交。建设项目竣工验收前，各有关单位应将所有技术文件进行系统整理，由建设单位分类立卷；在竣工验收时，交使用单位统一保管，同时将与所在地区有关的文件交当地档案管理部门，以适应生产、维修的需要。

⑥ 办理固定资产移交手续。在对工程检查验收完毕后，施工单位要向建设单位逐项办理工程移交和其他固定资产移交手续，并应签认交接验收证书，办理工程结算手续。工程结算由施工单位提出，送建设单位审查无误后，由双方共同办理结算签认手续。工程结算手续办理完毕，除施工单位承担保修工作以外，甲乙双方的经济关系和法律责任予以解除。

⑦ 办理工程决算。整个项目完工验收并且办理了工程结算手续后，要由建设单位编制工程决算，上报有关部门。

⑧ 签署竣工验收鉴定书。竣工验收鉴定书是表示建设项目已经竣工，并交付使用的重要文件，是全部固定资产交付使用和建设项目正式动用的依据，也是承包商对建设项目消除法律责任的证件。竣工验收鉴定书一般包括：工程名称、地点、验收委员会成员、工程总说明、工程据以修建的设计文件、竣工工程是否与设计相符合、全部工程质量鉴定、总的预算

造价和实际造价、验收委员会对工程动用的意见和要求等主要内容。至此，项目的全部建设过程全部结束。

整个建设项目进行竣工验收后，业主应及时办理固定资产交付使用手续。在进行竣工验收时，已验收过的单项工程可以不再办理验收手续，但应将单项工程交工验收证书作为最终验收的附件而加以说明。

三、竣工验收的组织和职责

（一）竣工验收的组织

建设项目竣工验收的组织按国家计委关于《建设项目（工程）竣工验收办法》的规定执行。大中型和限额以上基本建设和技术改造项目（工程），由国家计划发展委员会或国家计划发展委员会委托项目主管部门、地方政府部门组织验收。小型和限额以下基本建设和技术改造项目（工程），由项目（工程）主管部门或地方政府部门组织验收。竣工验收要根据工程规模大小、复杂程度组成验收委员会或验收组。验收委员会或验收组应由银行、物资、环保、劳动、消防及其他有关部门组成。建设单位、接管单位、施工单位、勘察设计单位参加验收工作。

（二）竣工验收的职责

验收委员会或验收组的主要职责是：

① 审查预验收情况报告和移交生产准备情况报告。

② 审查各种技术资料。如项目可行性研究报告，设计文件与概预算，有关项目建设的重要会议记录，各种合同、协议、工程技术经济档案等。

③ 对项目主要生产设备和公用设施进行复验和技术鉴定，审查试车规格，检查试车准备工作，监督检查生产系统的全部带负荷运转，评定工程质量。

④ 处理交接验收过程中出现的有关问题。

⑤ 核定移交工程清单，签订交工验收证书。

⑥ 提出竣工验收工作的总结报告和国家验收鉴定书。

第二节　竣工决算的编制

一、竣工决算及其编制

（一）竣工决算的概念

建设项目竣工决算是指所有建设项目竣工后，建设单位按照国家有关规定在新建、改建和扩建工程建设项目竣工验收阶段编制的竣工决算报告。

竣工决算是以实物数量和货币指标为计量单位，综合反映竣工项目从筹建开始到项目竣工交付使用为止的全部建设费用、建设成果和财务情况的总结性文件；是竣工验收报告的重要组成部分，竣工决算是正确核定新增固定资产价值，考核分析投资效果，建立健全经济责任制的依据；是反映建设项目实际造价和投资效果的文件。

竣工决算反映了竣工项目计划、实际的建设规模、建设工期以及设计和实际生产能力，反映了概算总投资和实际的建设成本，同时还反映了所达到的主要技术经济指标。通过对这些指标计划数、概算数与实际数进行对比分析，不仅可以全面掌握建设项目计划和概算执行情况，而且可以考核建设项目投资效益，为今后制定基建计划，降低建设成本，提高投资效益提供必要的资料。表 10-2 对竣工结算和竣工决算的含义和特点进行了比较分析。

表 10-2　竣工结算与竣工决算的比较一览

名称	含　义	特　点
竣工结算	施工企业按照合同规定的内容全部完成所承包的工程，经验收质量合格，并符合合同要求之后，向发包的单位进行的最终工程款的结算	属于工程款结算，因此是一项经济活动
竣工决算	指所有建设项目竣工后，建设单位按照国家有关规定在新建、改建和扩建工程建设项目竣工验收阶段编制的竣工决算报告	以实物数量和货币指标为计量单位，综合反映竣工项目从筹建开始到项目竣工交付使用为止的全部建设费用、建设成果和财务情况的总结性文件

（二）竣工决算的作用

① 工程竣工决算可以作为固定资产价值核定与交付使用的依据，也可作为分析和考核固定资产投资效果的依据。

② 工程竣工决算可以使建设单位正确计算已经投入使用的固定资产的折旧费，有利于企业合理计算生产成本和企业利润，进行经济核算。

③ 工程竣工决算是考核竣工项目概（预）算与基建计划执行情况以及分析投资效果的重要依据。因为竣工决算反映了竣工项目的实际建设成本、主要原材料消耗、实际建设工期、新增生产能力、占地面积和完工的主要工程量。

④ 工程竣工决算是综合掌握竣工项目财务情况和总结财务管理工作的重要依据。因为竣工决算反映着竣工项目自开工以来各项资金来源和运用情况以及最终取得的财务成果。

⑤ 工程竣工决算是修订概（预）算定额和制定降低建设成本措施的重要依据。因为竣工决算反映了竣工项目实际物化劳动消耗和活劳动消耗的数量，为总结基本建设经验，积累各项技术经济资料，提高基本建设管理水平提供了基础资料。

（三）竣工决算的内容

大、中型和小型建设项目的竣工决算包括建设项目从筹建开始到项目竣工交付生产使用为止的全部建设费用，其内容包括竣工决算报告情况说明书、竣工财务决算报表、建设工程竣工图、工程造价比较分析四个方面。

1. 竣工决算报告情况说明书

竣工决算报告情况说明书主要反映竣工工程建设成果和经验，是对竣工决算报表进行分析和补充说明的文件，是全面考核分析工程投资与造价的书面总结，其内容主要包括以下几点：

① 建设项目概况，对工程总的评价。一般从进度、质量、安全、造价及施工方面进行分析说明。进度方面主要说明开工和竣工时间，对照合理工期和要求工期，分析是提前还是延期；质量方面主要根据竣工验收委员会或质量监督部门的验收评定等级、合格率和优良品率进行说明；安全方面主要根据劳动工资和施工部门的记录，对有无设备和安全事故进行说明；造价方面主要对照概算造价，说明节约还是超支，用金额和百分率进行分析说明。

② 资金来源及运用等财务分析。主要包括工程价款结算、会计账务的处理、财产物资情况及债权债务的清偿情况。

③ 基本建设收入、投资包干结余、竣工结余资金的上缴分配情况。通过对基本建设投资包干情况的分析，说明投资包干数、实际支用数和节约额，投资包干的有机构成和包干节余的分配情况。

④ 各项经济技术指标的分析。概算执行情况分析，根据实际投资完成额与概算进行对

比分析；新增生产能力的效益分析，说明支付使用财产占总投资额的比例、占支付使用财产的比例，不增加固定资产的造价占投资总额的比例，分析有机构成。

⑤ 工程建设的经验、项目管理和财务管理工作以及竣工财务决算中有待解决的问题。

⑥ 需要说明的其他事项。

2. 竣工财务决算报表

建设项目竣工财务决算报表要根据大、中型建设项目和小型建设项目分别制定，共有 6 种报表。有关报表组成如图 10-1 与图 10-2 所示，报表格式分别见表 10-3～表 10-8。

大、中型建设项目竣工财务决算报表
①建设项目竣工财务决算审批表
②大、中型建设项目概况表
③大、中型建设项目竣工财务决算表
④大、中型建设项目交付使用资产总表
⑤建设项目交付使用资产明细表

图 10-1　大、中型建设项目竣工财务决算报表组成示意

小型建设项目竣工财务决算报表
①建设项目竣工财务决算审批表
②小型建设项目竣工财务决算总表
③建设项目交付使用资产明细表

图 10-2　小型建设项目竣工财务决算报表组成示意

（1）建设项目竣工财务决算审批　见表 10-3。该表作为竣工决算上报有关部门审批时使用，其格式按照中央级项目审批要求设计的，地方级项目可按审批要求做适当修改，大、中、小型项目均要按照下列要求填报此表：

① 表中"建设性质"按新建、改建、扩建、迁建和恢复建设项目等分类填列。

② 表中"主管部门"是指建设单位的主管部门。

③ 所有建设项目均须经过开户银行签署意见后，按照有关要求进行报批；中央级小型项目由主管部门签署审批意见；中央级大、中型建设项目报所在地财政监察专员办事机构签署意见后，再由主管部门签署意见报财政部审批；地方级项目由同级财政部门签署审批意见。

④ 已具备竣工验收条件的项目，三个月内应及时填报审批表，如三个月内不办理竣工验收和固定资产移交手续的视同项目已正式投产，其费用不得从基本建设投资中支付，所实现的收入作为经营收入，不再作为基本建设收入管理。

表 10-3　建设项目竣工财务决算审批

建设项目法人（建设单位）		建设性质
建设项目名称		主管部门

开户银行意见：

（盖章）
年　　月　　日

专员办审批意见：

（盖章）
年　　月　　日

主管部门或地方财政部门审批意见：

（盖章）
年　　月　　日

（2）大、中型建设项目概况　见表 10-4。该表综合反映大、中型建设项目的基本概况、内容，包括该项目总投资、建设起止时间、新增生产能力、主要材料消耗、建设成本、完成主要工程量和主要技术经济指标及基本建设支出情况，为全面考核和分析投资效果提供依据，可按下列要求填写：

① 建设项目工程名称、建设地址、主要设计单位和主要施工单位，要按全称填列。

② 表中各项目的设计、概算、计划指标可根据批准的设计文件和概算、计划等确定的数字填列。

③ 表中所列新增生产能力、完成主要工程量、主要材料消耗的实际数据，可根据建设单位统计资料和施工单位提供的有关成本核算资料填列。

④ 表中主要技术经济指标包括单位面积造价、单位生产能力投资、单位投资增加的生产能力、单位生产成本和投资回收年限等反映投资效果的综合性指标，根据概算和主管部门规定的内容分别按概算和实际填列。

⑤ 表中基建支出是指建设项目从开工起至竣工为止发生的全部基本建设支出，包括形成资产价值的交付使用资产，如固定资产、流动资产、无形资产、递延资产支出，还包括不形成资产价值按照规定应核销非经营项目的待核销基建支出和转出投资。上述支出，应根据财政部门历年批准的"基建投资表"中的有关数据填列。

⑥ 表中"设计概算批准文号"，按最后经批准的日期和文件号填列。

⑦ 表中收尾工程是指全部工程项目验收后尚遗留的少量收尾工程，在表中应明确填写收尾工程内容、完成时间，这部分工程的实际成本可根据实际情况进行估算并加以说明，完工后不再编制竣工决算。

表 10-4　大、中型建设项目竣工工程概况

建设项目工程名称			建设地址					项　目	概算	实际	主要指标
主要设计单位			主要施工单位					建筑安装工程			
占地面积	计划	实际	总投资/万元	计划		实际		设备、工具、器具			
				固定资产	流动资产	固定资产	流动资产	基建支出 待摊投资 其中：建设单位管理费			
新增生产能力	能力（效益）名称		设计	实际				其他投资			
								待核销基建支出			
建设起止时间	设计		从　　年　　月开工至　　年　　月竣工					非经营项目转出投资			
	实际		从　　年　　月开工至　　年　　月竣工					合　计			
设计概算批准文号								主要材料消耗	名称	单位	概算	实际
完成主要工程量	建筑面积/m²			设备/台、套、t					钢材			
	设计	实际		设计		实际			木材			
									水泥			
收尾工程	工程内容		投资额		完成时间			主要技术经济指标				

（3）大、中型建设项目竣工财务决算。见表 10-5。该表反映竣工的大中型建设项目从开工到竣工为止全部资金来源和资金运用的情况，它是考核和分析投资效益，落实结余资金，并作为报告上级核销基本建设支出和基本建设拨款的依据。在编制该表前，应

先编制出项目竣工年度财务决算，根据编制出的竣工年度财务决算和历年财务决算编制项目的竣工财务决算。此表采用平衡形式，即资金来源合计等于资金支出合计。具体编制方法如下：

① 资金来源包括基建拨款、项目资本金、项目资本公积金、基建借款、上级拨入投资借款、企业债券资金、待冲基建支出、应付款和未交款以及上级拨入资金和留成收入等。

项目资本金是指经营性项目投资者按国家有关项目资本金的规定，筹集并投入项目的非负债资金，在项目竣工后，相应转为生产经营企业的国家资本金、法人资本金、个人资本金和外商资本金。

项目资本公积金是指经营性项目对投资者实际缴付的出资额超过其资金的差额（包括发行股票的溢价净收入）、资产评估确认价值或者合同、协议约定价值与原账面净值的差额、接收捐赠的财产、资本汇率折算差额，在项目建设期间作为资本公积金、项目建成交付使用并办理竣工决算后，转为生产经营企业的资本公积金。

基建收入是基建过程中形成的各项工程建设副产品变价净收入、负荷试车的试运行收入以及其他收入，在表中基建收入以实际销售收入扣除销售过程中所发生的费用和税后的实际纯收入填写。

② 表中"交付使用资产"、"预算拨款"、"自筹资金拨款"、"其他拨款"、"基建借款"、"其他借款"等项目，是指自开工建设至竣工的累计数，上述有关指标应根据历年批复的年度基本建设财务决算和竣工年度的基本建设财务决算中资金平衡表相应项目的数字进行汇总填写。

③ 表中其余项目费用办理竣工验收时的结余数，根据竣工年度财务决算中资金平衡表的有关项目期末数填写。

④ 资金占用反映建设项目从开工准备到竣工全过程资金支出的情况，内容包括基本建设支出、应收生产单位投资借款、库存器材、货币资金、有价证券和预付及应收款以及拨款所属投资借款和库存固定资产等，资金占用总额应等于资金来源总额。

⑤ 补充材料的"基建投资借款期末余额"反映竣工时尚未偿还的基本投资借款额，应根据竣工年度资金平衡表内的"基建投资借款"项目期末数填写；"应收生产单位投资借款期末余额"，根据竣工年度资金平衡表内的"应收生产单位投资借款"项目的期末数填写；"基建结余资金"反映竣工的结余资金，根据竣工决算表中有关项目计算填写。

⑥ 基建结余资金可以按下列公式计算

基建结余资金＝基建拨款＋项目资本金＋项目资本公积金＋基建借款＋企业债券基金＋待冲基建支出－基本建设支出－应收生产单位投资借款

（4）大、中型建设项目交付使用资产总表　见表10-6。该表反映建设项目建成后新增固定资产、流动资产、无形资产和递延资产价值的情况和价值，作为财务交接、检查投资计划完成情况和分析投资效果的依据。小型项目不编制"交付使用资产总表"，而直接编制"交付使用资产明细表"；大、中型项目在编制"交付使用资产总表"的同时，还需编制"交付使用资产明细表"。大、中型建设项目交付使用资产总表具体编制方法如下。

① 表中各栏目数据根据"交付使用明细表"的固定资产、流动资产、无形资产、递延资产的各相应项目的汇总数分别填写，表中总计栏的总计数应与竣工财务决算表中的交付使用资产的金额一致。

② 表中第7、8、9、10栏的合计数，应分别与竣工财务决算表交付使用的固定资产、流动资产、无形资产、递延资产的数据相符。

表 10-5　大、中型建设项目竣工财务决算

资料来源	金额	资金占用	金额	补充资料
一、基建拨款		一、基本建设支出		1. 基建投资借款期末余额
1. 预算拨款		1. 交付使用资产		
2. 基建基金拨款		2. 在建工程		2. 应收生产单位投资借款期末余额
3. 进口设备转账拨款		3. 待核销基建支出		
4. 器材转账拨款		4. 非经营项目转出投资		3. 基建结余资金
5. 煤代油专用基金拨款		二、应收生产单位投资借款		
6. 自筹资金拨款		三、拨款所属投资借款		
7. 其他拨款		四、器材		
二、项目资本金		其中:待处理器材损失		
1. 国家资本		五、货币资金		
2. 法人资本		六、预付及应收款		
3. 个人资本		七、有价证券		
三、项目资本公积金		八、固定资产		
四、基建借款		固定资产原值		
五、上级拨入投资借款		减:累计折旧		
六、企业债券资金		固定资产净值		
七、待冲基建支出		固定资产清理		
八、应付款		待处理固定资产损失		
九、未交款				
1. 未缴税金				
2. 未交基建收入				
3. 未交基建包干节余				
4. 其他未交款				
十、上级拨入资金				
十一、留成收入				
合计		合计		

表 10-6　大、中型建设项目交付使用资产总表

单项工程项目名称	总计	固定资产					流动资产	无形资产	递延资产
		建筑工程	安装工程	设备	其他	合计			

　支付单位盖章　　年　月　日　　　　　　　　　　接收单位盖章　　年　月　日

　　(5) 建设项目交付使用资产明细表　见表 10-7。该表反映交付使用的固定资产、流动资产、无形资产和递延资产及其价值的明细情况,是办理资产交接的依据和接收单位登记资产账目的依据,同时是使用单位建立资产明细账和登记新增资产价值的依据。大、中型和小型建设项目均需编制此表。编制时要做到齐全完整,数字准确,各栏目价值应与会计账目中相应科目的数据保持一致。建设项目交付使用资产明细表具体编制方法如下。

　　① 表中"建筑工程"项目应按单项工程名称填列其结构、面积和价值。其中"结构"是指项目按钢结构、钢筋混凝土结构、混合结构等结构形式填写;面积则按各项目实际完成面积填列;价值按交付使用资产的实际价值填写。

　　② 表中"设备、工具、器具、家具"部分要在逐项盘点后,根据盘点实际情况填写,工具、器具和家具等低值易耗品可分类填写。

　　③ 表中"流动资产"、"无形资产"、"递延资产"项目应根据建设单位实际交付的名称和价值分别填列。

表 10-7　建设项目交付使用资产明细

单项工程项目名称	建筑工程			设备、工具、器具、家具					流动资产		无形资产		递延资产	
	结构	面积/m²	价值/元	规格型号	单位	数量	价值/元	设备安装费/元	名称	价值/元	名称	价值/元	名称	价值/元
合计														

支付单位盖章　　年　月　日　　　　　　　　　　接收单位盖章　　年　月　日

（6）小型建设项目竣工财务决算总表　见表 10-8。由于小型建设项目内容比较简单，因此可将工程概况与财务情况合并编制一张"竣工财务决算总表"，该表主要反映小型建设项目的全部工程和财务情况。具体编制时可参照大、中型建设项目概况表指标和大、中型建设项目竣工财务决算表指标口径填写。

表 10-8　小型建设项目竣工财务决算总表

建设项目名称				建设地址			资金来源		资金运用	
初步设计概算批准文件号							项目	金额/元	项目	金额/元
							一、基建拨款 其中： 预算拨款		交付使用资产	
占地面积	计划	实际	总投资/万元	计划		实际			待核销基建支出	
				固定资产	流动资产	固定资产	流动资产			
							二、项目资本		非经营项目转出投资	
							三、项目资本公积金			
新增生产能力	能力（效益）名称	设计	实际				四、基建借款		应收生产单位投资借款	
							五、上级拨入借款		拨付所属投资借款	
建设起止时间	计划	从　年　月开工 至　年　月竣工					六、企业债券资金		器材	
	实际	从　年　月开工 至　年　月竣工					七、待冲基建支出		货币资金	
	项目	概算/元	实际/元				八、应付款		预付及应收款	
	建筑安装工程						九、未付款 其中： 未交基建收入未交包干收入		有价证券	
	设备、工具、器具									
	待摊投资 其中：建设单位管理费								原有固定资产	
	其他投资						十、上级拨入资金			
	待摊销基建支出						十一、留成收入			
	非经营性项目转出投资									
	合　计						合　计		合　计	

3. 建设工程竣工图

建设工程竣工图是真实地记录各种地上、地下建筑物、构筑物等情况的技术文件，是工程进行交工验收、维护和扩建的依据，是国家的重要技术档案。国家规定如下。

各项新建、扩建、改建的基本建设工程，特别是基础、地下建筑、管线、结构、井巷、桥梁、隧道、港口、水坝以及设备安装等隐蔽部位，都要编制竣工图。为确保竣工图质量，必须在施工过程中（不能在竣工后）及时做好隐蔽工程检查记录，整理好设计变更文件。其基本要求有以下几点：

① 凡按图竣工没有变动的，由施工单位（包括总包和分包施工单位，下同）在原施工图加盖"竣工图"标志后，即作为竣工图。

② 凡在施工过程中，虽有一般性设计变更，但能将原施工图加以修改补充作为竣工图，可不重新绘制，由施工单位负责在原施工图（必须是新蓝图）上注明修改的部分，并附以设计变更通知单和施工说明，加盖"竣工图"标志后，作为竣工图。

③ 凡结构形式改变、施工工艺改变、平面布置改变、项目改变以及有其他重大改变，不宜再在原施工图上修改、补充时，应重新绘制改变后的竣工图。由原设计原因造成的，由设计单位负责重新绘制；由施工原因造成的，由施工单位负责重新绘图；由其他原因造成的，由建设单位自行绘制或委托设计单位绘制。施工单位负责在新图上加盖"竣工图"标志，并附以有关记录和说明，作为竣工图。

④ 为了满足竣工验收和竣工决算需要，还应绘制反映竣工工程全部内容的工程设计平面示意图。

4. 工程造价比较分析

经批准的概、预算是考核实际建设工程造价和进行工程造价比较分析的依据。在分析时，可先对比整个项目的总概算，然后将建筑安装工程费、设备工器具购置费和其他工程费用逐一与竣工决算表中所提供的实际数据和相关资料及批准的概算、预算指标、实际的工程造价进行对比分析，以确定竣工项目总造价是节约还是超支，并在对比的基础上，总结先进经验，找出节约和超支的内容和原因，提出改进措施。在实际工作中，应主要分析以下内容：

（1）主要实物工程量　对于实物工程量出入比较大的情况，必须查明原因。

（2）主要材料消耗量　考核主要材料消耗量，要按照竣工决算表中所列明的三大材料实际超概算的消耗量，查明是在工程的哪个环节超出量最大，再进一步查明超耗的原因。

（3）考核建设单位管理费、建筑及安装工程措施费和间接费的取费标准　建设单位管理费、建筑及安装工程措施费和间接费的取费标准要按照国家和各地的有关规定，根据竣工决算报表中所列的建设单位管理费与概预算所列的建设单位管理费数额进行比较，依据规定查明是否多列或少列的费用项目，确定其节约超支的数额，并查明原因。

（四）竣工决算的编制

1. 竣工决算的编制依据

① 可行性研究报告、投资估算书、初步设计或扩大初步设计、修正总概算及其批复文件；

② 设计变更记录、施工记录或施工签证单及其他施工发生的费用记录；

③ 经批准的施工图预算或标底造价、承包合同、工程结算等有关资料；

④ 历年基建计划、历年财务决算及批复文件；

⑤ 设备、材料调价文件和调价记录；

⑥ 其他有关资料。

2. 竣工决算的编制要求

为了严格执行建设项目竣工验收制度，正确核定新增固定资产价值，考核分析投资效果，建立健全经济责任制，所有新建、扩建和改建等建设项目竣工后，都应及时、完整、正确的编制好竣工决算。建设单位要做好以下工作：

① 按照规定及时组织竣工验收，保证竣工决算的及时性；

② 积累、整理竣工项目资料，特别是项目的造价资料，保证竣工决算的完整性；

③ 清理、核对各项账目，保证竣工决算的正确性。

按照规定竣工决算应在竣工项目办理验收交付手续后一个月内编好，并上报主管部门，有关财务成本部分，还应送经办银行审查签证。主管部门和财政部门对报送的竣工决算审批后，建设单位即可办理决算调整和结束有关工作。

3. 竣工决算的编制步骤（图 10-3）

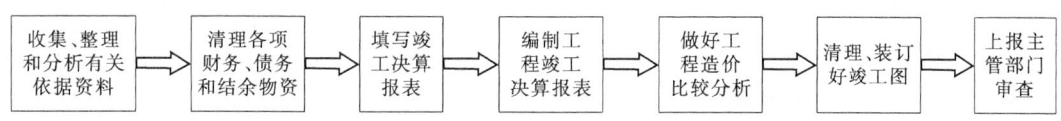

图 10-3 竣工决算的编制步骤

① 收集、整理和分析有关依据资料。在编制竣工决算文件之前，要系统地整理所有的技术资料、工程结算的经济文件、施工图纸和各种变更与签证资料，并分析它们的准确性。完整、齐全的资料，是准确而迅速编制竣工决算的必要条件。

② 清理各项财务、债务和结余物资。在收集、整理和分析有关资料中，要特别注意建设工程从筹建到竣工投产或使用的全部费用的各项财务、债权和债务的清理，做到工程完毕账目清晰，既要核对账目，又要查点库存实物的数量，做到账与物相等，账与账相符，对结余的各种材料、工器具和设备，要逐项清点核实，妥善管理，并按规定及时处理，收回资金。对各种往来款项要及时进行全面清理，为编制竣工决算提供准确的数据和结果。

③ 填写竣工决算报表。按照建设工程决算表格中的内容，根据编制依据中的有关资料进行统计或计算各个项目和数量，并将其结果填到相应表格的栏目内，完成所有报表的填写。

④ 编制工程竣工决算报表。按照建设工程竣工决算说明的内容要求，根据编制依据材料填写报表，编写文字说明。

⑤ 做好工程造价比较分析。

⑥ 清理、装订好竣工图。

⑦ 上报主管部门审查。

将上述编写的文字说明和填写的表格经核对无误，装订成册，即为建设工程竣工决算文件。将其上报主管部门审查，并把其中财务成本部分送交开户银行签证。

竣工决算在上报主管部门的同时，抄送有关设计单位。大、中型建设项目的竣工决算还应抄送财政部、建设银行总行和省、市、自治区的财政局和建设银行分行各一份。建设工程竣工决算的文件，由建设单位负责组织人员编写，在竣工建设项目办理验收使用一个月之内完成。

二、新增资产价值确定

（一）新增资产价值的分类

按照新的财务制度和企业会计准则，新增资产按资产性质可分为固定资产、流动资产、无形资产、递延资产和其他资产五大类。

（1）固定资产 指使用期限超过一年，单位价值在规定标准以上（如 1000 元、1500 元或 2000 元），并且在使用过程中保持原有实物形态的资产。如房屋、建筑物、机械、运输工具等。不同时具备以上两个条件的资产为低值易耗品，应列入流动资产范围内，如企业自身使用的工具、器具、家具等。

（2）流动资产　指可以在一年或者超过一年的营业周期内变现或者耗用的资产。它是企业资产的重要组成部分。流动资产按资产的占用形态可分为现金、存货（指企业的库存材料、在产品、产成品、商品等）、银行存款、短期投资、应收账款及预付账款。

（3）无形资产　指特定主体所控制的，不具有实物形态，对生产经营长期发挥作用且能带来经济利益的资源。如专利权、非专利技术、商标权、商誉。

（4）递延资产　指不能全部计入当年损益，应当在以后年度分期摊销的各种费用，如开办费、租入固定资产改良支出等。

（5）其他资产　指具有专门用途，但不参加生产经营的经国家批准的特种物资，银行冻结存款和冻结物资、涉及诉讼的财产等。

（二）新增资产价值的确定

1. 新增固定资产价值的确定

新增固定资产价值是以独立发挥生产能力的单项工程为对象的。单项工程建成经有关部门验收鉴定合格，正式移交生产或使用，即应计算新增固定资产价值。

一次交付生产或使用的工程一次计算新增固定资产价值，分期分批交付生产或使用的工程，应分期分批计算新增固定资产价值。在计算时应注意以下几种情况：

① 对于为了提高产品质量、改善劳动条件、节约材料、保护环境而建设的附属辅助工程，只要全部建成，正式验收交付使用后就要计入新增固定资产价值。

② 对于单项工程中不构成生产系统，但能独立发挥效益的非生产性项目，如住宅、食堂、医务所、托儿所、生活服务网点等，在建成并交付使用后，也要计算新增固定资产价值。

③ 凡购置达到固定资产标准不需安装的设备、工具、器具，应在交付使用后计入新增固定资产价值。

④ 属于新增固定资产价值的其他投资，应随同受益工程交付使用的，同时一并计入。

⑤ 交付使用财产的成本，应按下列内容计算。

a. 房屋、建筑物、管道、线路等固定资产的成本包括建筑工程成本和应分摊的、待摊投资。

b. 动力设备和生产设备等固定资产的成本包括需要安装设备的采购成本、安装工程成本、设备基础等建筑工程成本及应分摊的待摊投资。

c. 运输设备及其他不需要安装的设备、工具、器具、家具等固定资产一般仅计算采购成本，不计分摊的待摊投资。

d. 共同费用的分摊方法。新增固定资产的其他费用，如果是属于整个建设项目或两个以上单项工程的，在计算新增固定资产价值时，应在各单项工程中按比例分摊。分摊时，什么费用应由什么工程负担应按具体规定进行。一般情况下，建设单位管理费按建筑工程、安装工程、需安装设备价值总额按比例分摊；而土地征用费、勘察设计费则按建筑工程造价分摊。

【例 10-1】　某工业建设项目及其总装车间的建筑工程费、安装工程费、需安装设备费以及应摊入费用见表 10-9，试计算总装车间新增固定资产价值。

表 10-9　分摊费用计算　　　　　　　　　　　　　　　　单位：万元

项目名称	建筑工程	安装工程	需安装设备	建设单位管理费	土地征用费	勘察设计费
建设单位竣工结算	2000	400	800	60	70	50
总装车间竣工决算	500	180	320	18.75	17.5	12.5

解　计算过程如下：

应分摊的建设单位管理费＝（500＋180＋320）/（2000＋400＋800）×60＝18.75（万元）

应分摊的土地征用费＝500/2000×70＝17.5（万元）

应分摊的勘察设计费＝500/2000×50＝12.5（万元）

总装车间新增固定资产价值＝（500＋180＋320）＋（18.75＋17.5＋12.5）

＝1000＋48.75＝1048.75（万元）

2. 流动资产价值的确定

（1）货币性资金　指现金、各种银行存款及其他货币资金。其中现金是指企业的库存现金，包括企业内部各部门用于周转使用的备用金；各种存款是指企业的各种不同类型的银行存款；其他货币资金是指除现金和银行存款以外的其他货币资金，根据实际入账价值核定。

（2）应收及预付款项　应收款项是指企业因销售商品、提供劳务等应向购货单位或受益单位收取的款项。预付款项是指企业按照购货合同预付给供货单位的购货定金或部分货款。应收及预付款项包括应收票据、应收款项、其他应收款、预付货款和待摊费用。一般情况下，应收及预付款项按企业销售商品、产品或提供劳务时的成交金额入账核算。

（3）短期投资包括股票、债券、基金　股票和债券根据是否可以上市流通分别采用市场法和收益法确定其价值。

（4）存货　各种存货应当按照取得时的实际成本计价。存货的形成主要有外购和自制两个途径。外购的存货按照买价加运输费、装卸费、保险费、途中合理损耗、入库加工、整理及挑选费用以及缴纳的税金等计价。自制的存货按照制造过程中的各项支出计价。

3. 无形资产价值的确定

（1）无形资产计价原则　投资者按无形资产作为资本金或者合作条件投入时，按评估确认或合同协议约定的金额计价。

① 购入的无形资产按照实际支付的价款计价。

② 企业自创并依法申请取得的按开发过程中的实际支出计价。

③ 企业接受捐赠的无形资产按照发票账单所持金额或者同类无形资产市价作价。

④ 无形资产计价入账后，应在其有效使用期内分期摊销。

（2）不同形式无形资产的计价方法　主要有以下几种。

① 专利权的计价。专利权分为自创和外购两类。自创专利权的价值为开发过程中的实际支出，主要包括专利的研制成本和交易成本。研制成本包括直接成本和间接成本。直接成本是指研制过程中直接投入发生的费用（主要包括材料、工资、专用设备、资料、咨询鉴定、协作、培训和差旅等费用）；间接成本是指与研制开发有关的费用（主要包括管理费、非专用设备折旧费、应分摊的公共费用及能源费用）。交易成本是指在交易过程中的费用支出（主要包括技术服务费、交易过程中的差旅费及管理费、手续费、税金）。由于专利权是具有独占性并能带来超额利润的生产要素，因此，专利权的转让价格不按成本估价，而是按照其所能带来的超额收益计价。

② 非专利技术的计价。非专利技术具有使用价值和价值，使用价值是非专利技术本身应具有的，非专利技术的价值在于非专利技术的使用所能产生的超额获利能力，应在研究分析其直接和间接的获利能力的基础上，准确计算出其价值。如果非专利技术是自创的，一般不作为无形资产入账，自创过程中发生费用，按当期费用处理。对于外购非专利技术，应由法定评估机构确认后再进行估价，其方法往往通过能产生的收益采用收益法进行估价。

③ 商标权的计价。如果商标权是自创的，一般不作为无形资产入账，而将商标设计、

制作、注册、广告宣传等发生的费用直接作为销售费用计入当期损益。只有当企业购入或转入商标时，才需要对商标权计价。商标权的计价一般根据被许可方新增的收益确定。

④ 土地使用权的计价，根据取得土地使用权的方式不同，土地使用权可有以下几种计价方式：当建设单位向土地管理部门申请土地使用权并为之支付一笔出让金时，土地使用权作为无形资产核算，当建设单位获得土地使用权是通过行政划拨的，这时土地使用权就不能作为无形资产核算，在将土地使用权有偿转让、出租、抵押、作价入股和投资，按规定补交土地出让价款时，才作为无形资产核算。

4. 递延资产和其他资产价值的确定

① 递延资产中的开办费是指筹建期间发生的费用，不能计入固定资产或无形资产价值的费用，主要包括筹建期间人员工资、办公费、员工培训费、差旅费、注册登记费以及不计入固定资产和无形资产购建成本的汇兑损益、利息支出等。根据现行财务制度规定，企业筹建期间发生的费用，应于开始生产经营起一次计入开始生产经营当期的损益。企业筹建期间开办费的价值可按其账面价值确定。

② 递延资产中以经营租赁方式租入的固定资产改良工程支出的计价，应在租赁有限期限内摊入制造费用或管理费用。

③ 其他资产，包括特种储备物资等，按实际入账价值核算。

第三节　质量保证金的处理

一、保修

（一）保修的概念

按照《中华人民共和国合同法》规定，建设工程的施工合同内容包括对工程质量保修范围和质量保证期。保修是指施工单位按照国家或行业现行的有关技术标准、设计文件及合同中对质量的要求，对已竣工验收的建设工程在规定的保修期限内，进行保修、返工等工作。

因为建设产品不同于一般商品，往往在竣工验收后仍可能存在质量缺陷（指工程不符合国家或现行的有关技术标准、设计文件及合同对质量的要求）和隐患，例如供暖系统供热不佳、设备及安装工程达不到国家或行业现行的技术标准等，需要在使用过程中检查观测和维修。为了使建设项目达到最佳状态，确保工程质量，降低生产或使用费用，发挥最大的投资效益，工程师应督促设计单位、施工单位、设备材料供应单位认真做好保修工作，并加强保修期间的投资控制。

2000 年 1 月国务院发布的《建设工程质量管理条例》（第 279 号令）中规定，建设工程实行质量保修制度。建设工程承包单位在向建设单位提交工程竣工验收报告时，应当向建设单位出具质量保修书，质量保修书应当明确建设工程的保修范围、保修期限和责任等。

（二）保修的范围和最低保修期限

1. 保修的范围

建筑工程的保修范围应包括地基基础工程、主体结构工程、屋面防水工程和其他土建工程，以及电气管线、上下水管线的安装工程，供热，供冷系统工程等项目。

2. 保修的期限

保修的期限应当按照保证建筑物合理寿命内正常使用，维护使用者合法权益的原则确定。具体的保修范围和最低保修期限，按照国务院《建设工程质量管理条例》第四十条规定执行：

① 基础设施工程、房屋建筑的地基基础工程和主体结构工程，为设计文件规定的该工程的合理使用年限；

② 屋面防水工程、有防水要求的卫生间、房间和外墙面的防渗漏为 5 年；

③ 供热与供冷系统为 2 个采暖期和供冷期；

④ 电气管线、给排水管道、设备安装和装修工程为 2 年；

⑤ 其他项目的保修范围和保修期限由承发包双方在合同中规定。建设工程的保修期自竣工验收合格之日算起。

建设工程在保修期内发生质量问题的，承包人应当履行保修义务，并对造成的损失承担赔偿责任。凡是由于用户使用不当而造成建筑功能不良或损坏，不属于保修范围；凡属工业产品项目发生问题，也不属保修范围。以上两种情况应由建设单位自行组织修理。

二、质量保证金的使用

质量保证金是指对建设工程在保修期限和保修范围内所发生的维修、返工等各项费用支出。质量保证金应按合同和有关规定合理确定和控制，一般可以参照建筑安装工程造价的确定程序和方法计算，也可以按建筑安装工程造价或承包商合同价的一定比例计算（如 5%）。

（一）一般规定

① 发包人应按照合同约定的质量保证金比例从结算款中预留质量保证金。

② 承包人未按照合同约定履行属于自身责任的工程缺陷修复义务的，发包人有权从质量保证金从扣除用于缺陷修复的各项支出。经查验，工程缺陷属于发包人原因造成的，应由发包人承担查验和缺陷修复的费用。

③ 在合同约定的缺陷责任期终止后，发包人应按照合同约定，将剩余的质量保证金返还给承包人。

（二）具体使用

基于建筑安装工程情况复杂，不如其他商品那样单一，出现的质量缺陷和隐患等问题往往是由于多方面原因造成的。因此，在费用的处理上应分清造成问题的原因及具体返修内容，按照国家有关规定和合同要求与有关单位共同商定处理办法。

（1）勘察、设计原因造成保修费用的处理 勘察、设计方面的原因造成的质量缺陷，由勘察、设计单位负责并承担经济责任，由施工单位负责维修或处理。按新的合同法规定勘察、设计人员应当继续完成勘察、设计，减收或免除勘察、设计费并赔偿损失。

（2）施工原因造成的保修费用处理 施工单位未按国家有关规范、标准和设计要求施工，造成质量缺陷，由施工单位负责无偿返修并承担经济责任。

（3）设备、材料、构配件不合格造成的保修费用处理 因设备、建筑材料、构配件质量不合格引起的质量缺陷，属于施工单位采购的或经其验收同意的，由施工单位承担经济责任；属于建设单位采购的，由建设单位承担经济责任。至于施工单位、建设单位与设备、材料、构配件供应单位或部门之间的经济责任，应按其设备、材料、构配件的采购供应合同处理。

（4）用户使用原因造成的保修费用处理 因用户使用不当造成的质量缺陷，由用户自行负责。

（5）不可抗力原因造成的保修费用处理 因地震、洪水、台风等不可抗力造成的质量问题，施工单位和设计单位不承担经济责任，由建设单位负责处理。

（三）质量保证金的最终结清

① 缺陷责任期终止后，承包人应按照合同约定向发包人提交最终结清支付申请。发包人对最终结清支付申请有异议的，有权要求承包人进行修正和提供补充资料。承包人修正后，应再次向发包人提交修正后的最终结清支付申请。

② 发包人应在收到最终结清支付申请后的 14 天内予以核实，并应向承包人签发最终结清支付证书。

③ 发包人应在签发最终结清支付证书后的 14 天内，按照最终结清支付证书列明的金额向承包人支付最终结清款。

④ 发包人未在约定的时间内核实，又未提出具体意见的，应视为承包人提交的最终结清支付申请已被发包人认可。

⑤ 发包人未按期最终结清支付的，承包人可催告发包人支付，并有权获得延迟支付的利息。

⑥ 最终结清时，承包人被预留的质量保证金不足以抵减发包人工程缺陷修复费用的，承包人应承担不足部分的补偿责任。

⑦ 承包人对发包人支付的最终结清款有异议的，应按照合同约定的争议解决方式处理。

第四节　建设项目后评估

一、建设项目评估与建设项目后评估比较

项目评估与项目后评估既相互联系又相互区别，是同一对象的不同过程。它们在评价内容上要前后呼应，互相兼顾，但在其作用、评估时间的选择及使用方法等方面又有明显的区别。

项目评估是在项目决策阶段运行，为项目的决策服务的。它主要运用有关评价理论和预测方法，对项目的前景作全面的技术经济预测分析。而项目的后评估，通常选择在项目建成一年或几年后项目投产达到设计能力时进行，它依据项目实施中和投产后的实际数据和项目后续年限的预测数据，对其技术、设计实施、产品市场、成本和效益进行系统的调查分析、评价，并与评价中相应的内容进行对比分析，找出两者差距，分析其原因和影响因素，提出相应的补救措施，从而提出改进项目评估和其他各项工作的建议措施，提高项目的经济效益，完善项目评估的方法。

二、建设项目后评估的种类

1. 项目目标评估

评定项目立项时所预定的目标的实现程度，是项目后评估的主要任务之一。项目后评估要对照原定目标所需完成的主要指标，根据项目实际完成情况，评定项目目标的实现程度。

如果项目的预定目标未全面实现，需分析未能实现的原因，并提出补救措施。目标评价的另一任务，是对项目原定目标的正确性、合理性及实践性进行分析评价。有些项目原定的目标不明确，或不符合实际情况，项目实施过程中可能会发生重大变化，如政策性变化或市场变化等，项目后评估要给予重新分析和评价。

2. 项目实施过程评估

项目的过程评价应对立项评估或可行性研究时所预计的情况与实际执行情况进行比较和分析，找出差别，分析原因。过程评价一般要分析以下几个方面：①项目的立项、准备和评

估；②项目的内容和建设规模；③项目进度和实施情况；④项目投资控制情况；⑤项目质量和安全情况；⑥配套设施和服务条件；⑦收益范围与受益者的反映；⑧项目的管理和机制；⑨财务执行情况等。

3. 项目效益评估

项目的效益评估是对项目实际取得的效益进行财务评价和国民经济评价，其评价的主要指标，即内部收益率、净现值及贷款偿还期等反映项目盈利能力和清偿能力的指标，应与项目前评估一致。但项目后评估采用的数据是实际发生的，而项目前评估采用的是预测的。

4. 项目影响评估

项目影响评估的内容包括以下几个方面。

（1）经济影响评估　主要分析项目对所在地区、所属行业及国家所产生的经济方面的影响，包括分配、就业、国内资源成本（或换汇成本）、技术进步等。

（2）环境影响评估　根据项目所在地（或国）对环境保护的要求，评价项目实施后对大气、水、土地、生态等方面的影响，评价内容包括项目的污染控制、地区环境质量、自然资源的利用和保护、区域生态平衡和环境管理等方面。

（3）社会影响评估　对项目在社会的经济、发展方面的效益和影响进行分析，重点评价项目对所在地区和社区的影响，评价内容一般包括贫困、平等、参与、妇女和持续性等。

5. 项目持续性评估

项目的持续性是指在项目的建设资金投入完成后，项目的既定目标是否还能继续，项目是否可以持续地发展下去，项目业主是否愿意并可能依靠自己的力量继续去实现既定目标，项目是否具有可重复性，即能否在未来以同样的方式建设同类项目。项目持续性评估就是从政府的政策、管理、组织和地方参与，财务因素，技术因素，社会文化因素，环境和生态因素及其他外部因素等方面来分析项目持续性。

三、建设项目后评估的组织与实施

（一）后评估工作的组织

目前我国进行建设项目后评估，一般按 3 个层次组织实施，即业主单位的自我评价、项目所属行业（或地区）的评估和各级计划部门的评估。

1. 业主单位的自我评价

业主单位的自我评价，也称自评。所有建设项目竣工投产（营运、使用）一段时间以后，都应进行自我评价。

2. 行业（或地区）主管部门的评价

行业（或地区）主管部门必须配备专人主管建设项目的后评估工作。当收到业主单位报来的自我后评估报告后，首先要审查报来的资料是否齐全、后评估报告是否实事求是；同时要根据工作需要，从行业（或地区）的角度选择一些项目进行行业或地区评价，如从行业布局、行业的发展、同行业的技术水平及经营成果等方面进行评价。行业（或地区）的后评估报告应报同级和上级计划部门。

3. 各级计划部门的评价

各级计划部门是建设项目后评估工作的组织者、领导者和方法制度的制定者。各级计划部门在收到项目业主单位和行业（或地区）业务主管部门报来的后评估报告后，应根据需要选择一些项目列入年度计划，开展后评估复审工作，也可委托具有相应资质的咨询公司代为组织实施。

（二）后评估项目的选择

各级计划部门和行业（或地区）业务主管部门不可能对所有建设项目的后评估报告逐一进行审查，只能根据所要研究问题实际工作的需要，选择一部分项目开展后评估工作。

所选择的后评估项目大体可为以下 4 类：①总结经验，应选择公认的立项正确、设计水平高、工程质量优、经济效益好的项目进行后评估；②吸取教训，应主要选择立项决策有明显失误、设计水平不高、建设工期长、施工质量差、技术经济指标远低于同行业水平、经营亏损严重的项目进行后评估；③研究投资方向、制定投资政策的需要，可选择一些投资特别大或跨地区、跨行业，对国民经济有重大影响的项目进行后评估；④选择一些新产品开发项目或技术引进项目进行后评估，以促进技术水平和引进项目成功率的提高。

选择后评估项目还应注意两点：①项目已竣工验收，竣工决算已经上报批准或已经经过审计部门认可；②项目投入生产（营运、使用）一段时间，能够评价企业的经济效益和社会效益，否则将很难做出实事求是的科学结论。

（三）后评估的程序

尽管随着建设项目的规模大小、复杂程度的不同，每个项目后评估的具体工作程序也存在一定的差异，但从总的看，一般项目的后评估都遵守一个客观的、循序渐进的基本程序，具体如下所述。

（1）提出问题　明确项目后评估的具体对象、评价目的及具体要求。

（2）筹划准备　问题提出后，项目后评估的提出单位或者委托其他单位进行项目后评估，或者自己组织实施。筹划准备阶段的主要任务是组建一个评价领导小组，并按委托单位的要求制订一个周详的项目后评估计划。

（3）搜集资料　本阶段的主要任务是制订详细的调查提纲，确定调查对象和调查方法并开展实际调查工作，收集后评估所需要的各种资料和数据。

（4）分析研究　围绕项目后评估内容，采用定量分析和定性分析方法，发现问题，提出改进措施。

（5）编制项目后评估报告　将分析研究的成果汇总，编制出项目后评估报告，并提交委托单位和被评价单位。

四、项目后评估方法

项目后评估方法有统计预测法、对比法、因素分析法等方法，在具体项目后评估中要结合运用这几种方法，做到定量分析方法与定性分析方法相结合。定量分析是通过一系列的定量计算方法和指标对所考察的对象进行分析评价；定性分析是指对无法定量的考察对象用定性描述的方法进行分析评价。在项目后评估中，应尽可能用定量数据来说明问题，采用定量的分析方法，以便进行前后或有无的对比。对于无法取得定量数据的评价对象或对项目的总体评价，应结合使用定性分析。

（一）统计预测法

项目后评估包括对项目已经发生事实的总结和对项目未来发展的预测。后评估时点前的统计数据是评价对比的基础，后评估时点的数据是评价对比的对象，后评估时点后的数据是预测分析的依据。

1. 统计调查

统计调查是根据研究的目的和要求，采用科学的调查方法，有策划有组织地收集被研究对象的原始资料的工作过程。统计调查是统计工作的基础，是统计整理和统计分析的前提。

统计调查是一项复杂、严肃和技术性较强的工作。每一项统计调查都应事先制定一个指导调查全过程的调查方案，包括：确定调查目的，确定调查对象和调查单位，确定调查项目，拟订调查表格，确定调查时间，制定调查的组织实施计划等。

统计调查的常用方法有直接观察法、报告法、采访法和被调查者自填法等。

2. 统计资料整理

统计资料整理是根据研究的任务，对统计调查所获得的大量原始资料进行加工汇总，使其系统化、条理化、科学化，以得出反映事物总体综合特征的工作过程。

统计资料整理，分为分组、汇总和编制统计表3个步骤。分组是资料整理的前提，汇总是资料整理的中心，编制科学的统计表是资料整理的结果。

3. 统计分析

统计分析是根据研究的目的和要求，采用各种分析方法，对研究的对象进行解剖、对比、分析和综合研究，以揭示事物内在联系和发展变化的规律性。

统计分析的方法有分组法、综合指标法、动态数列法、指数法、抽样和回归分析法、投入产出法等。

4. 预测

预测是对尚未发生或目前还不明确的事物进行预先的估计和推测，是在现时对事物将要发生的结果进行探索和研究。

项目后评估中的预测主要有两种用途：一是对无项目条件下可能产生的效果进行假定的估测，以便进行有无对比；二是对今后效益的预测。

（二）对比法

1. 前后对比法

前后对比法是指将项目实施前与项目实施后的情况加以对比，以确定项目效益的一种方法。在项目后评估中，它是一种纵向的对比，即将项目前期的可行性研究和项目评估的预测结论与项目的实际运行结果相比较，以发现差异，分析原因。这种对比用于揭示计划、决策和实施的质量，是项目过程评价应遵循的原则。

2. 有无对比法

有无对比是指将项目实际发生的情况与若无项目可能发生的情况进行对比，以度量项目的真实效益、影响和作用。这种对比是一种横向对比，主要用于项目的效益评价和影响评价。有无对比的目的是要分清项目作用的影响与项目以外作用的影响。

（三）因素分析法

项目投资效果的各种指标，往往都是由多种因素决定的。只有把综合性指标分解成原始因素，才能确定指标完成好坏的具体原因和症结所在。这种把综合指标分解成各个因素的方法，称为因素分析法。运用因素分析法，首先要确定分析指标的因素组成，其次是确定各个因素与指标的关系，最后确定各个因素对指标影响的份额。

五、后评估指标计算

一般来说，项目后评估主要是通过一些指标的计算和对比，来分析项目实施中的偏差，衡量项目实际建设效果，并寻求解决问题的方案。

（一）项目前期和实施阶段后评估指标

1. 实际项目决策（设计）周期变化率

实际项目决策（设计）周期变化率表示实际项目决策（设计）周期与预计项目决策（设

计）周期相比的变化程度，计算公式为：

$$项目决策（设计）周期变化率＝[实际项目决策（设计）周期（月数）－预计项目决策（设计）周期（月数）]/预计项目决策（设计）周期（月数）×100\%$$

2. 竣工项目定额工期率

竣工项目定额工期率反映项目实际建设工期与国家统一制定的定额工期或确定的、计划安排的计划工期的偏离程度，计算公式为：

$$竣工项目定额工期率＝竣工项目实际工期/竣工项目定额（计划）工期×100\%$$

3. 实际建设成本变化率

实际建设成本变化率反映项目建设成本与批准的（概）预算所规定的建设成本的偏离程度，计算公式为：

$$实际建设成本变化率＝（实际建设成本－预计建设成本）/预计建设成本×100\%$$

4. 实际工程合格（优良）品率

实际工程合格（优良）品率反映建设项目的工程质量，计算公式为：

$$实际工程合格（优良）品率＝实际单位工程合格（优良）品数量/验收鉴定的单位工程总数×100\%$$

5. 实际投资总额变化率

实际投资总额变化率反映实际投资总额与项目前评估中预计的投资总额偏差的大小，包括静态投资总额变化率和动态投资总额变化率，计算公式为：

$$静态（动态）投资总额变化率＝[静态（动态）实际投资总额－预计静态（动态）投资总额]/预计静态（动态）投资总额×100\%$$

（二）项目营运阶段后评估指标

1. 实际单位生产能力投资

实际单位生产能力投资反映竣工项目的实际投资效果，计算公式为：

$$实际单位生产能力投资＝竣工验收项目（或单项工程）实际投资总额/竣工验收项目（或单项工程）实际形成的生产能力$$

2. 实际达产年限变化率

实际达产年限变化率反映实际达产年限与设计达产年限的偏离程度，计算公式为：

$$实际达产年限变化率＝（实际达产年限－设计达产年限）/设计达产年限×100\%$$

3. 主要产品价格（成本）变化率

主要产品价格（成本）变化率衡量前评价中产品价格（成本）的预测水平，可以部分地解释实际投资效益与预期效益偏差的原因，也是重新预测项目生命周期内产品价格（成本）变化情况的依据。

指标计算可分以下 3 步进行。

（1）计算主要产品价格（成本）年变化率

$$主要产品价格（成本）年变化率＝[实际产品价格（成本）－预测产品价格（成本）]/预测产品价格（成本）×100\%$$

（2）运用加权法计算各年主要产品平均价格（成本）变化率

$$主要产品平均价格（成本）年变化率＝\sum 产品价格（成本）年变化率×该产品产值（成本）占总产值（总成本）的比例×100\%$$

（3）计算考核期实际产品价格（成本）变化率

实际产品价格（成本）变化率＝各年产品价格（成本）年平均变化率之和/考核期年限×100％

4. 实际销售利润变化率

实际销售利润变化率反映项目实际投资效益，并且衡量项目实际投资效益与预期投资效益的偏差。其计算分为以下两步。

① 计算考核期内各年实际销售利润变化率

各年实际销售利润变化率＝（该年实际销售利润－预计年销售利润）/预计年销售利润×100％

② 计算实际销售利润变化率

实际销售利润变化率＝各年实际销售利润变化率/预考核年限

5. 实际投资利润（利税）率

实际投资利润（利税）率指项目达到设计生产后的年实际利润（利税）总额与项目实际投资的比率，也是反映建设项目投资效果的一个重要指标。

实际投资利润(利税)率＝年实际利润(利税)或年平均实际利润(利税)额/实际投资额×100％

6. 实际投资利润（利税）变化率

实际投资利润（利税）变化率反映项目实际投资利润（利税）率与预测投资利润（利税）率或国内外其他同类项目实际投资利润（利税）率的偏差。

实际投资利润(利税)变化率＝[实际投资利润(利税)率－预测(其他项目)投资利润(利税)率]/预测(其他项目)投资利润(利税)率×100％

7. 实际净现值

实际净现值是反映项目生命周期内获利能力的动态评价指标，它的计算是依据项目投产后的年实际净现金流量或根据情况重新预测的项目生命期内各年的净现金流量，并按重新选定的折现率，将各年现金流量折现到建设期的现值之和。

$$\mathrm{RNPV} = \sum_{t=1}^{n} \frac{\mathrm{RCI} - \mathrm{RCO}}{(1 + i_k)^t}$$

式中　RNPV——实际净现值；

RCI——项目实际的或根据实际情况重新预测的年现金流入量；

RCO——项目实际的或根据实际情况重新预测的年现金流出量；

i_k——根据实际情况重新选定的一个折现率；

n——项目生命期；

t——考核期的某一具体年份，$t=1，2，\cdots，n$。

8. 实际内部收益率

实际内部收益率（RIRR），是根据实际发生的年净现金流量和重新预测的项目生命周期计算的各年净现金流量现值为零的折现率。

$$\sum_{t=1}^{n} \frac{\mathrm{RCI} - \mathrm{RCO}}{(1 + i_{\mathrm{RIRR}})^t} = 0$$

式中　i_{RIRR}——以实际内部收益率为折现率。

9. 实际投资回收期

实际投资回收期是以项目实际产生的净收益或根据实际情况重新预测的项目净收益，抵偿实际投资总额所需要的时间，它分为实际静态投资回收期和实际动态投资回收期。

① 实际静态投资回收期（P_{Rt}）

$$\sum_{t=1}^{P_{\mathrm{Rt}}} (\mathrm{RCI} - \mathrm{RCO})_t = 0$$

② 实际动态投资回收期（P'_{Rt}）

$$\sum_{t=1}^{P'_{Rt}} \frac{(\mathrm{RCI} - \mathrm{RCO})_t}{(1+i_k)^t} = 0$$

10. 实际借款偿还期

实际借款偿还期是衡量项目实际清偿能力的一个指标，它是根据项目投产后实际的或重新预测的可作还款的利润、折旧和其他收益额偿还固定资产实际借款本息所需的时间。

$$I_{Rd} = \sum_{t=1}^{P_{Rd}} (R_{RP} + D'_R + R_{RO} - R_{Rt})$$

式中　I_{Rd}——固定资产投资借款实际本息之和；

　　　P_{Rd}——实际借款偿还期；

　　　R_{RP}——实际或重新预测的年利润的总额；

　　　D'_R——实际可用于还款的折旧；

　　　R_{RO}——年实际可用于还款的其他收益；

　　　R_{Rt}——还款期的年实际企业留利。

在计算实际净现值、实际内部收益率、实际投资回收期、实际借款偿还期后，还可以计算其变化率以分析它们与预计指标的偏差，具体计算方法与其他指标相同。关于国民经济后评估中的实际经济净现值及实际经济内部收益率等指标的计算方法与实际净现值及实际内部收益率的计算方法相同。

在实际的项目后评估中，还可以视不同的具体项目和后评估要求的需要，设置其他一些评价指标。通过这些指标的计算和对比，可以找出项目实际运行情况与预计情况的偏差和偏离程度。在对这些偏差分析基础上，可以对产生偏差的各种因素采用具有针对性的解决方案，保证项目的正常运营。

【复习思考题】

1. 简要介绍竣工验收、后评估阶段工程造价管理的内容。
2. 简述竣工结算的概念及编制依据和方法。
3. 简述竣工决算的概念、编制依据与编制步骤。
4. 新增固定资产价值确定的方法有哪些？
5. 竣工财务决算报表由哪些报表组成？
6. 简述保修费用的处理方法。
7. 醒目评估与项目后评估有何区别与联系？
8. 项目后评估的种类有哪些？
9. 简述项目后评估的方法。
10. 项目后评估的指标有哪些？

【案例分析】

【案例1】某建设项目及其主要生产车间的有关费用如下表，计算该车间新增固定资产价值。

单位：万元

费用类别	建筑工程费	设备安装费	需安装设备价值	土地征用费
建设项目竣工决算	1000	450	600	50
生产车间竣工决算	250	100	280	

【案例2】某建设单位拟编制某工业生产项目的竣工决算。该项目包括 A、B 两个主要生产车间和 C、D、E、F 四个辅助生产车间及若干办公、生活建筑物。在建设期内，各单项工程竣工决算数据见下表。工程建设其他投资完成情况如下：支付行政划拨土地的土地征用及迁移费 500 万元，支付土地使用权出让金 700 万元，建设单位管理费 400 万元（其中 300 万元构成固定资产），勘察设计费 340 万元，专利费 70 万元，非专利技术费 30 万元，获得商标权 90 万元，生产职工培训费 50 万元。

某工业项目竣工决算数据表　　　　　　　　　单位：万元

项目名称	建筑工程	安装工程	需安装设备	不需安装设备	生产工器具	
					总额	达到固定资产标准
A 生产车间	1800	380	1600	300	130	80
B 生产车间	1500	350	1200	240	100	60
辅助生产车间	2000	230	800	160	90	50
附属建筑	700	40		20		
合计	6000	1000	3600	720	320	190

问题：

（1）什么是建设项目竣工决算？竣工决算包括哪些内容？

（2）编制竣工决算的依据有哪些？

（3）如何编制竣工决算？

（4）试确定 A 生产车间的新增固定资产价值。

（5）试确定该建设项目的固定资产、流动资产、无形资产和递延资产价值。

附录 建筑工程工程量清单及投标报价编制实例

一、工程概况及设计说明

（一）建筑说明

×××小区1#住宅楼位于西安市市区，为6层砖混结构，室内外高差0.45m，檐口高度18.45m，建筑面积1517.70m²，共12户。建筑做法及用料说明详见附表1所示。

附表1 建筑做法及用料说明表

项目	适用范围	类别	编号	附注
墙身砌体	全部	详见结构说明		
砖墙墙身防潮层	全部	防水水泥砂浆	潮1	设于未设圈梁处墙基−0.06m
散水	全部	混凝土散水	散3	未注明处均距外墙皮1200mm
外墙饰面	全部	丙烯酸外墙涂料	外13	
内墙饰面	厨房、卫生间	釉面砖墙面	内35	规格200×300贴至顶板底
	其余	乳胶漆墙面	内17	白色乳胶漆3遍
踢脚线	全部	同地面材料	踢1或踢19	高120mm
地面	厨房、卫生间	铺地砖地面	地28	地砖规格300×300
	楼梯间	水泥砂浆地面	地4	
	其余	铺地砖地面	地28	地砖规格600×600
楼面	厨房、卫生间	铺地砖楼面（有防水）	楼41	地砖规格300×300 2mm厚聚氨酯防水涂料
	楼梯间	水泥砂浆楼面	楼3	地砖规格600×600
	其余	铺地砖楼面	楼39	
顶棚	全部	白色乳胶漆顶棚	棚5	白色乳胶漆3遍
屋面	全部	水泥砂浆不上人屋面	屋Ⅱ6	3mm厚SBS改性沥青卷材

项目	适用范围	类别	编号	附注
油漆	木材面	调和漆二度，底油一度，满刮腻子	油6	2mm厚聚氨酯防水涂料；25mm厚挤塑保温板；木本色
	金属面	调和漆二度，满刮腻子，防锈漆一度	油23	银白色

门窗表见附表2所示。

附表2　门窗明细表

类型	设计编号	洞口尺寸/mm		樘数	采用标准图集	附注
		宽	高			
窗	C-1	1800	1500	36	参陕02J06-4	88系列铝合金推拉窗
	C-2	1500	1500	18	参陕02J06-4	88系列铝合金推拉窗
	C-2′	1500	1200	5	参陕02J06-4	88系列铝合金推拉窗
	C-3	1200	1500	12	参陕02J06-4	88系列铝合金推拉窗
	C-4	600	1500	12	参陕02J06-4	88系列铝合金推拉窗
	C-5	11040	1650	12	参陕02J06-4	88系列铝合金推拉窗
门	M-1	1500	2100	1	参陕02J06-1	钢质防盗门
	M-2	1000	2100	12	参陕02J06-1	钢质防盗门
	M-3	900	2100	42	参陕02J06-1	双面夹板门
	M-4	800	2100	24	参陕02J06-1	双面夹板门带百页

（二）结构说明

$\pm0.000m$ 以下采用 MU10 黏土砖，M10 水泥砂浆砌筑；$\pm0.000m$ 以上采用承重多孔砖（KP1型），M5 水泥混合砂浆砌筑。基础垫层采用 C10 混凝土，基础、柱、梁、板及其他构件除注明者外，均为 C25 混凝土，钢筋工程采用国标 03G101 图集。

本工程施工图详见附图1～附图15。

二、编制依据

（1）《建设工程工程量清单计价规范》（GB 50500—2013）。

（2）施工设计文件。

（3）《2004 陕西省建筑工程、装饰工程消耗量定额》及 2009 年补充定额。

（4）《2009 陕西省参考价目表》及 2014 年第 4 期材料信息价。

三、编制说明

（1）本工程 2014 年 4 月 15 日开工，2014 年 11 月 18 日竣工。

（2）限于篇幅，部分工程量及钢筋计算过程从略。

四、工程量清单投标报价的编制

见附表3～附表11所示。

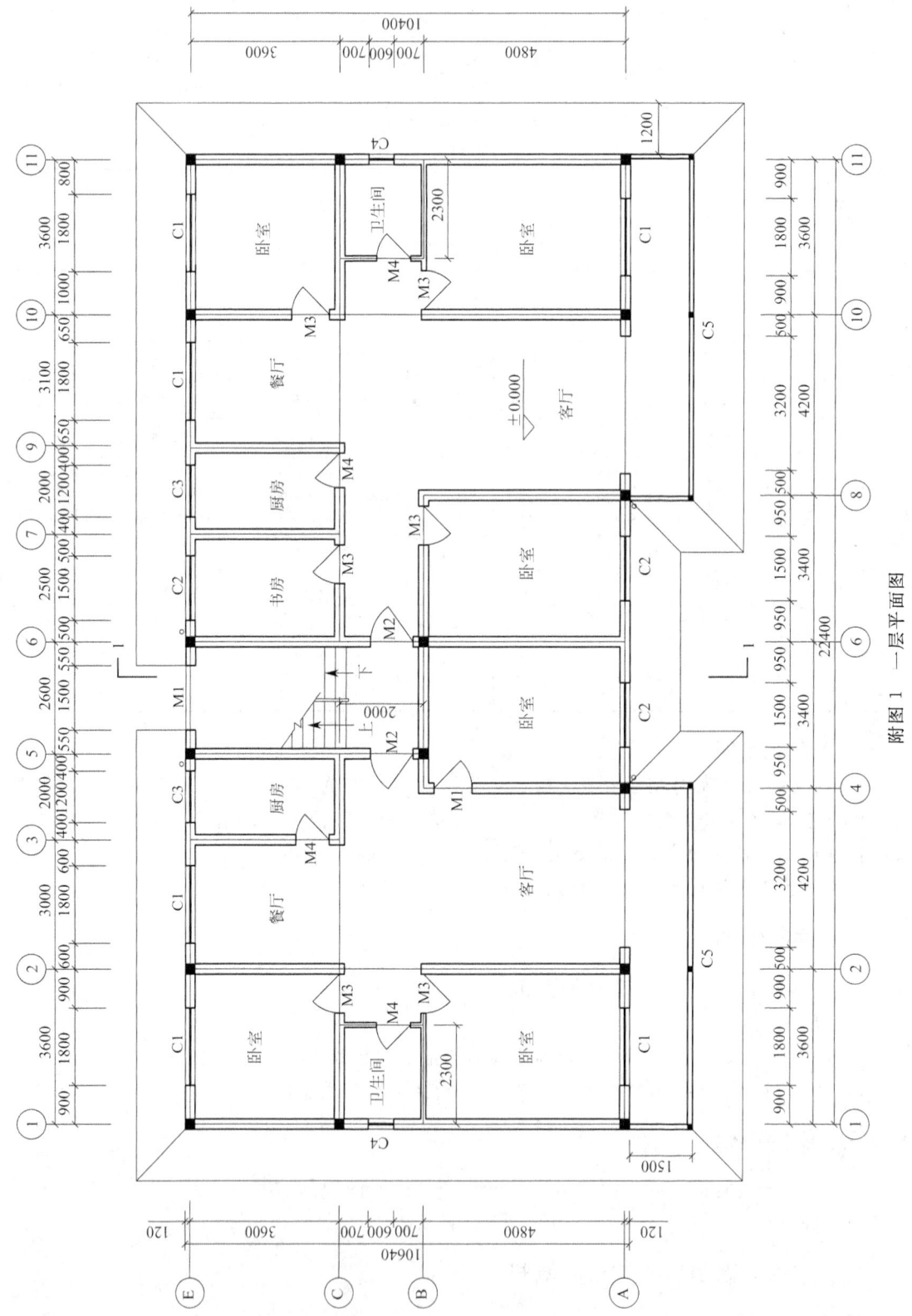

附图 1 一层平面图

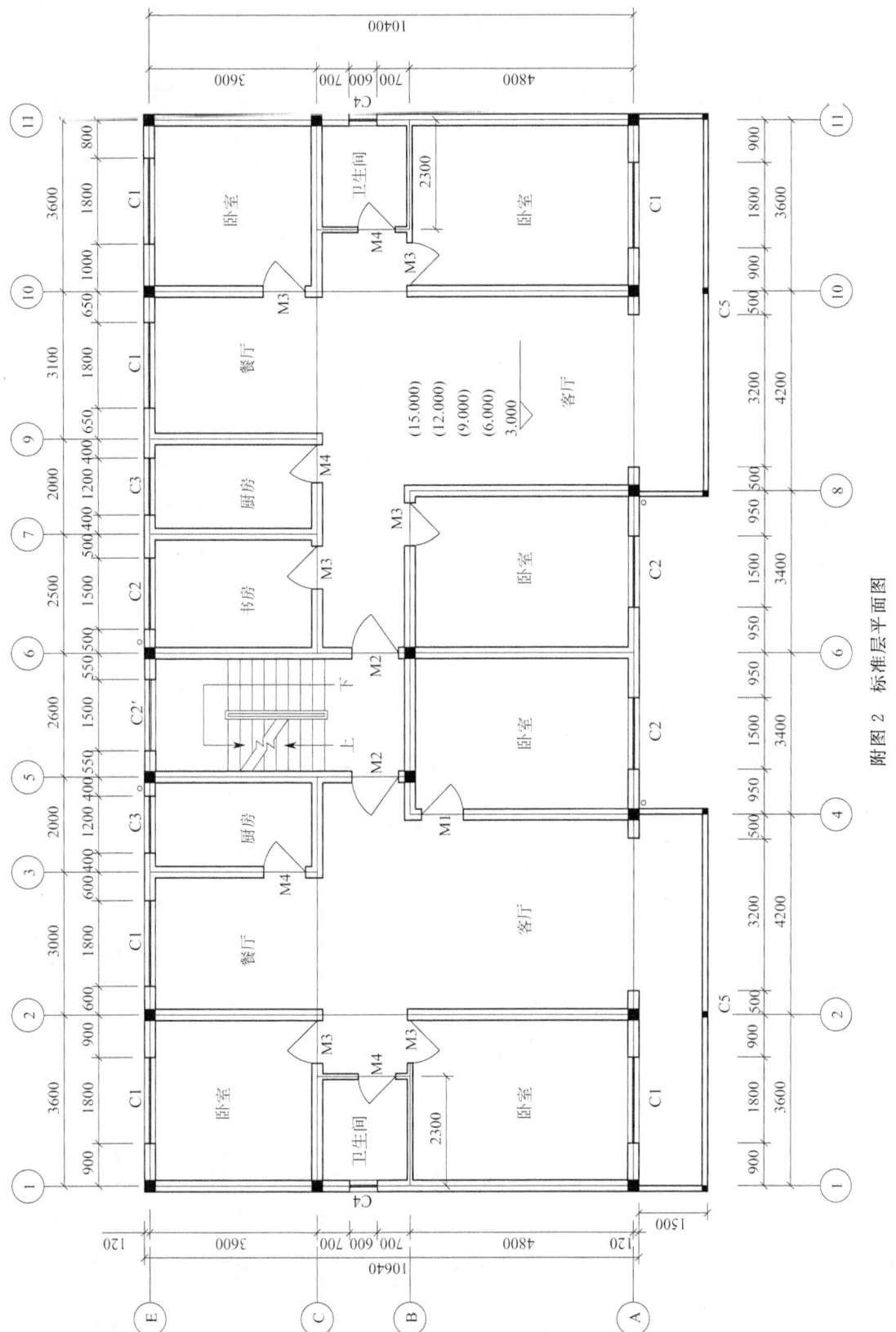

附图 2　标准层平面图

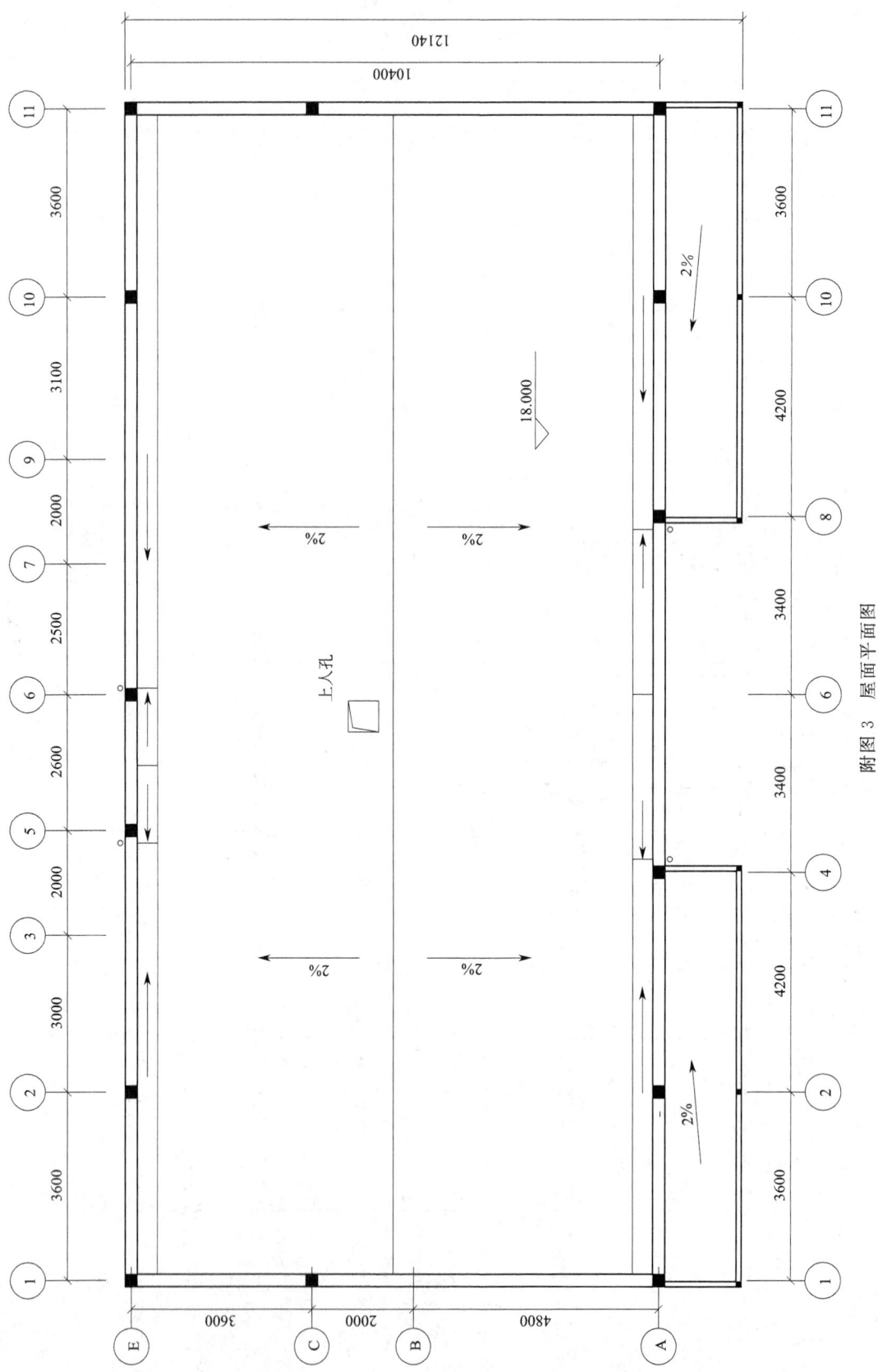

附图 3　屋面平面图

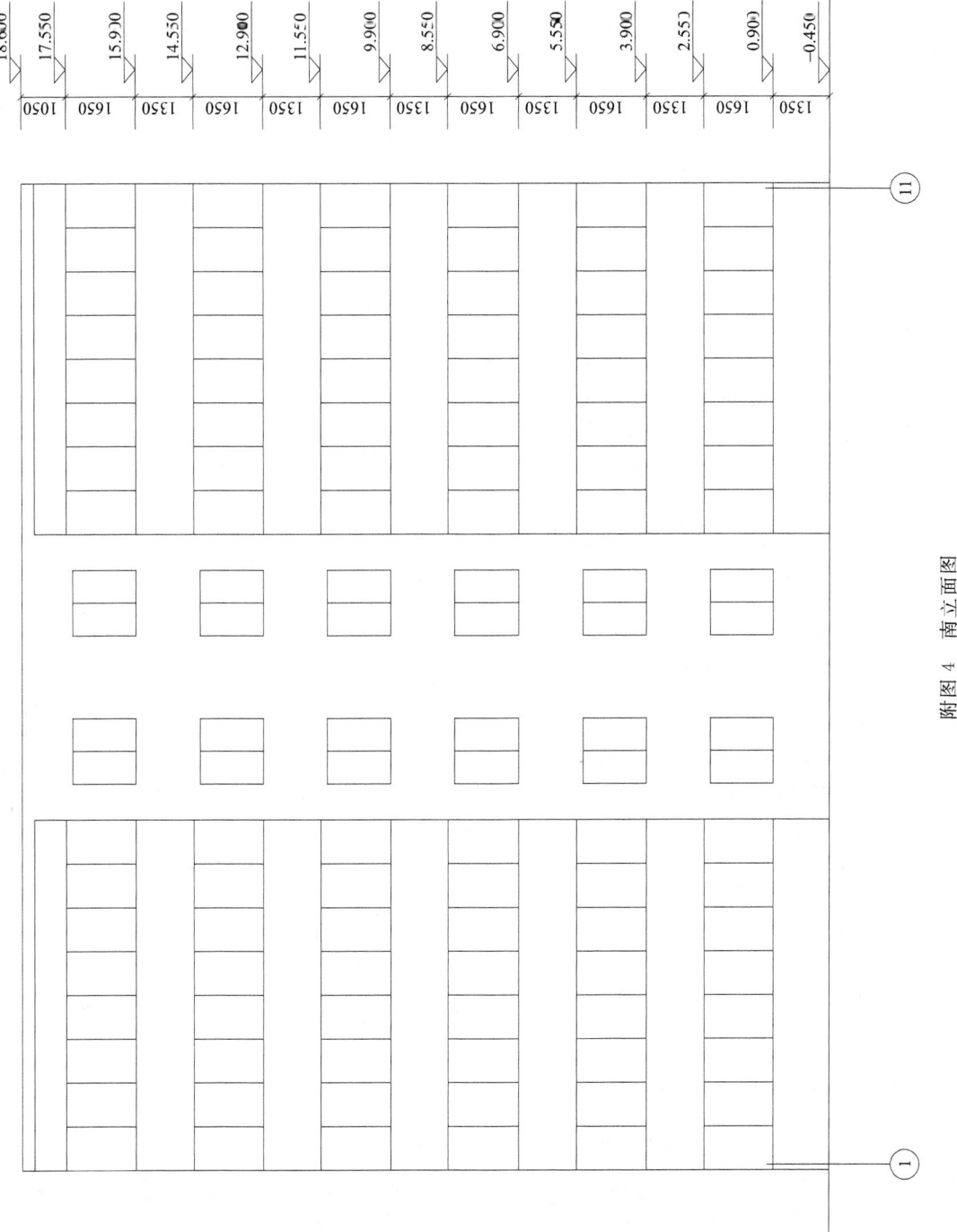

附图 4　南立面图

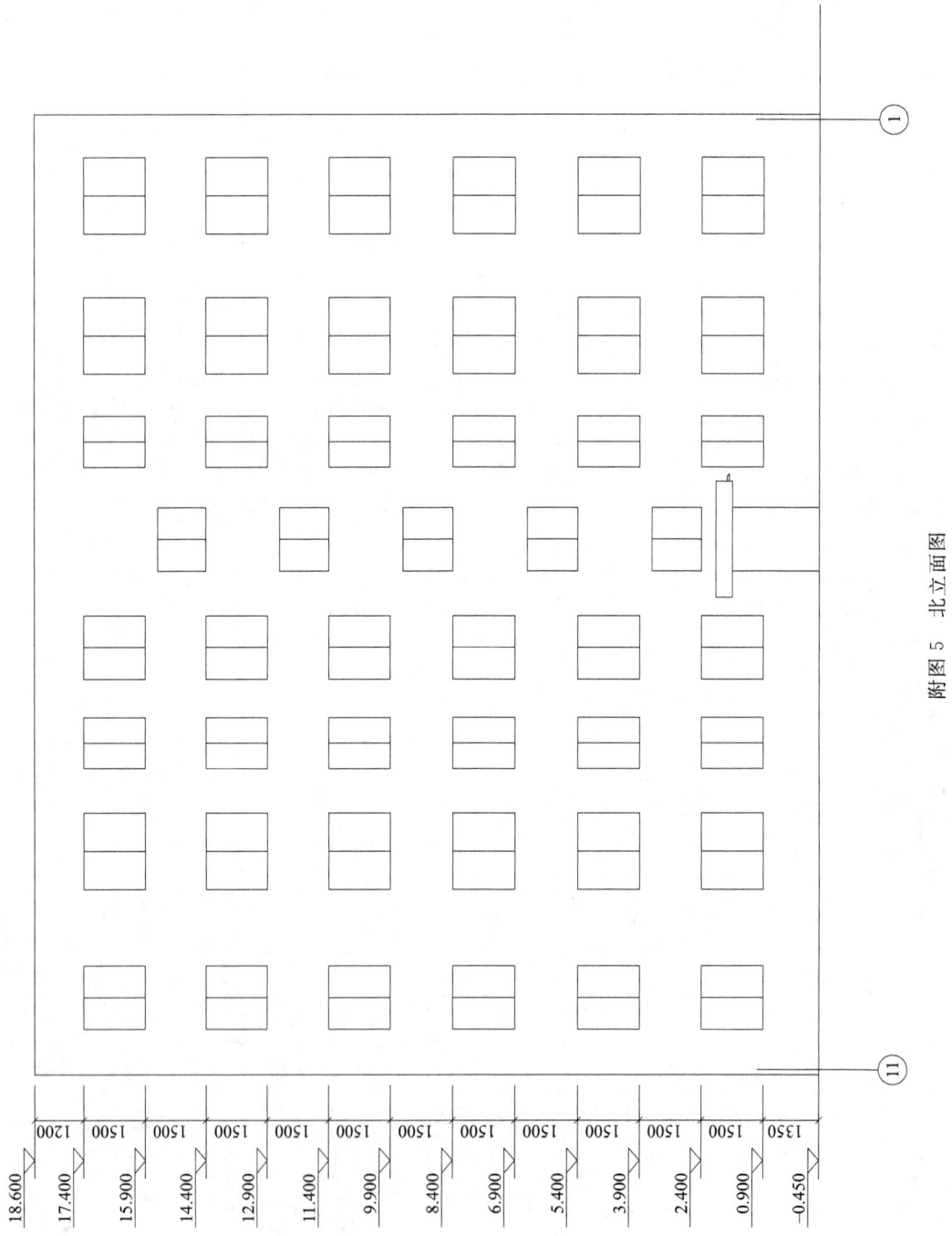

附图 5 北立面图

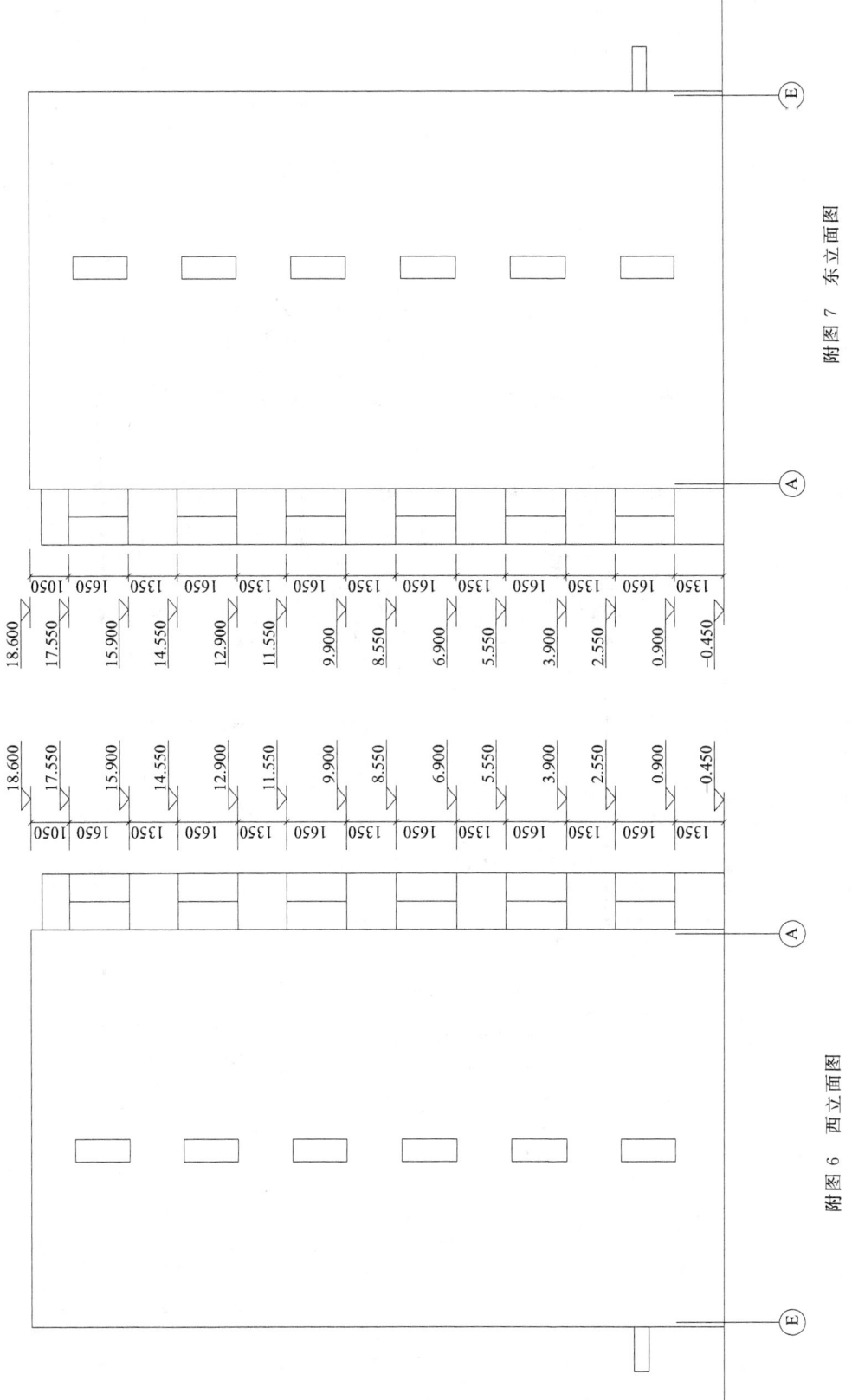

附图 6　西立面图

附图 7　东立面图

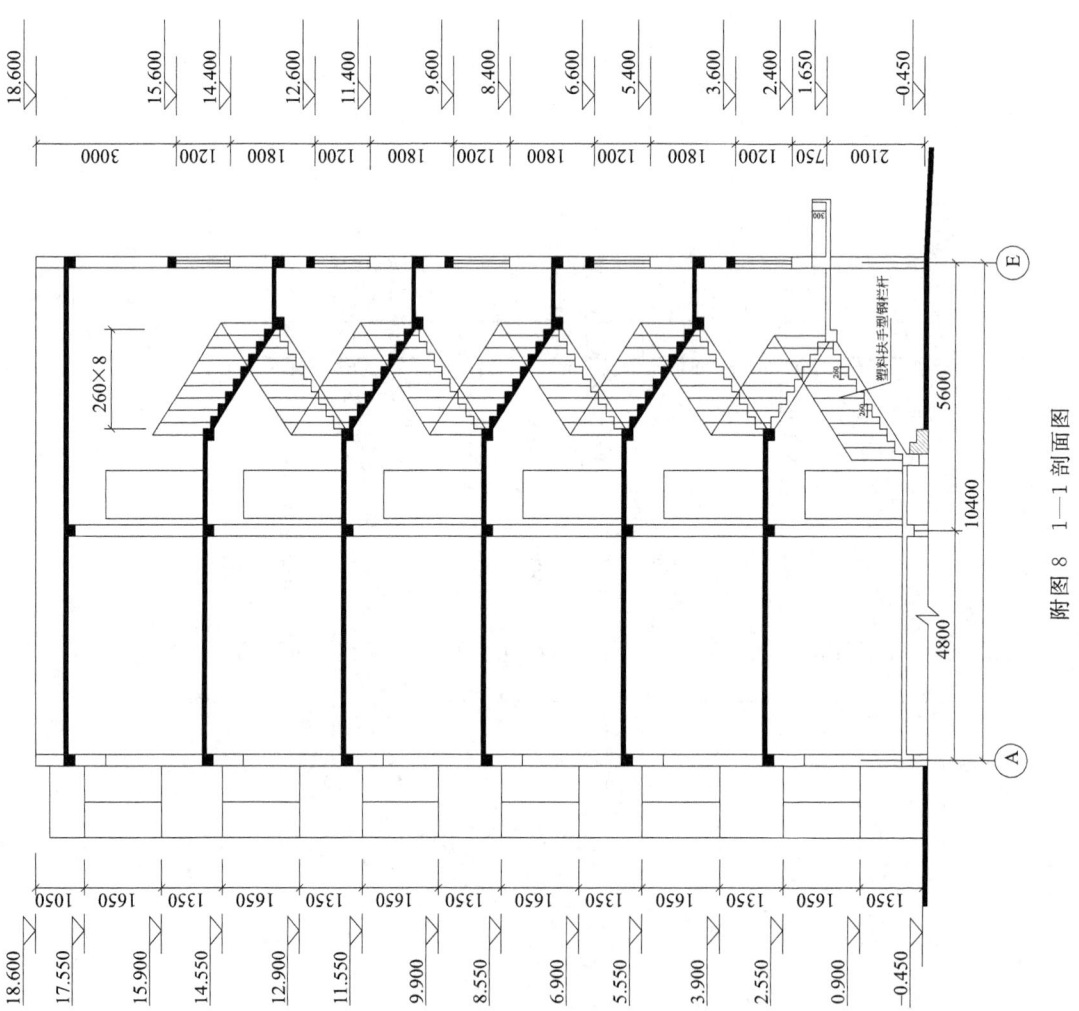

附图 8 1—1 剖面图

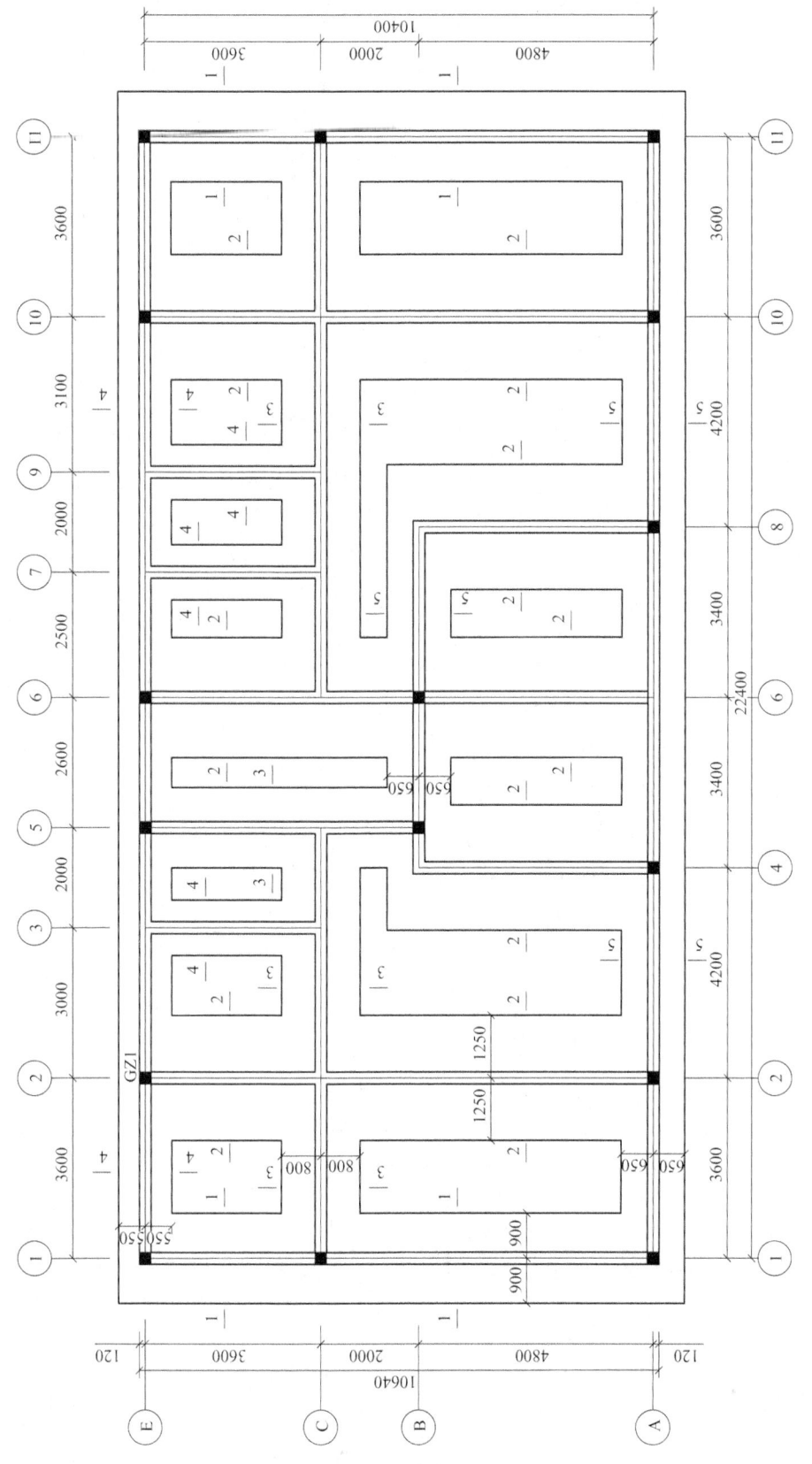

附图 9　基础平面布置图（未注明构造柱为 GZ1）

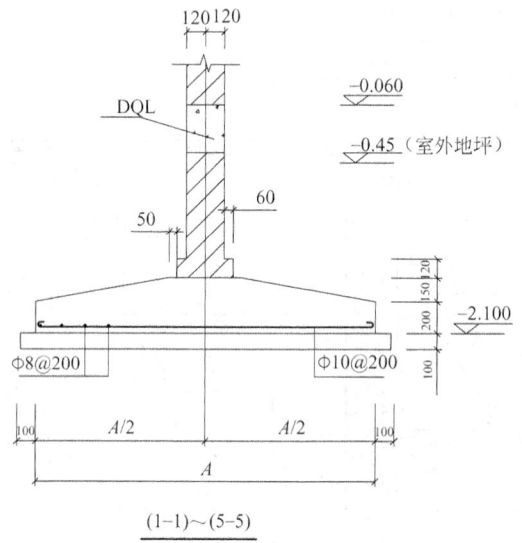

(1-1)~(5-5)

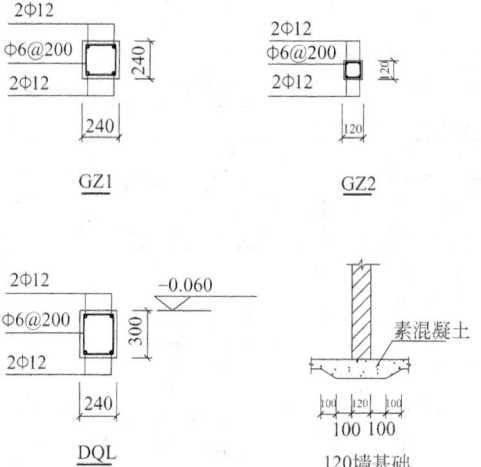

附图 10　基础图

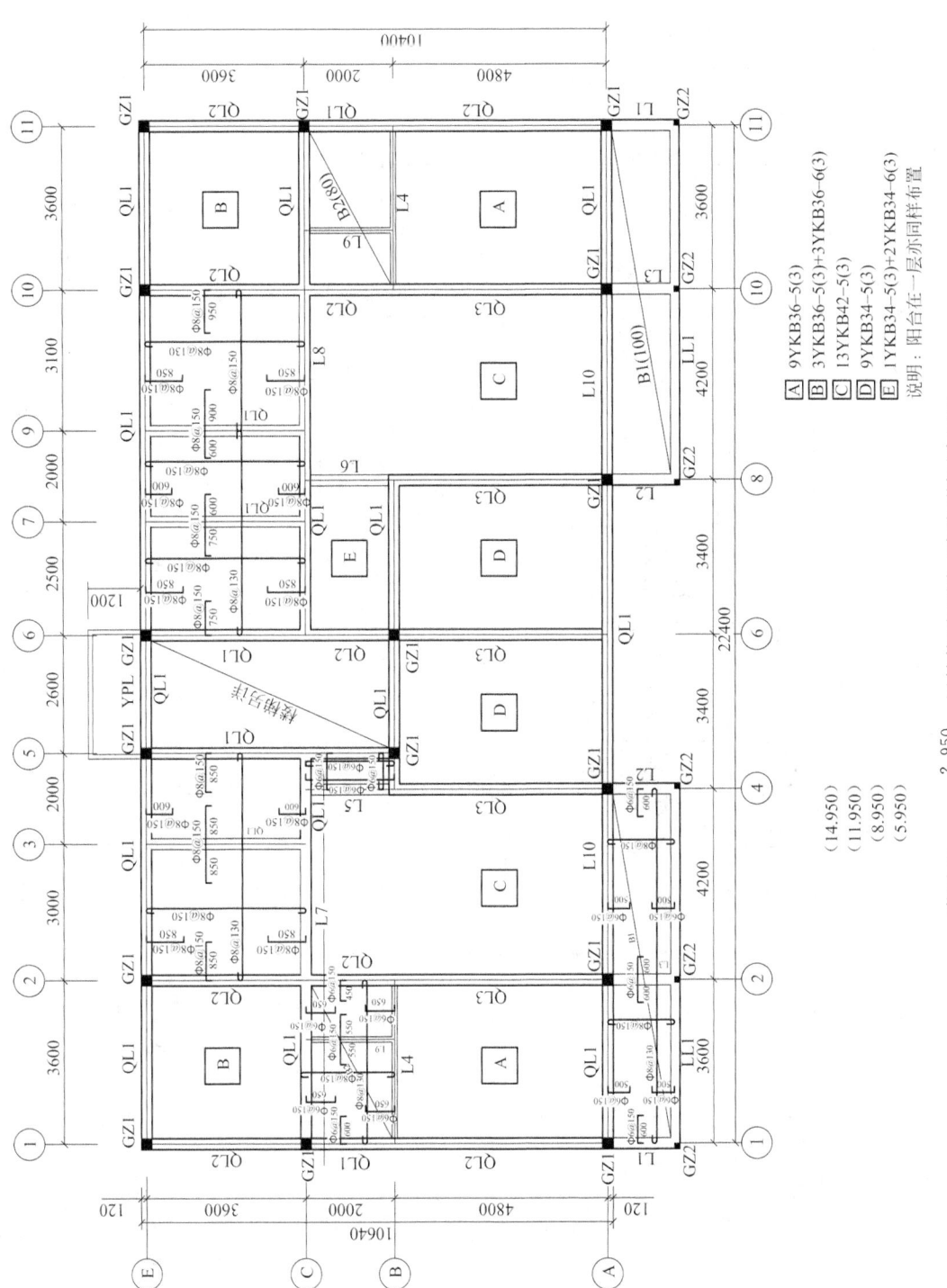

附图 11　2.950 层结构平面图（未注明板厚 100）

（14.950）
（11.950）
（8.950）
（5.950）

A　9YKB36-5(3)
B　3YKB36-5(3)+3YKB36-6(3)
C　13YKB42-5(3)
D　9YKB34-5(3)
E　1YKB34-5(3)+2YKB34-6(3)

说明：阳台在一层亦同样布置

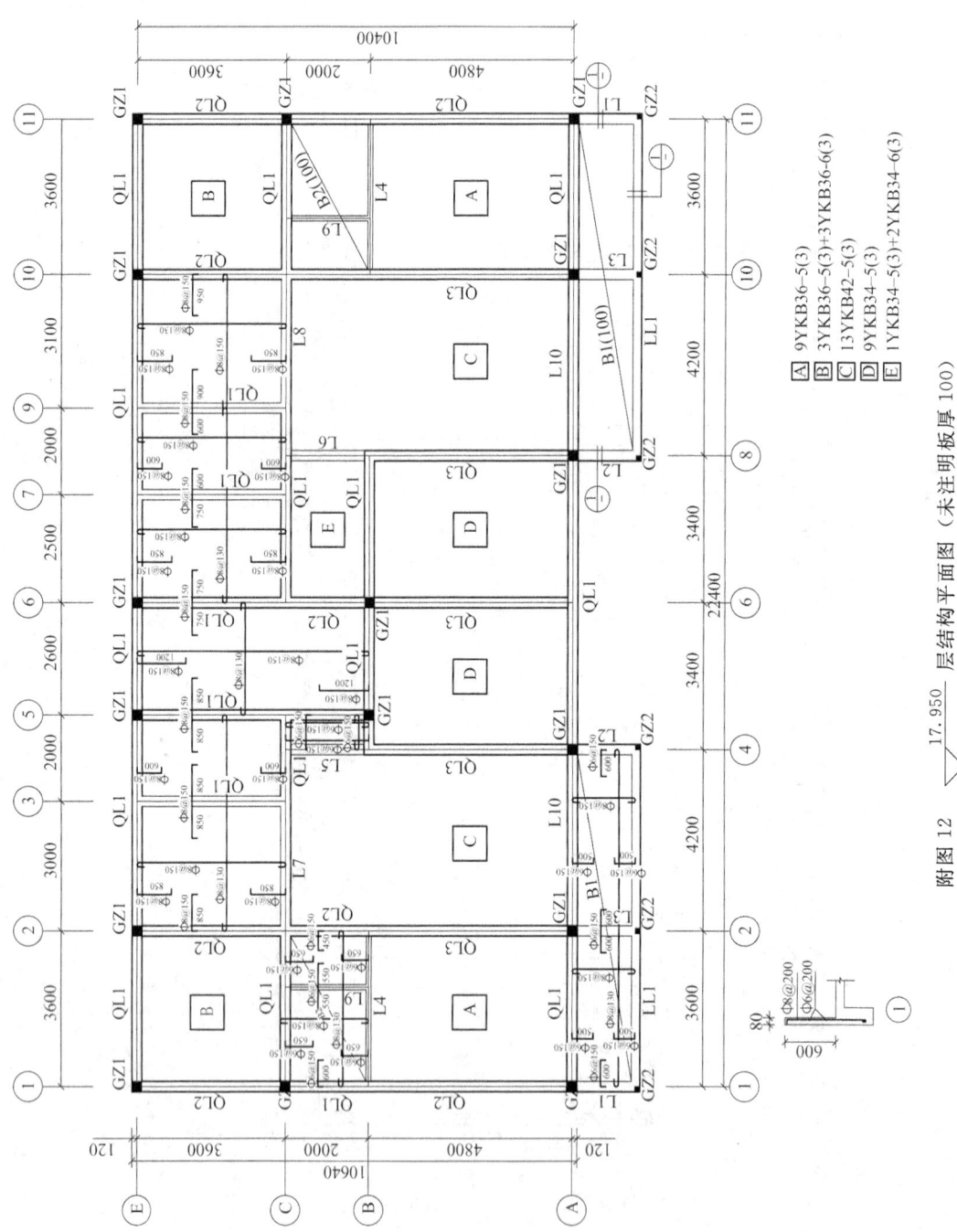

附图 12　17.950 层结构平面图（未注明板厚 100）

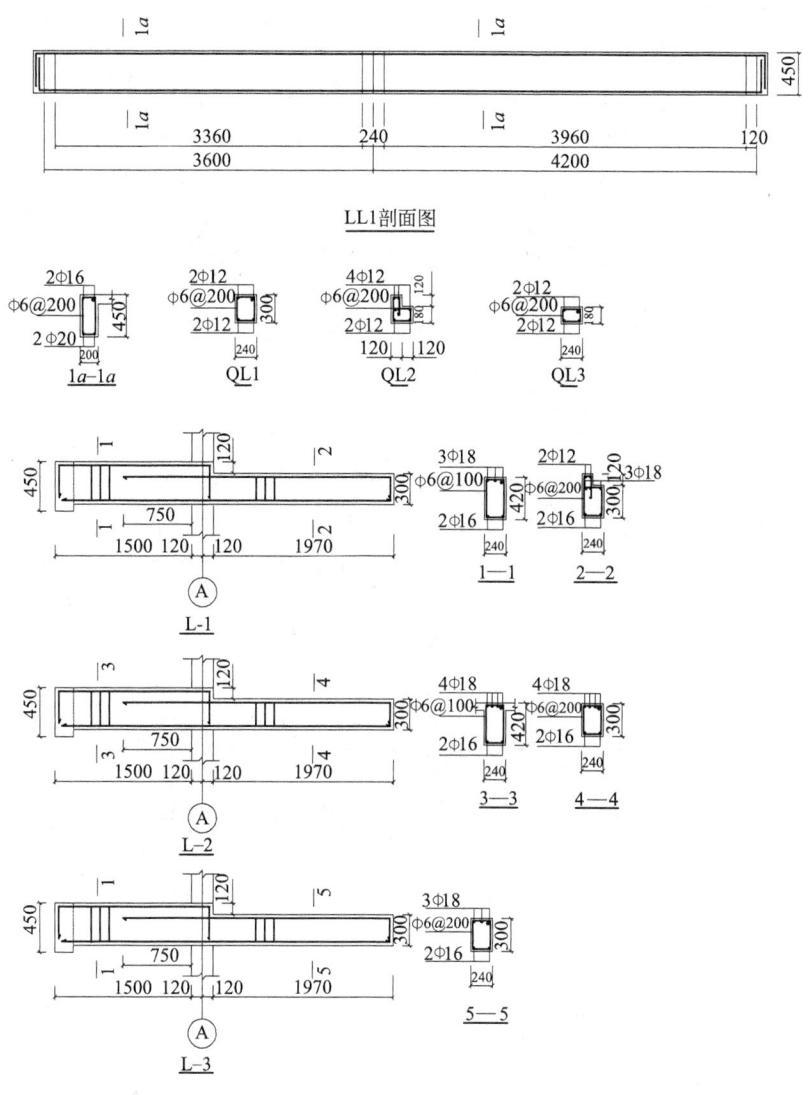

附图 13　配筋图

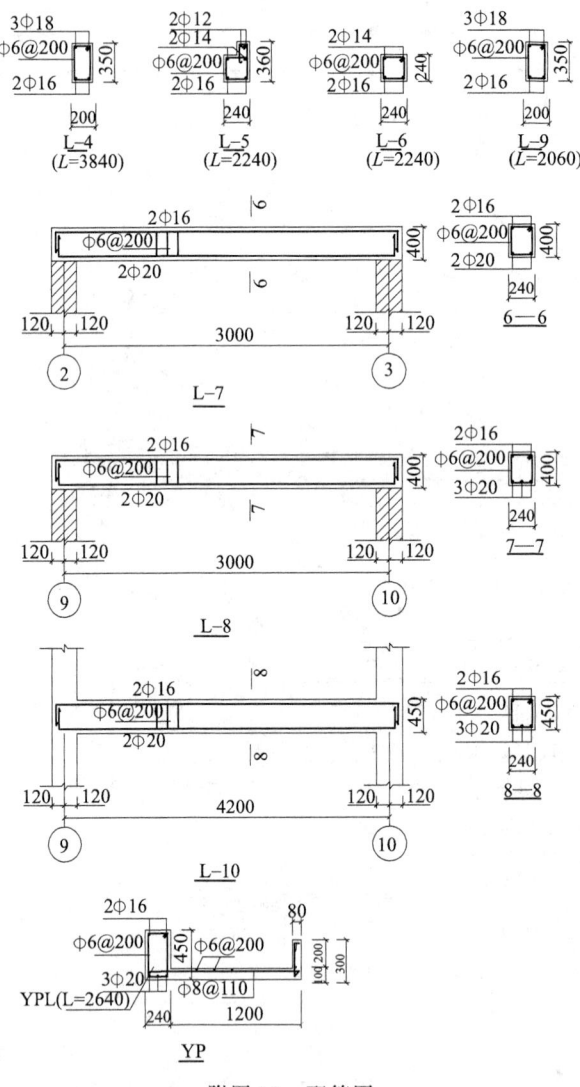

附图 14　配筋图

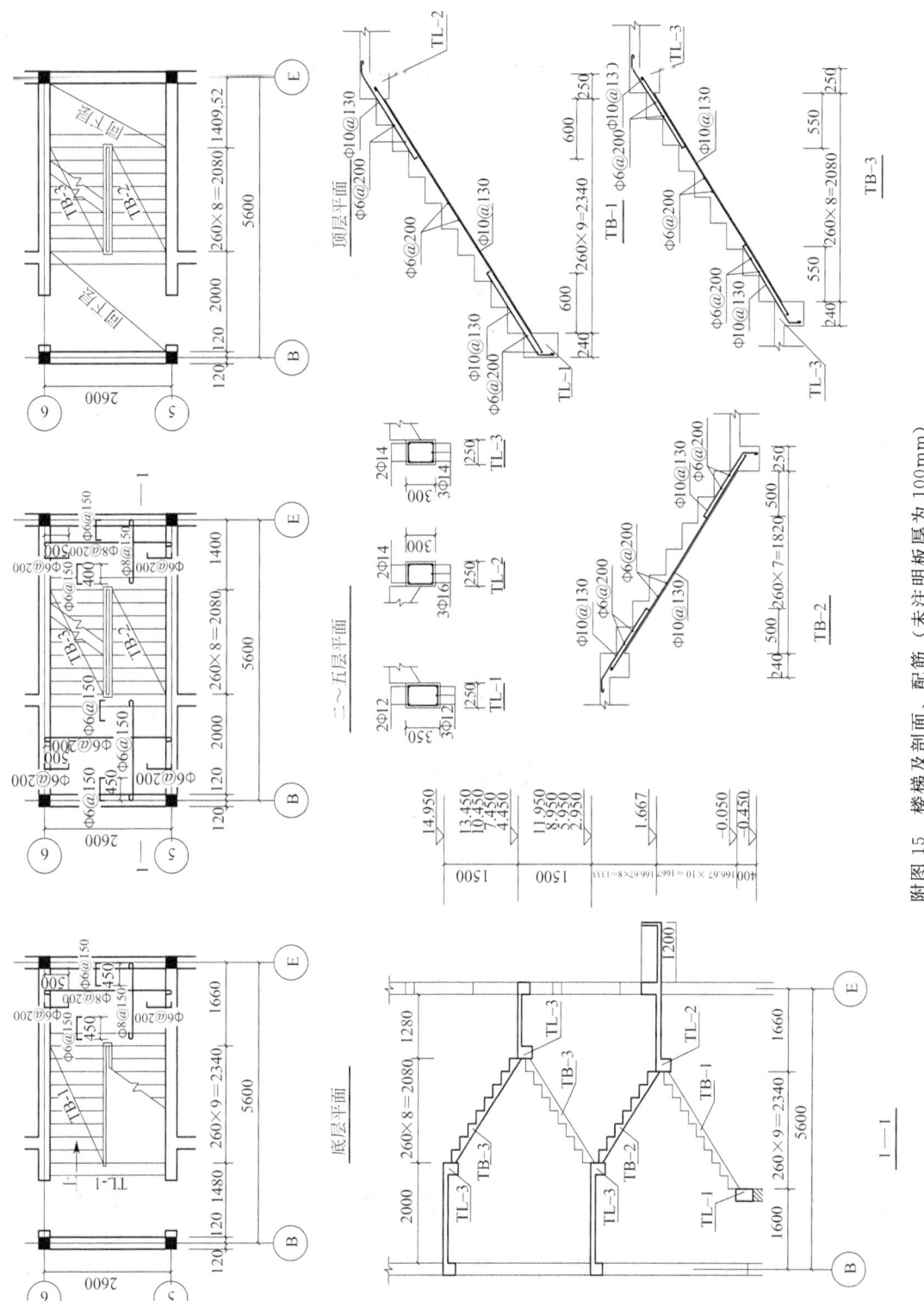

附图 15　楼梯及剖面、配筋（未注明板板厚为 100mm）

附表 3　清单报价封面

×××小区 1# 住宅楼建筑工程
工程量清单报价表

投　标　人：___×××___（单位签字盖章）

法定代表人：___×××___（签字盖章）

造价工程师

及注册证号：___×××___（签字盖执业专用章）

编制时间：___2014 年 9 月 18 日___

附表 4　投标总价表

投标总价

建　设　单　位：___×××___

工　程　名　称：___×××小区 1# 住宅楼建筑工程___

投标总价（小写）：___1720765.23 元___

　　　　（大写）：___壹佰柒拾贰万零柒佰陆拾伍圆贰角叁分___

投　标　人：___×××___（单位签字盖章）

法定代表人：___×××___（签字盖章）

编　制　时　间：___2014 年 9 月 18 日___

附表5　单位工程投标报价汇总表

工程名称：×××小区1#住宅楼建筑工程　　　　　　　　　　　　第1页　共1页

序号	汇总内容	金额/元	其中:暂估价/元
1	分部分项工程费	1316253.34	
1.1	A建筑工程	1316253.34	
2	措施项目费	55735.68	
2.1	其中:安全文明施工措施费	41256.89	
3	其他项目费	270550	—
4	规费	76706.6	—
4.1	社会保障费	70629.2	—
4.1.1	养老保险	58310.14	—
4.1.2	失业保险	2463.81	—
4.1.3	医疗保险	7391.43	—
4.1.4	工伤保险	1149.78	—
4.1.5	残疾人就业保险	657.02	—
4.1.6	女工生育保险	657.02	—
4.2	住房公积金	4927.62	—
4.3	危险作业意外伤害保险	1149.78	—
5	不含税单位工程造价	1719245.62	
6	税金	59829.75	—
7	扣除养老保险后含税单位工程造价	1720765.23	
投标报价合计=5+6-4.1.1		1720765.23	

注：本表适用于单位工程招标控制价或投标报价的汇总，如无单位工程划分，单项工程也使用本表汇总。

附表6 分部分项工程和单价措施项目清单与计价表

工程名称：×××小区1#住宅楼建筑工程　　　　　　　　　　第1页　共9页

序号	项目编码	项目名称	计量单位	工程量	金额/元		其中
					综合单价	合价	暂估价
1	010101001001	平整场地	m²	265.01	4.77	1264.1	
2	010101003001	挖基础土方 1. 基础类型:条形基础 2. 挖土深度:1.75m 3. 钻探回填	m³	418.37	0.59	246.84	
3	010103001001	回填方(基础回填) 1. 土质要求:密实状态 2. 密实度要求:0.96上 3. 运输距离:50m	m³	275.84	43.82	12087.31	
4	010103001002	回填方(室内回填) 1. 土质要求:密实状态 2. 密实度要求:0.96上 3. 运输距离:50m	m³	38.87	43.82	1703.28	
5	010401001001	砖基础 1. 砖品种、规格:普通实心标准砖 2. 基础类型:条形基础 3. 砂浆强度等级:M10 水泥砂浆	m³	53.22	260.21	13848.38	
6	010401003001	实心砖墙 1. 砖品种、规格、强度等级: 240mm×115mm×90mm 承重多孔黏土砖 2. 墙体类型:外墙 3. 墙体厚度:240mm 4. 勾缝要求:凹缝 5. 砂浆强度等级、配合比:M5 混合砂浆	m³	148.5	327.88	48690.18	
7	010401003002	实心砖墙 1. 砖品种、规格、强度等级: 240mm×115mm×90mm 承重多孔黏土砖 2. 墙体类型:女儿墙 3. 墙体厚度:240mm 4. 勾缝要求:凹缝 5. 砂浆强度等级、配合比:M5 混合砂浆	m³	8.97	327.88	2941.08	
8	010401003003	实心砖墙 1. 砖品种、规格、强度等级: 240mm×115mm×90mm 承重多孔黏土砖 2. 墙体类型:外墙 3. 墙体厚度:115mm 4. 勾缝要求:凹缝 5. 砂浆强度等级、配合比:M5 混合砂浆	m³	12.76	346.9	4426.44	
		本页小计				85207.61	

序号	项目编码	项目名称	计量单位	工程量	金额/元		其中
					综合单价	合价	暂估价
9	010401003004	实心砖墙 1. 砖品种、规格、强度等级： 240mm×115mm×90mm 承重多孔黏土砖 2. 墙体类型：内墙 3. 墙体厚度：240mm 4. 勾缝要求：凹缝 5. 砂浆强度等级、配合比：M5 混合砂浆	m³	267.87	315.94	84630.85	
10	010401003005	实心砖墙 1. 砖品种、规格、强度等级： 240mm×115mm×90mm 承重多孔黏土砖 2. 墙体类型：内墙 3. 墙体厚度：115mm 4. 勾缝要求：凹缝 5. 砂浆强度等级、配合比：M5 混合砂浆	m³	13.6	348.7	4742.32	
11	010501001001	垫层 垫层材料种类、厚度：100mm 厚 C10 混凝土垫层 23.91m³	m³	23.91	512.36	12250.53	
12	010501002001	带形基础 混凝土强度等级：C25	m³	65.4	545.36	35666.54	
13	010502002001	构造柱 1. 柱截面尺寸：240mm×240mm 2. 混凝土强度等级：C25	m³	22.65	545.36	12352.4	
14	010502002002	构造柱 1. 柱截面尺寸：120mm×120mm 2. 混凝土强度等级：C25	m³	0.65	545.35	354.48	
15	010503002001	矩形梁(L-1) 1. 梁截面尺寸：240mm×420mm 2. 混凝土强度等级：C25	m³	2.12	545.36	1156.16	
16	010503002002	矩形梁(L-2) 1. 梁截面尺寸：240mm×420mm 2. 混凝土强度等级：C25	m³	2.12	545.36	1156.16	
17	010503002003	矩形梁(L-3) 1. 梁截面尺寸：240mm×420mm 2. 混凝土强度等级：C25	m³	2.12	545.36	1156.16	
18	010503002004	矩形梁(L-4) 1. 梁截面尺寸：200mm×350mm 2. 混凝土强度等级：C25	m³	3.23	545.36	1761.51	
19	010503002005	矩形梁(L-6) 1. 梁截面尺寸：240mm×240mm 2. 混凝土强度等级：C25	m³	0.77	545.36	419.93	
		本页小计				155647.04	

序号	项目编码	项目名称	计量单位	工程量	金额/元		其中
					综合单价	合价	暂估价
20	010503002006	矩形梁(L-7) 1. 梁截面尺寸:240mm×400mm 2. 混凝土强度等级:C25	m³	1.87	545.36	1019.82	
21	010503002007	矩形梁(L-8) 1. 梁截面尺寸:240mm×450mm 2. 混凝土强度等级:C25	m³	2.1	545.36	1145.26	
22	010503002008	矩形梁(L-10) 1. 梁截面尺寸:240mm×450mm 2. 混凝土强度等级:C25	m³	5.13	545.36	2797.7	
23	010503002009	矩形梁(LL-1) 1. 梁截面尺寸:200mm×450mm 2. 混凝土强度等级:C25	m³	9.28	545.36	5060.94	
24	010503002010	矩形梁(YPL) 1. 梁截面尺寸:240mm×420mm 2. 混凝土强度等级:C25	m³	0.24	545.36	130.89	
25	010503003001	异形梁(L-5) 1. 梁截面尺寸:240mm×360mm 2. 混凝土强度等级:C25	m³	0.97	545.36	529	
26	010503004001	圈梁(DQL) 1. 梁截面尺寸:240mm×300mm 2. 混凝土强度等级:C25	m³	10.57	545.36	5764.46	
27	010503004002	圈梁 1. 梁截面尺寸:240mm×300mm 2. 混凝土强度等级:C25	m³	44.74	545.36	24399.41	
28	010503005001	过梁 1. 单件体积:2m³ 内 2. 混凝土强度等级:C25	m³	7.22	981.86	7089.03	
29	010505001001	有梁板 1. 板厚度:80mm 2. 混凝土强度等级:C25	m³	5.94	545.36	3239.44	
30	010505001002	有梁板 1. 板厚度:100mm 2. 混凝土强度等级:C25	m³	1.41	545.36	768.96	
31	010505003001	平板 1. 板厚度:100mm 2. 混凝土强度等级:C25	m³	24.06	545.36	13121.36	
32	010505003002	平板(楼梯间) 1. 板厚度:100mm 2. 混凝土强度等级:C25	m³	3.33	545.36	1816.05	
本页小计						66882.32	

序号	项目编码	项目名称	计量单位	工程量	金额/元		其中
					综合单价	合价	暂估价
33	010505006001	栏板 1. 板高:600mm 2. 板厚:80mm 3. 混凝土强度等级:C25	m³	1.04	545.36	567.17	
34	010505008001	阳台板 1. 板厚度:100mm 2. 混凝土强度等级:C25	m³	13.32	545.36	7264.2	
35	010505008002	雨篷板 1. 板厚度:100mm 2. 混凝土强度等级:C25	m³	0.42	545.36	229.06	
36	010506001001	直形楼梯 混凝土强度等级:C25	m²	43.21	146.6	6334.59	
37	010507001001	散水、坡道 1. 60mm 厚 C15 混凝土撒 1∶1 水泥砂子压光 2. 150mm 厚 3∶7 灰土垫层,宽出面层 300mm	m²	91.03	67.24	6120.86	
38	010512002001	空心板 1. 混凝土强度等级:C30 预应力混凝土 2. 空心板	m³	69.84	716.38	50031.98	
39	010515001001	现浇构件钢筋 钢筋种类、规格:Ⅰ级钢筋直径 6～12mm	t	14.54	5659.72	82292.33	
40	010515001002	现浇构件钢筋 钢筋种类、规格:Ⅱ级钢筋直径≥10mm	t	4.56	5578.91	25439.83	
41	010515001003	现浇混凝土钢筋(砌体加固筋) 钢筋种类、规格:Ⅰ级钢筋直径 6mm	t	1.12	6071.81	6800.43	
42	010515005001	先张法预应力钢筋 钢筋种类、规格:冷拔丝直径 4～5mm	t	4.68	6553.59	30670.8	
43	010801001001	夹板装饰门(M-4) 1. 门类型:半百叶门 2. 骨架材料种类:一等白松 3. 洞口尺寸:800mm×2100mm 4. 油漆品种、刷漆遍数:调和漆二度、底油一度、满刮腻子	m²	40.32	245.59	9902.19	
44	010801001002	夹板装饰门(M-3) 1. 门类型:双面夹板门 2. 骨架材料种类:一等白松 3. 洞口尺寸:900mm×2100mm 4. 油漆品种、刷漆遍数:调和漆二度、底油一度、满刮腻子	m²	79.38	245.59	19494.93	
		本页小计				245148.37	

| 序号 | 项目编码 | 项目名称 | 计量单位 | 工程量 | 金额/元 | | 其中 |
					综合单价	合价	暂估价
45	010802003001	钢质入户门(M-2) 1. 门类型:单扇门 2. 框扇材质:钢板 3. 洞口尺寸:1000mm×2100mm 4. 防护材料种类:防火涂料	m²	25.2	625.79	15769.91	
46	010802004001	钢质单元门(M-1) 1. 门类型:双扇门 2. 框扇材质:钢板 3. 洞口尺寸:1500mm×2100mm	m²	3.15	625.79	1971.24	
47	010807001001	金属推拉窗(C-3) 1. 窗类型:88 系列推拉窗 2. 框扇材质、外围尺寸:铝合金 1200mm×1500mm 3. 玻璃品种、厚度:5mm 厚低辐射镀膜玻璃	m²	21.6	312.19	6743.3	
48	010807001002	金属推拉窗(C-2) 1. 窗类型:88 系列推拉窗 2. 框扇材质、外围尺寸:铝合金 1500mm×1500mm 3. 玻璃品种、厚度:5mm 厚低辐射镀膜玻璃	m²	40.5	312.19	12643.7	
49	010807001003	金属推拉窗(C-1) 1. 窗类型:88 系列推拉窗 2. 框扇材质、外围尺寸:铝合金 1800mm×1500mm 3. 玻璃品种、厚度:5mm 厚低辐射镀膜玻璃	m²	97.2	312.19	30344.87	
50	010807001004	金属推拉窗(C-4) 1. 窗类型:88 系列推拉窗 2. 框扇材质、外围尺寸:铝合金 600mm×1500mm 3. 玻璃品种、厚度:5mm 厚低辐射镀膜玻璃	m²	3.6	312.18	1123.85	
51	010807001005	金属推拉窗(C-2′) 1. 窗类型:88 系列推拉窗 2. 框扇材质、外围尺寸:铝合金 1500mm×1200mm 3. 玻璃品种、厚度:5mm 厚低辐射镀膜玻璃	m²	9	312.19	2809.71	
		本页小计				71406.58	

序号	项目编码	项目名称	计量单位	工程量	金额/元		其中
					综合单价	合价	暂估价
52	010807001006	金属推拉窗(C-5) 1. 窗类型:88系列推拉窗 2. 框扇材质、外围尺寸:铝合金11040mm×1650mm 3. 玻璃品种、厚度:5mm厚低辐射镀膜玻璃	m²	21.86	312.19	6824.47	
53	010902001001	屋面卷材防水 1. 卷材品种、规格:3mm厚SBS改性沥青卷材 2. 防水层做法:一遍	m²	272.98	37.09	10124.83	
54	010902002001	屋面涂膜防水 1. 防水膜品种:聚氨酯防水涂料 2. 涂膜厚度、遍数、增强材料种类:2mm	m²	272.98	21.26	5803.55	
55	010904002001	涂膜防水 1. 卷材、涂膜品种:聚氨酯 2. 涂膜厚度、遍数、增强材料种类:2.5mm 3. 防水部位:厨房、卫生间地面	m²	124.90	21.96	2742.8	
56	011001001001	保温隔热屋面 1. 保温隔热部位:屋面 2. 保温隔热方式:外保温 3. 保温隔热面层材料品种、规格、性能:25mm厚挤塑保温板 4. 找坡层:1:6水泥炉渣找坡,最薄处30mm	m²	247.52	16.25	4022.2	
57	011101001001	水泥砂浆楼地面 1. 20mm厚1:2水泥砂浆压光 2. 水泥浆一道(内掺建筑胶) 3. 60mm厚C15混凝土垫层 4. 150mm厚3:7灰土垫层	m²	32.10	52.92	1698.73	
58	011102003001	块料楼地面(一层厨房、卫生间) 1. 铺8~10mm厚300mm×300mm地砖楼面,干水泥擦缝 2. 撒素水泥面(洒适量清水) 3. 30mm厚1:3干硬性水泥砂浆结合层(内掺建筑胶) 4. 水泥浆一道(内掺建筑胶) 5. 60mm厚C15混凝土 6. 150mm厚3:7灰土	m²	19.54	144.62	2825.87	
		本页小计				34042.45	

序号	项目编码	项目名称	计量单位	工程量	金额/元		其中
					综合单价	合价	暂估价
59	011102003002	块料楼地面(二～六层厨房、卫生间) 1. 铺 8～10mm 厚 300mm×300mm 地砖楼面,干水泥擦缝 2. 撒素水泥面(洒适量清水) 3. 30mm 厚 1∶3 干硬性水泥砂浆结合层(内渗建筑胶)	m²	97.72	106.2	10377.86	
60	011102003003	块料楼地面 1. 铺 6～10mm 厚 600mm×600mm 地砖地面,干水泥擦缝 2. 5mm 厚 1∶2.5 水泥砂浆黏结层(内掺建筑胶) 3. 20mm 厚 1∶3 干硬性水泥砂浆结合层(内掺建筑胶) 4. 水泥浆一道(内掺建筑胶) 5. 60mm 厚 C15 混凝土 6.150mm 厚 3∶7 灰土	m²	174.81	176.99	30939.62	
61	011102003004	块料楼地面 1. 铺 6～10mm 厚 600mm×600mm 地砖地面,干水泥擦缝 2. 5mm 厚 1∶2.5 水泥砂浆黏结层(内掺建筑胶) 3. 20mm 厚 1∶3 干硬性水泥砂浆结合层(内掺建筑胶)	m²	1003.21	138.57	139014.81	
62	011105003001	块料踢脚线 1. 踢脚线高度:120mm 2. 底层厚度、砂浆配合比:10mm 3. 粘贴层厚度、材料种类:107 胶素水泥浆 4. 勾缝材料种类:白水泥浆	m²	105.58	115.33	12176.54	
63	011106004001	水泥砂浆楼梯面 1. 20mm 厚 1∶2.5 水泥砂浆压光 2. 水泥浆一道(内掺建筑胶)	m²	43.21	49.1	2121.61	
64	011201001001	墙面一般抹灰(混凝土面) 1. 喷(刷)外墙丙烯酸涂料 2. 6mm 厚 1∶2.5 水泥砂浆扫平 3. 12mm 厚 1∶3 水泥砂浆打底扫毛或划出纹道厚度:18mm	m²	28.72	55.38	1590.51	
65	011201001002	墙面一般抹灰(砖墙面) 1. 喷(刷)外墙丙烯酸涂料 2. 6mm 厚 1∶2.5 水泥砂浆扫平 3. 12mm 厚 1∶3 水泥砂浆打底扫毛或划出纹道	m²	1003.42	55.38	55569.4	
		本页小计				251790.35	

序号	项目编码	项目名称	计量单位	工程量	金额/元		其中
					综合单价	合价	暂估价
66	011201001003	墙面一般抹灰 1. 6mm 厚 1∶0.3∶2.5 水泥石灰膏砂浆抹面压实抹光 2. 10mm 厚 1∶1∶6 水泥石灰膏砂浆打底扫毛厚度:16mm	m²	3017.32	17.41	52531.54	
67	011204003001	块料墙面 1. 白水泥擦缝 2. 5～8mm 厚釉面砖(粘贴前浸水 2h) 3. 5mm 厚 1∶2 建筑胶水泥砂浆黏结层 4. 10mm 厚 1∶3 水泥砂浆打底夯实抹平扫毛厚度:20～23mm	m²	568.96	137.01	77953.21	
68	011301001001	天棚抹灰 1. 5mm 厚 1∶2.5 水泥砂浆抹面找平 2. 5mm 厚 1∶3 水泥砂浆打底 3. 刷素水泥浆一道(内掺建筑胶) 4. 现浇钢筋混凝土板(预制板底用水加 10%火碱清洗油腻)厚度:10mm	m²	838.16	25.19	21113.25	
69	011301001002	天棚抹灰(现浇混凝土面) 1. 5mm 厚 1∶2.5 水泥砂浆抹面找平 2. 5mm 厚 1∶3 水泥砂浆打底 3. 刷素水泥浆一道(内掺建筑胶) 4. 现浇钢筋混凝土板(预制板底用水加 10%火碱清洗油腻)厚度:10mm	m²	607.71	18.75	11394.56	
70	011406001001	抹灰面油漆 1. 乳胶漆二度 2. 刮满腻子二道 3. 刷稀释乳胶漆一度	m²	4463.19	18.27	81542.48	
71	011503003001	塑料扶手、栏杆、栏板	m	28.90	130.17	3761.91	
72	011701002001	外脚手架	m²	1382.27	14.35	19835.57	
73	011702001001	基础	m²	267.17	10.09	2695.75	
74	011702003001	构造柱 截面面积:240×240	m²	312.58	20.63	6448.53	
75	011702003002	构造柱 截面面积:120×120	m²	52.99	3.51	185.99	
76	011702006001	矩形梁 构件名称:L-1	m²	22.68	50.08	1135.81	
77	011702006002	矩形梁 构件名称:L-2	m²	22.68	50.08	1135.81	
78	011702006003	矩形梁 构件名称:L-3	m²	9.17	123.86	1135.8	
		本页小计				302831.33	

序号	项目编码	项目名称	计量单位	工程量	金额/元		其中
					综合单价	合价	暂估价
79	011702006004	矩形梁 构件名称:L-4	m²	45.36	38.16	1730.94	
80	011702006005	矩形梁 构件名称:L-6	m²	10.08	40.92	412.47	
81	011702006006	矩形梁 构件名称:L-7	m²	21.84	45.87	1001.8	
82	011702006007	矩形梁 构件名称:L-8	m²	30.58	36.78	1124.73	
83	011702006008	矩形梁 构件名称:L-10	m²	67.03	41	2748.23	
84	011702006009	矩形梁 构件名称:LL-1	m²	121.97	40.76	4971.5	
85	011702006010	矩形梁 构件名称:YPL	m²	2.96	43.45	128.61	
86	011702007001	异形梁 构件名称:L-5	m²	13.44	48	645.12	
87	011702008001	地圈梁	m²	153.30	30.99	4750.77	
88	011702008002	圈梁 构件名称:QL1~3	m²	908.10	22.14	20105.33	
89	011702014001	有梁板 板厚:80mm	m²	69.42	44.02	3055.87	
90	011702014002	有梁板 板厚:100mm	m²	35.79	16.37	585.88	
91	011702016001	平板(楼梯间) 板厚:100mm	m²	33.30	54.5	1814.85	
92	011702016002	平板 板厚:100mm	m²	240.60	54.5	13112.7	
93	011702024001	楼梯 构件名称:现浇直行楼梯	m²	43.21	116.91	5051.68	
94	011702023001	雨篷	m²	3.41	84.65	288.66	
95	011702023002	阳台板(1~6层)	m²	144.72	90.58	13108.74	
96	011702023003	阳台板(6层顶)	m²	24.12	224.3	5410.12	
97	011702009001	过梁	m³	7.22	385.03	2779.92	
98	011702019001	空心板	m³	69.84	293.63	20507.12	
99	011703001001	垂直运输	m²	1517.7	14.47	21961.12	
		本页小计				103335.04	
		合计				1316253.34	

附表7 综合单价分析表

工程名称：×××小区 1#住宅楼建筑工程　　　　　　　　　　　　　　第1页 共34页

项目编码	010101001001	项目名称	平整场地	计量单位	m²	工程量	265.01

清单综合单价组成明细

定额编号	定额项目名称	定额单位	数量	单价				合价			
				人工费	材料费	机械费	管理费利润	人工费	材料费	机械费	管理费利润
1-19	平整场地	100m²	0.01	461.83	0	0	14.8	4.62	0	0	0.15
人工单价		小计						4.62	0	0	0.15
综合工日72.5元/工日		未计价材料费									
		清单项目综合单价									4.77

项目编码	010101003001	项目名称	挖基础土方	计量单位	m³	工程量	

清单综合单价组成明细

定额编号	定额项目名称	定额单位	数量	单价				合价			
				人工费	材料费	机械费	管理费利润	人工费	材料费	机械费	管理费利润
1-5	人工挖沟槽、挖深(2m)以内	100m³	0.0002	2927.55	0	0	93.83	0.45	0	0	0.01
1-20	钻探及回填孔	100m²	0.0001	848.25	198.22	0	33.54	0.1	0.02	0	0
人工单价		小计						0.55	0.02	0	0.02
综合工日72.5元/工日		未计价材料费									
		清单项目综合单价									0.59

项目编码	010103001001	项目名称	回填方(基础回填)	计量单位	m³	工程量	275.84

清单综合单价组成明细

定额编号	定额项目名称	定额单位	数量	单价				合价			
				人工费	材料费	机械费	管理费利润	人工费	材料费	机械费	管理费利润
1-26	回填夯实素土	100m³	0.01	2918.13	27.64	107.72	97.87	29.18	0.28	1.08	0.98
1-32	单(双)轮车运土 50m	100m³	0.01	1191.9	0	0	38.2	11.92	0	0	0.38
人工单价		小计						41.1	0.28	1.08	1.36
综合工日72.5元/工日		未计价材料费									
		清单项目综合单价									43.82

项目编码	010103001002	项目名称	回填方（室内回填）	计量单位	m³	工程量	38.87

定额编号	定额项目名称	定额单位	数量	单价				合价			
				人工费	材料费	机械费	管理费和利润	人工费	材料费	机械费	管理费利润
1-26	回填夯实素土	100m³	0.01	2918.13	27.64	107.72	97.87	29.18	0.28	1.08	0.98
1-32	单（双）轮车运土 50m	100m³	0.01	1191.9	0	0	38.2	11.92	0	0	0.38
人工单价			小计					41.1	0.28	1.08	1.36
综合工日 72.5 元/工日			未计价材料费								
清单项目综合单价								43.82			

项目编码	010401001001	项目名称	砖基础	计量单位	m³	工程量	53.22

定额编号	定额项目名称	定额单位	数量	单价				合价			
				人工费	材料费	机械费	管理费和利润	人工费	材料费	机械费	管理费利润
3-1 换	砖基础换为【水泥砂浆 M10 水泥 42.5】	10m³	0.1	854.78	1518.18	27.86	201.16	85.48	151.82	2.79	20.12
人工单价			小计					85.48	151.82	2.79	20.12
综合工日 72.5 元/工日			未计价材料费								
清单项目综合单价								260.21			

项目编码	010401003001	项目名称	实心砖墙	计量单位	m³	工程量	148.5

定额编号	定额项目名称	定额单位	数量	单价				合价			
				人工费	材料费	机械费	管理费和利润	人工费	材料费	机械费	管理费利润
3-37 换	承重黏土多孔砖墙—砖墙换为【混合砂浆 M5 水泥 42.5】	10m³	0.1	905.53	2097.48	22.33	253.49	90.55	209.75	2.23	25.35
人工单价			小计					90.55	209.75	2.23	25.35
综合工日 72.5 元/工日			未计价材料费								
清单项目综合单价								327.88			

续表

第 3 页　共 34 页

项目编码	010401003002	项目名称	实心砖墙	计量单位	m³	工程量	8.97

清单综合单价组成明细

定额编号	定额项目名称	定额单位	数量	单价				合价			
				人工费	材料费	机械费	管理费和利润	人工费	材料费	机械费	管理费和利润
3-37 换	承重黏土多孔砖墙一砖换为【混合砂浆 M5 水泥 42.5】	10m³	0.1	905.53	2097.48	22.33	253.49	90.55	209.75	2.23	25.35
人工单价				小计				90.55	209.75	2.23	25.35
综合工日 72.5 元/工日				未计价材料费				0			
清单项目综合单价								327.88			

项目编码	010401003003	项目名称	实心砖墙	计量单位	m³	工程量	12.76

清单综合单价组成明细

定额编号	定额项目名称	定额单位	数量	单价				合价			
				人工费	材料费	机械费	管理费和利润	人工费	材料费	机械费	管理费和利润
3-35 换	承重黏土多孔砖墙 1/2 砖换为【混合砂浆 M5 水泥 42.5】	10m³	0.1	1073	2110.13	17.72	268.19	107.3	211.01	1.77	26.82
人工单价				小计				107.3	211.01	1.77	26.82
综合工日 72.5 元/工日				未计价材料费				0			
清单项目综合单价								346.9			

项目编码	010401003004	项目名称	实心砖墙	计量单位	m³	工程量	267.87

清单综合单价组成明细

定额编号	定额项目名称	定额单位	数量	单价				合价			
				人工费	材料费	机械费	管理费和利润	人工费	材料费	机械费	管理费和利润
3-37 换	承重黏土多孔砖墙一砖换为【水泥砂浆 M5 水泥 32.5】	10m³	0.1	905.53	1987.29	22.33	244.25	90.55	198.73	2.23	24.43
人工单价				小计				90.55	198.73	2.23	24.43
综合工日 72.5 元/工日				未计价材料费				0			
清单项目综合单价								315.94			

386　工程计价与造价管理

项目编码	项目名称	计量单位	工程量
010401003005	实心砖墙	m³	13.6

清单综合单价组成明细

定额编号	定额项目名称	定额单位	数量	单价				合价			
				人工费	材料费	机械费	管理费和利润	人工费	材料费	机械费	管理费和利润
3-35换	承重黏土多孔砖墙1/2砖 换为【混合砂浆 M5 水泥32.5】	10m³	0.1	1073	2126.69	17.72	269.58	107.3	212.67	1.77	26.96
人工单价	小计							107.3	212.67	1.77	26.96
综合工日 72.5元/工日	未计价材料费								0		
	清单项目综合单价								348.7		

项目编码	项目名称	计量单位	工程量
010501001001	垫层	m³	512.36

清单综合单价组成明细

定额编号	定额项目名称	定额单位	数量	单价				合价			
				人工费	材料费	机械费	管理费和利润	人工费	材料费	机械费	管理费和利润
4-1换	C15砾石混凝土（普通）换为【普通混凝土C10、碎石10~30mm 水泥32.5】	m³	1	131.95	323.07	17.73	39.61	131.95	323.07	17.73	39.61
人工单价	小计							131.95	323.07	17.73	39.61
综合工日 72.5元/工日	未计价材料费								0		
	清单项目综合单价								512.36		

项目编码	项目名称	计量单位	工程量
010501002001	带形基础	m³	545.36

清单综合单价组成明细

定额编号	定额项目名称	定额单位	数量	单价				合价			
				人工费	材料费	机械费	管理费和利润	人工费	材料费	机械费	管理费和利润
4-1换	C25砾石混凝土（普通）换为【普通混凝土C25、碎石10~30mm 水泥42.5】	m³	1	131.95	353.52	17.73	42.16	131.95	353.52	17.73	42.16
人工单价	小计							131.95	353.52	17.73	42.16
综合工日 72.5元/工日	未计价材料费								0		
	清单项目综合单价								545.36		

续表

项目编码	010502002001		项目名称	构造柱			计量单位	m³	工程量	22.65
清单综合单价组成明细										
定额编号	定额项目名称	定额单位	数量	单价				合价		
				人工费	材料费	机械费	管理费和利润	人工费	材料费	机械费	管理费和利润
4-1换	C25砾石混凝土（普通）换为【普通混凝土（坍落度10～90mm）C25,碎石10～30mm 水泥42.5】	m³	1	131.95	353.52	17.73	42.16	131.95	353.52	17.73	42.16
人工单价	小计							131.95	353.52	17.73	42.16
综合工日 72.5元/工日	未计价材料费										
	清单项目综合单价										

项目编码	010502002002		项目名称	构造柱			计量单位	m³	工程量	0.65
清单综合单价组成明细										
定额编号	定额项目名称	定额单位	数量	单价				合价		
				人工费	材料费	机械费	管理费和利润	人工费	材料费	机械费	管理费和利润
4-1换	C25砾石混凝土（普通）换为【普通混凝土（坍落度10～90mm）C25,碎石10～30mm 水泥42.5】	m³	1	131.95	353.52	17.73	42.16	131.95	353.52	17.73	42.16
人工单价	小计							131.95	353.52	17.73	42.16
综合工日 72.5元/工日	未计价材料费								0		
	清单项目综合单价								545.35		

项目编码	010503002001		项目名称	矩形梁(L-1)			计量单位	m³	工程量	2.12
清单综合单价组成明细										
定额编号	定额项目名称	定额单位	数量	单价				合价		
				人工费	材料费	机械费	管理费和利润	人工费	材料费	机械费	管理费和利润
4-1换	C25砾石混凝土（普通）换为【普通混凝土（坍落度10～90mm）C25,碎石10～30mm 水泥42.5】	m³	1	131.95	353.52	17.73	42.16	131.95	353.52	17.73	42.16
人工单价	小计							131.95	353.52	17.73	42.16
综合工日 72.5元/工日	未计价材料费								0		
	清单项目综合单价								545.36		

项目编码	010503002002	项目名称	矩形梁（L-2）		计量单位	m³	工程量	2.12

清单综合单价组成明细

定额编号	定额项目名称	定额单位	数量	单价				合价			
				人工费	材料费	机械费	管理费和利润	人工费	材料费	机械费	管理费和利润
4-1换	C25砾石混凝土（普通）换为【普通混凝土（坍落度10～90mm)C25,碎石10～30mm 水泥42.5】	m³	1	131.95	353.52	17.73	42.16	131.95	353.52	17.73	42.16
人工单价					小计			131.95	353.52	17.73	42.16
综合工日 72.5 元/工日					未计价材料费			0			
				清单项目综合单价				545.36			

项目编码	010503002003	项目名称	矩形梁（L-3）		计量单位	m³	工程量	2.12

清单综合单价组成明细

定额编号	定额项目名称	定额单位	数量	单价				合价			
				人工费	材料费	机械费	管理费和利润	人工费	材料费	机械费	管理费和利润
4-1换	C25砾石混凝土（普通）换为【普通混凝土（坍落度10～90mm)C25,碎石10～30mm 水泥42.5】	m³	1	131.95	353.52	17.73	42.16	131.95	353.52	17.73	42.16
人工单价					小计			131.95	353.52	17.73	42.16
综合工日 72.5 元/工日					未计价材料费			0			
				清单项目综合单价				545.36			

项目编码	010503002004	项目名称	矩形梁（L-4）		计量单位	m³	工程量	3.23

清单综合单价组成明细

定额编号	定额项目名称	定额单位	数量	单价				合价			
				人工费	材料费	机械费	管理费和利润	人工费	材料费	机械费	管理费和利润
4-1换	C25砾石混凝土（普通）换为【普通混凝土（坍落度10～90mm)C25,碎石10～30mm 水泥42.5】	m³	1	131.95	353.52	17.73	42.16	131.95	353.52	17.73	42.16
人工单价					小计			131.95	353.52	17.73	42.16
综合工日 72.5 元/工日					未计价材料费			0			
				清单项目综合单价				545.36			

项目编码	010503002005	项目名称	矩形梁（L-6）	计量单位	m³	工程量	0.77

清单综合单价组成明细

定额编号	定额项目名称	定额单位	数量	单价				合价			
				人工费	材料费	机械费	管理费和利润	人工费	材料费	机械费	管理费和利润
4-1换	C25碎石混凝土（普通）换为【普通混凝土（坍落度10～90mm）C25,碎石10～30mm 水泥42.5】	m³	1	131.95	353.52	17.73	42.16	131.95	353.52	17.73	42.16
人工单价			小计					131.95	353.52	17.73	42.16
综合工日72.5元/工日			未计价材料费					0			
清单项目综合单价								545.36			

项目编码	010503002006	项目名称	矩形梁（L-7）	计量单位	m³	工程量	1.87

清单综合单价组成明细

定额编号	定额项目名称	定额单位	数量	单价				合价			
				人工费	材料费	机械费	管理费和利润	人工费	材料费	机械费	管理费和利润
4-1换	C25碎石混凝土（普通）换为【普通混凝土（坍落度10～90mm）C25,碎石10～30mm 水泥42.5】	m³	1	131.95	353.52	17.73	42.16	131.95	353.52	17.73	42.16
人工单价			小计					131.95	353.52	17.73	42.16
综合工日72.5元/工日			未计价材料费					0			
清单项目综合单价								545.36			

项目编码	010503002007	项目名称	矩形梁（L-8）	计量单位	m³	工程量	2.1

清单综合单价组成明细

定额编号	定额项目名称	定额单位	数量	单价				合价			
				人工费	材料费	机械费	管理费和利润	人工费	材料费	机械费	管理费和利润
4-1换	C25碎石混凝土（普通）换为【普通混凝土（坍落度10～90mm）C25,碎石10～30mm 水泥42.5】	m³	1	131.95	353.52	17.73	42.16	131.95	353.52	17.73	42.16
人工单价			小计					131.95	353.52	17.73	42.16
综合工日72.5元/工日			未计价材料费					0			
清单项目综合单价								545.36			

表一

项目编码	010503002008	项目名称	矩形梁（L-10）	计量单位	m³	工程量	545.36

清单综合单价组成明细

定额编号	定额项目名称	定额单位	数量	单价				合价			
				人工费	材料费	机械费	管理费利润	人工费	材料费	机械费	管理费利润
4-1换	C25砾石混凝土（普通）换为【普通混凝土（坍落度10～90mm）C25，碎石10～30mm 水泥42.5】	m³	1	131.95	353.52	17.73	42.16	131.95	353.52	17.73	42.16
人工单价				小计				131.95	353.52	17.73	42.16
综合工日 72.5元/工日				未计价材料费				0			
清单项目综合单价								5.13			

表二

项目编码	010503002009	项目名称	矩形梁（LL-1）	计量单位	m³	工程量	545.36

清单综合单价组成明细

定额编号	定额项目名称	定额单位	数量	单价				合价			
				人工费	材料费	机械费	管理费利润	人工费	材料费	机械费	管理费利润
4-1换	C25砾石混凝土（普通）换为【普通混凝土（坍落度10～90mm）C25，碎石10～30mm 水泥42.5】	m³	1	131.95	353.52	17.73	42.16	131.95	353.52	17.73	42.16
人工单价				小计				131.95	353.52	17.73	42.16
综合工日 72.5元/工日				未计价材料费				0			
清单项目综合单价								9.28			

表三

项目编码	010503002010	项目名称	矩形梁（YPL）	计量单位	m³	工程量	545.36

清单综合单价组成明细

定额编号	定额项目名称	定额单位	数量	单价				合价			
				人工费	材料费	机械费	管理费利润	人工费	材料费	机械费	管理费利润
4-1换	C25砾石混凝土（普通）换为【普通混凝土（坍落度10～90mm）C25，碎石10～30mm 水泥42.5】	m³	1	131.95	353.52	17.73	30	131.95	353.52	17.73	30
人工单价				小计				131.95	353.52	17.73	30
综合工日 72.5元/工日				未计价材料费				0			
清单项目综合单价								0.24			

工程量清单综合单价分析（一）

项目编码	项目名称	计量单位	工程量
010503003001	异形梁（L-5）	m³	0.97

清单综合单价组成明细

定额编号	定额项目名称	定额单位	数量	单价 人工费	材料费	机械费	管理费利润	合价 人工费	材料费	机械费	管理费利润
4-1换	C25砾石混凝土（普通）换为【普通混凝土C25,碎石10～30mm 水泥42.5】（坍落度10～90mm）	m³	1	131.95	353.52	17.73	42.16	131.95	353.52	17.73	42.16
人工单价			小计					131.95	353.52	17.73	42.16
综合工日 72.5元/工日			未计价材料费					0			
			清单项目综合单价					545.36			

工程量清单综合单价分析（二）

项目编码	项目名称	计量单位	工程量
010503004001	圈梁（DQL）	m³	10.57

清单综合单价组成明细

定额编号	定额项目名称	定额单位	数量	单价 人工费	材料费	机械费	管理费利润	合价 人工费	材料费	机械费	管理费利润
4-1换	C25砾石混凝土（普通）换为【普通混凝土C25,碎石10～30mm 水泥42.5】（坍落度10～90mm）	m³	1	131.95	353.52	17.73	42.16	131.95	353.52	17.73	42.16
人工单价			小计					131.95	353.52	17.73	42.16
综合工日 72.5元/工日			未计价材料费					0			
			清单项目综合单价					545.36			

工程量清单综合单价分析（三）

项目编码	项目名称	计量单位	工程量
010503004002	圈梁	m³	44.74

清单综合单价组成明细

定额编号	定额项目名称	定额单位	数量	单价 人工费	材料费	机械费	管理费利润	合价 人工费	材料费	机械费	管理费利润
4-1换	C25砾石混凝土（普通）换为【普通混凝土C25,碎石10～30mm 水泥42.5】（坍落度10～90mm）	m³	1	131.95	353.52	17.73	42.16	131.95	353.52	17.73	42.16
人工单价			小计					131.95	353.52	17.73	42.16
综合工日 72.5元/工日			未计价材料费					0			
			清单项目综合单价					545.36			

项目编码	010503005001	项目名称	过梁	计量单位	m³	工程量	7.22

清单综合单价组成明细

定额编号	定额项目名称	定额单位	数量	单价				合价			
				人工费	材料费	机械费	管理费和利润	人工费	材料费	机械费	管理费和利润
4-1换	C25砾石混凝土(普通)换为【普通混凝土(坍落度10~90mm)C25,碎石10~30mm 水泥42.5】	m³	1	131.95	353.52	17.73	42.16	131.95	353.52	17.73	42.16
6-19	预制钢筋混凝土,四类构件	10m³	0.1	263.9	91.03	917.76	106.63	26.39	9.1	91.78	10.66
6-64	预制过梁安装,0.4m³/根	10m³	0.1	1213.65	147.81	1060.18	202.91	121.37	14.78	106.02	20.29
4-164	预制构件坐浆灌缝 过梁	10m³	0.1	192.13	134.1	7.09	27.93	19.21	13.41	0.71	2.79
人工单价			小计					298.92	390.81	216.23	75.91
综合工日 72.5元/工日			未计价材料费					0			
			清单项目综合单价					981.86			

项目编码	01050500 1001	项目名称	有梁板	计量单位	m³	工程量	545.36

清单综合单价组成明细

定额编号	定额项目名称	定额单位	数量	单价				合价			
				人工费	材料费	机械费	管理费和利润	人工费	材料费	机械费	管理费和利润
4-1换	C25砾石混凝土(普通)换为【普通混凝土(坍落度10~90mm)C25,碎石10~30mm 水泥42.5】	m³	1	131.95	353.52	17.73	42.16	131.95	353.52	17.73	42.16
人工单价			小计					131.95	353.52	17.73	42.16
综合工日 72.5元/工日			未计价材料费					0			
			清单项目综合单价					545.36			

项目编码	01050500 1002	项目名称	有梁板	计量单位	m³	工程量	545.36

清单综合单价组成明细

定额编号	定额项目名称	定额单位	数量	单价				合价			
				人工费	材料费	机械费	管理费和利润	人工费	材料费	机械费	管理费和利润
4-1换	C25砾石混凝土(普通)换为【普通混凝土(坍落度10~90mm)C25,碎石10~30mm 水泥42.5】	m³	1	131.95	353.52	17.73	42.16	131.95	353.52	17.73	42.16
人工单价			小计					131.95	353.52	17.73	42.16
综合工日 72.5元/工日			未计价材料费					0			
			清单项目综合单价					545.36			

项目编码	0105050030 01	项目名称	平板	计量单位	m³	工程量	545.36

清单综合单价组成明细

定额编号	定额项目名称	定额单位	数量	单价				合价			
				人工费	材料费	机械费	管理费和利润	人工费	材料费	机械费	管理费和利润
4-1换	C25砾石混凝土(普通)换为【普通混凝土(坍落度10~90mm)C25,碎石10~30mm 水泥42.5】	m³	1	131.95	353.52	17.73	42.16	131.95	353.52	17.73	42.16
人工单价				小计				131.95	353.52	17.73	42.16
综合工日 72.5元/工日				未计价材料费				0			
清单项目综合单价								24.06			

项目编码	0105050030 02	项目名称	平板(楼梯间)	计量单位	m³	工程量	545.36

清单综合单价组成明细

定额编号	定额项目名称	定额单位	数量	单价				合价			
				人工费	材料费	机械费	管理费和利润	人工费	材料费	机械费	管理费和利润
4-1换	C25砾石混凝土(普通)换为【普通混凝土(坍落度10~90mm)C25,碎石10~30mm 水泥42.5】	m³	1	131.95	353.52	17.73	42.16	131.95	353.52	17.73	42.16
人工单价				小计				131.95	353.52	17.73	42.16
综合工日 72.5元/工日				未计价材料费				0			
清单项目综合单价								3.3			

项目编码	0105050060 01	项目名称	栏板	计量单位	m³	工程量	545.36

清单综合单价组成明细

定额编号	定额项目名称	定额单位	数量	单价				合价			
				人工费	材料费	机械费	管理费和利润	人工费	材料费	机械费	管理费和利润
4-1换	C25砾石混凝土(普通)换为【普通混凝土(坍落度10~90mm)C25,碎石10~30mm 水泥42.5】	m³	1	131.95	353.52	17.73	42.16	131.95	353.52	17.73	42.16
人工单价				小计				131.95	353.52	17.73	42.16
综合工日 72.5元/工日				未计价材料费				0			
清单项目综合单价								1.04			

阳台板

项目编码	01050508001	项目名称	阳台板	计量单位	m³	工程量	

清单综合单价组成明细

定额编号	定额项目名称	定额单位	数量	单价				合价			
				人工费	材料费	机械费	管理费和利润	人工费	材料费	机械费	管理费和利润
4-1换	C25砾石混凝土（普通混凝土）【换为【普通混凝土(坍落度10~90mm)C25,碎石10~30mm 水泥42.5】	m³	1	131.95	353.52	17.73	42.16	131.95	353.52	17.73	42.16
人工单价			小计					131.95	353.52	17.73	42.16
综合工日72.5元/工日			未计价材料费					0			
		清单项目综合单价						545.36			

雨篷板

项目编码	01050508002	项目名称	雨篷板	计量单位	m³	工程量	

清单综合单价组成明细

定额编号	定额项目名称	定额单位	数量	单价				合价			
				人工费	材料费	机械费	管理费和利润	人工费	材料费	机械费	管理费和利润
4-1换	C25砾石混凝土（普通混凝土）【换为【普通混凝土(坍落度10~90mm)C25,碎石10~30mm 水泥42.5】	m³	1	131.95	353.52	17.73	42.16	131.95	353.52	17.73	42.16
人工单价			小计					131.95	353.52	17.73	42.16
综合工日72.5元/工日			未计价材料费					0			
		清单项目综合单价						545.37			

直形楼梯

项目编码	01050601001	项目名称	直形楼梯	计量单位	m²	工程量	

清单综合单价组成明细

定额编号	定额项目名称	定额单位	数量	单价				合价			
				人工费	材料费	机械费	管理费和利润	人工费	材料费	机械费	管理费和利润
4-1换	C25砾石混凝土（普通混凝土）【换为【普通混凝土(坍落度10~90mm)C25,碎石10~30mm 水泥42.5】	m³	0.2688	131.95	353.52	17.73	42.16	35.47	95.03	4.77	11.33
人工单价			小计					35.47	95.03	4.77	11.33
综合工日72.5元/工日			未计价材料费					0			
		清单项目综合单价						146.6			

| 项目编码 | 010507001001 | | 项目名称 | 散水、坡道 | | | 计量单位 | m² | 工程量 | 91.03 |

清单综合单价组成明细

定额编号	定额项目名称	定额单位	数量	单价				合价			
				人工费	材料费	机械费	管理费和利润	人工费	材料费	机械费	管理费和利润
8-27换	混凝土散水面层一次抹光	100m²	0.01	2022.75	2502.36	82.09	386.04	20.23	25.02	0.82	3.86
1-28	回填夯实3:7灰土	100m³	0.0015	5092.4	5455.04	107.72	892.79	7.64	8.18	0.16	1.34
人工单价			小计					27.86	33.2	0.98	5.2
综合工日 72.5 元/工日			未计价材料费					0			
清单项目综合单价											

| 项目编码 | 010512002001 | | 项目名称 | 空心板 | | | 计量单位 | m³ | 工程量 | 67.24 |

清单综合单价组成明细

定额编号	定额项目名称	定额单位	数量	单价				合价			
				人工费	材料费	机械费	管理费和利润	人工费	材料费	机械费	管理费和利润
4-3	C30碎石预应力混凝土先张法	m³	1	106.58	217.53	23.06	29.09	106.58	217.53	23.06	29.09
4-160	预制构件坐浆灌缝空心板厚120mm	10m³	0.1	505.33	392.17	18.33	76.74	50.53	39.22	1.83	7.67
6-1	预制钢筋混凝土、一类构件运输1km以内	10m³	0.1	197.2	21.75	629.53	71.1	19.72	2.18	62.95	7.11
6-86	预制空心板安装	10m³	0.1	634.38	199.31	540.25	115.12	63.44	19.93	54.03	11.51
人工单价			小计					240.27	278.85	141.87	55.39
综合工日 72.5 元/工日			未计价材料费					0			
清单项目综合单价								716.38			

| 项目编码 | 010515001001 | | 项目名称 | 现浇构件钢筋 | | | 计量单位 | t | 工程量 | |

清单综合单价组成明细

定额编号	定额项目名称	定额单位	数量	单价				合价			
				人工费	材料费	机械费	管理费和利润	人工费	材料费	机械费	管理费和利润
4-6	圆钢φ10mm以内	t	1	1257.15	3922.82	42.19	437.56	1257.15	3922.82	42.19	437.56
人工单价			小计					1257.15	3922.82	42.19	437.56
综合工日 72.5 元/工日			未计价材料费					0			
清单项目综合单价								5659.72			

项目编码	010515001002	项目名称	现浇构件钢筋	计量单位	t	工程量	4.56

清单综合单价组成明细

定额编号	定额项目名称	定额单位	数量	单价				合价			
				人工费	材料费	机械费	管理费和利润	人工费	材料费	机械费	管理费和利润
4-8	螺纹钢φ10mm以上（含φ10mm）	t	1	568.4	4464.88	114.32	431.31	568.4	4464.88	114.32	431.31
人工单价		小计		568.4	4464.88	114.32	431.31				
综合工日72.5元/工日		未计价材料费					0				
清单项目综合单价								5578.91			

项目编码	010515001003	项目名称	现浇混凝土钢筋（砌体加固筋）	计量单位	t	工程量	1.12

清单综合单价组成明细

定额编号	定额项目名称	定额单位	数量	单价				合价			
				人工费	材料费	机械费	管理费和利润	人工费	材料费	机械费	管理费和利润
3-34	砌体内加固筋	t	1	1637.05	3917.15	48.19	469.42	1637.05	3917.15	48.19	469.42
人工单价		小计		1637.05	3917.15	48.19	469.42				
综合工日72.5元/工日		未计价材料费					0				
清单项目综合单价								6071.81			

项目编码	010515005001	项目名称	先张法预应力钢筋	计量单位	t	工程量	4.68

清单综合单价组成明细

定额编号	定额项目名称	定额单位	数量	单价				合价			
				人工费	材料费	机械费	管理费和利润	人工费	材料费	机械费	管理费和利润
4-10	先张法预应力钢筋φb5以内冷拔丝	t	1	1349.95	4622.45	74.52	506.67	1349.95	4622.45	74.52	506.67
人工单价		小计		1349.95	4622.45	74.52	506.67				
综合工日72.5元/工日		未计价材料费									
清单项目综合单价								6553.59			

项目编码	010801001001		项目名称	夹板装饰门(M-4)		计量单位	m²	工程量	40.32

清单综合单价组成明细

定额编号	定额项目名称	定额单位	数量	单价				合价			
				人工费	材料费	机械费	管理费和利润	人工费	材料费	机械费	管理费和利润
7-25	木门框(无亮)制作	100m²	0.01	688.03	5133.71	60.9	431.15	6.88	51.34	0.61	4.31
7-26	木门框(无亮)安装	100m²	0.01	918.58	76.97	0	72.97	9.19	0.77	0	0.73
7-27	普通平开门,木门扇安装	100m²	0.01	706.15	650.2	0	99.41	7.06	6.5	0	0.99
10-981	装饰,门扇制作安装 装饰板门扇制作,装饰面层	100m²	0.01	4386	7928.1	0	902.51	43.86	79.28	0	9.03
10-1063	木材面油漆 底油一遍,刮腻子,调和漆二遍 单层木门	100m²	0.01	1750.1	582.99	0	171	17.5	5.83	0	1.71
人工单价			小计					84.49	143.72	0.61	16.77
综合工日 72.5 元/工日;综合工日(装饰)86 元/工日			未计价材料费						0		
			清单项目综合单价					245.59			

项目编码	010801001002		项目名称	夹板装饰门(M-3)		计量单位	m²	工程量	79.38

清单综合单价组成明细

定额编号	定额项目名称	定额单位	数量	单价				合价			
				人工费	材料费	机械费	管理费和利润	人工费	材料费	机械费	管理费和利润
7-25	木门框(无亮)制作	100m²	0.01	688.03	5133.71	60.9	431.15	6.88	51.34	0.61	4.31
7-26	木门框(无亮)安装	100m²	0.01	918.58	76.97	0	72.97	9.19	0.77	0	0.73
7-27	普通平开门,木门扇安装	100m²	0.01	706.15	650.2	0	99.41	7.06	6.5	0	0.99
10-981	装饰,门扇制作安装 装饰板门扇制作,装饰面层	100m²	0.01	4386	7928.1	0	902.51	43.86	79.28	0	9.03
10-1063	木材面油漆 底油一遍,刮腻子,调和漆二遍 单层木门	100m²	0.01	1750.1	582.99	0	171	17.5	5.83	0	1.71
人工单价			小计					84.49	143.72	0.61	16.77
综合工日 72.5 元/工日;综合工日(装饰)86 元/工日			未计价材料费						0		
			清单项目综合单价					245.59			

项目编码	01080200 3001	项目名称	钢质入户门(M2)	计量单位	m²	工程量	25.2

清单综合单价组成明细

定额编号	定额项目名称	定额单位	数量	单价 人工费	材料费	机械费	管理费和利润	合价 人工费	材料费	机械费	管理费和利润
10-969	防盗装饰门窗安装 三防门	100m²	0.01	3268	55000	38.26	4273.31	32.68	550	0.38	42.73
人工单价	小计							32.68	550	0.38	42.73
综合工日(装饰)86元/工日	未计价材料费									0	

清单项目综合单价 625.79

项目编码	01080200 4001	项目名称	钢质单元门(M-1)	计量单位	m²	工程量	25.2

清单综合单价组成明细

定额编号	定额项目名称	定额单位	数量	单价 人工费	材料费	机械费	管理费和利润	合价 人工费	材料费	机械费	管理费和利润
10-969	防盗装饰门窗安装 三防门	100m²	0.01	3268	55000	38.26	4273.31	32.68	550	0.38	42.73
人工单价	小计							32.68	550	0.38	42.73
综合工日(装饰)86元/工日	未计价材料费									0	

清单项目综合单价 625.79

项目编码	01080700 1001	项目名称	金属推拉窗(C-3)	计量单位	m²	工程量	21.6

清单综合单价组成明细

定额编号	定额项目名称	定额单位	数量	单价 人工费	材料费	机械费	管理费和利润	合价 人工费	材料费	机械费	管理费和利润
10-951	铝合金门窗(成品)安装 推拉窗	100m²	0.01	1621.1	26268.3	24.55	2045.83	16.21	262.68	0.25	20.46
10-954	铝合金门窗(成品)安装 纱窗附在推拉窗上	100m²	0.01	215	957.91	0	85.96	2.15	9.58	0	0.86
人工单价	小计							18.36	272.26	0.25	21.32
综合工日(装饰)86元/工日	未计价材料费									0	

清单项目综合单价 312.19

项目编码	010807001002		项目名称	金属推拉窗(C-2)			计量单位	m²			工程量	40.5

清单综合单价组成明细

定额编号	定额项目名称	定额单位	数量	单价				合价			
				人工费	材料费	机械费	管理费和利润	人工费	材料费	机械费	管理费和利润
10-951	铝合金门窗(成品)安装 推拉窗	100m²	0.01	1621.1	26268.3	24.55	2045.83	16.21	262.68	0.25	20.46
10-954	铝合金门窗(成品)安装 纱窗附在推拉窗上	100m²	0.01	215	957.91	0	85.96	2.15	9.58	0	0.86
人工单价			小计					18.36	272.26	0.25	21.32
综合工日(装饰)86元/工日			未计价材料费					0			
清单项目综合单价								312.19			

项目编码	010807001003		项目名称	金属推拉窗(C-1)			计量单位	m²			工程量	97.2

清单综合单价组成明细

定额编号	定额项目名称	定额单位	数量	单价				合价			
				人工费	材料费	机械费	管理费和利润	人工费	材料费	机械费	管理费和利润
10-951	铝合金门窗(成品)安装 推拉窗	100m²	0.01	1621.1	26268.3	24.55	2045.83	16.21	262.68	0.25	20.46
10-954	铝合金门窗(成品)安装 纱窗附在推拉窗上	100m²	0.01	215	957.91	0	85.96	2.15	9.58	0	0.86
人工单价			小计					18.36	272.26	0.25	21.32
综合工日(装饰)86元/工日			未计价材料费					0			
清单项目综合单价								312.19			

项目编码	010807001004		项目名称	金属推拉窗(C-4)			计量单位	m²			工程量	3.6

清单综合单价组成明细

定额编号	定额项目名称	定额单位	数量	单价				合价			
				人工费	材料费	机械费	管理费和利润	人工费	材料费	机械费	管理费和利润
10-951	铝合金门窗(成品)安装 推拉窗	100m²	0.01	1621.1	26268.3	24.55	2045.83	16.21	262.68	0.25	20.46
10-954	铝合金门窗(成品)安装 纱窗附在推拉窗上	100m²	0.01	215	957.91	0	85.96	2.15	9.58	0	0.86
人工单价			小计					18.36	272.26	0.25	21.32
综合工日(装饰)86元/工日			未计价材料费					0			
清单项目综合单价								312.18			

400　工程计价与造价管理

清单综合单价组成明细

项目编码	010807001005	项目名称	金属推拉窗(C-2')	计量单位	m²	工程量	312.19

定额编号	定额项目名称	定额单位	数量	单价 人工费	材料费	机械费	管理费和利润	合价 人工费	材料费	机械费	管理费和利润
10-951	铝合金门窗(成品)安装 推拉窗	100m²	0.01	1621.1	26268.3	24.55	2045.83	16.21	262.68	0.25	20.46
10-954	铝合金门窗(成品)安装 纱窗附在推拉窗上	100m²	0.01	215	957.91	0	85.96	2.15	9.58	0	0.86
人工单价	小计							18.36	272.26	0.25	21.32
综合工日(装饰)86元/工日	未计价材料费								0		
清单项目综合单价											312.19

清单综合单价组成明细

项目编码	010807001006	项目名称	金属推拉窗(C-5)	计量单位	m²	工程量	312.19

定额编号	定额项目名称	定额单位	数量	单价 人工费	材料费	机械费	管理费和利润	合价 人工费	材料费	机械费	管理费和利润
10-951	铝合金门窗(成品)安装 推拉窗	100m²	0.01	1621.1	26268.3	24.55	2045.83	16.21	262.68	0.25	20.46
10-954	铝合金门窗(成品)安装 纱窗附在推拉窗上	100m²	0.01	215	957.91	0	85.96	2.15	9.58	0	0.86
人工单价	小计							18.36	272.26	0.25	21.32
综合工日(装饰)86元/工日	未计价材料费								0		
清单项目综合单价											312.19

清单综合单价组成明细

项目编码	010902001001	项目名称	屋面卷材防水	计量单位	m²	工程量	37.09

定额编号	定额项目名称	定额单位	数量	单价 人工费	材料费	机械费	管理费和利润	合价 人工费	材料费	机械费	管理费和利润
9-27	改性沥青卷材热熔法	100m²	0.01	330.6	3091.04	0	286.7	3.31	30.91	0	2.87
综合工日72.5元/工日	人工单价 小计							3.31	30.91	0	2.87
	未计价材料费								0		
清单项目综合单价											37.09

项目编码	010902002001	项目名称	屋面涂膜防水	计量单位	m²	工程量	272.98

清单综合单价组成明细

定额编号	定额项目名称	定额单位	数量	单价				合价			
				人工费	材料费	机械费	管理费和利润	人工费	材料费	机械费	管理费和利润
9-44	非焦油聚氨酯涂膜 涂膜厚 2mm	100m²	0.01	269.7	1691.95	0	164.36	2.7	16.92	0	1.64
人工单价	小计							2.7	16.92	0	1.64
综合工日 72.5 元/工日	未计价材料费								0		
	清单项目综合单价								21.26		

项目编码	010904002001	项目名称	涂膜防水	计量单位	m²	工程量	124.9

清单综合单价组成明细

定额编号	定额项目名称	定额单位	数量	单价				合价			
				人工费	材料费	机械费	管理费和利润	人工费	材料费	机械费	管理费和利润
9-108	非焦油聚氨酯涂膜 涂膜厚 2.0mm 平面	100m²	0.01	348.73	1676.87	0	169.73	3.49	16.77	0	1.7
人工单价	小计							3.49	16.77	0	1.7
综合工日 72.5 元/工日	未计价材料费								0		
	清单项目综合单价								21.96		

项目编码	011001001001	项目名称	保温隔热屋面	计量单位	m²	工程量	247.52

清单综合单价组成明细

定额编号	定额项目名称	定额单位	数量	单价				合价			
				人工费	材料费	机械费	管理费和利润	人工费	材料费	机械费	管理费和利润
9-53	挤塑聚苯板	10m³	0.0025	1083.88	4040	0	429.33	2.71	10.1	0	1.07
9-56	水泥炉渣找坡层(1:6)	10m³	0.0013	521.28	1167	0	141.46	0.67	1.51	0	0.18
人工单价	小计							3.38	11.61	0	1.26
综合工日 72.5 元/工日	未计价材料费								0		
	清单项目综合单价								16.25		

清单综合单价组成明细

项目编码	011101001001	项目名称	水泥砂浆楼地面	计量单位	m²	工程量	32.1

定额编号	定额项目名称	定额单位	数量	单价				合价			
				人工费	材料费	机械费	管理费和利润	人工费	材料费	机械费	管理费和利润
1-28	回填夯实 3:7 灰土	100m³	0.0015	5092.4	5455.04	107.72	780.92	7.65	8.19	0.16	1.17
4-1 换	C20 砾石混凝土（普通混凝土（普通）换为【普通混凝土（坍落度 10~90mm）C15，砾石 10~30mm 水泥 32.5】	m³	0.06	131.95	159.53	17.73	22.66	7.92	9.57	1.06	1.36
10-1	水泥砂浆楼地面	100m²	0.01	923.64	527.01	24.1	108.08	9.24	5.27	0.24	1.08
人工单价				小计				24.8	23.03	1.47	3.61
综合工日 72.5 元/工日；综合工日（装饰）86 元/工日				未计价材料费				0			
清单项目综合单价								52.92			

清单综合单价组成明细

项目编码	011102003001	项目名称	块料楼地面（一层 厨房、卫生间）	计量单位	m²	工程量	19.54

定额编号	定额项目名称	定额单位	数量	单价				合价			
				人工费	材料费	机械费	管理费和利润	人工费	材料费	机械费	管理费和利润
10-68 换	陶瓷地砖 楼地面周长在 1200（mm 以内）换为【30mm 厚水泥砂浆（掺建筑胶）1:3】	100m²	0.01	2617.84	7194.21	82.84	725.2	26.18	71.94	0.83	7.25
4-1 换	C20 砾石混凝土（普通混凝土（普通）换为【普通混凝土（坍落度 10~90mm）C15，砾石 10~30mm 水泥 32.5】	m³	0.06	131.95	180.73	17.73	24.21	7.92	10.84	1.06	1.45
1-28	回填夯实 3:7 灰土	100m³	0.0015	5092.4	5455.04	107.72	780.92	7.64	8.18	0.16	1.17
人工单价				小计				41.73	90.97	2.05	9.88
综合工日 72.5 元/工日；综合工日（装饰）86 元/工日				未计价材料费				0			
清单项目综合单价								144.62			

项目编码：01110202003002　项目名称：块料楼地面(二)(六层厨房、卫生间)　计量单位：m²　工程量：97.72

清单综合单价组成明细

定额编号	定额项目名称	定额单位	数量	单价				合价			
				人工费	材料费	机械费	管理费和利润	人工费	材料费	机械费	管理费和利润
10-68换	陶瓷地砖 楼地面周长在1200(mm以内)换为【30mm厚水泥砂浆(掺建筑胶)1:3】	100m²	0.01	2617.84	7194.21	82.84	725.2	26.18	71.94	0.83	7.25
人工单价											
综合工日(装饰)86元/工日	小计							26.18	71.94	0.83	7.25
	未计价材料费										0
	清单项目综合单价										106.2

项目编码：01110202003003　项目名称：块料楼地面　计量单位：m²　工程量：174.81

清单综合单价组成明细

定额编号	定额项目名称	定额单位	数量	单价				合价			
				人工费	材料费	机械费	管理费和利润	人工费	材料费	机械费	管理费和利润
10-70	陶瓷地砖 楼地面周长在2000(mm以外)	100m²	0.01	2924.86	9902.76	82.84	946.22	29.25	99.03	0.83	9.46
4-1换	C20砾石混凝土(普通混凝土换为【普通混凝土(坍落度10~30mm 水泥32.5】90mm)C15,碎石10~30mm	m³	0.06	131.95	180.73	17.73	24.21	7.92	10.84	1.06	1.45
1-28	回填夯实3:7灰土	100m³	0.0015	5092.4	5455.04	107.72	780.92	7.64	8.18	0.16	1.17
人工单价											
综合工日72.5元/工日;综合工日(装饰)86元/工日	小计							44.8	118.05	2.05	12.09
	未计价材料费										0
	清单项目综合单价										176.99

项目编码：01110202003004　项目名称：块料楼地面　计量单位：m²

清单综合单价组成明细

定额编号	定额项目名称	定额单位	数量	单价				合价			
				人工费	材料费	机械费	管理费和利润	人工费	材料费	机械费	管理费和利润
10-70	陶瓷地砖 楼地面周长在2000(mm以外)	100m²	0.01	2924.86	9902.76	82.84	946.22	29.25	99.03	0.83	9.46
人工单价											
综合工日(装饰)86元/工日	小计							29.25	99.03	0.83	9.46
	未计价材料费										0
	清单项目综合单价										138.57

项目编码	011105003001	项目名称	块料踢脚线	计量单位	m²	工程量	105.58

清单综合单价组成明细

定额编号	定额项目名称	定额单位	数量	单价				合价			
				人工费	材料费	机械费	管理费和利润	人工费	材料费	机械费	管理费和利润
10-73	陶瓷地砖 踢脚线	100m²	0.01	3680.8	7003.76	59.87	787.47	36.81	70.04	0.6	7.87
人工单价			小计					36.81	70.04	0.6	7.87
综合工日(装饰)86元/工日			未计价材料费								0
清单项目综合单价											115.33

项目编码	011106004001	项目名称	水泥砂浆楼梯面	计量单位	m²	工程量	43.21

清单综合单价组成明细

定额编号	定额项目名称	定额单位	数量	单价				合价			
				人工费	材料费	机械费	管理费和利润	人工费	材料费	机械费	管理费和利润
10-3	水泥砂浆楼梯	100m²	0.01	3820.12	722.05	32.61	335.28	38.2	7.22	0.33	3.35
人工单价			小计					38.2	7.22	0.33	3.35
综合工日(装饰)86元/工日			未计价材料费								0
清单项目综合单价											49.1

项目编码	011201001001	项目名称	墙面一般抹灰（混凝土面）	计量单位	m²	工程量	28.72

清单综合单价组成明细

定额编号	定额项目名称	定额单位	数量	单价				合价			
				人工费	材料费	机械费	管理费和利润	人工费	材料费	机械费	管理费和利润
10-244 换	水泥砂浆 外砖墙面 20mm 厚 换为【6mm 厚水泥砂浆 1：2.5】	100m²	0.01	1357.94	432.74	26.94	133.21	13.58	4.33	0.27	1.33
10-1417	涂料 外墙喷丙烯酸·有光外用乳胶漆·抹灰面	100m²	0.01	344	2734.68	262.78	244.9	3.44	27.35	2.63	2.45
人工单价			小计					17.02	31.67	2.9	3.78
综合工日(装饰)86元/工日			未计价材料费								0
清单项目综合单价											55.38

项目编码	011201001002	项目名称	墙面一般抹灰（砖墙面）			计量单位	m²	工程量	1003.42

清单综合单价组成明细

定额编号	定额项目名称	定额单位	数量	单价				合价			
				人工费	材料费	机械费	管理费和利润	人工费	材料费	机械费	管理费和利润
10-244 换	水泥砂浆 外砖墙面 20mm 厚 换为【6mm 厚水泥砂浆 1：2.5】	100m²	0.01	1357.94	432.74	26.94	133.21	13.58	4.33	0.27	1.33
10-1417	涂料 外墙喷丙烯酸·有光外用乳胶漆·抹灰面	100m²	0.01	344	2734.68	262.78	244.9	3.44	27.35	2.63	2.45
人工单价					小计				17.02	31.67	2.9	3.78
综合工日（装饰）86 元/工日					未计价材料费				0			
清单项目综合单价								55.38			

项目编码	011201001003	项目名称	墙面一般抹灰			计量单位	m²	工程量	3017.32

清单综合单价组成明细

定额编号	定额项目名称	定额单位	数量	单价				合价			
				人工费	材料费	机械费	管理费和利润	人工费	材料费	机械费	管理费和利润
10-262	水泥石灰砂浆 内砖墙 16mm 厚	100m²	0.01	1167.02	433.39	21.98	118.91	11.67	4.33	0.22	1.19
人工单价					小计				11.67	4.33	0.22	1.19
综合工日（装饰）86 元/工日					未计价材料费				0			
清单项目综合单价								17.41			

项目编码	011204003001	项目名称	块料墙面			计量单位	m²	工程量	568.96

清单综合单价组成明细

定额编号	定额项目名称	定额单位	数量	单价				合价			
				人工费	材料费	机械费	管理费和利润	人工费	材料费	机械费	管理费和利润
10-393	水泥砂浆粘贴·砖墙面 周长 1000mm 以内	100m²	0.01	4044.24	8661.34	60.47	935.63	40.44	86.61	0.6	9.36
人工单价					小计				40.44	86.61	0.6	9.36
综合工日（装饰）86 元/工日					未计价材料费				0			
清单项目综合单价								137.01			

项目编码	01130100100 1	项目名称	天棚抹灰	计量单位	m²	工程量	838.16

清单综合单价组成明细

定额编号	定额项目名称	定额单位	数量	单价 人工费	单价 材料费	单价 机械费	单价 管理费和利润	合价 人工费	合价 材料费	合价 机械费	合价 管理费和利润
10-661	预制混凝土天棚面抹灰	100m²	0.01	1621.96	380.93	21.27	148.36	16.22	3.81	0.21	1.48
10-662	混凝土面天棚,预制板底勾缝水泥砂浆	100m²	0.01	307.02	15.23	0.71	23.67	3.07	0.15	0.01	0.24
人工单价	综合工日(装饰)86 元/工日		小计					19.29	3.96	0.22	1.72
	未计价材料费										
	清单项目综合单价										25.19

项目编码	01130100100 2	项目名称	天棚抹灰(现浇混凝土天面)	计量单位	m²	工程量	607.71

清单综合单价组成明细

定额编号	定额项目名称	定额单位	数量	单价 人工费	单价 材料费	单价 机械费	单价 管理费和利润	合价 人工费	合价 材料费	合价 机械费	合价 管理费和利润
10-660	现浇混凝土天棚面抹灰	100m²	0.01	1360.52	364.58	21.27	128	13.61	3.65	0.21	1.28
人工单价	综合工日(装饰)86 元/工日		小计					13.61	3.65	0.21	1.28
	未计价材料费										
	清单项目综合单价										18.75

项目编码	01140600100 1	项目名称	抹灰面油漆	计量单位	m²	工程量	4463.19

清单综合单价组成明细

定额编号	定额项目名称	定额单位	数量	单价 人工费	单价 材料费	单价 机械费	单价 管理费和利润	合价 人工费	合价 材料费	合价 机械费	合价 管理费和利润
10-1331	抹灰面油漆 乳胶漆抹灰面二遍	100m²	0.01	963.2	465.9	0	104.74	9.63	4.66	0	1.05
10-1332	抹灰面油漆 乳胶漆抹灰面每增加一遍	100m²	0.01	86	187.44	0	20.04	0.86	1.87	0	0.2
人工单价	综合工日(装饰)86 元/工日		小计					10.49	6.53	0	1.25
	未计价材料费										
	清单项目综合单价										18.27

清单综合单价组成明细

项目编码	011503003001	项目名称	塑料扶手、栏杆、栏板	计量单位	m	工程量	28.9

定额编号	定额项目名称	定额单位	数量	单价				合价			
				人工费	材料费	机械费	管理费和利润	人工费	材料费	机械费	管理费和利润
5-18	钢栏杆制作	t	0.012	2209.08	4676.65	1195.16	592.26	26.51	56.12	14.34	7.11
10-215	扶手 弯头 塑料扶手	100m	0.01	774	1657.14	0	178.18	7.74	16.57	0	1.78
人工单价				小计				34.25	72.69	14.34	8.89
综合工日 72.5 元/工日；综合工日(装饰)86 元/工日				未计价材料费							
清单项目综合单价								130.17			

清单综合单价组成明细

项目编码	011701002001	项目名称	外脚手架	计量单位	m²	工程量	1382.27

定额编号	定额项目名称	定额单位	数量	单价				合价			
				人工费	材料费	机械费	管理费和利润	人工费	材料费	机械费	管理费和利润
13-2	外脚手架 钢管架·24m 以内	100m²	0.01	624.23	655.04	45.15	110.97	6.24	6.55	0.45	1.11
人工单价				小计				6.24	6.55	0.45	1.11
综合工日 72.5 元/工日				未计价材料费							
清单项目综合单价								14.35			

清单综合单价组成明细

项目编码	011702001001	项目名称	基础	计量单位	m²	工程量	267.17

定额编号	定额项目名称	定额单位	数量	单价 人工费	材料费	机械费	管理费和利润	合价 人工费	材料费	机械费	管理费和利润
4-17	现浇构件模板 带形基础钢筋混凝土无梁式	m³	0.2448	21.75	13.72	2.58	3.18	5.32	3.36	0.63	0.78
人工单价		小计						5.32	3.36	0.63	0.78
综合工日 72.5 元/工日		未计价材料费									0
清单项目综合单价											10.09

清单综合单价组成明细

项目编码	011702003001	项目名称	构造柱	计量单位	m²	工程量	312.58

定额编号	定额项目名称	定额单位	数量	单价 人工费	材料费	机械费	管理费和利润	合价 人工费	材料费	机械费	管理费和利润
4-35	现浇构件模板 构造柱	m³	0.0725	192.13	62.98	7.78	22.02	13.92	4.56	0.56	1.6
人工单价		小计						13.92	4.56	0.56	1.6
综合工日 72.5 元/工日		未计价材料费									0
清单项目综合单价											20.63

清单综合单价组成明细

项目编码	011702003002	项目名称	构造柱	计量单位	m²	工程量	52.99

定额编号	定额项目名称	定额单位	数量	单价 人工费	材料费	机械费	管理费和利润	合价 人工费	材料费	机械费	管理费和利润
4-35	现浇构件模板 构造柱	m³	0.0123	192.13	62.98	7.78	22.02	2.36	0.77	0.1	0.27
人工单价		小计						2.36	0.77	0.1	0.27
综合工日 72.5 元/工日		未计价材料费									0
清单项目综合单价											3.51

矩形梁（L-1）

项目编码	项目名称	计量单位	工程量
0117020006001	矩形梁（L-1）	m²	50.08

清单综合单价组成明细

定额编号	定额项目名称	定额单位	数量	单价 人工费	材料费	机械费	管理费和利润	合价 人工费	材料费	机械费	管理费和利润
4-37	现浇构件模板 梁及框架梁矩形	m³	0.0935	328.43	147.95	17.94	41.42	30.7	13.83	1.68	3.87
人工单价			小计					30.7	13.83	1.68	3.87
综合工日 72.5 元/工日			未计价材料费								0
			清单项目综合单价								22.68

矩形梁（L-2）

项目编码	项目名称	计量单位	工程量
0117020006002	矩形梁（L-2）	m²	50.08

清单综合单价组成明细

定额编号	定额项目名称	定额单位	数量	单价 人工费	材料费	机械费	管理费和利润	合价 人工费	材料费	机械费	管理费和利润
4-37	现浇构件模板 梁及框架梁矩形	m³	0.0935	328.43	147.95	17.94	41.42	30.7	13.83	1.68	3.87
人工单价			小计					30.7	13.83	1.68	3.87
综合工日 72.5 元/工日			未计价材料费								0
			清单项目综合单价								22.68

矩形梁（L-3）

项目编码	项目名称	计量单位	工程量
0117020006003	矩形梁（L-3）	m²	50.08

清单综合单价组成明细

定额编号	定额项目名称	定额单位	数量	单价 人工费	材料费	机械费	管理费和利润	合价 人工费	材料费	机械费	管理费和利润
4-37	现浇构件模板 梁及框架梁矩形	m³	0.2312	328.43	147.95	17.94	41.42	75.93	34.2	4.15	9.58
人工单价			小计					75.93	34.2	4.15	9.58
综合工日 72.5 元/工日			未计价材料费								0
			清单项目综合单价								123.86

项目编码 011702006004　**项目名称** 矩形梁（L-4）　**计量单位** m²　**工程量** 45.36

清单综合单价组成明细

定额编号	定额项目名称	定额单位	数量	单价				合价			
				人工费	材料费	机械费	管理费和利润	人工费	材料费	机械费	管理费和利润
4-37	现浇构件模板 梁及框架梁梁矩形	m³	0.0712	328.43	147.95	17.94	41.42	23.39	10.54	1.28	2.95
人工单价	小计							23.39	10.54	1.28	2.95
综合工日 72.5元/工日	未计价材料费							0			

清单项目综合单价　38.16

项目编码 011702006005　**项目名称** 矩形梁（L-6）　**计量单位** m²　**工程量**

清单综合单价组成明细

定额编号	定额项目名称	定额单位	数量	单价				合价			
				人工费	材料费	机械费	管理费和利润	人工费	材料费	机械费	管理费和利润
4-37	现浇构件模板 梁及框架梁梁矩形	m³	0.0764	328.43	147.95	17.94	41.42	25.09	11.3	1.37	3.16
人工单价	小计							25.09	11.3	1.37	3.16
综合工日 72.5元/工日	未计价材料费							0			

清单项目综合单价　40.92

项目编码 011702006006　**项目名称** 矩形梁（L-7）　**计量单位** m²　**工程量**

清单综合单价组成明细

定额编号	定额项目名称	定额单位	数量	单价				合价			
				人工费	材料费	机械费	管理费和利润	人工费	材料费	机械费	管理费和利润
4-37	现浇构件模板 梁及框架梁梁矩形	m³	0.0856	328.43	147.95	17.94	41.42	28.12	12.67	1.54	3.55
人工单价	小计							28.12	12.67	1.54	3.55
综合工日 72.5元/工日	未计价材料费							0			

清单项目综合单价　45.87

清单综合单价组成明细

项目编码	01170200607	项目名称	矩形梁（L-8）	计量单位	m²	工程量	30.58

定额编号	定额项目名称	定额单位	数量	单价 人工费	材料费	机械费	管理费和利润	合价 人工费	材料费	机械费	管理费和利润
4-37	现浇构件模板 梁及框架梁 矩形	m³	0.0687	328.43	147.95	17.94	41.42	22.55	10.16	1.23	2.84
人工单价											
综合工日 72.5元/工日	小计							22.55	10.16	1.23	2.84
	未计价材料费							0			
清单项目综合单价								36.78			

清单综合单价组成明细

项目编码	01170200608	项目名称	矩形梁（L-10）	计量单位	m²	工程量	41

定额编号	定额项目名称	定额单位	数量	单价 人工费	材料费	机械费	管理费和利润	合价 人工费	材料费	机械费	管理费和利润
4-37	现浇构件模板 梁及框架梁 矩形	m³	0.0765	328.43	147.95	17.94	41.42	25.14	11.32	1.37	3.17
人工单价											
综合工日 72.5元/工日	小计							25.14	11.32	1.37	3.17
	未计价材料费							0			
清单项目综合单价								41.00			

清单综合单价组成明细

项目编码	01170200609	项目名称	矩形梁（LL-1）	计量单位	m²	工程量	121.97

定额编号	定额项目名称	定额单位	数量	单价 人工费	材料费	机械费	管理费和利润	合价 人工费	材料费	机械费	管理费和利润
4-37	现浇构件模板 梁及框架梁 矩形	m³	0.0761	328.43	147.95	17.94	41.42	24.99	11.26	1.36	3.15
人工单价											
综合工日 72.5元/工日	小计							24.99	11.26	1.36	3.15
	未计价材料费							0			
清单项目综合单价								40.76			

项目编码	011702006010	项目名称	矩形梁（YPL）		计量单位	m²	工程量	2.96

清单综合单价组成明细

定额编号	定额项目名称	定额单位	数量	单价				合价			
				人工费	材料费	机械费	管理费和利润	人工费	材料费	机械费	管理费和利润
4-37	现浇构件模板 梁及框架梁 矩形	m³	0.0811	328.43	147.95	17.94	41.42	26.63	12	1.45	3.36
人工单价				小计				26.63	12	1.45	3.36
综合工日 72.5 元/工日				未计价材料费				0			
清单项目综合单价								43.45			

项目编码	011702007001	项目名称	异形梁（L-5）		计量单位	m²	工程量	13.44

清单综合单价组成明细

定额编号	定额项目名称	定额单位	数量	单价				合价			
				人工费	材料费	机械费	管理费和利润	人工费	材料费	机械费	管理费和利润
4-38	现浇构件模板 梁及框架梁 异形	m³	0.0722	377.73	205.26	30.79	51.42	27.26	14.81	2.22	3.71
人工单价				小计				27.26	14.81	2.22	3.71
综合工日 72.5 元/工日				未计价材料费				0			
清单项目综合单价								48			

项目编码	011702008001	项目名称	地圈梁		计量单位	m²	工程量	153.3

清单综合单价组成明细

定额编号	定额项目名称	定额单位	数量	单价				合价			
				人工费	材料费	机械费	管理费和利润	人工费	材料费	机械费	管理费和利润
4-39	现浇构件模板 圈过梁	m³	0.0689	274.78	130.92	8.98	34.75	18.95	9.03	0.62	2.4
人工单价				小计				18.95	9.03	0.62	2.4
综合工日 72.5 元/工日				未计价材料费				0			
清单项目综合单价								30.99			

| 项目编码 | 0117020008002 | 项目名称 | 圈梁(QL1~3) | 计量单位 | m² | 工程量 | 908.1 |

清单综合单价组成明细

定额编号	定额项目名称	定额单位	数量	单价				合价			
				人工费	材料费	机械费	管理费和利润	人工费	材料费	机械费	管理费和利润
4-39	现浇构件模板 圈过梁	m³	0.0493	274.78	130.92	8.98	34.75	13.54	6.45	0.44	1.71
人工单价	小计							13.54	6.45	0.44	1.71
综合工日 72.5元/工日	未计价材料费								0		
	清单项目综合单价							22.14			

| 项目编码 | 0117020014001 | 项目名称 | 有梁板(80mm) | 计量单位 | m² | 工程量 | 44.02 |

清单综合单价组成明细

定额编号	定额项目名称	定额单位	数量	单价				合价			
				人工费	材料费	机械费	管理费和利润	人工费	材料费	机械费	管理费和利润
4-48	现浇构件模板 有梁板 板厚10cm以内	m³	0.0856	304.5	144.53	25.58	39.76	26.05	12.37	2.19	3.4
人工单价	小计							26.05	12.37	2.19	3.4
综合工日 72.5元/工日	未计价材料费								0		
	清单项目综合单价							44.02			

| 项目编码 | 0117020014002 | 项目名称 | 有梁板(100mm) | 计量单位 | m² | 工程量 | 16.37 |

清单综合单价组成明细

定额编号	定额项目名称	定额单位	数量	单价				合价			
				人工费	材料费	机械费	管理费和利润	人工费	材料费	机械费	管理费和利润
4-48	现浇构件模板 有梁板 板厚10cm以内	m³	0.0319	304.5	144.53	25.58	39.76	9.7	4.6	0.81	1.27
人工单价	小计							9.7	4.6	0.81	1.27
综合工日 72.5元/工日	未计价材料费								0		
	清单项目综合单价							16.37			

414　工程计价与造价管理

项目编码	0117020016001	项目名称	平板(楼梯间100mm)	计量单位	m²	工程量	33.3

清单综合单价组成明细

定额编号	定额项目名称	定额单位	数量	单价				合价			
				人工费	材料费	机械费	管理费和利润	人工费	材料费	机械费	管理费和利润
4-51	现浇构件模板 平板板厚10cm以内	m³	0.1	322.63	155.29	25.03	42.14	32.26	15.53	2.5	4.21
人工单价			小计					32.26	15.53	2.5	4.21
综合工日 72.5元/工日			未计价材料费					0			
清单项目综合单价								54.5			

项目编码	0117020016002	项目名称	平板(100mm)	计量单位	m²	工程量	54.5

清单综合单价组成明细

定额编号	定额项目名称	定额单位	数量	单价				合价			
				人工费	材料费	机械费	管理费和利润	人工费	材料费	机械费	管理费和利润
4-51	现浇构件模板 平板板厚10cm以内	m³	0.1	322.63	155.29	25.03	42.14	32.26	15.53	2.5	4.21
人工单价			小计					32.26	15.53	2.5	4.21
综合工日 72.5元/工日			未计价材料费					0			
清单项目综合单价								54.5			

项目编码	0117020024001	项目名称	楼梯	计量单位	m²	工程量	116.91

清单综合单价组成明细

定额编号	定额项目名称	定额单位	数量	单价				合价			
				人工费	材料费	机械费	管理费和利润	人工费	材料费	机械费	管理费和利润
4-56	现浇构件模板 整体楼梯 普通	10m²	0.1	748.2	287.07	43.44	90.38	74.82	28.71	4.34	9.04
人工单价			小计					74.82	28.71	4.34	9.04
综合工日 72.5元/工日			未计价材料费					0			
清单项目综合单价								116.91			

项目编码	01170202023001		项目名称		雨篷			计量单位	m²	工程量	3.41
清单综合单价组成明细											
定额编号	定额项目名称	定额单位	数量	单价				合价			
				人工费	材料费	机械费	管理费和利润	人工费	材料费	机械费	管理费和利润
4-58	现浇构件模板 雨篷	10m²	0.1	517.65	226.68	36.73	65.44	51.77	22.67	3.67	6.54
人工单价		小计						51.77	22.67	3.67	6.54
综合工日 72.5 元/工日		未计价材料费									
清单项目综合单价									84.65		

项目编码	01170202023002		项目名称		阳台板（1-6层）			计量单位	m²	工程量	90.58
清单综合单价组成明细											
定额编号	定额项目名称	定额单位	数量	单价				合价			
				人工费	材料费	机械费	管理费和利润	人工费	材料费	机械费	管理费和利润
4-60	现浇构件模板 阳台底板	10m²	0.1	534.33	261.19	40.29	70.03	53.43	26.12	4.03	7
人工单价		小计						53.43	26.12	4.03	7
综合工日 72.5 元/工日		未计价材料费								0	
清单项目综合单价									144.72		

项目编码	01170202023003		项目名称		阳台板（6层顶）			计量单位	m²	工程量	
清单综合单价组成明细											
定额编号	定额项目名称	定额单位	数量	单价				合价			
				人工费	材料费	机械费	管理费和利润	人工费	材料费	机械费	管理费和利润
4-59	现浇构件模板 整体阳台	10m²	0.1	1134.63	862.45	72.42	173.4	113.46	86.25	7.24	17.34
人工单价		小计						113.46	86.25	7.24	17.34
综合工日 72.5 元/工日		未计价材料费								0	
清单项目综合单价									224.3		

项目编码	011702009001	项目名称	过梁	计量单位	m³	工程量	7.22

清单综合单价组成明细

定额编号	定额项目名称	定额单位	数量	单价				合价			
				人工费	材料费	机械费	管理费和利润	人工费	材料费	机械费	管理费和利润
4-84	预制构件模板 过梁	m³	1	159.5	103.69	92.08	29.76	159.5	103.69	92.08	29.76
人工单价			小计					159.5	103.69	92.08	29.76
综合工日 72.5 元/工日			未计价材料费					0			
清单项目综合单价								385.03			

项目编码	011702019001	项目名称	空心板	计量单位	m³	工程量	69.84

清单综合单价组成明细

定额编号	定额项目名称	定额单位	数量	单价				合价			
				人工费	材料费	机械费	管理费和利润	人工费	材料费	机械费	管理费和利润
4-112	预制构件模板 预应力多孔板 120 厚	m³	1	145.73	62.25	62.95	22.7	145.73	62.25	62.95	22.7
人工单价			小计					145.73	62.25	62.95	22.7
综合工日 72.5 元/工日			未计价材料费					0			
清单项目综合单价								293.63			

项目编码	011703001001	项目名称	垂直运输	计量单位	m²	工程量	1517.7

清单综合单价组成明细

定额编号	定额项目名称	定额单位	数量	单价				合价			
				人工费	材料费	机械费	管理费和利润	人工费	材料费	机械费	管理费和利润
14-1	20m(6层)以内卷扬机施工 住宅及服务用房,混合结构	100m²	0.01	0	0	1334.62	111.83	0	0	13.35	1.12
人工单价			小计					0	0	13.35	1.12
			未计价材料费					0			
清单项目综合单价								14.47			

附表8　总价措施项目清单与计价表

工程名称：×××小区1#住宅楼建筑工程　　　　　　　　　　　　　　　　　　第1页　共1页

序号	项目编码	项目名称	计算基础	费率/%	金额/元	调整费率/%	调整后金额/元	备注
1	011707001001	安全文明施工（含环境保护、文明施工、安全施工、临时设施）	分部分项合计＋技术措施项目合计＋其他项目合计	2.6	41256.89			
2	011707002001	夜间施工	分部分项合计	0.76	10003.53			
3	011707003001	非夜间施工照明	分部分项合计	0				
4	011707004001	二次搬运	分部分项合计	0.34	4475.26			
5	011707005001	冬雨季施工	分部分项合计	0				
6	011707006001	地上、地下设施、建筑物的临时保护设施	分部分项合计	0				
7	011707007001	已完工程及设备保护	分部分项合计	0				
		合计			55735.68			

编制人（造价人员）：　　　　　　　　　　　　　　　　　　　复核人（造价工程师）：

附表9　其他项目清单与计价汇总表

工程名称：×××小区1#住宅楼建筑工程　　　　　　　　　　　　　　　　　第1页　共1页

序号	项目名称	金额/元	结算金额/元	备注
1	暂列金额	200000		见暂列金额明细表
2	暂估价	50000		见材料（工程设备）暂估单价及调整表
2.1	材料暂估价	—		见材料（工程设备）暂估单价及调整表
2.2	专业工程暂估价	50000		见专业工程暂估价及结算价表
3	计日工	20050		见计日工表
4	总承包服务费	500		见总承包服务费计价表
	合　计	270550		—

附表9.1　暂列金额明细表

工程名称：×××小区1#住宅楼建筑工程　　　　　　　　　　　　　　　　　第1页　共1页

序号	项目名称	计量单位	暂定金额/元	备注
1	工程量清单中工程量偏差和设计变更	元	100000	
2	政策性调整和材料价格风险	元	100000	
	合　计		200000	—

附表9.2　专业工程暂估价及结算价表

工程名称：×××小区1#住宅楼建筑工程　　　　　　　　　　　　　　　　　第1页　共1页

序号	工程名称	工程内容	暂估金额/元	结算金额/元	差额±/元	备注
1	户内天然气工程	安装	50000			
	合　计		50000		—	

注：此表"暂估金额"由招标人填写，投标人应将"暂估金额"计入投标总价中。结算时按合同约定结算金额填写。

附表9.3　计日工表

工程名称：×××小区1#住宅楼建筑工程　　　　　　　　　　　　　　　　　第1页　共1页

编号	项目名称	单位	暂定数量	实际数量	综合单价/元	合价	
						暂定	实际
1	人工						
1.1	综合工日	工日	100		150	15000	
	人工小计					15000	

续表

编号	项目名称	单位	暂定数量	实际数量	综合单价/元	合价 暂定	合价 实际
2	材料						
2.1	水泥 PO32.5	t	5		360	1800	
	材料小计					1800	
3	机械						
3.1	砂浆搅拌机(400L)	台班	50		65	3250	
	机械小计					3250	
	4. 企业管理费和利润						
	总　计					20050	

注：此表项目名称、暂定数量由招标人填写，编制招标控制价时，单价由招标人按有关计价规定确定；投标时，单价由投标人自主报价，按暂定数量计算合价计入投标总价中。结算时，按发承包双方确认的实际数量计算合价。

附表 9.4　总承包服务费计价表

工程名称：×××小区 1# 住宅楼建筑工程　　　　　　　　　　第 1 页 共 1 页

序号	项目名称	项目价值/元	服务内容	计算基础	费率/%	金额/元
1	发包人发包专业工程管理服务费	50000			1	500
2	发包人供应材料、设备保管费					
	合　计					500

注：此表项目名称、服务内容由招标人填写，编制招标控制价时，费率及金额由招标人按有关计价规定确定；投标时，费率及金额由投标人自主报价，计入投标总价中。

附表 10　规费、税金项目计价表

工程名称：×××小区 1# 住宅楼建筑工程　　　　　　　　　　第 1 页　共 1 页

序号	项目名称	计算基础	计算基数	计算费率/%	金额/元
1	规费	养老保险＋失业保险＋医疗保险＋工伤保险＋残疾人就业保险＋女工生育保险＋住房公积金＋危险作业意外伤害保险	76706.6		76706.6
1.1	社会保障费	养老保险＋失业保险＋医疗保险＋工伤保险＋残疾人就业保险＋女工生育保险	70629.2		70629.2
1.2	养老保险	分部分项工程费＋措施项目费＋其他项目费	1642539.02	3.55	58310.14
1.3	失业保险	分部分项工程费＋措施项目费＋其他项目费	1642539.02	0.15	2463.81
1.4	医疗保险	分部分项工程费＋措施项目费＋其他项目费	1642539.02	0.45	7391.43
1.5	工伤保险	分部分项工程费＋措施项目费＋其他项目费	1642539.02	0.07	1149.78
1.6	残疾人就业保险	分部分项工程费＋措施项目费＋其他项目费	1642539.02	0.04	657.02
1.7	女工生育保险	分部分项工程费＋措施项目费＋其他项目费	1642539.02	0.04	657.02
1.8	住房公积金	分部分项工程费＋措施项目费＋其他项目费	1642539.02	0.3	4927.62
1.9	危险作业意外伤害保险	分部分项工程费＋措施项目费＋其他项目费	1642539.02	0.07	1149.78
2	税金	分部分项工程费＋措施项目费＋其他项目费＋规费	1719245.62	3.48	59829.75
	合计				136536.35

编制人（造价人员）：　　　　　　　　　　　　　　复核人（造价工程师）：

附表 11　清单工程量计算书

序号	分部分项工程名称（清单编号）	单位	数量	工程量计算式
0	建筑面积	m²	1517.70	[22.64×10.64＋1.5×(3.6＋4.2＋0.12×2)×2/2]×6＝1517.70 m²
1	平整场地(010101001001)	m²	265.01	建筑物首层面积：22.64×10.64＋1.5×(3.6＋4.2＋0.12×2)×2＝265.01m²

序号	分部分项工程名称 （清单编号）	单位	数量	工程量计算式
2	挖基础土方 (010101003001)	m³	418.37	(1)1－1断面 1轴、11轴：10.4×2＝20.8m 垫层面积：20.8×(1.8+0.2)＝41.6 m² (2)2－2断面 2轴、10轴：(10.4－0.65－0.75－1.80)×2＝14.4m 4轴、8轴：(4.8－0.75)×2＝8.1m 6轴：10.4－0.65－0.75－1.5＝7.5m 长度小计：14.4+8.1+7.5＝30m 垫层面积：30×(2.5+0.2)＝81m² (3)3－3断面 C轴：22.4－1.0×2－2.6－0.9－1.35＝15.55m 5轴：5.6－0.65－0.75＝4.2m 长度小计：15.55+4.2＝19.75m 垫层面积：19.75×(1.6+0.2)＝35.55m² (4)4－4断面 E轴：22.4m 3、7、9轴：(3.6－0.65－0.9)×3＝6.15m 长度小计：22.4+6.15＝28.55m 垫层面积：28.55×(1.1+0.2)＝37.12m² (5)5－5断面 A轴：22.4m B轴6.8m 长度小计：22.4+6.8＝29.2m 垫层面积：29.2×(1.3+0.2)＝43.8m² 基础垫层总面积：41.6+81+35.55+37.12+43.8＝239.07 m² 基础土方工程量：239.07×(2.1+0.1－0.45)＝418.37 m³
3	土方回填 （基础回填） (010103001001)	m³	275.84	挖方：418.37 m³ 扣除室外地面下基础体积：53.22+23.91+65.4＝142.53 m³ 回填土工程量：418.37－142.53＝275.84m³
4	土方回填 （室内回填） (010103001002)	m³	38.87	略
5	砖基础 （M10水泥砂浆） (010401001001)	m³	53.22	(1)基础外墙中心线长：(22.4+10.4)×2＝65.6m (2)基础内墙净长线长 22.4－0.24－(2.6－0.24)+(6.8+0.24)+(10.4－0.24×2)×2+(3.6－0.24)×3+(4.8－0.24)×2+(5.6－0.24×2)+(10.4－0.24×3)＝80.68m (3)基础总长：65.6+80.68＝146.28m (4)基础体积 0.24×(2.1－0.2－0.15－0.3+0.066)×146.28＝53.22 m³
6	实心砖墙 （M5一砖外墙） (010401003001)	m³	148.50	(1)底层 外墙长：(22.4+10.4)×2－(3.6+4.2+0.12×2)×2＝49.52m 墙高：3－0.3＝2.7m 底层毛面积：49.52×2.7＝133.7m² 扣：C1：1.8×1.8×4＝10.8m² 　　C2：1.5×1.5×3＝6.75m² 　　C3：1.2×1.5×2＝3.6m² 　　C4：1.5×0.6×2＝1.8m² 门窗洞口合计：25.3 m²

续表

序号	分部分项工程名称 （清单编号）	单位	数量	工程量计算式
6	实心砖墙 （M5 一砖外墙） （010401003001）	m³	148.50	底层墙体净面积：133.7－25.3＝108.4 m² （2）标准层 标准层毛面积同底层：133.7 m² 扣：C1：1.8×1.8×4＝10.8m² 　　C2：1.5×1.5×3＝6.75m² 　　C2′：1.2×1.5×1＝1.8m² 　　C3：1.2×1.5×2＝3.6m² 　　C4：1.5×0.6×2＝1.8m² 门窗洞口合计：24.75m² 标准层墙体净面积：133.7－24.75＝108.95m² 1～6 层墙体净面积：108.4＋108.95×5＝653.15 m² （3）体积 653.15×0.24＝156.76 m³ 扣构造柱体积：[0.24×0.24×(3－0.3)×8＋0.03×0.24×(3－0.3)×20]×6＝3.27 m³ 扣过梁体积 　　C1：(1.8＋0.5)×0.12×0.24×4×6＝1.59m³ 　　C2：(1.5＋0.5)×0.12×0.24×3×6＝1.04m³ 　　C2′：(1.5＋0.5)×0.12×0.24×5＝0.29m³ 　　C3：(1.2＋0.5)×0.12×0.24×2×6＝0.59m³ 　　C4：(0.6＋0.5)×0.12×0.24×2×6＝0.38m³ 过梁合计：3.89m³ 扣雨篷梁体积：(2.6－0.122)×0.45×0.24＝0.25m³ 扣 L1 伸入墙内体积：1.97×(0.45－0.3)×0.24×2×6＝0.85 m³ M5 一砖外墙总计： 156.76－3.27－3.89－0.25－0.85＝148.50m³
7	实心砖墙 （M5 一砖女儿墙） （010401003002）	m³	8.97	墙长：(22.4＋10.4)×2＝65.6m 墙高：0.6m 体积：65.6×0.6×0.24＝9.45 m³ 扣构造柱体积：0.24×0.24×0.6×14＝0.48 m³ 女儿墙总计：9.45－0.48＝8.97 m³
8	实心砖墙 （M5 半砖阳台栏板） （010401003003）	m³	12.76	墙长：(3.6＋4.2＋1.5×2)×6＝129.6m 墙高：0.9m 体积：129.6×0.9×0.115＝13.41 m³ 扣构造柱体积： 0.115×0.115×0.9×6×6＋0.115×0.03×0.9×6×6×2＝0.65 m³ 半砖阳台栏板总计：13.41－0.65＝12.76 m³
9	实心砖墙 （M5 一砖内墙） （010401003004）	m³	267.87	（1）底层 一砖内墙净长 A 轴：(7.8－0.24)×2＝15.12m B 轴：3.4×2＋0.12×2＝7.04m C 轴：22.4－0.12×2－2.76－2.36－2.86＝14.18m 2、10 轴：(10.4－0.12×2－2－0.12＋0.06)×2＝16.2m 3、5、6、7、9/C～E 轴：(3.6－0.12×2)×5＝16.8m 4、6、8/A～B 轴：(4.8－0.12×2)×3＝13.68m 5、6/B～C 轴：(2－0.12×2)×2＝3.52m 一砖内墙净长合计：86.54m 墙高：3－0.3＝2.7m 底层墙体毛面积：86.54×2.7＝233.66 m²

序号	分部分项工程名称 （清单编号）	单位	数量	工程量计算式
9	实心砖墙 （M5 一砖内墙） （010401003004）	m³	267.87	扣　M2:1.0×2.1×2＝4.2m² 　　M3:0.9×2.1×5＝9.45m² 　　M4:0.8×2.1×2＝3.36m² 　　C1:1.8×1.8×2＝6.48m² 阳台洞口:3.2×(3−0.45)×2＝16.32 m² 门窗洞合计:39.81 m² 底层墙体净面积:233.66−39.81＝193.85m² (2)标准层:同底层 (3)体积 1～6 层一砖内墙净面积:193.85×0.24×6＝279.14 m³ 扣构造柱体积:[0.24×0.24×(3−0.3)×4＋0.03×0.24×(3−0.3)×25]×6＝6.65 m³ 扣过梁体积 　　C1:(1.8＋0.5)×0.12×0.24×2×6＝0.79m³ 　　M2:(1＋0.12＋0.25)×0.12×0.24×2×6＝1.25m³ 　　M3:(0.9＋0.5)×0.12×0.24×5×6＝1.21m³ 　　M4:(0.8＋0.5)×0.12×0.24×2×6＝0.45m³ 过梁合计:2.92m³ 扣 L2、L3 伸入墙内体积: 　　1.97×(0.45−0.3)×0.24×4×6＝1.7 m³ M5 一砖内墙总计:279.14−6.65−2.92−1.7＝267.87m³
10	实心砖墙 （M5 半砖内墙） （010401003005）	m³	13.60	(1)底层 墙长:(3.6−0.24＋2.0−0.18)×2＝10.36m 墙高:3−0.35＝2.65m 墙体毛面积:10.36×2.65＝27.45 m² 扣　M3:0.9×2.1×2＝3.78m² 　　M4:0.8×2.1×2＝3.36m² 门窗洞合计:7.14 m² 底层墙体净面积:27.45−7.14＝20.31m² (2)标准层:同底层 (3)体积:20.31×0.115×6＝14.01m³ 扣过梁体积 　　M3:(0.9＋0.25)×0.12×0.115×2×6＝0.19m³ 　　M4:(0.8＋0.5)×0.12×0.115×2×6＝0.22m³ 过梁合计:0.41m³ M5 半砖内墙体积:14.01−0.41＝13.60 m³
11	垫层 （010501001001）	m³	23.91	略
12	带形基础 （C25） （010501002001）	m³	65.40	(1)带形基础 A 轴:[1.3×0.2＋(0.46＋1.3)×0.15/2]×22.4＝8.87m³ B 轴:[1.3×0.2＋(0.46＋1.3)×0.15/2]×(3.4−1.25)×2＝1.69m³ C 轴:[1.6×0.2＋(0.46＋1.6)×0.15/2]×(3.6−0.9−1.25＋3＋2−1.25−0.8＋2.5＋2＋3.1＋3.6−1.25×3−0.9)＝5.2m³ E 轴:[1.1×0.2＋(0.46＋1.1)×0.15/2]×22.4＝7.55m³ 1 轴:[1.8×0.2＋(0.46＋1.8)×0.15/2]×10.4＝5.51m³ 2 轴:[2.5×0.2＋(0.46＋2.5)×0.15/2]×(10.4−0.55−0.65)＝6.64m³ 3 轴:[1.1×0.2＋(0.46＋1.1)×0.15/2]×(3.6−0.55−0.8)＝0.76m³

序号	分部分项工程名称 （清单编号）	单位	数量	工程量计算式
12	带形基础 （C25） （010501002001）	m³	65.40	4 轴：$[2.5 \times 0.2 + (0.46 + 2.5) \times 0.15/2] \times (4.8 - 0.65) = 3.0\text{m}^3$ 5 轴：$[1.6 \times 0.2 + (0.46 + 1.6) \times 0.15/2] \times (2 + 3.6 - 0.55 - 0.65)$ 　　$= 2.09\text{m}^3$ 6 轴：同 2 轴 6.64m³ 7 轴：同 3 轴 0.76m³ 8 轴：同 4 轴 3.0m³ 9 轴：同 3 轴 0.76m³ 10 轴：同 2 轴 6.64m³ 带形基础小计：64.53m³ (2)带形基础 T 形接头增加部分 1—1 剖与 3—3 剖 2 个 $V = (0.9 - 0.23) \times 0.15 \times (2 \times 0.46 + 1.6)/6 \times 2 = 0.08 \text{ m}^3$ 2—2 剖与 3—3 剖 6 个 $V = (1.25 - 0.23) \times 0.15 \times (2 \times 0.46 + 1.6)/6 \times 6 = 0.39 \text{ m}^3$ 2—2 剖与 4—4 剖 3 个 $V = (0.55 - 0.23) \times 0.15 \times (2 \times 0.46 + 2.5)/6 \times 3 = 0.08 \text{ m}^3$ 2—2 剖与 5—5 剖 5 个 $V = (0.65 - 0.23) \times 0.15 \times (2 \times 0.46 + 2.5)/6 \times 5 = 0.18\text{m}^3$ 3—3 剖与 3—3 剖 1 个 $V = (0.8 - 0.23) \times 0.15 \times (2 \times 0.46 + 1.6)/6 \times 1 = 0.04\text{m}^3$ 3—3 剖与 4—4 剖 1 个 $V = (0.55 - 0.23) \times 0.15 \times (2 \times 0.46 + 1.6)/6 \times 1 = 0.02 \text{ m}^3$ 3—3 剖与 5—5 剖 1 个 $V = (0.65 - 0.23) \times 0.15 \times (2 \times 0.46 + 1.6)/6 \times 1 = 0.03\text{m}^3$ 4—4 剖与 4—4 剖 3 个 $V = (0.55 - 0.23) \times 0.15 \times (2 \times 0.46 + 1.1)/6 \times 3 = 0.05\text{m}^3$ T 形接头增加小计：0.87 m³ 带形基础工程量：65.40 m³
13	矩形柱（C25 GZ1） （010502002001）	m³	22.65	(1)基础及 1~6 层 $(0.24 \times 0.24 \times 16 + 0.03 \times 0.24 \times 43) \times (17.95 + 0.06) = 22.17 \text{ m}^3$ (2)屋面 $0.24 \times 0.24 \times 0.6 \times 14 = 0.48 \text{ m}^3$ GZ1 工程量：22.65m³
14	矩形柱（C25 GZ2） （010502002002）	m³	0.65	$0.115 \times 0.115 \times 0.9 \times 6 \times 6 + 0.115 \times 0.03 \times 0.9 \times 6 \times 6 \times 2 = 0.65\text{m}^3$
15	矩形梁（C25L1） （010503002001）	m³	2.12	$0.24 \times 0.42 \times 1.5 \times 2 \times 7 = 2.12 \text{ m}^3$
16	矩形梁（C25L2） （010503002002）	m³	2.12	$0.24 \times 0.42 \times 1.5 \times 2 \times 7 = 2.12 \text{ m}^3$
17	矩形梁（C25L3） （010503002003）	m³	2.12	$0.24 \times 0.42 \times 1.5 \times 2 \times 7 = 2.12 \text{ m}^3$
18	矩形梁（C25L4） （010503002004）	m³	3.23	$0.2 \times 0.35 \times 3.84 \times 2 \times 6 = 0.54 \text{ m}^3$
19	矩形梁（C25L6） （010503002005）	m³	0.77	$0.24 \times 0.24 \times 2.24 \times 6 = 0.77 \text{ m}^3$
20	矩形梁（C25L7） （010503002006）	m³	1.87	$0.24 \times 0.4 \times 3.24 \times 6 = 1.87 \text{ m}^3$
21	矩形梁（C25L8） （010503002007）	m³	2.10	$0.24 \times 0.45 \times 3.24 \times 6 = 2.10 \text{ m}^3$

续表

序号	分部分项工程名称 (清单编号)	单位	数量	工程量计算式
22	矩形梁(C25L10) (010503002008)	m³	5.13	0.24×0.45×(4.2−0.12×2)×2×6=5.13m³
23	矩形梁(C25LL1) (010503002009)	m³	9.28	[0.45×0.2×(3.6+4.2+0.12×2)−0.42×0.2×0.24×6]×7= 9.28 m³
24	矩形梁(C25YPL) (010503002010)	m³	0.24	0.24×0.42×(2.6−0.12×2)=0.24 m³
25	异形梁(C25L5) (010503003001)	m³	0.97	(0.24×0.24+0.12×0.12)×2.24×6=0.97 m³
26	圈梁(C25DQL) (010503004001)	m³	10.57	DQL 长:(22.4+10.4)×2+22.4−0.24−(2.6−0.24)+(6.8+0.24)+ (10.4−0.24)×2+(3.6−0.24)×3+(4.8−0.24)×2+(5.6−0.24×2) +(10.4−0.24×3)=146.76m DQL 体积:0.24×0.3×146.76=10.57 m³
27	圈梁(C25 标准层) (010503004002)	m³	44.74	略
28	过梁(C25) (010503005001)	m³	7.22	3.89+2.92+0.41=7.22m³
29	有梁板 (C25 板厚 80mm) (010505001001)	m³	5.94	L9:0.2×0.35×2.06×2×5=1.44 m³ B2:(3.6−0.24−0.2)×(2−0.12−0.1)×0.08×2×5=4.5 m³ 80 厚有梁板体积:5.94 m³
30	有梁板 (C25 板厚 100mm) (010505001002)	m³	1.41	L9:0.2×0.35×2.06×2=0.29m³ B2:(3.6−0.24−0.2)×(2−0.12−0.1)×0.1×2=1.12m³ 100 厚有梁板体积:1.41 m³
31	平板 (C25 板厚 100mm) (010505003001)	m³	24.06	面积:(2−0.24)×(0.8−0.24)+(5−0.24×2)×(3.6−0.24)+(2.5+ 2+3.1−0.24×3)×(3.6−0.24)=40.1 m² 100 厚平板体积:40.1×0.1×6=24.06 m³
32	平板 (C25 楼梯间厚 100mm) (010505003002)	m³	3.33	面积:(2−0.25)×(2.6−0.24)×5+(2+3.6−0.24)×(2.6−0.24)= 33.3 m² 楼梯间平板体积:33.3×0.1=3.33m³
33	栏板(C25 屋面 600mm 栏板)(010505006001)	m³	1.04	略
34	阳台板 (C25 板厚 100mm) (010505008001)	m³	13.32	面积:(3.6+4.2−0.24×2)×(1.5−0.2)×2×7=133.22 m² 100 厚阳台板体积:133.22×0.1=13.32m³
35	雨篷板 (C25 板厚 100mm) (010505008002)	m³	0.42	1.2×(2.6+0.12×2)×0.1+(1.2×2+2.6+0.12×2−0.08×2)×0.2× 0.08=0.42 m³
36	直形楼梯 (010506001001)	m²	43.21	(2.08+1.28+0.25)×(2.6−0.24)×4.5+(2.34+1.66+0.25−0.12)× (2.6−0.24)/2=43.21m²
37	散水、坡道 (010507002001)	m²	91.03	(22.64+10.64+1.5×2)×2×1.2+4×1.2×1.2−1.5×1.2=91.03m²
38	空心板(C30) (010512002001)	m³	69.84	略
39	现浇混凝土钢筋 (Ⅰ级直径6~12) (010515001001)	t	14.54	略
40	现浇混凝土钢筋 (Ⅱ级直径≥10) (010515001002)	t	4.56	略

序号	分部分项工程名称 （清单编号）	单位	数量	工程量计算式
41	现浇混凝土钢筋（砌体加固筋Ⅰ级直径6mm）(010515001002)	t	1.12	略
42	先张法预应力钢筋（冷拔丝直径4～5）(010515005001)	t	4.68	略
43	夹板装饰门（M-4）(010801001001)	m²	40.32	略
44	夹板装饰门（M-3）(010801001002)	m²	79.38	略
45	钢质入户门（M-2）(010802003001)	m²	25.20	略
46	钢质单元门（M-1）(010802004001)	m²	3.15	略
47	金属推拉窗（C-3）(010807001001)	m²	21.6	略
48	金属推拉窗（C-2）(010807001002)	m²	40.5	略
49	金属推拉窗（C-1）(010807001003)	m²	97.20	略
50	金属推拉窗（C-4）(010807001004)	m²	3.60	略
51	金属推拉窗（C-2′）(010807001005)	m²	9.0	略
52	金属推拉窗（C-5）(010807001006)	m²	21.86	略
53	屋面卷材防水（3mm厚SBS改性沥青卷材）(010902001001)	m²	272.98	$(10.4-0.24)\times(22.4-0.24)+(10.4-0.24+22.4-0.24)\times2\times0.25+[(7.8+0.24-0.08\times2)\times(1.5-0.08)+(7.8+0.24-0.08\times2+1.5-0.08)\times2\times0.25]\times2=272.98$ m²
54	屋面涂膜防水（聚氨酯）(010902002001)	m²	272.98	同屋面卷材防水工程量
55	涂膜防水（厨房、卫生间地面）(010904002001)	m²	124.90	厨房：$[(2-0.24)\times(3.6-0.24)+(2-0.24+3.6-0.24)\times2\times0.15]\times2\times5=74.50$ m² 卫生间：$[(2-0.18)\times(2.3-0.18)+(2-0.18+2.3-0.18)\times2\times0.15]\times2\times5=50.40$ m² 合计：124.90 m²
56	保温隔热屋面(011001001001)	m²	247.52	$(10.4-0.24)\times(22.4-0.24)+(7.8+0.24-0.08\times2)\times(1.5-0.08)\times2=247.52$ m²
57	水泥砂浆楼地面（楼梯间）(011101001001)	m²	32.10	略
58	块料楼地面（一层厨房、卫生间）(011102003001)	m²	19.54	厨房：$(2-0.24)\times(3.6-0.24)\times2=11.82$ m² 卫生间：$(2-0.18)\times(2.3-0.18)\times2=7.72$ m² 合计：19.54 m²
59	块料楼地面（二～六层厨房、卫生间）(01110 2003002)	m²	97.72	厨房：$(2-0.24)\times(3.6-0.24)\times2\times5=59.14$ m² 卫生间：$(2-0.18)\times(2.3-0.18)\times2\times5=38.58$ m² 合计：97.72 m²

序号	分部分项工程名称 （清单编号）	单位	数量	工程量计算式
60	块料楼地面 （一层其余房间） （011102003003）	m²	174.81	略
61	块料楼地面(二～六层其 余房间)(011102003004)	m²	1003.21	略
62	块料踢脚线 （120mm 高） （011105003001）	m²	105.58	略
63	水泥砂浆楼梯面 （011106004001）	m²	43.21	同直形楼梯清单工程量
64	墙面一般抹灰 （混凝土面） （011201001001）	m²	28.72	略
65	墙面一般抹灰 （砖墙面） （011201001002）	m²	1003.42	略
66	墙面一般抹灰 （内砖墙面） （011201001003）	m²	3017.32	略
67	块料墙面(厨房、卫生间 墙面)(011204003001)	m²	568.96	(1)厨房墙面 $[(3.6-0.24+2-0.24)\times2\times(3-0.1)-0.8\times2.1-1.2\times1.5]\times2\times6=$ 314.59 m² (2)卫生间墙面 $[(2-0.18+2.3-0.18)\times2\times(3-0.08)-0.8\times2.1-0.6\times1.5]\times2\times6=$ 245.16 m² (3)厨房、卫生间窗洞口侧面 $(1.2+1.5)\times2\times(0.24-0.08)/2\times2\times6=5.18$ m² $(0.6+1.5)\times2\times(0.24-0.08)/2\times2\times6=4.03$ m² 合计:568.96 m²
68	天棚抹灰 （预制混凝土板） （011301001001）	m²	838.16	$[3.36\times3.36+3.36\times4.58+3.96\times6.56+3.16\times4.56]\times2+3.16\times1.76]$ $\times6=838.16$ m²
69	天棚抹灰 （现浇板） （011301001002）	m²	607.71	略
70	抹灰面油漆 （011406001001）	m²	4463.19	$3017.32+838.16+607.71=4463.19$ m²
71	塑料扶手栏杆、栏板 （011503003001）	m	28.90	略
72～99	措施项目			略

参考文献

[1] 全国造价工程师执业资格考试培训教材编委会. 建设工程计价. 2013年版. 北京：中国计划出版社，2013.

[2] 全国造价工程师执业资格考试培训教材编委会. 工程造价案例分析. 第3版. 北京：中国城市出版社，2013.

[3] 全国造价工程师执业资格考试培训教材编委会. 工程造价计价与控制. 第4版. 北京：中国计划出版社，2013.

[4] 建设工程工程量清单计价规范，GB 50500—2013，中华人民共和国国家标准.

[5] 《标准施工招标资格预审文件》和《标准施工招标文》试行规定，中华人民共和国发展和改革委员会.

[6] 中华人民共和国标准施工招标文件，2007.

[7] 中华人民共和国标准施工招标资格预审文件，2007.

[8] 张建平，吴贤国. 工程估价. 第2版. 北京：科学出版社，2011.

[9] 王雪青. 工程估价. 第2版. 北京：中国建筑工业出版社，2011.

[10] 董宇. 工程造价管理操作实务/2013建设工程工程量清单计价规范宣贯培训丛书. 北京：中国建材工业出版社，2013.

[11] 车春鹏，杜春艳. 工程造价管理. 北京：北京大学出版社，2006.

[12] 徐蓉. 工程造价管理. 上海：同济大学出版社，2005.

[13] 程鸿群，姬晓辉，陆菊春. 工程造价管理. 武汉：武汉大学出版社，2004.

[14] 郭婧娟. 工程造价管理. 北京：清华大学出版社，北京交通大学出版社，2005.

[15] 殷惠光. 建设工程造价. 北京：中国建筑工业出版社，2004.

[16] 陶学明. 工程造价计价与管理. 北京：中国建筑工业出版社，2004.

[17] 沈杰. 工程估价. 南京：东南大学出版社，2005.

[18] 李建峰. 建筑工程定额与预算. 西安：陕西科学技术出版社，2006.

[19] 许焕兴. 工程造价. 大连：东北财经大学出版社，2003.

[20] 刘钟莹. 工程估价. 南京：东南大学出版社，2004.

[21] 季雪. 工程造价与管理. 北京：中国建材工业出版社，2006.

[22] 夏清东，刘钦. 工程造价管理. 北京：科学出版社，2004.

[23] 徐大图. 工程造价的确定与控制. 北京：中国计划出版社，1997.

[24] 龚维丽. 工程建设定额概论. 天津：天津科技翻译出版公司，1989.

[25] 龚绍丽. 工程建设定额基本理论与实务. 北京：中国计划出版社，1997.

[26] 徐文通，黎谷. 建筑经济学概论. 北京：中国人民大学出版社，1988.

[27] 蒋传辉. 建设工程造价管理. 南昌：江西高校出版社，1999.

[28] 黄仕诚. 建筑工程经济与企业管理. 北京：中国建筑工业出版社，1997.

[29] 曹善琪. 工业建设项目投资控制与监理手册. 北京：中国物价出版社，1994.

[30] 丛培经. 建筑工程技术与计量（土建部分）. 北京：中国计划出版社，1997.

[31] 尹贻林. 工程造价管理相关知识. 北京：中国计划出版社，1997.

[32] 宋俊岳. 建设项目评估与投资控制. 北京：中国科学技术出版社，1994.

[33] 胡明德. 建筑工程定额原理与概预算. 北京：中国建筑工业出版社，1996.

[34] 杜晓玲，廖小建，陈红艳. 工程量清单及报价快速编制技巧与实例. 北京：中国建筑工业出版社，2003.

[35] 毛鹤琴，孙锡衡等. 工程建设质量控制. 北京：中国建筑工业出版社，1997.

[36] 杨劲，刘金昌等. 工程建设进度控制. 北京：中国建筑工业出版社，1997.